河湖污染源解析与控制

冯民权　著

科学出版社

北　京

内 容 简 介

本书结合国内外研究与作者多年科研成果，对河流系统典型区污染控制问题和理论进行总结，探明河流交汇区污染物迁移转化规律，揭示河湖植被区污染物迁移转化机理，明晰河岸带氮、磷分布与环境因子的响应关系；研发河湖污染源高精度定量识别与解析技术、多因子交互作用下湖库底泥污染物释放通量预测技术、富营养化分区协同治理及水华预警技术；提出基于连通性量化指数的水系优化技术，构建基于水系连通优化的流域水量水质调控体系。

本书可供水利水电工程、环境科学与工程等领域的科研、设计及管理人员阅读，也可供高等学校相关专业的教师和研究生参考。

图书在版编目（CIP）数据

河湖污染源解析与控制 / 冯民权著. —北京：科学出版社，2024.5
ISBN 978-7-03-076814-8

Ⅰ. ①河… Ⅱ. ①冯… Ⅲ. ①河流-水污染源-污染源治理 ②湖泊-水污染源-污染源治理 Ⅳ. ①X52

中国国家版本馆 CIP 数据核字（2023）第 205736 号

责任编辑：祝 洁 汤宇晨 / 责任校对：王 瑞
责任印制：赵 博 / 封面设计：陈 敬

科 学 出 版 社 出版
北京东黄城根北街 16 号
邮政编码：100717
http://www.sciencep.com
北京中石油彩色印刷有限责任公司印刷
科学出版社发行 各地新华书店经销
*
2024 年 5 月第 一 版 开本：720×1000 1/16
2025 年 1 月第二次印刷 印张：23 1/4
字数：466 000

定价：265.00 元

（如有印装质量问题，我社负责调换）

序

该书以水系污染路径为线索，从回溯源头到系统治理，在揭示河湖典型区污染物迁移转化机理的基础上，构建水污染综合控制技术体系，并应用到河湖水环境规划与治理实践中，对河流水环境治理与生态恢复具有重要意义。

首先，揭示了河湖典型区污染物迁移转化规律。在交汇区，创新水流结构与河床形态概念模型，明晰污染带分布及迁移转化规律，给出混合速率和不均匀指数的计算公式；在植被区，探明含柔性植被水流流场和排污口近区污染物的分布规律，明晰水流结构及污染物掺混稀释特性，揭示含柔性植被水流的污染物稀释扩散机理；在河岸带，探明自然型和强人工干扰型河岸带氮、磷的时空异质性，揭示土壤截留和水体迁移双重影响下的污染物迁移过程，阐明土壤-植被系统氮、磷与环境因子的响应关系。

其次，研发河湖污染源解析及迁移转化数值模拟技术。构建微生物耦合同位素的源解析技术，消除微生物影响同位素分馏的弊端；提出多因子交互作用下湖库底泥污染物释放通量预测技术，精准预测多因子协同作用下污染物释放过程及通量。

最后，构建河湖水污染综合控制技术体系。研发基于内源污染物释放通量预测的分区协同治理与水华预警技术；改进网状水系连通性指数，创新综合连通性量化指数，提出基于量化指数的水系优化技术；创新基于水系连通优化的强人工干扰流域调控技术，构建“换水期+循环期”水量水质联合调度模式，解决水资源短缺地区河网闸控不合理导致的水系不畅、污染阻滞问题。

该书主要内容是作者课题组多年研究成果的总结，一定程度上反映了该领域研究的国际水平，具有较高的学术和应用价值。

该书具有鲜明的研究特色，对从事河流系统水环境治理的设计、管理人员有重要的理论与应用价值。

夏军

中国科学院院士　夏　军

2023年8月2日

前　言

河流作为地球上淡水资源循环的重要路径、载体及最重要的生态系统之一，与人类社会的关系极为密切。在气候变化和人类活动的双重影响下，河湖水环境承载压力不断加大，水资源水环境问题严重制约着地区经济社会高质量发展。由于河流水体错综复杂，人工干预强度大，污染物来源广、种类多，河流生态系统面临污染溯源难度大、污染物迁移转化机理不明确、水质改善效果不佳等系列问题，特别是在植被区、闸坝区、交汇区、河岸带等典型区域，污染物输运机制及污染控制研究亟待深化与创新。

河流交汇区是水体污染物富集、混合和输运的重要控制点，成为水环境治理的焦点和热点之一。河流交汇区水流结构复杂、紊动强烈、床面形态特殊，污染物输运机制尚不清楚。因此，研究河流交汇区复杂河床水流紊流结构及污染物输运机制，对明确河流污染物输运轨迹和归宿、治理河道水体污染、保护水生态环境具有重要意义。

河道植被景观、大规模的闸坝堰工程和小型人工湖泊湿地群，在一定程度上满足了人类发展的需求，但同时给流域的生态环境带来了诸多新的问题。例如，密集的闸坝群和交错的人工河道使区域内水流循环路径受阻，对流域内生态系统的连通性和稳定性造成了极大的威胁。适宜的环境流量在维持河流生态系统完整性和生物多样性方面发挥着重要作用，水量水质调控是实现环境流量目标、保障河流与地表环境的有效手段。

河岸带作为河流生态系统与陆地生态系统的重要过渡带，对保护河流生态系统的积极作用已得到共识。近年来，人类活动干扰破坏河岸带生态系统，对河岸带氮、磷循环过程造成严重影响。河岸带氮、磷的赋存形态是控制氮、磷元素迁移和转化的基础，影响着河岸带生态系统的稳定与平衡，因此明晰河岸带氮、磷的时空分布特征对揭示河岸带的环境效应具有重要意义。

本书在国内外研究的基础上，结合作者多年研究成果，在学科理论上有所深入，在研究方法上有一定创新。同时，结合实例研究，推动理论向实践转化，对河湖污染源解析与控制进行细致分析，为河流水环境治理提供技术支持。全书共8章，第1章为绪论，主要介绍交汇区水动力特性和污染物输运规律、植被区水流特性和污染物输运规律、河岸带污染物输运规律、外源污染识别与解析、内源污染释放通量、湖泊富营养化与控制、水系连通优化技术与水量水质调控的研究进展；第 2 章为河流交汇区水流紊动特性与污染物迁移转化机理；第 3 章为含柔性植被明渠水动力特性与污染物浓度场实验，研究水动力特性与污染物输运扩散特性；第 4 章为 F 河 LF 段河岸带对氮、磷的截留作用；第 5 章为 F 河下游硝酸盐污染源解析；第 6 章为 YM 湖内源污染释放通量预测；第 7 章为浅水湖泊水动力特性与富营养化机理及调控措施；第 8 章为强人工干扰流域连通性及水量水质调控研究。在本书撰写过程中，冯民权教授提出总体思路、基本框架和章节内容；团队博士研究生张涛、高峰、杨志，硕士研究生陈凯霖、任姗、蔡雅梅、汪银龙、裴佳瑶等参与了书稿的整理工作；博士研究生张钰莲、何秋玫和硕士研究生刘子萌参与了统稿、校稿与整理工作。

本书涉及的研究工作得到国家自然科学基金项目(51679191)、国家重大水专项(2015ZX07204-002)专题项目、陕西省自然科学基础研究计划重点项目(2019JZ-42)、山西省水利科学技术研究与推广项目(2017SZ02、TZ2019011、201413)等的资助。策划和撰写本书过程中，承蒙夏军院士的指导并为本书作序，在此表示衷心的感谢。同时，书稿中参考和引用了大量文献，在此对相关文献作者表示感谢。

由于作者水平有限，书中难免存在不足之处，敬请广大读者批评指正。

目录

第1章　绪　　论

1.1　研究背景与意义

自然环境下，河流中的污染物背景值通常不高，但人为活动会导致水体环境中污染物含量急剧增加,进而导致的水体污染问题在全世界范围内引起极大重视。在我国西北地区，近几十年来经济快速发展及城市进程加快，大量的农业化肥、城镇污水及工业废水排入河流中，致使部分水体中的NO_3^-浓度超出10mg/L的饮用水标准，对人体造成严重危害。河湖污染源解析与控制对维系河流生态系统安全和保障社会可持续发展具有重要意义。

河流交汇区是河流系统中典型的地貌单元，多股水流在此汇聚，相互顶托掺混，产生复杂而特殊的水流结构、地形形态、物质混合过程和水环境特征，对河网系统的水系连通、泥沙和污染物输运及河床演变等至关重要。交汇区往往具有复杂多变的形态构造和水文条件，然而河流交汇区水流结构和污染物输运的主要影响因素以及它们之间的定量响应关系尚不清晰，尤其是天然河流交汇区的三维运动特性，尚须进一步研究。开展交汇区的水力特性及污染物浓度场特征研究，可进一步丰富河流交汇区水动力学、泥沙与污染物输运规律的相关知识，对深入了解河流交汇区的水流结构、河床地貌具有较大贡献，有利于航道工程建设和解决环境工程中污染物排放产生的问题，可为河网系统的河道控导及水环境治理提供参考。

水生植被作为天然河道的重要组成部分，是生态河道不可缺少的一部分，在创造适宜生存环境、构建特定格局及污染物净化方面，具有十分重要的作用。近年来，为实现人水和谐共生和水生态文明建设，生态景观河道设计、人工湿地、河道防洪、生态环境修复和治理等成为研究热点，相关研究均涉及射流理论。植被水流对生态环境的修复有着不可替代的作用。关于射流、植被水流方面的研究颇多，同时考虑射流与植被水流耦合作用下污染物输运扩散机理的研究亟待开展。

由于河岸带横向环流输沙，中小河流凸岸淤积、凹岸冲刷，在横向摆动及河势演变过程中，会对河道产生一些不利影响。河道横向摆动影响堤防工程的防洪安全，容易发生横向冲刷，造成大堤危险；引排水设施有可能因冲刷而塌岸，从而破坏其建筑物，也有可能因河道的淤积而影响其正常运行。航道整治要以河岸稳定和河势稳定为基础。同时，河岸带作为河流生态系统与陆地生态系统的重要过渡带，对保护河流生态系统具有积极作用。由于人类活动干扰，河岸带生态系统破坏，进而严重影响河岸带氮、磷等污染物的循环过程。河岸带氮、磷元素的赋存形态是控制其迁移和转化的基础，影响河岸带生态系统的稳定与平衡。充分掌握河势变化规律，明晰河岸带氮、磷等污染物的时空分布特征，对揭示河岸带的水流特性和环境效应具有重要意义。

建设大规模的闸坝堰工程、人工河道工程和小型人工湖泊湿地群，是强人工干扰流域开发利用水资源的有效手段，在生产生活、城市景观和防洪发电等方面，发挥着巨大的经济和社会效益。人工水利工程作为区域水资源利用的重要载体，一定程度上满足了人类社会发展的需求，但也给流域的生态环境带来了诸多新的问题。例如，密集的闸坝群和交错的人工河道使区域内水流循环路径受阻，对流域生态系统的连通性和稳定性造成了极大的威胁。同时，难以有效保障维持河流生态完整性和生物多样性的环境流量，这对多闸坝河流及相关洪泛平原和湿地产生重要影响。因此，系统研究水利工程作用下河湖水系的连通性改善和水量水质调控，对于经济社会建设与流域可持续发展十分必要。

1.2 研究进展

1.2.1 河湖典型区污染物输运基础理论

1. 交汇区水动力特性和污染物输运规律研究进展

河流系统具有复杂多样化的地理环境，因而天然河流交汇区的形式多样。根据河流交汇区的平面形态，将交汇区分为对称型(Y型)交汇区、非对称型交汇区和弯曲干流型交汇区。

交汇区的水动力特性研究大多聚焦于交汇区内的水流结构。1944 年，Best[1]通过模型实验，在等宽明渠交汇区探究了不同汇流比下的交汇区水力特性，给出了汇流比与交汇区上下游断面水深比的关系式。1984 年，Best 等[2]探究了交汇角为 15°、45°、70°、90°的矩形水槽中分离区尺寸，研究发现，在不同的交汇角工况下，交汇区的分离区形状基本相似，尺寸与交汇角成正比。后来通过对交汇区水流结构的进一步研究，Best[3]给出了交汇区水流的概念模型，将交汇区水流划分为停滞区、偏向区、分离区、最大流速区、剪切层区和水流恢复区。Rhoads 和 Johnson[4]总结了交汇区的水流结构主要受两条河流的平面对称性、交汇角、动量比、宽深比和河床的平齐性等因素控制。河流交汇区主要分为对称型和非对称型。对称型，即 Y 型，两条支流以一定的角度接入下游河道；非对称型，即 y 型，支流斜接入直的干流。在非对称型交汇区中，交汇角、动量比和弗劳德数增大会引起更大的水流分离区、停滞区向主流转移和更强的螺旋运动[5]；在对称型交汇区中，交汇角增大会引起停滞区加强和下游连接角处分离区的增大，两条来流动量不同导致占优势的支流发生更强的流动偏转[6]。交汇角对河流交汇区水动力特性具有至关重要的作用。吴学良[7]根据历年观测资料，分析岷江、大渡河、青衣江的径流、泥沙等水沙特性，探讨了三江交汇口乐山九龙滩河段的水位、流量、流向、流速、水面比降和河床演变等水力、泥沙运动的变化规律。Wang 等[8]采用气水两相流三维数值模型，对长江与嘉陵江交汇区水流运动进行研究，分析了交汇区分离区、剪切层区、流速场及螺旋度的变化特性。冯镜洁等[9]采用 k-ε双方程模型模拟流场，选用自由液面捕捉，采用流体体积(volume of fluid，VOF)模型模拟自由面，依据物理实验条件对交汇式河流进行了三维数值模拟，模拟出分离区及其几何尺度、交汇区的水位变化等现象。干支流流量比是影响交汇区水流运动的另一个关键因素。Yuan 等[10]通过 90°明渠交汇水槽实验，研究了交汇区三维水流结构、剪切层及紊动强度等。刘同宦等[11]通过多组次水槽实验，应用声学多普勒流速仪(acoustic Doppler velocimeter，ADV)研究交汇角为 90°时，不同汇流比条件下河流交汇区及其附近的水面比降变化和时均流速分布特征。付中敏等[12]利用接触式声学多普勒流速仪测量弯道交汇水槽模型，研究了交汇角和汇流比对交汇区表面流速、水面比降、分离区等的影响。茅泽育等[13]研究了干支流流量比对交汇区三维水力特性的影响，确定了表征水流运动特性的主要物理量。郭维东等[14]为研究浑河河道交汇口处的水流特性，以大伙房水库到东陵闸河段为研究对象，对北堤起点至鲍家河口河段的水面形态、流速分布及交汇口处分离区、滞留区等位置进行了分析。郭维东等[15]通过对 Y 型交汇口水流三维水力特性进行模型实验研究，发现交汇口水流总体向下游呈螺旋流，由于存在河床高差，随着汇流比的增大，这种螺旋流趋势减弱。冯亚辉等[16]引入螺旋度，详细分析了 Y 型明渠交汇口的螺旋流分布情况，定量反映出螺旋流强度沿水流方向的变化规律。

河流和河口污染物输运机理及混合特性方面的研究一直是学者关注的焦点。在河流交汇区及河口区域，研究污染物输运机理的方法主要有现场观测研究、数值模拟等。其中，数值模拟方法不仅可以充分考虑扩散过程的影响，而且可以考虑复杂的地形和海域边界等，可用于分析污染物输运机理的动力机制，是目前研究河口区域污染物输运机理的有效手段。Gillibrand 等[17]建立了一维数学模型，对 Ythan 河口的水位、盐度和总氧氮(TON)进行了模拟和分析。韩龙喜等[18]采用非稳态浅水方程和垂向平均的二维对流扩散方程建立水动力及水质耦合模型，对连云港近岸海域污染物随潮流运动的输运和浓度增量的变化规律进行了研究。茅泽育等[19]针对明渠交汇口流动特性，应用深度平均 H-L 紊流模型和污染物输运扩散方程，建立了明渠交汇口水动力及污染物输运模型，模拟预测了交汇口水流分离区和污染物混合区的形状和大小。随着研究的深入，一维、二维的数值模型已不能完全满足研究发展需求，需要从三维模型角度考虑垂向水流结构对污染物输运的影响。徐洪周等[20]根据平均年龄概念，运用耦合物质输运模式的三维水动力-富营养化数值模型(HEM-3D)，研究了 Pamlico 河口污染物输运时间在不同淡水流量影响下的分布情况。Ng 等[21]集合地理信息系统(geographical information system，GIS)及三维模型，模拟了三维水动力、泥沙及重金属的运动规律，克服了二维模型的尺度缺陷。一些输运时间的全新概念逐渐被学者应用到某些水体环境中，来定量研究物质在水体环境中的输运过程，如水龄、滞留时间、运输时间、冲稀时间、暴露时间等[22]。关于交汇区掺混规律，有许多研究利用水中保守物质等作为指示剂来评估混合，如温度、电导率、pH 和稳定的氧同位素[23-25]。先前的研究认为，大型河流交汇区混合是一个漫长的过程，完全混合距离往往需要数百个河道宽度[26-29]；小型河流交汇区混合速率较快，在临近交汇区的较短距离内能发生充分的混合[23,30-32]。混合速率与混合距离往往取决于交汇区的流量比或动量比、密度差异、过水断面面积和河床高差。Lewis 和 Rhoads[33]认为动量比增大可以加快混合速率，断面面积与混合速率呈负相关，密度差异会引起浮力效应，进而影响混合速率。相比平齐河床，非平齐河床可引起混合层的扭曲，增强混合[30-31,34]。在大型非对称、宽浅河槽、流量差异极大和非平齐河床的综合复杂交汇区，其混合规律还需要进一步深入研究。

随着粒子图像测速(particle image velocimetry，PIV)系统 PLIF 模块的开发与应用，利用 PIV 进行水质方面的精细化测量得到了广泛应用。李文斌等[35]以蓝墨水溶液作为污染源，利用 PIV 测量并建立了浓度值与图像灰度值公式，以此分析射流浓度分布规律。藤素芬等[36]利用 PIV 技术对多孔侧排射流的流场和浓度场进行了测量，得出了侧孔排污口附近的质点运动轨迹和污染物扩散分布，表明浓度场的分布符合高斯分布。龙晓警[37]将 PIV 技术应用于水槽波浪的测试中，对规则波从波谷到波峰的传输过程进行了流场计算，给出了波浪速度方向由后转前的变化过程，并将垂直断面上的速度值与理论值进行对比，取得了较好的匹配性。Ozgoren 等[38]利用染色液和 PIV 研究了 $2500 \leqslant Re \leqslant 10000$ 时水槽中平板上小球(直径 d=42.5mm)绕流的流动特性，分析了边界层对小球周围速度场、涡量场和雷诺应力的影响。Hajimirzaie 等[39]研究了 $Re=1.78\times10^4$ 时平板上小球(直径 d=50mm)在与来流垂直截面上的涡量分布。王晓莉[40]在 PIV 流场测速应用方面也进行了大量的研究，并取得了有价值的成果。Aubert 等[41]利用 PIV 技术对泰勒-库埃特(Taylor-Couette)反应器不同温度和半径比下的流场进行了探究。Qiao 等[42]将 PIV 技术和数值模拟相结合，研究了单个粒子在涡流场中的运动轨迹。Adrian 等[43]发现示踪粒子的大小要满足流动跟随性的要求，散射粒子浓度很小时，就可以得到粒子像模式。张玮等[44]通过实验测量与分析发现，PIV 技术非常适合于研究复杂的流动结构。魏润杰和申功炘[45]在大型工程水洞流场校准等方面，利用 PIV 技术成功进行了多种流体力学实验。李玲等[46]利用 PIV 技术对分岔角为 64°的三岔管内水流进行了流场测量。刘凤霞等[47]采用PIV瞬态流场测试技术，对二维槽道中涡旋波流场不同相位上的速度分布和应力分布进行了测试和计算。

综上所述，国内外学者针对交汇区进行了大量的研究，集中在交汇角、汇流比等对交汇区水流分区、水动力特性的影响等，但由于交汇区水流表现出强烈的三维特性和复杂性，一些重要问题仍不明晰。首先，交汇角、汇流比与宽深比等交汇条件对交汇区水面形态、三维水流结构的影响仍需要进行精细化的定量研究。其次，在不同交汇角、汇流比、宽深比和来流浓度等工况条件下，交汇区污染物的时空分布特征、输运及混合过程尚需要进一步深入研究。最后，目前交汇区水流分区、水动力特性的研究多以数值模拟或模型实验为主，在天然河流交汇区的实测研究还有待加强。还有诸多问题有待深入研究，如交汇条件极其复杂的交汇区水流结构与顺直交汇区研究结论的一致性，以及其中螺旋运动的存在性；多沙水流交汇区下游河道的河床形态特征，冲刷的存在性及位置、深度与高含沙河流交汇区的差异性；天然河流交汇区的污染物时空分布、输运及混合规律，重污染支流汇入对干流造成的影响。

2. 植被区水流特性和污染物输运规律研究进展

河流植被区既可以抵抗洪水，又可以防止干涸，通过生物物理反馈机制和水生植被自组织形成流量调节机制，从而保护生物多样性，为河流水文变化提供天然的缓冲器。植被区研究聚焦于河道植被与水流相互作用，包括植被对阻力系数、水流结构的影响，河道断面形状、植被个体形态、植被分布格局等诸多因素对含植被水流流态的影响等。

关于植被存在对明渠水流特性影响的研究，国内外学者已有不少研究成果。植被改变了明渠水流紊流结构。植被水流紊流结构研究内容主要包括流速、紊动强度、雷诺应力分布、能谱分布、二次流等。众多学者对于含植被水流纵向流速的垂向分区有着两区[48-50]与三区[51-54]的不同观点。两区多以植被顶端分界，将纵向水流分为植被区与自由水面。三区为自由水面区、中间冠层区和近床面区，但垂向三区的分界位置没有统一的定义。闫静等[55]使用激光多普勒测速技术对含刚性植被明渠水流进行研究，得出非淹没条件下的平均流速与流量、渠宽、植被密度有关。刘昭伟等[56]考虑水流动量平衡与植被形态的垂向差异，以灌木植被为原型建立流速垂向分布的微分方程，得到了更普适的纵向流速垂向分布公式。Thokchom等[57]使用声学多普勒流速仪(ADV)，通过水槽实验研究了部分覆盖植被的明渠水流，分析比较了植被覆盖区与无植被区的水力特性。吴福生等[58]选用PVC条模拟柔性植被，通过水槽实验使用标准PIV进行研究，分析得出流速梯度是形成含植物水流涡量的关键因素，植物冠层是水流紊动耗散的主要原因。槐文信等[59]研究了漂浮植被水流断面的能量传递与平衡机理，得到断面能量损失主要集中在漂浮植被区。Zhao 等[60]使用大涡模拟模型研究了不连续斑状刚性植被对水流水力特性的影响。Huai 等[61]通过实验与数值模拟结合，研究了淹没柔性植被的水力特性，发现由于开尔文-亥姆霍兹(K-H)不稳定现象，在植被冠层附近出现了旋涡结构与剪切层。Neumeier 等[62]通过含植被水流实验研究发现，非淹没条件下植被冠层内的紊动强度随着植被密度的增加而降低，并且距冠层边界越近，紊动强度越低。樊新建等[63]采用塑料草模拟柔性淹没植被进行水槽实验，发现梅花形排列方式下阻水效应及雷诺应力较矩形排列方式明显，矩形排列方式下垂向紊动强度较梅花形排列方式剧烈。赵芳等[64]研究了刚性淹没球冠状植被水流的平均流动和紊动结构，发现在树状植被附近，纵向流速的垂向分布在树干层近似均匀，在树冠层先减小后增大，在无植被层符合对数分布。Zhang 等[65]研究了含人工植被明渠的水流结构，基于理论分析提出了两种解析公式，分析了全覆盖和部分覆盖人工植被明渠速度的横向分布。渠庚等[66]利用水槽实验研究了柔性植被水流阻力特性的变化规律，确定了不同种植被的粗糙度，对植被粗糙度、水流雷诺数和阻力系数之间的关系进行了分析。张英豪等[67]以苦草为对象，研究了含淹没水生植被水流时均流速、雷诺应力及紊动能的垂向分布特征。庞翠超[68]通过象限分析法解释了沉水植物促淤、降低水体浊度、改变泥沙输运状态的机理。周睿等[69]采用浸没边界-格子玻尔兹曼(Boltzmann)方法，结合大涡模拟，对含双层刚性植被明渠水流进行数值模拟分析，结果显示模型可模拟较大规模的含植被水流。Mabrouka 等[70]将不同数学模型模拟数据与水槽实测数据进行比较，分析了各个模型预测含淹没植被水流垂直流速分布的能力及适用条件。赵连权等[71]通过水槽实验进行研究，发现植被密度较大时，紊动强度相对较大且不同种类的植被对其影响趋于一致，密度小时紊动强度沿垂线分布的差异较为明显。宋为威等[72]对含植被河道的紊动特性进行研究，结果显示河道中植被顶部的水流能量耗散随着涡量的增加而增加。Caroppi 等[73]使用 ADV，通过水槽实验研究了有叶与无叶植被对水流流速、紊动强度与拟序结构的影响。

植被对污染物输运扩散的影响研究与水力特性的研究相比较少。国内外学者在含植被水流污染物扩散方面进行了大量研究。White 和 Nepf[74]通过模拟与实验分析，研究了尾流的两种扩散机理及影响因素。Ghisalberti 和 Nepf[75]、Murphy 等[76]对于淹没植被间污染物的纵向扩散，提出了以植被冠层顶部为界分为下层慢扩散区和上层快扩散区的“两区模型”。两区模型同时考虑了影响污染物纵向扩散的三种原因，即植被顶部以上的大尺度扩散、植被顶部与自由水流交界带的不充分交换和冠层内部小尺度扩散。Hu 等[77]通过室内示踪实验，研究了含柔性斑块状植被水流尾流的污染物扩散输运规律，探究了不同因素对植被尾流的影响。Okamoto 等[78]通过 PIV 与 LIF 组合技术进行实验，研究了水流涡量对紊流垂向扩散变化的影响与不同因素对标量垂直输运的影响。Malcangio 等[79]利用声学多普勒流速仪(ADV)和电阻温度检测器(RTD)测量含植被明渠中浮射流的速度场和温度场，探究刚性植被对底部浮射流稀释扩散的影响。Shin 等[80]利用 ADV 测量流速，利用电导率仪测量浓度，研究了明渠中污染物与淹没植被的混合特性，分析了不同因素对速度和雷诺切应力垂直分布的影响，并比较了由速度和浓度计算得到的纵向弥散系数。Hossein 等[81]通过 ADV 测量流速和示踪剂实验，研究了刚性植被覆盖下漫滩河道的流速、二次流与纵向弥散系数的影响。槐文信等[82]采用模拟与实验验证的方法,对于含部分挺水植被水流的纵向离散提出了随机位移模型。Poggi 等[83]结合实验和数值模拟,提出 3D 拉格朗日模型来研究含植被水流的标量扩散，指出只要采用合适的紊动能耗散率，标准的拉格朗日扩散模型可以用来模拟植被水流冠层流动区域的标量浓度分布，为高精度数值模拟提供了准则。朱兰燕[84]建立了含植被渠道水流的三维模型，模拟计算了淹没植被作用下的顺直渠道和不同植被布置形式下弯道的水流形态，分析了植被作用下水流形态的变化和植被种植密度对水流的影响。Lu 等[85-87]采用 3D 大涡流模拟模型，模拟含植被明渠中的流速和标量输运，模拟流速结果与实验数据吻合良好。Liang 等[88]对于含淹没植被水流的纵向扩散过程，利用随机位移法建立了更精细化的三区模型，改善了模拟中水流参数在水深上不连续分布的问题。Jahra 等[89]通过非线性 k-ε 模型模拟了不同植被覆盖下的漫滩河道，研究了水流中的二次流与污染物输运机制。

随着流场精细化测量技术的发展，图像法、LIF 等测量技术广泛运用于流体力学中的流体浓度场测量。李文斌等[90]利用 PIV 技术进行实验并结合图像处理，建立已知标准浓度与灰度值之间的关系曲线，并通过该关系曲线得出射流实验的浓度分布。王晓莉[91]用空心玻璃珠模拟污染物，将 PIV 与 Matlab 技术结合，测量了明槽中污染物的浓度场分布。顾杰等[92]利用数字图像处理技术，同时考虑多种因素对灰度值的影响，建立了浓度与灰度值间的关系方程，利用该方程计算了横流射流浓度场。程云章等[93]通过数字图像处理技术，建立了不同粒子浓度与图像灰度值的关系曲线。李荣辉[94]利用 PIV 技术进行实验，并结合图像处理技术对不同射流浓度场进行研究。陈永平等[95]利用 PIV 和平面激光诱导荧光(planar laser induced fluorescence，PLIF)技术进行实验，研究了波浪环境对多孔射流速度场与浓度场的影响。肖洋等[96]利用声学多普勒流速仪自动测速系统和 PLIF 系统，对同向圆射流的速度场和浓度场进行了系统研究。林柯利等[97]利用 PLIF 技术进行实验，研究了喷射混合器的浓度场与湍流混合特性。毕荣山等[98]利用 PLIF 技术研究了喷射器不同结构尺寸对湍流混合性能的影响。Nemri 等[99]同时采用粒子图像测速和 PLIF 技术，研究了圆管内流体流动特性。张建伟等[100]采用 PLIF 技术测量了水平三向撞击流反应器内液体混合时变化的二维浓度场。Thong 等[101]采用 PLIF 技术对圆管内多层流动态特性进行了研究分析。管贤平等[102]采用 PLIF 技术测量了射流混药的浓度场随压力变化特性。

综上所述，含植被水流研究大多考虑单一植被排布形式，而天然河道中多为分布形式多样的柔性植被。含植被水流污染物输运的研究集中于数值模拟，含柔性植被明渠水流中的污染物浓度分布特性及输运规律尚不清楚。PLIF 技术在流体浓度场测量的应用十分广泛，可实现全场非接触、瞬时且高精度的观测，并能够定量地测量浓度场、温度场等信息，尚缺乏 PLIF 技术在含植被明渠水流浓度场的测量实验工作。

3. 河岸带污染物输运规律研究进展

氮、磷元素是生态系统生产力的重要营养因子和限制因子。河岸带土壤中的氮元素通常以三种形态存在，分别是进入河流的 NO_3^--N 、NH_4^+-N 等可溶性形态，与固相结合的吸收形态，以有机残留物形式存在的有机形态[103]。河岸带土壤氮元素主要由地表枯落物分解、人为施用化肥及生物固氮作用富集而来[104]。河岸带土壤磷元素主要来自岩石风化，经过侵蚀和溶解而释放，进而通过水分输送至土壤深层[105]。此外，农田施肥、地表枯落物归还[106]也是河岸带土壤磷的主要来源。在河岸带中，固体磷的滞留主要通过泥沙和有机质沉积实现，溶解磷则会被土壤和植物截留[107]。

针对河岸带的研究已经从早期的单一景观植被特征扩展到深层次、多因子的环境驱动机制与影响因素研究，随着研究尺度的多样化发展，基于土壤理化性质[108]、土壤养分元素的生物地球化学循环特性[109]、植被-土壤-微生物耦合机制[110]等方面，对河岸带生境进行探讨的研究工作与日俱增。韩晓丽等[111]以文峪河河岸带不同植被类型土壤为对象，揭示了不同植被土壤反硝化菌群结构、功能的变化和分布特征。王静等[112]对漓江河岸带典型区域土壤进行分析，得出土壤养分、微生物量及微生物数量在不同水文环境下有显著差异。Brumberg 等[113]对哥斯达黎加 9 个不同河岸带进行研究时发现，森林覆盖对河流水质具有正向影响，而农田覆盖对河流水质具有负向影响，且河岸带长度越长，对水质影响程度越大。

河岸带土壤氮、磷元素的空间分布格局及赋存形态影响着河岸带水陆生态系统的环境效应，自然和人为因素的不同影响使河岸带生态环境具有极强的动态演变性[114]，河岸带的植被格局[115]、土壤特性[116]、水文条件[117]等因素及其演变特性必然影响土壤性质，进而改变河岸带土壤氮、磷元素的时空分布特性。罗琰等[118]对辉河河岸带土壤酶活性特征研究时发现，随着与河岸距离及高程的增加，河岸带土壤理化性质产生明显变化，土壤总氮(TN)、总磷(TP)含量呈先增大后减小的趋势，含水率则呈下降趋势。陈影等[119]在探究辽河干流河岸带生态系统恢复过程中，发现河岸带土壤速效氮、速效磷含量等波动性变化，受土地利用类型、植物及土壤特性等因素影响。Gu 等[120]对法国西部 Kervidy-Naizin 流域土壤、河水中磷元素进行长达三年的监测，结果显示，干旱期后地下水位上升使土壤再润湿，长期饱和土壤铁氧化物还原溶解，可使河岸带土壤中可溶性磷向河水释放。Balestrini 等[121]在研究意大利北部河岸带去除氮的影响因素过程中，发现土壤浅层氮含量高于深层。Young 等[122]在研究美国佛蒙特州洛克河流域河岸带土壤特性影响总磷浓度和不稳定磷浓度的过程中，发现表层土中的 TP 浓度较高，与附近农田相比，河岸缓冲区 TP 浓度较低。

河岸带植被研究从早期的植被对氮、磷污染物的截留效率，不同的植被类型和组合方式对河岸带污染物去除效果，发展到植物群落多样性、植被分布格局对河岸带环境的响应，再到植被格局、植被类型与土壤特性的耦合关系，研究成果丰硕。牛江波[123]在长江上游江津段德感坝河岸带研究氮磷的拦截作用，发现河岸带植物对土壤氮、磷元素转化作用随植物生物量的增加而增大，当植物生物量减少时，土壤中氮、磷元素的吸收量也会减少。郭二辉等[115]探究了河岸带植被格局对土壤养分的影响，发现河岸带植被格局显著影响着土壤全氮、全磷、有效氮、有效磷等养分的含量。朱晓成等[124]以太湖流域河岸带为研究对象，分析了河岸带截留氮元素的效率，发现硝态氮和铵态氮被森林河岸带截留在中层土壤，总氮则被截留在表层土壤。Hefting 等[125]研究了欧洲 6 个国家不同河岸带对氮的削减作用，林地河岸带植物生物量和氮的截留量均显著高于草地河岸带，林地河岸带和草地河岸带的植物吸收氮量分别为 11.51～17.35g N/(m^2·a)、8.30～14.61g N/(m^2·a)。Zhang 等[110]探讨了河岸带植被覆盖与土壤养分循环、微生物群落的关系，植被覆盖通过增强氮矿化作用增加了土壤 NH_4^+ - N 供应，通过异质土壤硝化作用对有效氮保留产生正向影响。黄雪梅等[126]以河岸带濒危树种为研究对象，比较了不同河距下植被叶片氮、磷重吸收效率，表明雌雄植株叶片的氮、磷重吸收效率对植物和土壤因子具有不同的响应关系。张鸿龄等[127]对辽河保护区干流河岸带不同植被构建形式进行探究时，发现河岸带植被对土壤中各种形态氮的阻控效率显著低于径流。Qian 等[128]分析了太湖流域植物生长季河岸带植物氮源，河水、地下水、雨水和土壤溶解的无机氮是河岸带生态系统中植物的主要氮源。

综上所述，在河流水沙运移规律及水温特性研究方面，以基于土力学方法的河床冲淤变化数学模型研究河床横向变化、复杂边界天然河流非结构网格布置和加密、河岸冲刷机理、河岸形态修正等问题有待进一步探讨。河岸带土壤氮、磷元素迁移转化研究的不足之处在于明晰河岸带土壤氮、磷元素的定量特征时，缺乏从时空尺度进行深入剖析，且河岸带土壤氮、磷元素分布规律与河流水文特性的响应关系尚不清晰，不利于流域生态一体化治理的高质量发展理念。河岸带植被的研究多集中在物种多样性，从生态化学计量学角度对河岸带植被氮、磷含量时空分布特征的研究相对较少，且在分析河岸带植被时多以某一单一组分为主，从植物和土壤两方面对氮、磷生态化学计量特征的研究比较缺乏，植被和土壤氮、磷生态化学计量特征的相关性尚不清晰。

1.2.2 河湖污染源解析

1. 外源污染识别与解析研究进展

随着人口和经济的快速增长，人类活动(农业无机化肥使用、工业废水排放、生活污水和人类粪便排放等)导致水体硝酸盐浓度升高，硝酸盐污染问题已成为全球热点议题。水体硝酸盐的研究主要从地下水硝酸盐、地表水硝酸盐和海洋水硝酸盐三个方面进行，其中地表水硝酸盐研究难度较大[129-130]。

地表水硝酸盐污染源的研究已经取得了一定进展。通常基于一些常规水质指标与河流沿岸土地利用类型进行相关性分析，采用与化肥使用量相结合等方法定性分析硝酸盐的主要污染源[131-132]。在农耕用地区，水体中的硝酸盐浓度主要与沿岸的土地利用类型相关，且相关性很强。大面积农业化肥的使用是地表水硝酸盐污染的主要面源污染源，很多学者在这方面做了大量工作，结论得到了验证。Qiu[133]对美国 Yahara 流域的研究结果显示，耕地面积与水体的水质相关性较大，且呈负相关，主要是因为农耕地农业化肥的使用造成了水质的变化，与其他自然用地(草地、林地等)面积呈正相关，这说明自然植被能够降低营养盐对河流水质的影响。在城镇及农村用地中，无机肥料和有机肥料对地表水的污染具有类似的机理，城市中大量硬化的地表使得降雨不能及时下渗到地下，大量的雨水在城市地表汇聚，硝酸盐被稀释后排入河流中[134]。大量学者的研究工作表明[135-142]，硝酸盐的来源与气候也有一定的关系，在半湿润气候的城市中，大气沉降是地表水硝酸盐污染的主要来源。徐志伟等[143]利用水环境监测数据，结合水化肥因子相关关系，研究了地表水硝酸盐来源，表明北京城市生态系统地表水硝酸盐污染源主要是城市污水，包括污水处理厂的废水、垃圾沥出液及生活污水。总之，硝酸盐的来源和土地利用类型有密切的关系。

随着研究的不断深入，学者试图研发同位素源解析模型，将硝酸盐污染源识别从定性研究推进到定量研究的层面上。Phillips 等[144]以质量守恒为基础，提出了定量计算不同来源的贡献率，最终研发了 IsoSoure 软件。基于 Phillips 的源解析模型理论，如果水体中的硝酸盐污染源不多于 3 个，就可以用该模型来量化各个污染源对水体硝酸盐污染的贡献率。在水环境中，当硝酸盐的污染源多于 3 个时，IsoSoure 模型的分析结果不够准确。Parnell 等开发了一个基于 R 统计软件的稳定同位素混合模型 SIAR。该模型基于狄利克雷分布，在贝叶斯框架下构建了一个逻辑先验分布，能够计算多于 3 个污染源的贡献率。因此，混合模型被用来研究硝酸盐污染源。Xue 等[145]首先利用稳定同位素对硝酸盐污染源进行了准确的识别，最终运用 SIAR 模型成功地对主要污染源的贡献率进行了定量计算。研究表明，粪便和污水对于水体硝酸盐污染的贡献率最高，土壤有机氮及农业化肥对水体硝酸盐污染的贡献率较小，大气沉降对水体硝酸盐污染的贡献率最小。邢萌等[146]基于氮同位素示踪对浐河、涝河硝酸盐进行了污染源识别，找到了硝酸盐的污染源并利用 SIAR 模型计算出各端元贡献率。孟志龙等[147]利用氮、氧同位素及 IsoSource 模型研究了汾河下游水体中硝酸盐污染源，并最终计算出各个主要污染源的贡献率。混合模型在这些研究中应用于定量分析硝酸盐的污染源贡献率。

综上所述，国内外对地下水及流域水的硝酸盐污染源解析开展了大量研究，地表水硝酸盐污染源研究多针对湖泊而较少涉及河流，且以定性分析研究为主，对贡献率的定量研究较少。随着河流硝酸盐污染严重，河流水质下降，硝酸盐污染治理需求增加，亟须开展河流硝酸盐污染源定性分析及贡献率定量分析的相关研究。

2. *内源污染释放通量研究进展*

湖泊沉积物又称底质或底泥，是湖泊生态与环境系统的重要组成部分，是水生植物生长所需营养的主要来源，也是湖泊水体中氮、磷等营养盐的重要储存场所[148]。沉积物中对湖泊富营养化影响较大的污染物主要为氮、磷、碳等营养元素[149]。水中的污染物主要通过沉积或吸附等作用累积在底泥中，当水体的环境条件发生变化时，原来蓄积在底泥中的污染物会通过分解、溶解等过程再进入水体，造成湖泊的内源污染。污染物释放的动力来源主要是沉积物间隙水与上覆水之间的浓度梯度[150]。20 世纪 40 年代，国外学者首先提出了水库沉积物的内源释放问题[151]，70 年代掀起了研究热潮[152]。我国在 20 世纪八九十年代开始对湖库沉积物的氮、磷释放通量展开研究。Berelson 等[153]对 PortPhillip 湾的营养盐进行研究发现，沉积物中的氮释放通量占湖泊中总溶解性氮量的 63%，磷释放通量占总溶解性磷酸盐量的 72%。

营养盐在沉积物-上覆水界面的迁移转化过程很复杂，涉及吸附-解吸、络合-解离等物理作用及氧化还原等生物化学过程，除了与营养盐自身性质有关外，环境因素、沉积物性质等的影响作用也很重要。关于释放通量影响因素方面的研究国内外已开展了很多，众多研究表明影响界面交换的因素有温度、溶解氧(dissolved oxygen，DO)、盐度、pH、沉积物组成、扰动等。温度主要通过影响物质的分配系数、吸附能力等来影响界面间的物质迁移，温度升高时，沉积物对营养盐的吸附能力就会降低，从而增大营养盐的释放通量。Morgan 等[154]研究发现，由于夏季温度较高，多氯联苯从沉积物向水体的迁移能力明显高于冬季低温时。沉积物-上覆水界面的溶解氧浓度决定着矿化速率及功能性微生物的活性，从而影响界面间物质交换。Liang 等[155]在实验时发现，NH_4^+-N、NO_3^--N 和 PO_4^{3-}-P 在贫氧环境下的释放通量要高于富氧条件下，随着溶解氧浓度的升高，氮、磷的释放通量明显减小。Jacobsen 等[156]对海洋或入海口等生态系统进行研究，发现水中盐度会对重金属及有机物界面间的迁移产生重要影响。一般来说，增加体系中的离子强度，沉积物中的有机质会发生团聚，疏水性有机物的解吸减少，使得吸附增加。pH 会通过影响微生物生命活动或其他物理化学反应对底泥氮、磷释放造成影响。张红等[157]通过实验研究了不同 pH 对底泥磷释放通量的影响，发现 pH 由 5.5 增加到 7.5 再增加到 9.5 时，磷的释放通量由 1.15mg/($m^2 \cdot d$)增加到 1.25mg/($m^2 \cdot d$)再增至 4.57mg/($m^2 \cdot d$)，可见释放通量呈增加的趋势。对于河流湖库等水生态系统来说，水体的扰动作用，如风浪、船运、生物扰动等，都会引起沉积物再悬浮，从而改变物质在沉积物-上覆水界面间的迁移转化[158-160]。胡开明等[161]采用矩形水槽开展底泥再悬浮模拟实验，并结合太湖二维水量水质模型及全年实测数据，建立了不同湖区底泥再悬浮通量与风速之间的定量关系。除外部环境因素影响外，沉积物组成也会对物质交换与分配产生重要影响。小粒径的沉积物具有更大的比表面积及离子交换活性，所以吸附能力也更强[162]。另有学者在研究中发现，粒径较大的石英矿颗粒具有光滑的晶体表面，很难为菌类提供足够反应的界面，导致体系中氧化硫含量降低[163]。

综上可知，国内外关于沉积物中营养盐的赋存形态、污染特征、在沉积物-上覆水界面间的扩散迁移等方面已取得了一定研究成果，并且沉积物-上覆水界面仍是环境科学与生态领域的研究热点。目前，关于物质交换的影响因素研究多是从单因子角度出发，并且多是简单的定性分析。本书在分析沉积物中氮、磷污染特征及界面间氮、磷释放通量的基础上，通过拟合方程定量反映环境因子与氮、磷释放通量间的关系，同时明晰多因子交互作用对氮、磷释放通量的影响，最终估算全湖的氮、磷负荷，研究结果对湖泊内源污染防治具有重要意义。

1.2.3 河湖水污染综合控制技术体系

1. 湖泊富营养化与控制研究进展

湖泊富营养化主要是由于湖内营养盐等物质富集，在合适的温度、pH 和水动力等外界条件下，湖内藻类等浮游植物高速繁殖，溶解氧减少，水体环境质量下降，鱼类等浮游动物大量死亡，表现为湖泊的水华，危及湖泊的生态系统、人类的饮用水安全等。湖内污染物的聚集主要是由于人类活动的干扰，如农业面源污染、生活污水不达标排放和工业废水偷排等，湖泊富营养化已是全球性的水污染问题，富营养化的控制迫在眉睫[164]。

在湖泊富营养化的研究中，一般采用室内实验与数学模型相结合的方式。1950 年，国内外开始对富营养化模型进行研究，其发展经历了简单到复杂的过程，包括水质模型、生态动力学模型、生态结构动力学模型。

PCLAKE 模型主要是针对浅水湖泊发展起来的，主要研究营养物质与藻类、沉水植物的相互作用过程。刘玉生等[165]建立了生态动力学模型，并结合水箱实验模拟了水中营养物质的水环境容量变化。宋永昌等[166]建立了富营养化生态模型，以淀山湖生态系统为研究对象，取得了很好的效果。阮景荣等[167]建立了磷-浮游植物动态东湖模型，模拟磷的转化过程与浮游植物的关系。刘元波等[168]建立了太湖梅梁湾藻类及其相关营养盐的生态-动力学模型，反映了太湖的富营养状况，对太湖生态系统治理具有指导意义。胡维平等[169-171]建立了风涌增减水和风生流的三维数值模型，较好地模拟了风对流场、水质和生态系统产生的重要影响。夏军等[172]应用WASP4综合水质模型对汉江武汉段水华事件进行了水质模拟，该模型能够较好地模拟藻类的变化过程，并分析和解释发生水华问题的原因和生态机理。李一平等[173]建立了太湖的富营养化模拟模型，将三维水动力模型和二维水质模型耦合，模拟了风生流水质(磷、总氮、化学需氧量和藻类在太湖中的生长和消亡情况)的变化规律。杨具瑞等[174]考虑垂直方向的变化情况，建立了滇池水动力水质模型，分析了对滇池富营养化影响较大的TN、TP、藻类等，为下一步治理滇池奠定了理论依据。李锦秀等[175]开发了三峡库区的富营养化模型，发现该模型可较好地应用于三峡水库，并对三峡水库支流水文水动力变化后库区藻类的生长发育特点进行研究，预测三峡水路的富营养化。随后的研究逐渐考虑生物的生态动力学模型。1990年前后，湖泊富营养化模型引入了湖泊自身系统的变化特征，采用一套连续变化的参数和目标函数表达富营养状态，来反映生物组分对外界环境变化的适应能力。该模型主要的特点是引入目标函数，能反映物种组成和物种性质的时空变化分布[176-179]。

湖泊富营养化产生的主要原因为营养物质的过量富集，湖泊中营养物质的来源主要为外界的输入和内源污染的释放。湖泊水流速度缓慢、水温合适、透明度高和光照充足等条件为湖泊中藻类的生长发育提供了良好的外界环境，在营养物质充足的情况下，湖泊会发生富营养化，甚至出现水华，对湖泊造成极大的危害。因此，湖泊富营养化的控制主要集中在水文水动力条件和营养物质的削减方面[180]。

水动力调控措施对湖泊富营养化的改善得到了人们长足的认识。Lehman等[181]发现，水文条件是影响硅藻水华的重要因素，并通过改变水文条件改变浮游植物存在结构。McIntire等[182]利用室内实验的方式验证了水动力条件对藻类产生一定的影响。Steinman等[183]和Escart等[184]发现低流速有利于藻类的富集。我国在水文水动力条件方面的研究也有一定的进展。李一平等[185]发现较大的风速更能导致湖泊内源污染的释放，加剧湖泊的富营养化。颜润润等[186]研究得到藻类生长与水动力有很大关系，发现在90r/min扰动时有利于藻类的生长，验证了李一平等的研究。蔡其华[187]提出了通过增加河流上游流量来增大河流局部流速，破坏水体富营养化的生境条件，进而控制富营养化。戴昌军等[188]提出了合理调配丹江口水库与引江济汉工程的水量，来控制汉江富营养化。水文水动力条件对湖泊富营养化影响的研究主要体现在流速与藻类生长的关系上。

水文水动力条件对湖泊的富营养化产生较大影响，但在实际湖泊中应用得不多。营养物质削减是改善湖泊富营养化的重要途径。Vollenweider [189]认为磷是富营养化的限制性营养盐，只要控制好磷的外部输入就能控制好富营养化，只在特定状况下考虑氮的输入。Edmondson[190]和Schindler[191]肯定了Vollenweider的研究成果，认为磷对湖泊富营养化的贡献远大于氮，控制湖泊的富营养化首先要控制磷。Conley 等[192]的研究结果不同于前人，认为应该同时削减氮和磷。Jacoby 等[193]肯定了同时削减氮和磷的策略，但就其控制效果提出了疑问。综上所述，同时削减氮和磷策略是控制富营养化的理性选择。

2. 水系连通优化技术与水量水质调控研究进展

随着城市化进程的加快，我国已逐步搭建起相对完善的水资源调配工程系统，包括渠道、水库、闸门、泵站和相应的自然水系。随着人类活动的干扰，自然流域呈现人工化特征和破碎化趋势[194]，水利工程的兴建使河流的连通性遭到破坏。水系连通性量化分析研究聚焦于水系连通度概念、方法、指标、度量方法和应用，以及水系连通度在水文学、生态学和经济学等领域的应用等[195-197]。此类研究通常以水系格局作为切入点，把河网抽象成相应的无向图，并通过边连通度[198]和点连通度等参数来反映其连通性[199-201]。Tetzlaff 等[202]和 Ali 等[203]对水系连通度概念、方法和应用进行了探讨，并将其引入到景观生态学、水文学、地形学和经济学等学科领域。有学者[204-206]将水位作为水文参数，结合河网无向图模型，从水文连通性[207]的角度进行河网连通性评价。让河网结构连通性定量分析的研究工作得到一定推动，然而河网发挥输水、行洪等功能及连通性还需要考虑河道种类、水流阻力等因素的影响。针对不同类型输水能力的河道组成的河网，学者基于河道水流阻力和图论方法提出了河网加权连通性定量评价方法。徐光来等[208]以水流阻力和图论为基础考察河网连通性，该策略利用水流阻力的倒数来反映水流是否顺畅。陈星等[209]考虑不同河道之间输水能力的差异性，综合考虑河网的结构连通性和水力连通性。上述研究的考虑因素仍有待完善，实际上河流连通性受水文、水动力、水质和人类活动等多方面因素的影响。水系连通优化技术作为新形势下的治水策略已经受到高度重视，对平原河网区的水文过程和水环境健康有着重要影响，逐渐成为国内外学者关注的热点问题。水系连通优化目标多从改善水动力条件出发[210]，水动力模拟是预估水系连通优化技术实施效果的基础[211-212]，在河湖水系连通优化中得到了广泛应用，不仅能够强化水动力、增加水体流动[213-216]，而且在预防水体富营养化方面有着举足轻重的影响[217-220]。例如，袁彦斌等[221]采用了二维有限元数值模拟方法，研究湖库水系连通方案的效果；Francisco 等[222]研究了彼此连通流域间的水资源动态管理。水系连通优化技术研究有待进一步将水动力水质耦合模拟与水系综合连通量化相结合，以提高水系连通优化技术的实施效果。

水量和水质在时空分布上的合理调控及调控效果的客观量化，对改善流域水环境具有重要意义。流域水量水质联合调度是有效缓解污染的重要手段之一[223-224]。在宏观上需要优化各用水部门的水资源配置[225-227]；在中观上需要优化河道内的水量和水质分布，兼顾流域环境流量、景观蓄水和水质达标等需求[228-231]；在微观上可配合具体工程措施以改善局部水流条件[232-234]。依赖水利工程的取水量随着多方面用水量的增加而逐渐增加，研究取水工程联控与水流运动特性的相互作用机制，可实现水利工程的低环境影响利用，对流域健康有重大意义。值得注意的是，水量水质调控研究对强人工干扰流域水系阻隔效应的考虑不足，基于水系连通性敏感度的强人工干扰流域调度模式有待创新，以解决环境流量不足及污染物阻滞等问题。水量和水质调控效果的综合量化是确定最优方案的重要环节，而现有研究多着重于不同水质指标的综合量化，对水量和水质指标的综合考虑较少。水质评价的常见方法有灰度系统法[235-236]、水质标识指数法[237]、模糊综合指数法[238]、层次分析法等[239]。解雪峰等[240]立足于流域生态系统健康状况，采用模糊物元模型研究了空间分布规律和限制性因子。于志慧等[241]基于湖州市区不同城市化水平，利用熵权物元模型定量评价并动态分析了河流健康状况。上述方法对水质指标数据系列的要求较高，而实际工作中水质指标往往存在一定的局限性，如何根据有限数量的水质变量得到确定性的评价结果，有待进一步探讨[242]。作为一种高阶前馈型神经网络，模糊神经网络将模糊技术[243]与神经网络技术[244]有机结合，兼具模糊算法对样本数量要求不高的优点和神经网络对非线性问题的良好适应能力，同时构造出能不断修正各模糊子集的隶属函数，使评价结果更具客观性和实用性[245-246]。Brierley 等[247]从流域、河段和水文单元等不同尺度评价了河流系统状况。比较不同蓄水调控方案对流域水量和水质的改善效果，应将流域作为整体给出一个综合性评价结果，需要平衡水量和水质空间分布的差异性，兼顾不同监测点位的代表性。文献中多采用多断面平均值法或加权法，平均值法难以体现不同监测点位的代表性，加权法未能考虑不同点在流域层面的拓扑关系。

综上所述，当前水系连通性量化考虑因素相对单一，聚焦于结构连通性方面，而实际上河流的连通性受水文、水动力、水质和人类活动等多方面因素的影响，有待于整合流域发挥功能连通性的复杂过程。水系连通优化技术须注重综合连通性量化指标的改进、与数值模拟技术的结合，并且有待着眼于流域河湖水系的整体连通性。基于水系连通优化并服务于环境流量目标综合改善的流域水量水质调控技术，具有较大研究空间和重要现实意义。

1.3　研究内容与框架

本书聚焦于河流典型区污染物输运规律与水量水质调控研究，在河流污染源解析的基础上，开展交汇区、植被区、河岸带等河流典型区的污染物输运扩散机理和控制措施研究，主要内容和框架如下。

1) 河湖典型区污染物迁移转化基础理论

第 1 章在梳理国内外研究动态的基础上，分别以交汇区、植被区和河岸带为研究主体，对河湖典型区污染物迁移转化基础理论进行介绍。

第 2 章为河流交汇区水流紊动特性与污染物迁移转化机理研究。通过向支槽水箱投加模拟的污染物，进行室内水槽实验，研究带有污染物的支流汇入主流后交汇区污染物的扩散，定量分析汇流比、交汇角、宽深比和污染物浓度对交汇区污染物横向扩散、纵向扩散及交汇区内混合特性的影响。采用现场采样分析的方法对 H 河(黄河)与 F 河(汾河)交汇区的典型水质指标进行多次监测，阐明该交汇区的水质污染状况、污染物时空分布特征，研究流量比和浓度比对污染物混合速率、不均匀指数的影响，揭示影响该交汇区污染物混合的决定性因子。

第 3 章为含柔性植被明渠水动力特性与污染物浓度场实验研究。通过顺直水槽实验系统模拟河道，利用人造水草模仿自然植被，采用粒子图像流速仪(PIV)与平面激光诱导荧光(PLIF)技术，研究植被存在对明渠水流特性和污染物浓度场的影响；详尽分析植被密度、淹没度变化对含柔性植被水流水位、流速、雷诺应力及紊动强度的影响，以及植被密度、淹没度变化对含柔性植被水流污染物横向与垂向时均浓度场、浓度半宽和混合程度的影响。

第 4 章对河岸带对氮、磷的截留作用展开研究。通过分析 F 河 LF 段三处典型河岸带土壤氮、磷含量，研究不同特征河岸带氮、磷的分布规律，明晰 F 河 LF 段河岸带氮、磷的时空演变规律。对 F 河 LF 段典型河岸带植物氮、磷生态化学计量特征展开研究，阐明河岸带植被氮、磷生态化学计量特征的影响因素，从生态化学计量学角度对不同特征河岸带植物多样性进行探讨，揭示植物-土壤系统氮、磷元素循环机制及其对河岸带植被分布的影响；研究 F 河 LF 段典型河岸带对氮、磷的拦截及河水入渗作用的影响，通过分析、对比 F 河 LF 段三处典型河岸带对氮、磷的拦截作用及河水入渗过程中截留在河岸带中的氮、磷含量，明晰影响 F 河 LF 段三处典型河岸带氮、磷分布的相关因子，并在此基础上建立环境因子与河岸带氮、磷含量的回归模型，研究结果可为充分发挥河岸带的生态功能提供依据。

2) 河湖污染源解析及污染物迁移转化数值模拟

第 5 章为污染源解析研究。分析 F 河下游 2018 年 7 月和 12 月不同采样点无机氮浓度及其与土地利用类型相关性，对 7 月与 12 月采集的水样进行 MiSeq 高通量测序，分析 F 河下游水体中微生物对硝化与反硝化作用的影响；基于主要硝化细菌、反硝化细菌菌属类别及水体水质数据基础，对细菌菌属群落与水体无机氮进行主成分分析和斯皮尔曼(Spearman)相关性分析；对 7 月和 12 月采集样品进行硝酸盐氮、氧稳定同位素检测，并根据特征值 $\delta^{15}N-NO_3^-$ 和 $\delta^{18}O-NO_3^-$ 取值范围来确定 NO_3^--N 的污染源；结合 $\delta^{15}N-NO_3^-$ 和 $\delta^{18}O-NO_3^-$ 分析结果，基于 IsoSource 模型定量计算 F 河丰水期、枯水期 NO_3^--N 主要污染源的贡献率。

第 6 章对内源污染释放通量预测展开研究。以自然状态下 YM 湖的底泥与上覆水为研究对象，进行实验室培养，模拟现场条件，研究沉积物-上覆水界面营养盐交换的季节变化特征，研究界面间氮、磷释放的变化规律；以YM湖的上覆水及沉积物为研究对象，研究主要环境因子对氮、磷释放的影响规律，将回归模型与湖泊实际结合，对湖泊氮、磷释放通量进行估算，为YM湖内源污染防治提供科学依据与参考。

3) 河湖水污染综合控制技术体系

第7章为浅水湖泊水动力特性与富营养化机理及调控措施。对WX湖进行全面系统的野外实地考察与采样工作，在收集WX湖水文、气象等资料的基础上，采用二维浅水水动力模型对WX湖流场进行数值模拟研究；分析WX湖富营养化的形成机理及不同影响因素对富营养化的影响程度，针对资料缺乏地区的水华进行预警研究；二次开发适合 WX 湖的富营养化模型，定量研究远期调控措施下WX湖水环境改善效果。

第8章为强人工干扰流域连通性及水量水质调控研究。以QY河流域为例，结合水生态理论、图论算法、模糊神经网络模型，以及道路交通学和景观生态学中的相关理论，进行QY河流域的水生态模型构建，开展网状水系结构连通性量化方法、流域结构和功能连通性的综合量化方法、河网多监测点位水量水质综合评价方法的理论研究；以强人工干扰的QY河流域为实例，针对该流域内的闸控河网、人工河道和人工湖泊群，开展流域连通性和水量水质调控研究。

本书研究框架如图1-1所示。

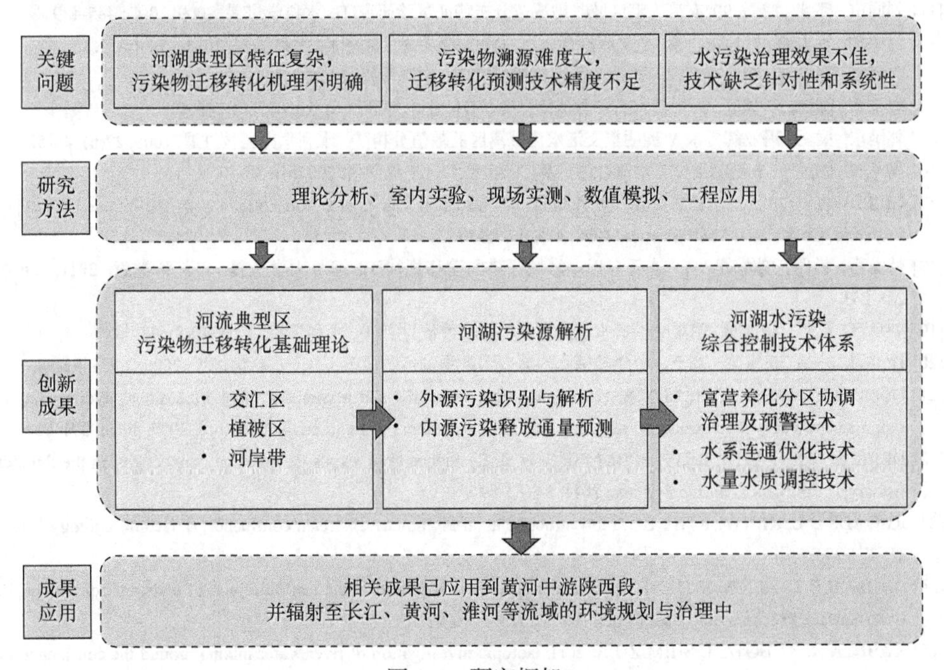

图1-1 研究框架

参 考 文 献

[1] BEST J L. Sediment transport and bed morphology at river channel confluences[J]. Sedimentology, 1988, (35): 481-498.

[2] BEST J L, REID I. Separation zone at open-channel junctions[J]. Journal of Hydraulic Engineering, 1984, 110(11): 1588-1594.

[3] BEST J L. Flow dynamics at river channel confluences: Implications for sediment transport and bed morphology, in recent developments in fluvial sedimentology[J]. The Society of Economic Paleontologists and Mineralogists, 1987, 39: 27-35.

[4] RHOADS B L, JOHNSON K K. Three-dimensional flow structure, morphodynamics, suspended sediment, and thermal mixing at an asymmetrical river confluence of a straight tributary and curving main channel[J]. Geomorphology, 2018, 323: 51-69.

[5] SHAKIBAINIA A, ZARRATI A R, TABATABAI M R M. Three-dimensional numerical study of flow structure in channel confluences[J]. Canadian Journal of Civil Engineering, 2010, 37: 772-781.

[6] RILEY J D, RHOADS B L. Flow structure and channel morphology at a natural confluent meander bend[J]. Geomorphology, 2012, 163: 84-98.

[7] 吴学良. 大渡河入汇对岷江乐山九龙滩河段水沙运动的影响[J]. 水运工程, 1989, (11): 26-31.

[8] WANG X K, ZHOU S F, YE L, et al. Numerical simulation of confluence flow structure between Jialing River and Yangtze River[J]. Advances in Water Science, 2015, 26(3): 372-377.

[9] 冯镜洁, 李然, 王协康, 等. 河流交汇分离区特性研究[J]. 水动力学研究与进展(A 辑), 2009, 4(3): 320-325.

[10] YUAN S, TANG H, XIAO Y, et al. Turbulent flow structure at a 90-degree open channel confluence: Accounting for the distortion of the shear layer[J]. Journal of Hydro-environment Research, 2016, 12: 130-147.

[11] 刘同宦, 郭炜, 詹磊. 90°支流入汇区域时均流速分布特征试验研究[J]. 水科学进展, 2009, 20(4): 485-489.

[12] 付中敏, 谷祖鹏, 郑惊涛, 等. 干支流汇合口水力特性的试验性研究[J]. 水运工程, 2013, (4): 46-51.

[13] 茅泽育, 赵升伟. 明渠交汇口三维水力特性试验研究[J]. 水利学报, 2004, 35(2): 1-7.

[14] 郭维东, 陈海山, 刘健. 浑河洪水特性数值模拟分析[J]. 水电能源科学, 2010, 28(4): 46-49.

[15] 郭维东, 梁岳, 冯亚辉, 等. Y 型明渠交汇水流分离区的数值分析[J]. 水利水电科技进展, 2005, 27(6): 49-52.

[16] 冯亚辉, 郭维东. Y 型明渠交汇水流数值计算[J]. 水利水运工程学报, 2007(4): 36-40.

[17] GILLIBRAND P A, BALLS P W. Modelling salt intrusion and nitrate concentrations in the Ythan Estuary[J]. Estuarine, Coastal and Shelf Science, 1998, 47(6): 695-706.

[18] 韩龙喜, 易路, 刘军英, 等. 连云港近岸海域污染物输移规律[J]. 河海大学学报: 自然科学版, 2011, 39(3): 248-253.

[19] 茅泽育, 武蓉, 马吉明. 明渠交汇口水流及污染物输移数值计算[J]. 水利学报, 2003, 40(8): 43-48.

[20] 徐洪周, 林晶, 王东晓. 基于一个年龄概念的河口污染物输运数值模拟[J]. 水科学进展, 2009, 20(1): 92-98.

[21] NG S M Y, WAI O W H, LI Y S, et al. Integration of a GIS and a complex three-dimensional hydrodynamic, sediment and heavy metal transport numerical model[J]. Advances in Engineering Software, 2009, 40(6): 391-401.

[22] DE BRAUWEREA, DE BRYE B, BLAISE S, et al. Residence time, exposure time and connectivity in the Scheldt Estuary[J]. Journal of Marine Systems, 2011, 84: 85-89.

[23] RHOADS B L, KENWORTHY S T. Flow structure at an asymmetrical stream confluence[J]. Geomorphology, 1995, 11: 273-293.

[24] RHOADS B L, KENWORTHY S T. Time-averaged flow structure in the central region of a stream confluence[J]. Earth Surface Processes and Landforms, 1998, 23(2): 171-191.

[25] KABEYA N, KUBOTA T, SHIMIZU A, et al. Isotopic investigation of river water mixing around the confluence of the Tonle Sap and Mekong rivers[J]. Hydrological Processes, 2008, 22(9): 1351-1358.

[26] RATHBUN R E, ROSTAD C E. Lateral mixing in the Mississippi River below the confluence with the Ohio River[J]. Water Resources Research, 2004, 40: W05207.

[27] LANE S N, PARSONS D R, BEST J L, et al. Causes of rapid mixing at a junction of two large rivers: Rio Parana and Rio Paraguay, Argentina[J]. Journal of Geophysical Research, 2008, 113: F02019.

[28] LARAQUE A, GUYOT J L, FILIZOLA N. Mixing processes in the Amazon River at the confluences of the Negro and Solimões rivers, Encontro das Aguas, Manaus, Brazil[J]. Hydrological Processes, 2009, 23: 3131-3140.

[29] BOUCHEZ J, LAJEUNESSE E, GAILLARDET J, et al. Turbulent mixing in the Amazon River: The isotopic memory of confluences[J]. Earth and Planetary Science Letters, 2010, 290(1-2): 37-43.

[30] GAUDET J M, ROY A G. Effect of bed morphology on flow mixing length at river confluences[J]. Nature, 1995, 373(6510): 138-139.

[31] BIRON P, RAMAMURTHY A S, HAN S. Three-dimensional numerical modeling of mixing at river confluences[J]. Journal of Hydraulic Engineering. ASCE, 2004, 130(3): 243-253.

[32] RHOADS B L, SUKHODOLOV A N. Field investigation of three-dimensional flow structure at stream confluences: 1. Thermal mixing and time-averaged velocities[J]. Water Resources Research, 2001, 37(9): 2393-2410.

[33] LEWIS Q W, RHOADS B L. Rates and patterns of thermal mixing at a small stream confluence under variable incoming flow conditions[J]. Hydrological Processes, 2015, 29(20): 4442-4456.

[34] DE SERRES B, ROY A G, et al. Three-dimensional structure of flow ata confluence of river channels with discordant beds[J]. Geomorphology, 1999, 26(4): 313-335.

[35] 李文斌, 顾杰, 匡翠萍, 等. 基于 PIV 的横流中射流轨迹与扩散特性试验研究[J]. 水动力学研究与进展(A 辑), 2018, 33(2): 207-215.

[36] 藤素芬, 冯民权, 郑邦民. 基于 PIV 测试与 Lagrange-Euler 法的多孔侧排射流流场和浓度场分析[J]. 自然灾害学报, 2016, 25(4): 159-166.

[37] 龙晓警. 粒子图像测速(PIV)技术在水槽波浪中的研究[D]. 天津: 天津大学, 2009.

[38] OZGOREN M, OKBAZ A, DOGAN S, et al. Investigation of flow characteristics around a sphere placed in a boundary layer over a flat plate[J]. Experimental Thermal and Fluid Science, 2013, 44: 62-74.

[39] HAJIMIRZAIE S M, TSAKIRIS A G, BUCHHOLZ J H J, et al. Flow characteristics around a wall-mounted spherical obstacle in a thin boundary layer[J]. Experiments in Fluids, 2014, 55(6): 1-14.

[40] 王晓莉. 水体中污染物浓度场的水槽实验及数值模拟[D]. 上海: 上海海洋大学, 2014.

[41] AUBERT A, PONCET S, GAL P L, et al. Velocity and temperature measurements in a turbulent water-filled Taylor-Couette-Poiseuille system[J]. International Journal of Thermal Sciences, 2015, 90:238-247.

[42] QIAO J, DENG R, WANG C H. Particle motion in a Taylor vortex[J]. International Journal of Multiphase Flow, 2015, 77: 120-130.

[43] ADRIAN R J, YAO C S. Pulsed laser technique application to liquid and gaseous flows and the scattering power of seed materials[J]. Applied Optics, 1985, 24(1): 44-52.

[44] 张玮, 王元, 徐忠, 等. 应用粒子图像速度场仪对泊肃叶流动及圆柱绕流的测量[J]. 西安交通大学学报, 2002, 36(3): 246-251.

[45] 魏润杰, 申功炘. DPIV 系统研制及其应用[J]. 实验流体力学, 2003, 17(2): 88-92.

[46] 李玲, 李玉梁, 黄继汤, 等. 三岔管内水流流动的数值模拟与实验研究[J]. 水利学报, 2001, 32(3): 49-53.

[47] 刘凤霞, 刘志军, 王琳, 等. 用 PIV 测试涡旋波流场的速度和剪应力分布[J]. 实验力学, 2006, 21(3): 278-284.

[48] 槐文信, 韩杰, 曾玉红. 淹没柔性植被明渠恒定水流水力特性的试验研究[J]. 水利学报, 2009, 40(7): 25-31.

[49] 惠二青, 江春波, 潘应旺. 植被覆盖的河道水流纵向流速垂向分布[J]. 清华大学学报(自然科学版), 2009, 49(6): 834-837.

[50] STEPHAN U, GUTKENCHT D. Hydraulic resistance of submerged flexible vegetation[J]. Journal of Hydrology, 2002, 269(1): 27-43.

[51] CHEN S C, KUO Y M, LI Y H, et al. Flow characteristics within different configurations of submerged flexible

vegetation[J]. Journal of Hydrology, 2011, 398(1-2): 124-134.
[52] CAROLLO F G, FERRO V, TERMINI D. Flow velocity measurements in vegetated channels[J]. Journal of Hydraulic Engineering, 2002, 128(7): 664-673.
[53] YI P L, YING W, DESMOND O A, et al. Flow characteristics in different densities of submerged flexible vegetation from an open-channel flume study of artificial plants[J]. Geomorphology, 2014, 204: 314-324.
[54] HUAI W X, ZENG Y H, XU Z G, et al. Three-layer model for vertical velocity distribution in open channel flow with submerged rigid vegetation[J]. Advances in Water Resources, 2009, 32(4): 487-492.
[55] 闫静, 唐洪武, 田志军, 等. 植物对明渠流速分布影响的试验研究[J]. 水利水运工程学报, 2011, (4): 138-142.
[56] 刘昭伟, 陈永灿, 朱德军, 等. 灌木植被水流的流速垂向分布[J]. 水力发电学报, 2011, 30(6): 237-241.
[57] THOKCHOM B D, ANURAG S, BIMLESH K. Flow characteristics in a partly vegetated channel with emergent vegetation and seepage[J]. Ecohydrology & Hydrobiology, 2019, 19(1) : 93-108.
[58] 吴福生, 姜树海, 周杰, 等. 河漫滩湿地淹没柔性植物水流涡量场研究[J]. 水利学报, 2010, 39(12) : 1469-1475.
[59] 槐文信, 钟娅, 杨中华. 明渠漂浮植被水流内部能量损失和传递规律研究[J]. 水利学报, 2018, 49(4): 397-403, 418.
[60] ZHAO F, HUAI W. Hydrodynamics of discontinuous rigid submerged vegetation patches in open-channel flow[J]. Journal of Hydro-environment Research, 2016, 12(9): 148-160.
[61] HUAI W X, ZHANG J, KATUL G G, et al. The structure of turbulent flow through submerged flexible vegetation[J]. Journal of Hydrodynamics, 2019, (2): 274-292.
[62] NEUMEIER U, AMOS C L. The influence of vegetation on turbulence and flow velocities in European salt-marshes[J]. 2006, 53(2): 259-277.
[63] 樊新建, 雷鹏, 王成, 等. 柔性淹没植被的排列方式对水流特性的影响[J]. 华中科技大学学报(自然科学版), 2020, 48(3): 127-132.
[64] 赵芳, ARISTOTLIS M, ANASTASIOS S, 等. 刚性淹没球冠状植被水流特性试验研究[J]. 水利学报, 2018, 49(3): 353-361.
[65] ZHANG J, ZHONG Y, HUAI W. Transverse distribution of streamwise velocity in open-channel flow with artificial emergent vegetation[J]. Ecological Engineering, 2018, 110: 78-86.
[66] 渠庚, 张小峰, 陈栋, 等. 含柔性植物明渠水流阻力特性试验研究[J]. 水利学报, 2015, 46(11): 1344-1351.
[67] 张英豪, 赖锡军. 苦草对水流结构的影响研究[J]. 水科学进展, 2015, 26(1): 99-106.
[68] 庞翠超. 象限分析法分析沉水植物促淤效应[J]. 水利水运工程学报, 2016, (3): 20-26.
[69] 周睿, 程永光, 吴家阳, 等. 用浸没边界-格子 Boltzmann 方法模拟双层刚性植被明渠水流特性[J]. 水动力学研究与进展(A 辑), 2019, 34(4): 503-511.
[70] MABROUKA M, AMEL S, PHILIPPE B. Analytical models evaluation for predicting vertical velocity flows through submerged vegetation[J]. International Journal of Engineering Research, 2015, 4(1): 9-12.
[71] 赵连权, 白晓华, 李丰超, 等. 含天然沉水植物明渠水流特性研究[J]. 水电能源科学, 2013, 31(11): 113-116.
[72] 宋为威, 周济人, 奚斌. 含植物河道水流紊动特性研究[J]. 水利与建筑工程学报, 2015, 13(6): 209-213.
[73] CAROPPI G, VASTILA K, JARVELA J. Turbulence at water-vegetation interface in open channel flow: Experiments with natural-like plants[J]. Advances in Water Resources, 2019, 127: 180-191.
[74] WHITE B L, NEPF H M. Scalar transport in random cylinder arrays at moderate Reynolds number[J]. Journal of Fluid Mechanics, 2003, 487: 43-79.
[75] GHISALBERTI M, NEPF H. Mass transport in vegetated shear flows[J]. Environmental Fluid Mechanics, 2005, 5(6): 527-551.
[76] MURPHY E, GHISALBERTI M, NEPF H. Model and laboratory study of dispersion in flows with submerged vegetation[J]. Water Resources Research, 2007, 43(5): 687-696.
[77] HU Z, LEI J, LIU C. Wake structure and sediment deposition behind models of submerged vegetation with and without flexible leaves[J]. Advances in Water Resources, 2018, 118(8): 28-38.

[78] OKAMOTO T A, NEZU I, IKEDA H. Vertical mass and momentum transport in open-channel flows with submerged vegetations[J]. Journal of Hydro-environment Research, 2012, 6(4): 287-297.

[79] MALCANGIO D, MOSSA M. A laboratory investigation into the influence of a rigid vegetation on the evolution of a round turbulent jet discharged within a cross flow[J]. Journal of Environmental Management, 2016, 173(5): 105-120.

[80] SHIN J, SEO J Y, SEO I W. Longitudinal dispersion coefficient for mixing in open channel flows with submerged vegetation[J]. Ecological Engineering, 2020, 145: 105721.

[81] HOSSEIN H, MOHAMMAD H O, ALIREZA K. Longitudinal dispersion in waterways with vegetated floodplain[J]. Ecological Engineering, 2015, 84: 398-407.

[82] 槐文信, 梁雪融. 基于随机位移方法的植被水流纵向离散研究[J]. 工程科学与技术, 2019, 51(3): 142-147.

[83] POGGI D, KATUL G, ALBERTSON J. Scalar dispersion within a model canopy: Measurements and three-dimensional Lagrangian models[J]. Advances in Water Resources, 2006, 29(2): 326-335.

[84] 朱兰燕. 植被渠道水流和污染物输移扩散三维数值模拟[D]. 大连: 大连理工大学, 2008.

[85] LU J, DAI H C. Three dimensional numerical modeling of flows and scalar transport in a vegetated channel[J]. Journal of Hydro-environment Research, 2017, 16: 27-33.

[86] LU J, DAI H C. Numerical modeling of pollution transport in flexible vegetation[J]. Journal of Hydrodynamics B, 2018, 64: 93-105.

[87] LU J, DAI H. Effect of submerged vegetation on solute transport in an open channel using large eddy simulation[J]. Advances in Water Resources, 2016, 97: 87-99.

[88] LIANG D F, WU X F. A random walk simulation of scalar mixing in flows through submerged vegetations[J]. Journal of Hydrodynamics B, 2014, (3): 343-350.

[89] JAHRA F, KAWAHARA Y. Research on passive contaminant transport in a vegetated channel[J]. Journal of Environmental Informatics, 2019, 33(1): 28-36.

[90] 李文斌, 顾杰, 匡翠萍, 等. 基于 PIV 的横流中射流轨迹与扩散特性试验研究[J]. 水动力学研究与进展(A 辑), 2018, 33(2): 207-215.

[91] 王晓莉. 水体中污染物浓度场的水槽实验及数值模拟[D]. 上海: 上海海洋大学, 2014.

[92] 顾杰, 郑宇华. 利用数字图像处理技术测量浓度场的实验研究[J]. 水动力学研究与进展(A 辑), 2016, 31(6): 681-688.

[93] 程云章, 刘涛, 卢曦, 等. 环境风洞浓度场测量系统的检验试验[J]. 工程热物理学报, 2006, 27(1): 117-120.

[94] 李荣辉. 基于 PIV 技术的射流浓度场扩散试验研究[D]. 南京: 河海大学, 2005.

[95] 陈永平, 田万青, 方家裕, 等. 波浪环境下多孔射流水动力特性试验[J]. 水科学进展, 2016, 27(4): 569-578.

[96] 肖洋, 唐洪武, 华明, 等. 同向圆射流混合特性实验研究[J]. 水科学进展, 2006, 17(4): 512-517.

[97] 林柯利, 毕荣山, 谭心舜, 等. 利用面激光诱导荧光技术研究喷射器内液-液湍流混合特性[J]. 高校化学工程学报, 2009, 23(1): 28-33.

[98] 毕荣山, 谭心舜, 林柯利, 等. 结构尺寸对液-液喷射器湍流混合性能的影响[J]. 高校化学工程学报, 2010, 24(5): 752-757.

[99] NEMRI M, CLIMENT E, CHARTON S, et al. Experimental and numerical investigation on mixing and axial dispersion in Taylor-Couette flow patterns[J]. Chemical Engineering Research and Design, 91(12): 2346-2354.

[100] 张建伟, 王诺成, 冯颖, 等. 基于 PLIF 的水平三向撞击流径向流型的研究[J]. 高校化学工程学报, 2016, 30(3): 723-729.

[101] THONG C X, KALT P A M, DALLY B B, et al. Flow dynamics of multi-lateral jets injection into a round pipe flow[J]. Experiments in Fluids, 2015, 56(1): 1-16.

[102] 管贤平, 邱白晶, 龚艳, 等. 平面激光诱导荧光法测量射流混药浓度场研究[J]. 农业工程学报, 2018, 34(23): 57-66

[103] MAYER P M, REYNOLDS J S K, MCCUTCHEN M D, et al. Riparian buffer width, vegetative cover, and nitrogen removal effectiveness[J]. Journal of Environment Quality, 2007, 36(4): 1172-1180.

[104] 陈伏生, 曾德慧, 何兴元. 森林土壤氮素的转化与循环[J]. 生态学杂志, 2004, 23(5): 126-133.

[105] DA ROS L M, SOOLANAYAKANAHALLY R Y, GUY R D, et al. Phosphorus storage and resorption in riparian tree species: Environmental applications of poplar and willow[J]. Environmental and Experimental Botany, 2018, 149: 1-8.

[106] 尹逊霄, 华珞, 张振贤, 等. 土壤中磷素的有效性及其循环转化机制研究[J]. 首都师范大学学报(自然科学版), 2005, 26(3): 95-101.

[107] FILIPPELLI G M. The global phosphorus cycle: Past, present, and future[J]. Elements, 2008, 4(2): 89-95.

[108] 项颂, 庞燕, 窦嘉顺, 等. 不同时空尺度下土地利用对洱海入湖河流水质的影响[J]. 生态学报, 2018, 38(3): 876-885.

[109] 郭二辉, 方晓, 马丽, 等. 河岸带农田不同恢复年限对土壤碳氮磷生态化学计量特征的影响——以温榆河为例[J]. 生态学报, 2020, 40(11): 3785-3794.

[110] ZHANG M Y, O'CONNOR P J, ZHANG J Y, et al. Linking soil nutrient cycling and microbial community with vegetation cover in riparian zone[J]. Geoderma, 2021, 384, 114801.

[111] 韩晓丽, 黄春国, 张芸香, 等. 文峪河上游河岸带不同植被类型土壤 *nirS* 反硝化菌群结构及功能[J]. 生态学报, 2020, 40(6): 1977-1989.

[112] 王静, 王冬梅, 任远, 等. 漓江河岸带不同水文环境土壤微生物与土壤养分的耦合关系[J]. 生态学报, 2019, 39(8): 2687-2695.

[113] BRUMBERG H, BEIRNE C, EBEN N B, et al. Riparian buffer length is more influential than width on river water quality: A case study in southern costa Rica[J]. Journal of Environmental Management, 2021, 286: 112132.

[114] 刘庆, 魏建兵, 吴志峰, 等. 多尺度环境因子对广州市流溪河河岸带土壤理化性质空间分异的影响[J]. 生态学杂志, 2016, 35(11): 3064-3071.

[115] 郭二辉, 云菲, 冯志培, 等. 河岸带不同植被格局对表层土壤养分分布和迁移特征的影响[J]. 自然资源学报, 2016, 31(7): 1164-1172.

[116] 王琼, 范康飞, 范志平, 等. 河岸缓冲带对氮污染物削减作用研究进展[J]. 生态学杂志, 2020, 39(2): 665-677.

[117] 钱进, 沈蒙蒙, 王沛芳, 等. 河岸带土壤磷素空间分布及其对水文过程响应[J]. 水科学进展, 2017, 28(1): 41-48.

[118] 罗琰, 苏德荣, 吕世海, 等. 辉河湿地河岸带土壤养分与酶活性特征及相关性研究[J]. 土壤, 2017, 49(1): 203-207.

[119] 陈影, 陈苏, 冯天朕, 等. 辽河干流河岸带土壤酶活性特征及相关性研究[J]. 环境科学与技术, 2020, 43(7): 1-7.

[120] GU S, GRUAU G, DUPAS R, et al. Release of dissolved phosphorus from riparian wetlands: Evidence for complex interactions among hydroclimate variability, topography and soil properties[J]. Science of the Total Environment, 2017, 598: 421-431.

[121] BALESTRINI R, SACCHI E, TIDILI D, et al. Factors affecting agricultural nitrogen removal in riparian strips: Examples from groundwater-dependent ecosystems of the Po Valley (Northern Italy)[J]. Agriculture, Ecosystems and Environment, 2016, 221: 132-144.

[122] YOUNG E O, ROSS D S. Total and labile phosphorus concentrations as influenced by riparian buffer soil properties[J]. Journal of Environmental Quality, 2016, 45(1): 294-304.

[123] 牛江波. 长江上游江津段德感坝河岸带对氮磷的拦截作用研究[D]. 重庆: 西南大学, 2014.

[124] 朱晓成, 吴永波, 余昱莹, 等. 太湖乔木林河岸植被缓冲带截留氮素效率[J]. 浙江农林大学学报, 2019, 36(3): 565-572.

[125] HEFTING M M, CLEMENT J, BIENKOWSKI P, et al. The role of vegetation and litter in the nitrogen dynamics of riparian buffer zones in Europe[J]. Ecological Engineering, 2005, 24(5): 465-482.

[126] 黄雪梅, 马永红, 董廷发. 河距对连香树雌雄植株分布、形态和叶片 N、P 重吸收效率的影响差异[J]. 植物研究, 2021, 41(5): 789-797.

[127] 张鸿龄, 李天娇, 赵志芳, 等. 辽河河岸植被缓冲带构建及其对固体颗粒物和氮阻控能力[J]. 生态学杂志, 2020, 39(7): 2185-2192.

[128] QIAN J, JIN W, HU J, et al. Stable isotope analyses of nitrogen source and preference for ammonium versus nitrate of riparian plants during the plant growing season in Taihu Lake Basin[J]. Science of the Total Environment, 2021, 763: 143029.

[129] 冷佩芳, 李发东, 古丛珂, 等. 基于集成分析的环渤海地区河流硝酸盐污染解析[J]. 环境科学学报, 2018, 38(4): 1537-1548.

[130] 孔晓乐, 王仕琴, 丁飞, 等. 基于水化学和稳定同位素的白洋淀流域地表水和地下水硝酸盐来源[J]. 环境科学, 2018, 39(6): 2624-2631.

[131] CHANG C C Y. Nitrate stable isotopes: Tools for determining nitrate sources among different landuses in the Mississippi River Basin[J]. Canadian Journal of Fisheries & Aquatic Sciences, 2002, 59(12): 1874-1885.

[132] 吴登定, 姜月华, 贾军远, 等. 运用氮、氧同位素技术判别常州地区地下水氮污染源[J]. 水文地质工程地质, 2006, 33(3): 11-15.

[133] QIU J. Importance of landscape heterogeneity for sustaining hydrologic ecosystem services in an urbanizing agricultural watershed[J]. Ecosphere, 2016, 6(11): 1-19.

[134] WOLLHEIM W M, PELLERIN B A, SMARTY C J, et al. N retention in urbanizing headwater catchments[J]. Ecosystems, 2005, 8(8): 871-884.

[135] SILVA S R, GING P B, LEE R W, et al. Forensic applications of nitrogen and oxygen isotopes in tracing nitrate sources in urban environments[J]. Environmental Forensics, 2002, 3(2): 125-130.

[136] CHRISTIANSON L E, HARMEL R D. The manage drain load database: Review and compilation of more than fifty years of North American drainage nutrient studies[J]. Agricultural Water Management, 2015, 159: 277-289.

[137] HALE R L, TURNBULL L, EARL S, et al. Sources and transport of nitrogen in arid urban watersheds[J]. Environmental Science & Technology, 2014, 48(11): 6211-6219.

[138] CÉDRIC L, JÉROME M, AQUILINA L, et al. Solute transfer in the unsaturated zone-groundwater continuum of a headwater catchment[J]. Journal of Hydrology, 2007, 332(3-4): 427-441.

[139] CAMPBELL J L, HORNBECK J W, MCDOWELL W H, et al. Dissolved organic nitrogen budgets for upland, forested ecosystems in New England[J]. Biogeochemistry(Dordrecht), 2000, 49(2): 123-142.

[140] BERNAL S, SCHILLER D V, SABATER F, et al. Hydrological extremes modulate nutrient dynamics in mediterranean climate streams across different spatial scales[J]. Hydrobiologia, 2013, 719(1): 31-42.

[141] TAN C S, DRURY C F, REYNOLDS W D, et al. Effect of long-term conventional tillage and no-tillage systems on soil and water quality at the field scale[J]. Water Science & Technology, 2002, 46(6-7): 183-190.

[142] CHEN F, CHEN J J. Nitrate sources and watershed denitrification inferred from nitrate dual isotopes in the Beijiang River, South China[J]. Biogeochemistry, 2009, 94(2): 163-174.

[143] 徐志伟, 张心昱, 任玉芬, 等. 北京城市生态系统地表水硝酸盐污染空间变化及其来源研究[J]. 环境科学, 2012, 33(8): 2569-2573.

[144] PHILLIPS D L, KOCH P L. Incorporating concentration dependence in stable isotope mixing models[J]. Oecologia, 2002, 130(1): 114-125.

[145] XUE D, DE BAETS B, VAN CLEEMPUT O, et al. Classification of nitrate polluting activities through clustering of isotope mixing model outputs[J]. Journal of Environment Quality, 2013, 42(5): 1486.

[146] 邢萌, 刘卫国. 浐河、灞河硝酸盐端元贡献比例——基于硝酸盐氮、氧同位素研究[J]. 地球环境学报, 2016, 7(1): 27-36.

[147] 孟志龙, 杨永刚, 秦作栋. 汾河下游流域水体硝酸盐污染过程同位素示踪[J]. 中国环境科学, 2017, 37(3): 1066-1072.

[148] 金相灿. 沉积物污染化学[M]. 北京: 中国环境科学出版社, 1992.

[149] 程先, 孙然好, 孔佩儒, 等. 海河流域水体沉积物碳、氮、磷分布与污染评价[J]. 应用生态学报, 2016, 27(8):

2679-2686.

[150] ZHANG X F, MEI X Y. Effects of benthic algae on release of soluble reactive phosphorus from sediments: A radioisotope tracing study[J]. Water Science and Engineering, 2015, 8(2): 127-131.

[151] MORTIMER C H . The exchange of dissolved substances between mud and water in lakes[J]. Journal of Ecology, 1942, 30(1): 147-201.

[152] 张毓祥, 刘登国. 底泥营养物通量研究进展[J]. 上海环境科学, 2009, 28(3): 125-138.

[153] BERELSON W M, HEGGIE D, LONGMORE A, et al. Benthic nutrient recycling in Port Phillip Bay, Australia[J]. Estuarine Coastal & Shelf Science, 1998, 46(6): 917-934.

[154] MORGAN E J, LOHMANN R. Detecting air-water and surface-deep water gradients of PCBs using polyethylene passive samplers.[J]. Environmental science & Technology, 2008, 42(19): 7248-7253.

[155] LIANG Z, LIU Z, ZHEN S, et al. Phosphorus speciation and effects of environmental factors on release of phosphorus from sediments obtained from Taihu Lake, Tien Lake, and East Lake[J]. Toxicological & Environmental Chemistry Reviews, 2015, 97(3): 335-348.

[156] JACOBSEN B N, ARVIN E, REINDERS M. Factors affecting sorption of pentachlorophenol to suspended microbial biomass[J]. Water Research, 1996, 30(1): 13-20.

[157] 张红, 陈敬安. 贵州红枫湖底泥磷释放的模拟实验研究[J]. 地球与环境, 2015, 43(2): 243-251.

[158] 戴国华, 刘新会. 影响沉积物-水界面持久性有机污染物迁移行为的因素研究[J]. 环境化学, 2011, 30(1): 224-230.

[159] PANG Y, YAN R R, YU Z B, et al. Suspension-sedimentation of sediment and release amount of internal load in Lake Taihu affected by wind[J]. Huanjing Kexue, 2008, 29(9): 2456-2464.

[160] 李耀睿. 颤蚓生物扰动对水-沉积物界面附近理化特征的影响[D]. 长春: 吉林大学, 2016.

[161] 胡开明, 王水, 逄勇. 太湖不同湖区底泥悬浮沉降规律研究及内源释放量估算[J]. 湖泊科学, 2014, 26(2): 191-199.

[162] STROM D, SIMPSON S L, BATLEY G E, et al. The influence of sediment particle size and organic carbon on toxicity of copper to benthic invertebrates in oxic/suboxic surface sediments[J]. Environmental Toxicology & Chemistry, 2011, 30(7): 1599-1610.

[163] GUVEN D E, AKINCI G. Effect of sediment size on bioleaching of heavy metals from contaminated sediments of Izmir Inner Bay[J]. Journal of Environmental Sciences, 2013, (9):70-80.

[164] 李兴. 内蒙古乌梁素海水质动态数值模拟研究[D]. 呼和浩特: 内蒙古农业大学, 2009.

[165] 刘玉生, 唐宗武, 等. 滇池富营养化生态动力学模型及其应用[J]. 环境科学研究, 1991, 4(6): 1-8.

[166] 宋永昌, 王云, 戚仁海. 淀山湖富营养化及其防治研究[M]. 上海: 华东师范大学出版社, 1991.

[167] 阮景荣, 蔡庆华, 刘建康. 武汉东湖的磷-浮游植物动态模型[J]. 水生生物学报, 1988, 12(4): 289-307.

[168] 刘元波, 陈伟平. 太湖梅梁湾藻类生态模拟与藻类水华治理对策分析[J]. 湖泊科学, 1998, 10(4): 53-59.

[169] 胡维平, 秦伯强, 濮培民. 太湖水动力学三维数值试验研究: 1. 风生流和风涌增减水的三维数值模拟[J]. 湖泊科学, 1998, 10(4): 17-25.

[170] 胡维平, 濮培民. 太湖水动力学三维数值试验研究: 2. 典型风场风生流的数值模[J]. 湖泊科学, 1998, 10(4): 26-34.

[171] 胡维平, 秦伯强, 濮培民. 太湖水动力学三维数值试验研究: 3. 马山围垦对太湖风生流的影响[J]. 湖泊科学, 2000, 12(4): 335-342.

[172] 夏军, 窦明. 水体富营养化综合水质模型及其应用研究[J]. 上海环境科学, 2000, 19(7): 302-308.

[173] 李一平, 逢勇, 丁玲. 太湖富营养化控制机理模拟[J]. 环境科学与技术, 2004, 27(3): 1-3.

[174] 杨具瑞, 方铎. 滇池湖泊富营养化动力学模拟研究[J]. 环境科学与技术, 2003, 26(3): 37-38.

[175] 李锦秀, 禹雪中, 幸治国. 三峡库区支流富营养化模型开发研究[J]. 水科学进展, 2005, 16(6): 777-783.

[176] JORGENSEN S E, MEJER H. A holistic approach to ecological modeling[J]. Ecological Modeling, 1979, 7(3): 169-189.

[177] JORGENSEN S E. Use of models as experimental tool to show that structural changes are accompanied by increased exergy[J]. Ecological Modeling, 1988, 41(1): 117-126.

[178] JORGENSEN S E, NIELSEN S N. Models of the structural dynamics in lakes and reservoirs[J]. Ecolocial Modeling, 1994, 74: 39-46.

[179] NIELSEN S N. Modelling structural dynamical changes in a Danish shallow lake[J]. Ecological Modeling, 1994, 73: 13-30.

[180] SCHELSKE C. Eutrophication: Focus on phosphorous[J]. Science, 2009, 324(5928): 772.

[181] LEHMAN J T, PLATTE R A, FERRIS J A. Role of hydrology in development of a vernal clear water phase in an urban impoundment[J]. Freshwater Biology, 2010, 52(9): 1773-1781.

[182] MCINTIRE C D, GARRISON R L, PHINNEY H K, et al. Primary production in laboratory streams[J]. Limnology & Oceanography, 1964, 9(1): 92-102.

[183] STEINMAN A D, MCINTIRE C D. Effects of current velocity and light energy on the structure of perphyton assemblage in laboratory streams[J]. Journal of phycology, 1986, 22(3): 352-361.

[184] ESCART H J, AUBREY D G. Flow structure and dispersion within algal mats[J]. Estuarine Coastal and shelf science, 1995, 40(4): 451-472.

[185] 李一平, 逄勇, 陈克森, 等. 水动力作用下太湖底泥起动规律研究[J]. 水科学进展, 2004, 15(6): 770-774.

[186] 颜润润, 逄勇, 赵伟, 等. 环流型水域水动力对藻类生长的影响[J]. 中国环境科学, 2008, 28(9): 813-817.

[187] 蔡其华. 充分考虑河流生态系统保护因素完善水库调度方式[J]. 中国水利，2006, (2): 14-17.

[188] 戴昌军, 张玻华, 管光明. 实施连合水量调配防止汉江中下游产生水华[J]. 水电与新能源, 2008, (1): 66-69, 72.

[189] VOLLENWEIDER R A. Scientific fundamentals of the eutrophication of lakes and flowing water, with particular reference to nitrogen and phosphorus as factors in eutrophication[J]. Water Management Research, 1968, 35: 14-74.

[190] EDMONDSON W T. Phosphorus, nitrogen, and algae in Washington after diversion of sewage[J]. Science, 1970, 169(3946): 690-691.

[191] SCHINDLER D. Evolution of phosphorus Limitation in Lake[J]. Science, 1977, 195(4275): 260.

[192] CONLEY D J, PAERL H W, HOWARTH R W, et al. Controlling eutrophication: Nitrogen and phosphorus[J]. Science, 2009, 323: 1014-1015.

[193] JACOBY C A, FRANZER T K. Eutrophication: Time to adjust expectation[J]. Science, 2009, 324(5928): 724-725.

[194] POOR E E, LOUCKS C, JAKES A, et al. Comparing habitat suitability and connectivity modeling methods for conserving pronghorn migrations[J]. PLoS One, 2012, 7(11): e49390.

[195] DOU M, JIN M, ZHANG Y, et al. Research on the threshold of interconnected river system network's indexes based on demand of the city's water function[J]. Journal of Hydraulic Engineering, 2015, 9: 1089-1096.

[196] ZHANG Q, WANG X L, ZHANG T, et al. Prediction of water quality index of Honghu Lake based on back propagation neural network model[J]. Wetland Science, 2016, 2: 212-218.

[197] LI L, XU Z X. A preprocessing program for hydrologic model—A case study in the Wei River Basin[J]. Procedia Environmental Sciences, 2012, 13: 766-777.

[198] 周振民, 刘俊秀, 郭威. 郑州市水系格局与连通性评价[J]. 人民黄河, 2015, 37(10): 54-57.

[199] CUI B S, WANG C F, TAO W D, et al. River channel network design for drought and flood control: A case study of Xiaoqinghe River basin, Jinan City, China[J]. Journal of Environmental Management, 2009, 90(11): 3675-3686.

[200] 彭勇. 中长期水文预报与水库群优化调度方法及其系统集成研究[D]. 大连: 大连理工大学, 2007.

[201] 邵玉龙, 许有鹏, 马爽爽. 太湖流域城市化发展下水系结构与河网连通变化分析——以苏州市中心区为例[J]. 长江流域资源与环境, 2012, 21(10): 1167-1172.

[202] TETZLAFF D, SOULSBY C, BACON P J. Connectivity between landscapes and rivers capes—A unifying theme in integrating hydrology and ecology in catchment science[J]. Hydrological processes, 2007, 21(10): 1385-1389.

[203] ALI G V, ROY A G. Revisiting hydrologic sampling strategies for an accurate assessment of hydrologic connectivity in humid temperate systems[J]. Geography compass, 2009, 3(1): 350-374.

[204] 徐光来. 太湖平原水系结构与连通变化及其对水文过程影响研究[D]. 南京: 南京大学, 2012.
[205] 马爽爽. 基于河流健康的水系格局与连通性研究[D]. 南京: 南京大学, 2013.
[206] 王柳艳. 太湖流域腹部地区水系结构、河湖连通及功能分析[D]. 南京: 南京大学, 2013.
[207] MCKAY S K, SCHRAMSKI J R, CONYNGHAM J N. Assessing upstream fish passage connectivity with network analysis[J]. Ecological applications, 2013, 23(6): 1396-1409.
[208] 徐光来, 许有鹏, 王柳艳, 等. 基于水流阻力与图论的河网连通性评价[J]. 水科学进展, 2012, 23(6): 776-781.
[209] 陈星, 许伟, 李昆朋, 等. 基于图论的平原河网区水系连通性评价——以常熟市燕泾圩为例[J]. 水资源保护, 2016, 32(2): 26-29, 34.
[210] MARCE R, MORENO-OSTOS E, GARCIA-BARCINA J M, et al. Tailoring dam structures to water quality predictions in new reservoir projects: Assisting decision-making using numerical modeling[J]. Journal of Environmental Management, 2010, 91(6): 1255-1267.
[211] 窦明, 靳梦, 张彦, 等. 基于城市水功能需求的水系连通指标阈值研究[J]. 水利学报, 2015, 46(9): 1089-1096.
[212] 陆露, 张艳军, 宋星原, 等. 淮河-沙颍河水量水质综合模拟[J]. 武汉大学学报(工学版), 2013, 46(4): 437-441.
[213] GAO F, FENG M Q, HAN S X, et al. Numerical simulation research on flow characteristics and influential factors of Wuxing Lake[J]. International Journal of Heat and Technology, 2016, 34(1): 80-88.
[214] 赵琰. 基于水动力学的城市浅水湖泊水质模拟研究[D]. 西安: 西安理工大学, 2021.
[215] YANG Z, FENG M Q. Hei River flood risk analysis based on coupling hydrodynamic simulation of 1-D and 2-D simulations[J]. International Journal of Heat and Technology, 2015, 33(1): 47-54.
[216] LV S J, FENG M Q. Three-dimensional numerical simulation of flow in Daliushu reach of the Yellow River[J]. International journal of heat and technology, 2015, 33(1): 107-114.
[217] 陈媛媛. 昌黎七里海泻湖生态环境治理水动力学数值模拟研究[D]. 天津: 天津大学, 2013.
[218] 武周虎, 付莎莎, 罗辉, 等. 南水北调南四湖输水二维流场数值模拟及应用[J]. 南水北调与水利科技, 2014, 12(3): 17-23.
[219] YUAN Y B, NIU Z G. Simulation of water connectivity based on two-dimensional finite element[J]. China Water and Waste Water, 2014, 30(13): 58-60.
[220] GAO F, FENG M Q, BAI J Z, et al. Study on algal bloom warning of Wuxing Lake Based on particle swarm optimization-BP neural network[J]. Oxidation Communications, 2016, 39(1A): 1205-1214.
[221] 袁彦斌, 牛志广. 基于二维有限元分析的水系连通方案模拟[J]. 中国给水排水, 2014, 30(13): 58-60.
[222] FRANCISCO C, KATRIN E, MABEL T. Dynamic management of water transfer between two interconnected river basins[J]. Resource and Energy Economics, 2014, 37: 17-38.
[223] VENTURI L A B, CAPOZZOLI C R. Changes in the water quantity and quality of the Euphrates River are associated with natural aspects of the landscape[J]. Water Policy, 2017, 19(2): 233-256.
[224] 张挺, 陈华志, 张恒, 等. 基于模糊综合评价方法的内河河网流量分配模型[J]. 水力发电学报, 2016, 35(6): 67-73.
[225] ZUO A ,WHEELER S A, BJORNLUND H. Exploring generational differences towards water resources and policy preferences of water re-allocation in Alberta, Canada[J]. Water Resources Management, 2015, 29(14): 5073-5089.
[226] BANIHABIB M E, HOSSEINZADEH M, RICHARD C, et al .Optimization of inter-sectorial water reallocation for arid-zone megacity-dominated area[J]. Urban Water Journal, 2016, 13(8): 852-860.
[227] 彭少明, 郑小康, 王煜, 等. 黄河典型河段水量水质一体化调配模型[J]. 水科学进展, 2016, 27(2): 196-205.
[228] NIKOO M R, BEIGLOU P H B, MAHJOURI N. Optimizing multiple-pollutant waste load allocation in rivers: An interval parameter game theoretic model[J]. Water Resources Management, 2016, 30(12): 4201-4220.
[229] NIKOO M R, KERACHIAN R, KARIMI A, et al. Optimal water and waste-load allocations in rivers using a fuzzy transformation technique: A case study[J]. Environmental Monitoring and Assessment, 2013, 185(3): 2483-2502.
[230] 窦明, 郑保强, 左其亭, 等. 闸控河段氨氮浓度与主要影响因子的量化关系识别[J]. 水利学报, 2013, 44(8): 934-941.

[231] ZUO Q T, CHEN H, MING D, et al. Experimental analysis of the impact of sluice regulation on water quality in the highly polluted Huai River Basin, China[J]. Environmental Monitoring and Assessment, 2015, 187(7): 1-15.

[232] 陈豪, 左其亭, 窦明, 等. 闸坝调度对污染河流水环境影响综合实验研究[J]. 环境科学学报, 2014, 34(3): 763-771.

[233] MARCE R, MORENO-OSTOS E, GARCIA-BARCINA J M, et al. Tailoring dam structures to water quality predictions in new reservoir projects: Assisting decision-making using numerical modeling[J]. Journal of Environmental Management, 2010, 91(6): 1255-1267.

[234] DOMINGUES R B, BARBOSA A B, SOMMER U, et al. Phytoplankton composition, growth and production in the Guadiana estuary (SW Iberia): Unraveling changes induced after dam construction[J]. Science of the Total Environment, 2012, 1(416): 300-313.

[235] ZHANG Y, GAO Q Q. Comprehensive prediction model of water quality based on grey model and fuzzy neural network [J]. Chinese Journal of Environmental Engineering, 2015, 2: 537-545.

[236] 冯民权, 邢肖鹏, 薛鹏松. BP 网络马尔可夫模型的水质预测研究——基于灰色关联分析[J]. 自然灾害学报, 2011, 20(5): 169-175.

[237] MICCOLI F P, LOMBARDO P, CIOLANI B. Indicator value of lotic water mites (Acari: Hydrachnidia) and their use in macro invertebrate-based indices for water quality assessment purposes[J]. Knowledge and Management of Aquatic Ecosystems, 2013, (411): 1-28.

[238] LIU R M, CHEN Y X, YU W W , et al. Spatial-temporal distribution and fuzzy comprehensive evaluation of total phosphorus and total nitrogen in the Yangtze River Estuary[J]. Environmental Science and Technology, 2016, 73(4): 924-934.

[239] KARAMOUZ M, KERACHIAN R, AKHBARI M, et al. Design of river water quality monitoring networks: A case study[J]. Environmental Monitoring and Assessment, 2009, 14(6): 705-714.

[240] 解雪峰, 蒋国俊, 肖翠, 等. 基于模糊物元模型的西苕溪流域生态系统健康评价[J]. 环境科学学报, 2015, 35(4): 1250-1258.

[241] 于志慧, 许有鹏, 张媛, 等. 基于熵权物元模型的城市化地区河流健康评价分析——以湖州市区不同城市化水平下的河流为例[J]. 环境科学学报, 2014, 34(12): 3188-3193.

[242] MOHAMMAD R N, REZA K, SIAMAK M, et al. probabilistic water quality index for river water quality assessment: A case study[J]. Environmental Monitoring and Assessment, 2011, 181(1-4): 465-478.

[243] KARMAKAR S, MUJUMDAR P P. A two-phase grey fuzzy optimization approach for water quality management of a river system[J]. Advances in Water Resources, 2007, 30(5): 1218-1235.

[244] ASTRAY G, SOTO B, LOPEZ D, et al. Application of transit data analysis and artificial neural network in the prediction of discharge of Lor River, NW Spain[J]. Environmental Science and Technology, 2016, 73(7): 1756-1767.

[245] GAO F, FENG M Q. Water quality evaluation based on modified LVQ neural network[J]. International Journal of Earth Sciences and Engineering, 2014, 7(5): 1721-1726.

[246] ZHANG W, WANG L. Analysis of characteristics of Ying River water quality change of time and space based on T-S fuzzy neural network[J]. Environmental Science and Technology, 2015, 12: 254-261.

[247] BRIERLEY G, REID H, FRYIRS K, et al. What are we monitoring and why? Using geomorphic principles to frame eco-hydrological assessments of river condition[J]. Science of the Total Environment, 2010, 408(9): 2025-2033.

第2章 河流交汇区水流紊动特性与污染物迁移转化机理

2.1 明槽交汇区污染物浓度场分布与混合特性

2.1.1 实验概况

本节在室内明槽中研究交汇区污染物的浓度场分布，在支槽水箱中投加模拟污染物并调节其浓度，从而研究污染物汇入主槽后在交汇区的扩散情况。为了提高实验的准确性，需要进行污染物浓度标定实验。根据选取的模拟污染物标定实验，可以得到浓度值和图像灰度值的函数关系式，从而为研究的正确性提供依据。选择罗丹明6G为污染物浓度测量的示踪粒子，因为罗丹明6G能够较好地溶解于实验水体中，不会与实验水体发生生化反应且不会出现物质降解的情况；在水中呈红色，能够很好地被肉眼观测，便于实验中进行较好的测量，在PIV特定的激光下具有较好的吸光强度，在水中排放不会出现浮射流或异重流等现象，符合实验要求。本章采用罗丹明6G来模拟水流交汇过程中污染物浓度的分布。

实验主要在交汇区进行水位的测量，其测点布置如图2-1所示，将主槽沿水流方向取八个断面，记为断面1、断面2、断面3、……、断面8。每一个断面从主槽的左岸至右岸共取七条垂线，分别是：垂线1，距离左岸1.5cm；垂线2，距离左岸5cm；垂线3，距离左岸10cm；垂线4，距离左岸15cm；垂线5，距离左岸20cm；垂线6，距离左岸25cm；垂线7，距离左岸28.5cm。以交汇口连接角顶点处为原点，建立坐标系，并给出每个测点的坐标。

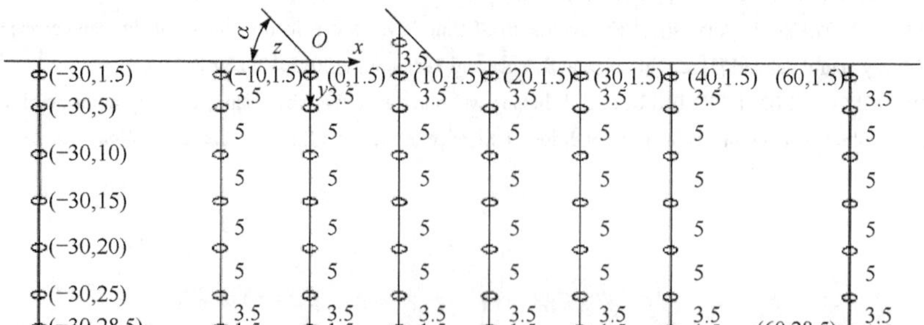

图2-1 水位测量的测点位置

括号内的数字表示端点坐标；每个横截面上的数字表示相邻测点之间的横向距离(cm)

流速和浓度测量断面主要布置如图 2-2 所示，实验采用的坐标系原点 O 取在交汇口上游角顶点。x 轴正向指向主槽下游，流速为 u；y 轴为槽宽方向，流速为 v；z 轴铅垂朝上，流速为 w。在水平面上选取 Z1～Z5 五个纵向拍摄断面，每个断面的间隔为 5cm；B1～B11 分别是水平面上 11 个横向断面，每个断面的间隔为 21cm，拍摄面对应的水深为 0～16cm。在纵向断面上选取 S1～S4 四个水平方向拍摄断面，分别是槽底上 4cm、6cm、9cm、14cm。

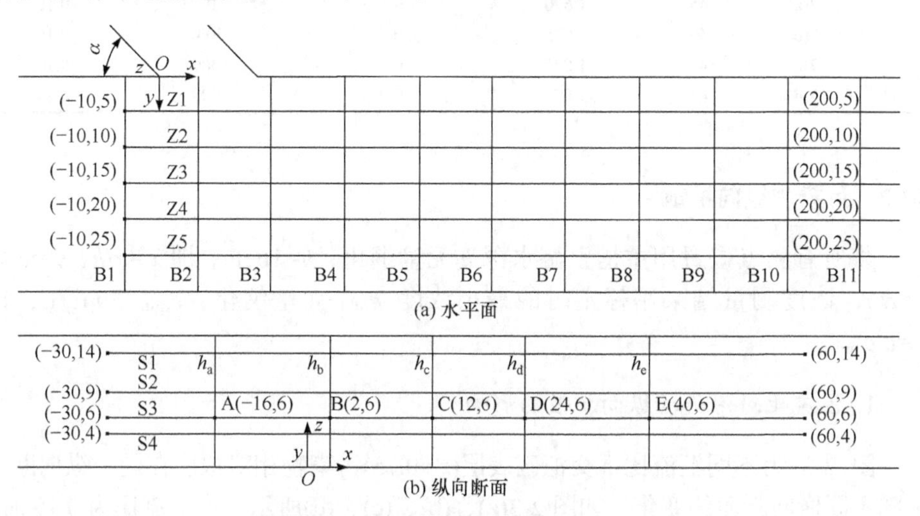

图 2-2　PIV 测量实验示意图(单位：cm)

括号内的数字表示端点坐标

主槽上游水深为 h，主槽槽宽为 b，定义宽深比为 b/h；交汇角为 α；主槽流量为 Q_1，定义汇流比 γ 为支流入汇流量 Q_2 与入汇后交汇区下游流量 $Q_t(Q_t = Q_1+Q_2)$ 的比值，即 $\gamma = Q_2/Q_t$；支槽污染物浓度为 c_1，主槽交汇后的污染物浓度为 c_2。采用控制变量法进行交汇区的污染物浓度场研究实验，按变量交汇角、汇流比、宽深比及支槽污染物浓度分为四个工况 4、5、6、7，支槽污染物浓度为 0μg/L、500μg/L、1000μg/L、2000μg/L，具体见表 2-1。

表 2-1　污染物浓度场实验组次参数表

工况	编号	交汇角 α/(°)	宽深比 b/h	主槽污染物浓度 /(μg/L)	支槽污染物浓度 /(μg/L)	汇流比 $\gamma = Q_2/Q_t$
4	4(a)	30	1.875	0	2000	0.19
	4(b)	45	1.875	0	2000	0.19
	4(c)	60	1.875	0	2000	0.19
	4(d)	90	1.875	0	2000	0.19
5	5(a)	45	1.875	0	2000	0.19
	5(b)	45	1.875	0	2000	0.25
	5(c)	45	1.875	0	2000	0.34
	5(d)	45	1.875	0	2000	0.49

续表

工况	编号	交汇角 α/(°)	宽深比 b/h	主槽污染物浓度/(μg/L)	支槽污染物浓度/(μg/L)	汇流比 $\gamma=Q_2/Q_t$
6	6(a)	45	1.670	0	2000	0.19
	6(b)	45	1.875	0	2000	0.19
	6(c)	45	2.500	0	2000	0.19
	6(d)	45	3.750	0	2000	0.19
7	7(a)	45	1.670	0	0	0.19
	7(b)	45	1.875	0	500	0.19
	7(c)	45	1.875	0	1000	0.19
	7(d)	45	1.875	0	2000	0.19

2.1.2　污染物纵向扩散

将所有测点位置用主槽上游水深 h 无量纲化，h=16cm，即 $x'=x/h$，$y'=y/h$，$z'=z/h$；浓度测量结果用标定时的最小浓度 $c_{\min}$ 无量纲化，$c_{\min}$=50μg/L，即 $c'=c/c_{\min}$。

1. 汇流比对污染物纵向扩散的影响

图 2-3 为不同汇流比下交汇区表层(z'=0.75)污染物相对浓度在同一纵向断面上随不同横向断面的变化。如图 2-3(a)、(b)、(c)、(d)所示，当汇流比为 0.19 时，Z1 断面上沿纵向扩散的最大相对浓度出现在 B3 断面，然后减小，B8 断面相对浓度开始趋于稳定，下降幅度很小；当汇流比为 0.25 时，Z1 断面上沿纵向扩散的最大相对浓度出现在 B3 断面，然后减小，B7 断面相对浓度开始趋于稳定，下降幅度很小；当汇流比为 0.34 时，Z1 断面上沿纵向扩散的最大相对浓度出现在 B3 断面，然后减小，B6 断面相对浓度开始趋于稳定，下降幅度很小；当交汇角逐渐变大，浓度稳定的断面更加靠近交汇口，当汇流比为 0.49 时，B5 断面相对浓度开始趋于稳定。如图 2-3(e)、(f)、(g)、(h)所示，当汇流比为 0.19 时，Z3 断面

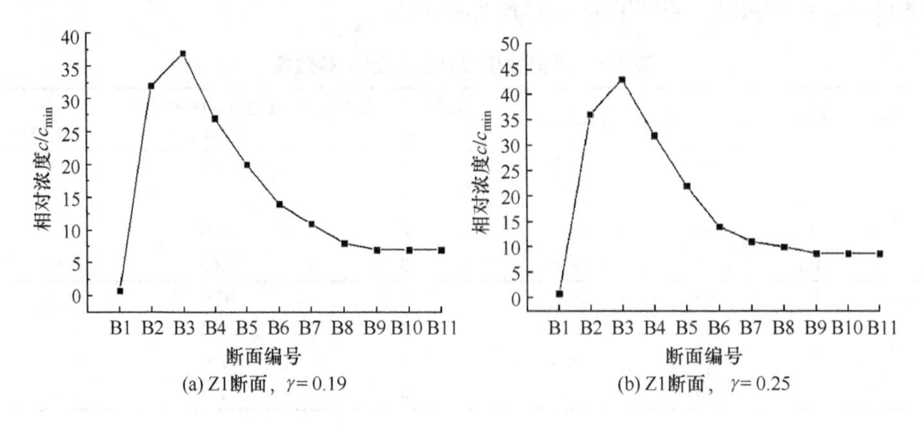

(a) Z1断面，$\gamma=0.19$　　(b) Z1断面，$\gamma=0.25$

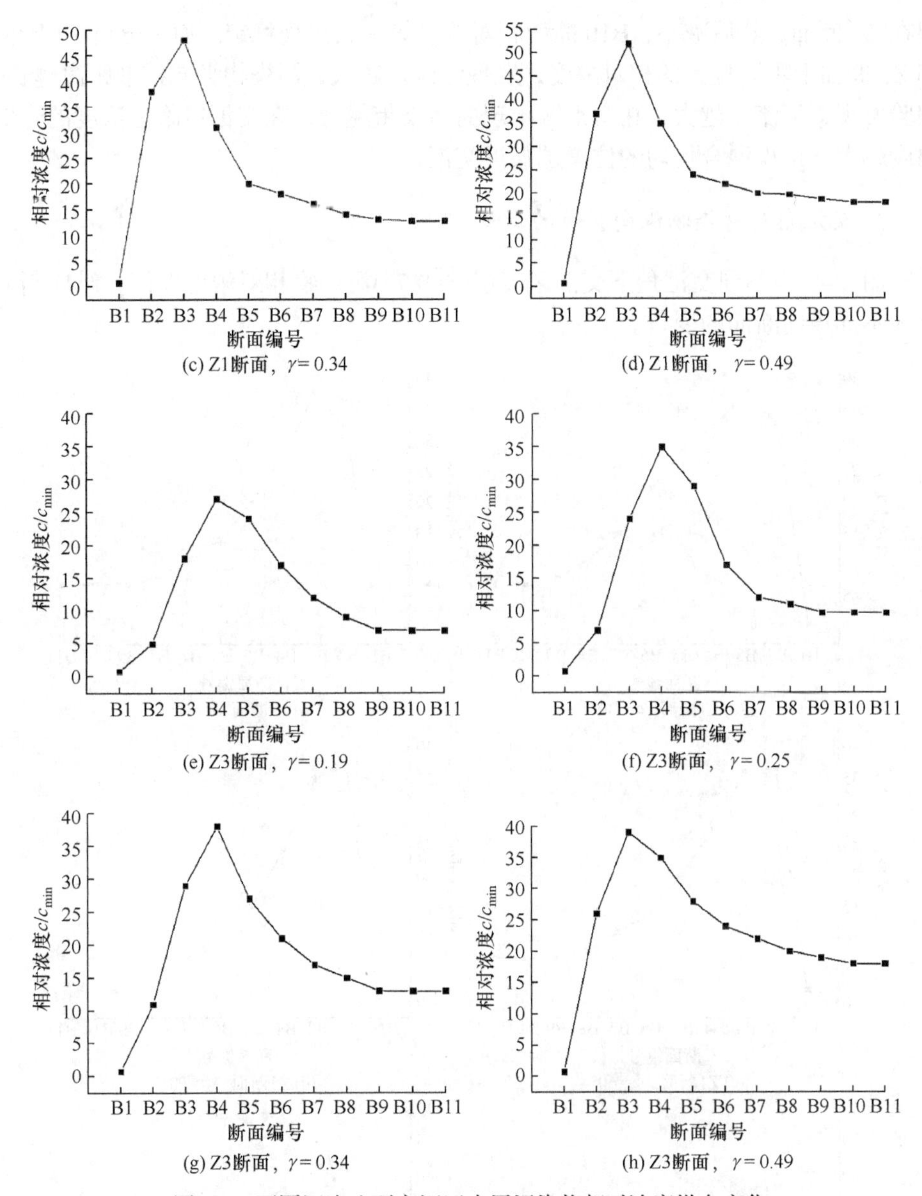

(c) Z1断面，$\gamma=0.34$

(d) Z1断面，$\gamma=0.49$

(e) Z3断面，$\gamma=0.19$

(f) Z3断面，$\gamma=0.25$

(g) Z3断面，$\gamma=0.34$

(h) Z3断面，$\gamma=0.49$

图 2-3　不同汇流比下交汇区表层污染物相对浓度纵向变化

上沿纵向扩散的最大相对浓度出现在 B4 断面，然后减小，B9 断面相对浓度第一次出现稳定；当汇流比为 0.25 时，Z3 断面上沿纵向扩散的最大相对浓度出现在 B4 断面，然后减小，B9 断面相对浓度第一次出现稳定；当汇流比为 0.34 时，Z3 断面上沿纵向扩散的最大相对浓度出现在 B4 断面，然后减小，B9 断面相对浓度第一次出现稳定；当汇流比为 0.49 时，Z3 断面上沿纵向扩散的最大相对浓度出现在 B3 断面，然后减小，B10 断面相对浓度第一次出现稳定。通过分析 Z1 断面和 Z3 断面上不同位置的相对浓度，发现汇流比越大，污染物纵向扩散距离越长。实验发现，汇流比越大，在交汇区出现的污染带越短，在交汇口附近浓度的降低幅度越大，出现混合均匀的位置越靠近交汇口。

2. 交汇角对污染物纵向扩散的影响

图 2-4 为不同交汇角下交汇区表层(z'=0.75)污染物相对浓度在同一纵向断面上随不同横向断面的变化。

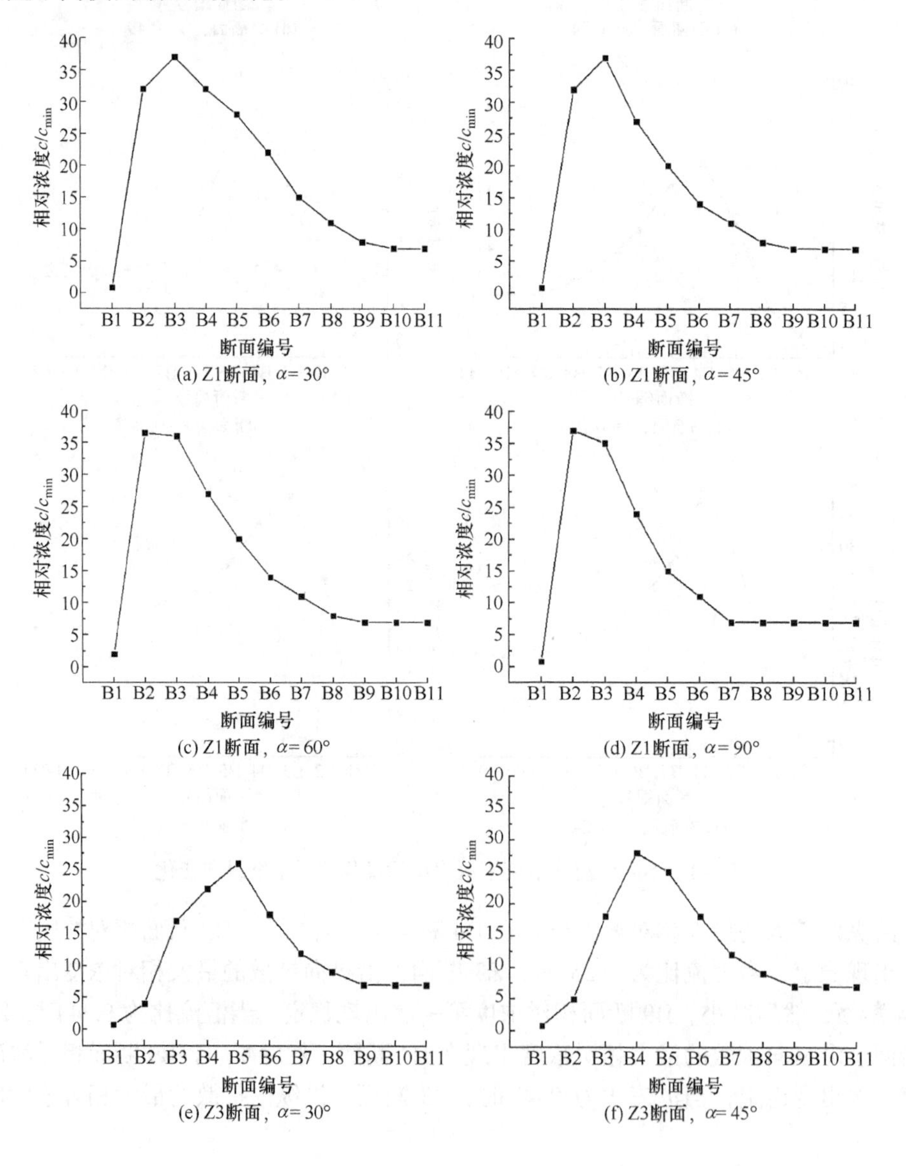

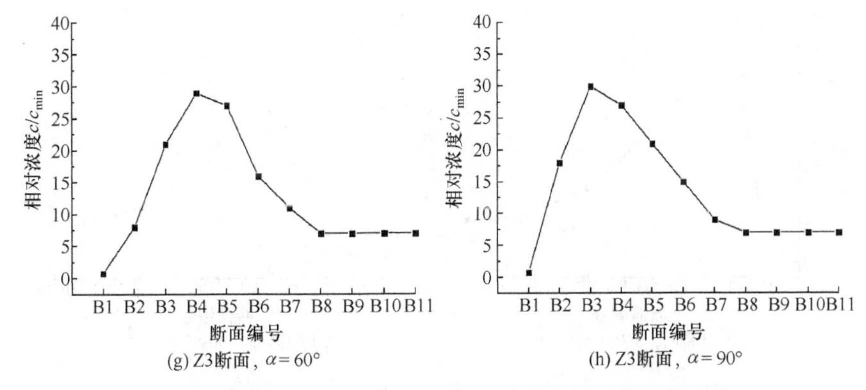

(g) Z3断面，$\alpha=60°$　　(h) Z3断面，$\alpha=90°$

图 2-4　不同交汇角下交汇区表层污染物相对浓度纵向变化

如图 2-4(a)、(b)、(c)、(d)所示，当交汇角为 30°时，Z1 断面上沿纵向扩散的最大相对浓度出现在 B3 断面，然后减小，B10 断面相对浓度第一次出现稳定；当交汇角为 45°时，Z1 断面上沿纵向扩散的最大相对浓度出现在 B3 断面，然后减小，B9 断面相对浓度第一次出现稳定；当交汇角为 60°时，Z1 断面上沿纵向扩散的最大相对浓度出现在 B2 断面，然后减小，B8 断面相对浓度第一次出现稳定；当交汇角逐渐变大，浓度稳定的断面更加靠近交汇口，当交汇角为 90°时，B7 断面是第一次出现相对浓度稳定的断面。如图 2-4(e)、(f)、(g)、(h)所示，当交汇角为 30°时，Z3 断面上沿纵向扩散的最大相对浓度出现在 B5 断面，然后减小，B9 断面相对浓度第一次出现稳定；当交汇角为 45°时，Z3 断面上沿纵向扩散的最大相对浓度出现在 B4 断面，然后减小，B9 断面相对浓度第一次出现稳定；当交汇角为 60°时，Z3 断面上沿纵向扩散的最大相对浓度出现在 B4 断面，然后减小，B8 断面相对浓度第一次出现稳定；当交汇角为 90°时，Z3 断面上沿纵向扩散的最大相对浓度出现在 B3 断面，然后减小，B8 断面相对浓度第一次出现稳定。通过分析 Z1 断面和 Z3 断面上不同位置的相对浓度，发现交汇角越小，污染物纵向扩散距离越长。实验发现，交汇角越小，在交汇区出现的污染带越长，出现混合均匀的位置越远离交汇口。

3. 宽深比对污染物纵向扩散的影响

图 2-5 为不同宽深比下交汇区各自表层($z'=1$，$z'=0.75$，$z'=0.5625$，$z'=0.25$)污染物相对浓度在同一纵向断面上随不同横向断面的变化。

如图 2-5(a)、(c)、(e)、(g)所示，当宽深比为 1.670 时，Z1 断面上沿纵向扩散的最大相对浓度出现在 B3 断面，然后减小，B10 断面相对浓度第一次出现稳定；当宽深比为 1.875 时，Z1 断面上沿纵向扩散的最大相对浓度出现在 B3 断面，然后减小，B9 断面相对浓度第一次出现稳定；当宽深比为 2.500 时，Z1 断面上沿

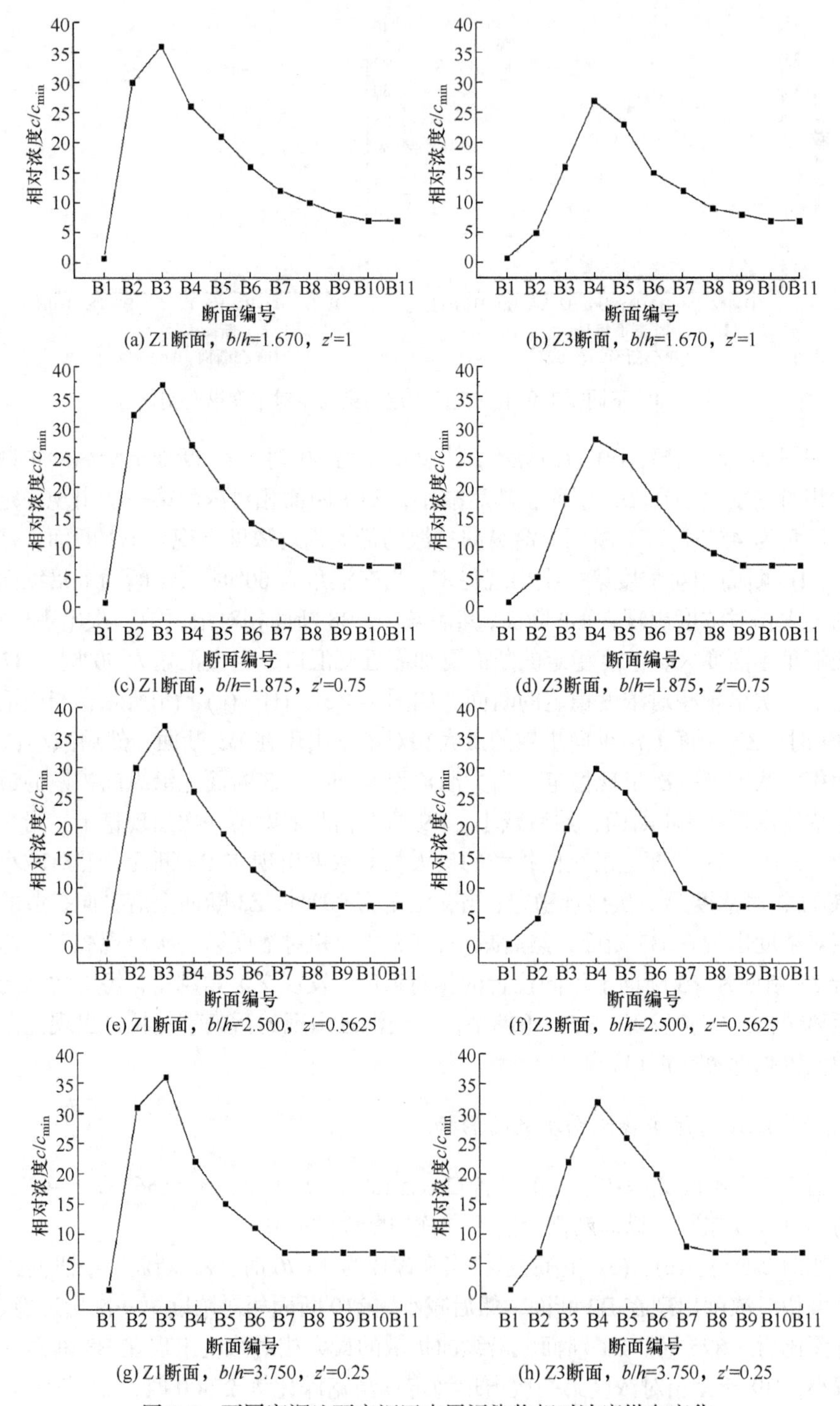

图 2-5　不同宽深比下交汇区表层污染物相对浓度纵向变化

纵向扩散的最大相对浓度出现在 B3 断面，然后减小，B8 断面相对浓度第一次出现稳定；当交汇角逐渐变大，浓度稳定的断面更加靠近交汇口，当宽深比为 3.750 时，B7 断面是第一次出现相对浓度稳定的断面。如图 2-5(b)、(d)、(f)、(h)所示，当宽深比为 1.670 时，Z3 断面上沿纵向扩散的最大相对浓度出现在 B4 断面，然后减小，B10 断面相对浓度第一次出现稳定；当宽深比为 1.875 时，Z3 断面上沿纵向扩散的最大相对浓度出现在 B4 断面，然后减小，B9 断面相对浓度第一次出现稳定；当宽深比为 2.500 时，Z3 断面上沿纵向扩散的最大相对浓度出现在 B4 断面，然后减小，B8 断面相对浓度第一次出现稳定；当宽深比为 3.750 时，Z3 断面上沿纵向扩散的最大相对浓度出现在 B4 断面，然后减小，B8 断面相对浓度第一次出现稳定。通过分析 Z1 断面和 Z3 断面上不同位置浓度，发现宽深比越小，污染物纵向扩散距离越长。实验发现，宽深比越小，在交汇区出现的污染带越长，出现混合均匀的位置越远离交汇口。

2.1.3 污染物横向扩散

1. 汇流比对污染物横向扩散的影响

图 2-6 为不同汇流比下交汇区污染物相对浓度在同一横向断面上随不同纵向断面的变化。选取 B2、B5 断面进行污染物横向扩散分析。

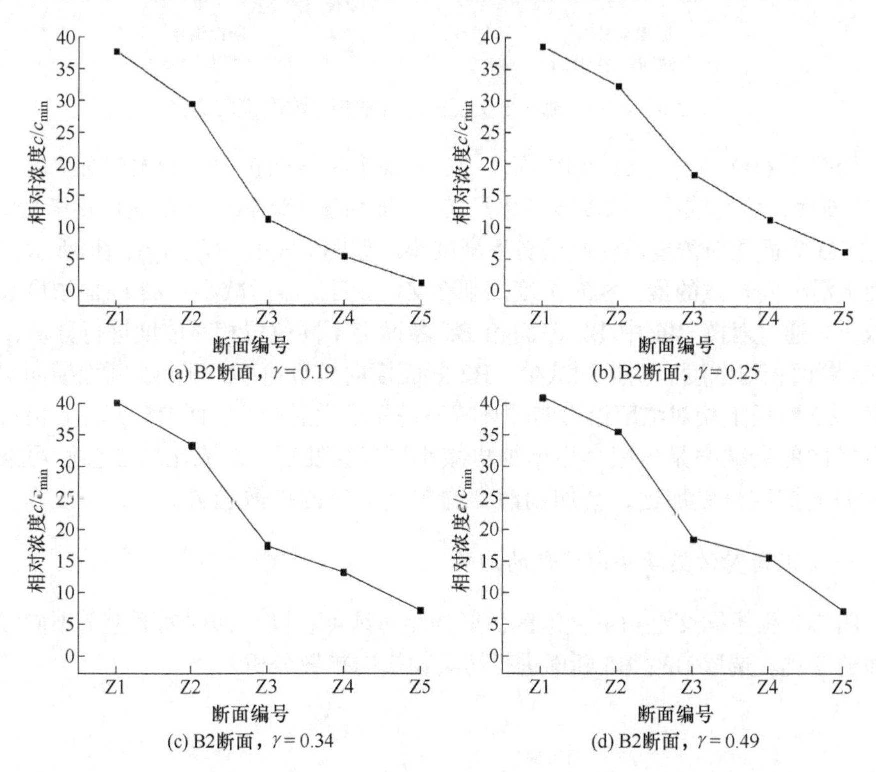

(a) B2断面，$\gamma=0.19$ (b) B2断面，$\gamma=0.25$

(c) B2断面，$\gamma=0.34$ (d) B2断面，$\gamma=0.49$

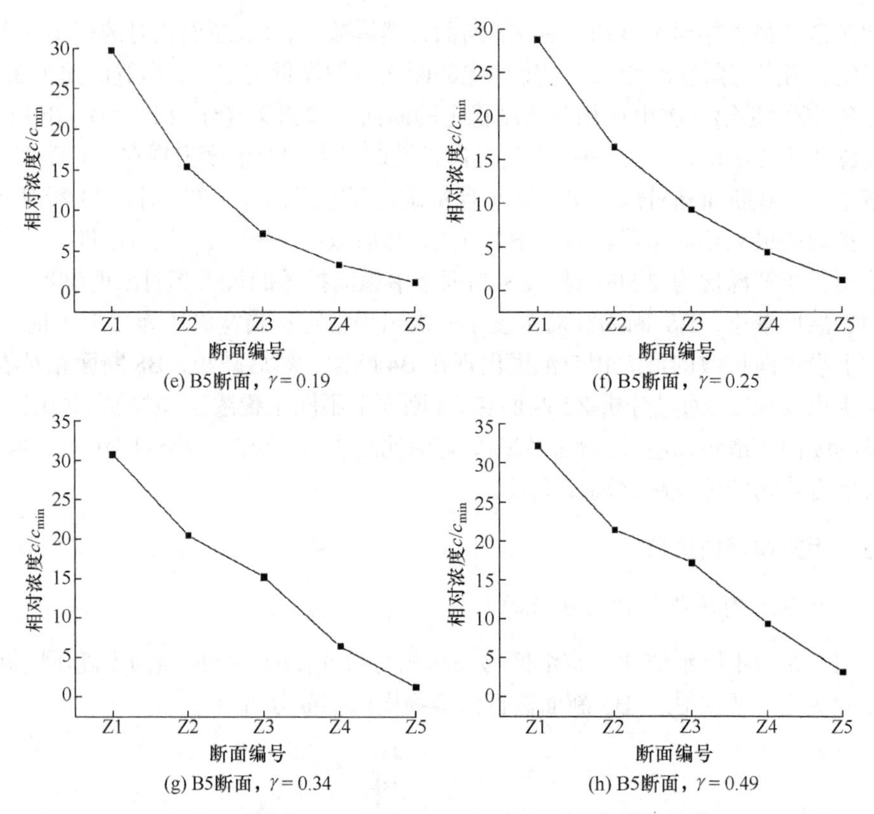

图 2-6　不同汇流比下交汇区污染物相对浓度横向变化

如图 2-6(a)、(b)、(c)、(d)所示，B2 断面上沿横向扩散的最大相对浓度出现在 Z1 断面，然后减小，浓度衰减率经 Z3 断面后逐渐降低。当汇流比逐渐变大，Z1 至 Z3 断面相对浓度的锐减趋势逐渐减小。如图 2-6(e)、(f)、(g)、(h)所示，B5 断面上沿横向扩散的最大相对浓度出现在 Z1 断面，然后减小，Z3 断面浓度衰减率减小。通过对图 2-6 中 B2 断面和 B5 断面上不同位置相对浓度进行分析，Z1 至 Z3 断面相对浓度有明显的减少，B2 断面横向扩散速率大于 B5 断面横向扩散速率。B2 断面上相对浓度沿横向的衰减率是先增大后减小，而 B5 断面上相对浓度沿横向的衰减率是先减小后增加再减小。实验发现，汇流比增加会使污染带在横向上扩散得更加远，会加剧污染物在交汇口的扩散趋势。

2. 交汇角对污染物横向扩散的影响

图 2-7 为不同交汇角下交汇区污染物相对浓度在同一横向断面上随不同纵向断面的变化。选取 B2、B5 断面进行污染物横向扩散分析。

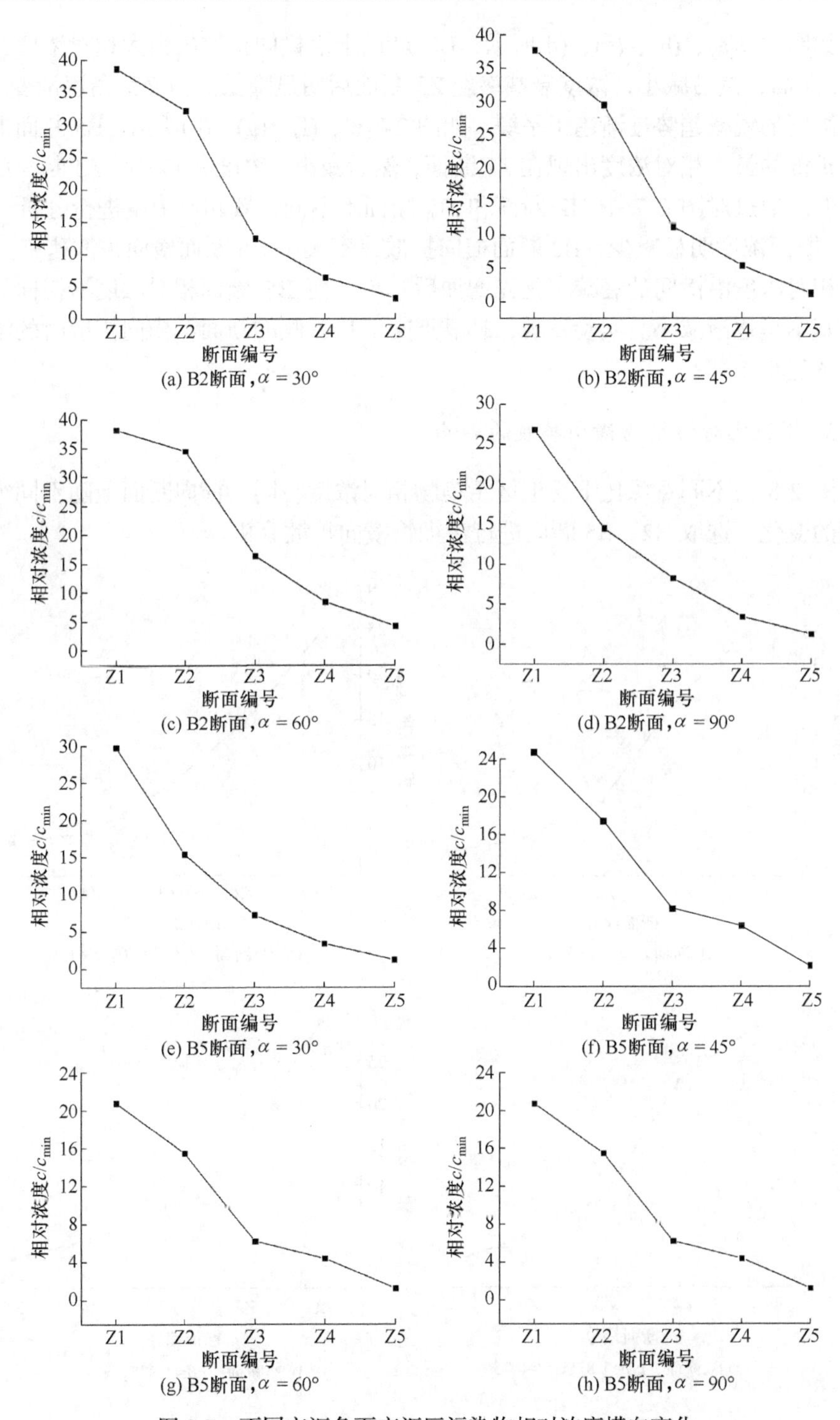

(a) B2断面，$\alpha=30°$　(b) B2断面，$\alpha=45°$

(c) B2断面，$\alpha=60°$　(d) B2断面，$\alpha=90°$

(e) B5断面，$\alpha=30°$　(f) B5断面，$\alpha=45°$

(g) B5断面，$\alpha=60°$　(h) B5断面，$\alpha=90°$

图 2-7　不同交汇角下交汇区污染物相对浓度横向变化

如图 2-7(a)、(b)、(c)、(d)所示，B2 断面上沿横向扩散的最大相对浓度出现在 Z1 断面，然后减小，浓度衰减率经 Z3 断面后明显降低。当交汇角逐渐变大，相对浓度的锐减趋势逐渐趋于平缓。如图 2-7(e)、(f)、(g)、(h)所示，B5 断面上沿横向扩散的最大相对浓度出现在 Z1 断面，然后减小，浓度衰减率经 Z3 断面后明显降低。通过对图 2-7 中 B2 断面和 B5 断面上不同位置相对浓度进行分析，Z1 至 Z3 断面浓度明显减少，B2 断面横向扩散速率大于 B5 断面横向扩散速率。B2 断面相对浓度沿横向的衰减率是先增加后减小，而 B5 断面相对浓度沿横向的衰减率基本是逐渐减小。实验发现，越靠近交汇口一侧的断面，横向扩散时的浓度衰减率越小。

3. 宽深比对污染物横向扩散的影响

图 2-8 为不同宽深比下交汇区污染物相对浓度在同一横向断面上随不同纵向断面的变化。选取 B2、B5 断面进行污染物横向扩散分析。

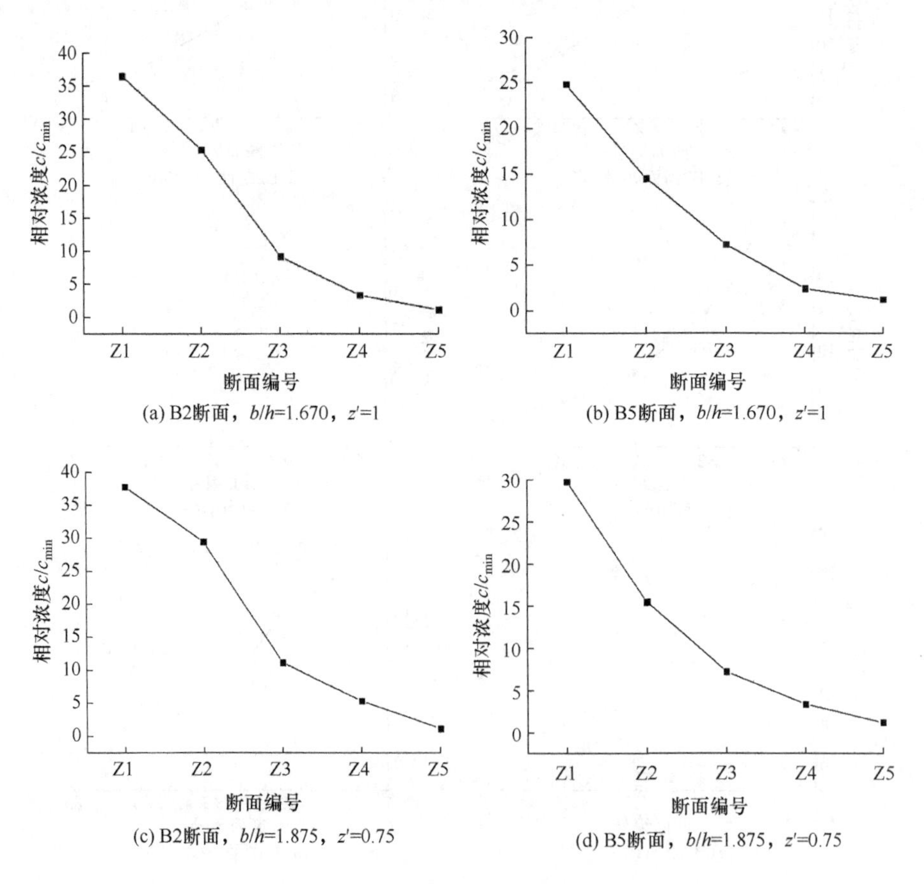

(a) B2断面，b/h=1.670，z'=1　　(b) B5断面，b/h=1.670，z'=1

(c) B2断面，b/h=1.875，z'=0.75　　(d) B5断面，b/h=1.875，z'=0.75

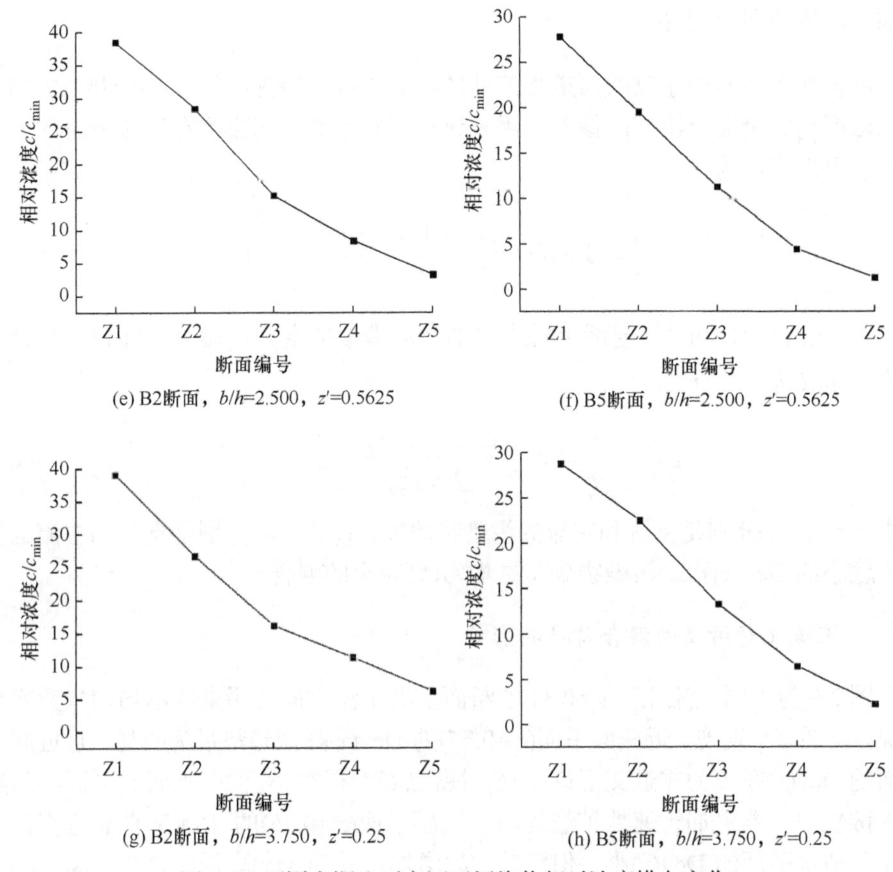

(e) B2断面，b/h=2.500，z'=0.5625　(f) B5断面，b/h=2.500，z'=0.5625

(g) B2断面，b/h=3.750，z'=0.25　(h) B5断面，b/h=3.750，z'=0.25

图 2-8　不同宽深比下交汇区污染物相对浓度横向变化

如图 2-8(a)、(c)、(e)、(g)所示，B2 断面上沿横向扩散的最大相对浓度出现在 Z1 断面，然后减小，浓度衰减率经 Z3 断面后明显降低。宽深比越小，Z3 断面以后的浓度锐减趋势逐渐趋于平缓。如图 2-8(b)、(d)、(f)、(h)所示，B5 断面上沿横向扩散的最大相对浓度出现在 Z1 断面，然后减小，宽深比为 1.670 和 1.875 时，浓度衰减率经 Z3 断面后明显降低。通过对图 2-8 中 B2 断面和 B5 断面上不同位置相对浓度进行分析，Z1～Z3 断面相对浓度有明显的减少，B2 断面横向扩散速率大于 B5 断面横向扩散速率。B2 断面上相对浓度沿横向的衰减率是先增加后减小，而 B5 断面上相对浓度沿横向的衰减率是逐渐减小。实验发现，宽深比越大，横向的扩散距离越远。在靠近交汇口处，宽深比越小，污染物浓度的锐减趋势越平缓；相反地，远离交汇口处时，宽深比越大，污染物浓度的锐减趋势越平缓。

2.1.4 污染物混合特性

混合速率通常用于反映河道交汇处的污染物混合情况[1-2]。不均匀指数，即污染物浓度与完全混合浓度的偏差，用来评估混合速率和污染物在汇流下游的分布情况，可以定义为

$$\mathrm{Dev}(x) = \sum_{y} \frac{\left| c_{\mathrm{s}}(x,y) - c_{\mathrm{p}} \right|}{c_{\mathrm{p}}} \tag{2-1}$$

式中，$c_{\mathrm{s}}(x,y)$是(x,y)处竖直线上污染物的平均模拟浓度；c_{p}是流动加权平均预测浓度，定义为

$$c_{\mathrm{p}} = \frac{c_{\mathrm{t}}Q_{\mathrm{t}} + c_{\mathrm{m}}Q_{\mathrm{m}}}{Q_{\mathrm{t}} + Q_{\mathrm{m}}} \tag{2-2}$$

式中，c_{t}和c_{m}分别是支流和主流的污染物浓度；Q_{t}和Q_{m}分别是支流和主流的流量。较小的Dev(x)指示污染物分布更均匀(更完全的混合)。

1. 汇流比对污染物混合特性的影响

图2-9为不同汇流比下y'=0.3125断面上沿水流方向的污染物不均匀指数变化情况。由图2-9发现，近底面平面(z'=0.25)的Dev(x)降低趋势最为明显，且近底面平面的Dev(x)在较为靠近交汇口(x'=6)时就已经变得很小，说明近底面平面的污染物扩散较快，能更加迅速地扩散均匀。表层平面(z'=0.75)的Dev(x)在靠近交汇口处比其他水平面的Dev(x)小，但随着x'的增加，其Dev(x)降低的趋势不断减小，其他水平面的Dev(x)比表层平面的Dev(x)小。对比不同汇流比下同一平面的Dev(x)，发现随着汇流比的增加，所有平面的Dev(x)越来越小，表层平面的下降趋势小于底层平面。汇流比越大，靠近交汇口的Dev(x)越小，且交汇口处的Dev(x)降低趋势越明显。

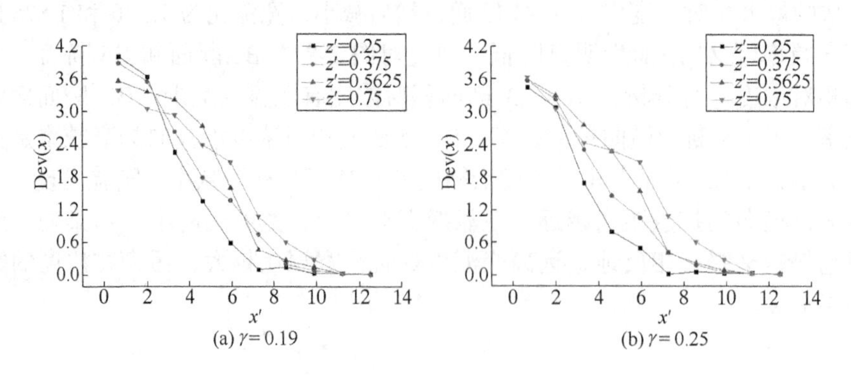

(a) γ= 0.19　　(b) γ= 0.25

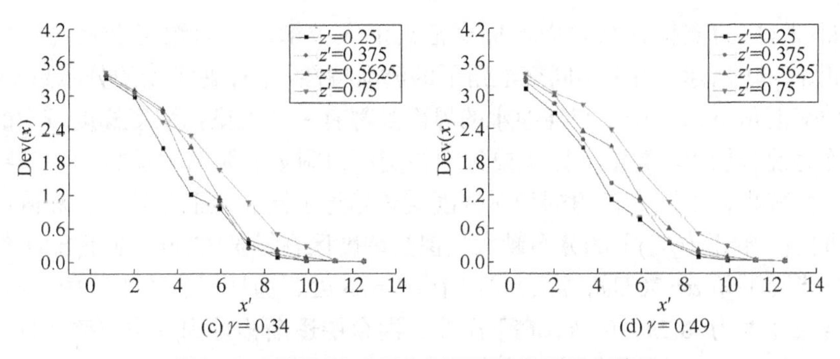

(c) γ= 0.34　(d) γ= 0.49

图 2-9　不同汇流比下交汇区污染物不均匀指数

2. 交汇角对污染物混合特性的影响

图 2-10 为不同交汇角下 y'=0.3125 断面上沿水流方向的污染物不均匀指数变化情况。由图 2-10 发现，近底面平面(z'=0.25)的 Dev(x)降低趋势最为明显，且近底面平面的 Dev(x)在较为靠近交汇口(x'=6)时就已经变得很小，说明近底面平面的污染物扩散较快，能更加迅速地扩散均匀。表层平面(z'=0.75)的 Dev(x)在靠近交汇口处比其他水平面的 Dev(x)小，但随着 x'的增加，其 Dev(x)降低的趋势不断减小，其他水平面的 Dev(x)比表层平面的 Dev(x)小。这说明支槽来水刚汇入主槽水体时，交汇区表层污染物的扩散较其他水平面更为均匀，但随着两种水体不断混合，其他水平面的污染物比表层污染物混合得更加均匀。

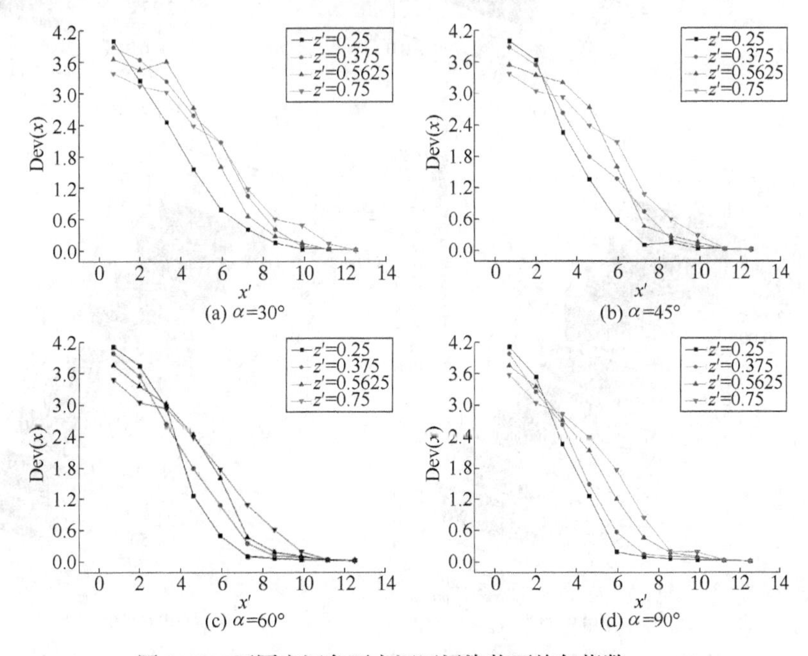

(a) α=30°　(b) α=45°

(c) α=60°　(d) α=90°

图 2-10　不同交汇角下交汇区污染物不均匀指数

图 2-11 为支槽污染物以不同交汇角汇入主槽后相对浓度沿水流方向的分布。如图 2-11 所示，由于不同交汇角下的流动特性不同，污染物的分布是不同的。在各种交汇角下，污染水与纯净水的界面处都有一个污染物浓度梯度较大的弯曲带，称为混合层[3]。高浓度区主要集中在交汇口附近，随着水流方向污染物相对浓度逐渐减小，不同交汇角的相对浓度锐减趋势不同。交汇角越小，高浓度区在水流方向(x 轴正方向)上的分布越大，但高浓度区在槽宽方向(y 轴正方向)的分布越小。当交汇角 α= 30°时，混合层位于 y/h=0.5 处，剪切层也位于其中，x/h=0.75 时混合层宽度为 $0.2h$～$0.3h$。在下游段，混合层逐渐移动到主槽中部，且宽度增加。当 x/h 大于 9 时，污染水逐渐与纯净水混合均匀。混合层呈现为凸面，其顶

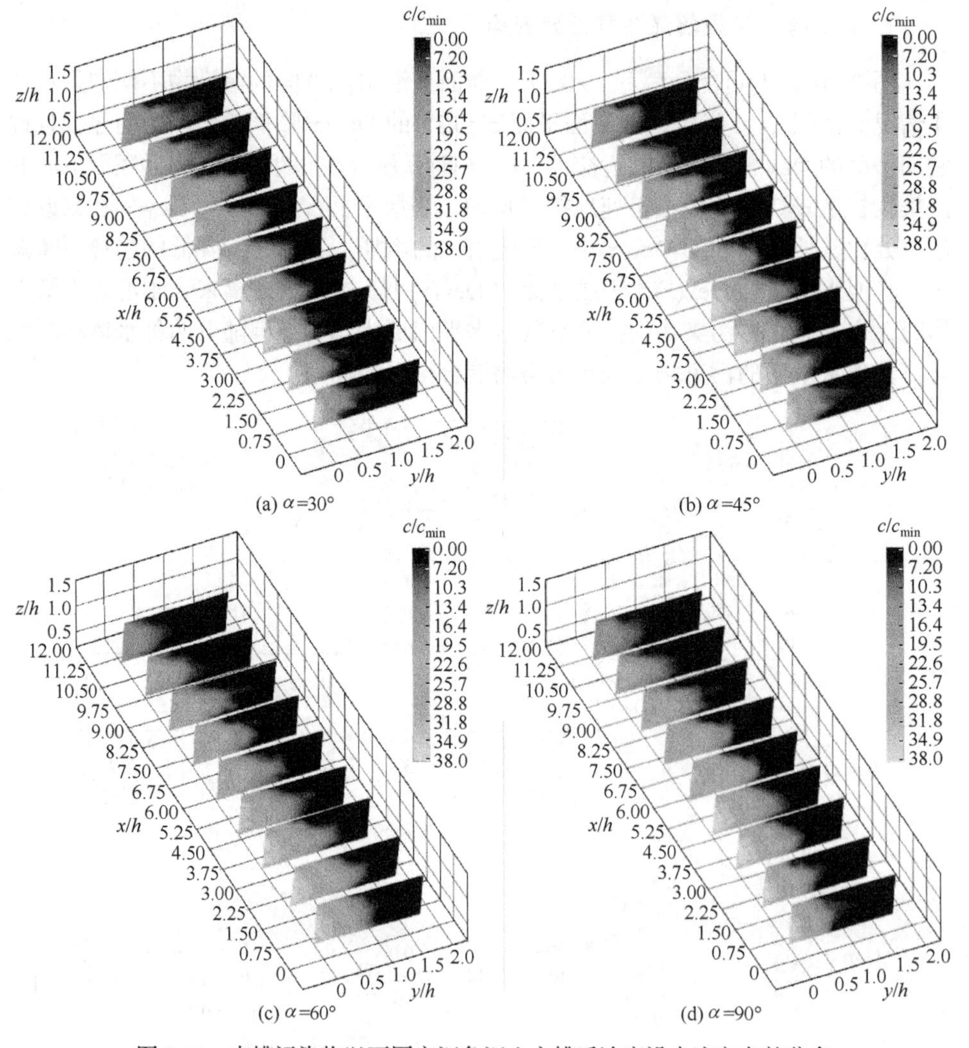

图 2-11　支槽污染物以不同交汇角汇入主槽后浓度沿水流方向的分布

点位置在 z/h=0.6 附近。随着交汇角的不断增加，混合层出现的位置与宽度也发生了变化。当交汇角 α= 90°时，混合层位于 y/h=0.7 处，x/h=0.75 时混合层宽度 $0.4h$～$0.5h$。当 x/h 小于 6 时，此时的混合层宽度是随着水流方向逐渐增大的，且混合层逐渐向主槽右侧(y 轴正方向)移动。当 x/h 大于 9 时，污染水逐渐与纯净水混合均匀。混合层呈现为凸面，其顶点位置在 z/h=0.6 附近。

3. 污染物浓度对污染物混合特性的影响

在同一交汇角(α=45°)下，支流不同实验组次的参数如表 2-2 所示。

表 2-2　三种实验组次参数表

组次	Q_m/(m³/h)	Q_t/(m³/h)	交汇角/(°)	c_m/(μg/L)	c_t/(μg/L)	c_p/(μg/L)	c'_p
1	17.34	4.23	45	0	500	98.05	2.0
2	17.34	4.23	45	0	1000	196.1	3.9
3	17.34	4.23	45	0	2000	392.2	7.8

图 2-12 为不同支槽污染物浓度下 y'=0.3125 断面上沿水流方向的污染物不均匀指数。由图 2-12 发现，x'为 0～3 时，低浓度污染物工况下的不均匀指数更大；当 x'大于 4 时，低污染物浓度工况下的不均匀指数反而较小。z'=0.25 时，低浓度

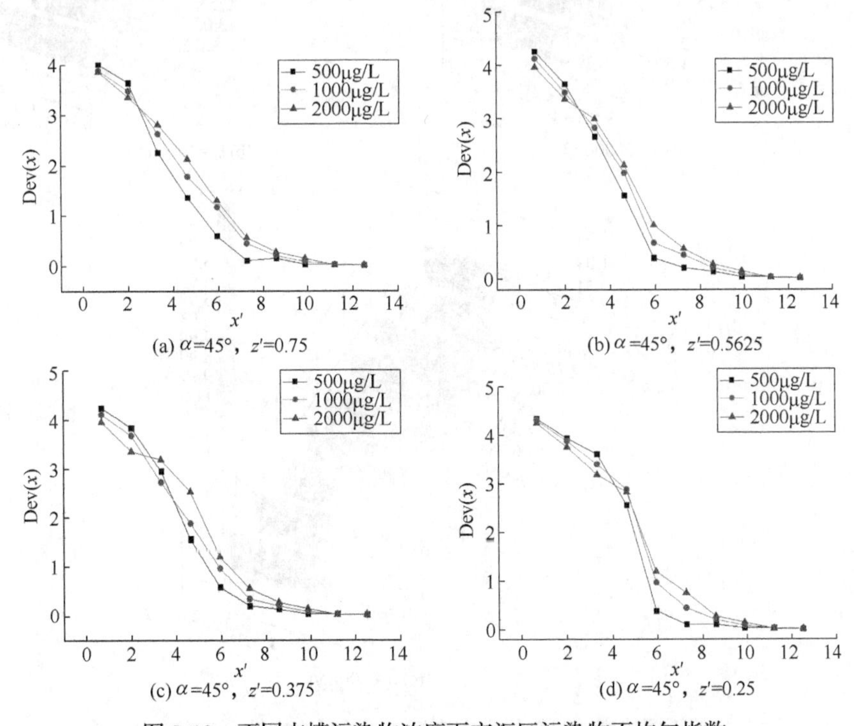

(a) α=45°，z'=0.75　(b) α=45°，z'=0.5625

(c) α=45°，z'=0.375　(d) α=45°，z'=0.25

图 2-12　不同支槽污染物浓度下交汇区污染物不均匀指数

污染物工况下的不均匀指数在 $x'=4$ 附近出现明显降低。在交汇口附近，低浓度支槽来水汇入主槽后扩散的速率小于高浓度支槽来水汇入主槽的扩散速率，但随着 x' 的增加，相比于高污染物浓度，低污染物浓度时扩散得更加均匀。

图 2-13 描述了不同浓度污染物由支槽汇入主槽后浓度沿水流方向的分布。如图 2-13 所示，尽管交汇角(α=45°)一样，但由于污染物浓度不同，主槽上污染物扩散情况是不同的。当汇入主槽的污染物浓度较低时，如 c_t=500μg/L 时，混合层位于 y/h=0.3 处，x/h=0.75 时混合层宽度为 $0.2h$～$0.3h$。当 x/h 小于 5 时，混合层宽度是随着水流方向逐渐增大的，且混合层逐渐向主槽右侧(y 轴正方向)移动。当

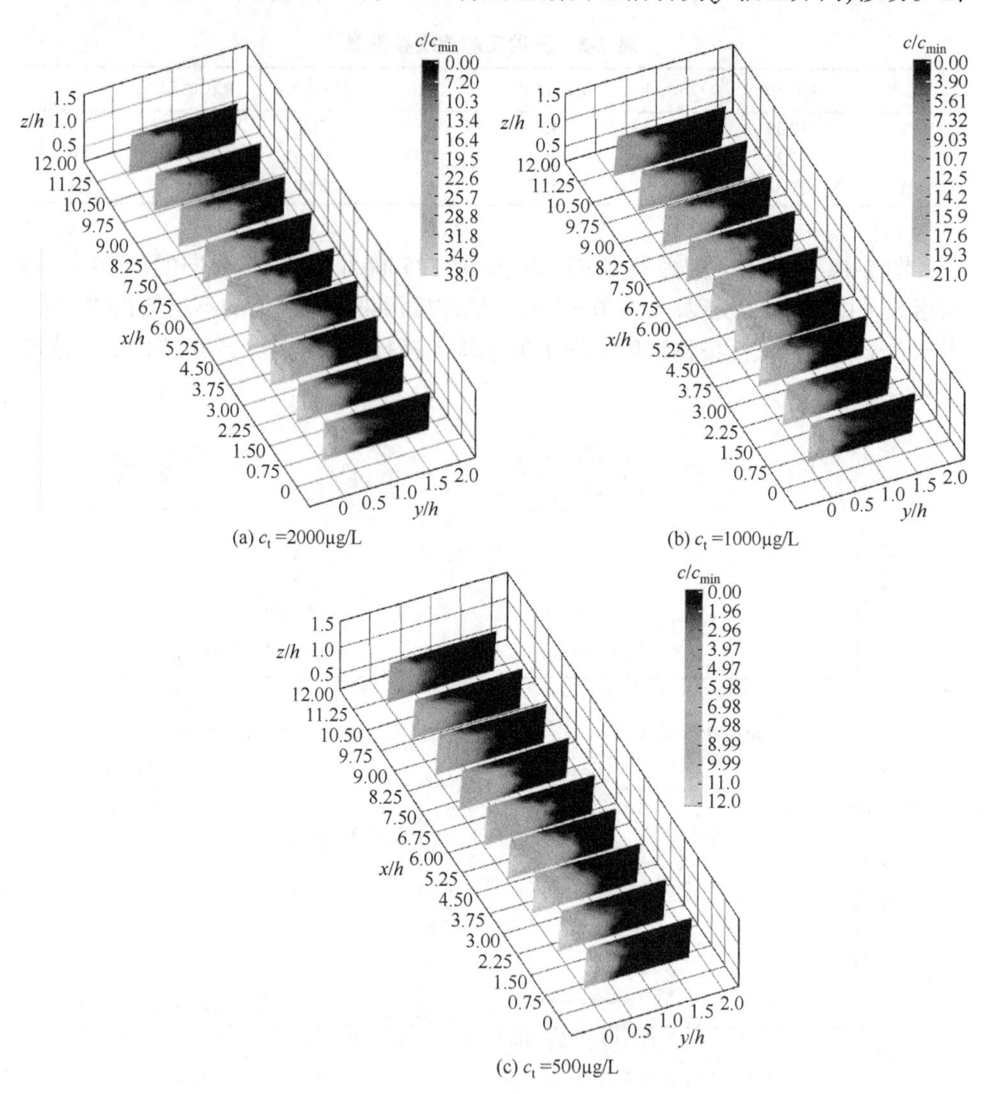

图 2-13　不同浓度的污染物由支槽汇入主槽后浓度沿水流方向的分布

x/h 大于 7.5 时，污染水逐渐与纯净水混合均匀。随着污染物浓度的增加，污染水在主槽上的横向和纵向扩散范围都发生了增加，且混合层的宽度相应增加，出现混合均匀时的 x/h 也较大。c_t =2000μg/L 时，混合层位于 y/h=0.4 处，x/h=0.75 时混合层宽度为 0.4h～0.5h。当 x/h 小于 6 时，混合层宽度是随着水流方向逐渐增大的，且混合层逐渐向主槽右侧(y 轴正方向)移动。当 x/h 大于 9 时，污染水逐渐与纯净水混合均匀。

2.2　交汇区水流结构与污染物迁移转化特性分析

2.2.1　实验概况

1. 测量断面布设

图 2-14 为现场监测断面划分及采样，现场共在交汇区布设了 11 条监测断面，用于监测水动力指标，测量区域总面积约为 707470m^2。在紧邻交汇区上游的 F 河段和 H 河段各布设 2 条监测断面(J、K 和 A、B)，断面 J 距交汇口中心处 132.5m，断面 A 距交汇口中心处 174.9m。在交汇区中心及下游布置 7 条监测断面(C、D、E、F、G、H、I)，断面 I 距离交汇口中心处 1212.4m。监测断面的布置基本上垂直于 H 河和 F 河的水流方向。

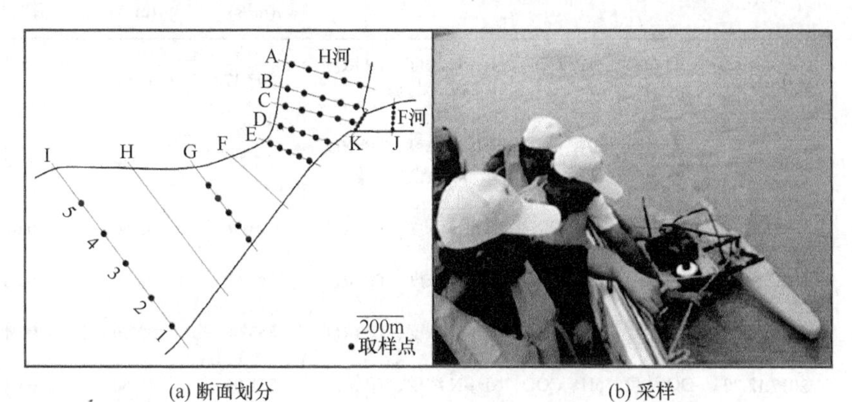

(a) 断面划分　　(b) 采样

图 2-14　现场监测断面划分及采样

泥沙采样点主要布设在 H 河河道的中央和左右两岸附近。为了探究 H 河与 F 河交汇区污染物的时空分布特征和混合规律，在上述水动力监测断面中选择 9 条典型断面，每条断面设置 5 个采样点，共计 45 个采样点，具体位置如图 2-14(a) 所示，从河道左岸到右岸将采样点依次命名为 A1、A2、A3、A4、A5、B1、B2 等。

2. 实验工况设计

2016 年 11 月 27 日～2018 年 5 月 10 日，在 H 河与 F 河交汇区共进行了 9 次现场监测实验(R1～R9)，其中水动力监测实验 3 次，水质监测实验 9 次，工况条件如表 2-3 所示。分别于 2016 年 11 月 27 日(R1 工况，F 河与 H 河动量比为 0.03)、2017 年 8 月 5 日(R2 工况，F 河与 H 河动量比为 6.04)和 2018 年 3 月 31 日(R7 工况，F 河与 H 河动量比为 0.01)进行了 3 次现场水动力、泥沙粒径及河床形态测量研究，用以探究不同工况下 H 河与 F 河交汇区的水流结构及河床形态。具体现场实测水动力条件如表 2-4 所示。水动力测量时选择 H 河流量远大于 F 河流量的常规水文情况(R1 工况)，可以代表大多时刻 H 河与 F 河交汇区的水动力特性和河床形态。同时，选择一种特殊的水文情况(R2 工况)，用以研究支流动量远大于干流动量时的交汇区水动力特性及河床形态。R2 工况下，交汇区的支流可近似看成是弯曲半径极小的弯道，干流从交汇区的另一侧汇入。此外，选择一种可以展示 H 河东倒夺 F 河现象的水文工况(R7 工况)。R7 工况下，F 河流量极小，加之 F 河具有较低的河床高程，H 河水流倒灌回流至 F 河河口。R7 工况恰好可以研究 H 河东倒夺 F 河现象的水流结构和地形形态。

表 2-3 现场实测工况条件

实验工况	日期	监测项目	H 河流量/(m^3/s)	F 河流量/(m^3/s)	F 河与 H 河流量比
R1	2016.11.27	DO 浓度、pH、COD、NH_3-N 浓度、TP 浓度 *H*、*h*、*L*、*Q*、*U*、*V*、*W*、泥沙粒径	207.37	19.92	0.10
R2	2017.8.5	DO 浓度、pH、COD、NH_3-N 浓度、TP 浓度 *H*、*h*、*L*、*Q*、*U*、*V*、*W*、泥沙粒径	34.29	110.46	3.22
R3	2017.9.26	DO 浓度、pH、COD、NH_3-N 浓度、TP 浓度	1350.00	32.50	0.02
R4	2017.10.24	DO 浓度、pH、COD、NH_3-N 浓度、TP 浓度	742.00	43.00	0.06
R5	2017.11.25	DO 浓度、pH、COD、NH_3-N 浓度、TP 浓度	863.00	32.30	0.04
R6	2017.12.20	DO 浓度、pH、COD、NH_3-N 浓度、TP 浓度	211.00	15.60	0.07
R7	2018.3.31	DO 浓度、pH、COD、NH_3-N 浓度、TP 浓度 *H*、*h*、*L*、*Q*、*U*、*V*、*W*、泥沙粒径	98.03	5.92	0.06
R8	2018.4.20	DO 浓度、pH、COD、NH_3-N 浓度、TP 浓度	330.00	41.80	0.13
R9	2018.5.10	DO 浓度、pH、COD、NH_3-N 浓度、TP 浓度	300.00	21.50	0.07

注：*H* 为水位；*h* 为水深；*L* 为河宽；*Q* 为流量；*U* 为纵向流速；*V* 为横向流速；*W* 为垂向流速。

表 2-4　现场实测水动力条件

指标	2016.11.27			2017.8.5			2018.3.31		
	H 河	F 河	F 河/H 河	H 河	F 河	F 河/H 河	H 河	F 河	F 河/H 河
Q	207.37	19.92	0.10	34.29	110.46	3.22	98.03	5.92	0.06
u	0.86	0.23	0.27	0.462	0.866	1.87	0.678	0.077	0.11
M	178335	4621	0.03	15840	95662	6.04	66461	458	0.01
Re	658062	97451	0.15	147521	755242	5.12	470181	91695	0.20
Fr	0.275	0.1	0.36	0.229	0.259	1.13	0.261	0.012	0.05

注：Q 为流量(m^3/s)；u 为断面平均流速(m/s)；M 为动量(kg·m/s)，$M=\rho Qu$；Re 为雷诺数；Fr 为弗劳德数。

9 次野外实测均进行了水质监测实验，监测的指标为溶解氧(dissolved oxygen，DO)浓度、pH、COD、NH_3-N 浓度和 TP 浓度。监测过程来水条件如表 2-3 所示。水质实验可用于分析交汇区污染物的时间和空间分布规律及污染物的混合过程。

2.2.2　天然交汇区水流结构和形态动力学特性分析

天然河流交汇区相比明槽水流交汇区，具有更为复杂的边界条件，两种交汇区虽然水流运动的基本规律一致，但是在定量分析层面存在一定的差异[4-5]。实验室概化的物理水槽交汇区模型，其横断面形状基本为矩形，河床平整，棱角分明，交汇角为生硬的锐角、直角或钝角。天然河流交汇区横断面大多为梯形，边界过渡较缓和，床面往往有复杂的坑、沙坝、崩塌面等特殊结构，进而影响交汇区的水面形态、水流结构等。

本小节以 H 河与 F 河交汇区为典型，监测具有非平齐河床的小型低含沙溪流与大型宽浅型多沙干流非对称交汇区的水面形态、河床形态、水流结构与悬移质泥沙粒径分布。利用声学多普勒流速剖面仪(ADCP)对多沙 H 河与 F 河交汇区进行 3 次实测研究，利用现场数据分析不同水文条件下交汇区的水面形态变化过程；研究交汇区河床形态与水流结构、动量比的动态响应关系；给出交汇区悬移质泥沙的粒径分布特征；检验在这样的交汇区是否产生螺旋流，如果没有螺旋运动产生，探究水流和泥沙如何影响交汇区河床形态的变化。此研究结果有利于进一步认识动量相差悬殊、宽度差异巨大、支流河床低于干流、伴随高负荷泥沙等极其复杂的天然河流交汇区的水动力学和形态动力学特征。

1. H 河与 F 河交汇区水面形态

干支流水流互相交汇产生顶托作用，进而引起交汇区水面高程变化。图 2-15(a)、

(c)、(e)为 3 次实测的水面宽度、左右岸水位，分析监测断面的横向比降和两条断面之间的左右岸纵向比降[图 2-15(b)、(d)和(f)]。以左岸水位为基准，若横向比降为正，则左岸水位高于右岸水位；相反地，横向比降为负时左岸水位低于右岸水位。以上游断面为基准，若纵向比降为正，则下游断面水位低于上游；相反地，当纵向比降为负时，下游水位高于上游，代表此断面产生壅水。

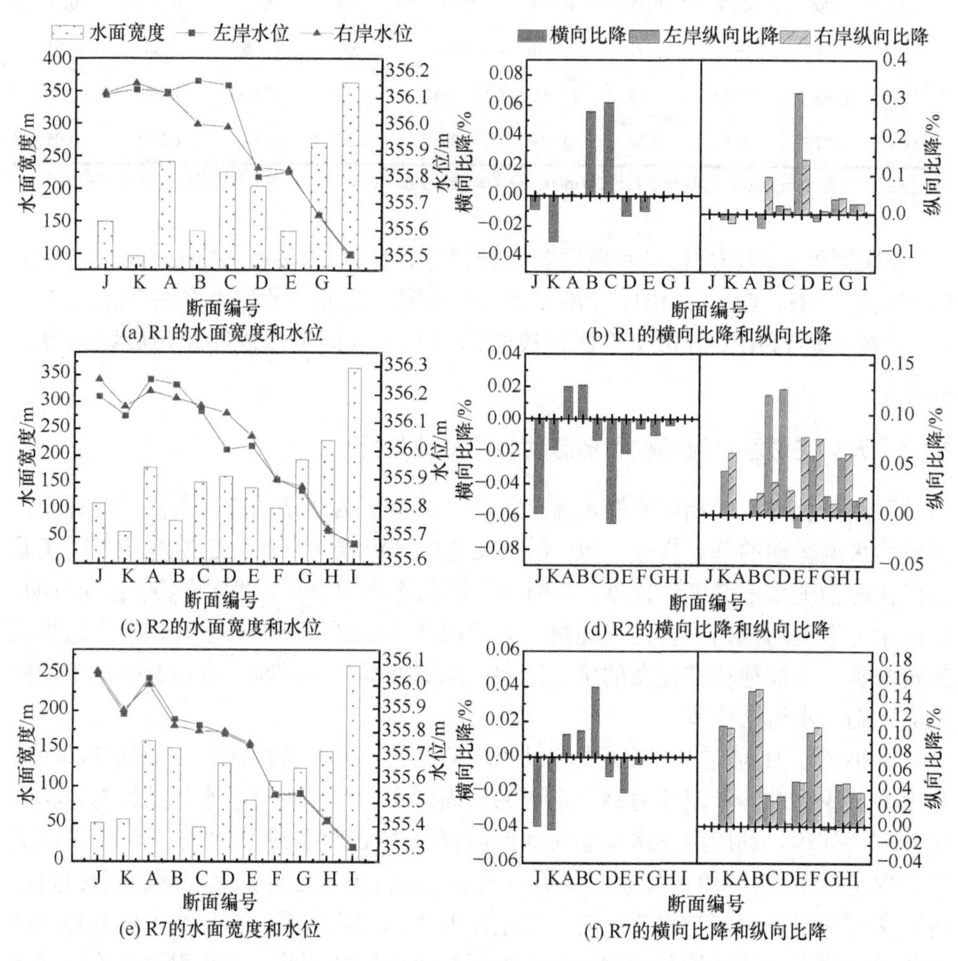

图 2-15　F 河与 H 河交汇区水面特征

水面形态的主要特征是上游交汇处水面上升，下游交汇处水面下降。由图 2-15(a)和(b)可以看出，2016 年 11 月 27 日(R1)动量比为 0.03 时，在交汇区上游 F 河段，断面 J～K 的右岸纵向比降大于左岸，且均为负值，表明在紧邻交汇区上游的断面 K 产生壅水，水面抬高；断面 J～K 右岸水位高于左岸水位，横向比降均为负值，且越靠近交汇区，顶托作用越强，比降越大，右岸附近停滞区水面升高程度越大。在交汇区上游干流，断面 A 两岸水位基本持平；断面 B 靠近支流侧的左岸水位高于右岸水位，且左岸纵向比降为负值，沿水流方向水位出现升高现象，表明交汇水流对 F 河的影响程度大于 H 河。进入交汇区核心区域，断面 C 纵向比降大幅度增大，在较短距离内水面大幅跌落；横向比降依然为左岸高、右岸低，表明水流汇聚处水面高于周围。断面 D 左岸附近位于水流分离区，水位急速下降，低于右岸，形成与断面 B 相反的横向比降。交汇口下游断面 E 水面趋于平稳，两岸水位基本相同。远离交汇区的断面 I 两岸水位相同，恢复正常流态。

由图 2-15(c)和(d)可以看出，2017 年 8 月 5 日(R2)动量比为 6.04 时，支流动量远大于主流。交汇区上游两条河流同样产生了与 2016 年 11 月 27 日相同的横向超高效应，但断面 K 的纵向比降为正值，断面 J～K 水面下降，表明随着动量比的增大，F 河占主导地位，受到 H 河的顶托作用降低。断面 C 右岸水位高于左岸，横向比降为–0.013%，占主导地位的、近似弯曲河道的 F 河水流，进入交汇区转向下游，将 H 河水流朝右岸挤压，引起右岸水位升高。紧邻交汇区下游的断面 D 横向比降为–0.064%，其绝对值远大于 2016 年的测量结果(–0.013%)；同时，左岸的纵向比降较大，下游交汇角附近水面大幅跌落，主要是弯道水流的离心力和压力梯度造成的。再向下游，断面 E 横向比降也高于 2016 年测量结果，表明随着动量比的增大，支流对交汇区下游水面的影响距离增长。此测量工况中，在断面 E～G 和 G～I 中间增加了断面 F 和 H，丰富了监测数据，到断面 F 水流基本恢复正常流态，断面 E 和 F 之间水流处于交汇区水动力分区的恢复区。

图 2-15(e)和(f)为 2018 年 3 月 31 日(R7)的水面特征(动量比为 0.01)。其基本规律与 2016 年 11 月 27 日(R1)相似，交汇区上游 F 河段(断面 J、K)横向比降增大，代表主流优势增大加强了对支流的顶托作用，增大了支流水面的横向超高，支流对主流(断面 B)的影响变小。

总体而言，受河流水面自然比降和两河交汇水流掺混顶托作用的双重影响，干流水位基本呈现沿程递减的趋势，靠近支流入汇侧，纵向比降呈现减—增—减的趋势，远离支流侧，纵向比降呈现由增到减的变化规律。交汇区停滞区、混合层及支流对岸会产生壅水，形成水面超高。交汇角下游连接角附近虽然不一定形成分离区，但水面基本呈跌落特征。同样，在明渠交汇区中也得到了相同的结论，这一结论与前人对非对称交汇区水面形态的研究结论一致[6-9]。

2. H 河与 F 河交汇区河床形态

本小节多沙型交汇区河床形态的基本特征有三条。①交汇区中心靠近支流侧有一个沿河道纵向的条形冲刷带或冲刷坑，如图 2-16 所示，冲刷带形状狭长，最深处高程较交汇区上游 H 河入口处的河床高程低 3m。②交汇区的河床高程变化大，河道主槽摆动不定，如图 2-16 和图 2-17 所示，原因主要是 H 河含沙量较大，河床由细颗粒泥沙组成，悬移质泥沙的起动或沉积在此受到交汇区复杂的水流结构的强烈影响。③交汇区入口处 F 河断面 K 的高程较 H 河高程低，形成非平齐型河床，最大高差 2～3m。

图 2-16(a)为低动量比(R1，动量比为 0.03)工况下的河床形态。由图可知，该工况下紧邻交汇区上游 F 河口(断面 K)的左岸有一个小的二级冲刷坑，右岸存在较大范围的明显滩地。主冲刷带出现在交汇口下游断面 C～H 大约 4 个河床宽度的狭长范围内，冲刷带的最大深度出现在断面 D 的左岸附近。在断面 C～E，距离左岸 60～100m 处，出现了一个条形沙坝，将 H 河主流分割成左右两部分，其中右岸部分逐渐发展为高流速区域。图 2-16(c)为 2018 年 3 月更低动量比(0.01)工况下的河床形态。测量时处于枯水季节，长时期的低流量、低流速导致交汇区下游泥沙淤积，冲刷带深度变浅。出现此现象的另一个原因是 F 河流量过低，H 河水流倒灌 F 河，水流剪切紊动仅发生在断面 K 的中央，而未向下游延伸。

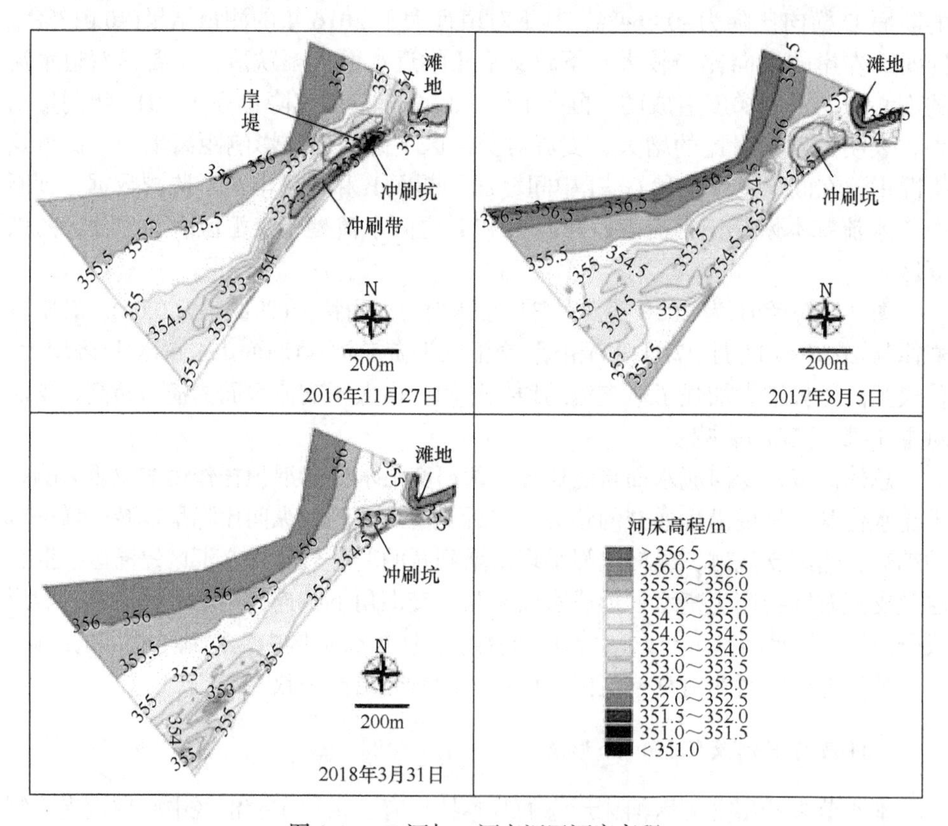

图 2-16　H 河与 F 河交汇区河床高程

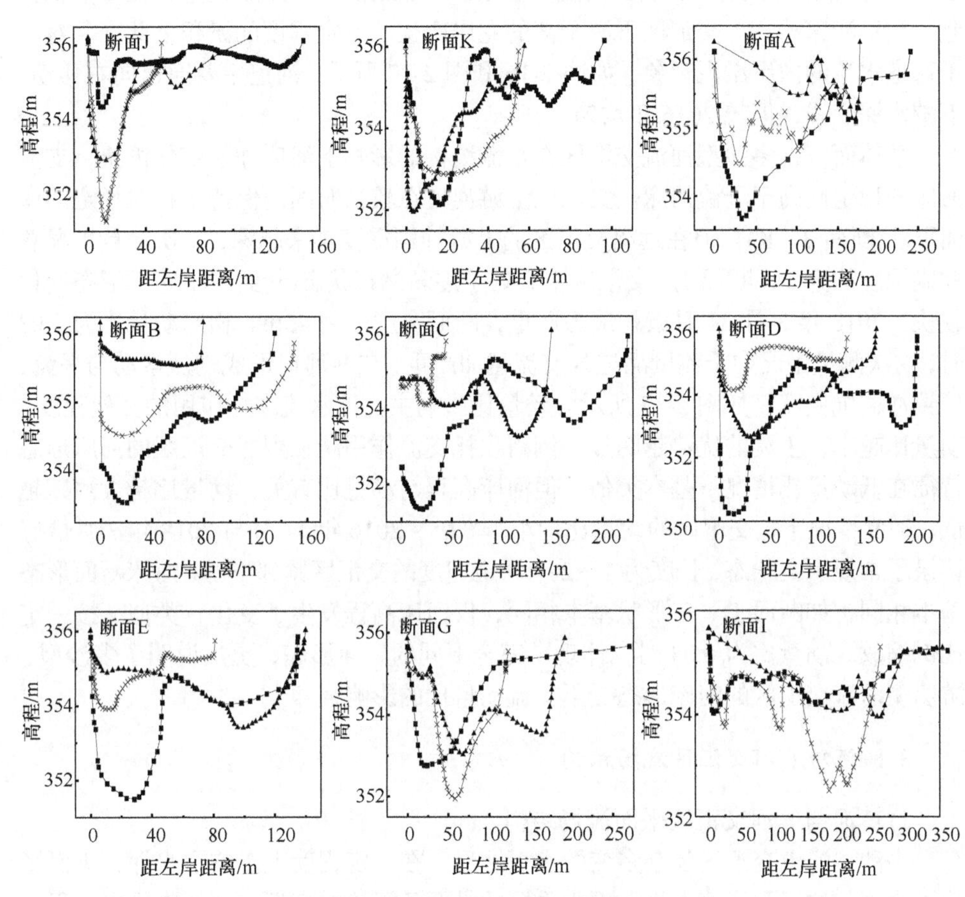

图 2-17　H 河与 F 河交汇区河床横断面形态

左侧对应于河流左岸

高动量比(0.64)测量工况中，紧邻交汇区的下游出现一个类似以往在弯道河流交汇区内岸出现的大冲刷坑，如图 2-16(b)所示。冲刷坑中心较动量比为 0.03 时向 H 河右岸移动，冲刷深度变浅。同时，河道中央的沙坝消失，如图 2-17 中断面 D 和 E 所示。主要原因是 F 河水流在进入交汇区后水流立即转向下游，类似于弯道河流，受到离心力的作用，表层水流向外(西)岸冲刷，冲刷的范围增大、强度减弱。此次实测紧邻交汇区的 H 河上游河床高程升高，在交汇区顶点处形成了一个面积较大的滩地，与 2016 年 11 月相比淤积了约 2.5m，如图 2-17 中断面 A 和 B 所示。该现象与 2017 年 7 月下旬的洪水有关，7 月 27 日的 H 河洪水携带了大量的泥沙，含沙量高达 289kg/m^3。当部分洪水在交汇区上游 5km 由冲垮的引水渠进入 F 河后，F 河流量增加，在交汇区发生顶托作用，从而降低了紧邻交汇区上游的 H 河水流流速，进而在上游河道产生淤泥，加之洪水离岸后大量的泥沙淤积在此，导致河床抬高。交汇区下游干流的左岸产生了一定程度的淤积，此现象对应于弯道水流的内岸淤泥现象，如图 2-16 和图 2-17 所示，河道主要通道向右移动，下游水深变浅，但较 2016 年均匀。

整体而言，多沙型河流交汇区在水流结构的影响下河床冲淤变化极快，支流河床的稳定性高于干流河床。交汇区上游河道在较长时间内保持了相对稳定的床面形状(断面 J、K)，但在远离交汇区的上游冲刷深度越来越深，3 次测量工况总冲刷深度约为 3m(断面 J)。交汇区中心处于逐渐淤积状态(断面 C)，床面形态变化较快。2018 年 3 月 31 日淤积最为严重，断面宽度仅为 45m。相比动量比为 0.03 时，这次测量工况中干流倒灌进入支流越加严重，在 F 河口形成剧烈紊动与涡流，导致冲刷坑变宽，如图 2-17 所示。动量比影响主支流水流顶托作用的强烈程度，动量比越小，主流的优势越明显，倒灌顶托支流作用越强烈。交汇区的河床形态特征在低动量比情况下基本类似，但河床高程与动量比有关，动量比越大河床越低。通常情况下，交汇区的动量比均小于 0.05，2016 年 11 月与 2018 年 3 月恰好记录了常规水文状态，长度为 1～2 个河道宽度的交汇区紧邻下游，河床断面形态基本相同，如断面 D、E 形状基本相同，仅河床高程发生了变化，类似于按一定比例缩放。动量比为 6.04 时，体现了完全不同的床面形态，更加说明了多沙型、游荡型河流交汇区的河床形态受干支流动量比的影响强烈。

3. H 河与 F 河交汇区流场结构

1) H 河与 F 河交汇区平面流场结构

多沙型河流交汇区复杂多变的水下地形，在一定程度上影响了水深，进而影响了水流的位置及流速大小。更为重要的是两条河流的交汇与顶托作用更大程度上决定了水流运动的空间模式，如图 2-15 所示，两条河流在交汇区的中心偏支流侧附近交汇混合，引起了水流偏转及流速变化。

图 2-18(a)显示，当动量比为 0.03 时，在交汇区的上游河段(断面 A、B)，H 河主流由左岸附近逐渐向远离支流侧偏转。水流汇聚在交汇区中心(断面 C～E)最明显，高流速核心，即交汇区概念模型中的最大流速区，一直沿断面 C～E 的右岸向下游延伸，经过长约三个河道宽度的距离后恢复至河道左岸。在交汇区下游连接角附近未出现明显的水流分离区(断面 D)，上游连接角附近出现了流速减小甚至为零的停滞区，相比而言，F 河停滞区尺寸较 H 河大。

由图 2-18(c)可知，当动量比为 0.01 时，支流 F 河动量远小于 H 河，加之 F 河河口处河床比 H 河低，H 河水流出现了向东倒灌 F 河的现象，F 河河口处水流受阻，流速极低，仅为 0.2m/s 左右，全断面出现停滞现象。此时，交汇区及下游水流的顶托掺混作用减小，水流流速主要受水深的影响，交汇区中心处的最大流

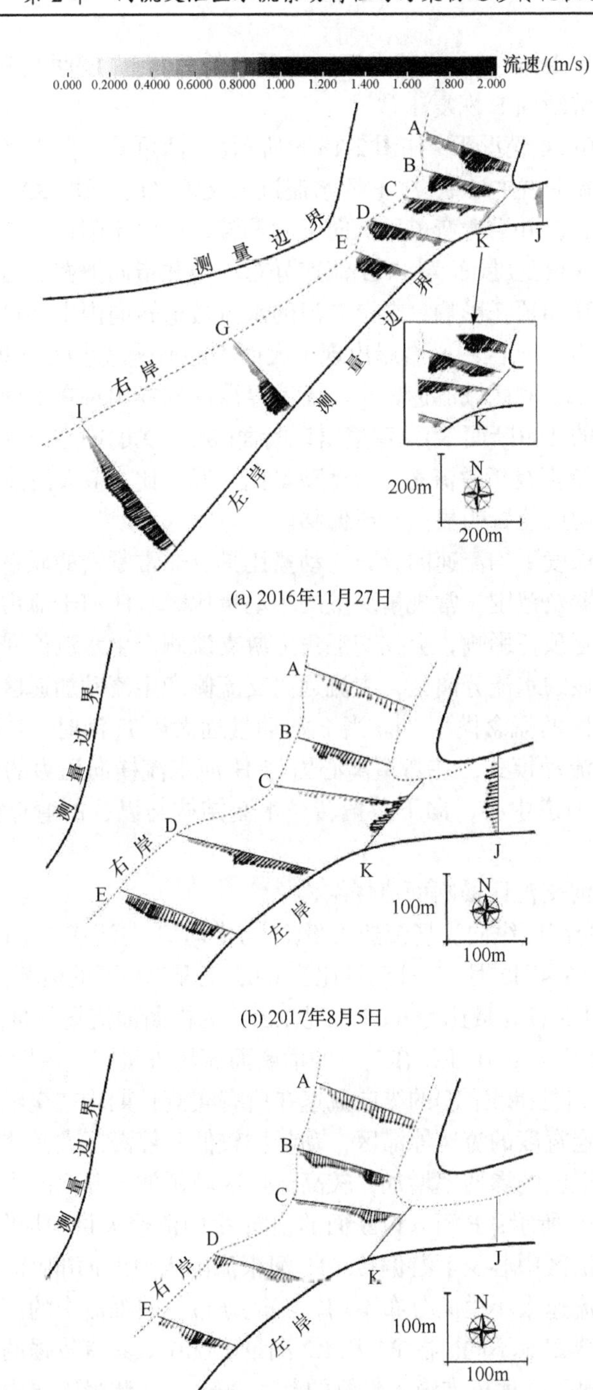

(a) 2016年11月27日

(b) 2017年8月5日

(c) 2018年3月31日

图 2-18　H 河与 F 河交汇区平面流场结构

速出现在断面左岸(断面 C)，紧邻交汇区的下游断面(断面 D)两侧流速较大，中间区域较小，至下游断面 E 恢复正常。

在大动量比(6.04)情况下，如图 2-18(b)所示，F 河可看成曲率半径较小的弯道河流，在交汇水流中占主导地位。F 河水流进入交汇区时(断面 K)，最大流速位于弯道入口断面中心，并沿着弯道平面向下游偏转，而两岸附近流速较小。H 河水流在交汇区上游入口处(断面 A 和 B)流速分布均匀并指向下游。由于两条河流在混合界面相交且互相顶托影响，来自 F 河的水流被迫转向内岸并迅速与下游河道对齐。H 河水流在交汇区中心右岸出现了大面积的流速减小区域(断面 C)，下游断面 D 仍然有近 2/5 的区域流速较小。流速停滞区同样出现在 F 河河口的右岸，宽度大约为断面的 1/4(断面 K)。弯道出口断面(断面 D)的中心出现最大流速区，到下游断面 E 水流恢复正常流态。与低动量比工况相比，最大流速在断面 D 和 E 的河道中央，剪切层位置明显向右岸偏移。

总体而言，深度平均流速的分布与动量比具有非常紧密的联系，动量比影响水动力分区的位置及范围。常规情况下的小动量比时，H 河干流占主导优势，两条河流汇聚且相互顶托影响，会在交汇角上游支流侧产生水流停滞区，下游连接角处没有产生明显的水流分离区，主流远离支流侧产生流动加速区，基本符合非对称型河流交汇区的概念模型[10]。当 F 河动量远大于 H 河时，F 河水流发生类似于弯道水流的流动模式，在弯道离心力与 H 河水流横向压力的双重作用下，高流速核心位于河道中心，向下游偏转，水流结构与以往的弯道河流交汇区类似[11-12]。

2) H 河与 F 河交汇区横断面流场结构

图 2-19 为交汇区纵向流场流速矢量(U)与横向/垂向流速矢量(V/W)的分布情况，其中(a)为 2016 年 11 月 27 日动量比为 0.03 工况(R1)下的横断面流场矢量图，(b)为 2017 年 8 月 5 日动量比为 6.04 工况(R2)下的横断面流场矢量图，(c)为 2018 年 3 月 31 日动量比为 0.01 工况(R7)下的横断面流场矢量图。由图 2-19 可知，交汇区上游 F 河河口处(断面 K)的纵向流速在所有实测日期均在交汇连接角的上游位置展现出了一定宽度的流速停滞区，动量比较低时停滞区尤其明显。动量比增大，支流进入交汇区的渗透率增加，较高流速区域延伸至断面的大部分，停滞区减小，如图 2-19(b)所示；F 河入口断面的横向/垂向流速矢量均指向左(南)岸，导致水流整体向交汇区中心及下游偏转。H 河来流的入口断面(断面 B)受到交汇水流的顶托影响，流速大小横向分布不均，流速分布与明渠流中的河流中心近表面处流速最大的规律截然不同。在 R1 和 R2 测量工况中，具有较强的指向右岸的横向流速矢量，表现明显远离支流入汇侧的流速偏转，R7 测量工况中则表现向东倒灌 F 河的流速矢量。

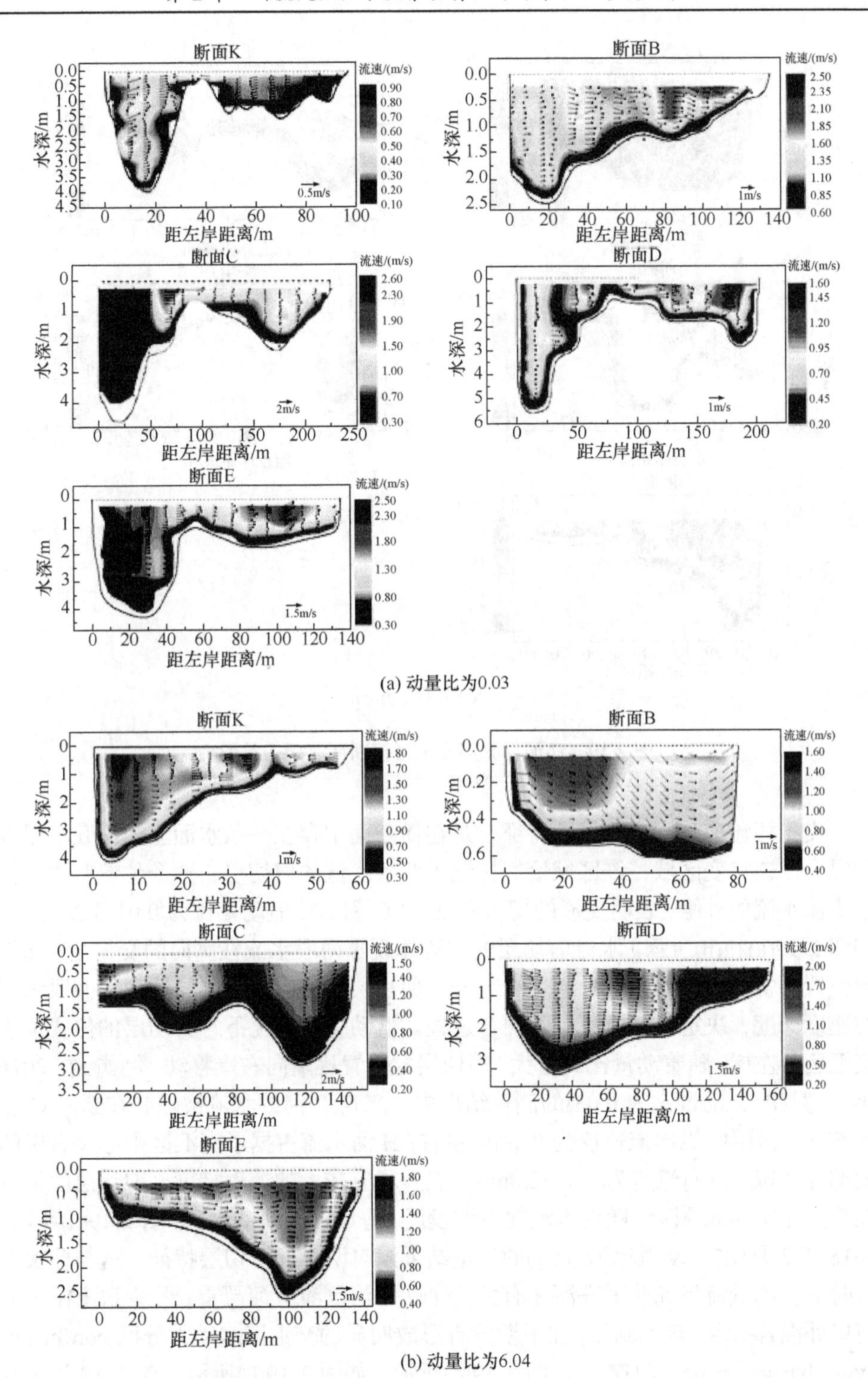

(a) 动量比为0.03

(b) 动量比为6.04

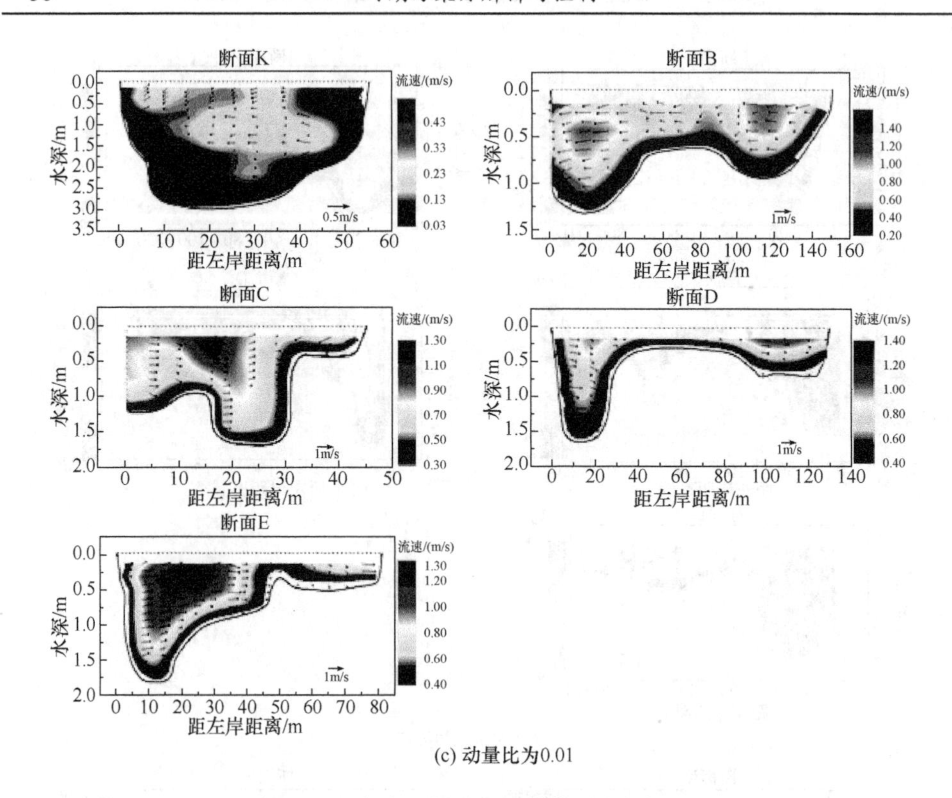

(c) 动量比为0.01

图 2-19　H 河与 F 河交汇区横断面流场矢量图

左侧对应于河流左岸

交汇区流速分布最明显的特征，是在横断面中存在一条水面至河床几乎铅垂的纵向流速突变区域，该区域恰好标记了两条水流的剪切层，这个位置基本上位于支流水流的外缘，表明支流的切入面(断面 C 和 D)，但动量比为 0.01 工况除外，如图 2-19(a)和(b)所示。水流剪切层的位置体现了两股水流在垂向的交界面，交界面位置通常与河床冲刷坑右侧边缘吻合。剪切层两侧的速度差异体现了两股水流的速度梯度，决定了两条河流的混合过程。低动量比工况下，剪切层的位置位于交汇区的左岸，随着动量比的增大，剪切层的位置逐渐向右岸移动。例如，在 2016 年 11 月(R1，动量比为 0.03)的测量结果中，来自 F 河的水流被限制在断面 C 左岸 50m 范围内，纵向流速仅为 0.3m/s 左右；H 河水流占据了交汇区中心及右岸的大部分区域，纵向流速为 1.0～2.0m/s，二者具有较大的速度梯度，剪切层的位置在距离左岸 50m 附近，随着水流向下游发展，剪切层逐渐消失，如图 2-19(a)所示。2018 年 3 月(R7，动量比为 0.01)的测量结果没有明显的剪切层特征，这与此次测量时 F 河的低流量和非平齐河床有关，致使 H 河倒灌 F 河严重，两股水流在 F 河河口处混合掺混、紊动剧烈，在下游没有形成明显的交汇区水动力分区(confluence hydrodynamic zone，CHZ)，如图 2-19(c)所示。如图 2-19(b)所示，在 2017 年 8 月的大动量比(R2，动量比为 6.04)测量工况下，剪切层的位置向右移动，并且明显的水流汇聚与剪切发生在断面 D 的中心偏右处(距离左岸 100m)，剪切层左侧的 F 河水流具有较大的指向右(西)岸的横向流速矢量，约为 1.5m/s。

水流向交汇区下游发展，在交汇区下游断面的中心或河道右侧均产生了一个高流速核心，这一规律与动量比接近 1 的具有两个高流速核心的非对称型交汇区不同[13]，这是因为本小节研究的两条河流动量相差较大，动量大的河流优势过于强烈，抑制了另一条河流的流动。如图 2-19(a)所示，低动量比(0.03)时，断面 D 的右岸继承了上游 H 河的高流速水流，高流速核心位于河道右岸附近，并一直延续至下游断面 E。如图 2-19(b)所示，高动量比(6.04)时，支流进入交汇区的渗透率增加，F 河占主导优势，交汇区水流既受到弯道水流的离心力，又受到 H 河来水的速度梯度力，将高流速核心限制在断面 D 的中心。直至断面 E，高流速水流发展至断面右侧附近，仍然表现出强烈指向右岸的横向/垂向流速。交汇水流的相互作用继续向下游延续，作用距离随动量比的增大而增大。总体而言，交汇区表现出了明显的水流交汇和剪切运动，并随着动量比的变化，剪切层的位置向动量较小的一侧移动，交汇水流表现出明显的流速加速区域和停滞区。

水面附近的横向/垂向流速矢量与近床流动的速度矢量基本方向相同，在整个水深中没有显示出明显的相反方向，表明 H 河与 F 河交汇区没有产生明显的螺旋运动。为了进一步验证交汇区的螺旋运动是否存在，利用 Rozovskii[14]的方法计算了交汇区的二次流速，并将二次流速(V_s)与垂向流速合成，绘制了横断面二次流速/垂向流速矢量图，如图 2-20 所示，其中(a)为 2016 年 11 月 27 日动量比为 0.03 工

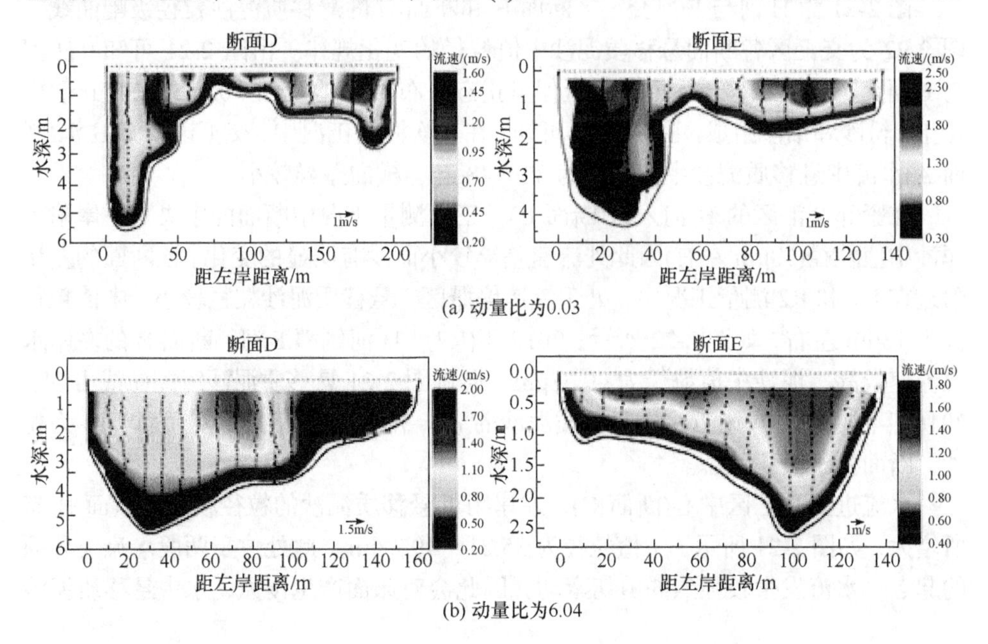

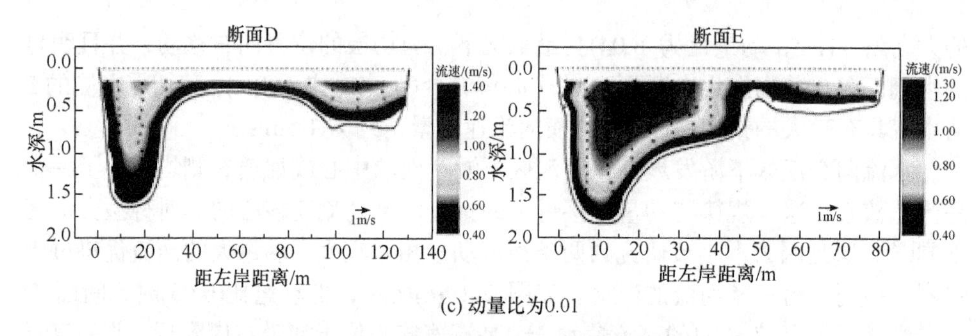

(c) 动量比为0.01

图 2-20　二次流速/垂向流速矢量图

左侧对应于河流左岸

况(R1)，(b)为 2017 年 8 月 5 日动量比为 6.04 工况(R2)，(c)为 2018 年 3 月 31 日动量比为 0.01 工况(R7)。由图 2-20 可知，在三种工况下，V_s/W 的矢量大小可以忽略不计，矢量沿水深方向几乎始终指向同一侧，未形成螺旋运动。

4. 悬移质泥沙粒径分布

H 河是多沙型河流，交汇区水流中夹带着大量的泥沙。泥沙的沉降与起动对交汇区的河床冲淤起到决定性的作用。悬移质泥沙粒径的分布与断面流速有关，断面流速减小，水流挟沙能力降低，粗颗粒泥沙下沉，从而导致悬移质泥沙粒径减小，中值粒径减小，床面出现淤积。因此，研究交汇区悬移质泥沙的粒径分布可以佐证交汇区的冲刷与淤积状态，分析河床形态的变化过程。

图 2-21 为 H 河与 F 河交汇区断面 B 和断面 G 的悬移质泥沙粒径级配曲线，图 2-22 为交汇区各断面悬移质泥沙中值粒径的变化规律。由图 2-21 可知，H 河与 F 河交汇区的悬移质泥沙粒径近似呈正态分布规律，粒径在 0.345～240μm，由粉土、粉沙和细沙组成。由图 2-22 可知，在三次测量工况中，交汇区上游 H 河(断面 A)水流中悬移质泥沙中值粒径为 32～48μm，横向差异较小。

在紧邻交汇区的 H 河入口(断面 B)，三次测量工况中断面的中央与右岸附近泥沙中值粒径(50μm 左右)因此处流速差异较小而没有明显的变化。该断面的左岸附近在 R1 和 R2 测量工况中，处于流速停滞区，悬移质泥沙粒径较小，中值粒径仅为 18μm 左右，如图 2-22 所示；2018 年(R7)，H 河倒灌 F 河，断面 B 的左岸水流流速较高，泥沙中值粒径为 49.58μm。通过图 2-21 悬移质泥沙级配曲线可知，2016 年测量时左岸附近水中悬移质泥沙的 d_{80}=39.31μm，表明此处泥沙基本为粉沙，断面处于淤积状态。

水流进入交汇区中心(断面 C)，左岸附近悬移质泥沙的粒径较上游断面 B 有所增大，如图 2-21 所示，中值粒径为 35.21～49.22μm。此处位于两股水流交界面的起点，水流发生较强烈的剪切紊动，因此会对床面产生侵蚀，水中悬移质泥沙

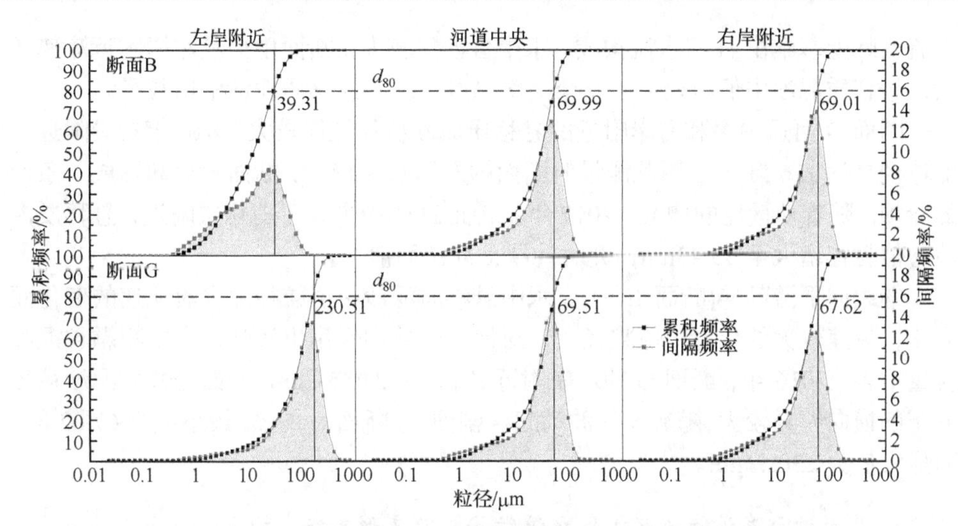

图 2-21 2016 年实测断面 B 和断面 G 的悬移质泥沙粒径级配曲线

d_{80}表示样品累计粒度分布百分数达到 80%时对应的粒径

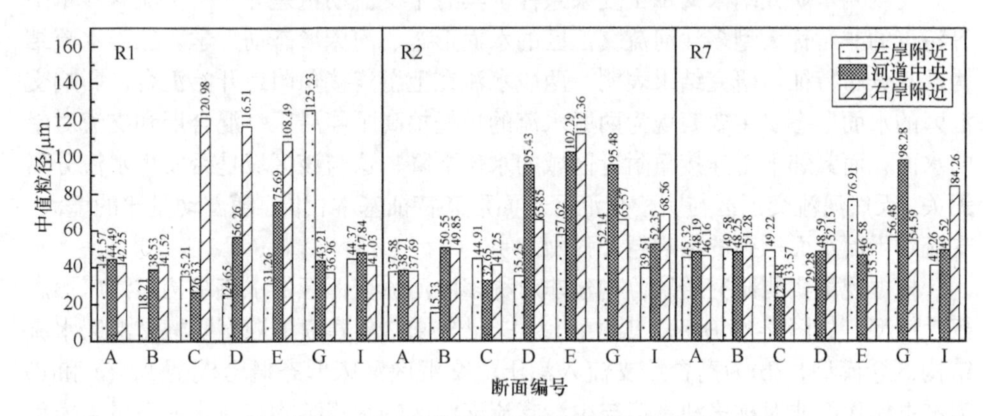

图 2-22 H 河各断面悬移质泥沙中值粒径

由 H 河上游转输泥沙和当地表层沉积物再悬浮组成。在 2016 年的测量工况中，断面 C 的右岸附近处于最大流速区，水流挟沙能力较强，悬移质泥沙的中值粒径高达 120.98μm，河床形成冲刷，因此右岸附近河底高程较低，断面中央位置流速低而形成沙坝。在高动量比测量工况(R2)中，断面 C 右岸附近水流较浅，流速较低，中值粒径仅为 41.25μm，与 2016 年的测量结果形成鲜明对比。

紧邻交汇区的下游断面 D，左岸附近的悬移质泥沙粒径较小，R1、R2 和 R7 工况下悬移质泥沙中值粒径分别为 24.65μm、35.25μm 和 29.28μm。此处的悬移质泥沙中值粒径始终低于河道中央和右岸附近。左岸附近一直未出现泥沙沉积而产生明显的沙坝，原因是左岸附近基本由 F 河来水构成，含沙量极低，加上剪切层往往位于河道偏左的位置处，有利于附近表层泥沙的扫除。R2 测量工况中，支流水流实际上基本由 H 河水流构成，水中含沙量较大，断面中央及左岸附近流速较大，悬移质泥沙中值粒径大于其余两次测量工况的悬移质泥沙中值粒径。

断面 D 河道中央和右岸附近的悬移质泥沙粒径往往较大，2016 年右岸附近中值粒径高达 116.51μm，因此测量时断面的右岸水深较大，断面中央却形成了条形的沙坝。随着动量比的增大，2017 年，断面 D 的中央处于剪切层附近，悬移质泥沙中值粒径增大至 95.43μm，此时沙坝被冲刷而消失。

继续向下游延伸(断面 E～I)，水中悬移质泥沙中值粒径随水流流速的变化而变化，流速较大的位置中值粒径大，对河床的冲刷作用也较强，水中粗颗粒泥沙含量增多。2016 年，断面 G 的左岸附近 d_{80} 高达 230.51μm。断面悬移质泥沙粒径分布的横向差异较大，随流速的波动起伏剧烈，如断面 G 的 d_{80} 最小值为 67.62μm，而最大值为 230.51μm。

5. 非对称型多沙河流交汇区水流结构与河床形态概念模型

现场测量研究结果揭示了复杂条件下具有干支流动量差异大、干流含沙量高等特点的非对称大型多沙河流交汇区的水面形态、河床形态动力学、三维水流结构及其分布特征。研究结果表明，两股水流在上游连接角附近开始汇合，影响交汇区的水面形态。主要表现为两股水流的顶托抬高了停滞区、混合层和支流对岸的水面，而紧邻下游连接角附近区域的水位下降，这与该区域是否发生水流分离无关。天然河流交汇区与明槽交汇区水面形态特征基本相同。随着动量比的增大，支流对干流水面形态的影响越加强烈。

根据现场实测研究结果，构建非对称多沙河流交汇区的水流结构与河床形态概念模型，如图 2-23 所示，其中(a)为 Best[10]1987 年建立的顺直明槽交汇区水流结构概念模型，(b)为高含沙支流入汇干流交汇区河床形态概念模型[6]，(c)和(d)为本书构建的非对称多沙干流与少沙支流交汇区的水流结构与河床形态概念模型((c)为动量比 $\ll 1$ 时的概念模型，(d)为动量比 $\gg 1$ 时的概念模型)。研究结果显示，H 河与 F 河交汇区的三维水流结构基本符合 Best 建立的概念模型，但也有几个明显的例外。由图 2-23(c)和(d)可知，H 河与 F 河交汇区在上游连接角附近形成了流速降低的停滞区，这种现象无疑发生在对称、非对称和弯曲河流交汇区[15]。Weerakoon 等[16]认为，水流停滞是水面超高产生的逆压梯度造成的。研究发现，停滞区范围和支流侧流速衰减程度与动量比有关。通常，随着动量比的增大，支流侧的停滞效应减小，当动量比 $\gg 1$，即动量比为 6.04 时，停滞区移至 H 河侧，如图 2-23(d)所示。由于 H 河与 F 河交汇区具有较小的几何连接角(41°～65°)和常规水文条件下较低的动量比，交汇区的水流偏转不像其他大连接角度的交汇区那么明显[13]。H 河水流的偏转程度及混合界面的位置与动量比有关。动量比增大，水流偏转程度增强，混合界面向右(西)岸移动。动量比对天然交汇区和明槽交汇区的水流偏转效应一致。在枯水季节(动量比为 0.01)，F 河极低的流量和非平齐型河床导致 H 河水流向东倒流，引起 F 河河口处的强烈混合和紊动。剪切层起源于交汇区上游水流界面，并沿冲刷坑右侧向下游延伸。剪切层的位置和长度与动量比相关，随着动量比增加，剪切层的位置逐渐远离支流侧。

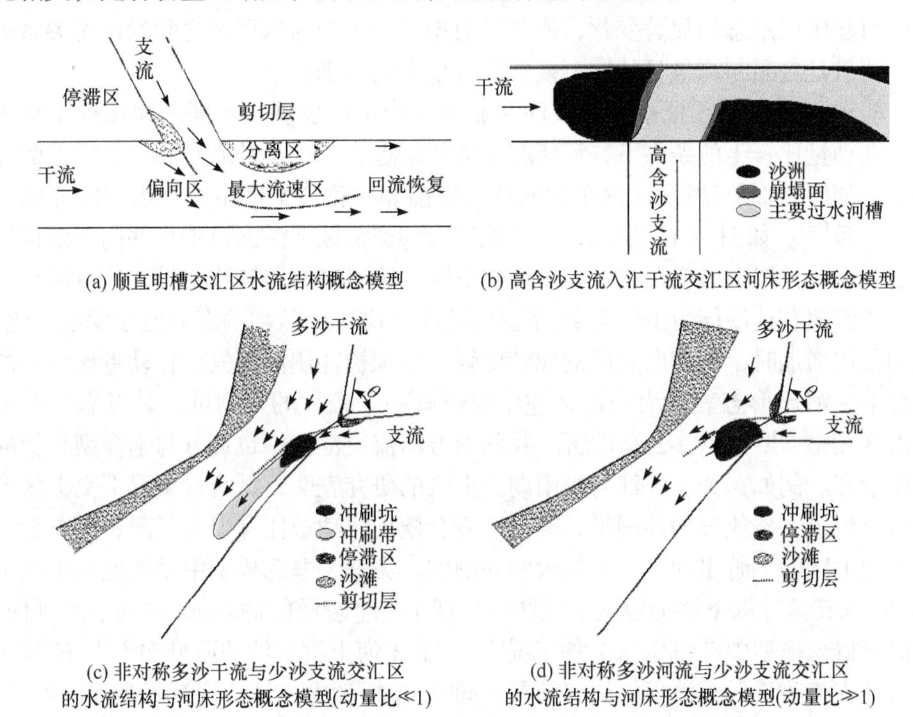

(a) 顺直明槽交汇区水流结构概念模型　(b) 高含沙支流入汇干流交汇区河床形态概念模型

(c) 非对称多沙干流与少沙支流交汇区的水流结构与河床形态概念模型(动量比≪1)　(d) 非对称多沙河流与少沙支流交汇区的水流结构与河床形态概念模型(动量比≫1)

图 2-23　水流结构与河床形态概念模型

在三次测量中，均没有观察到明显的螺旋运动，近床流动的流速方向是恒定的，贯穿了整个水深，如图 2-19 和图 2-20 所示。这一结果与明槽交汇区中产生的螺旋运动不同，主要原因是交汇区具有较大的河槽宽度及较浅的水深，其宽深比为 78～155。该结果与前人关于大型河流交汇的研究结果一致[8]，也支持了并非所有交汇区都必然产生螺旋运动[17]。Parsons 等[8]提出，河床附近的粗糙水流方向很容易贯穿整个水深，减小了在小型河流交汇区发现的近床和近表面水流方向的差异。他还提出，在典型大型河流交汇处的宽浅水流中，粗糙的河床形态可能有助于在整个水流深度中河床附近的水流在河床上的局部转向，抵消或抑制了二次流的产生。

虽然只有当动量比为 0.03 时，才在左岸附近观察到轻微的流动再循环，但在下游连接角附近，流动分离并不持续。H 河与 F 河交汇区没有水流分离区，类似于先前在天然非对称河流交汇区的实测结果[18-20]。Rhoads 和 Sukhodolovs[13]发现，天然河流交汇区缺乏明显流动分离的原因是，与实验室中明槽交汇区高度刚性的连接角相比，天然交汇区下游的连接角往往较为光滑。

该研究为少沙支流与多沙干流非对称交汇区河床形态的研究提供了思路。实地测量工况的流体动力学与形态模式是一致的，尽管各测量日的水流不能在短时间内引起床层形态的显著变化，但测量数据的流态与河床形态之间的密切关系表明，测量日之间与测量日的交汇模式没有根本的区别。

非对称型交汇区根据水文条件和流动结构不同表现出不同的河床形态动力学。在动量比≪1 的条件下，河床在支流侧附近有一个小冲刷坑和一条狭长的冲刷带，如图 2-23(c)所示。这个冲刷坑与以前非对称交汇区中持续出现的冲刷坑特征一致[21]。如图 2-16 所示，有时位于紧邻交汇区下游河道中央并向下延伸的带状沙坝，类似于出现在非平齐对称交汇区支流河口的河口沙坝[22]，这可能与河道中心流速和挟沙能力下降有关。随着动量比的增加，沙坝的寿命也会发生变化。当动量比增加时，支流向对岸的偏转增强，沙坝被冲刷而消失。在动量比≫1 的条件下，河床形态表现为交汇区左岸附近有一个较大的冲刷坑，其形态与弯道交汇区相似[23]，如图 2-23(d)所示。我国南方河流交汇区中也拥有与本模型相似的河床形态。例如，关于长江与鄱阳湖交汇区的研究表明，低流量工况下交汇区的下游出现了一条狭长的冲刷带，类似于概念模型中动量比≪1 的工况；高流量工况下交汇区的下游出现了一个较大的冲刷坑，类似于概念模型中动量比≫1 的工况[24]。长江黑沙洲下游河道交汇区同样出现了一个较深的冲刷坑，并向下游延伸，类似于概念模型中动量比≪1 的工况[25]。与 H 河上游多沙的西柳沟汇入 H 河交汇区在支流附近形成沙坝的研究结果不同[6]，本模型中少沙支流汇入多沙干流后，在支流附近没有产生淤积，而是形成了冲刷，这可能与支流的含沙量和两河的动量比相关。

H 河与 F 河交汇区没有发现明显的螺旋运动，那么河床左岸附近形成冲刷坑的主要原因不是螺旋运动。支流附近形成深泓线的原因主要有：①在常规水文条件下，H 河的动量远大于 F 河，将剪切层限制在交汇口的左侧；②低含沙量的左岸水流基本来自 F 河，无泥沙沉积；③该交汇区的床层物质主要由细沙或黏土组成，床面颗粒容易被冲刷，从而形成床面侵蚀[26]。

先前的概念模型表明，应在紧邻交汇区下游连接角附近形成分离区，进而产生沙洲[21]。由于缺少水流分离和悬移质泥沙粒径较小，在三次测量结果中，H 河与 F 河交汇区在该位置均没有观察到明显的沙洲。交汇区的河床高程受动量比影响较大，侵蚀或淤积过程迅速，淤积过程中连接角向西南移动，冲刷时向东北移动。这一现象不利于 H 河与 F 河交汇区平面的长期稳定，不同于低含沙交汇区持久稳定的交汇平面[12]，其原因可能是交汇的水流结构特殊、含沙量大、河槽宽浅等。在枯水期，由于流速较低和水流停滞，水流挟沙能力下降，上游连接角处附近的河床淤积升高，浅水河道部分床面暴露。在水量充足的季节，泥沙会随着流速较高的水流输移，河床会被侵蚀。此外，水面变宽而覆盖了原本裸露的河床，上游连接角可以向上游或下游摆动。

交汇区各采样点的悬移质泥沙粒径呈正态分布，并表现出极强的时空变异性。中值粒径基本对应交汇区内床层的侵蚀和沉积变化特征：加速区流速较大，水流挟沙能力大，中值粒径较大，河床处于侵蚀状态；相反，停滞区及混合界面流速较小，水流挟沙能力小，中值粒径较小，河床处于淤积状态。远离交汇区的下游区域、河道中心和右岸的中值粒径与左岸存在显著差异，但这并不足以说明两股河流仍未完全混合。此前关于大型河流交汇区的研究提出，下游流经数十至数百个河道宽度的水流仍未完全混合[27-28]。非平齐型河床交汇区产生的强烈上升流可能增强交汇口的混合，到断面 G 水流结构基本恢复，因此该断面悬移质泥沙中值粒径的差异可能是上游泥沙的平移及近床泥沙因湍流形成再悬浮造成的。

2.2.3　交汇区污染物迁移转化特性分析

国内外对交汇区污染物输运与混合的研究成果较少，关于天然河流交汇区污染物输运掺混规律的研究更是鲜有报道[29]。现有研究大多通过数值模拟进行定性的描述，也有在实验室利用水槽模型进行基础性的研究。Biron 等[4]对天然河流交汇区和室内明渠交汇区的污染物混合过程进行了数值模拟研究，结果表明，在明渠交汇区干支流河床存在高差时，即非平齐型河床中污染物的混合速率加快，天然河流交汇区的混合较为漫长，主要受地形和下游弯道的影响。天然河流交汇区具有复杂的河床地形边界，其物质输运受复杂且特殊的水流结构和河床地形的综合影响。目前，关于天然河流交汇区污染物输运与混合过程的研究成果较少，缺乏对混合速率及混合度等因素的定量解析。

本小节在综合明渠交汇区各因子研究结果的基础上，以 H 河与 F 河交汇区为研究背景，利用多次实地水质测量结果(R1～R9)，对天然河流交汇区的污染物输运与混合规律进行详细分析；阐明典型环境污染物(包括有机物(OM)、NH_3-N 和 TP)的污染特征和时空分布，探究交汇区的混合模式和混合速率，揭示控制混合过程的关键因素。研究结果有助于进一步认识具有河床不平齐、流量差异较大、地形复杂等特点的天然大型非对称交汇区中典型环境污染物的时空分布和输运混合规律。

1. H 河与 F 河交汇区水质污染状况

利用单因子方差分析，对 9 次水质监测结果进行统计分析，得到 H 河与 F 河交汇区的水质污染状况，如图 2-24 所示。由图可知，在紧邻交汇区的上游 H 河河段，COD、NH_3-N 浓度和 TP 浓度较低，分别为 27.37mg/L±0.86mg/L，0.41mg/L±

0.08mg/L 和 0.34mg/L±0.02mg/L。在交汇区上游的 F 河河段，上游流域的严重污染导致 F 河河口污染物浓度相对较高，COD 为 69.98mg/L±1.95mg/L，NH_3-N 浓度为 2.63mg/L±1.14mg/L，TP 浓度为 0.57mg/L±0.09mg/L。相比之下，F 河的有机物污染、氨氮污染和磷污染分别是 H 河的 2.6 倍、6.4 倍和 1.7 倍。两条河流的 DO 浓度也有一定的差异，主要体现在 F 河的 DO 浓度较低，而 H 河的 DO 浓度相对较高，其原因主要是 F 河受到的污染较严重。

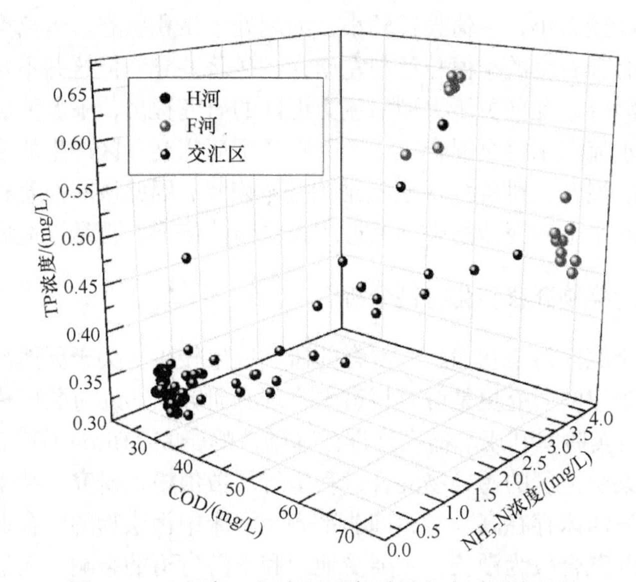

图 2-24　H 河与 F 河交汇区各采样点水质污染状况

污染物随着 F 河水流渗透到 H 河中，严重污染了交汇区的水质。交汇区及其下游河道的 COD、NH_3-N 浓度和 TP 浓度分别为 38.63mg/L±13.66mg/L、0.84mg/L±0.65mg/L 和 0.39mg/L±0.07mg/L。对比交汇区上游两条河流的污染物浓度，可以发现这些浓度介于 H 河和 F 河之间，具有较大的标准差，说明污染物的浓度分布较广。与 COD、NH_3-N 浓度和 TP 浓度相比，两条河流的 pH 相对一致。

对各采样点的时均 COD 进行了多维标度(MDS)分析，如图 2-25 所示。MDS 分析结果可以清晰地将 COD 分为四组。第一组包含采样点 A1～A5、B1～B5、C3～C5、D3～D5、E3～E5 和 F3～F5，主要是 H 河上游及交汇区靠右岸的采样点，由 H 河水流平移而来，具有 COD 较小的特点。第二组包含采样点 E2、F2、G1 和 G2，这些点位于交汇区下游出口断面靠近左岸 F 河侧的水流，其 COD 介于第一组和第四组之间。第三组包含采样点 J1～J4 和 K1～K5，这些点位于紧邻交汇区上游的 F 河河口，其特征是 COD 较大。第四组包含采样点 C1、C2、D1、D2、E1 和 F1，这些点位于交汇区下游靠近支流侧的深泓线位置，其水流基本来自高污染的 F 河。

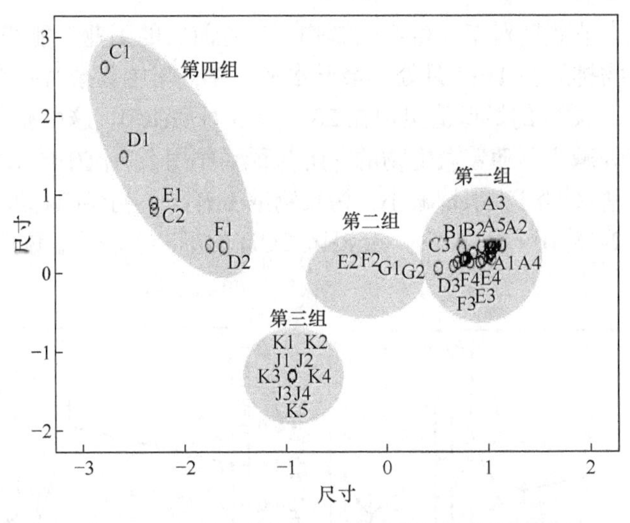

图 2-25　各采样点时均 COD 多维标度分析结果

2. H 河与 F 河交汇区污染物时间分布规律

利用单因素方差分析(ANOVA)方法研究污染物的时间变异性，并详细讨论各污染物指标的时间分布。表 2-3 为单因素方差分析的分析结果，*P* 值均小于 0.05，表明交汇区的污染物在监测期间具有较强的时间变异性。该结果与南方淮河流域的郭河与淮河交汇区表层沉积物中磷污染的研究结果相似[30]。

表 2-5　单因素方差分析结果

水质指标	均值	标准差	*F*	*P*
COD	37.20mg/L	16.51mg/L	7.643	0.001
NH_3-N 浓度	1.00mg/L	0.81mg/L	42.396	0.000
TP 浓度	0.42mg/L	0.13mg/L	53.560	0.001
DO 浓度	7.22mg/L	1.46mg/L	108.76	0.001
pH	7.53	0.68	519.73	0.003

注：均值是 9 次检验的平均值；*F*、*P* 为组间比较结果。

图 2-26 为交汇区 COD、NH_3-N 浓度、TP 浓度和 DO 浓度随时间的变化规律，其中(a)是 COD 的时间变异性曲线，(b)是 NH_3-N 浓度的时间变异性曲线，(c)是 TP 浓度的时间变异性曲线，(d)是 DO 浓度的时间变异性曲线，误差棒表示空间尺度上的标准差。由图 2-26(a)可知，COD 在初冬(R1 和 R4，分别为 2016 年 11 月和 2017 年 10 月)较高，冬季过后开始下降，到春季(R7，2018 年 3 月)达到最低值，随后又逐渐升高。COD 的季节变化主要与工业污染物的排放和河流的水文过

程有关。由于春节假期对工业生产的影响，2 月前后的工业产能普遍处于最低水平，工业污染物排放在 1～3 月处于最低水平，在一年中其余时间大致保持一致。研究结果表明，COD 的最低值出现在 2018 年 3 月底(R7)，这可能是由于 1～3 月排入河流的 OM 减少，随着微生物的降解与稀释作用，河流中的 OM 总量逐渐降至最低。冬季枯水期河流水量减小，污染物浓度升高，初冬(R1 和 R4)COD 出现最高值，如图 2-26(a)所示。此外，交汇区 COD 的标准差较大，说明 COD 的空间变异性较大。

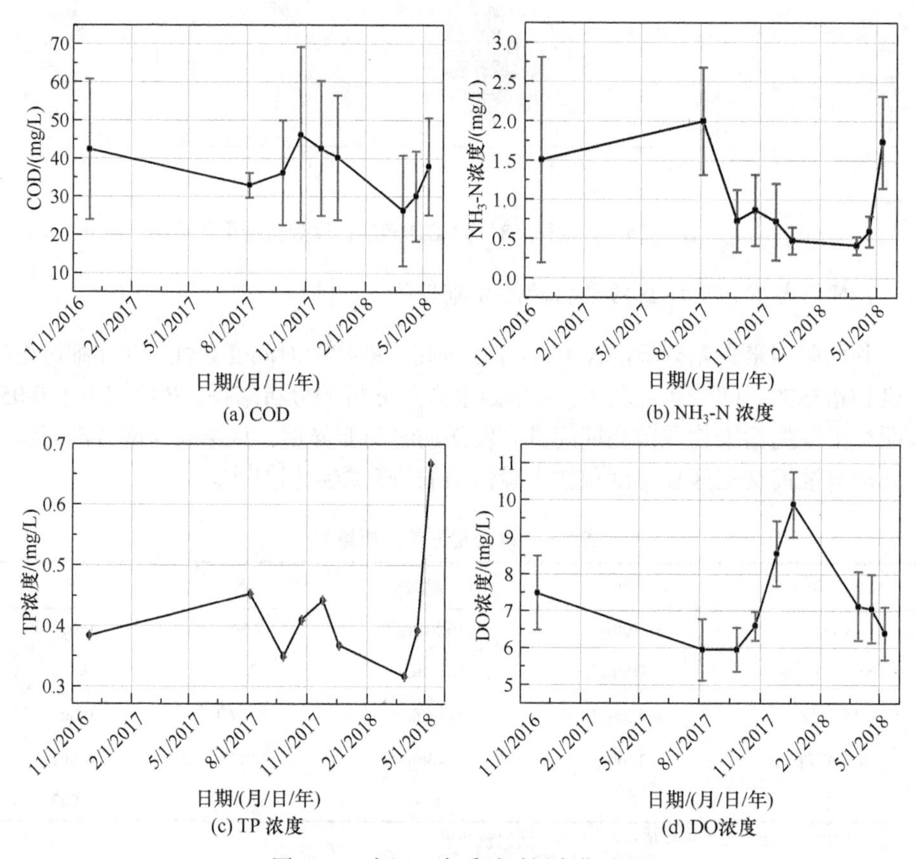

图 2-26　交汇区水质随时间变化过程

折线的 9 个数据点表示 R1～R9 水质测量结果

如图 2-26(b)和(c)所示，NH_3-N 浓度和 TP 浓度在夏季(R2，2017 年 8 月，为雨季)较高，在秋冬季节(R3～R6，2017 年 10 月初～12 月)下降，在早春(R7，2018 年 3 月，为旱季)达到最低，二者浓度在春季后期急剧增加到更大的值(R8、R9)，这是因为 NH_3-N 浓度和 TP 浓度受工业污染和非点源污染的双重影响[31-33]。与 OM 相似，1～3 月工业企业减产，降低了含氮、磷污染物的排放，且这个时间段北方地区的农业产业基本休眠，因此 NH_3-N 浓度和 TP 浓度逐渐下降。3～8 月，我国北方农业灌溉退水中残留的氮肥、磷肥及其他非点源污染中的氮、磷污染物对交汇区的水质产生了显著影响[31]，导致 3 月后 NH_3-N 浓度和 TP 浓度显著升高。值得注意的是，对比图 2-26(b)和(c)，R4 和 R5 的 TP 浓度增加格外明显，而 NH_3-N 浓度略有增加，其原因与 COD 相同，可能是持续时间相对较长的洪水冲刷河床底泥("揭河底")造成沉积物中氮、磷的再悬浮。这种"揭河底"现象 1950 年以来在 H 河中下游地区、H 河与 F 河交汇区共发生过 13 次[34]。众所周知，磷是沉积循环型污染物，而氮是转化型污染物[35-36]。因此，在"揭河底"过程中，表层沉积物再悬浮时必然将磷释放至上覆水中；氮在底泥中会发生一系列转化反应，表层沉积物释放时，不一定以 NH_3-N 的形式释放出来，可能已经被微生物转化为其他形式的氮。当然，具体的转化过程及释放形式还需要进一步以微生物为核心进行研究。

图 2-26(d)为交汇区的 DO 浓度变化规律。DO 浓度在春季(R7～R9，2018 年 3 月至 5 月)和夏季(R2，2017 年 8 月)较低，而冬季(R1、R5、R6，11 月至 1 月)较高。这主要与水温和 OM 浓度有关，饱和 DO 浓度随温度的降低而增加，冬季 DO 浓度较高。此外，当 COD 增大时，往往微生物降解有机物生化反应加快，导致 DO 浓度下降，如 R7、R8 和 R9。

3. H 河与 F 河交汇区污染物空间分布特征

H 河与 F 河交汇区属于宽浅型交汇区。H 河的平均深度为 1.03m，宽深比为 78～155；F 河的平均深度为 1.43m，宽深比为 42～70[26]。因此，可以认为污染物在垂向上是均匀分布的，后文仅研究横向和纵向的二维空间分布和混合模式。为了更好地理解平面二维分布和混合模式，并且与该交汇区水动力条件和地形条件相匹配，本小节选取 R1、R2 和 R7 的监测结果进行分析。

图 2-27 给出了 H 河与 F 河交汇区污染物空间分布及混合模式。总体上来看，三种污染物的空间分布模式在同一次测量工况下几乎一致，限于篇幅，以 COD 为例展开说明。R1 工况(动量比为 0.03)中，交汇区上游 F 河具有较高的 COD (72mg/L)，而 H 河 COD 较低(22～28mg/L)，具有极大的浓度差异，如图 2-27(a)所示。两股水流在上游连接角附近开始汇聚，水流逐渐混合。在上游连接角附近的停滞区(断面 K 和 B)，两条河流的污染物发生了微弱的交换，表明在浓度差异较大的水流中可能存在污染物分子的逆向扩散。这一现象类似于高含沙交汇区水流中的异重流，高含沙支流汇入低含沙干流后会在干流上游产生泥沙堆积[6]。随着 F 河水流沿左岸向下游的发展，COD 高值区逐渐占据了少半个河宽，在下游形成了狭长的污染物带。准交界面靠近支流侧，形成较明显的浓度梯度。直到测量的最后一个断面(断面 G)，污染物仍然没有完全混合。

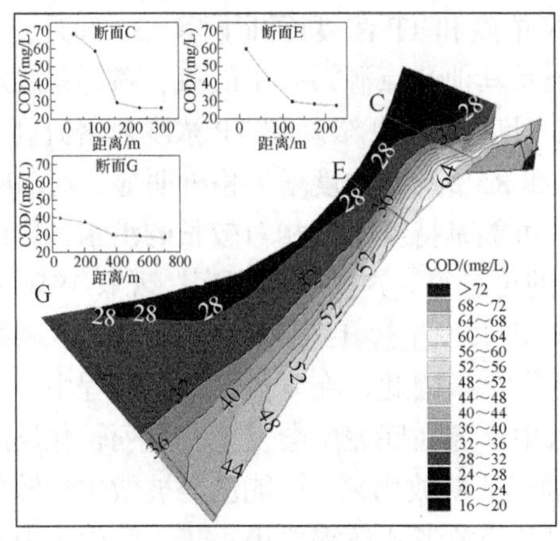

(a) R1(2016年11月27日)COD

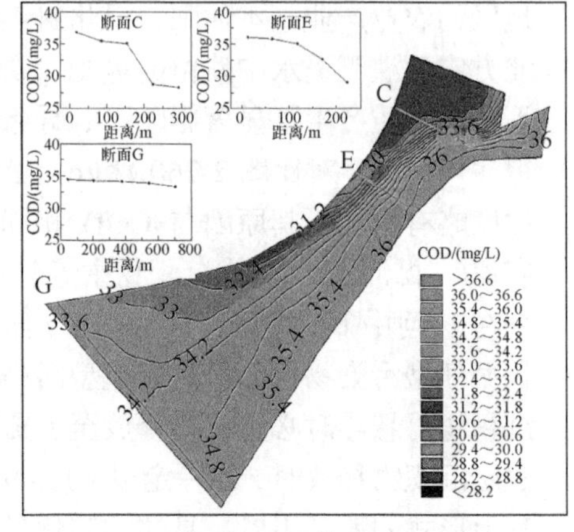

(b) R2(2017年8月5日)COD

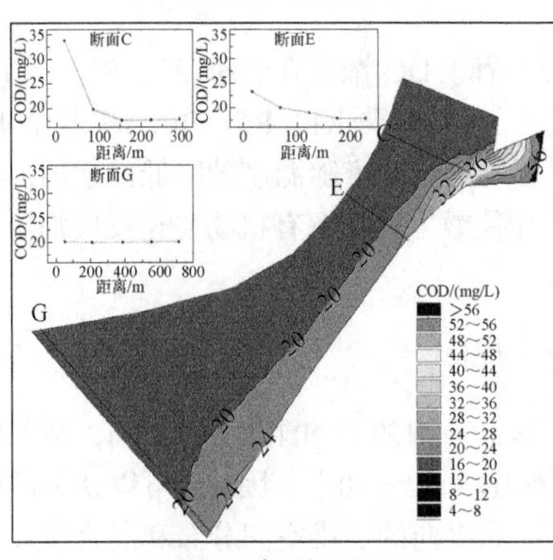

(c) R7(2018年3月31日)COD

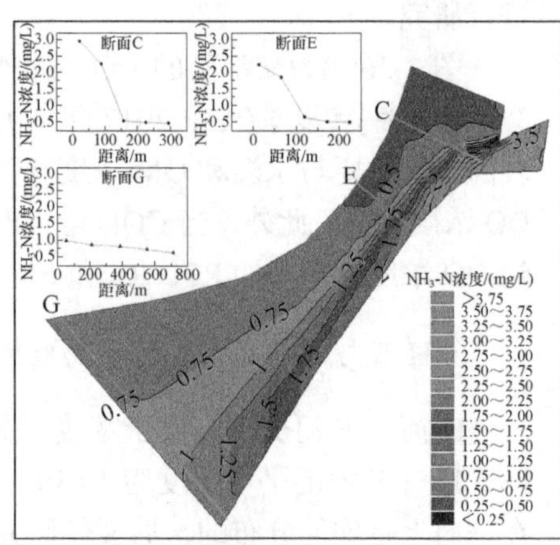

(d) R1(2016年11月27日)NH_3-N浓度

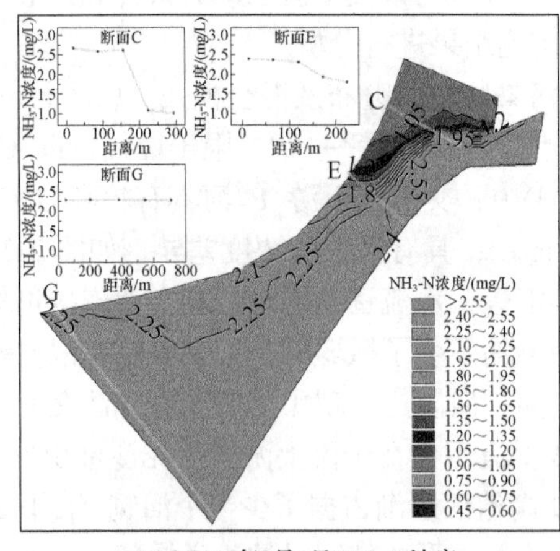

(e) R2(2017年8月5日)NH_3-N浓度

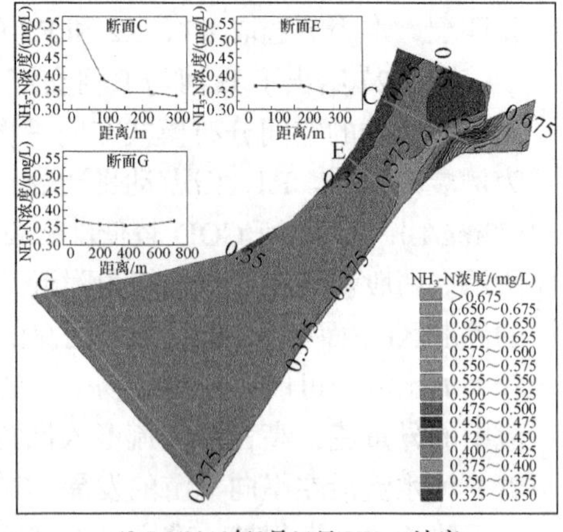

(f) R7(2018年3月31日)NH_3-N浓度

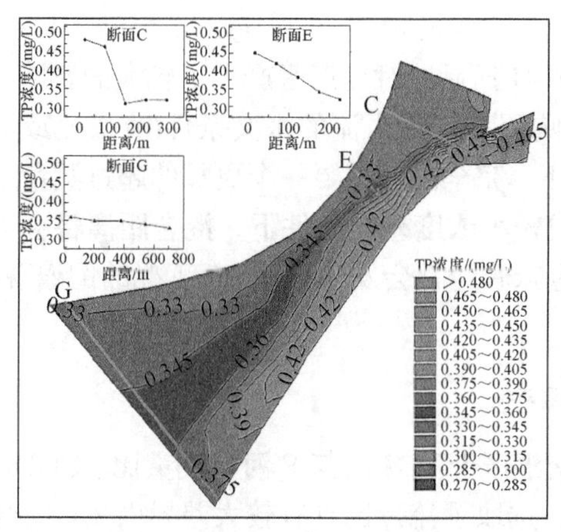
(g) R1(2016年11月27日)TP浓度

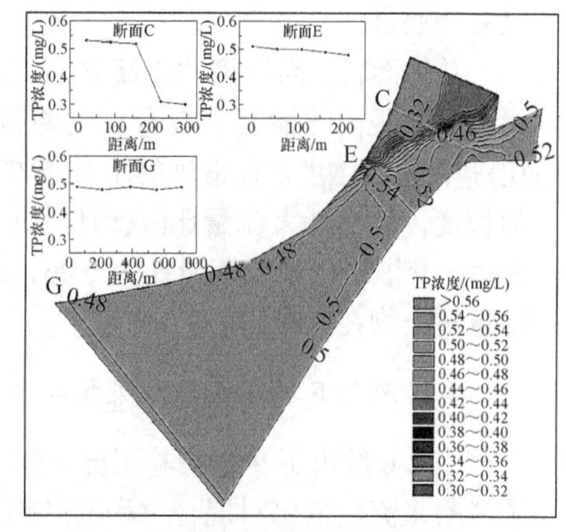
(h) R2(2017年8月5日)TP浓度

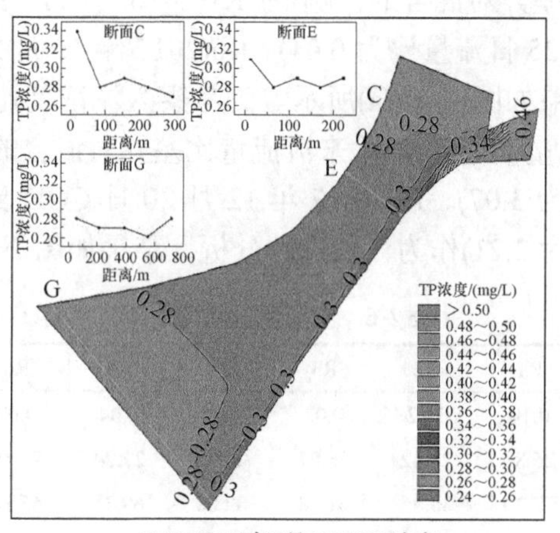
(i) R7(2018年3月31日)TP浓度

图 2-27　交汇区污染物空间分布及混合模式

如图 2-27(b)所示，R2(动量比为 6.04)与 R1 具有较大差异，交汇区上游 F 河河口的 COD 较低(36mg/L)，是 H 河入口的 1.3 倍，与 R1 相比浓度差异较小。由于大流量 F 河具有较大的动量，可穿透到河道的中央，污染物迅速发生混合，在下游形成了较大的扩散面。至断面 G，污染物已基本达到完全混合。

R7 工况(动量比为 0.01，流量比为 0.06)下，两条交汇河流 COD 具有较大的差异(H 河和 F 河平均 COD 分别为 17.49mg/L 和 58.68mg/L)。F 河河口处发生了大量的混合，在紧邻交汇区的下游，污染物横向浓度梯度较小。这是因为在这样特殊的水文环境(F 河流量仅为 5.92m^3/s)和非平齐河床的双重影响下，H 河水流倒灌进入 F 河河口，如图 2-18 所示，在河口处发生了剧烈的紊流运动迅速混合。F 河水流过小，不足以引起 H 河水质的强烈变化，到远离交汇区的下游(断面 G)已经完全混合。

总体而言，高污染的支流 F 河汇入 H 河后，对交汇区产生了较大的影响，需要很长的距离才能完全混合。主要影响因素包括入流的水文条件(流量比或动量比)和污染物浓度。在常规的水文条件下，完全混合需要一个更长的超过测量范围的长度，而在特大流量比(或动量比)或较小浓度差异条件下，混合距离将会大大缩短。交汇区的平均流量比为 0.06，意味着经常会发生类似 R7 工况的倒灌现象，导致污染物在此滞留。

4. H 河与 F 河交汇区污染物混合速率

表 2-6 给出了 9 组实验工况下的交汇区上游 H 河与 F 河的流量比、COD。为了考察入流流量比对混合过程的影响，选取了流量比具有较大差异而 COD 比接近(消除来流浓度差异对混合的影响)的 R1(2016 年 11 月 27 日流量比为 0.10)、R5(2017 年 11 月 25 日流量比为 0.04)、R6(2017 年 12 月 20 日流量比为 0.07)的结果进行分析，结果如图 2-28(a)所示。为考察入流浓度比对混合的影响，选取了 COD 比不同而流量比近似(消除来流流量比差异对混合的影响)的 R4(2017 年 11 月 24 日 COD 比为 3.07)、R6(2017 年 12 月 20 日 COD 比为 2.49)、R9(2018 年 5 月 10 日 COD 比为 2.21)作为代表进行分析，结果如图 2-28(b)所示。图中纵坐标

表 2-6 交汇区来流流量比、COD

指标	R1	R2	R3	R4	R5	R6	R7	R8	R9
流量比	0.10	3.22	0.02	0.06	0.04	0.07	0.06	0.13	0.07
H 河 COD	26.83	28.42	26.97	26.70	27.24	26.19	17.49	18.97	26.84
F 河 COD	72.36	35.85	61.68	82.08	69.35	65.16	58.68	46.36	59.44
F 河与 H 河 COD 比	2.70	1.26	2.29	3.07	2.55	2.49	3.36	2.44	2.21

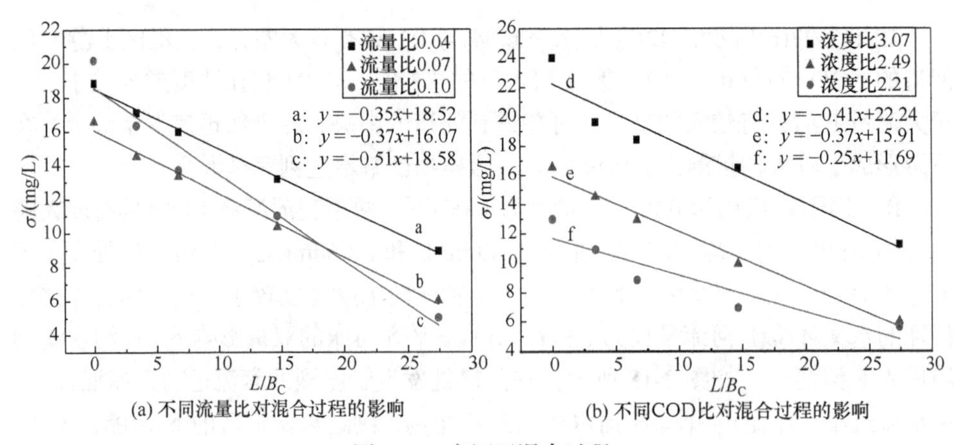

(a) 不同流量比对混合过程的影响　(b) 不同COD比对混合过程的影响

图 2-28 交汇区混合过程

为同一断面横向 5 个采样点 COD 的标准差σ，横轴为以 2018 年 3 月 31 日测得的 H 河入口断面 C 河宽(记为 B_C)为基准进行无量纲化后的下游长度(记为 L/B_C)，即无量纲长度=下游断面距交汇区中心距离/断面 C 的河宽，数据点为实测断面的σ，进行线性拟合后形成σ的沿程变化，用 COD 标准差沿程的变化表示交汇区的混合过程，线段的斜率表示混合速率。

图 2-28(a)为流量比变化下的混合过程。由图可知，两股水流刚汇聚时具有非常高的标准差，其值在 R1、R5、R6 工况下分别为 20.17mg/L、18.86mg/L、16.35mg/L，这是因为来流 F 河污染物浓度高且各值不同。在大流量比(0.10)下，混合被增强，经过约 27 个河道宽度后具有最小标准差，标准差减小了 75%(从 20.17mg/L 减小至 5.02mg/L)，而小流量比时仅减少了 53%(流量比为 0.04)和 64%(流量比为 0.07)。大流量比时交汇区内标准差随距离减小的速度大于小流量比时，其斜率在流量比为 0.10、0.07 和 0.04 时分别为–0.51、–0.37 和–0.35。因此，可以说明在其他条件相似的情况下，流量比越大，混合速率越快。这一规律与顺直明槽交汇区研究得到的规律基本一致。

图 2-28(b)为 COD 比变化下的混合过程。可以看出，在交汇口的入口断面，即无量纲距离为 0 时 COD 标准差极大，随着水流向下游发展与混合，标准差逐渐减小。在不同 COD 比工况下，混合速率的下降速度不同，大 COD 比工况下下降速度较大。COD 比为 3.07、2.49 和 2.21 时斜率分别为–0.41、–0.37 和–0.25。结果表明，在流量比相似的情况下，上游入流浓度比越大，交汇区下游混合速率越快。浓度差异对天然交汇区和顺直明槽交汇区污染物混合速率的影响略有不同。明槽交汇区中浓度差异对混合速率的影响极小，其斜率基本相同。天然交汇区中，入流浓度比越大，混合速率越快。产生这一规律可能是因为天然交汇区中地形和水流条件复杂，水流紊动剧烈进而引起污染物扩散加强。

由图 2-28(a)和(b)还可以发现一个共同点，在紧邻交汇区的下游(断面 C～E)，即图中无量纲距离小于 7 的范围内，其标准差小于线性拟合曲线的值，说明该段混合速率大于更远的下游。这是因为在紧邻交汇区的下游，水流掺混紊动强烈，增强了混合过程，具有比更远的下游更大的混合速率，但是这种作用的范围较小，往往局限在 7 个河道宽度范围内。

5. H 河与 F 河交汇区污染物混合不均匀指数

本小节利用不均匀指数来考察交汇区下游两股水流的混合特性。不均匀指数越大，表明该位置的混合越不完全，反之混合越均匀。采用 R1、R5、R6 的 COD 数据，探究不同流量比影响下交汇区的污染物混合不均匀指数，其结果如图 2-29(a)所示；采用 R4、R5、R9 的 COD 数据，探究不同 COD 比影响下交汇区的污染物混合不均匀指数，其结果如图 2-29(b)所示。

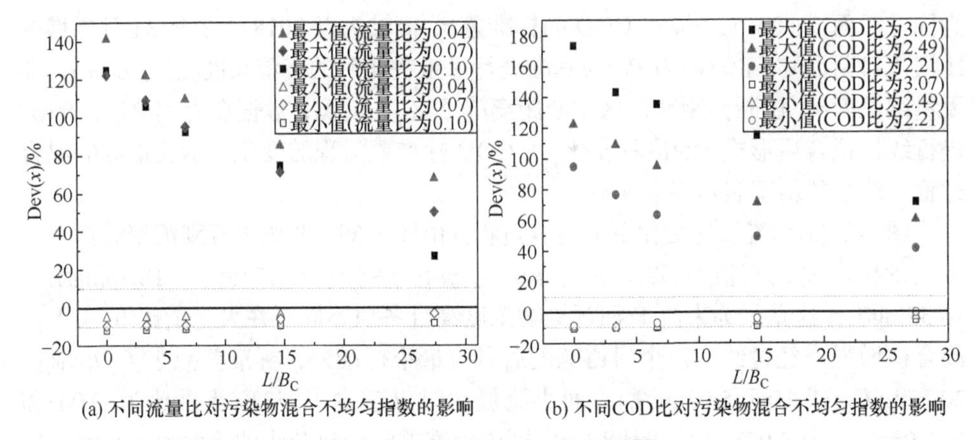

(a) 不同流量比对污染物混合不均匀指数的影响　(b) 不同COD比对污染物混合不均匀指数的影响

图 2-29　污染物混合不均匀指数

如图 2-29 (a)和(b)所示，随着水流下游平移，不均匀指数 Dev(x)逐渐减小。在初始混合断面(断面 C，无量纲距离为 0)，Dev(x)的最大值往往远大于 100%(Dev(x)最大值为 173.58%)，来自 F 河的水流污染物浓度高于完全混合浓度的 2 倍。最小值接近 10%，一般是来自 H 河平移的水流，污染物浓度接近完全混合后的浓度。Gaudet 和 Roy[37]将完全混合定义为 Dev(x)$_{最大值}$小于 10%。由图 2-29(a)和(b)可知，经过约 27 个河宽的长度后，混合依然没有完全，Dev(x)$_{最大值}$大于 10%，这主要是因为 F 河水流中的污染物没有完全扩散至 H 河中。在混合速率较快的 R1(流量比为 0.10)工况下，交汇区下游的最远断面(断面 G)的不均匀指数最大值为 27.11%。相比具有平齐河床的大型交汇区，H 河与 F 河交汇区具有非平齐河床，其混合速率较快，在 27 个河宽的长度范围内，COD 标准差降低了 50%～75%。先前针对天然平齐河床交汇区的研究结果显示，完全混合的距离往往需要数十至数百个河床宽度[38-40]，这主要与该交汇区的非平齐河床有关。过去的室内实验[41-43]、数值模拟[4]和野外实测[44]的结果表明，非平齐河床可以增强交汇区的混合。非平齐河床交汇区混合增强的原因主要有两方面：一方面是与流速和流量比有关的横向压力梯度，以及由河床高差控制的压力梯度沿垂向的大小[45]；另一方面是 H 河与 F 河复杂的地形结构引起的水流结构。Lewis 和 Rhoads[46]曾在 2015 年论证了地形效应会改变流体的几何结构，从而影响混合过程。

正如前文所述，流量比和 COD 比均对交汇区的混合速率有影响，随着流量比和 COD 比的增大，混合过程加强。流量比的影响主要归因于大动量的支流可以穿透至距离支流更远的位置，从而增强了剪切运动、紊动能和物质交换，有利于交汇区污染物的混合。这一结果与前人关于变异的入流条件对交汇区混合速率影响的结论一致，即混合速率与动量比或流量比密切相关，随着动量比或流量比的增大，混合增强[46]。

6. 影响 H 河与 F 河交汇区污染物混合的决定性因子

为了更好探究 CHZ 内物质混合与空间变化的响应关系，以及影响 H 河与 F 河交汇区污染物混合的决定性因子，计算出口断面 G 的混合度 $\Delta\sigma_{xn}$，计算结果如表 2-7 所示。分别绘制了混合度随流量比和 COD 比的变化关系，并将散点进行线性拟合，如图 2-30 所示。其中，(a)为不同流量比影响下的 $\Delta\sigma_{xn}$ 变化趋势，(b)为两组特殊工况下的 $\Delta\sigma_{xn}$，(c)为不同 COD 比影响下的 $\Delta\sigma_{xn}$ 变化趋势。

表 2-7　各工况下出口断面 G 的混合度

实验编号	R1	R2	R3	R4	R5	R6	R7	R8	R9
$\Delta\sigma_{xn}$	0.844	0.923	0.694	0.712	0.699	0.772	0.998	0.865	0.756

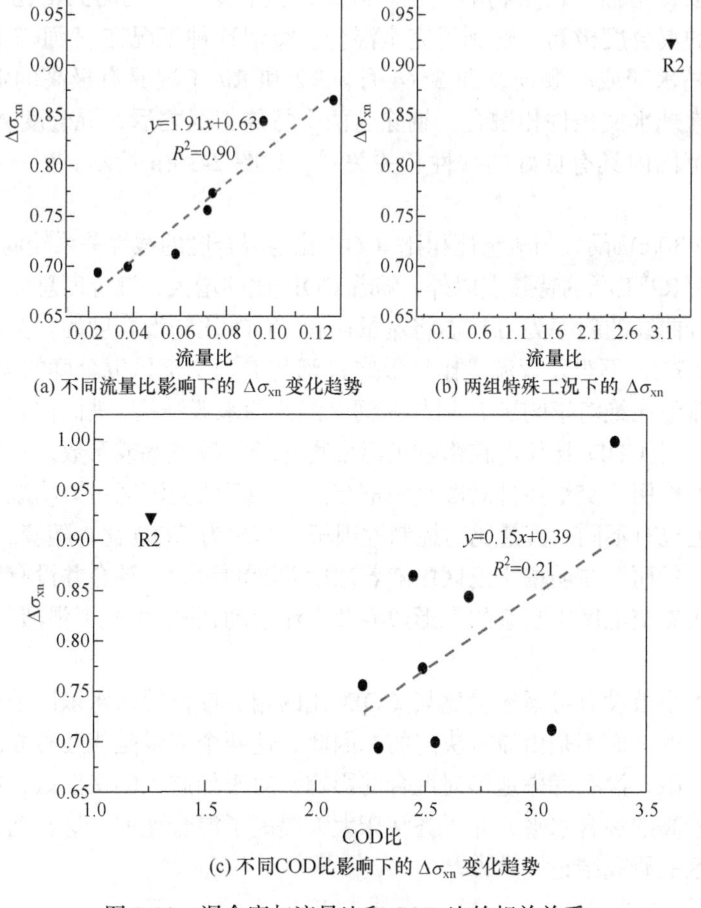

图 2-30　混合度与流量比和 COD 比的相关关系

由图 2-30(a)和(b)可以看出，剔除 R2(2017 年 8 月 5 日)和 R7(2018 年 3 月 31 日)两个特殊点以后，随着流量比的增加，混合度逐渐增大。图 2-27(b)中两个点代表实验过程中的两个特殊工况，即具有极大流量比的工况 R2 和极小流量比的工况 R7。R2 的流量比为 3.22，是一种小概率事件，这是因为在测量区域上游 5km 处有一条引 H 渠，2017 年 7 月 27 日 H 河流域中游暴雨引起的洪峰流量高达 3289.5m^3/s，引 H 渠堤坝设施被冲垮，被高流量水流冲刷，渠道变宽，大量 H 河水流通过该渠在交汇区上游 5km 处流入 F 河。2017 年 8 月 5 日测量时，H 河水流仍然提前进入 F 河，导致 F 河河口处流量增加至 110.464m^3/s。大量 H 河水流进入 F 河后，引起 F 河水流中 COD 降低，导致交汇区两条河流的 COD 差异较其他工况小。另外，由水动力分析结果可知，大流量的 F 河水流穿透至整个交汇区河槽，增强了污染物的混合。另一个特殊工况为 R7，流量比为 0.06。结合水流结构可知，H 河水流在 F 河河口处倒灌至 F 河中，在河口引起了强烈的剪切运动，增强了污染物的混合。因此，虽然这一工况的流量比较小，但是出口断面的混合度极高，达到了完全混合。类似这种工况在 H 河与 F 河交汇区常出现在枯水期或灌溉期，即 3～4 月。R2 和 R7 工况具有极高的混合度，但是不能与常规水文条件相融合，剔除这两个特殊工况之后，混合度 $\Delta\sigma_{xn}$ 和流量比在一定范围内具有良好的线性相关关系，如图 2-30(a)所示，$R^2 = 0.90$，斜率为 1.91。

如图 2-30(c)所示，与流量比相比，COD 比与混合度的线性关系较弱，$R^2 = 0.21$。同样，去除 R2 工况的特殊点以外，随着 COD 比的增大，混合度总体呈现增大的趋势，拟合曲线的斜率为 0.15。将流量比和 COD 比与混合度的相关系数进行对比($0.96 > 0.57$)，不难发现流量比是影响 H 河与 F 河交汇区混合度的决定性因子，这是因为流量比绝对影响了 H 河与 F 河交汇区的水流结构，进而控制了污染物混合的发展，但 COD 比仅潜在影响了污染物分子扩散速率或系数，在混合过程中起到辅助的作用。交汇条件对顺直明槽交汇区和天然交汇区污染物混合的影响效应相似，但也有不同。流量比为控制性因子，其次为 COD 比，随着二者的增大，混合加强。然而，在明槽交汇区中随着浓度差异的增大，混合并没有增强，这可能是因为天然交汇区中复杂的地形边界及水流紊动强烈，引起了强烈的分子扩散，加速混合。

虽然本小节没有考虑流量比与 COD 比的相关性，但来水浓度是由上游水流的水质决定的，而不是由流量决定的。因此，这两个变量是相互独立的。此外，由于数据有限，没有考虑地形对混合的影响。对于如此大的交汇区，在较短的距离内具有较高的混合水平，非平齐河床大大提高了混合速率，这与前人对非平齐河床交汇区的研究结论一致[42-43]。

2.3 本章小结

本章介绍了明槽交汇区内污染物浓度场的基本情况，通过模拟向支槽水箱投加污染物实验，对带有污染物的支流汇入主流后交汇区污染物的扩散进行了研究，定量分析了汇流比、交汇角、宽深比及污染物浓度对交汇区污染物横向扩散、纵向扩散及交汇区内混合特性的影响。通过对天然河流交汇区进行实测，对非对称型河流交汇区的水流结构与污染物输运及混合规律进行了系统的研究。主要结论如下。

(1) 污染物的混合主要发生在混合层中两股合流的界面上。混合层的位置与剪切流有关，其形态呈凸面状，顶点的位置在 z/h=0.6 附近。汇流比越大，污染物纵向扩散距离越长，在交汇区出现的污染带越短，在交汇口附近浓度值的降低幅度越大，出现混合均匀的位置越靠近交汇口。交汇角越小，污染带横向宽度较小，污染物纵向扩散距离越长，在交汇区出现的污染带越长，出现混合均匀的位置越远离交汇口。宽深比越小，污染物纵向扩散距离越长，在交汇区出现的污染带越长，出现混合均匀的位置越远离交汇口。在交汇口附近，低浓度的支槽来水汇入主槽后扩散的速率小于高浓度的支槽来水汇入主槽的扩散速率，但随着 x' 的增加，相比于高浓度污染物，低浓度污染物扩散得更加均匀。

(2) 交汇区及上游水面具有较大的时空差异，主要体现在上游停滞区、交汇区的交界面和紧邻下游的支流对岸附近水位升高，以及下游连接角附近水面跌落。交汇区水流分区内产生了不同的、微弱的横向水面超高。天然多沙河流交汇区河床形态最突出的特征是在交汇区及其下游存在一个持续的范围较大的冲刷带或冲刷坑，其中心位置靠近支流汇入侧，随着动量比的增加向对岸形成较微弱的移动；交汇区的断面形态较易受到河流过程和来流动量比变化的影响，产生大面积的、垂向高程变化极大的沉积或冲刷。交汇区及其邻近下游的悬移质泥沙粒径分布表现出高度的时空差异性。泥沙中值粒径的大小对应于各水流分区的流速结构，可从侧面佐证河床的冲淤状态。

(3) F 河汇入 H 河后对交汇区水质造成了较严重的影响，尤其是靠近支流侧的下游河道，主要水质指标为 COD、NH_3-N 浓度、TP 浓度和 DO 浓度。交汇区污染物具有明显的季节变异性，COD 与 DO 浓度具有一致的变化特征，NH_3-N 浓度和 TP 浓度具有相似的变化规律。污染物的空间分布与混合模式同明槽交汇区规律基本一致，在下游产生狭长的污染带，高浓度污染物靠近支流侧。入流水文条件对污染物的混合具有较大影响，是控制混合速率和混合度的关键因素，随着流量比的增大，混合速率加快，但存在极大和极小流量比的特殊工况。极大流量比时，高浓度污染物会迅速占据几乎整个交汇区下游河槽，而支流流量极小时，高浓度污染物仅出现在支流河口处，在支流河口即混合完全。H 河与 F 河交汇区具有非平齐型河床，存在河床高差(支流河床低于干流)，大大增强了交汇区的混合。

参 考 文 献

[1] LANE S N, PARSONS D R, BEST J L, et al. Causes of rapid mixing at a junction of two large rivers: RÃo ParanÃ¡ and RÃo Paraguay, Argentina[J]. Journal of Geophysical Research Earth Surface, 2008, 113: F02019.

[2] GAUDET J M, ROY A G. Effect of bed morphology on flow mixing length at river confluences[J]. Nature, 1995, 373(6510): 138-139.

[3] MIGNOT E, VINKOVIC I, DOPPLER D, et al. Mixing layer in open-channel junction flows[J]. Environmental Fluid Mechanics, 2014, 14(5): 1027-1041.

[4] BIRON P, RAMAMURTHY A S, HAN S, et al. Three-dimensional numerical modeling of mixing at river confluences[J]. Journal of Hydraulic Engineering, 2004, 130(3): 243-253.

[5] 周腾宇, 郭维东, 李敬库, 等. 天然河道与矩形水槽交汇口水面形态特性差异分析[J]. 水电能源科学, 2018, 36(3): 96-99, 103.

[6] ZHANG Y F, WANG P, WU B, et al. An experimental study of fluvial processes at asymmetrical river confluences with hyperconcentrated tributary flows[J]. Geomorphology, 2015, 230: 26-36.

[7] BEST J L, REID I. Separation zone at open-channel junctions[J]. Journal of Hydraulic Engineering, 1984, 110(11): 1588-1594.

[8] PARSONS D R, BEST J L, LANE S N, et al. Form roughness and the absence of secondary flow in a large confluence-diffluence, RioParaná, Argentina[J]. Earth Surface Processes and Landforms, 2007, 32: 155-162.

[9] 陈凯霖, 冯民权, 张涛. 基于 PIV 技术的明槽交汇区流场试验研究[J]. 水力发电学报, 2018, 37(11): 43-55.

[10] BEST J L. Flow dynamics at river channel confluences: Implications for sediment transport and bed morphology[M]// ETHRIDGE F G, FLORES R M, HARVEY M D. Recent Developments in Fluvial Sedimentology. Tulsa: Society of Economic Paleontologists and Mineralogists, 1987.

[11] RHOADS B L, JOHNSON K K. Three-dimensional flow structure, morphodynamics, suspended sediment, and thermal mixing at an asymmetrical river confluence of a straight tributary and curving main channel[J]. Geomorphology, 2018, 323: 51-69.

[12] RILEY J D, RHOADS B L. Flow structure and channel morphology at a natural confluent meander bend[J]. Geomorphology, 2012, 163: 84-98.

[13] RHOADS B L, SUKHODOLOVS A N. Field investigation of three-dimensional flow structure at stream confluences: 1. Thermal mixing and time-averaged velocities[J]. Water Resources Research, 2001, 37(9): 2393-2410.

[14] ROZOVSKII I L. Flow of Water in Bends of Open Channels[M]. Jerusalem: Israel Program for Scientific Translations, 1961.

[15] ZINGER J A, RHOADS B L, BEST J L, et al. Flow structure and channel morphodynamics of meander bend chute cutoffs: A case study of the Wabash River, USA[J]. Journal of Geophysical Research-Earth Surface, 2013,118(4): 2468-2487.

[16] WEERAKOON S B, KAWAHARA Y, TAMAI N. Three-dimensional flow structure in channel confluences of rectangular section[C]. Proceedings XXⅣ Congress. International Association for Hydraulic Research, Madrid, Spain, 1991.

[17] BIRON P, ROY A G, BEST J L, et al. Bed morphology and sedimentology at the confluence of unequal depth channels[J]. Geomorphology, 1993, 8: 115-129.

[18] ASHMORE P E, FERGUSON R I, PRESTGAARD K L, et al. Secondary flow in anabranch confluences of a

braided, gravel-bed stream[J]. Earth Surface Processes & Landforms, 1992, 17(3): 299-311.
[19] ROY A G, ROY R, BERGERON N. Hydraulic geometry and changes in flow velocity at a river confluence with coarse bed material[J]. Earth Surface Processes and Landforms, 1988, 13: 583-598.
[20] ROY A G, BERGERON N. Flow and particle paths at a natural river confluence with coarse bed material[J]. Geomorphology, 1990, 3: 99-112.
[21] BEST J L, RHOADS B L. Sediment transport, bed morphology and the sedimentology of river channel confluences[M]//RICE S P, ROY A G, RHOADS B L. River Confluences, Tributaries and the Fluvial Network. Chichester: John Wiley & Sons Ltd., 2008.
[22] ASHWORTH P J. Mid-channel bar growth and its relationship to local flow strength and direction[J]. Earth Surface Processes and Landforms, 1996, 21: 103-123.
[23] ROBERTS M V T. Flow dynamics at open channel confluent-meander bends[D]. Leeds: University of Leeds, 2004.
[24] YUAN S, TANG H, LI K, et al. Hydrodynamics, sediment transport and morphological features at the confluence between the Yangtze River and the Poyang Lake[J]. Water Resources Research, 2021, 57: e2020WR028284.
[25] LIU T H, WANG Y K, WANG X K, et al. Morphological environment survey and hydrodynamic modeling of a large bifurcation-confluence complex in Yangtze River, China[J]. Science of The Total Environment, 2020, 737: 139705.
[26] ZHANG T, FENG M, CHEN K. Hydrodynamic characteristics and channel morphodynamics at a large asymmetrical confluence with a high sediment-load main channel[J]. Geomorphology, 2020, 356: 107066.
[27] CAMPODONICO V A, GARCIA M G, PASQUINI A I. The dissolved chemical and isotopic signature downflow the confluence of two large rivers: The case of the Parana and Paraguay rivers[J]. Journal of Hydrology, 2015, 528: 161-176.
[28] UMAR M, RHOADS B L, GREENBERG J A. Use of multispectral satellite remote sensing to assess mixing of suspended sediment downstream of large river confluences[J]. Journal of Hydrology, 2018, 556: 325-338.
[29] 刘晓东，李玲琪，童须能，等. 交汇河道水动力特性和污染物掺混规律研究综述[J]. 人民珠江，2019, 40(3): 77-87.
[30] YUAN S, TANG H, XIAO Y, et al. Phosphorus contamination of the surface sediment at a river confluence[J]. Journal of Hydrology, 2019, 573: 568-580.
[31] ZOU L, LIU Y, WANG Y, et al. Assessment and analysis of agricultural non-point source pollution loads in China: 1978—2017[J]. Journal of Environmental Management, 2020, 263: 110400.
[32] WU H, GE Y. Excessive application of fertilizer, agricultural non-point source pollution, and farmers' policy choice[J]. Sustainability, 2019, 11(4): 1165.
[33] 杨飞，杨世琦，诸云强，等. 中国近30年畜禽养殖量及其耕地氮污染负荷分析[J]. 农业工程学报，2013, 29(5): 1-11.
[34] 李军华，张清，江恩惠，等. 2017年黄河小北干流"揭河底"现象分析[J]. 人民黄河，2017, 39(12): 31-33.
[35] HEIHENREICH M, KLEEBERG A. Phosphorus-binding in iron-rich sediments of a shallow reservoir: Spatial characterization based on sonar data[J]. Hydrobiologia, 2003, 506: 147-153.
[36] LI D, HUANG Y. Sedimentary phosphorus fractions and bioavailability as influenced by repeated sediment resuspension[J]. Ecological Engineering, 2010, 36(7): 958-962.
[37] GAUDET J M, ROY A G. Effect of bed morphology on flow mixing length at river confluences[J]. Nature, 1995, 373(6510): 138-139.
[38] RATHBUN R E, ROSTAD C E. Lateral mixing in the Mississippi River below the confluence with the Ohio River[J]. Water Resources Research, 2004, 40: W05207.
[39] LANE S N, PARSONS D R, BEST J L, et al. Causes of rapid mixing at a junction of two large rivers: Rio Parana and Rio Paraguay, Argentina[J]. Journal of Geophysical Research, 2008, 113(2): F02024.
[40] LARAQUE A, GUYOT J L, FILIZOLA N. Mixing processes in the Amazon River at the confluences of the Negro and Solimões rivers, Encontro das Aguas, Manaus, Brazil[J]. Hydrological Processes, 2009, 23: 3131-3140.

[41] BEST J L, ROY A G. Mixing layer distortion at the confluence of channels of different depth[J]. Nature, 1991, 350(6317): 411-413.

[42] BIRON P, BEST J L, ROY A G. Effects of bed discordance on flow dynamics at open channel confluences[J]. Journal of Hydraulic Engineering, 1996, 122(12): 676-682.

[43] BIRON P, ROY A G, BEST J L. Turbulent flow structure at concordant and discordant open-channel confluences[J]. Experiments in Fluids, 1996, 21(6): 437-446.

[44] SERRES B D, ROY A G, BIRON P M, et al. Three-dimensional structure of flow at a confluence of river channels with discordant beds[J]. Geomorphology, 1999, 26(4): 313-335.

[45] BRADROOK K F, LANE S N, RICHAEDS K S, et al. Large eddy simulation of periodic flow characteristics at river channel confluences[J]. Journal of Hydraulic Research, 2000, 38(3): 207-215.

[46] LEWIS Q W, RHOADS B L. Rates and patterns of thermal mixing at a small stream confluence under variable incoming flow conditions[J]. Hydrological Processes, 2015, 29(20): 4442-4456.

第3章 含柔性植被明渠水动力特性与污染物浓度场实验

3.1 实验测量

3.1.1 区域布置

实验段长 2.0m，将布置植被的薄板固定于水槽的中后段，水流经消能稳水装置流至水槽中后段时已经稳定，通过测针测量距植被区 1m 的水位，发现基本一致，则可以认定水流基本满足均匀状态流入植被区。将布有柔性植被的有机玻璃板固定于水槽中。植被区长 1.5m，宽 0.3m。植被水流实验中植被的布设通常为对齐布置与交错布置两种，天然河道中植被分布形式多样。本小节采用交错布置的方式，并设置不同的植被密度均匀布置于植被区，植被密度分别为 100 株/m²、80 株/m²、60 株/m²、40 株/m²、20 株/m²。不同植被排列方式如图 3-1 所示。

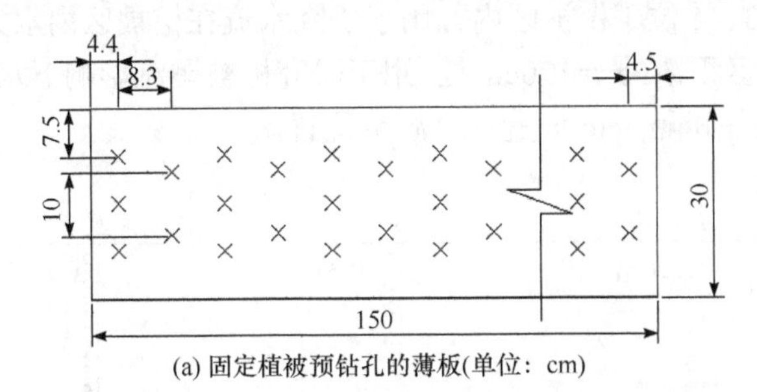

(a) 固定植被预钻孔的薄板(单位：cm)

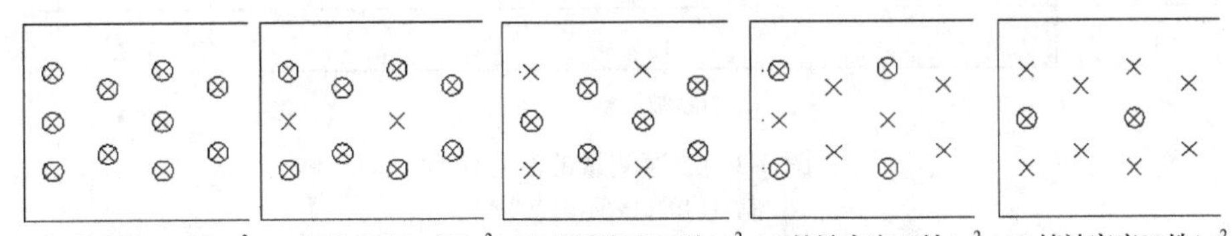

(b) 植被密度100株/m²　(c) 植被密度80株/m²　(d) 植被密度60株/m²　(e) 植被密度40株/m²　(f) 植被密度20株/m²

图 3-1　植被排列方式示意图

(a)中×表示预钻孔位置；(b)～(f)中⊗表示有植被，×表示无植被

在植被区及植被区上下游各 25cm 处进行测量，实验段共 2m。建立坐标系，以植被区起始处左岸槽底为原点，x 轴正向为水流方向，y 轴正向为左岸到右岸，槽底向上至自由水面为 z 轴正向。水位测点的布置如图 3-2 所示，由 $x=-25$cm 处

开始沿水流方向等间隔 25cm 取 9 个断面，依次记为断面 1、断面 2、断面 3、……、断面 8、断面 9。每个断面从左岸到右岸取 5 个测点。5 个测点分别距左岸 5cm、10cm、15cm、20cm、25cm。

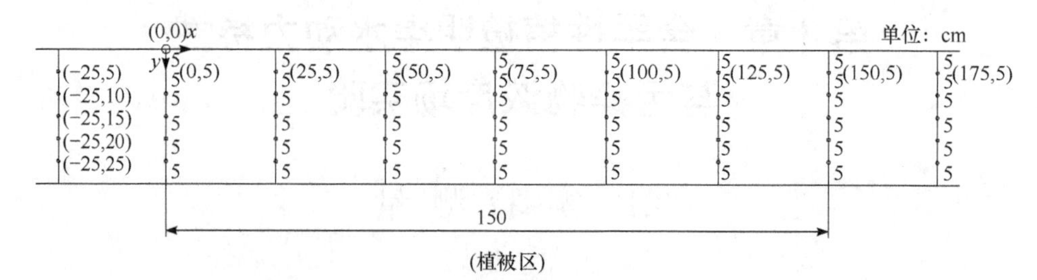

图 3-2　水位测量的测点位置

括号内的值表示测点坐标

流速测量的测点布置如图 3-3 所示。纵向流速为 u，正向为水流动方向；横向流速为 v，正向为左岸至右岸方向；垂向流速为 w，正向为槽底到自由水面方向。在植被区及植被区上下游设置具有代表性的 5 个断面，断面 1 位于 $x=-20$cm 处，位于植被区外，用于研究无植被下水流的水力特性。断面 2 位于 $x=20$cm 处，位于植被区前端，用于研究植被区上游水力特性。断面 3 位于植被区中心位置 $x=75$cm 处。断面 4 位于植被区尾部位置 $x=130$cm 处，用于研究植被区下游水力特性。断面 2、3、4 位于植被区内，用于研究水流在植被区内水力特性的变化。断面 5 位于植被区下游外 $x=170$cm 处，用于研究植被尾流影响下水流的水力特性。每个断面沿 y 轴等间隔 5cm 设置 5 个测量位置。

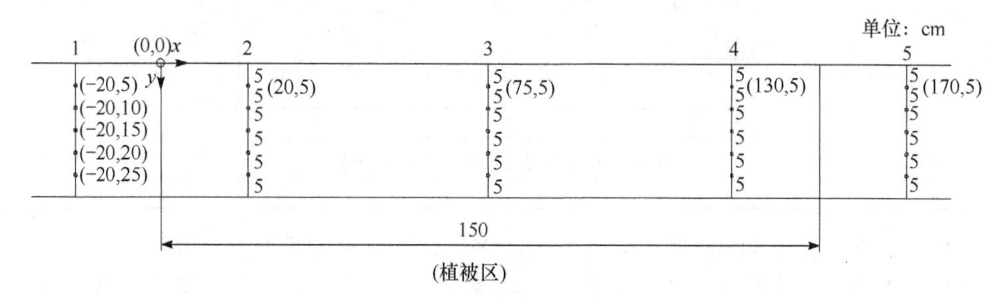

图 3-3　流速测量的测点位置

括号内的值表示测点坐标

3.1.2　水力参数

1) 雷诺数 Re

雷诺数 Re 的计算公式为

$$\mathrm{Re}=\frac{uR}{\nu} \tag{3-1}$$

式中，u 为流速；R 为水力半径，$R=\dfrac{A}{x}$，A 为水流过水断面面积，x 为湿周；v 为水的运动黏性系数。

雷诺数表征惯性力与黏滞力的比值，是判别液流型态的依据。只有当惯性作用与黏滞作用相比大到一定程度时，才可能形成紊流。明渠及天然河道的下临界雷诺数约为 500，当 $\mathrm{Re}>500$ 时，流动为紊流。实验各组次水流雷诺数为 2240.17～5137.94，实验水流为紊流。

2) 弗劳德数 Fr

弗劳德数 Fr 的计算公式为

$$\mathrm{Fr}=\frac{u}{\sqrt{gh}} \tag{3-2}$$

式中，u 为流速；h 为平均水深；g 为重力加速度。

弗劳德数表示水流的惯性力与重力两种作用的对比关系，比值大小反映水流流态。当 $\mathrm{Fr}<1$ 时，水流为缓流；当 $\mathrm{Fr}=1$ 时，水流为临界流；当 $\mathrm{Fr}>1$ 时，水流为急流。实验各组次水流弗劳德数为 0.042～0.069，实验水流为缓流。

3) 淹没度

淹没度的计算公式为

$$淹没度=h/h_{\mathrm{v}} \tag{3-3}$$

式中，h 为水深；h_{v} 为倒伏植被高度。淹没度 h/h_{v} 是表征水深与倒伏植被高度比值的无量纲参数。当 $h/h_{\mathrm{v}}<1$ 时，植被处于未完全淹没状态；当 $h/h_{\mathrm{v}}=1$ 时，植被恰好处于完全淹没状态；当 $h/h_{\mathrm{v}}>1$ 时，植被处于完全淹没状态。本实验为 $h/h_{\mathrm{v}}>1$ 时，即植被处于完全淹没状态。

本小节通过控制变量的方法进行含柔性植被水流室内实验，按工况分别设置不同的植被密度、淹没度 h/h_{v}，植被密度为 100 株/m^2、80 株/m^2、60 株/m^2、40 株/m^2、20 株/m^2，淹没度 h/h_{v} 分别约为 1.1、1.5、2.0，保持不同淹没度下断面平均流速相近，见表 3-1。浓度场实验按工况设置不同的植被密度、淹没度 h/h_{v}，植被密度分别为 100 株/m^2、60 株/m^2、20 株/m^2，淹没度 h/h_{v} 分别约为 1.1、1.5、2.0，具体见表 3-2。

表 3-1　水流特性实验组次参数表

工况	编号	植被密度/(株/m^2)	流量/(m^3/h)	水深/cm	平均倒伏植被高度/cm	淹没度 h/h_{v}	断面平均流速/(m/s)	雷诺数
1	1(a)	100	15.0	16.04	7.8	2.06	0.087	5137.94
	1(b)	80	15.0	16.03	7.8	2.06	0.087	5137.94
	1(c)	60	15.0	16.03	7.8	2.06	0.087	5137.94
	1(d)	40	15.0	16.03	7.8	2.06	0.087	5137.94
	1(e)	20	15.0	16.02	7.8	2.05	0.087	5137.94

续表

工况	编号	植被密度/(株/m²)	流量/(m³/h)	水深/cm	平均倒伏植被高度/cm	淹没度 h/h_v	断面平均流速/(m/s)	雷诺数
2	2(a)	100	9.0	16.03	7.9	2.03	0.052	3117.02
	2(b)	80	9.0	16.04	7.9	2.03	0.052	3117.02
	2(c)	60	9.0	16.02	7.9	2.03	0.052	3117.02
	2(d)	40	9.0	16.01	7.9	2.03	0.052	3117.02
	2(e)	20	9.0	16.01	7.9	2.03	0.052	3117.02
3	3(a)	100	15.0	16.04	7.8	2.06	0.087	5137.94
	3(b)	100	11.2	12.01	7.8	1.54	0.086	4404.67
	3(c)	100	8.3	8.70	7.8	1.12	0.086	3718.69
4	4(a)	100	9.0	16.03	7.9	2.03	0.052	3117.09
	4(b)	100	6.9	12.01	7.9	1.52	0.053	2713.60
	4(c)	100	5.0	8.70	7.9	1.10	0.053	2240.17

表 3-2 污染物浓度场实验组次参数表

工况	编号	植被密度/(株/m²)	流量/(m³/h)	水深/cm	平均倒伏植被高度/cm	淹没度 h/h_v	断面平均流速/(m/s)	雷诺数
5	5(a)	100	15.0	16.04	7.8	2.06	0.087	5137.94
	5(b)	100	11.2	12.01	7.8	1.54	0.086	4404.67
	5(c)	100	8.3	8.82	7.8	1.13	0.086	3718.69
6	6(a)	100	15.0	16.04	7.8	2.06	0.087	5137.94
	6(b)	60	15.0	16.04	7.8	2.06	0.087	5137.94
	6(c)	20	15.0	16.04	7.8	2.06	0.087	5137.94

3.2 含柔性植被明渠水力特性实验研究

河道中植被的存在对于生态修复、维护生物多样性具有重要作用。植被的存在改变了水流的水位与紊流结构，使明渠水力特性分布变得非常复杂。开展精细水槽实验，获取全面、系统、精确的观测资料是探讨柔性植被作用下明渠水力特性分布规律的有效手段。本节分别测量了三种淹没度、五种植被密度时两种断面平均流速下植被的水位、流速分布，分析淹没柔性植被作用下各要素对水位、流速、雷诺应力、紊动强度的影响规律。

3.2.1　含柔性植被明渠水流的水位

通过水位测针对实验区布置的测量点进行水位测量。测量区域布置如图 3-2 所示，坐标系原点 O 在植被区起始处左岸槽底，x 轴正向为水流方向。

1. 植被密度对水位的影响

淹没度 h/h_v 为 2.0，工况 1、2 流量 q 分别为 15.0m³/h、9.0m³/h，平均植被密度为 100 株/m²、80 株/m²、60 株/m²、40 株/m²、20 株/m² 时，对含柔性植被水流的水位进行分析，不同植被密度下水位沿程变化如图 3-4 所示。

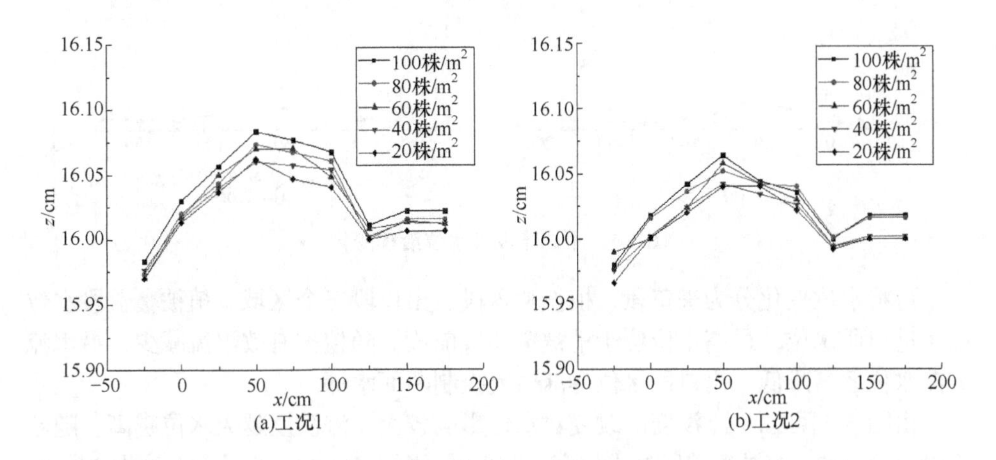

图 3-4　不同植被密度下水位沿程变化

可将沿程水位分为三个区域，即图 3-4 中 $x=-25$cm 到 $x=0$cm 为进口段，x=0cm 到 x=150cm 为植被覆盖段，x=150cm 到 x=175cm 为出口段。

由图 3-4 可知，不同流量、不同植被密度的水位变化呈现相似规律。植被覆盖区的水位相比进口段的水位逐渐升高；在植被覆盖段，由于植被对水流的阻滞影响，植被覆盖段前段水位逐渐上升，出现了壅水现象，水位的最大值出现在植被覆盖段前段 x=50cm 处；植被覆盖段中后段随着植被的有效阻水面积减少，水位呈现沿程下降趋势，最低水位出现于植被覆盖段后段 x=125cm 处；x=150cm 处植被的阻水影响消失，由于发生水跃现象，水位再次逐渐升高。

在控制流量与断面水位相同条件下，水位壅高随植被密度增大而略有升高。因为随植被密度增加，植被对水流的阻滞增加，水槽过流面积减少，水位壅高逐渐增加。在控制植被密度与断面水位相同条件下，水位壅高随流量增大而略有升高。

2. 淹没度对水位的影响

植被密度为 100 株/m^2，淹没度分别约为 1.1、1.5、2.0 时，对工况 3 和工况 4 含柔性植被水流的水位进行分析，如图 3-5 所示。

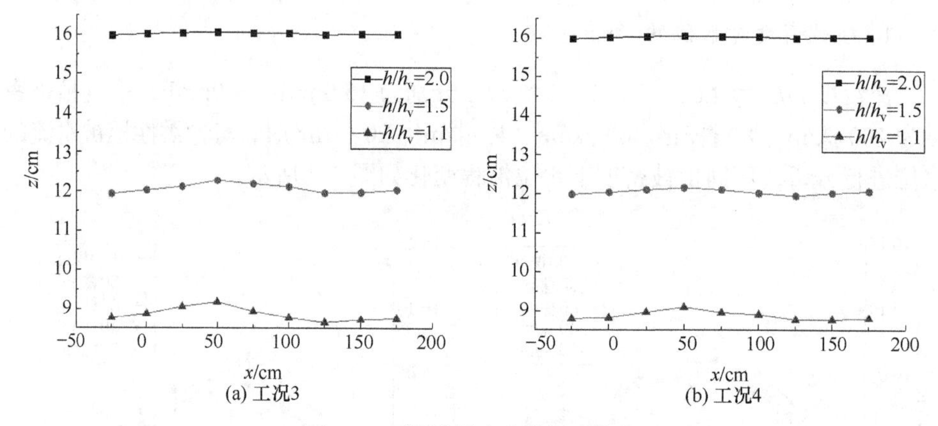

图 3-5　不同淹没度水位沿程变化

可将水位变化分为进口段、植被覆盖段、出口段三个区域。植被覆盖段水位高于进口段水位，最高水位位于植被覆盖段前段。随植被有效阻流减少，沿水流方向水位逐渐降低。出口段水位逐渐恢复控制断面水深。

由图 3-5 可知，淹没度的改变对水位影响较大，淹没度越大水位越高。随着淹没度的增加，植被覆盖段的水位变化越平缓。图 3-5(a)中，淹没度 h/h_v 为 2.0 时，水面坡降为 0.004%；淹没度 h/h_v 为 1.5 时，水面坡降为 0.037%；淹没度 h/h_v 为 1.1 时，水面坡降为 0.120%。即相同断面平均流速下，随淹没度的增加，水面坡降减小。因为随淹没度 h/h_v 增加，水位增加，植被的阻水效果减小，水面坡降逐渐降低。对比图 3-5(a)和(b)可知，在相同淹没度下，水流平均流速越大，水位壅高越高。

3.2.2　含柔性植被明渠水流的流速

本小节定量分析植被密度、淹没度的改变对含柔性植被水流时均流速的影响，从而探究不同变量下各断面含柔性植被水流流速的变化情况。具体断面布置如图 3-3 所示。

以植被在水下倒伏后高度 h_v 作为垂向特征长度，以 q=9.0m^3/h 时的平均流速 u_0=0.052m/s 作为特征流速进行无量纲化，即 $U=u/u_0$，$V=v/u_0$，$W=w/u_0$，$Z=z/h_v$。

1. 植被密度对流速的影响

淹没度为 h/h_v=2.0，工况 1、2 流量分别为 15.0m^3/h、9.0m^3/h，植被密度分别

为 100 株/m²、80 株/m²、60 株/m²、40 株/m²、20 株/m² 时，对不同断面的水流流速进行分析，纵向流速垂向分布如图 3-6 所示。

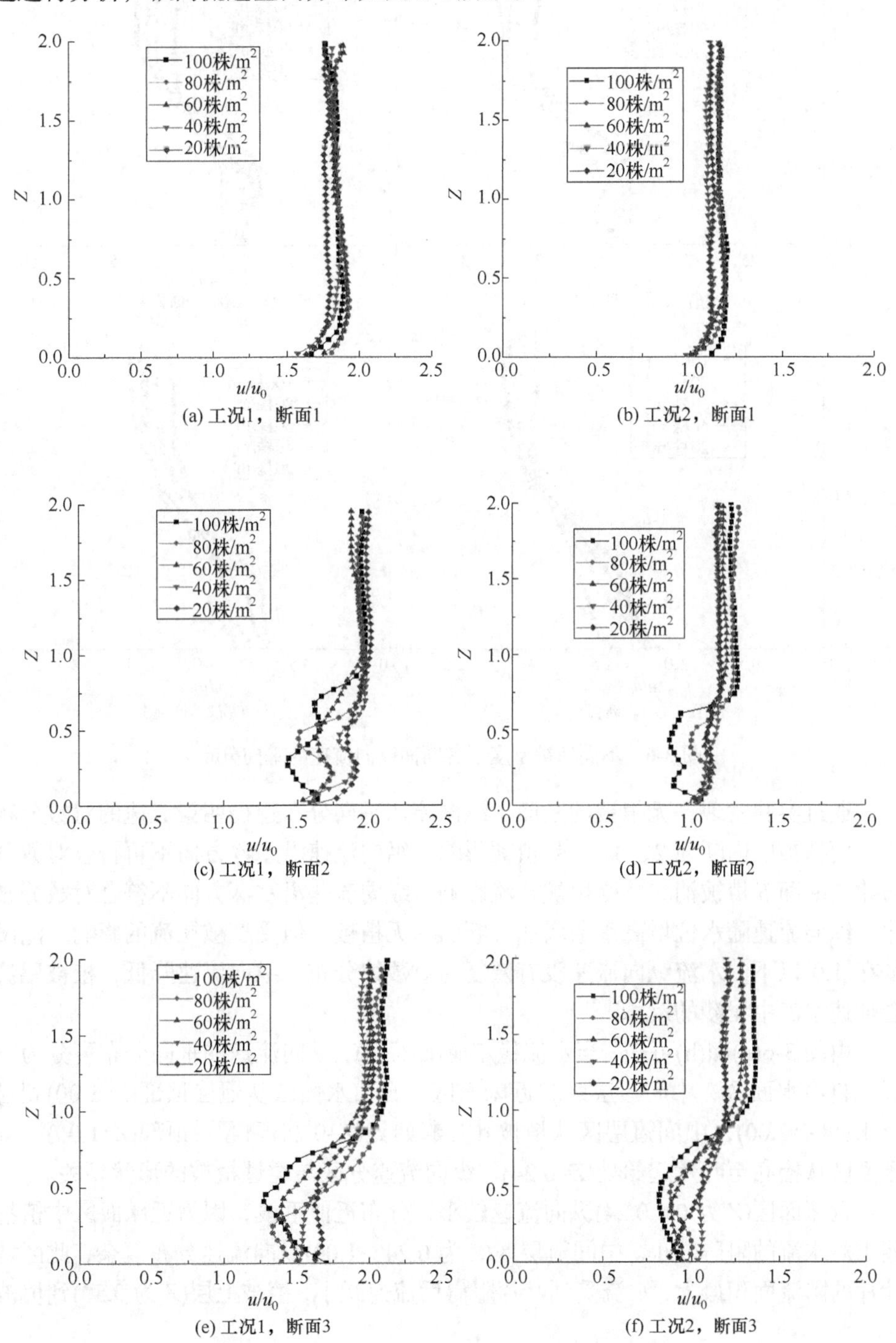

(a) 工况1，断面1　(b) 工况2，断面1

(c) 工况1，断面2　(d) 工况2，断面2

(e) 工况1，断面3　(f) 工况2，断面3

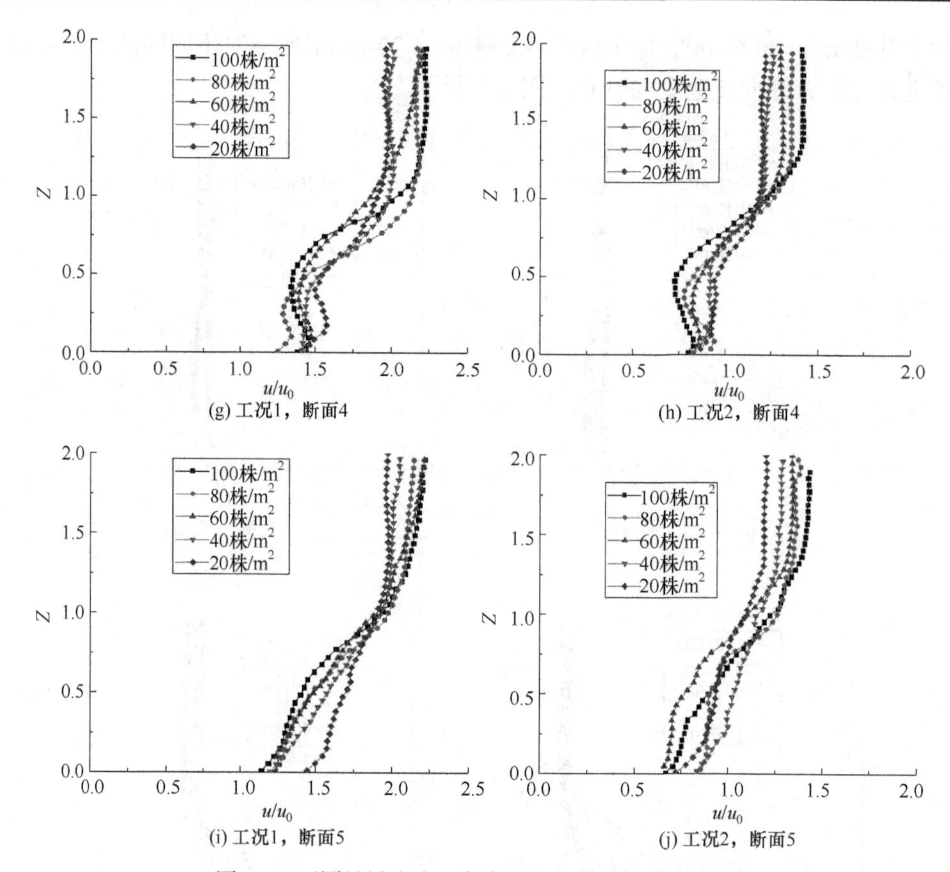

图 3-6　不同植被密度下各断面纵向流速的垂向分布

通过实验发现，无植被的断面 1 纵向流速垂向分布遵循明渠流速的对数分布律，而植被区内断面 2、3、4 受植被影响，纵向流速沿水深方向不再符合对数分布律。断面 5 植被消失，受植被尾流影响，纵向流速沿水深方向不符合对数分布律，纵向流速随水位增高逐渐增加。断面 5 无植被，但受植被尾流的影响，淹没度在 1.0 以下的水流纵向流速没有恢复为对数律分布，纵向流速降低，植被尾流会加速水流中泥沙的沉积[1-2]。

由图 3-6(g)和(h)可知，当水流稳定时(断面 4)，纵向流速的垂向分布可分为三区：自由水面区、中间冠层区和近床面区。自由水面区从冠层顶部(Z=1.00)到自由水面(Z=2.00)，中间冠层区从植被叶片起始处(Z=0.24)到冠层顶部(Z=1.00)，近床面区从槽底至叶片起始处(Z=0.24)。纵向流速分区与柔性植被的形状相关。

近床面区(Z 为 0～0.24)纵向流速较小，分布近似垂线，因为近床面区中植物茎干对水流的阻碍较小。中间冠层区(Z 为 0.24～1.00)纵向流速分布复杂，此区域叶片的阻流面积最大，水流受到叶片阻碍后流速减小，植被上层(Z 为 0.50)到植被顶部区域，纵向流速逐渐增大。植被内部(Z为 0～1.00)纵向流速分布复杂，断面 2、3 纵向流速波动且呈现 S 形分布，水流至断面 4 纵向流速趋于稳定，纵向流速呈“(”形分布。自由水面区(Z为 1.00～2.00)纵向流速近似呈对数分布。

不同植被密度下的纵向流速以植被冠层(Z为 1.00)为界呈不同规律，冠层顶部以下的纵向流速大致随植被密度增加而减小。植被密度增加，阻水叶片面积增加，纵向流速随植被密度增加而减小；冠层顶部以上的纵向流速随植被密度增加而增加，植被区(Z为 0～1.00)叶片阻碍，使部分水流向上流动而纵向流速增大，随植被密度增加而增加。与许多学者研究结果相同[3-5]，随植被密度增加，植被的阻水效应增加，植被内部与自由水面区的时均流速差异增大。

由图 3-6 可知，不同流量下纵向流速垂向分布具有相似规律。相同水深下，水流纵向流速随流量增大而增大，流量 q=15.0m^3/h 的纵向流速较流量 q=9.0m^3/h 的大，q=15.0m^3/h 时断面 2、3 纵向流速略有波动，至断面 4 纵向流速趋于稳定，q=9.0m^3/h 水流经断面 3 时纵向流速已趋于稳定。

将流量为 15.0m^3/h 时水流稳定的断面 2、3、4 时均流速与 Chen 等[6]给出的经验公式计算结果进行对比，公式为

$$\frac{u}{u_0}=a+b\times c\left(\frac{z}{h_{\mathrm{v}}}\right) \tag{3-4}$$

式中，u 是 z 垂直坐标处纵向时均流速，m/s；u_0 是平均流速，m/s；z 是垂直坐标，cm；h_{v} 是倒伏植被高度，cm；$c(z/h_{\mathrm{v}})$是 z/h_{v} 的函数，可以用不同的对数方程表示($\ln x/x$、$\ln x/x^2$、$\ln x$、$x^{0.5}\ln x$、$x\ln x$、$x^2\ln x$，其中 $x=z/h_{\mathrm{v}}$)；a 和 b 是常数。

限于篇幅，本节以植被密度为 100 株/m^2、20 株/m^2 为例，表 3-3 为各分区不同植被密度下经验公式拟合结果。不同的对数方程表示不同斜率的流速分布曲线。自由水面区，随着 z/h_{v} 的变化，对数方程的斜率为 $\ln x/x^2>\ln x/x>\ln x$。由拟合结果知，受植被影响的纵向流速与经验公式相关性较好。自由水面流速垂向呈对数分布律。随着植被密度增大，对数方程斜率增大，自由水面区流速梯度增大。

表 3-3　经验公式中的 a、b、$c(x)$的拟合结果

植被分区	断面	植被密度/(株/m^2)	a	b	$c(x)$	R^2
自由水面区	2	100	1.1748	0.0038	$\ln x$	0.94
	2	20	1.1860	0.0024	$\ln x$	0.937
	3	100	1.2534	0.0213	$\ln x/x$	0.96
	3	20	1.1924	0.0078	$\ln x$	0.95
	4	100	1.2401	0.4885	$\ln x/x^2$	0.98
	4	20	1.1235	0.2340	$\ln x$	0.96

续表

植被分区	断面	植被密度/(株/m²)	a	b	$c(x)$	R^2
中间冠层区	2	100	1.1773	0.4616	$x^{0.5}\ln x$	0.90
	2	20	1.2068	0.2538	$x\ln x$	0.90
	3	100	1.3106	1.4413	$x\ln x$	0.96
	3	20	1.2204	0.6786	$x\ln x$	0.97
	4	100	1.2572	1.2806	$x\ln x$	0.98
	4	20	1.1569	0.3984	$x^{0.5}\ln x$	0.93
近床面区	2	100	0.9816	0.1519	$x^2\ln x$	0.95
	2	20	0.9561	−0.5831	$x\ln x$	0.97
	3	100	1.0373	0.5428	$x\ln x$	0.97
	3	20	1.0238	0.0144	$\ln x$	0.89
	4	100	0.8814	0.7331	$x^2\ln x$	0.97
	4	20	0.8114	−0.4185	$x\ln x$	0.92

中间冠层区，随着 z/h_v 的变化，对数方程的斜率 $x\ln x > x^{0.5}\ln x$。由拟合结果可知，实测流速与经验公式相关性好。除断面 2 外，其余断面随植被密度增大，对数方程斜率增大，中间冠层区流速梯度增大。近床面区的实测流速与经验公式相关性较差。可见，该经验公式在本小节条件下 z/h_v 为 0.24～2.00 时有较好的适用性。

2. 淹没度对流速的影响

植被密度为 100 株/m²，淹没度分别为 1.1、1.5、2.0 时，对工况 3 和工况 4 不同断面的水流流速进行分析，纵向流速垂向分布如图 3-7 所示。

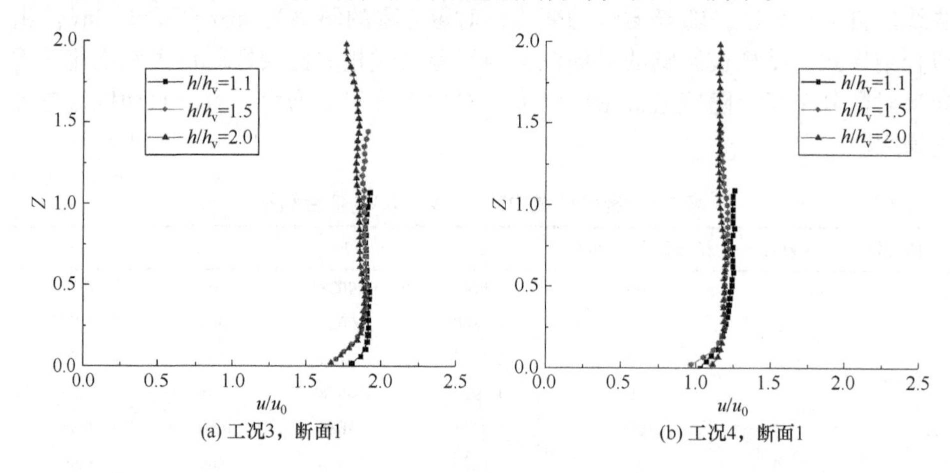

(a) 工况3，断面1　　(b) 工况4，断面1

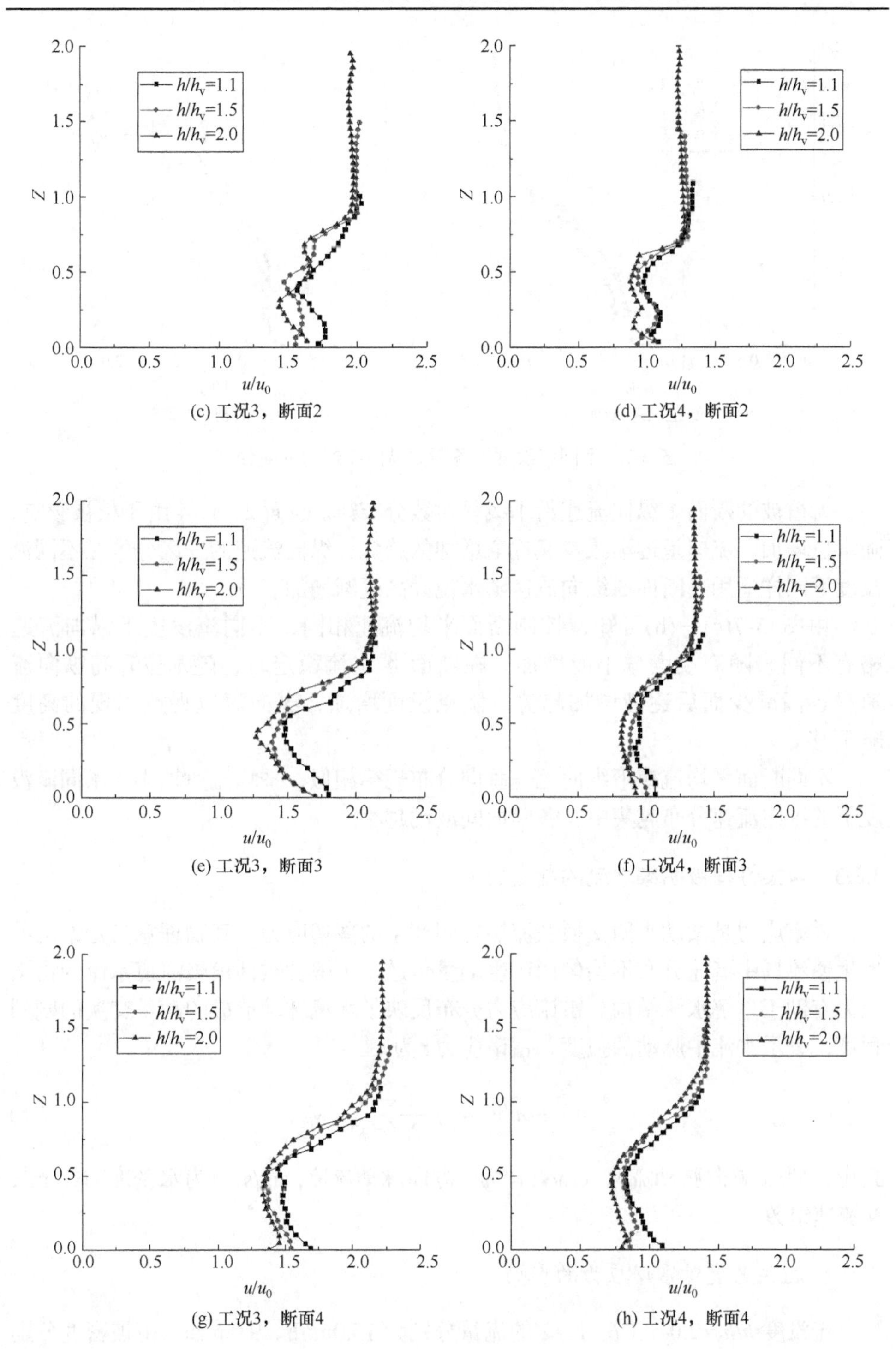

(c) 工况3，断面2

(d) 工况4，断面2

(e) 工况3，断面3

(f) 工况4，断面3

(g) 工况3，断面4

(h) 工况4，断面4

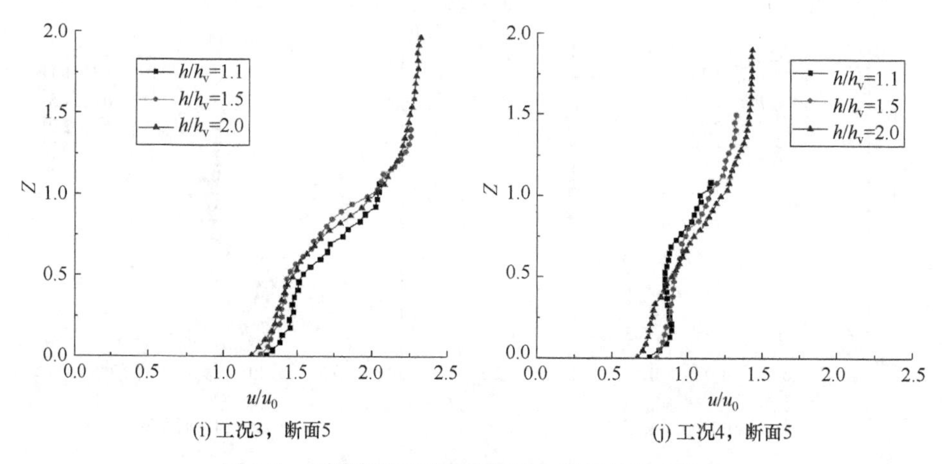

(i) 工况3，断面5　　(j) 工况4，断面5

图 3-7　不同淹没度下各断面纵向流速的垂向分布

无植被的断面 1 纵向流速沿垂线呈对数分布律。断面 2、3、4 由于植被影响，随水位增加，流速呈逐渐减少又逐渐增加的趋势，纵向流速的三区分区在不同淹没度下同样适用。断面 5 纵向流速随水位升高逐渐增加。

由图 3-7(c)～(h)可知，控制断面平均流速相同，不同淹没度下纵向流速略有不同，随淹没度减小而增加。在断面 4 水流稳定时，随水位升高纵向流速呈逐渐减少而后逐渐增加趋势，随淹没度增加，纵向流速拐点出现的高度略下移。

不同断面平均流速下纵向流速垂向分布规律相似，平均流速越小，不同淹没度下的纵向流速分布越集中，各断面间波动越小。

3.2.3　含柔性植被明渠水流的雷诺应力

雷诺应力是紊动水团交换在流层之间产生的剪切应力，其物理意义是紊动的发生使流场中流速分布不均匀而产生动量传递。了解含柔性植被河道水流的雷诺应力有助于理解水流结构。雷诺应力分布反映了水流脉动造成的动量交换的剧烈程度，表示水流中脉动的强度，雷诺应力τ为

$$\tau = -\overline{\rho u'w'} = -\rho \frac{1}{N}\sum_{i=1}^{N} u_i' w_i' \tag{3-5}$$

式中，u'为 x 方向脉动流速，cm/s；w'为 z 方向脉动流速，cm/s；ρ 为水密度，1g/cm^3；N 流速组数。

1. 植被密度对雷诺应力的影响

淹没度 h/h_v=2.0，工况 1、2 的流量分别为 15.0m^3/h、9.0m^3/h，植被密度分别

为 100 株/m²、80 株/m²、60 株/m²、40 株/m²、20 株/m²时，对不同断面的雷诺应力进行分析，雷诺应力垂向分布如图 3-8 所示。

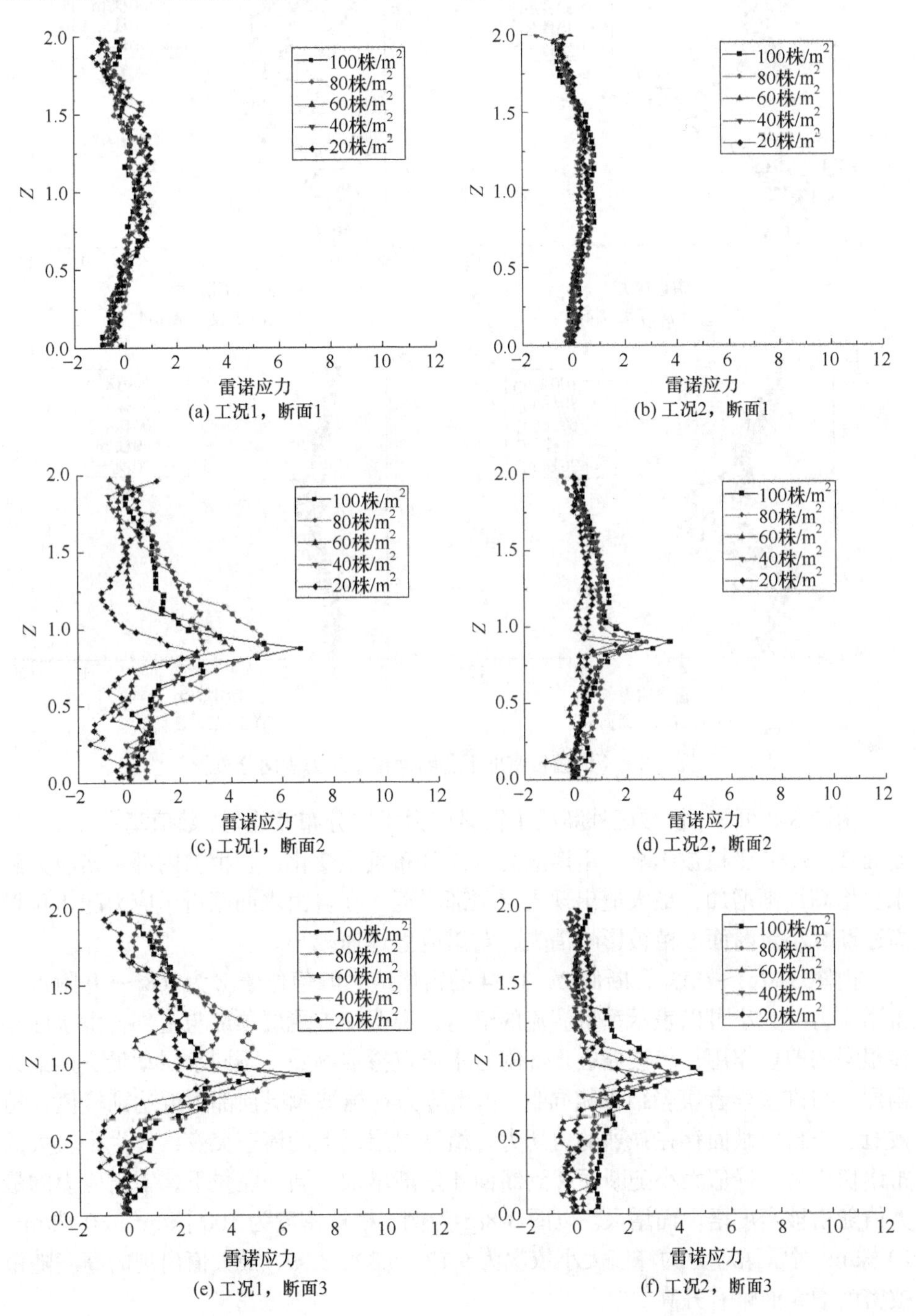

(a) 工况1，断面1　(b) 工况2，断面1

(c) 工况1，断面2　(d) 工况2，断面2

(e) 工况1，断面3　(f) 工况2，断面3

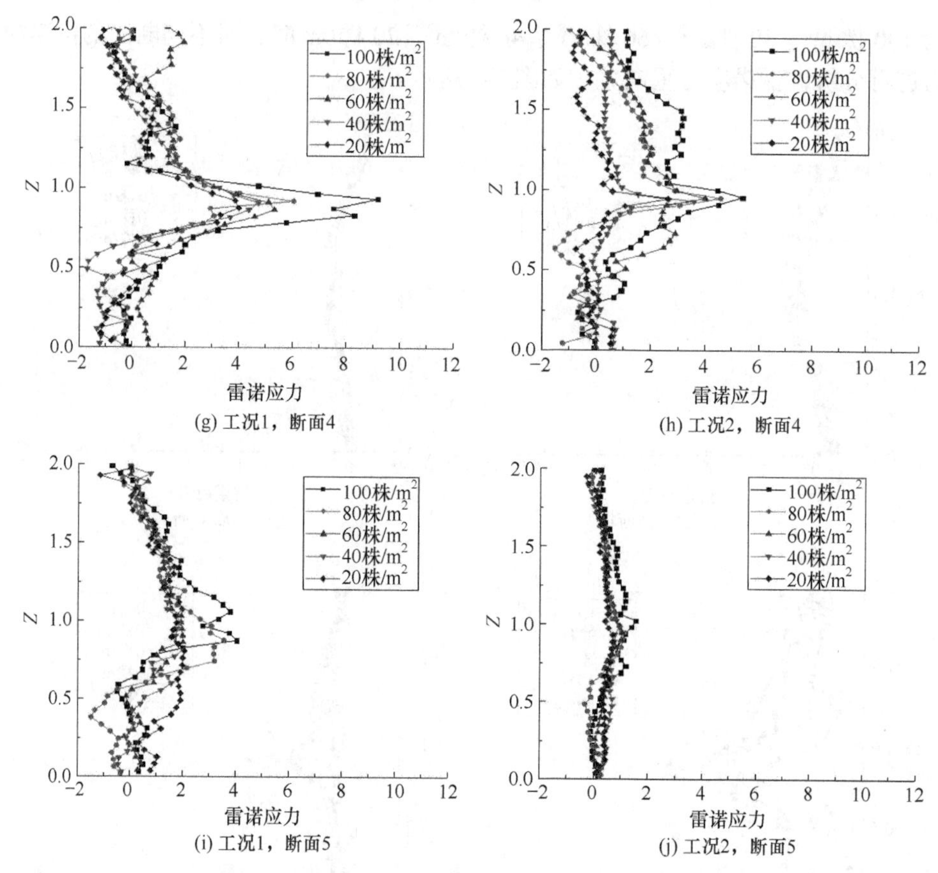

(g) 工况1，断面4　(h) 工况2，断面4　(i) 工况1，断面5　(j) 工况2，断面5

图 3-8　不同植被密度下各断面雷诺应力垂向分布

由图 3-8 可知，植被区外断面 1 雷诺应力垂向分布较均匀，数值基本在 0～1。断面 2、3、4 受植被影响，雷诺应力垂向分布发生变化，在植被内部雷诺应力随水位增高逐渐增加，最大值出现冠层顶部附近，在自由水面区雷诺应力随水位增高逐渐减小。断面 5 植被影响消失，雷诺应力迅速减小。

由图 3-8(c)～(h)知，断面 2、3、4 的雷诺应力峰值位于 Z 为 0.8～1.0 附近。雷诺应力的大小可以表示垂直湍流的输运，说明植被冠层顶部与上部自由水面存在很强的剪切作用，植被冠层顶部附近水质点掺混剧烈，不同水层动量交换最为剧烈。与许多学者实验结果相同[6]，雷诺应力在植被冠层顶部附近达到峰值，植被冠层与自由水面存在强烈的剪切力，植被冠层以上的流速突变，产生了较大的雷诺切应力。峰值大小随断面 2 到断面 4 逐渐增加。同一流量下，雷诺应力的最大值随植被密度增大而增大。以图 3-8(g)为例，植被密度为 100 株/m^2、60 株/m^2、20 株/m^2 时雷诺应力的峰值大小依次为 9.17、5.32、3.99，最大值出现的高度随植被密度增大而略有升高。

由图 3-8 可知，相同植被密度下，雷诺应力随流量增大而增大，是因为水位不变，流量改变引起流速、水流内部结构改变。流量越大，流速越大，柔性植被随流摆动更加剧烈，不同水层的动量交换更为剧烈。雷诺应力最大值的大小及出现位置受植物和水流条件的影响。

2. 淹没度对雷诺应力的影响

植被密度为 100 株/m^2，淹没度分别为 1.1、1.5、2.0 时，对工况 3 和工况 4 不同断面的雷诺应力进行分析，雷诺应力垂向分布如图 3-9 所示。

由图 3-9 可知，无植被的断面 1 雷诺应力很小且沿垂直方向均匀分布；断面 2、3、4 受植被影响，雷诺应力在植被内部随水位增高逐渐增加，最大值出现在冠层顶部附近，在自由水面区雷诺应力随高度增高逐渐减小。断面 5 植被影响消失，雷诺应力迅速减小。

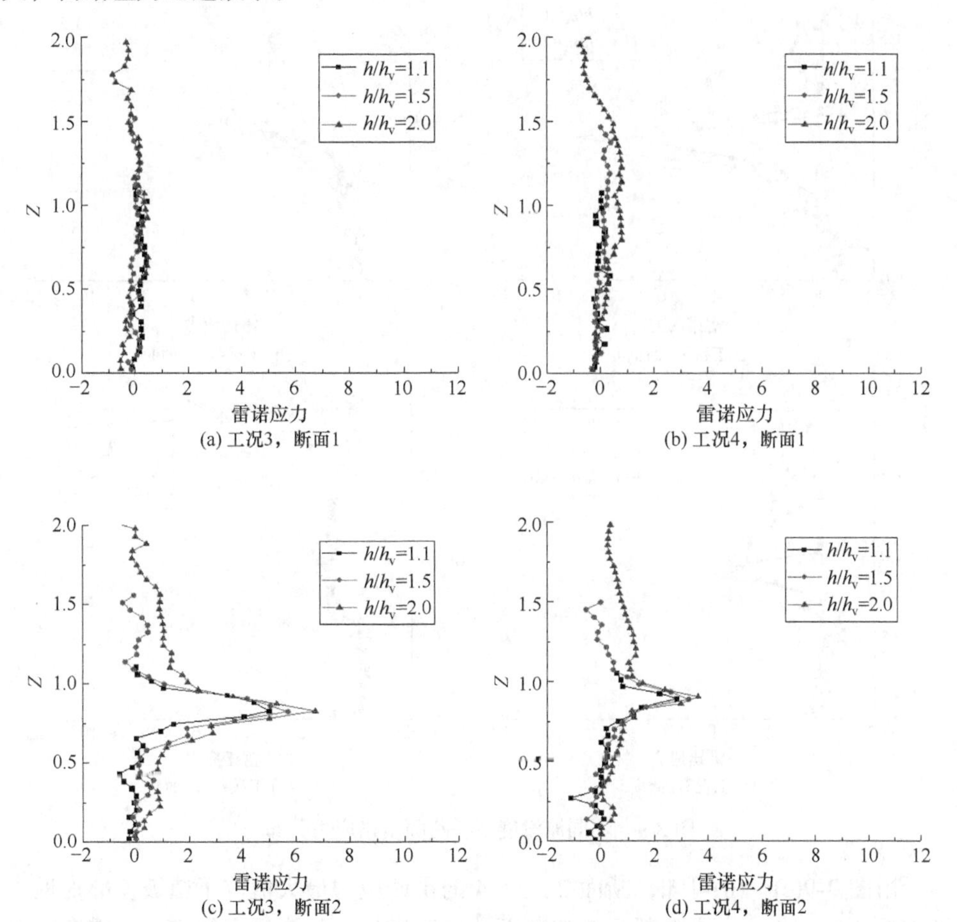

(a) 工况3，断面1

(b) 工况4，断面1

(c) 工况3，断面2

(d) 工况4，断面2

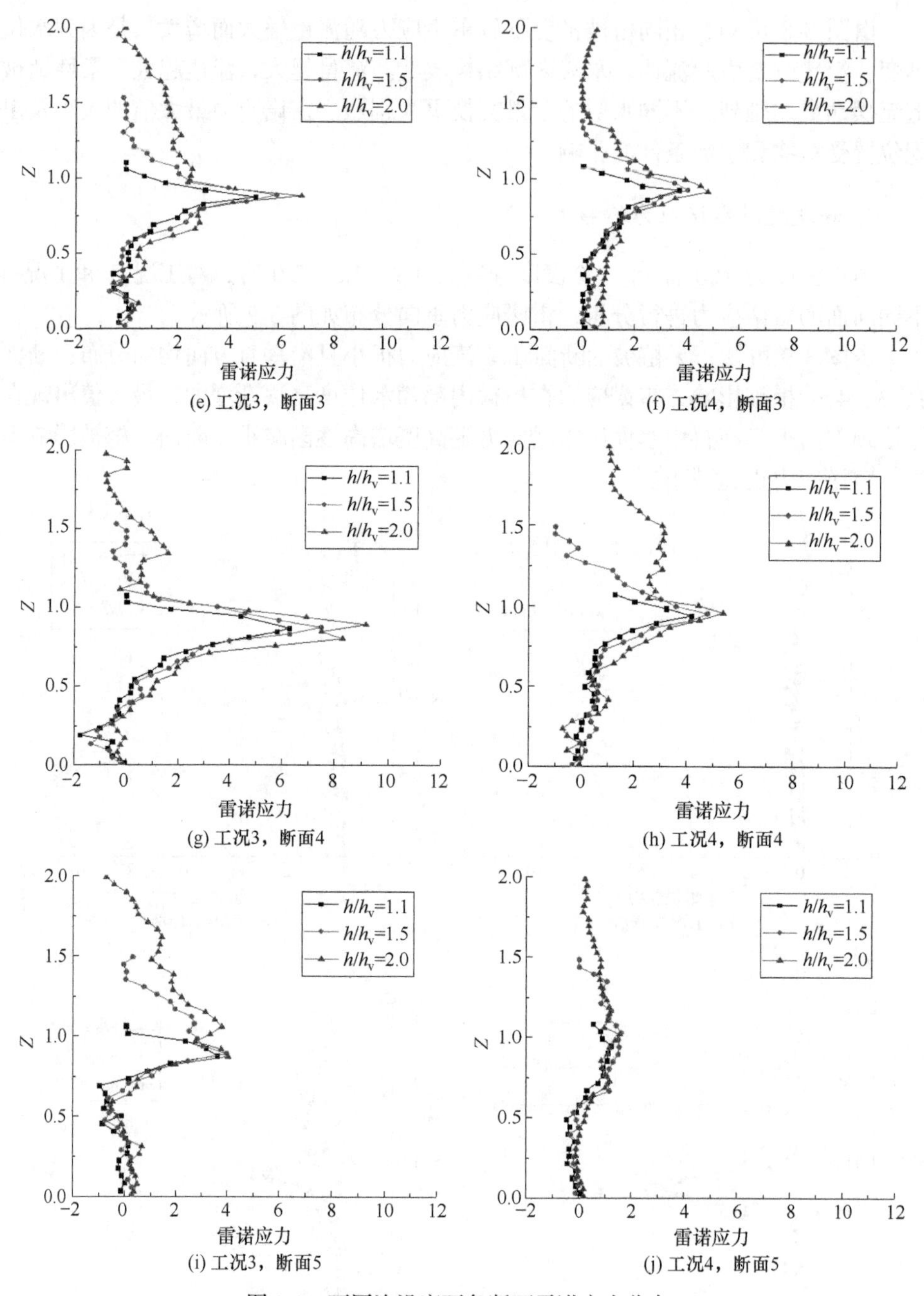

图 3-9　不同淹没度下各断面雷诺应力分布

由图 3-9(c)～(h)可知，断面 2、3、4 的雷诺应力最大值位于植被顶部附近，即 Z 为 0.8～1.0，大小随断面 2 到断面 4 逐渐增加。随淹没度的增加，雷诺应力逐渐增加，雷诺应力峰值略有增加，即随淹没度增加，垂直湍流的输运增加，不同水层垂向的动量交换增加，动量交换变得更为剧烈。

由图 3-9 可知，相同淹没度下，雷诺应力随着断面平均流速增加而增加，雷诺应力峰值随着断面平均流速增加而增加，流速越大，不同水层的动量交换越剧烈。

3.2.4　含柔性植被明渠水流的紊动强度

紊动强度反映流速脉动强弱程度，用脉动流速的均方根表示：

$$u_{\mathrm{rms}}=\sqrt{\overline{u'^2}} \tag{3-6}$$

式中，$u'=u-\overline{u}$，为脉动流速，m/s，$\overline{u}$ 为时均纵向流速，m/s，u 为纵向流速，m/s；$\overline{u'^2}$ 为 u'^2 的统计平均值。

1. 植被密度对紊动强度的影响

淹没度 h/h_v 为 2.0，流量 q 分别为 15.0m³/h、9.0m³/h，植被密度分别为 100 株/m²、80 株/m²、60 株/m²、40 株/m²、20 株/m² 时，对不同断面的紊动强度进行分析，紊动强度垂向分布如图 3-10 所示。

断面 1 无植被影响，紊动强度较小，槽底紊动强度相对较大是因为槽底粗糙度的影响。断面 2、3、4 受叶片影响，紊动强度垂向分布发生变化，在植被内部紊动强度随水位增高逐渐增加，植被冠层附近紊动强度突然增加，最大值出现冠层顶部附近，自由水面区的紊动强度迅速减小。断面 5 植被影响消失，紊动强度迅速减小。

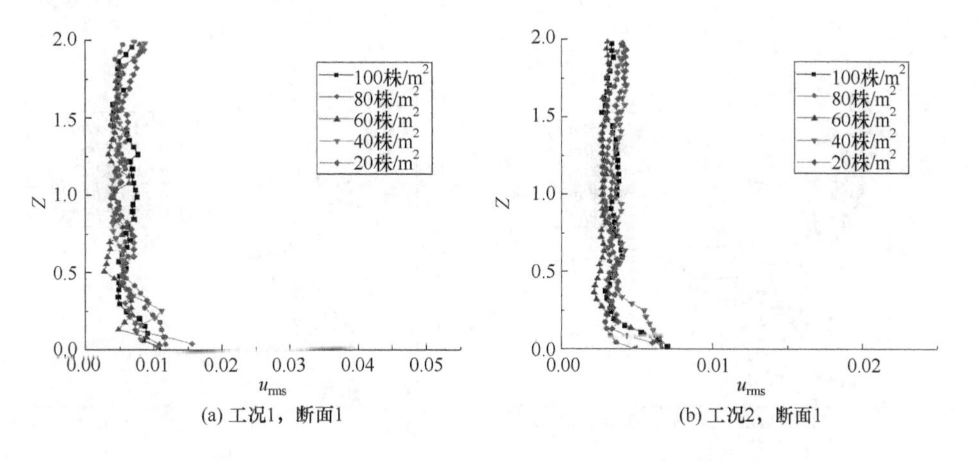

(a) 工况1，断面1　　(b) 工况2，断面1

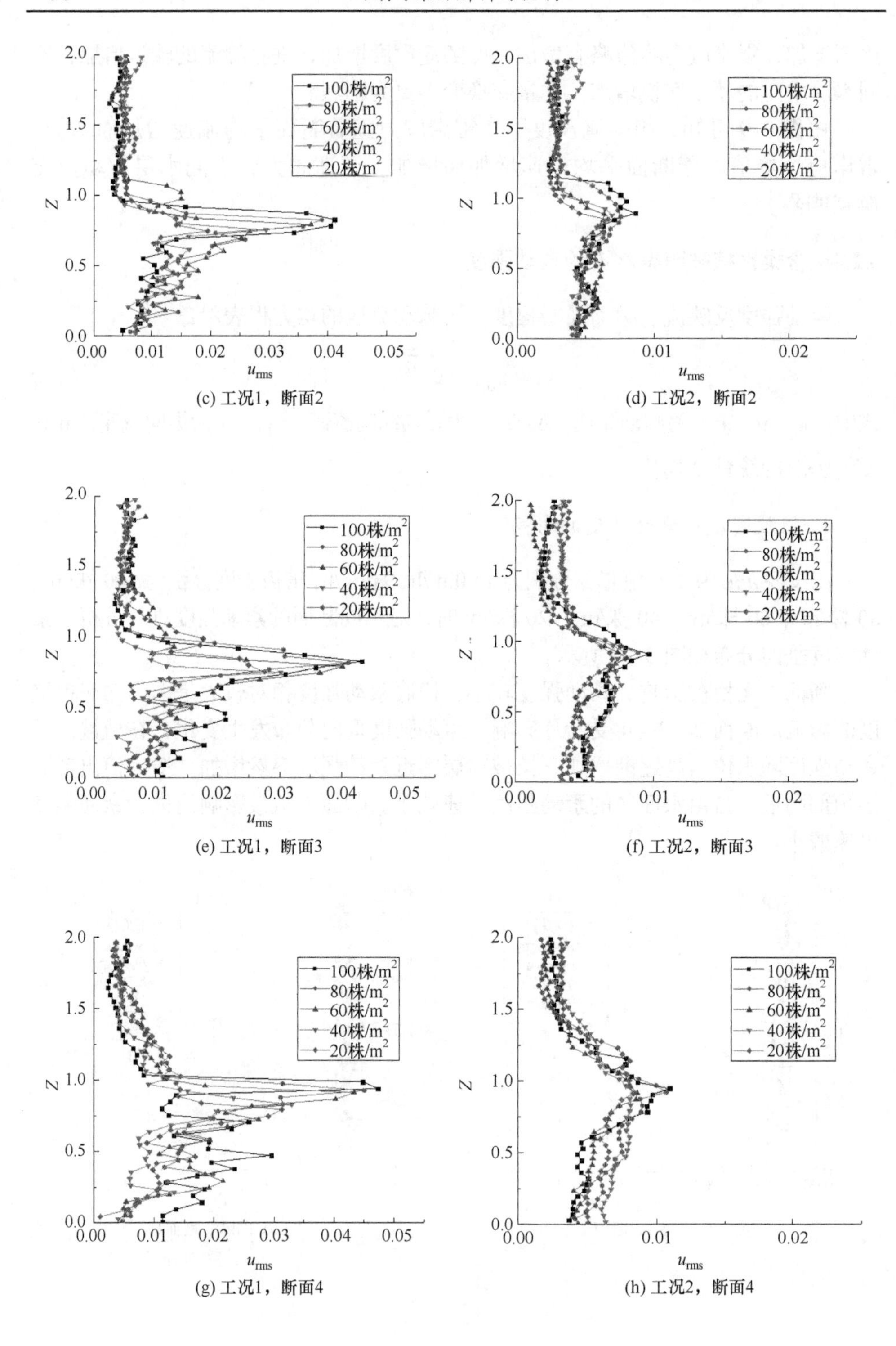

(c) 工况1，断面2

(d) 工况2，断面2

(e) 工况1，断面3

(f) 工况2，断面3

(g) 工况1，断面4

(h) 工况2，断面4

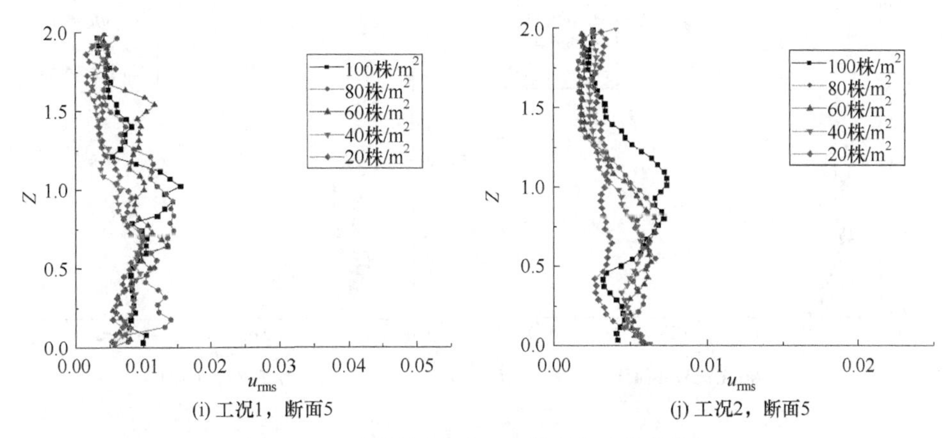

(i) 工况1，断面5　　(j) 工况2，断面5

图 3-10　不同植被密度下各断面紊动强度分布

由图 3-10(c)～(h)可知，断面 2、3、4 的紊动强度最大值位于植被冠层顶部附近，植物冠层的摆动及边界的不规则特性，使植物体周围水流方向发生改变，使植物冠层内部及上部水体的紊动混合加强。紊动强度随植被密度增大而增大，是因为植被随水流摆动，改变水流紊动掺混，植被密度越大，水流紊动掺混越剧烈。这一结果与许多学者研究相似[7-9]，紊动强度最大值位于植被冠层顶部，并随植被密度增大而增加。不同植被密度紊动强度分布相似，紊动强度峰值对应的高度随植被密度增加而增高。植被与水流间相互作用形成紊流涡，在冠层顶部涡体惯性力最大。断面 2、3、4 的紊动强度略有增加，是因为水流过植被区，由水流动能转换的植被附近紊动能逐渐增加。

由图 3-10 可知，相同植被密度下，流量增大，紊动强度及其峰值增大。水深不变，流量的改变引起流速、水流内部结构的改变。流速增加使水流的惯性增大，稳定性减小；植被受水流的冲击，摆动更加剧烈，植被边界附近紊动涡体的生成更加迅速和强烈。紊动强度最大值出现高度随流量的增大呈略有降低趋势，这是因为植物体被逐渐增强的水流压得越来越弯，整个植被冠层高度降低。

2. 淹没度对紊动强度的影响

植被密度为 100 株/m^2，淹没度 h/h_v 分别为 1.1、1.5、2.0 时，对工况 3 和工况 4 不同断面的紊动强度进行分析，紊动强度分布如图 3-11 所示。

由图 3-11 可知，无植被的断面 1 紊动强度很小且沿垂直方向均匀分布，底部受槽底粗糙度影响相对较大；断面 2、3、4 受植被影响，紊动强度在植被内部随水位增高逐增加，在植被冠层附近紊动强度突然增加，最大值出现冠层顶部附近，在自由水面区的紊动强度随水位增高迅速减少。断面 5 植被影响消失，紊动强度迅速减小。

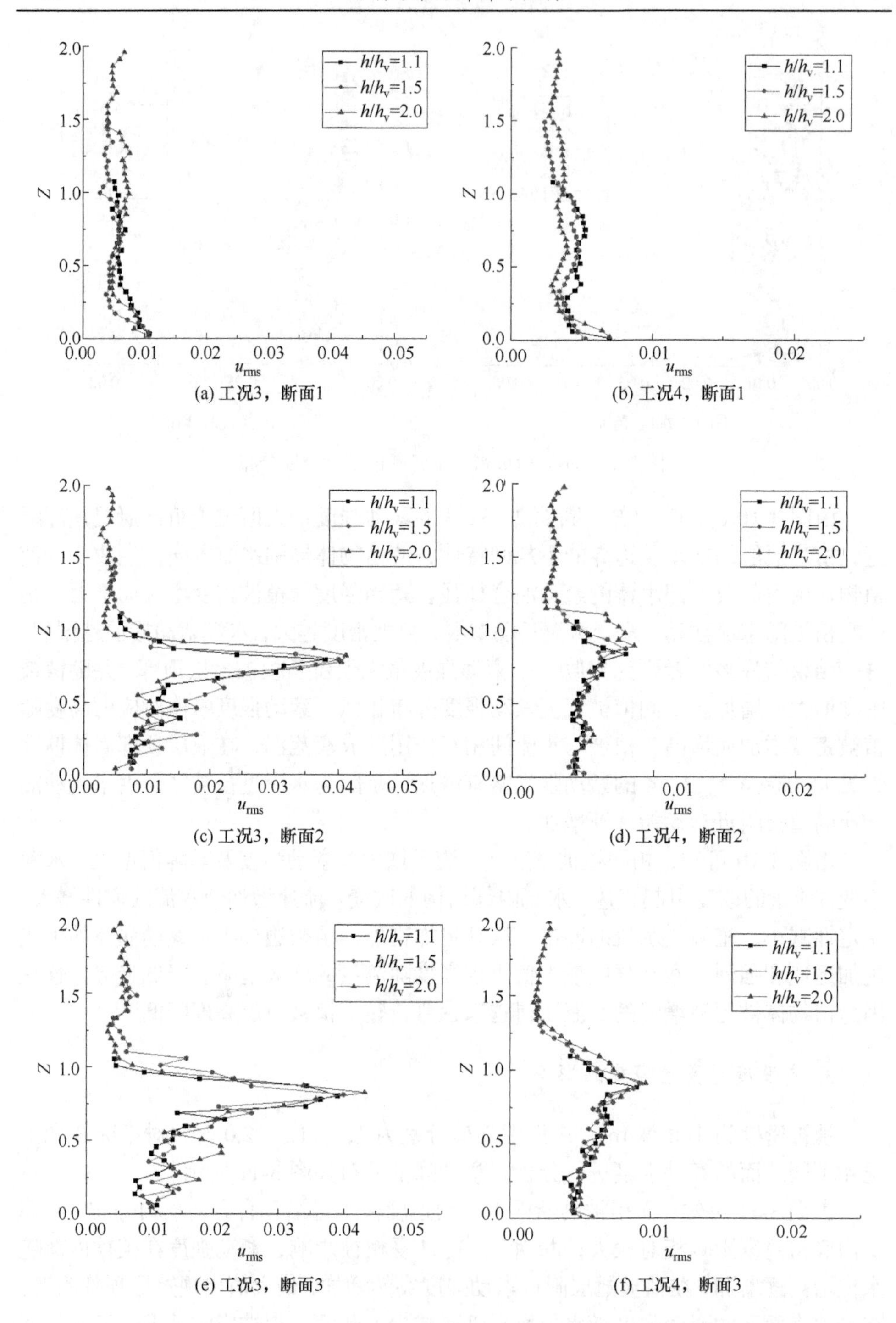

(a) 工况3，断面1　　(b) 工况4，断面1

(c) 工况3，断面2　　(d) 工况4，断面2

(e) 工况3，断面3　　(f) 工况4，断面3

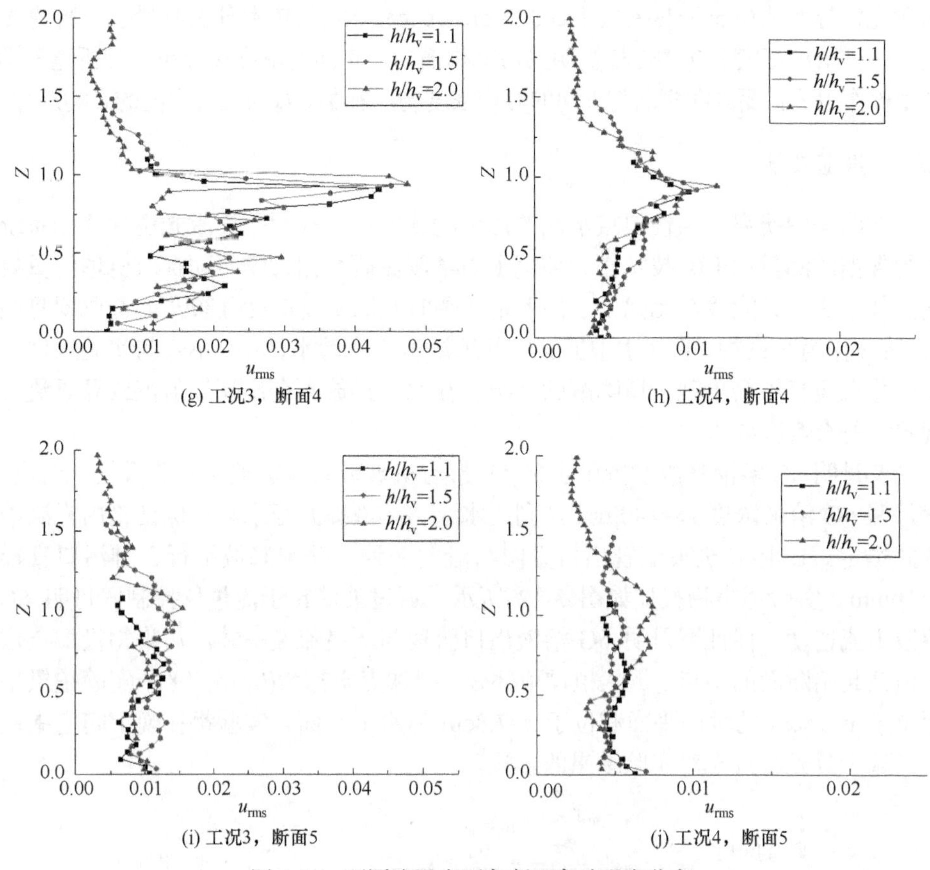

(g) 工况3，断面4　(h) 工况4，断面4

(i) 工况3，断面5　(j) 工况4，断面5

图 3-11　不同淹没度下各断面紊动强度分布

由图 3-11(c)～(h)知，断面 2、3、4 的紊动强度最大值位于植被顶部附近，大小沿断面 2 到断面 4 逐渐增加。相同断面平均流速下，随淹没度的增加，紊动强度峰值略有增加，因为水流产生紊动的干扰源主要是植物冠层顶端叶片的摆动，相同植被密度下，植被冠层叶片摆动产生的紊动强度相似，淹没度增加，紊动强度峰值变化不明显。随淹没度增加，紊动强度最大值出现高度略有上升。

由图 3-11 可知，相同淹没度下，紊流峰值强度随着断面平均流速增加而增加。流速增加，水流稳定性减少，植被随水流摆动更加剧烈，使植被边界附近紊动涡体的生成更加迅速和强烈。

3.3　含柔性植被明渠污染物浓度场实验研究

植物存在改变了水流的紊流结构，从而影响污染物的输运规律。本节利用平面激光诱导荧光(planar laser induced fluorescence，PLIF)技术分别测量了三种淹没度、三种植被密度下含柔性植被明渠污染物横向与垂向的浓度场分布，分析淹没柔性植被作用下各要素在横向与垂向的时均浓度场、浓度半宽与混合程度的影响规律。

3.3.1 实验概况

在明渠中研究含柔性植被水流的污染物浓度场，利用平面激光诱导荧光系统进行数据的测量。PLIF 技术作为环境水力学领域研究污染物紊动扩散机理的重要测试技术之一，能够在无扰动条件下定量瞬时获取全场浓度分布[10]。选取罗丹明 6G 溶液作为污染物，它在水中能够较好地溶解于实验水体中，不会与实验水体发生生化反应且不会出现物质降解的情况，在水中排放不会出现浮射流或异重流等现象，符合实验要求。

罗丹明 6G 溶液释放装置由水泵、L 形有机玻璃管及玻璃转子流量仪等组成。罗丹明 6G 溶液浓度 c_0=140μg/L。利用水泵将溶液提升至水箱，保证箱内充满溶液并恒定。L 形有机玻璃管出口方向与流向一致，并与底坡平行，排污口直径 d=10mm。实验污染物投加如图 3-12 所示。通过玻璃转子流量仪控制罗丹明 6G 溶液出流速度，保证罗丹明 6G 溶液出口流速与环境流速一致。污染物投加点位于植被起始断面的中点、倒伏植物顶部处，投加点坐标为(0, 15, 7.8)。实验拍摄平面位于 y=15cm 的垂向平面和位于 z=7.8cm 的水平平面。实验都在晚上暗室中进行，减少日光与灯光对实验结果的影响。

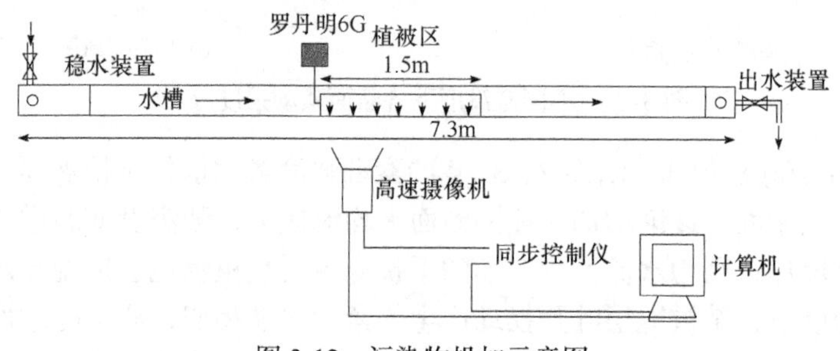

图 3-12 污染物投加示意图

3.3.2 污染物浓度标定实验

当示踪剂罗丹明 6G 浓度足够小时，荧光强度与示踪剂浓度具有线性关系。为了标定罗丹明 6G 的浓度与电器耦合器件(charge coupled device，CCD)相机捕获的荧光信号强度之间的关系，需要在实验前进行标定实验。为了保持标定时与测量时的激光位置、相机位置和标定用水槽厚度一致，标定实验在水槽中进行。

标定时在水槽 x 方向–40～190cm 处设置不透水的围水挡板，即围成长 230cm、宽 30cm、高 19cm 的标定水箱。分别配制浓度为 0μg/L、20μg/L、40μg/L、60μg/L、

100μg/L、140μg/L 的罗丹明 6G 标准溶液。将标准溶液置于水箱中，利用 CCD 相机连续拍摄每个标准溶液浓度场灰度图，得到图像灰度值和示踪剂浓度之间的线性关系，如图 3-13 所示，为一组实验灰度值与浓度的关系。灰度值与浓度的关系为 R^2=0.988 的线性关系。后续实验将 CCD 相机拍摄的图像灰度值通过标定曲线直接得出浓度值。为确保实验的准确性，减少误差，在每组浓度实验前应先进行浓度与图像灰度值的标定实验，并保证 R^2 大于 0.98。

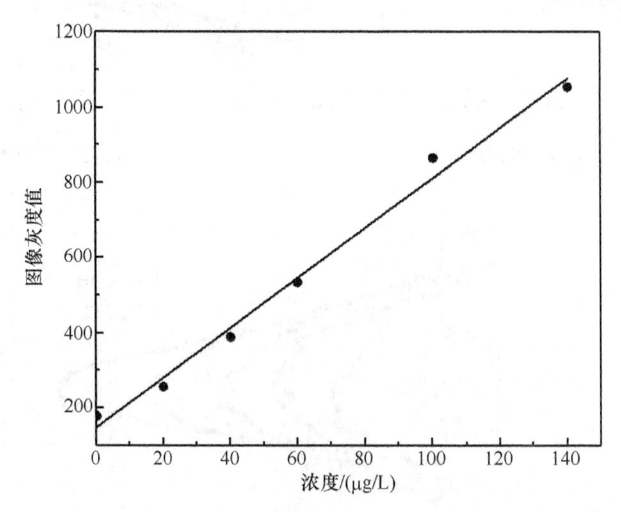

图 3-13　图像灰度值与罗丹明 6G 浓度之间的关系

3.3.3　时均浓度横向分布

平均浓度定义为

$$\overline{c} = \frac{1}{N}\sum_{i=1}^{N} c(i) \tag{3-7}$$

式中，$c(i)$为每次拍摄获得的浓度；N 为拍摄图像的总数。

以植被在水下倒伏高度 h_v 作为垂向特征长度，以水箱中罗丹明 6G 溶液浓度 c_0=140μg/L 作为特征浓度，进行无量纲化。

1. 淹没度对时均浓度横向分布的影响

植被密度为 100 株/m²，淹没度 h/h_v 分别为 1.1、1.5、2.0 时时均浓度横向分布如图 3-14 所示。图中 y 为时均浓度的横向坐标，y_0 为排污口的横向坐标。由图 3-14 可知，随 x/d 的增加，污染物时均浓度在横向降低并逐渐均匀，在横向呈对称分布。可以预见，当 x/d 充分大以后，浓度在各断面上将成为自保性的高斯分布。x/d=2 和 x/d=4 时，最大时均浓度 c_{max} 衰减得最为明显。

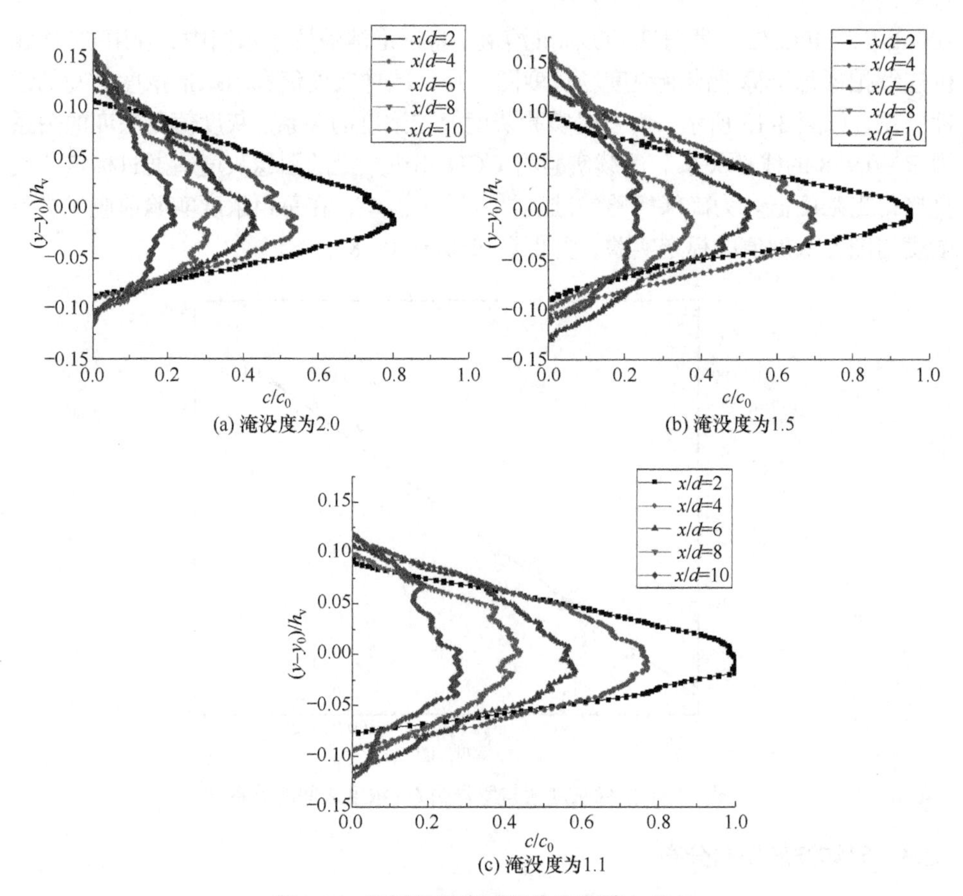

图 3-14 不同淹没度下时均浓度横向分布

相同 x/d 下，随着淹没度 h/h_v 增大，最大时均浓度 c_{max} 逐渐减小。以 $x/d=6$ 为例，淹没度为 2.0、1.5、1.1 时，最大时均浓度 c_{max} 分别为 61.08μg/L、75.13μg/L、81.44μg/L。即淹没度增大，污染物在横向的扩散增加，污染物扩散距离越短，浓度分布更为均匀。淹没度的增加有利于冠层附近污染物的扩散，因为随淹没度增加，水深逐渐增加，植被冠层附近的大尺度漩涡与流体紊动增加，更有利于污染物的扩散，污染物掺混得更加均匀。

2. 植被密度对时均浓度横向分布的影响

淹没度为 h/h_v 为 2.0，植被密度分别为 100 株/m^2、60 株/m^2、20 株/m^2 时，时均浓度横向分布如图 3-15 所示。由图 3-15 可知，随 x/d 的增加，时均浓度逐渐减小并逐渐均匀，呈对称性分布，x/d 继续增加，时均浓度呈自保性的高斯分布。随 x/d 的增加，最大浓度 c_{max} 逐渐减小。

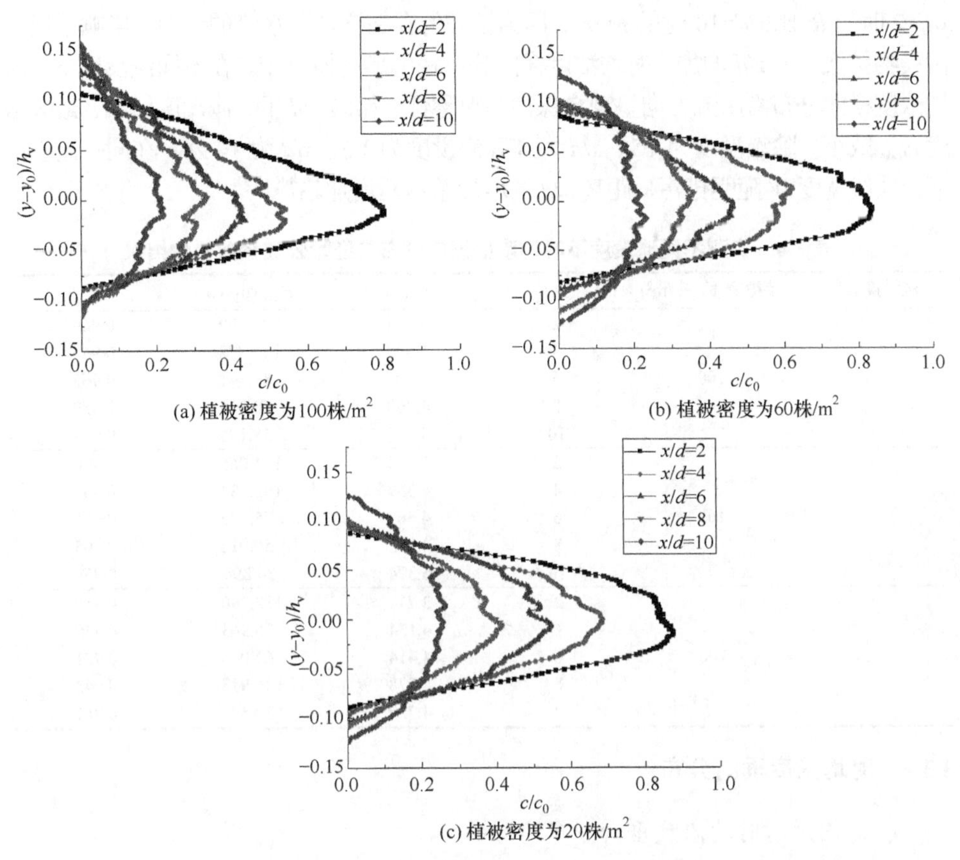

(a) 植被密度为100株/m²

(b) 植被密度为60株/m²

(c) 植被密度为20株/m²

图 3-15　不同植被密度下时均浓度横向分布

相同 x/d 下，时均浓度随植被密度增加逐渐降低，随着植被密度的增加，最大浓度 c_{max} 逐渐降低。植被密度越大，污染物横向扩散越大，污染物扩散距离越短，浓度分布越均匀。即植被密度增加有利于冠层附近污染物扩散。随植被密度增加，植被叶片对水流的阻滞增加，加剧植被冠层附近水流的紊动，污染物在水体中扩散增加，污染物分布更为均匀。

不同淹没度下的横向时均浓度可用 Origin 软件中的 GaussAmp 方程来拟合：

$$c = c_{max} \exp\left[-\frac{1}{2}\left(\frac{y - y_0}{W}\right)^2\right] \tag{3-8}$$

式中，c_{max} 为断面最大浓度；W 为曲线宽度；y 为时均浓度横向坐标；y_0 为排污口横向坐标。

表 3-4 为实测不同淹没度下时均浓度横向分布与经验公式系数拟合结果。由表 3-4 拟合结果知，R^2 介于 0.90～0.99，平均为 0.969，因此 GaussAmp 方程可以比较准确地描述时均浓度横向分布，水平方向浓度符合高斯分布。相同淹没度下，

x/d=2 时的 R^2 比 x/d=10 时的 R^2 大，因为植被的存在增加了水流的紊动，影响了横向污染物扩散，随 x/d 增加，时均浓度横向分布稍偏离高斯分布。在不同淹没度下，时均浓度横向分布沿水流方向呈现自保性与对称性。相同 x/d 下，淹没度增加，最大浓度 c_{max} 减小。除淹没度为 1.1、x/d 为 8 和淹没度为 1.5、x/d 为 10 外，在同一淹没度下，曲线宽度 W 随距排污口距离 x/d 的增加基本呈增加趋势。

表 3-4　实测不同淹没度下时均浓度横向分布与经验公式系数拟合结果

淹没度 h/h_v	植被密度/(株/m²)	x/d	W/cm	c_{max}/(μg/L)	R^2
1.1	100	2	3.333	140.000	0.969
		4	4.090	107.778	0.964
		6	4.401	81.441	0.962
		8	4.200	60.315	0.959
		10	4.454	38.105	0.913
1.5	100	2	2.993	133.065	0.990
		4	4.337	100.433	0.953
		6	4.567	75.135	0.976
		8	4.533	50.010	0.905
		10	5.374	34.394	0.950
2.0	100	2	3.711	112.140	0.959
		4	4.134	75.943	0.938
		6	4.414	61.076	0.921
		8	4.578	46.918	0.943
		10	4.729	30.507	0.941

3.3.4　时均浓度垂向分布

1. 淹没度对时均浓度垂向分布的影响

植被密度为 100 株/m²，淹没度 h/h_v 分别为 1.1、1.5、2.0 时的时均浓度垂向分布如图 3-16 所示。由图 3-16 可知，沿水流方向上每个 x/d 对应的最大时均浓度 c_{max} 都在植被冠层边缘 Z=1 附近波动。随着距污染源距离增大，时均浓度垂向分布更均匀。时均浓度垂向分布在冠层内并不对称也不符合高斯分布，以图 3-16(a)为例，将时均浓度垂向分布用 Origin 中的 GaussAmp 方程来拟合。x/d=2 时，R^2=0.875；x/d=8 时，R^2=0.767。时均浓度垂向不符合高斯分布，并随 x/d 增加，R^2 逐渐降低。由于纵向流速的垂向变化较大，浓度距离污染源一定距离后，不符合高斯分布。

由图 3-16(a)与(c)对比可知，相同 x/d 下，时均浓度垂向随着淹没度的增加而减小，污染物垂向分布更均匀。淹没度增加加剧了污染物的垂直扩散，这是因为淹没度增加时植被边缘附近强剪切层的湍流波动增强，不同水层动量交换增加，植被内部的旋涡运动与流体紊动加剧，更有助于不同水层的标量交换，增强了污染物向冠层内部与自由水面区的垂向湍流扩散，垂向浓度扩散更均匀。Nezu 等[11]的研究表明，淹没度增加更有助于植被顶端的强剪切层向冠层内部进行动量传递。即淹没度增加，污染物扩散加剧。

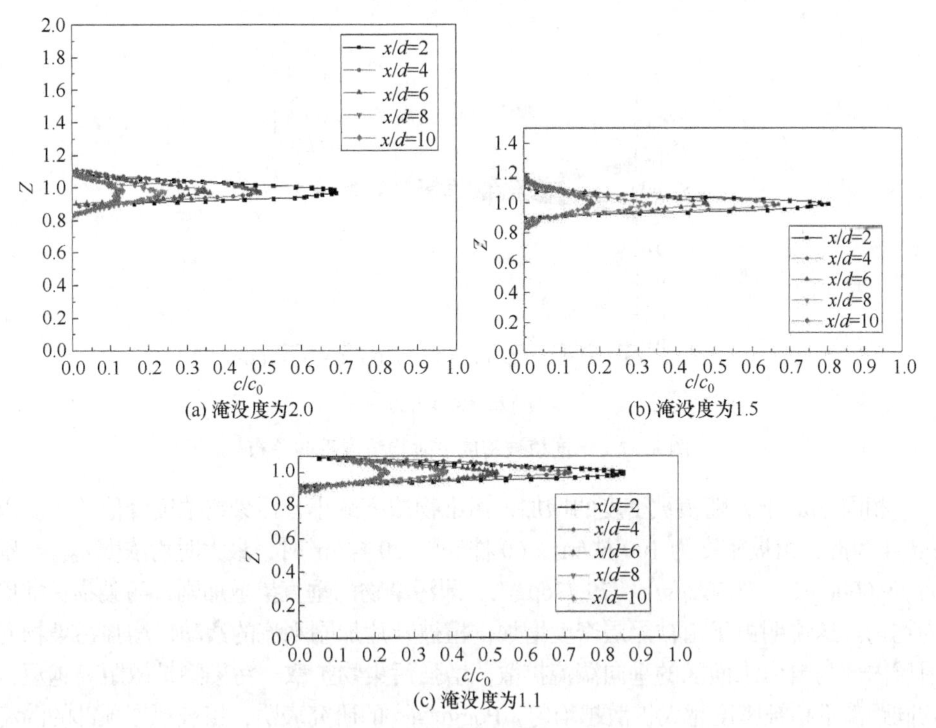

(a) 淹没度为2.0　(b) 淹没度为1.5

(c) 淹没度为1.1

图 3-16　不同淹没度下时均浓度垂向分布

2. 植被密度对时均浓度垂向分布的影响

淹没度 h/h_v 为 2.0，植被密度分别为 100 株/m²、60 株/m²、20 株/m² 时，时均浓度垂向分布如图 3-17 所示。由图 3-17 可知，沿水流方向每个 x/d 对应的最大时均浓度 c_{max} 都出现在植被冠层边缘 Z=1 附近，冠层上方与下方时均浓度减小，随着距污染源距离增大，时均浓度垂向分布更均匀。

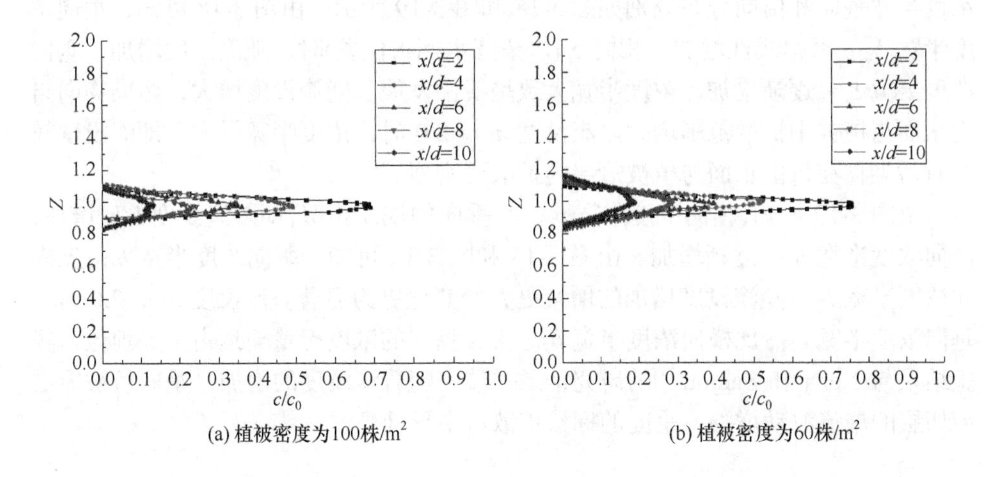

(a) 植被密度为100株/m²　(b) 植被密度为60株/m²

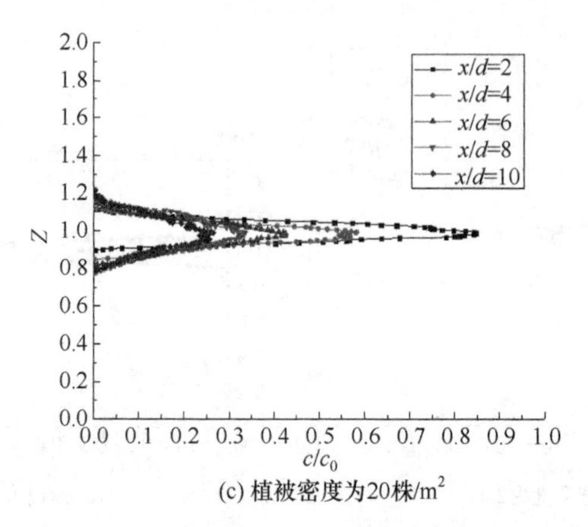

(c) 植被密度为20株/m^2

图 3-17　不同植被密度下时均浓度垂向分布

相同 x/d 下，随植被密度的增加，污染物浓度减小，污染物浓度峰值减小。以 x/d=4 为例，植被密度为 100 株/m^2、60 株/m^2、20 株/m^2 时，最大时均浓度 c_{max} 分别为 69.000μg/L、73.332μg/L、79.776μg/L。即污染物的垂直扩散加剧，污染物扩散更为均匀。这说明由于植被冠层密度增加，植被叶片加剧水流的紊动，增强污染物向冠层内部与自由水面区的垂向湍流扩散，增强污染物扩散，污染物扩散距离越短，相同距离下植被密度越大扩散越均匀。Poggi 等[8]的研究表明，植被冠层顶部的湍流扩散率随植被密度增加而增大。植被密度增加，增强了植被冠层附近的湍流扩散。

3.3.5　浓度半宽分布特性

1. 淹没度对浓度半宽分布的影响

浓度半宽 $b_{c1/2}$ 定义：浓度 $c=c_{max}/e$ 处距最大浓度 c_{max} 处的距离。

流量 q 为 15.0m^3/h，植被密度为 100 株/m^2，淹没度 h/h_v 为 1.1、1.5、2.0 时浓度半宽垂向和横向分布分别如图 3-18 和图 3-19 所示。由图 3-18 可知，垂向浓度半宽 $b_{z1/2}$ 沿程线性增加。相同 x (水槽围水挡板位置)时，随淹没度增加，垂向浓度半宽 $b_{z1/2}$ 逐渐增加，浓度半宽大致呈线性发展。随淹没度增大，污染物向自由水面与植被中扩散范围增大。淹没度 h/h_v=2.0 时，浓度半宽最大，即淹没度较大时污染物在自由水面与植被冠层内扩散更剧烈。

由图 3-19 可知，横向浓度半宽 $b_{y1/2}$ 与垂向的规律相似，即随淹没度 h/h_v 增加，横向浓度半宽 $b_{y1/2}$ 逐渐增加。由图 3-18 和图 3-19 可知，垂向浓度半宽 $b_{z1/2}$ 比横向浓度半宽 $b_{y1/2}$ 随淹没度增加的增量更大，变化更为显著。淹没度 h/h_v=2.0 时，垂向浓度半宽 $b_{z1/2}$ 比横向浓度半宽 $b_{y1/2}$ 大，垂向的浓度标量输运占主导地位。实验结果与 Nezu 和 Sanjou[11]的研究结果一致。随着淹没度的增加，垂向植被冠层剪切层的湍流波动增强，垂向的标量扩散占主导地位。

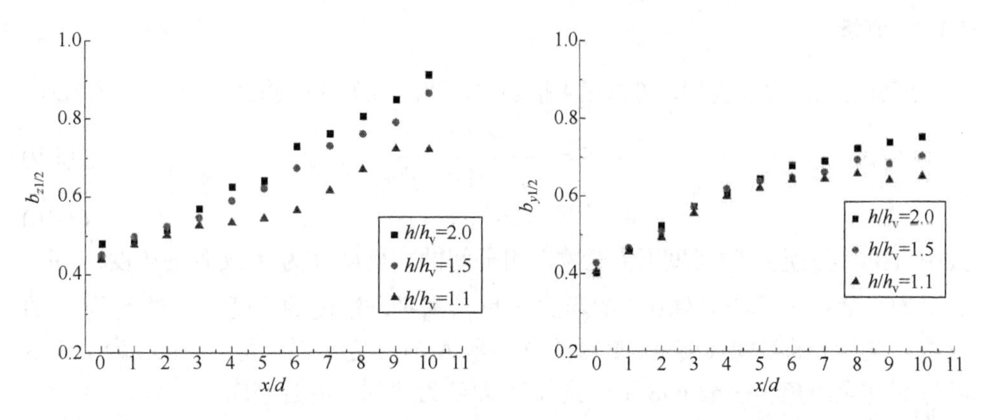

图 3-18　不同淹没度下垂向浓度半宽分布　　图 3-19　不同淹没度下横向浓度半宽分布

2. 植被密度对浓度半宽分布的影响

流量 q=15.0m^3/h，淹没度 h/h_v 为 2.0，植被密度为 100 株/m^2、60 株/m^2、20 株/m^2 时浓度半宽垂向和横向分布分别如图 3-20 和图 3-21 所示。由图 3-20 可知，垂向浓度半宽 $b_{z1/2}$ 沿程线性增加，随植被密度增加，垂向浓度半宽 $b_{z1/2}$ 逐渐增加，浓度半宽大致呈线性发展。

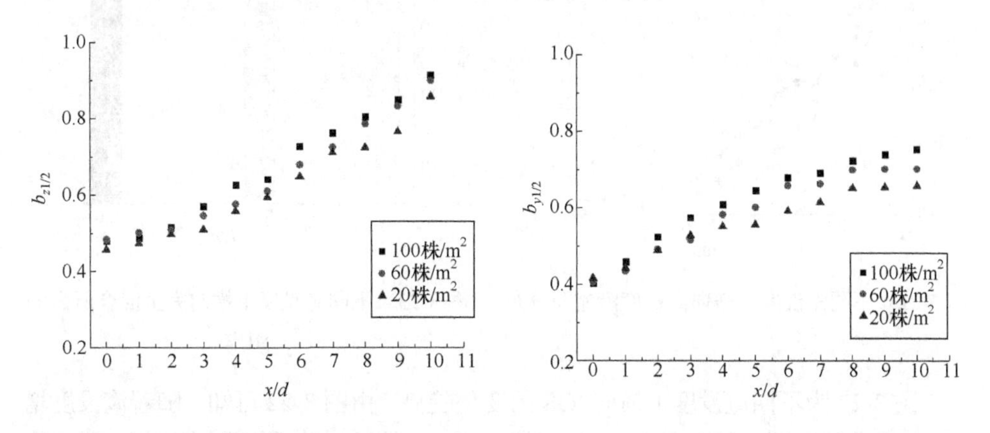

图 3-20　不同植被密度下垂向浓度半宽分布　　图 3-21　不同植被密度下横向浓度半宽分布

由图 3-21 可知，横向浓度半宽 $b_{y1/2}$ 与垂向的规律相似，即随植被密度增加，横向浓度半宽 $b_{y1/2}$ 逐渐增加。由图 3-20 和图 3-21 可知，垂向浓度半宽 $b_{z1/2}$ 与横向浓度半宽 $b_{y1/2}$ 都随着植被密度的增加而增加。即植被密度增加促进水流紊动，加剧污染物在植被间的扩散。

3.3.6　离析度

离析度也称为方差[12]，可以用来描述两物质(A+B)之间的混合程度，定义式为

$$\mathrm{IOS}=\frac{< f'^2 >}{< f >(1-< f >)} \tag{3-9}$$

$$f' = f - < f > \tag{3-10}$$

式中，IOS 为一定空间尺度下混合物两组分间的离析度；f 为 A 或 B 的浓度；$< f >$ 为平均浓度；f' 为混合物中某微元的浓度偏离平均浓度的程度；$< f'^2 >$ 为 f' 的方差。在一定的空间尺度下，IOS 为 0 表示 A 与 B 完全混合均匀，IOS 为 1 表示 A 与 B 完全隔离，一般 IOS 下降到 0.05 即认为达到了混合完成。

1. 淹没度对离析度分布的影响

植被密度为 100 株/m^2，淹没度 h/h_v 为 1.1、1.5、2.0 时横向、垂向离析度分布及完全混合所需的距离，如图 3-22～图 3-25 所示。

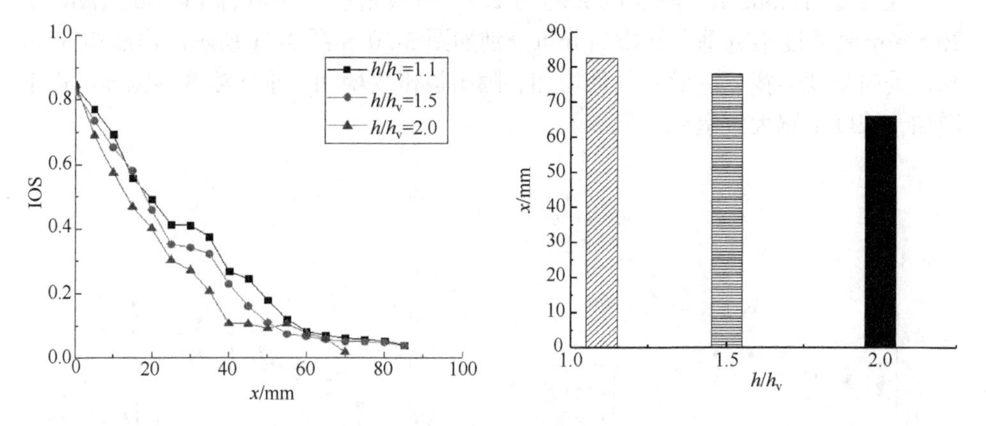

图 3-22　不同淹没度下横向离析度沿流向分布　　图 3-23　不同淹没度下横向完全混合所需的距离

图 3-22 为不同淹没度下横向 IOS 的变化趋势。由图 3-22 可知，随着淹没度增加，IOS 曲线逐渐变陡，离析度 IOS 下降加快，下降一定值所需距离缩短，污染物混合加快。淹没度 h/h_v 为 1.1、1.5、2.0 时横向完全混合所需的距离，分别为 82.66mm、77.97mm、66.19mm，当淹没度 h/h_v 增加，完全混合所需距离变短(图 3-23)。

图 3-24 为不同淹没度下垂向 IOS 的变化趋势。由图 3-24 可知，垂向与横向 IOS 变化规律相似，随淹没度 h/h_v 的增加，离析度 IOS 下降加快。由图 3-25 可知，淹没度 h/h_v 为 1.1、1.5、2.0 时，垂向完全混合所需的距离分别为 59.54mm、57.76mm、54.14mm。即随淹没度 h/h_v 增加，垂向完全混合所需距离变短。淹没度 h/h_v 越大，

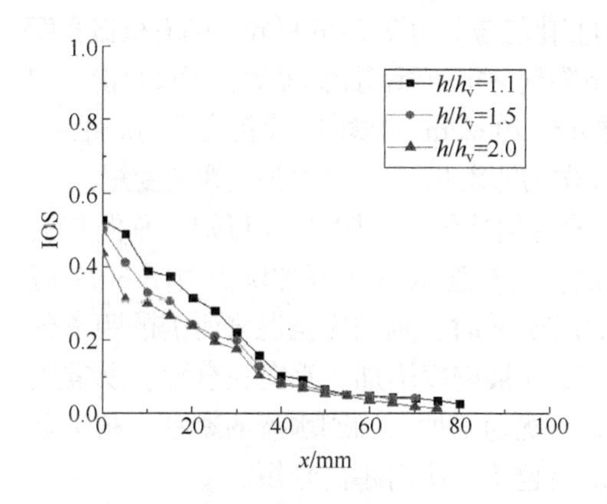

图 3-24　不同淹没度下垂向离析度沿流向分布

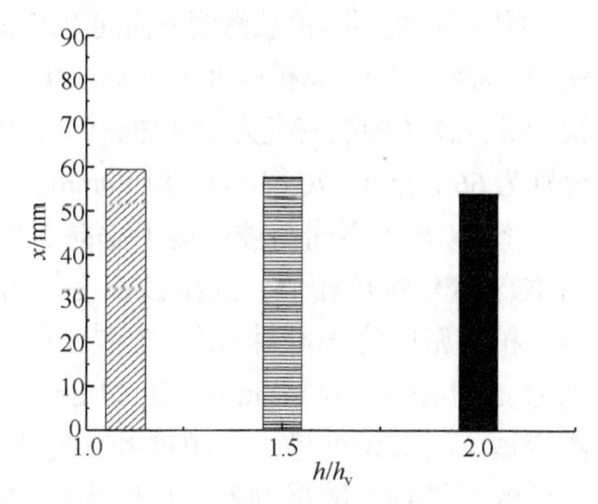

图 3-25　不同淹没度下垂向完全混合所需的距离

植被冠层处的水流间剪切与紊动作用越强，植被冠层处的污染物扩散越剧烈，促使污染物掺混越快，所需距离越短。

由图 3-22 与图 3-24 可知，相同淹没度 h/h_v 下，垂向 IOS 比横向 IOS 更快下降至 0.05。由图 3-23 与图 3-25 可知，垂向完全混合所需距离更短，混合更快。即相同淹没度下，垂向污染物扩散比横向扩散更为剧烈，垂向紊流扩散更为剧烈，完全混合所需距离更短。

2. 植被密度对离析度分布的影响

淹没度 h/h_v 为 2.0，植被密度为 100 株/m²、60 株/m²、20 株/m² 时横向、垂向离析度分布及完全混合所需的距离，如图 3-26～图 3-29 所示。

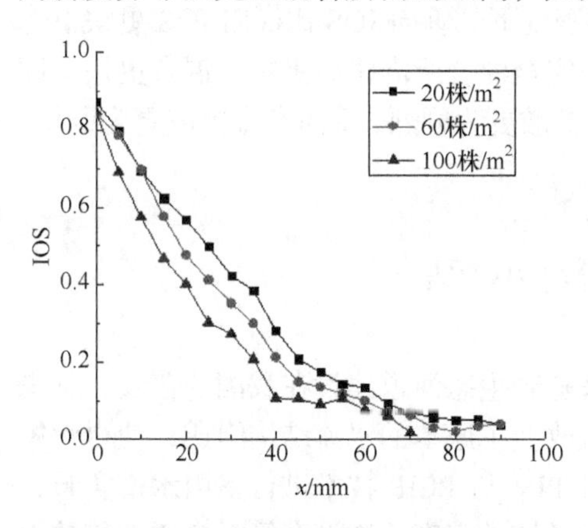

图 3-26　不同植被密度下横向离析度沿流向分布

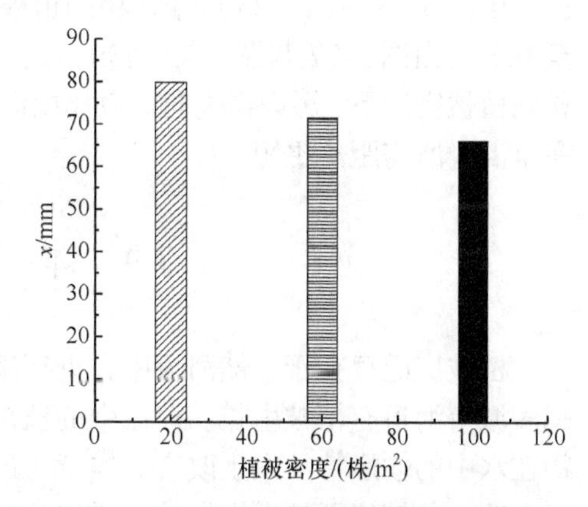

图 3-27　不同植被密度下横向完全混合所需的距离

图 3-26 为不同植被密度下横向 IOS 的变化趋势。由图 3-26 可知，随着植被密度增加，曲线变陡，离析度 IOS 下降加快，下降到一定值所需距离缩短，污染物混合加快。图 3-27 为植被密度为 100 株/m^2、60 株/m^2、20 株/m^2 时横向完全混合所需的距离，分别为 66.19mm、70.63mm、81.90mm，植被密度增加，完全混合所需距离变短。

图 3-28 为不同植被密度下垂向 IOS 的变化趋势。由图 3-28 可知，垂向与横向 IOS 变化规律相似，随植被密度的增加，离析度 IOS 下降加快。由图 3-29 可知，植被密度为 100 株/m^2、60 株/m^2、20 株/m^2 时，垂向完全混合所需的距离分别为 54.14mm、67.47mm、69.84mm。即随植被密度增加，垂向完全混合所需距离变短。植被密度增大，植被叶片对水流的扰动增加，加剧水流的紊动，植被冠层处的污染物扩散越剧烈，促使污染物掺混越快，所需距离越短。

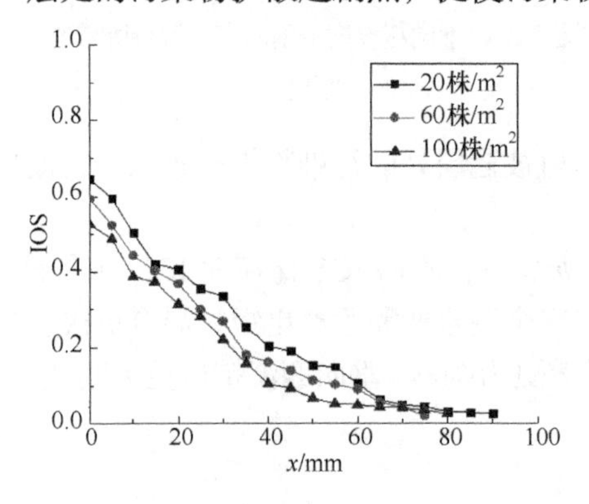

图 3-28 不同植被密度下垂向离析度沿流向分布

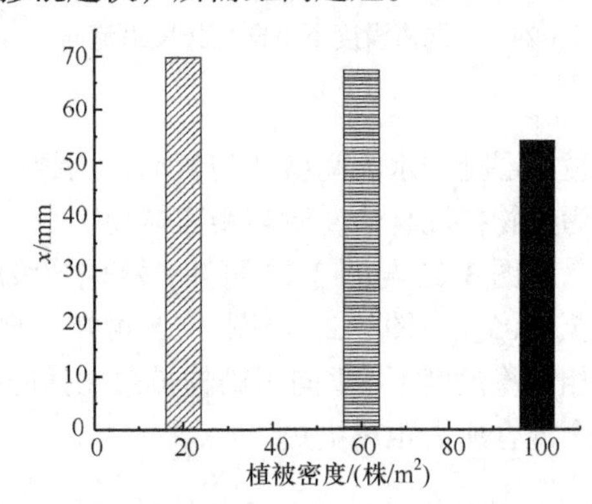

图 3-29 不同植被密度下垂向完全混合所需的距离

由图 3-26 与图 3-28 可知，相同植被密度下，垂向 IOS 比横向 IOS 更快下降至 0.05。由图 3-27 与图 3-29 可知，垂向完全混合所需距离更短，混合更快。即相同植被密度下，污染物垂向扩散比横向扩散更为剧烈，垂向紊流扩散更为剧烈，完全混合所需距离更短。

3.4 本章小结

植被广泛存在于自然河流中，近年来随着生态河道建设在我国的普及，越来越多城市河道有植被生长。河流中的植被改变了原本的水流结构组成，使得污染物在水中的输运特性发生改变。本章通过 PIV 与 PLIF 技术进行室内水槽实验，以人造水草模拟天然柔性植被，详细分析了植被密度、淹没度等对含柔性植被水流流速分布、雷诺应力等的影响，探究了植被密度、淹没度对含柔性植被水流污染物浓度场的影响，并得出以下认识和结论。

(1) 植被的存在对水流水位产生了影响。植被覆盖段前段出现水位壅高；植被覆盖段中后段随着植被有效阻水面积减少，水位逐渐下降；出口段随着植被的消失，出现水跃现象，水位再次逐渐升高。水位随植被密度、流量、淹没度的增加而增加，淹没度的改变对水位影响较大。相同平均流速下，随淹没度的增加，水面坡降减小。

(2) 植被影响下，纵向流速的垂向分布不再遵循对数分布，可将含淹没柔性植被水流的纵向流速沿垂向分为三区，分别是近床面区(Z 为 0～0.24)、中间冠层区(Z 为 0.24～1.00)和自由水面区($Z>1.00$)。中间冠层区与近床面区流速分布复杂，在植被区起始处流速呈 S 形分布。水流到植被区末端呈“(”形分布。自由水面区流速近似符合对数分布。流速分区与植被形状有关。

(3) 不同植被密度下的纵向流速以植被冠层(Z 为 1.00)为界，呈现不同规律。植被冠层以上流速随植被密度增大而增大，植被冠层以下流速随植被密度增大而减小。雷诺应力与紊动强度的峰值位于植被冠层顶部附近。随着植被密度的增加，雷诺应力与紊动强度的峰值增大。不同淹没度情况下，随淹没度减小纵向流速增大；随着淹没度的增加，雷诺应力的峰值增大，而紊动强度的峰值变化较小。

(4) 随淹没度的增加，相同 x/d 下的污染物最大时均浓度降低，污染物横向与垂向的时均浓度降低，沿水流方向的衰减加快，完全扩散所需距离缩短。淹没度增加，会加剧植被冠层强剪切层的湍流波动，从而加剧污染物的输运扩散。随淹没度增加，垂向离析度 IOS 与横向离析度 IOS 曲线均逐渐变陡，离析度 IOS 下降加快，下降到一定值所需距离越短。即随淹没度 h/h_v 增加，污染物的混合加快，污染物纵向扩散距离缩短。不同淹没度下，垂向与横向的浓度半宽沿程增加。随着淹没度的增加，垂向浓度半宽逐渐大于横向浓度半宽，垂向植被冠层剪切层的湍流波动增强，垂向的污染物扩散占主导地位。

(5) 随植被密度的增加，相同 x/d 下的污染物最大时均浓度降低，污染物横向与垂向时均浓度降低，沿流向的污染物衰减加快，污染物完全扩散所需距离缩短。植被密度增加会增加叶片对水流的阻滞，加剧水流的紊动，污染物在水体中扩散增加。植被密度越大，垂向 IOS 与横向 IOS 曲线均越陡，IOS 下降越快，下降一定值所需距离越短。即随植被密度增加，污染物的混合加快，污染物纵向扩散距离缩短。随植被密度增加，垂向浓度半宽 $b_{z1/2}$ 与横向浓度半宽 $b_{y1/2}$ 逐渐增大。

参考文献

[1] CHEN Z, ORTIZ A, ZONG L, et al. The wake structure behind a porous obstruction and its implications for deposition near a finite patch of emergent vegetation[J]. Water Resources Research, 2012, 48(9): W09517.

[2] SHI Y, JIANG B, NEPF H M. Influence of particle size and density and channel velocity on the deposition patterns around a circular patch of model emergent vegetation[J]. Water resources research, 2016, 52(2): 1044-1055.

[3] YI P L, YING W, DESMOND O A, et al. Flow characteristics in different densities of submerged flexible vegetation

from an open-channel flume study of artificial plants[J]. Geomorphology, 2014, 204: 314-324.
[4] 闫静, 唐洪武, 田志军, 等. 植物对明渠流速分布影响的试验研究[J]. 水利水运工程学报, 2011, (4): 138-142.
[5] OKAMOTO T A, NEZU I, IKEDA H. Vertical mass and momentum transport in open-channel flows with submerged vegetations[J]. Journal of Hydro-environment Research, 2012, 6(4): 287-297.
[6] CHEN S C, KUO Y M, LI Y H. Flow characteristics within different configurations of submerged flexible vegetation[J]. Journal of Hydrology, 2011, 398(1-2): 124-134.
[7] 张英豪, 赖锡军. 苦草对水流结构的影响研究[J]. 水科学进展, 2015, 26(1): 99-106.
[8] POGGI D, PORPORATO A, RIDOLFI L, et al. The effect of vegetation density on canopy sub-layer turbulence[J]. Boundary Layer Meteorology, 2004, 111(3): 565-587.
[9] 王莹莹, 赵振兴. 有低矮植被覆盖的河道水流特性试验研究[J]. 华北水利水电学院学报, 2007, 28(2): 22-25.
[10] 黄真理. 激光诱导荧光技术: 在水体标量场测量中的应用[M]. 北京: 科学出版社, 2014.
[11] NEZU I, SANJOU M. Turburence structure and coherent motion in vegetated canopy open-channel flows[J]. Journal of Hydro-environment Research, 2008, 2(2): 62-90.
[12] 张建伟, 王诺成, 冯颖, 等. 基于 PLIF 的水平三向撞击流径向流型的研究[J]. 高校化学工程学报, 2016, 30(3): 723-729.

第 4 章　F 河 LF 段河岸带对氮、磷的截留作用

4.1　典型河岸带土壤氮、磷时空分布及其影响因素

河岸带生态系统对提高河岸动植物生物多样性、增强河岸带生态系统生产力、调节河岸生态系统微气候等有着重要意义。河岸带生境变化会影响河岸带周围水陆生境的平衡。土壤是反映河岸带生境变化的重要指标[1]，当局部生境发生变化，河岸带地貌地形、土地利用方式、植被类型及布局等因素必然会影响河岸带土壤的空间异质性[2]。本章通过探究 F 河 LF 段三处典型河岸带土壤氮、磷元素的时空分布规律，对比自然河岸带、人工修复河岸带、强人工干扰河岸带土壤氮、磷元素的时空异质性，明晰 F 河 LF 段三处典型河岸带土壤氮、磷分布与土壤、水文特性的相关关系，以期为改善河岸带土壤质量现状、促进河岸带生态系统恢复和建设提供科学依据。

4.1.1　区域概况

研究区域属于 F 河下游区域，为明晰 F 河 LF 段三处典型河岸带氮、磷的时空异质性，沿 F 河下游 LF 段选取三处典型河岸带，分别位于 F 河 LF 段上游、中游、下游。自然河岸带(ZC)位于采样区域上游，宽度 100m，河岸带与周边农田被护岸堤防分隔，植物以自然野生蒿草、芦苇为主，河岸带生境未经人为因素干扰破坏，坡度为 0.86°；人工修复河岸带(LF)位于采样区域中游，宽度 100m，近岸 10m 范围内被自然植被覆盖，植物主要为芦苇，远岸部分经人工修复，主要种植植被为青蒿、猪毛菜，坡度为 1.53°；强人工干扰河岸带(CZ)位于采样区域下游，宽度 100m，近岸 20m 范围内被自然植被覆盖，植物以芦苇、青蒿为主，远岸部分为人工开垦农田，主要种植小麦。

4.1.2　土壤氮、磷含量的空间分布特征

1. 土壤氮、磷含量的空间变异性

F 河 LF 段三处典型河岸带土壤碳、氮、磷元素含量的生态化学计量特征如表 4-1 所示。自然河岸带土壤总氮(TN)、总磷(TP)含量平均值分别为 1.031g/kg、0.406g/kg，人工修复河岸带 TN 含量、TP 含量平均值分别为 1.324g/kg、0.535g/kg，强人工干扰河

表 4-1　F 河 LF 段三处典型河岸带土壤碳、氮、磷元素含量的生态化学计量特征

采样点	TN 含量			AN 含量			TP 含量			AP 含量		
	变化范围/(g/kg)	平均值±标准差/(g/kg)	CV/%	变化范围/(mg/kg)	平均值±标准差/(mg/kg)	CV/%	变化范围/(g/kg)	平均值±标准差/(g/kg)	CV/%	变化范围/(mg/kg)	平均值±标准差/(mg/kg)	CV/%
ZC	0.857～1.185	1.031±0.113	10.940	29.541～51.618	38.709±9.113	23.544	0.237～0.721	0.406±0.096	23.578	11.850～17.207	13.850±1.652	11.926
LF	1.143～1.605	1.324±0.143	10.807	53.498～69.299	62.884±5.710	9.080	0.373～0.670	0.535±0.089	16.557	11.480～17.418	14.202±2.053	14.458
CZ	0.991～1.388	1.211±0.162	13.416	46.004～80.412	58.349±11.630	19.931	0.260～0.777	0.474±0.118	24.861	8.593～18.936	11.806±3.407	28.859

采样点	SOC 含量			碳氮含量比			碳磷含量比			氮磷含量比		
	变化范围/(g/kg)	平均值±标准差/(g/kg)	CV/%	变化范围	平均值±标准差	CV/%	变化范围	平均值±标准差	CV/%	变化范围	平均值±标准差	CV/%
ZC	18.248～33.511	25.422±6.504	25.584	15.398～37.006	24.968±7.025	28.137	25.301～141.596	73.306±39.187	53.456	1.643～3.567	2.788±0.848	30.405
LF	21.185～32.610	28.601±6.083	21.269	18.182～29.748	21.617±4.122	19.069	35.534～102.613	56.345±22.412	39.776	1.783～3.449	2.561±0.611	23.850
CZ	18.824～39.054	28.102±6.878	24.474	18.783～34.793	23.419±6.079	25.958	34.611～132.628	67.189±33.790	50.290	1.984～3.879	2.784±0.843	30.268

注：CV 为变异系数；CV≤20.0%，属于弱变异性；20.0%<CV<50.0%，属于中等变异性；CV≥50.0%，属于强变异性[11]。

岸带 TN、TP 含量平均值分别为 1.211g/kg、0.474g/kg。可以看出，F 河 LF 段三处典型河岸带土壤碳、氮、磷元素含量为人工修复河岸带 > 强人工干扰河岸带>自然河岸带；除 TN 外，土壤碳、磷含量的最大值均出现在强人工干扰河岸带，分别为 39.054g/kg、0.777g/kg。人工修复河岸带土壤容重较大，土质紧实，易于储存碳、氮、磷等养分元素；强人工干扰河岸带紧邻农田，农耕期施肥对土壤 TN、TP 含量影响过大，导致土壤碳、氮、磷元素平均含量高于自然河岸带。有研究证实，开垦加剧了土壤有机碳(SOC)的时空异质性，连年施肥会显著增加土壤碳、氮、磷含量[3]，因此强人工干扰河岸带土壤养分含量大于自然河岸带。

总体来看，F 河 LF 段三处典型土壤碳氮含量比、碳磷含量比、氮磷含量比均为自然河岸带 > 强人工干扰河岸带 > 人工修复河岸带。土壤碳氮含量比是反映土壤元素含量和土壤微生物生物量的重要指标[4]。研究表明，当土壤碳氮含量比在 25～30 时，微生物活性最强，分解速率最佳，植物生长最好；当土壤碳氮含量比低于该值时，土壤表现为碳限制；当土壤碳氮含量比高于该值时，土壤表现为氮限制[5]。我国土壤平均碳氮含量比为 12.100[6]。F 河 LF 段三处典型河岸带碳氮含量比(24.968、21.617、23.419)均高于平均水平，该区域土壤表现为氮限制。

土壤碳磷含量比可反映土壤磷元素的矿化能力[7]。当碳磷含量比较高时，微生物分解有机质时的磷释放受限，磷的有效性较低；当碳磷含量比较低时，有利于微生物在分解有机质的过程中释放磷，磷的有效性较高[8]。我国土壤碳磷含量比的平均值为 61.000[6]，研究区域碳磷含量比除人工修复河岸带(56.345)略小外，其余两处河岸带碳磷含量比(73.306、67.189)均大于平均水平，表明该地区河岸带土壤磷的有效性较低，F 河受磷污染的风险较低，这与《山西省地表水环境质量报告》(2020 年)显示的结果相一致。

土壤氮磷含量比通常用于判断土壤限制性养分元素[9]。氮磷含量比较低时，植物生长受氮元素限制；氮磷含量比较高时，植物生长受磷元素限制。研究区域土壤氮磷含量比平均值(2.788、2.561、2.784)低于全国平均值 5.200[6]，但高于山西省土壤氮磷含量比平均值 1.310[10]。与全国相比，F 河 LF 段河岸带土壤表现为氮限制，但与本地土壤相比，则表现为磷限制。由表 4-1 可知，研究区域土壤磷含量较低，表明该地区土壤中氮含量相对较高，土壤磷元素可能是该区域限制植物生长的重要因子。

由表 4-1 中各项变异系数可知，研究区域土壤 TP 的变异系数整体上大于 TN 的变异系数，表明研究区域土壤 TP 的空间差异性相对于 TN 表现得更为显著，说明该区域土壤 TP 生态化学计量存在弱稳态性，且磷是该区域土壤的限制性元素。除速效磷(AP)外，人工修复河岸带土壤 TN、碱解氮(AN)、TP、SOC 的变异系数均为最小，表明在人工干预情况下，土壤氮、磷元素存在弱变异性，养分元素不易流失。

2. 土壤氮磷含量的空间分布规律

在河川径流及人为活动的影响下，河岸带土壤氮、磷元素的迁移转化趋于复杂[12]。F 河 LF 段三处典型河岸带土壤氮、磷含量的平面变化如图 4-1 所示。F 河 LF 段三处典型河岸带垂直河岸方向氮、磷含量变化具有突出特征，由于特征不同，其土壤中氮、磷含量变化有所不同。在垂直于河流方向上，不同时期自然河岸带 A 点 TN 含量分别为 E 点 TN 含量的 2.718 倍(枯水期)、3.507 倍(平水期)、3.492 倍(丰水期)，A 点 TP 含量分别为 E 点 TP 含量的 3.944 倍(枯水期)、3.438 倍(平水期)、3.290 倍(丰水期)，TN、TP 含量均为由近岸处向远岸处逐渐减小。人工修复河岸带 TN、TP 含量最小值均位于 D 点，垂直河岸方向上含量变化为由近岸处向远岸处先减小后增大，呈 V 字形变化。人工修复河岸带 A 点同期 TN 含量均高于 E 点含量，表明河流入渗影响比面源污染影响更强烈；而 TP 含量变化趋势与之相反，E 点含量略高于 A 点，这与该地区河流水体 TN 含量高于 TP 含量，TN 渗透作用高于 TP 有关。强人工干扰河岸带氮、磷含量变化趋势基本与人工修复河岸带相同，但其氮、磷含量高于自然河岸带(表 4-1)；强人工干扰河岸带紧邻农田，农耕期施肥对土壤氮、磷含量影响过大，导致其土壤储存过量氮、磷。

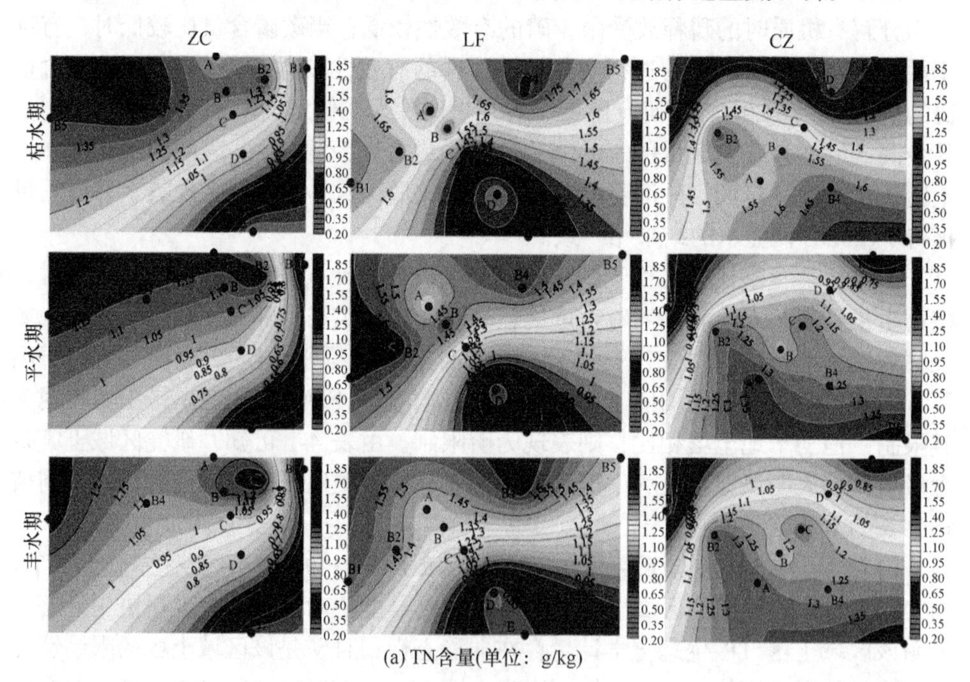

(a) TN含量(单位：g/kg)

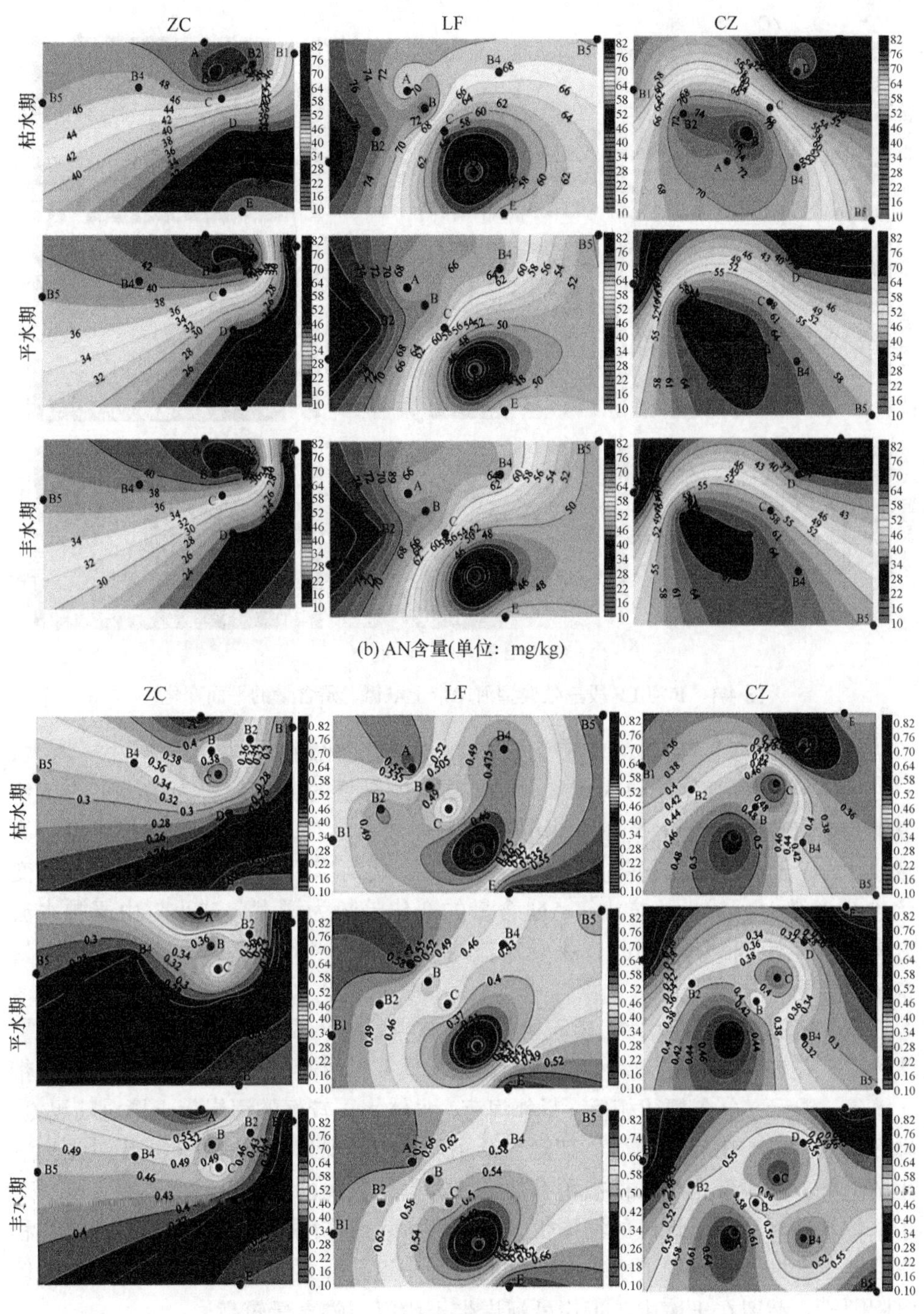

(b) AN含量(单位：mg/kg)

(c) TP含量(单位：g/kg)

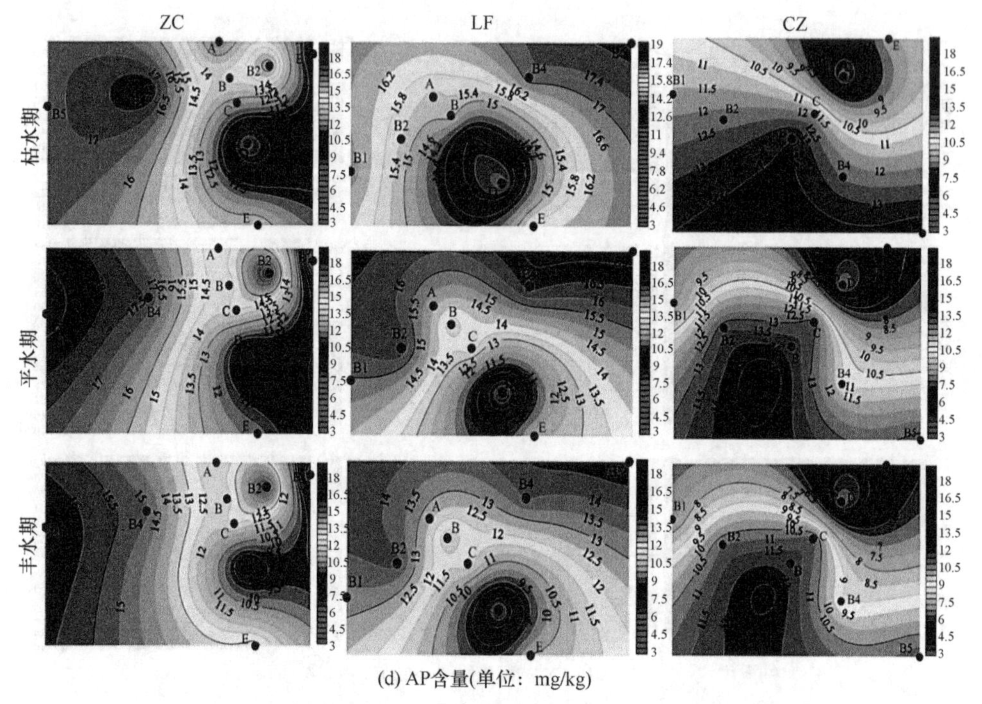

(d) AP含量(单位：mg/kg)

图 4-1　F 河 LF 段三处典型河岸带土壤氮、磷含量的平面变化

顺水流方向上，自然河岸带土壤 TN 含量的变化趋势为增大—减小—增大，TP、AN 含量的变化趋势为增大—减小，AP 含量的变化趋势为增大；人工修复河岸带 TN 含量变化趋势为减小—增大—减小，TP、AN 含量的变化趋势为减小，AP 含量的变化趋势为增大；强人工干扰河岸带 TN、TP、AP 含量的变化趋势为增大—减小—增大，AN 含量的变化趋势为增大—减小。由于顺水流方向采样点距离河岸仅 6m，易受河流入渗影响，因此这些采样点氮、磷含量整体高于远岸处。

研究区域河岸带土壤氮、磷元素分布具有明显的区域特性，与黄河[13]、漓江[14]、滇池[15]、长江[16]河岸带土壤氮、磷元素分布具有相似性，与三峡童庄河[17]河岸带土壤氮、磷元素分布规律相反。紧邻河流、水体水质较好的河岸带土壤对陆源氮、磷污染的拦截作用较为明显，其氮、磷元素分布表现为由远岸处向近岸处逐渐减小的趋势，河岸带土壤、植被可有效截留远岸处农业面源污染输入的氮、磷。对于水体水质污染严重地区的河岸带，由于河水入渗作用，氮、磷元素在入渗过程中会通过土壤迁移到地下水中[18]，在此过程中这些元素会被土壤颗粒、土壤胶体吸附[19-20]，截留在土壤中，近岸处河岸带土壤氮、磷含量较高。

在土壤深度方向上，随着深度增加，F 河 LF 段三处典型河岸带氮、磷含量均表现为随深度增加而减小，如图 4-2 所示，与前人研究结果相似[21-22]。三处采样带中，自然河岸带 TN、AN、TP 累积含量 A 点 > C 点，AP 累积含量 A 点 < C 点；对于人工修复河岸带，除枯水期 TP 累积含量 A 点 < C 点外，其余水期 TN、TP、AN、AP 累积含量 A 点 > C 点；对于强人工干扰河岸带，除枯水期 TN、TP 累积含量 A 点<C 点，其余水期 TN、TP、AN、AP 累积含量 A 点>C 点。就整体趋势而言，三处样地近岸处(A 点)土壤氮、磷累积含量高于远岸处，进一步证明近岸处土壤氮、磷含量受河流水体入渗作用更为明显，这与前述结论一致。氮、磷含量在 50～100cm 土层的空间差异性较大，50～100cm 土层氮、磷含量随深度增加而急剧减少；而 0～50cm 土层氮、磷的空间差异性较小，在深度方向上的减少趋势缓慢。河岸带植物的不同分布是河岸带表层土壤氮、磷分布差异的主要原因之一。该区域河岸带土壤氮、磷含量的垂直变化，主要是地表枯落物、植物根系吸收作用引起的[23]，地表枯落物对表层土壤氮、磷含量起到补充作用，而该地域植被以芦苇为主，其根系深度为 30～60cm，对河岸带深度方向上土壤氮、磷含量的吸收作用局限在表层、亚表层土壤，河岸带土壤氮、磷含量随深度增加而减小。

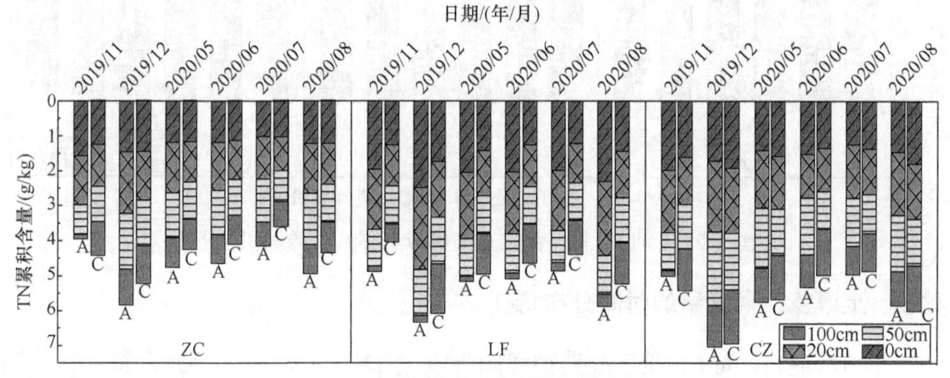

(a) 三处典型河岸带土壤TN累积含量

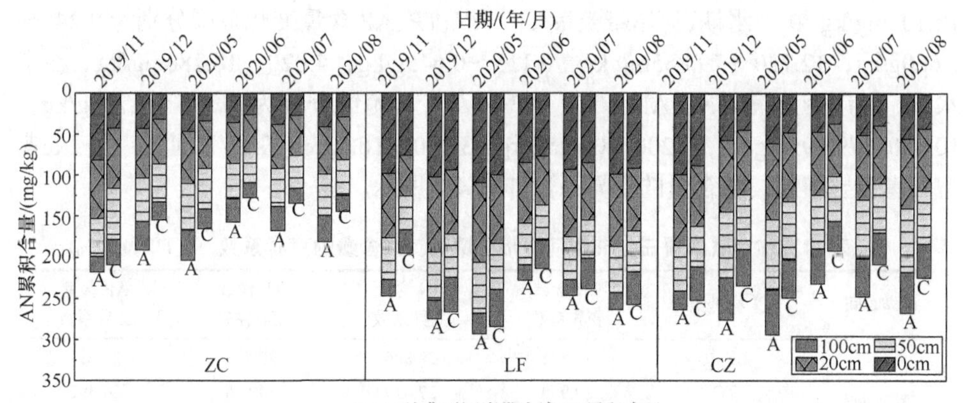

(b) 三处典型河岸带土壤AN累积含量

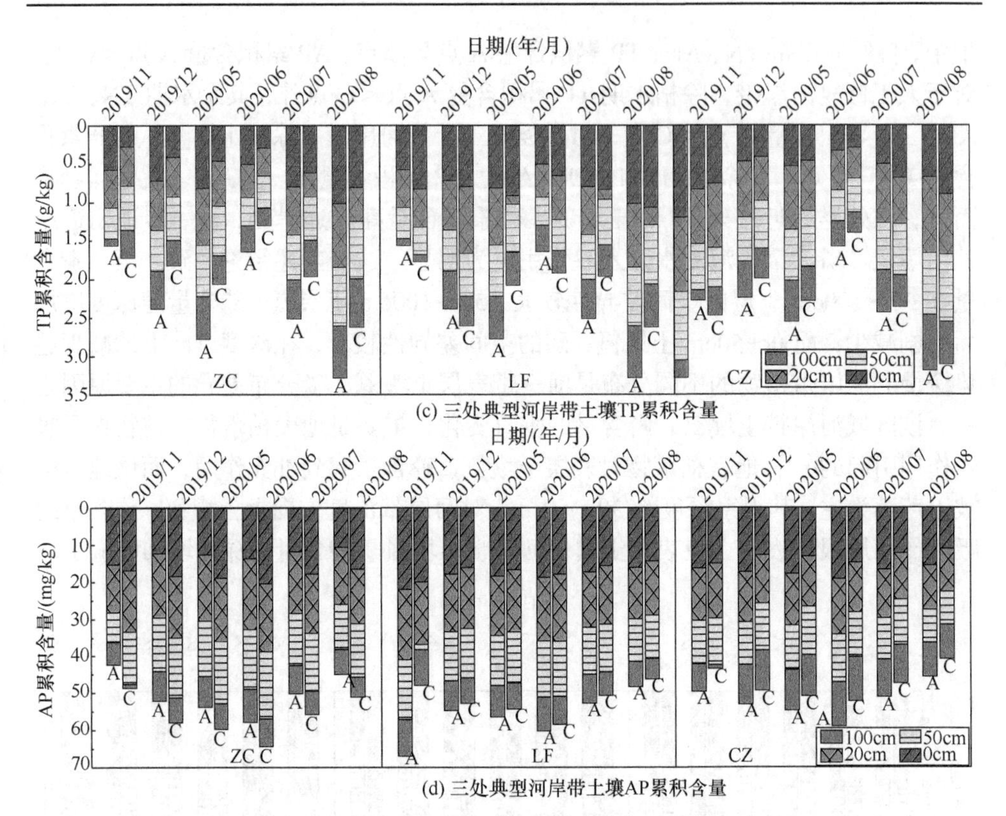

(c) 三处典型河岸带土壤TP累积含量

(d) 三处典型河岸带土壤AP累积含量

图 4-2 F 河 LF 段三处典型河岸带土壤氮、磷累积含量

4.1.3 土壤氮、磷含量的时间分布特征

在枯水期，F 河 LF 段三处典型河岸带土壤 TN、AN、TP、AP 含量变化范围分别为 0.450～1.865g/kg，20.440～81.805mg/kg，0.125～0.605g/kg，5.595～18.105mg/kg。在平水期，河岸带土壤 TN、AN、TP、AP 含量变化范围分别为 0.245～1.660g/kg，12.720～79.855mg/kg，0.115～0.645g/kg，4.020～18.780mg/kg。在丰水期，河岸带土壤 TN、AN、TP、AP 含量变化范围分别为 0.305～1.705g/kg，10.650～79.295mg/kg，0.200～0.825g/kg，3.040～16.525mg/kg。F 河 LF 段三处典型河岸带土壤氮、磷含量的变异系数如表 4-2 所示。

表 4-2 F 河 LF 段三处典型河岸带土壤氮、磷含量的变异系数 (单位：%)

采样时间	采样地点	TN 含量变异系数	AN 含量变异系数	TP 含量变异系数	AP 含量变异系数
枯水期	LF 段	25.826	28.346	29.897	22.611
	ZC	29.960	27.419	34.516	24.392
	LF	18.634	17.678	14.798	13.937
	CZ	24.516	25.305	26.358	22.654

续表

采样时间	采样地点	TN 含量变异系数	AN 含量变异系数	TP 含量变异系数	AP 含量变异系数
平水期	LF 段	36.986	39.873	40.444	28.639
	ZC	40.417	38.316	42.436	28.214
	LF	29.686	25.755	34.129	21.090
	CZ	38.334	37.773	36.647	33.861
丰水期	LF 段	35.179	41.889	33.074	30.026
	ZC	41.224	41.176	35.185	28.196
	LF	31.517	26.912	30.284	21.917
	CZ	32.336	39.538	31.000	35.750

河岸带土壤氮、磷含量及淹水状态变化，会造成土壤养分的改变，进而表现出不同程度的变异性[24]。在 F 河 LF 段，枯水期时 TP 含量变异系数最大，为 29.897%；平水期时也是 TP 含量变异系数最大，为 40.444%；丰水期时 AN 含量变异系数最大，为 41.889%。枯水期和平水期，自然河岸带 TP 含量的变异性最强，其变异系数分别为 34.516%和 42.436%，属中等变异性，变化幅度明显；丰水期，自然河岸带 TN 含量的变异性最强，其变异系数为 41.224%，具有中等变异性，变化幅度明显。在三处河岸带中，土壤 TN、AN、TP、AP 含量变异系数的趋势基本为自然河岸带>强人工干扰河岸带>人工修复河岸带，表明自然河岸带土壤氮、磷元素的生态化学计量存在弱稳态性。由于自然河岸带未受人为因素的干扰，其生态环境系统脆弱，土壤氮、磷元素的季节变化幅度更为明显，易受周围环境变化的影响，土壤氮、磷元素更易流失。

随着季节更替及汛期洪水影响，河岸带氮、磷含量在时间尺度上也出现了波动。枯水期到平水期，土壤氮、磷含量有所降低，这是因为春季植物生长需要从土壤中吸收大量的氮、磷。平水期到丰水期，各河岸带土壤氮、磷含量呈现增长趋势，因为此时随着河岸带植物大量生长，地表枯落物分解后对土壤中氮、磷进行了补充。随着农耕期及 F 河上游工业生产的开展，污水排放加剧 F 河污染，丰水期水体 TN、TP 含量出现峰值，在水体入渗作用的影响下，丰水期河岸带近岸处(A 点)土壤 TN、TP 含量较枯水期有所回升。同时，枯水期、平水期、丰水期河流水位、水量均会发生周期性变化，相应地河岸带会发生周期性落干、淹水的干湿交替过程[25]。这一过程不仅会影响河岸带土壤的物理特性，进而影响土壤中氮、磷元素的迁移转化产生作用，而且淹没后河水泥沙携带的氮、磷沉积会造成近岸区土壤氮、磷含量升高，进而影响河岸带氮、磷元素的分布。干湿交替作用下土壤会产生膨胀、收缩，土壤面交替进行上移和下移，土壤中的溶质会随之迁移运输[26]。枯水期至平水期，河岸带植物生长加速氮、磷元素的消耗流失；平水期至丰水期，河流水位上涨，河岸带由落干状态转化为淹水状态，在干—湿状态转换下土壤 TN 含量增加[25]。淹水后土壤吸磷量、吸磷指数、最大磷缓冲容量有所增加[27]，在枯落物补充作用下，河岸带土壤 TN、TP 含量表现为先减小后增大的趋势。

如图 4-2 所示，自然河岸带、人工修复河岸带及强人工干扰河岸带在深度方向上，TN 累积含量在枯水期(2019 年 12 月)均达到最大值，其后随季节更替而减小，在丰水期(2020 年 8 月)又表现为增大趋势。TP 累积含量则随季节变化由枯水期到平水期先增大后减小，2020 年 6 月达到最小值，丰水期又表现为逐渐增加的趋势。三处样地土壤 AN、AP 累积含量月均变化无显著差异。由于强人工干扰河岸带受到人类活动干扰，其土壤含水率、容重、孔隙度等物理特性与自然河岸带有所不同，进一步说明不同特征河岸带在外界因素干扰下，其土壤氮、磷的生态化学计量特征会随之产生显著差异。降雨、河流水文特性影响着河岸带土壤氮、磷的空间分布[28]。随着季节的变化，河流水量、水位产生变化，河岸带土壤随之发生厌氧—好氧[29]、干湿交替转化现象，落干时土体收缩、容重增大，淹水时土体膨胀、容重减小[30]，干湿交替现象可加速土壤氮元素的矿化及硝化作用[31]。磷主要通过吸附作用固定在土壤中，土壤理化性质的改变会影响磷在其中的分布[32]。

4.1.4 土壤氮、磷分布的影响因素

河岸带通过物理、化学、生物等过程削减氮、磷元素，在这些过程中，河岸带自身特性、植被种类、植被密度等均影响河岸带氮、磷的时空格局。河岸带坡度较缓时，地表径流流速缓慢，河岸带对其所携带的面源污染截留效果较好；河岸带坡度较陡时，地表径流流速较快，导致面源污染的截留效果大大降低[33]。钱进等[34]指出，河岸带坡比为 1∶10 时 TN、NH_4^+-N 的拦截率分别为 76.37%、72.12%，坡比为 1∶2 时 TN、NH_4^+-N 的拦截率分别为 19.79%、18.77%。河岸带宽度对污染物截留具有重要影响，孟亦奇等[35]研究发现，河岸带宽度增加可增大径流中氮的去除率。何聪等[36]发现草皮宽度为 12m 时，径流中 TN、TP 去除率可达 80%。程昌锦等[37]指出，在 20m 宽的河岸带种植马尾松栓皮栎混交林时，TN 的拦截率最高，为 71.8%，栓皮栎纯林的 TN 拦截率最低，为 36.1%。闫钰等[38]研究发现，紫花苜蓿对河岸带 TN、TP 的拦截率(30%、25%)高于百日草、狗尾草、牛筋草等植被；且生长期不同，TN、TP 的拦截率也不同，成熟期河岸带植物 TN、TP 的拦截率为 30%、25%，比分蘖期的拦截率提高 80%以上。河岸带 TN、TP 拦截率的影响因素众多，学者对这些影响因素进行了大量的深入分析，并得出了较多研究成果。本小节仅针对河岸带土壤特性、河流水文特性对氮、磷分布的影响进行分析，以期从不同角度明晰河岸带氮、磷分布特性。

1. 土壤氮、磷分布的相关因子

自然河岸带土壤、河流水文特性的主成分分析结果如表 4-3 所示。自然河岸

带主成分 1、2、3、4 的贡献率分别为 29.644%、29.555%、21.161%、16.221%，这 4 个主成分保留了自然河岸带土壤和河流水文特性的大部分信息。主成分 1、2、3 综合反映了 F 河 LF 段典型河岸带土壤理化特性，主成分 4 反映了 F 河 LF 段典型河岸带河水水质及河流水文特性。由表 4-3 可知，主成分 1 中，土壤有机碳含量、土壤碳氮含量比、土壤碳磷含量比、土壤氮磷含量比有较高的正载荷，可用来表征河岸带土壤碳、氮、磷化学特性；说明 F 河 LF 段典型河岸带土壤氮、磷含量主要受土壤有机碳及碳、氮、磷生态化学计量比的影响。主成分 2 中，土壤容重、土壤孔隙度、土壤含水率正载荷较高，可用来表征 F 河 LF 段典型河岸带土壤的物理特性；说明 F 河 LF 段典型河岸带土壤氮、磷含量主要受土壤物理特性的影响。主成分 3 中，土壤 pH、河流水面蒸发量具有较高的正载荷，土壤 TN 含量具有较高的负载荷。主成分 4 中，河水 TN 含量、河水 TP 含量有较高的正载荷，降雨量具有较高的负载荷，可用来表征 F 河 LF 段典型河岸带周边河流的水文特性；说明 F 河 LF 段典型河流水质与河岸带土壤氮、磷含量显著相关。由于河水入渗及干湿交替现象，F 河 LF 段典型河岸带土壤氮、磷含量出现明显变化，土壤物理特性也会影响溶质在其中的迁移转换。

表 4-3　自然河岸带土壤、河流水文特性的主成分分析

因子	元件			
	主成分 1	主成分 2	主成分 3	主成分 4
土壤 TN 含量	−0.104	0.008	−0.950	0.211
土壤 TP 含量	−0.694	0.531	−0.427	−0.112
土壤 pH	0.226	−0.468	0.802	−0.187
土壤有机碳含量	0.926	−0.112	−0.103	−0.144
土壤碳氮含量比	0.855	−0.060	0.383	−0.270
土壤碳磷含量比	0.983	−0.124	0.119	0.008
土壤氮磷含量比	0.877	−0.391	−0.025	0.217
土壤容重	−0.247	0.963	−0.031	−0.097
土壤孔隙度	−0.247	0.963	−0.031	−0.097
土壤含水率	−0.247	0.963	−0.031	−0.097
河水 TN 含量	−0.209	0.050	−0.105	0.936
河水 TP 含量	−0.153	−0.637	−0.045	0.730
河水流量	0.326	0.574	0.571	0.454
河流水面蒸发量	−0.057	0.124	0.965	0.167
降雨量	−0.467	0.459	−0.042	−0.727
贡献率/%	29.644	29.555	21.161	16.221
累积贡献率/%	29.644	59.199	80.360	96.581

自然河岸带土壤、河流水文特性的冗余分析(redundancy analysis，RDA)结果(图 4-3)显示，F 河 LF 段典型河岸带土壤 TN 含量与河水 TN 含量、降雨量、土壤容重等因子正相关，与河流水面蒸发量、河水流量等因子负相关；F 河 LF 段典型河岸带土壤 TP 含量与土壤容重、土壤孔隙度等因子正相关，与土壤氮磷含量比、土壤 pH、河水流量等因子负相关。

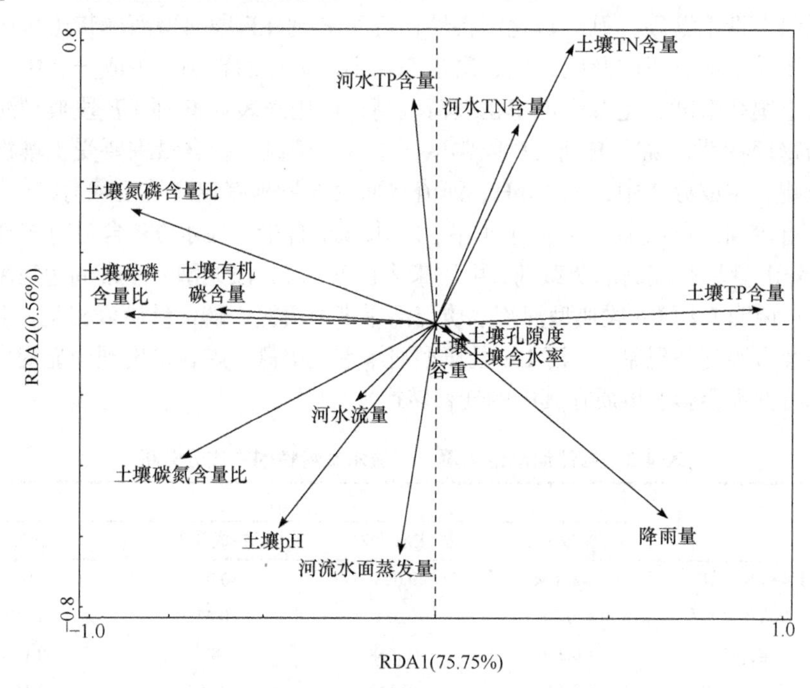

图 4-3　自然河岸带土壤、河流水文特性的 RDA 结果

人工修复河岸带土壤、河流水文特性的主成分分析结果如表 4-4 所示。人工修复河岸带主成分 1、2、3、4 的贡献率分别为 37.643%、21.746%、19.173%、15.967%。由表 4-4 可知，主成分 1 中土壤容重、土壤孔隙度、土壤含水率具有较高的正载荷，可用来表征 F 河 LF 段典型河岸带土壤的物理特性；主成分 2 中，土壤有机碳含量、土壤碳氮含量比、土壤碳磷含量比具有较高的正载荷，可用来表征 F 河 LF 段典型河岸带土壤碳、氮、磷化学特性；主成分 3 中，土壤 pH、河流水面蒸发量的正载荷较高；主成分 4 中，河水 TN 含量、河水 TP 含量具有较高的正载荷，可用来表征 F 河 LF 段典型河岸带周边河流的水文特性。人工修复河岸带土壤、河流水文特性的 RDA 结果(图 4-4)显示，F 河 LF 段典型河岸带土壤 TN 含量与土壤 pH、土壤氮磷含量比等因子正相关，与土壤容重、土壤孔隙度等因子负相关；F 河 LF 段典型河岸带土壤 TP 含量与土壤容重、土壤含水率等因子正相关，与河水 TP 含量、河流水面蒸发量等因子负相关。

表 4-4　人工修复河岸带土壤、河流水文特性的主成分分析

因子	元件			
	主成分 1	主成分 2	主成分 3	主成分 4
土壤 TN 含量	–0.838	0.123	–0.390	0.093
土壤 TP 含量	0.444	–0.529	–0.393	–0.255
土壤 pH	–0.128	0.206	0.925	–0.069
土壤有机碳含量	–0.272	0.930	–0.125	0.033
土壤碳氮含量比	0.195	0.968	0.111	–0.067
土壤碳磷含量比	–0.263	0.869	0.339	–0.244
土壤氮磷含量比	–0.648	0.472	0.430	–0.410
土壤容重	0.990	–0.029	–0.083	0.070
土壤孔隙度	0.901	–0.163	–0.261	0.016
土壤含水率	0.990	–0.029	–0.083	0.070
河水 TN 含量	0.432	–0.166	0.171	0.868
河水 TP 含量	–0.103	0.007	0.668	0.734
河水流量	0.802	–0.290	0.113	0.442
河流水面蒸发量	0.151	0.048	0.902	0.337
降雨量	0.705	–0.047	0.061	–0.687
贡献率/%	37.643	21.746	19.173	15.967
累积贡献率/%	37.643	59.389	78.562	94.529

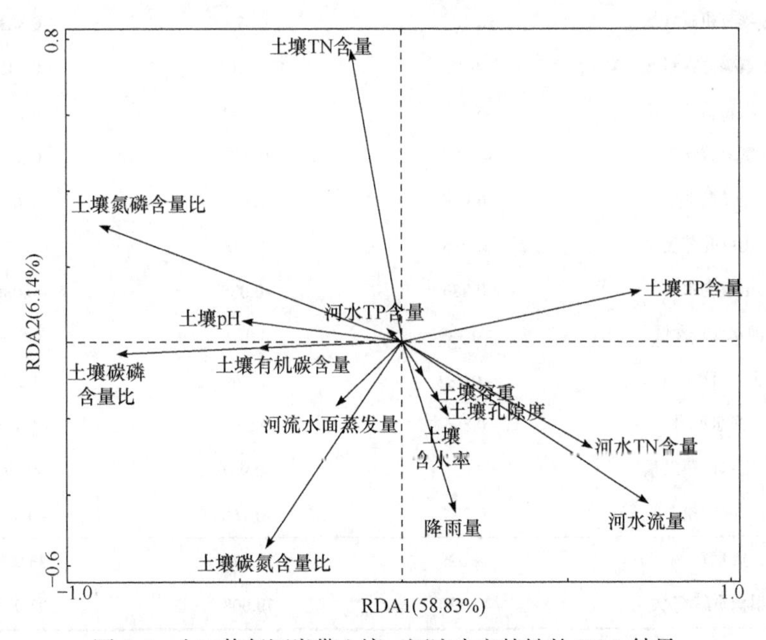

图 4-4　人工修复河岸带土壤、河流水文特性的 RDA 结果

强人工干扰河岸带土壤、河流水文特性的主成分分析结果如表 4-5 所示。与自然河岸带、人工修复河岸带有所不同，强人工干扰河岸带 3 个主成分的贡献率分别为 44.529%、25.479%、23.071%。由表 4-5 可知，主成分 1 中，土壤容重、土壤孔隙度、土壤含水率有较高的正载荷；主成分 2 中，土壤 TN 含量、河水 TN 含量具有较高的正载荷，河流水面蒸发量具有较高的负载荷；主成分 3 中，土壤有机碳含量、土壤碳氮含量比、土壤碳磷含量比具有较高的正载荷。由此可知，在强人工干扰河岸带，土壤特性对河岸带营养元素的分布具有重要影响。强人工干扰河岸带土壤、河流水文特性的 RDA 结果如图 4-5 所示，F 河 LF 段典型河岸带土壤 TN 含量与土壤孔隙度、土壤容重、河水 TN 含量等因子正相关，与河流水面蒸发量、土壤氮磷含量比等因子负相关；F 河 LF 段典型河岸带土壤 TP 含量与土壤孔隙度、降雨量等因子正相关，与土壤氮磷含量比、河流水面蒸发量、河水 TP 含量等因子负相关。

表 4-5 强人工干扰河岸带土壤、河流水文特性的主成分分析

因子	元件		
	主成分 1	主成分 2	主成分 3
土壤 TN 含量	0.040	0.969	–0.055
土壤 TP 含量	0.751	0.418	–0.471
土壤 pH	–0.708	–0.542	0.408
土壤有机碳含量	0.107	0.379	0.883
土壤碳氮含量比	–0.105	–0.218	0.945
土壤碳磷含量比	–0.350	–0.041	0.929
土壤氮磷含量比	–0.717	0.085	0.632
土壤容重	0.986	–0.078	–0.036
土壤孔隙度	0.986	-0.078	–0.036
土壤含水率	0.986	–0.078	–0.036
河水 TN 含量	–0.332	0.929	0.039
河水 TP 含量	–0.782	0.576	0.017
河水流量	0.896	0.001	–0.128
河流水面蒸发量	0.031	–0.987	–0.092
降雨量	0.715	–0.168	–0.319
贡献率/%	44.529	25.479	23.071
累积贡献率/%	44.529	70.008	93.079

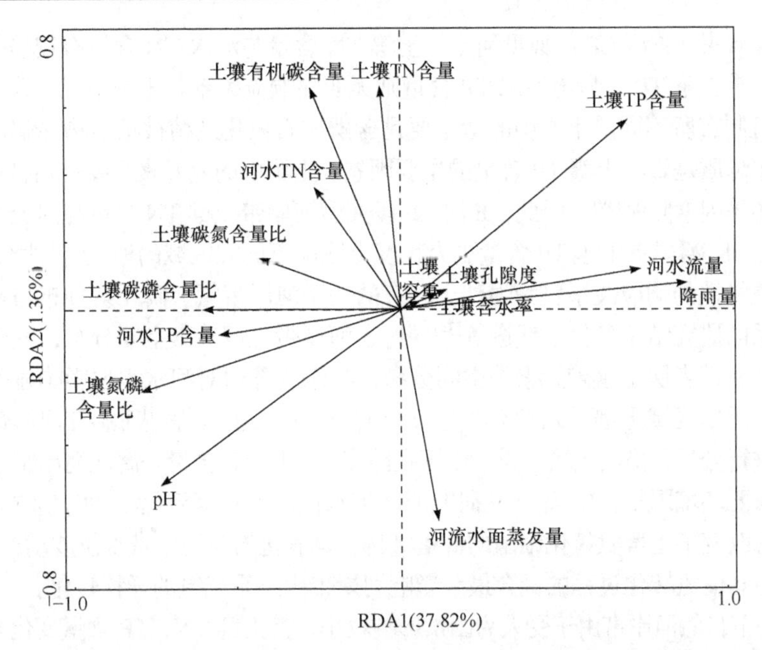

图 4-5　强人工干扰河岸带土壤、河流水文特性的 RDA 分析

2. 土壤氮、磷分布与土壤及水文特性的响应关系

为深入揭示各相关环境因子对 F 河 LF 段典型河岸带土壤 TN、TP 含量影响的相对重要性，对各土壤、河流水文特性因子进一步进行逐步回归分析，如表 4-6 所示，结果与 RDA 分析基本一致。影响自然河岸带土壤 TN 含量的主要因素是土壤容重、河流水面蒸发量和河水 TN 含量，影响自然河岸带土壤 TP 含量的主要因素是土壤容重、土壤氮磷含量比和土壤 pH。影响强人工干扰河岸带土壤 TN 含量的主要因素是河水 TN 含量和土壤孔隙度，影响强人工干扰河岸带土壤 TP 含量的主要因素是土壤孔隙度、土壤氮磷含量比和河流水面蒸发量。人工修复河岸带土壤 TN、TP 含量仅与其土壤自身特性相关，与河岸带周边河水流量、蒸发量、河流水质等水文特性参数无关。

表 4-6　土壤氮、磷含量对河流水质的响应关系

采样地点	土壤化学指标	多元回归方程	R^2	调整 R^2	显著性
自然河岸带	土壤 TN 含量	TN=1.001BD−0.206Evap+0.173WTN	0.999	0.999	0.017
	土壤 TP 含量	TP=8.429BD−0.872N/P−6.655pH	0.991	0.985	0.029
人工修复河岸带	土壤 TN 含量	TN= −22.950BD+36.259	0.681	0.617	0.022
	土壤 TP 含量	TP=0.986SWC	0.972	0.967	0.000
强人工干扰河岸带	土壤 TN 含量	TN=0.535WTN+0.469Por	0.996	0.994	0.016
	土壤 TP 含量	TP=2.226Por−1.083N/P−0.280Evap	0.995	0.992	0.011

注：TN 为土壤 TN 含量；TP 为土壤 TP 含量；BD 为土壤容重；Evap 为河流水面蒸发量；WTN 为河水 TN 含量；N/P 为土壤氮磷含量比；Por 为土壤孔隙度；SWC 为土壤含水率。

总体看来，F 河 LF 段典型河岸带土壤 TN 含量与河水 TN 含量有较强的正相关性，河岸带土壤 TP 含量与河水 TP 含量则无明显响应关系。土壤中氮、磷元素的迁移循环机制有所不同。土壤中的磷主要是含磷矿石风化及植被枯落物降解产生的，其中土壤母质是影响土壤 TP 含量的主要因素；土壤中的氮元素主要受植被吸收、枯落物返还等因素限制[39]。因此，F 河 LF 段典型河岸带土壤 TN 含量与河流水质的关系更为密切，河岸带土壤 TP 含量更大程度上取决于研究区域的地质特性[40]，其与河岸带土壤特性的响应关系更为强烈。已有的关于河岸带氮、磷元素分布与环境因子响应关系的研究结论各异。钱进等[34]探讨了河岸带土壤磷素空间分布，发现降雨显著影响河岸带表层土壤磷元素的空间分布，丰水年降雨对河水水位影响显著，进而对河岸带近岸区域土壤磷元素空间分布产生响应；梁士楚等[41]对漓江河岸带土壤理化性质进行分析，得出土壤容重、土壤孔隙度、土壤 TP 含量是漓江河岸带土壤理化性质的重要环境因子；Li 等[42]在研究河岸带水位波动对氨氧化活性的影响时，发现淹水状态改变了土壤氨氧化细菌的群落结构，氨氧化物与河岸带水位波动产生响应，并通过与其他氮转化过程的耦合最终影响河岸带生态系统氮的迁移转化。

本小节自然河岸带由于受人为因素影响较小，其土壤 TN、TP 含量变化与河岸带周边环境响应更为密切。强人工干扰河岸带受农耕等人为因素干扰，土壤容重和土壤孔隙度提高，土壤 TN、TP 含量均受到土壤孔隙度的影响，如表 4-6 所示。综上所述，F 河 LF 段典型河岸带土壤容重、土壤孔隙度、河水 TN 含量对河岸带土壤 TN 含量产生重要影响，河岸带土壤容重、土壤孔隙度、土壤氮磷含量比对河岸带土壤 TP 含量产生重要影响，且自然河岸带和强人工干扰河岸带 TN、TP 含量的影响因素有所不同。

4.2 典型河岸带植物氮、磷时空分布及生态化学计量特征

河岸带植被群落是河岸带生态系统的重要组成部分，植被群落对河岸带营养物质和能量流动起过渡作用，对于维护河岸带生态系统平衡具有重要意义[43]。植物吸收作用是河岸带生态系统截留氮、磷元素的重要途径[44-45]，植物与土壤在形成和演化过程中组成一个生物功能体，即土壤-植被系统[46]。具有一定群落结构的河岸带土壤-植被系统通过生物地球化学作用，对氮、磷等污染物进行截留。本节通过分析 F 河 LF 段三处典型河岸带植物种类，从生态计量学角度出发，分析 F 河 LF 段三处典型河岸带土壤-植被系统氮、磷元素的含量分布特征，探讨 F 河 LF 段三处典型河岸带植被氮、磷的影响因素，以期为河岸带生态系统完整性保护提供依据。

4.2.1 植物氮、磷的空间分布特征

F 河 LF 段三处典型河岸带植物氮、磷元素生态化学计量特征如表 4-7 所示。自然河岸带植物 TN、TP 含量平均值分别为 41.167g/kg、0.987g/kg，人工修复河岸

带植物 TN、TP 含量平均值分别为 44.760g/kg、1.350g/kg，强人工干扰河岸带植物 TN、TP 含量平均值分别为 46.864g/kg、1.280g/kg。可以看出，F 河 LF 段三处典型河岸带植物 TN 含量为强人工干扰河岸带>人工修复河岸带>自然河岸带，植物 TP 含量为人工修复河岸带>强人工干扰河岸带>自然河岸带。植物 TN 含量最大值(79.546g/kg)出现在强人工干扰河岸带，植物 TP 含量最大值(1.581g/kg)出现在人工修复河岸带。有研究表明，土壤紧实度对土壤养分元素分布有重要影响，进而影响植物营养元素吸收。土壤通气情况及机械阻力限制了土壤养分移动，土壤紧实度增加时，其对土壤养分扩散的影响大于对质流的影响，土壤紧实度改变了土壤中磷的扩散速率，促进了以扩散方式移动的磷元素吸收[47]。人工修复河岸带土壤紧实度最大，其土壤 TP 易于扩散，进而使植物 TP 含量升高。相比自然河岸带，紧邻农田区域的强人工干扰河岸带土壤中含有较多的磷元素，使得强人工干扰河岸带植物 TP 含量大于自然河岸带。由 4.1.2 小节可知，F 河 LF 段三处典型河岸带土壤氮含量为人工修复河岸带>强人工干扰河岸带>自然河岸带，自然河岸带土壤氮含量最低，使自然河岸带植物 TN 含量也最低。砂土压实增加了土壤持水量，减少了氮的淋洗，有利于植物吸收更多的氮。强人工干扰河岸带植物 TN 含量更高，可能是由于强人工干扰河岸带植物种类更多，含氮量较人工修复河岸带也更大。

表 4-7　F 河 LF 段三处典型河岸带植物氮、磷元素生态化学计量特征

采样点	植物 TN 含量			植物 TP 含量			植物氮磷含量比		
	变化范围/(g/kg)	平均值±标准差/(g/kg)	CV/%	变化范围/(g/kg)	平均值±标准差/(g/kg)	CV/%	变化范围	平均值±标准差	CV/%
ZC	26.444～70.272	41.167±13.064	31.734	0.727～1.260	0.987±0.159	16.114	28.000～66.504	44.947±11.994	28.593
LF	29.661～74.401	44.760±13.464	30.081	1.200～1.581	1.350±0.132	9.762	21.254～57.134	33.312±10.226	30.699
CZ	10.382～79.546	46.864±15.460	32.990	1.134～1.567	1.280±0.143	11.210	7.806～78.758	49.314±13.399	27.170

土壤生态化学计量比是土壤质量及养分供给能力的重要指标[48]，植物生态化学计量比则可以反映植物吸收养分的能力，植物、土壤生态化学计量比对于生态系统养分限制和平衡状态的恢复具有重要意义[49]。由表 4-7 可知，植物氮磷含量比表现为强人工干扰河岸带>自然河岸带>人工修复河岸带，该结果与河岸带植物 TN、TP 含量有直接关系。Koerselman 和 Meuleman 的研究结果表明，当植物氮磷含量比>16 时，植物生长的限制元素为磷；当植物氮磷含量比<14 时，植物生长的限制元素为氮[50]。自然河岸带植物氮磷含量比为 44.947，人工修复河岸带植物氮磷含量比为 33.312，强人工干扰河岸带植物氮磷含量比为 49.314，植物氮磷含量比均大于 16，说明 F 河 LF 段典型河岸带植物生长主要受磷元素的限制，与上述研究结果相同。

由表 4-7 可知，F 河 LF 段三处典型河岸带植物 TN 含量变异系数表现为强人工干扰河岸带>自然河岸带>人工修复河岸带，植物 TP 含量变异系数表现为自然河岸带>强人工干扰河岸带>人工修复河岸带。植物 TN 含量及氮磷含量比表现为中等变异性，植物 TP 含量则表现为弱变异性。自然河岸带土壤 TN 含量、TP 含量变异性较强，土壤、植物作为生物圈的基本结构单元，具有一定的联系，因此自然河岸带植物 TN 含量、TP 含量变异性也较强。由于该地区土壤磷属于限制性元素，土壤 TP 含量较小，植物 TP 含量表现出弱变异性。

F 河 LF 段三处典型河岸带植物 TN、TP 含量的空间分布如图 4-6 所示。由图可知，在垂直于河岸方向上，除自然河岸带 A 点 TN 含量略小于 B 点外，三处典型河岸带植物 TN、TP 含量变化趋势为 A>B>C>D>E；在平行于河岸方向上，自然河岸带、人工修复河岸带植物 TN、TP 含量变化趋势为顺水流方向先减小后增大，强人工干扰河岸带植物 TN、TP 含量变化趋势为顺水流方向先增大后减小。碱解氮(AN)包括无机态氮和可被植物直接吸收利用的有机态氮，速效磷(AP)包括易溶的无机磷、吸附态磷等易于被植物吸收的磷。由 4.1 节内容可知，强人工干扰河岸带土壤 AN 含量顺水流方向的变化趋势为先增大后减小，与植物 TN 含量变化趋势相似；而强人工干扰河岸带 AP 含量顺水流方向变化趋势为增大—减小—增大，与植物 TP 含量变化趋势相似。因此，F 河 LF 段三处典型河岸带土壤 AN、AP 含量的分布特征可间接反映 F 河 LF 段三处典型河岸带植物 TN、TP 含量的分布特征。

4.2.2　植物氮、磷的时间分布特征

F 河 LF 段三处典型河岸带植物和土壤氮、磷的时间分布特征如图 4-7 所示。河岸带土壤氮、磷含量对河岸带植物地上部分的氮、磷含量有显著影响。随着季节的变化，土壤氮、磷含量整体呈先减小后增大的趋势，河岸带植物地上部分氮、磷含量的变化趋势与之相似。对于自然河岸带，植物氮、磷含量在枯水期达到最小值(26.444g/kg、0.727g/kg)，其后开始缓慢增大，在丰水期达到最大值(70.272g/kg、

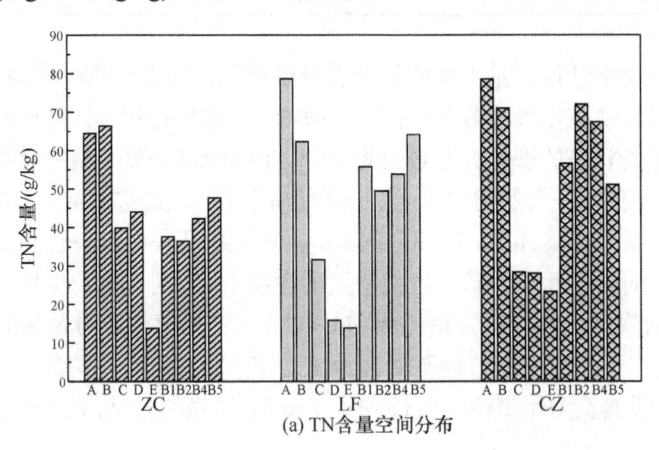

(a) TN含量空间分布

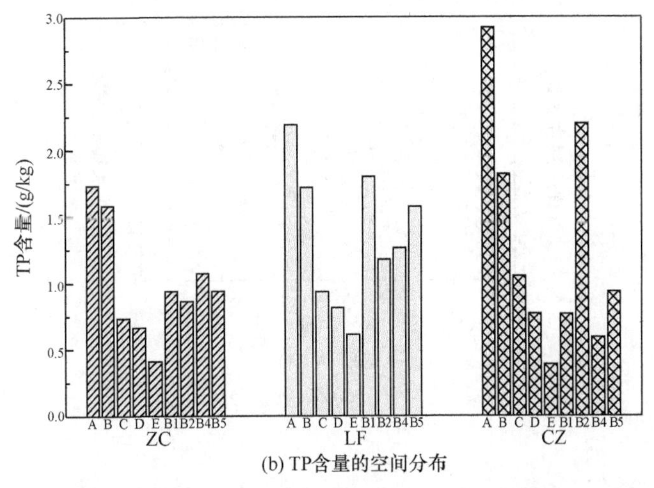

(b) TP含量的空间分布

图 4-6　F 河 LF 段三处典型河岸带植物 TN、TP 含量的空间分布

1.260g/kg)；土壤氮含量最大值(1.185g/kg)、土壤磷含量最大值(0.743g/kg)均出现在初次采样时，土壤氮含量最小值(0.857g/kg)出现在丰水期，土壤磷含量最小值(0.237g/kg)出现在平水期，变化趋势与植物氮含量相似。对于人工修复河岸带，植物氮、磷含量最大值(74.401g/kg、1.581g/kg)均出现在丰水期，植物氮含量最小值(29.661g/kg)出现在初次采样时，植物磷含量最小值(1.200g/kg)出现在枯水期；土壤氮含量最大值(1.605g/kg)出现在枯水期，最小值(1.143g/kg)出现在丰水期；土壤磷含量最大值(0.670g/kg)出现在丰水期，最小值(0.373g/kg)出现在平水期。对于强人工干扰河岸带，植物氮含量最大值(79.546g/kg)出现在丰水期，最小值(10.382g/kg)出现在初次采样时；土壤氮含量最大值(1.388g/kg)出现在枯水期，最小值(0.991g/kg)出现在平水期；植物磷含量最大值(1.567g/kg)出现在丰水期，土壤磷含量最大值(0.777g/kg)出现在初次采样时，植物磷含量最小值(1.134g/kg)出现在枯水期，土壤磷含量最小值(0.260g/kg)出现在平水期。

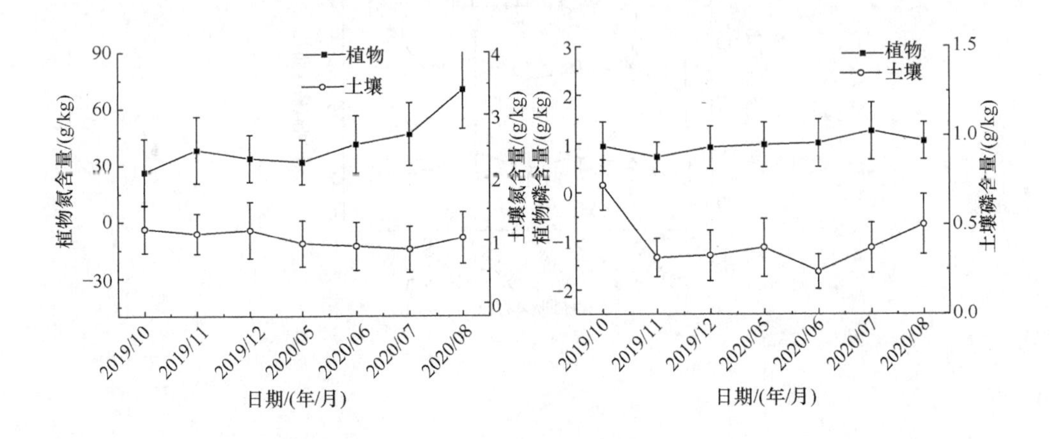

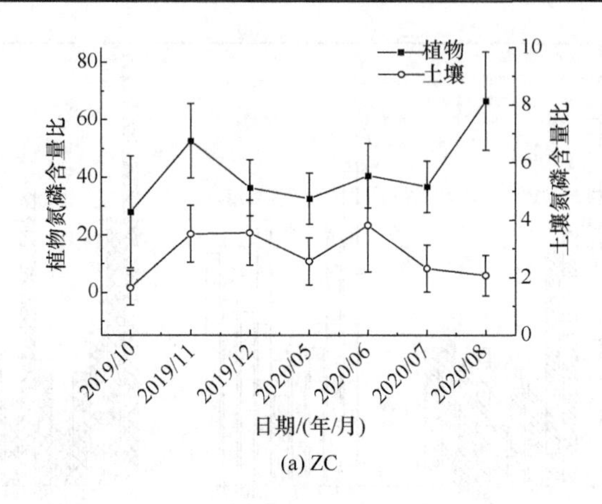
植物
土壤
植物氮磷含量比
土壤氮磷含量比
2019/10
2019/11
2019/12
2020/05
2020/06
2020/07
2020/08
日期/(年/月)

(a) ZC

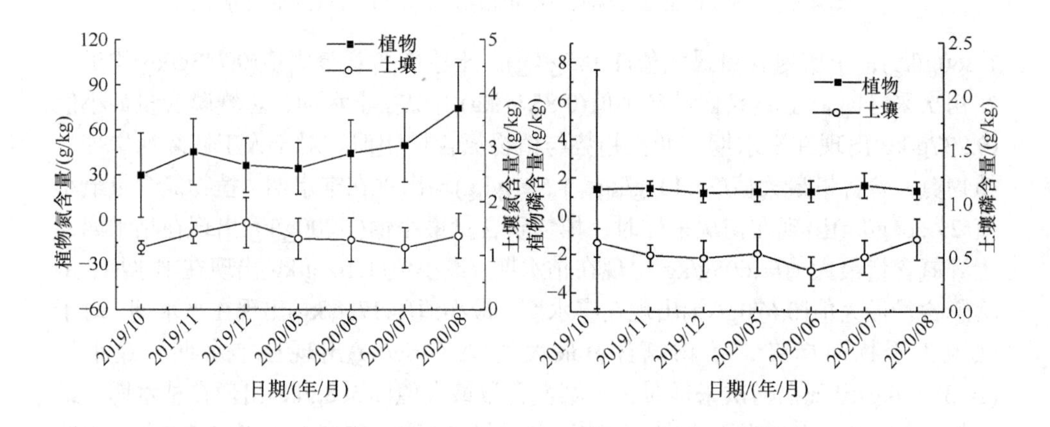
植物
土壤
植物氮含量/(g/kg)
土壤氮含量/(g/kg)
植物磷含量/(g/kg)
土壤磷含量/(g/kg)
日期/(年/月)
日期/(年/月)

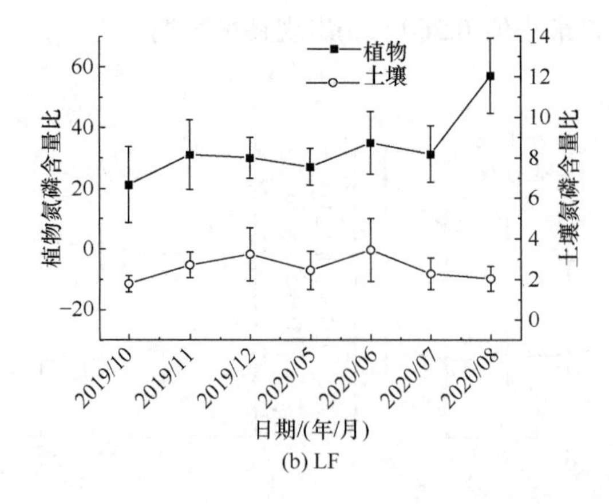
植物
土壤
植物氮磷含量比
土壤氮磷含量比
2019/10
2019/11
2019/12
2020/05
2020/06
2020/07
2020/08
日期/(年/月)

(b) LF

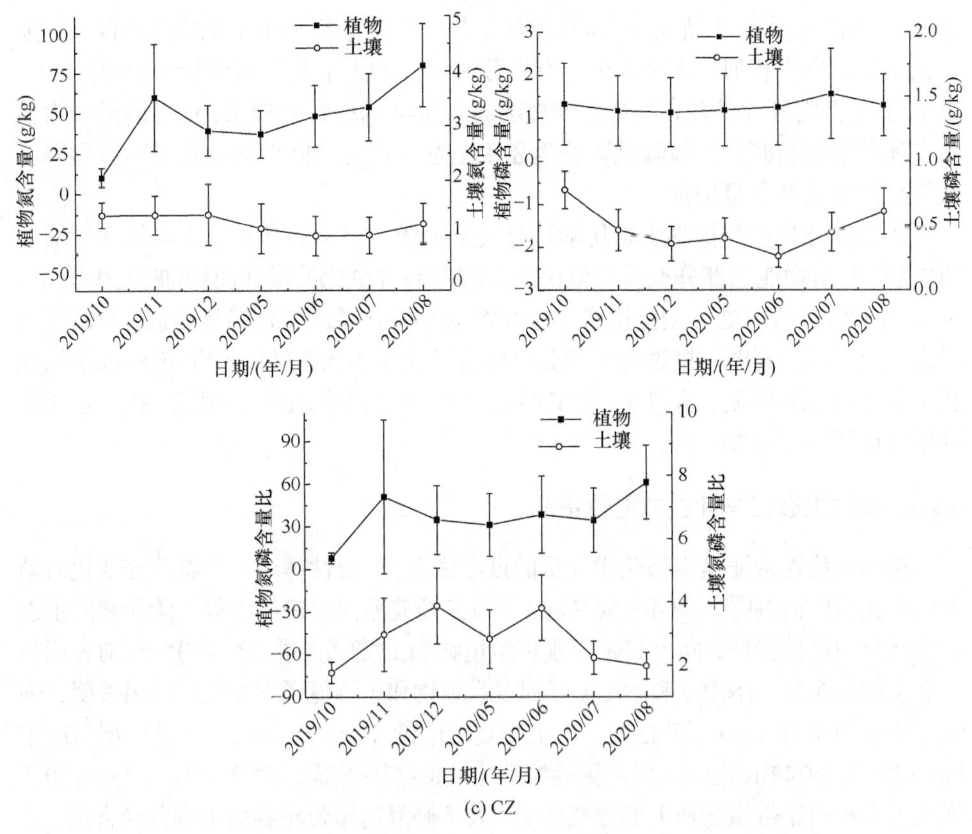

(c) CZ

图 4-7　F 河 LF 段三处典型河岸带植物和土壤氮、磷的时间分布特征
植物氮、磷含量为植物地上部分氮、磷含量

土壤作为陆生植物生长发育的基质，为植物提供了必需的营养和水分，是植物生存的重要生态因子。土壤特性的变化规律对揭示植被演替方向和空间分布具有重要的参考价值[51]。土壤-植物系统是生物圈的基本结构单元，系统中碳、氮、磷元素的迁移转化是陆地生态系统养分循环的核心[52]。土壤-植物系统是一个统一的生物功能体，其中植物是生态环境平衡的根本，植物群落受气候、土壤、水文等环境因子的影响，土壤是植物生存的基础，对植物群落演替起决定性作用[53]。河岸带植被氮、磷含量随土壤氮、磷含量的增加而增加。寿命短、生长快的草类植物叶片通常需要更多磷元素，为其细胞内核糖体提供能量，从而高效地合成植物快速生长必需的蛋白质。同时，较高的氮含量保证了合成蛋白质所需的原料[54]。因此，土壤氮、磷含量随枯水期—平水期—丰水期表现为先减小后增大的趋势，为保证自身生长发育，相应的河岸带植被氮、磷含量也随之先减小后增大。由 4.1 节讨论可知，F 河 LF 段三处典型河岸带土壤 TN、TP 含量表现为人工修复河岸带>强人工干扰河岸带>自然河岸带。由表 4-7 可知，河岸带植物 TP 含量也表现为人工

修复河岸带>强人工干扰河岸带>自然河岸带，人工修复河岸带植物 TN 含量与强人工干扰河岸带相似。图 4-7 中，有部分时段，如人工修复河岸带 2019 年 11 月至 12 月，土壤氮含量升高的趋势与植物氮含量降低的趋势相反，这可能是因为植物在秋冬季枯萎凋落，氮随枯落物返还于土壤，在此期间植被生长受季节所限，最终导致土壤氮含量增加。

土壤养分含量与植物生态化学计量关系密切，植物氮含量随土壤氮含量增加而增加[55]，植物地上部分氮磷含量比随土壤氮磷含量比的增加而增加[56]。由图 4-7 可知，F 河 LF 段三处典型河岸带土壤和植物氮磷含量比变化趋势相似，与前人的研究结果相同。同时，植物地上部分氮磷含量比基本大于 16，说明该地区植物生长主要受磷元素限制，这与 4.1 节 F 河 LF 段三处典型河岸带土壤氮、磷生态化学计量特征研究结论相一致。

4.2.3　植物生态化学计量内稳性特征

植物内稳性特征是生态化学计量的核心概念，内稳性体现了土壤养分变化时植物的内在适应机制[57]。图 4-8 为 F 河 LF 段三处典型河岸带植物氮、磷元素的生态化学计量内稳性特征，Nv 和 Ns 分别表示植物和土壤氮含量，Pv 和 Ps 分别表示植物和土壤磷含量，(N/P)v 和(N/P)s 分别表示植物和土壤氮磷含量比。结果表明，强人工干扰河岸带 lgNv 与 lgNs、人工修复河岸带 lgPv 与 lgPs、三处典型河岸带 lg(N/P)v 与 lg(N/P)s 之间采用内稳性模型的模拟结果不显著($P>0.050$)。由此可知，强人工干扰河岸带植物地上部分氮含量、人工修复河岸带植物地上部分磷含量、三处典型河岸带植物地上部分氮磷含量比存在绝对稳态；自然河岸带和人工修复河岸带 lgNv 与 lgNs、自然河岸带和强人工干扰河岸带 lgPv 与 lgPs 的模拟结果显著($P<0.050$)。其中，自然河岸带 lgNv 与 lgNs 的回归方程斜率($1/H$)为 0.695，表明植物氮含量属于弱敏感态指标；人工修复河岸带 lgNv 与 lgNs 的回归方程斜率($1/H$)为 1.644，表明植物氮含量属于敏感态指标；自然河岸带 lgPv 与 lgPs 的回归方程斜率($1/H$)为 0.788，表明植物磷含量属于敏感态指标；强人工干扰河岸带 lgPv 与 lgPs 的回归方程斜率($1/H$)为 1.592，表明植物磷含量属于敏感态指标。

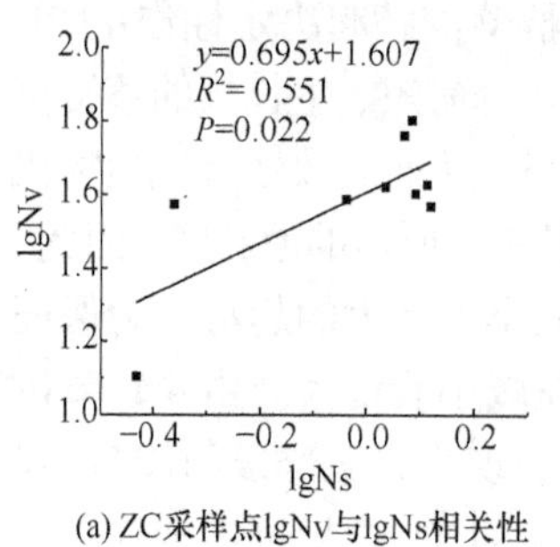

(a) ZC采样点lgNv与lgNs相关性

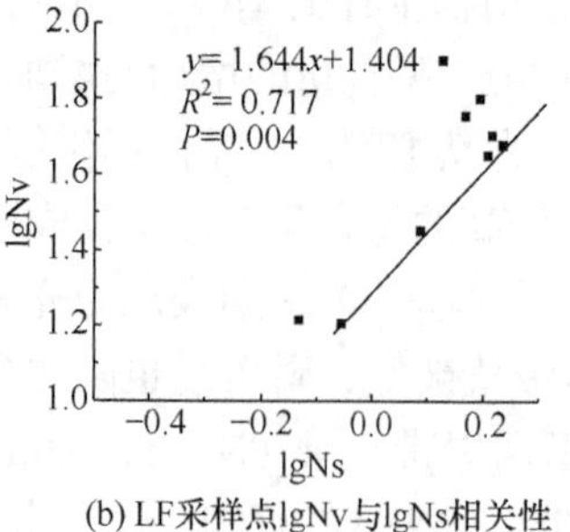

(b) LF采样点lgNv与lgNs相关性

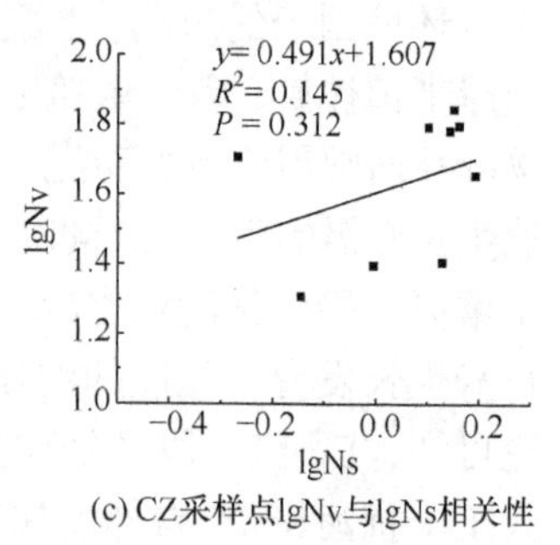

(c) CZ采样点lgNv与lgNs相关性

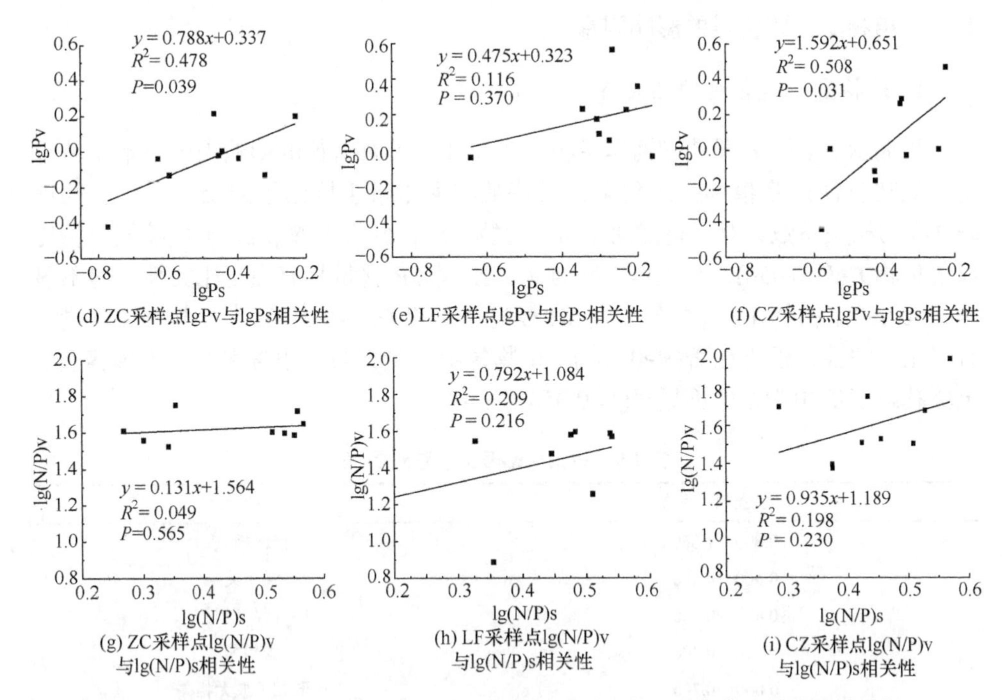

(d) ZC采样点lgPv与lgPs相关性　(e) LF采样点lgPv与lgPs相关性　(f) CZ采样点lgPv与lgPs相关性

(g) ZC采样点lg(N/P)v与lg(N/P)s相关性　(h) LF采样点lg(N/P)v与lg(N/P)s相关性　(i) CZ采样点lg(N/P)v与lg(N/P)s相关性

图 4-8　F 河 LF 段三处典型河岸带植物氮、磷元素的生态化学计量内稳性特征

内稳性反映了生物对周边环境变化的适应能力[58]。当土壤养分等环境因素发生变化时，植物通过动态平衡维持其内部化学组成及内部环境的动态平衡，即植物的内稳态机制[59]。由上述分析可知，强人工干扰河岸带植物氮含量、人工修复河岸带植物磷含量及三处河岸带植物氮磷含量比存在绝对稳态，表明强人工干扰河岸带的氮含量、人工修复河岸带磷含量及三处河岸带植物氮磷含量比随土壤氮、磷含量变化而变化的趋势不显著。人工修复河岸带植物氮含量、自然河岸带植物磷含量、强人工干扰河岸带植物磷含量属于敏感态指标，受土壤相应元素含量变化的影响较大，自然河岸带植物氮含量则属于弱敏感态指标。这与陈婵等[60]对中亚热带森林群落演替过程的研究结果相似。

F 河 LF 段三处典型河岸带植被氮元素的内稳性表现为自然河岸带 H(H 为内稳态指数)>人工修复河岸带 H，F 河 LF 段三处典型河岸带植被磷元素的内稳性表现为自然河岸带 H>强人工干扰河岸带 H，意味着自然河岸带植被氮、磷含量能保持相对内稳性，受到土壤氮、磷含量变化影响较小，而人工修复河岸带植物氮含量和强人工干扰河岸带植物磷含量随土壤养分的变化而变化。对于自然河岸带，植物 $H(N)>H(P)$，表明植物对其自身组织高含量氮具有更强的调控能力。这与 Yu 等[61]对内蒙古草原维管植物及 Li 等[62]对东北退化草原羊草叶片研究所得的结论相似。

4.2.4 植物氮、磷含量的影响因素

1. 植物氮、磷含量的相关性分析

为揭示 F 河 LF 段典型河岸带植物生态化学计量特征的影响因子，本小节分析三处典型河岸带植物生态化学计量特征与河岸带土壤因子的相关关系。根据表 4-8 的相关系数，对于自然河岸带，植物 TN 含量与土壤 pH、土壤碳氮含量比显著负相关($P<0.050$)，与土壤 TN 含量、土壤 TP 含量具有强正相关性，但不显著($P>0.050$)；植物 TP 含量与土壤 pH 极显著正相关($P<0.010$)，与土壤 TN 含量具有强正相关性，但不显著($P>0.050$)；植物氮磷含量比与土壤含水率、土壤容重、土壤孔隙度负相关，但不显著($P>0.050$)(表 4-9)。

表 4-8 Pearson 相关系数对照表

皮尔逊相关系数	相关性
0.800～1.000	极强相关
0.600～0.800	强相关
0.400～0.600	中等程度相关
0.200～0.400	弱相关
0.000～0.200	极弱相关或无相关
<0.000	负相关

表 4-9 自然河岸带植物生态化学计量特征与土壤因子的相关性

项目	土壤含水率	土壤 pH	土壤容重	土壤孔隙度	土壤有机碳含量	土壤 TN 含量	土壤 TP 含量	土壤碳氮含量比	土壤碳磷含量比	土壤氮磷含量比
植物 TN 含量	0.277	–0.858*	0.277	0.277	–0.223	0.713	0.647	–0.790*	–0.713	0.266
植物 TP 含量	0.528	0.896**	0.528	0.528	–0.145	0.613	0.593	–0.613	–0.559	0.164
植物氮磷含量比	–0.684	0.157	–0.684	–0.684	–0.279	0.225	0.150	–0.459	–0.418	0.216

注：*表示 $P<0.050$；**表示 $P<0.010$。

对于人工修复河岸带，植物 TN 含量与土壤 pH 呈负相关($P<0.050$)，与土壤碳氮含量比显著正相关($P<0.050$)、与土壤容重、土壤孔隙度、土壤 TN 含量具有强正相关性，但不显著($P>0.050$)；植物 TP 含量与土壤 pH、碳氮含量比、碳磷含量比负相关，但不显著($P>0.050$)；植物氮磷含量比与土壤 TN 含量显著正相关($P<0.050$)，与土壤 pH、土壤碳氮含量比负相关，但不显著($P>0.050$)(表 4-10)。

表 4-10　人工修复河岸带植物生态化学计量特征与土壤因子的相关性

项目	土壤含水率	土壤 pH	土壤容重	土壤孔隙度	土壤有机碳含量	土壤 TN 含量	土壤 TP 含量	土壤碳氮含量比	土壤碳磷含量比	土壤氮磷含量比
植物 TN 含量	0.499	−0.794*	0.620	0.620	−0.398	0.714	0.280	0.776*	−0.526	0.234
植物 TP 含量	0.457	−0.714	−0.353	−0.353	−0.507	0.543	0.348	−0.728	−0.628	0.006
植物氮磷含量比	0.144	−0.658	0.510	0.510	−0.158	0.831*	0.146	−0.719	−0.330	0.466

注：*表示 $P<0.050$。

对于强人工干扰河岸带，植物 TN 含量与土壤 pH 显著负相关($P<0.050$)，与土壤含水率、土壤容重、土壤孔隙度具有强正相关性，但不显著($P>0.050$)；植物 TP 含量与土壤 pH 极显著负相关($P<0.010$)，与土壤含水率、土壤容重、土壤孔隙度、土壤 TN 含量、土壤 TP 含量具有强正相关性，但不显著($P>0.050$)；植物氮磷含量比与土壤 TN 含量、土壤 TP 含量、土壤碳氮含量比极显著正相关($P<0.010$)，与土壤碳磷含量比显著正相关($P<0.050$)(表 4-11)。

表 4-11　强人工干扰河岸带植物生态化学计量特征与土壤因子的相关性

项目	土壤含水率	土壤 pH	土壤容重	土壤孔隙度	土壤有机碳含量	土壤 TN 含量	土壤 TP 含量	土壤碳氮含量比	土壤碳磷含量比	土壤氮磷含量比
植物 TN 含量	0.610	−0.851*	0.610	0.610	0.115	0.448	0.388	−0.370	−0.341	0.125
植物 TP 含量	0.629	−0.955**	0.629	0.629	0.118	0.703	0.712	−0.597	−0.518	0.137
植物氮磷含量比	−0.025	0.539	−0.025	−0.025	0.059	−0.880**	0.931**	0.938**	0.814*	−0.154

注：*表示 $P<0.050$；**表示 $P<0.010$。

土壤与植物是一个统一的整体，对于河岸带植物群落，水分条件是植物生长发育的重要因子[63]。F 河 LF 段三处典型河岸带近岸区域水分条件较好，土壤水分与养分含量相对较高，有利于植物群落生长，植物通过水分-养分耦合效应可以吸收更多养分，因此表现为三处典型河岸带植物 TN、TP 含量与土壤含水率均有正相关关系。随着与河岸距离增加，土壤水分、养分条件变差，使植物可获取的养分减少，进而导致植物 TN、TP 含量降低[64]。F 河 LF 段三处典型河岸带植物 TN、TP 含量与土壤 pH 有显著负相关关系，说明土壤 pH 对植物氮、磷吸收具有很大影响。人工修复河岸带土壤物理性质对植物 TN、TP 含量影响不显著，土壤化学特性与植物 TN、TP 含量具有强相关性，表明自然河岸带植物氮、磷元素分布受土壤氮、磷元素分布的影响更显著。土壤作为植物生长发育的基础，其化学特性的变化会直接影响植物群落的养分生态化学计量特征[65]。在人工修复河岸带及强人工干扰河岸带，土壤物理性质与植物 TN、TP 含量具有强相关性，而与土壤氮、磷元素的分布相关性较弱，证明 F 河 LF 段三处典型河岸带人为活动不仅对土壤养分元素的分布有影响[3]，而且会影响植物氮、磷元素的分布。

2. 土壤因子对植物生态化学计量特征的影响

本小节采用偏冗余分析方法定量评价 F 河 LF 段三处典型河岸带土壤特性因子对植物氮、磷含量的总解释比例和单独解释比例，如图 4-9 所示。对于自然河岸带，土壤 pH 和土壤碳氮含量比共同解释了河岸带植被氮、磷生态化学计量特征变化的 61.6%，土壤碳氮含量比的单独解释率(15.1%)在总解释率中的占比较土壤 pH(12.8%)高，土壤 pH 和土壤碳氮含量比的交互作用(33.7%)占比较大，说明两种因素对 F 河 LF 段典型河岸带植被氮、磷的共同影响较大。对于人工修复河岸带，土壤 pH 和土壤碳氮含量比、土壤 TN 含量共同解释了河岸带植被氮、磷生态化学计量特征变化的 79.4%，土壤 pH 的单独解释率(34.4%)在总解释率中占比最大，土壤 TN 含量、土壤碳氮含量比的单独解释率仅有 2.9%，且土壤 pH 和土壤 TN 含量、土壤碳氮含量比的共同解释率为 42.1%，占比最大，表明土壤 pH 和土壤 TN 含量、土壤碳氮含量比对该处河岸带植被氮、磷分布影响较大。对于强人工干扰河岸带，土壤 pH 和土壤 TN 含量、土壤 TP 含量共同解释了河岸带植被氮、磷生态化学计量特征变化的 48.2%，土壤 TN 含量、土壤 TP 含量的单独解释率(37.5%)在总解释率中的占比最大，土壤 pH 的单独解释率仅为 18.1%，且二者之间交互作用为负值(−7.4%)，表明土壤 pH 和土壤 TN 含量、土壤 TP 含量共同作用的效果要高于它们的边缘效应(marginal effects)之和。偏冗余分析结果表明，F 河 LF 段典型河岸带土壤 pH、土壤 TN 含量、土壤 TP 含量会对植物氮、磷生态化学计量特征产生显著影响，进一步证明 F 河 LF 段典型河岸带植物氮、磷含量与土壤 pH 有关。有研究表明，土壤酸碱化不仅对植物的生物量产生影响，还会对植物养分吸收产生影响[66]。

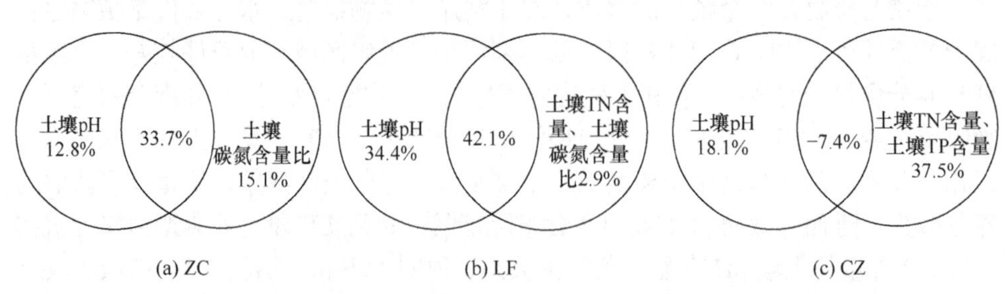

图 4-9　F 河 LF 段三处典型河岸带植物氮、磷生态化学计量特征与土壤因子偏冗余分析

4.3　典型河岸带对氮、磷的拦截率及其影响因素

河岸带作为水陆交界区域，具有水域和陆域双重属性，既包括单纯的生态内涵，也包括水利特性内涵。因此，对河岸带的研究应从这两方面全面开展。河岸带氮、磷含量的定量研究较少，这给河岸带生态系统建设、保护与管理造成了一定困难，使得河岸带保护建设具有片面性和盲目性。为了能够为河岸带建设提供统一的衡量标准，应该加强河岸带营养元素分布的定量研究。如何有效利用河岸带的缓冲效用，使其维持正常的生物动态平衡的开放性，需要明确河岸带生态系统中氮、磷元素的分布规律及其影响因素。本节通过分析、对比 F 河 LF 段三处典型河岸带对氮、磷的拦截作用及河水入渗过程中截留在河岸带中的氮、磷含量，明晰影响 F 河 LF 段三处典型河岸带氮、磷分布的相关因子，并在此基础上建立环境因子与河岸带氮、磷含量的回归模型，研究结果可为充分发挥河岸带的生态功能提供依据。

4.3.1　典型河岸带对氮、磷的拦截率

1. 氮、磷拦截的空间特性

F 河 LF 段三处典型河岸带 TN、TP 储量及拦截率如表 4-12 所示。对于自然河岸带，河岸带对 TN 的拦截效果表现为拦截河水污染的能力强于拦截面源污染的能力，河水污染拦截率为 68.974%。其中，土壤对河水污染的拦截量占 98.419%，河水污染拦截率为 68.924%；植物对河水污染的拦截量占 1.581%，河水污染拦截率为 72.249%。河岸带对 TP 的拦截效果也表现为拦截河水污染的能力强于拦截面源污染的能力，河水污染拦截率为 57.221%。其中，土壤对河水污染的拦截量占 99.890%，河水污染拦截率为 57.208%；植物对河水污染的拦截量占 0.110%，河水污染拦截率为 72.649%。

表 4-12　F 河 LF 段三处典型河岸带 TN、TP 储量及拦截率

采样地点	指标	A 点储量/(g/m^2)	B 点储量/(g/m^2)	C 点储量/(g/m^2)	D 点储量/(g/m^2)	E 点储量/(g/m^2)	拦截率(河水污染)/%	拦截率(面源污染)/%
ZC	土壤 TN	2014.678	2182.984	1781.620	1571.177	626.090	68.924	—
	植物 TN	30.880	51.827	36.905	38.809	8.570	72.249	—
	TN	2045.558	2234.811	1818.525	1609.986	634.660	68.974	—
	土壤 TP	1018.051	673.702	775.828	523.726	435.645	57.208	—
	植物 TP	0.881	1.232	0.618	0.639	0.241	72.649	—
	TP	1018.932	674.934	776.447	524.365	435.885	57.221	—

续表

采样地点	指标	A 点储量 /(g/m²)	B 点储量 /(g/m²)	C 点储量 /(g/m²)	D 点储量 /(g/m²)	E 点储量 /(g/m²)	拦截率(河水污染)/%	拦截率(面源污染)/%
LF	土壤 TN	2062.785	2412.733	1859.317	1272.948	1487.363	38.290	14.416
	植物 TN	47.767	61.050	27.755	12.444	9.101	80.948	—
	TN	2110.552	2473.783	1887.072	1285.392	1496.464	39.097	14.105
	土壤 TP	978.003	769.637	830.125	442.372	1049.505	54.768	57.849
	植物 TP	1.296	1.490	0.854	0.575	0.418	67.753	—
	TP	979.299	771.127	830.979	442.947	1049.923	54.769	57.811
CZ	土壤 TN	2457.223	2217.938	2198.018	1744.227	1292.380	47.405	—
	植物 TN	25.340	23.277	24.500	27.283	13.530	46.607	—
	TN	2482.563	2241.215	2222.518	1771.510	1305.910	47.397	—
	土壤 TP	1023.944	862.396	946.936	733.644	551.448	15.777	8.928
	植物 TP	1.002	0.656	0.809	0.715	0.242	34.546	18.931
	TP	1024.946	863.053	947.745	734.360	551.690	15.795	8.936

对于人工修复河岸带的 TN、TP，河岸带具有拦截河水污染及面源污染的双重作用。人工修复河岸带 TN 河水污染拦截率为 39.097%，面源污染拦截率为 14.105%。其中，土壤对河水污染的拦截量占 95.719%，河水污染拦截率为 38.290%，面源污染拦截率为 14.416%；植物对河水污染的拦截量占 4.281%，河水污染拦截率为 80.948%。人工修复河岸带 TP 河水污染拦截率为 54.769%，面源污染拦截率为 57.811%。其中，土壤对河水污染的拦截量占 99.866%，河水污染拦截率为 54.768%，面源污染拦截率为 57.849%；植物对河水污染的拦截量占 0.134%，河水污染拦截率为 67.753%。

对于强人工干扰河岸带，河岸带对 TN 的拦截效果表现为拦截河水污染的能力强于拦截面源污染的能力，河岸带对 TP 的拦截具有拦截河水污染和面源污染的双重作用。强人工干扰河岸带 TN 河水污染拦截率为 47.397%。其中，土壤对河水污染的拦截量占 98.996%，河水污染拦截率为 47.405%；植物对河水污染的拦截量占 1.004%，河水污染拦截率为 46.607%。强人工干扰河岸带 TP 河水污染的拦截率为 15.795%，面源污染拦截率为 8.936%。其中，土壤对河水污染的拦截量占 99.786%，河水污染拦截率为 15.777%，土壤对面源污染的拦截量占 99.819%，面源污染拦截率为 8.928%；植物对河水污染的拦截量占 0.214%，河水污染拦截率为 34.546%，植物对面源污染的拦截量占 0.181%，面源污染拦截率为 18.931%。

河岸带是一个相对独立的复合生态系统，具有四维边缘特征，包括纵向空间

(上游—下游)、横向空间(河床—河流平原)、垂向空间(河流—地下水)和时间变化(如河岸形态变化及河岸生物群落演替)四个方向的四维结构特征。作为河流水体富营养化的主要污染物及农业面源污染的主要元素，氮、磷可以通过河岸带截流作用进行控制。同时，河岸带是地表水和地下水之间的媒介，在地下水-河水交互作用过程中，氮、磷元素会通过物理、化学等作用截留在河岸带土壤中。本小节分析结果表明，F 河 LF 段三处典型河岸带对氮、磷的拦截作用以土壤作用为主，三处河岸带土壤对河水污染和面源污染的拦截量占比均大于植物，且均在 95%以上，而植物对河水污染和面源污染的拦截率更高。

河岸带主要通过沉积和渗透等作用实现对氮的拦截，地表径流中的污染物通过河岸带的过滤作用截留在土壤中，氮渗入土壤后，通过土壤吸附、植被同化、微生物固定和反硝化等一系列过程实现截留和转化。磷元素主要来源于岩石风化、侵蚀和溶解释放，枯落物返还及施肥，在河岸带土壤中，磷主要通过土壤吸附和植物拦截作用实现截留。土壤作为氮、磷元素的主要载体，可有效减少面源污染，土壤中毛管孔隙的虹吸作用可将水分中的污染物截留在土壤中。作为植物生长的主要营养元素，河岸带土壤中的氮、磷元素被植物吸收，这种作用可以改变土壤氮、磷元素的存在形态，将氮、磷元素转移至植物体内，并通过收割管理实现氮、磷元素的去除。有研究表明，人为因素干扰会对河岸带氮、磷元素分布产生一定影响。由于 F 河 LF 段三处典型河岸带紧邻河流水质较差的 F 河，在河水落干、淹水的干湿交替状态下，近岸处土壤和植物氮、磷含量均高于远岸处，三处典型河岸带对 TN、TP 的拦截效果表现为拦截河水污染的能力强于拦截面源污染的能力。人工修复河岸带和强人工干扰河岸带存在人为因素干扰(土壤夯实、农田耕作)，导致远岸处土壤性质、营养元素含量分布不同于近岸处，最终表现为拦截河水污染和面源污染的双重作用。

2. 氮、磷拦截的时间特性

F 河 LF 段三处典型河岸带不同时间 TN 储量及拦截率如表 4-13 所示。自然河岸带对 TN 的拦截效果表现为拦截河水污染的能力强于拦截面源污染的能力，近岸处 A 点 TN 储量大于远岸处 E 点，河水污染拦截率最高(76.802%)时期为平水期，河水污染拦截率为 58.527%～76.802%，随枯水期—平水期—丰水期推进，自然河岸带河水污染的拦截率表现为减小—增大—减小的趋势。人工修复河岸带对 TN 的拦截效果表现为拦截河水污染及面源污染的双重作用。其中，河水污染拦截率最高(58.694%)时期为丰水期，面源污染拦截率最高(31.647%)时期为 2019 年 10 月；河水污染拦截率为 18.173%～58.694%，面源污染拦截率为 6.162%～31.647%；除 2019 年 10 月和 11 月面源污染拦截率大于河水污染拦截率外，其余水期河水污染拦截率>面源污染拦截率；河水污染和面源污染拦截率整体表现为减小—增大—减小的趋势。强人工干扰河岸带对 TN 的拦截效果表现为拦截河水污染及面源污染的双重作用，河水污染拦截率(58.417%)、面源污染拦截率(62.744%)最高时期均为枯水期；河水污染拦截率为 15.450%～58.417%，面源污染拦截率为 10.145%～62.744%；除 2019 年 11 月河水污染拦截率<面源污染拦截率外，其余水期河水污染拦截率>面源污染拦截率；河水污染拦截率整体表现为增大—减小—增大—减小的趋势，面源污染拦截率表现为增大—减小—增大—减小—增大的趋势。

表 4-13　F 河 LF 段三处典型河岸带不同时间 TN 储量及拦截率

采样地点	采样时间	A 点储量/(g/m²)	B 点储量/(g/m²)	C 点储量/(g/m²)	D 点储量/(g/m²)	E 点储量/(g/m²)	拦截率(河水污染)/%	拦截率(面源污染)/%
ZC	2019.10	2337.324	3139.602	1664.206	1870.169	686.663	70.622	—
	2019.11	1655.117	2166.611	1855.237	1495.686	686.431	58.527	—
	2019.12	2438.582	2295.252	2184.433	1887.549	817.330	66.483	—
	2020.05	2014.719	1901.570	1807.728	1562.131	672.670	66.612	—
	2020.06	1981.170	1856.068	1751.867	1491.062	459.596	76.802	—
	2020.07	1771.464	1935.551	1545.301	1304.882	457.966	74.148	—
	2020.08	2120.526	2349.026	1920.901	1658.425	661.963	68.783	—
	平均值	2045.558	2234.811	1818.525	1609.986	634.660	68.974	—
LF	2019.10	1772.277	2120.142	1427.296	1922.252	2088.135	19.465	31.647
	2019.11	1956.593	2493.572	1601.026	2153.541	2325.713	18.173	31.160
	2019.12	2507.444	3011.634	2406.590	1170.120	1550.395	53.334	24.528
	2020.05	2071.233	2489.877	1975.217	953.583	1267.936	53.961	24.793
	2020.06	2056.952	2618.591	1864.370	909.133	1221.464	55.802	25.570
	2020.07	1989.670	2065.645	1777.247	821.853	875.826	58.694	6.162
	2020.08	2419.696	2517.022	2157.757	1067.259	1145.776	55.893	6.853
	平均值	2110.552	2473.783	1887.072	1285.392	1496.464	39.097	14.105
CZ	2019.10	2801.656	2655.547	1683.560	2130.561	1770.103	39.908	20.980
	2019.11	2134.812	2760.760	2196.081	887.719	2382.769	58.417	62.744
	2019.12	2996.438	2521.106	2808.188	2248.002	1039.497	15.863	10.223
	2020.05	2452.928	2073.960	2308.128	1852.982	844.570	15.450	10.145
	2020.06	2297.199	1763.419	2026.723	1688.993	832.550	23.236	12.992
	2020.07	2146.892	1769.721	2019.018	1610.277	1008.133	17.568	12.347
	2020.08	2548.015	2143.989	2515.927	1982.038	1263.748	15.856	14.783
	平均值	2482.563	2241.215	2222.518	1771.510	1305.910	47.397	—

F 河 LF 段三处典型河岸带不同时间 TP 储量及拦截率如表 4-14 所示。对于自然河岸带，除 2019 年 10 月表现为拦截河水污染及面源污染的双重作用外，其余水期均表现为对河水污染的拦截效果，河水污染拦截率最高(82.093%)时期为枯水期，河水污染拦截率为 49.098%～82.093%，整体表现为减小的趋势。人工修复河

岸带对 TP 的拦截效果表现为拦截河水污染及面源污染的双重作用，河水污染拦截率(82.325%)、面源污染拦截率(82.298%)最高时期均为平水期；河水污染拦截率为 19.852%～82.325%，面源污染拦截率为 26.569%～82.298%；除 2020 年 6 月河水污染拦截率略大于面源污染拦截率外，其余水期河水污染拦截率<面源污染拦截率；河水污染拦截率、面源污染拦截率均表现为先增大后减小的趋势。强人工干扰河岸带对 TP 的拦截效果也表现为拦截河水污染及面源污染的双重作用，河水污染拦截率(84.200%)、面源污染拦截率(85.471%)最高时期均为枯水期；河水污染拦截率为 23.167%～84.200%，面源污染拦截率为 21.993%～85.471%；除 2019 年 10 月和 11 月河水污染拦截率<面源污染拦截率外，其余水期河水污染拦截率>面源污染拦截率；河水污染拦截率、面源污染拦截率均表现为增大—减小—增大—减小的趋势。

表 4-14　F 河 LF 段三处典型河岸带不同时间 TP 储量及拦截率

采样地点	采样时间	A 点储量/(g/m²)	B 点储量/(g/m²)	C 点储量/(g/m²)	D 点储量/(g/m²)	E 点储量/(g/m²)	拦截率(河水污染)/%	拦截率(面源污染)/%
ZC	2019.10	1238.469	1300.832	630.400	1133.903	1366.561	49.098	53.870
	2019.11	651.733	600.385	718.380	416.772	116.705	82.093	—
	2019.12	991.806	533.626	758.312	383.352	299.984	69.754	—
	2020.05	1150.993	601.109	867.102	433.838	333.561	71.020	—
	2020.06	684.677	368.180	550.589	267.292	200.331	70.741	—
	2020.07	1047.235	552.048	817.527	417.635	283.593	72.920	—
	2020.08	1367.611	768.360	1092.815	617.764	450.464	67.062	—
	平均值	1018.932	674.934	776.447	524.365	435.885	57.221	—
LF	2019.10	854.627	1122.526	684.966	932.798	791.152	19.852	26.569
	2019.11	879.509	806.196	703.308	964.096	821.754	20.034	27.050
	2019.12	944.985	648.061	1027.114	205.449	1090.237	78.259	81.156
	2020.05	1073.923	728.154	822.174	221.575	1232.547	79.368	82.023
	2020.06	807.200	491.416	759.347	142.675	805.978	82.325	82.298
	2020.07	997.553	682.150	775.554	237.989	1137.913	76.143	79.085
	2020.08	1297.296	919.389	1044.390	396.046	1469.881	69.471	73.056
	平均值	979.299	771.127	830.979	442.947	1049.923	54.769	57.811
CZ	2019.10	1080.555	1514.056	830.222	1327.017	1173.462	23.167	37.437
	2019.11	969.550	884.373	1054.447	153.187	1054.333	84.200	85.471
	2019.12	952.442	663.333	850.347	578.274	204.099	30.355	21.993
	2020.05	1089.398	748.797	969.855	646.757	221.287	31.265	22.793

续表

采样地点	采样时间	A 点储量 /(g/m^2)	B 点储量 /(g/m^2)	C 点储量 /(g/m^2)	D 点储量 /(g/m^2)	E 点储量 /(g/m^2)	拦截率(河水污染)/%	拦截率(面源污染)/%
CZ	2020.06	681.673	459.964	595.924	408.754	204.322	32.524	22.815
	2020.07	1039.038	749.333	1005.239	868.638	408.626	27.882	25.457
	2020.08	1361.967	1021.512	1328.181	1157.890	595.700	24.997	23.089
	平均值	1024.946	863.053	947.745	734.360	551.690	15.795	8.936

影响河岸带氮、磷元素分布规律的因素众多，如河岸带土壤特性、植被种类、植被生物量、季节变化及人为因素等。F 河 LF 段三处典型河岸带氮、磷含量的时间分布特征与土壤氮、磷含量的时间分布特征相似，自然河岸带对 TN、TP 的拦截效果均表现为拦截河水污染的能力强于拦截面源污染的能力，人工修复河岸带及强人工干扰河岸带具有拦截河水污染及面源污染的双重作用，河水污染拦截率和面源污染拦截率的差异体现在植物吸收的部分，进一步证明 F 河 LF 段三处典型河岸带对氮、磷的拦截作用以土壤作用为主。

对于自然河岸带，季节变化使土壤氮、磷含量变化，加之河流季节性的落干、淹没，近岸处土壤 TN、TP 含量较高。虽然植物 TN、TP 吸收量与植物分布、种类及生物量相关，但研究区域河岸带对氮、磷的拦截作用主要体现在土壤方面，因此其变化规律及影响因素与土壤相似。对于人工修复河岸带，远岸处土壤经过夯实，土壤 TN、TP 含量较高，但季节变化导致河水入渗作用更强烈，使得丰水期河水污染拦截率最高；入渗作用在初次采样时(平水期)不明显，且秋季植被还处于生长后期，具有一定的拦截作用，使得 TN 拦截率(面源污染)在采样初期最高。对于强人工干扰河岸带，其表现拦截效果的原因与人工修复河岸带相似。

由以上分析可知，F 河 LF 段三处典型河岸带土壤 TN 含量与河流水质有一定的相关关系，河水中的 TN 会通过入渗作用进入河岸带土壤，并随壤间水逐步向远岸处渗透。河岸带土壤机械组成实验结果表明，F 河 LF 段三处典型河岸带土壤主要以粉砂为主，具有透水性。在地表水补给地下水的入渗过程中，地表水会以各种复杂的物理、化学、生物方式与周围环境相互作用，产生不同的环境效应。自然河岸带未受人为因素干扰且无农田施肥产生的面源污染，河流水体入渗作用较拦截面源污染的作用更为明显。人工修复河岸带远岸处土壤经人工修整、压实，紧实度增大，使得远岸处土壤 TN 含量更高。根据水文站水质监测数据，枯水期 F 河河水 TN 含量较高，地表水在枯水期会补充地下水，水体入渗过程较为缓慢，水分与溶质运移具有滞后性，因此 2019 年 12 月后近岸处土壤 TN 累积浓度较高，人工修复河岸带远岸处也无农田干扰，表现为河水污染拦截率>面源污染拦截率。强人工干扰河岸带总体表现为河水污染拦截率>面源污染拦截率，其远岸处为农田，种植作物为小麦，土壤 TN 含量高于自然河岸带和人工修复河岸带，但由于入渗作用影响，近岸处土壤 TN 含量更高，表现为河水污染拦截率>面源污染拦截率。三处典型河岸带土壤 TN 的河水污染拦截率>面源污染拦截率，表明在 F 河河岸带河流入渗影响比面源污染影响为更强烈。

F 河 LF 段三处典型河岸带土壤 TP 的河水污染及面源污染拦截率与土壤 TN 有所不同。已有研究表明，氮、磷元素在土壤中的迁移距离表现为硝态氮>铵态氮>速效钾，硝化作用对氮的迁移影响较大，土壤含水率对速效磷的迁移影响较大。自然河岸带土壤对 TN 的拦截效果表现为拦截河水污染的能力强于拦截面源污染的能力，而 TP 表现为拦截河水污染和面源污染的双重作用。因为氮元素在土壤中的迁移距离大于磷元素，所以土壤对 TN 拦截河水污染的能力强于拦截面源污染的能力。磷元素作为该地区的限制性元素，本身含量较氮元素少，且迁移距离也较短，因此会表现为拦截河水污染和面源污染的双重效果。人工修复河岸带土壤 TP 表现为面源污染拦截率 > 河水污染拦截率，不同于土壤 TN 的河水污染拦截率>面源污染拦截率。人工修复河岸带远岸处土壤紧实度增大，使得磷在其中的移动速度增加，因此表现为土壤 TP 的面源污染拦截率更高。强人工干扰河岸带土壤 TP 与土壤 TN 拦截河水污染和面源污染的作用相似，均表现为河水污染拦截率>面源污染拦截率(除 2019 年 10 月和 11 月)，表明农业活动干扰强度弱于河流入渗作用。

4.3.2　典型河岸带氮、磷分布的影响因素

F 河 LF 段三处典型河岸带 TN、TP 含量与环境因子的 RDA 结果如图 4-10～图 4-12 所示，箭头之间夹角的余弦值代表了变量间的相关程度，余弦值越大，表示相关性越强；箭头方向代表相关性的正负，同向表示正相关，异向表示负相关，垂直则代表不相关。自然河岸带 TN、TP 含量的 RDA 结果如图 4-10 所示，河岸带 TN 含量与河水 TN 含量、降雨量正相关，与土壤含水率、土壤 pH、土壤有机碳含量、土壤碳氮含量比、土壤碳磷含量比、土壤氮磷含量比、植物生物量负相关，河岸带 TN 含量与河水 TN 含量相关性较大；河岸带 TP 含量与降雨量、河流水量、河流水面蒸发量、土壤含水率、植物生物量正相关，与土壤 pH、土壤有机碳含量、土壤碳氮含量比、土壤碳磷含量比、土壤氮磷含量比、河水 TP 含量负相关，河岸带 TP 含量与降雨量相关性较大。

人工修复河岸带 TN、TP 含量的 RDA 结果如图 4-11 所示，河岸带 TN 含量与土壤 pH、土壤有机碳含量、土壤碳氮含量比、土壤碳磷含量比、土壤氮磷含量比、河水流量及降雨量正相关，与河水 TN 含量、河流水面蒸发量、植物生物量

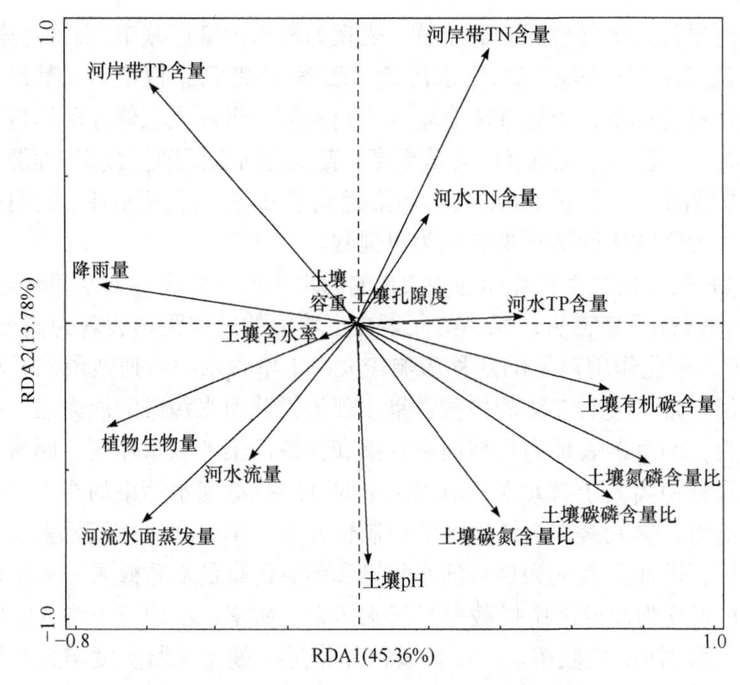

图 4-10　自然河岸带 TN、TP 含量 RDA 结果

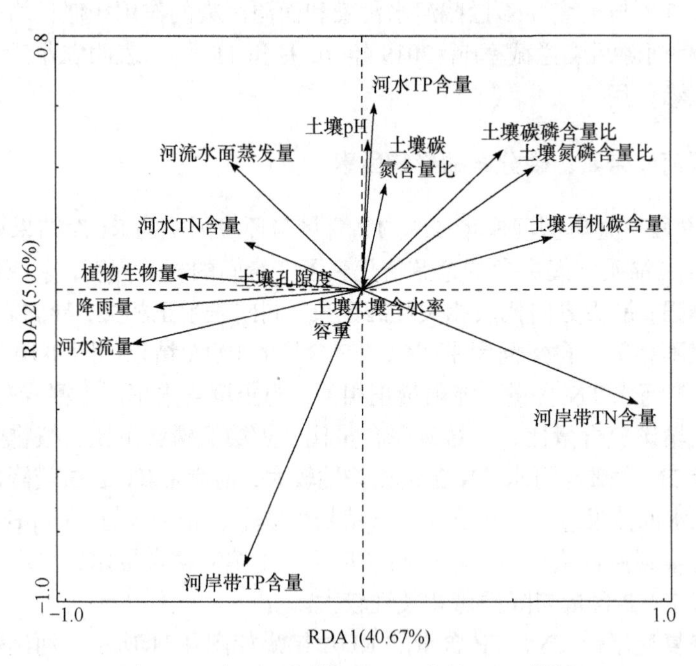

图 4-11　人工河岸带 TN、TP 含量 RDA 结果

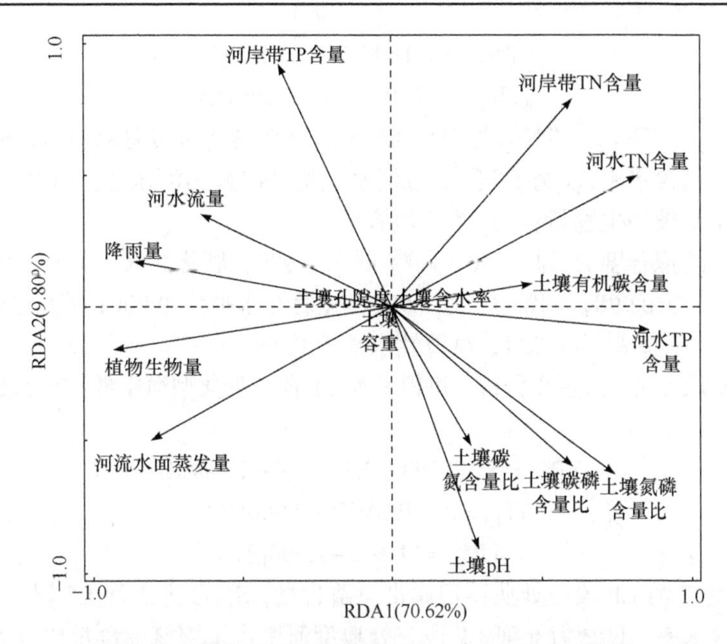

图 4-12　强人工干扰河岸带 TN、TP 含量 RDA 结果

负相关，河岸带 TN 含量与土壤有机碳含量相关性较大；河岸带 TP 含量与河水流量、降雨量、植物生物量、河流水面蒸发量正相关，与河水 TP 含量、土壤 pH、土壤有机碳含量、土壤碳氮含量比、土壤碳磷含量比、土壤氮磷含量比负相关，河岸带 TP 含量与河水流量相关性较大。

强人工干扰河岸带 TN、TP 含量的 RDA 结果如图 4-12 所示，河岸带 TN 含量与河水 TN 含量、河水流量、降雨量、土壤有机碳含量正相关，与植物生物量、河水蒸发量、土壤 pH、土壤碳氮含量比、土壤碳磷含量比、土壤氮磷含量比负相关，河岸带 TN 含量与河水 TN 含量相关性较大；河岸带 TP 含量与河水流量、降雨量、土壤有机碳含量正相关，与河水 TP 含量、植物生物量、河水蒸发量、土壤 pH、土壤碳氮含量比、土壤碳磷含量比、土壤氮磷含量比负相关，河岸带 TP 含量与河水流量相关性较大。

4.3.3　典型河岸带氮、磷含量与土壤及水文特性的响应关系

由上述分析可知，F 河 LF 段三处典型河岸带 TN、TP 含量与土壤特性、河流水文特性具有相关关系，为进一步揭示各因子对 F 河 LF 段三处典型河岸带 TN、TP 含量的响应关系，对 RDA 的环境因子进行多元线性逐步回归分析，其结果如下。

根据多元线性回归逐步分析，可得 F 河 LF 段三处典型河岸带 TN 含量的回归方程为

$$TN_{ZC} = 1.4281gWTN+0.139P\text{-biomass} \tag{4-1}$$

$$TN_{LF} = 6.160SWC - 0.106Q \tag{4-2}$$

$$TN_{CZ} = 0.130WTN + 0.296BD \tag{4-3}$$

式中，TN_{ZC}、TN_{LF}、TN_{CZ}为F河LF段三处典型河岸带总氮含量；SWC为典型河岸带土壤含水率；Q为F河LF段河水流量；WTN为河水总氮含量；P-biomass为典型河岸带植物生物量；BD为土壤容重。

式(4-1)的拟合度R^2为1.000，调整R^2为0.999，显著性水平为0.000；式(4-2)的拟合度R^2为0.998，调整R^2为0.996，显著性水平为0.000；式(4-3)的拟合度R^2为0.996，调整R^2为0.994，显著性水平为0.000。

根据多元线性回归逐步分析，可得F河LF段三处典型河岸带TP含量的回归方程为

$$TP_{ZC} = 5.378BD - 0.311N/P - 1.039pH \tag{4-4}$$

$$TP_{LF} = 5.889SWC - 0.006C/P \tag{4-5}$$

$$TP_{CZ} = 14.143 - 1.903pH \tag{4-6}$$

式中，TP为F河LF段三处典型河岸带总磷含量；SWC为F河LF段三处典型河岸带土壤含水率；N/P为F河LF段三处典型河岸带土壤氮磷含量比；C/P为F河LF段三处典型河岸带土壤碳磷含量比。

式(4-4)的拟合度R^2为0.991，调整R^2为0.985，显著性水平为0.000；式(4-5)的拟合度R^2为0.998，调整R^2为0.997，显著性水平为0.000；式(4-6)的拟合度R^2为0.915，调整R^2为0.898，显著性水平为0.001。

图4-13为实测值与回归方程的预测值对比，过原点的45°直线表示实测值和预测值完全吻合，虚线表示预测值与实测值误差的绝对值为10%，由此可知，预测值基本位于10%误差范围内，预测值与实测值基本吻合，证明回归方程的拟合度较好。

由式(4-1)～式(4-6)可知，自然河岸带、强人工干扰河岸带TN含量与河水TN含量具有响应关系，人工修复河岸带TN含量与河水水质无关，TP含量与河水水质也无关，与前面小节研究结论相似。F河LF段三处典型河岸带TN、TP含量与土壤特性、河流水文特性的响应关系，进一步证明河水水质会对F河LF段三处

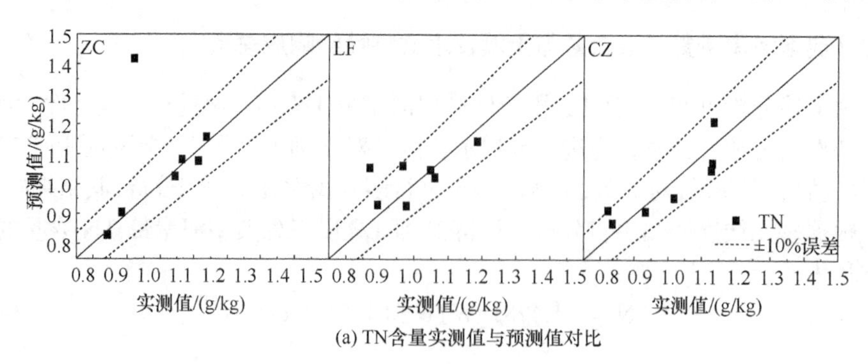

(a) TN含量实测值与预测值对比

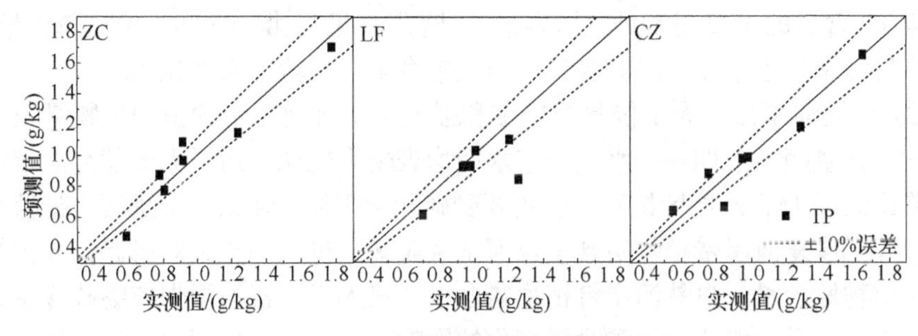

(b) TP含量实测值与预测值对比

图 4-13　TN、TP 含量实测值与预测值对比

典型河岸带氮储量产生一定程度的影响，由于 F 河 LF 段三处典型河岸带土壤磷属于限制性元素，且含量较低，受河流水质影响不明显。已有研究表明，土壤水分渗透性对土壤中溶质的迁移具有一定影响，进而影响土壤溶质的分布规律，与回归方程结论相似。

4.4　本 章 小 结

本章以 F 河 LF 段三处典型河岸带为研究对象，于 2019 年 10 月～2020 年 8 月采集三处典型河岸带土壤及植物样品，结合现场采样及数值模拟方法，对 F 河 LF 段典型河岸带氮、磷分布时空规律进行研究，探讨 F 河 LF 段三处典型河岸带植被氮、磷的影响因素。分析、对比 F 河 LF 段三处典型河岸带对氮、磷的拦截作用及河水入渗过程中截留在河岸带中的氮、磷含量，探明河水入渗作用强度，明晰影响 F 河 LF 段三处典型河岸带氮、磷分布的相关因子，并在此基础上建立环境因子与河岸带氮、磷含量的回归模型。主要结论如下。

(1) F 河 LF 段三处典型河岸带土壤 TN、TP 含量为人工修复河岸带>强人工干扰河岸带>自然河岸带，土壤碳氮含量比、碳磷含量比、氮磷含量比均为自然河岸带>强人工干扰河岸带>人工修复河岸带。各水期 F 河 LF 段三处典型河岸带土壤氮、磷的变异系数表现为自然河岸带>强人工干扰河岸带>人工修复河岸带，自然河岸带土壤氮、磷元素的生态化学计量存在弱稳态性。河岸带土壤氮、磷含量随季节变化具有较强的时空异质性，随枯水期—平水期—丰水期表现为先减小后增大的趋势，各水期 F 河河岸带紧邻河岸部分土壤氮、磷含量高于远岸部分；土壤深度方向上氮、磷含量均随土壤深度的增加而减小，在表层土壤的空间差异性较小，深层土壤空间差异性较大。对于自然河岸带和强人工干扰河岸带，土壤 TN、TP 含量与土壤特性和河流水文特性具有较强相关性，影响河岸带土壤 TN 含量的主要因素是土壤容重、土壤孔隙度、河流水面蒸发量和河水 TN 含量，影响河岸带土壤 TP 含量的主要因素是土壤容重、土壤孔隙度、土壤 pH 和土壤氮磷含量比。人工修复河岸带土壤 TN、TP 含量仅与土壤容重、土壤含水率相关。

(2) 自然河岸带、人工修复河岸带和强人工干扰河岸带的植物生物量及植物 TN、TP 含量随枯水期—平水期—丰水期均表现为先减小后增大的趋势。植物氮磷含量比大于 16，该地区植物生长主要受磷元素限制。强人工干扰河岸带植物氮含量、人工修复河岸带植物磷含量及河岸带氮磷含量比存在绝对稳态；人工修复河岸带植物氮含量、自然河岸带植物磷含量、强人工干扰河岸带植物磷含量属于敏感态指标，受土壤相应元素含量变化的影响较大，而自然河岸带植物氮含量则属于弱敏感态指标；河岸带植被氮元素的内稳性表现为自然河岸带>人工修复河岸带，河岸带植被磷元素的内稳性表现为自然河岸带>强人工干扰河岸带。河岸带植物 TN 含量与土壤 pH 显著负相关($P<0.05$)，自然河岸带和强人工干扰河岸带的植物 TP 含量与土壤 pH 极显著负相关($P<0.01$)。土壤 pH、TN 含量、TP 含量较好地解释了河岸带植物氮、磷生态化学计量特征的变化；自然河岸带和人工修复河岸带土壤 pH 和土壤 TN 含量、碳氮含量比对植物氮、磷含量的交互作用较为明显，强人工干扰河岸带土壤 TN 含量、TP 含量对于植物氮、磷含量的作用较为明显。

(3) 由于人为因素干扰，在 F 河 LF 段三处典型河岸带中，人工修复河岸带和强人工干扰河岸带 TN、TP 表现为拦截河水污染及面源污染的双重效果，自然河岸带拦截河水污染的能力强于拦截面源污染的能力。自然河岸带 TN、TP 河水污染拦截率分别为 68.974%、57.221%；人工修复河岸带 TN 河水污染拦截率和面源污染拦截率分别为 39.097%、14.105%，TP 的河水污染拦截率和面源污染拦截率分别为 54.769%、57.811%；强人工干扰河岸带 TN 的河水污染拦截率为 47.397%，TP 的河水污染拦截率和面源污染拦截率分别为 15.795%、8.936%。河岸带土壤对河水污染拦截量及面源污染拦截量占比均大于植物，而植物的河水污染及面源污染拦截率更高。河岸带 TN 含量与河岸带土壤含水率、河水流量和河水 TN 含量具有响应关系，河岸带 TP 与河岸带土壤含水率和土壤碳磷含量比具有响应关系，河岸带土壤特性、河流水文特性对河岸带 TN、TP 含量具有显著影响。

参考文献

[1] 杨春璐，马溪平，侯伟，等. 南芬细河河岸带土壤理化性质分析[J]. 科技导报, 2012, 30(3): 61-66.

[2] 何斌，李青，刘勇. 草海国家级自然保护区华山松群落特征及物种多样性研究[J]. 热带亚热带植物学报, 2020, 28(1): 44-52.

[3] 李雪盈，濮励杰，许艳，等. 江苏沿海典型滩涂围垦区土壤有机碳时空异质性[J]. 土壤, 2020, 52(2): 365-371.

[4] 高凤杰，马泉来，张志民，等. 黑土区小流域土壤氮素空间分布及主控因素研究[J]. 环境科学学报, 2016, 36(8): 2990-2999.

[5] 尚玉昌. 普通生态学[M]. 2 版. 北京：北京大学出版社, 2002.

[6] TIAN H, CHEN G, ZHANG C, et al. Pattern and variation of C∶N∶P ratios in China's soils: A synthesis of

observational data[J]. Biogeochemistry, 2010, 98(1-3): 139-151.
[7] 林丽, 张法伟, 李以康, 等. 高寒矮嵩草草甸退化过程土壤碳氮储量及 C/N 化学计量学特征[J]. 中国草地学报, 2012, 34(3): 42-47.
[8] 王建林, 钟志明, 王忠红, 等. 青藏高原高寒草原生态系统土壤碳磷比的分布特征[J]. 草业学报, 2014, 23(2): 9-19.
[9] GÜSEWELL S, KOERSELMAN W, VERHOEVEN J T A. Biomass N：P ratios as indicators of nutrient limitation for plant populations in wetlands[J]. Ecological Applications, 2003, 13(2):372-384.
[10] 刘蝴蝶, 李晓萍, 赵国平, 等. 山西主要耕作土壤肥力现状及变化规律[J]. 山西农业科学, 2010, 38(1): 73-77.
[11] 吴鹏, 崔迎春, 赵文君, 等. 喀斯特森林植被自然恢复过程中土壤化学计量特征[J]. 北京林业大学学报, 2019, 41(3): 80-92.
[12] 王维奇, 仝川, 贾瑞霞, 等. 不同淹水频率下湿地土壤碳氮磷生态化学计量学特征[J]. 水土保持学报, 2010, 24(3): 238-242.
[13] LI H, CHI Z, LI J, et al. Bacterial community structure and function in soils from tidal freshwater wetlands in a Chinese delta: Potential impacts of salinity and nutrient[J]. Science of the Total Environment, 2019, 696: 134029.
[14] GENG Y, WANG D, YANG W. Effects of different inundation periods on soil enzyme activity in riparian zones in Lijiang[J]. Catena, 2017, 149(1):19-27.
[15] WANG S J, CAO Z L, LI X Y, et al. Spatial-seasonal variation of soil denitrification under three riparian vegetation types around the Dianchi Lake in Yunnan, China[J]. Environmental Science: Processes & Impacts, 2013, 15(5): 963-971.
[16] 李锐, 牛江波, 杨超, 等. 长江上游江津段河岸带对陆源氮磷的拦截作用研究[J]. 西南大学学报(自然科学版), 2017, 39(10): 11-19.
[17] QU H, JIA G, LIU X, et al. Soil extracellular enzymatic stoichiometry along a hydrologic gradient of hillslope riparian zone of the three gorges reservoir[J]. Soil Science Society of America Journal, 2019, 83(5):1575-1584.
[18] SIMONE H, GAÉTAN G, DANIEL H. Influence of surface water-groundwater interactions on the spatial distribution of pesticide metabolites in groundwater[J]. Science of the Total Environment, 2020, 733, 139109.
[19] 尹逊霄, 华珞, 张振贤, 等. 土壤中磷素的有效性及其循环转化机制研究[J]. 首都师范大学学报(自然科学版), 2005, (3): 95-101.
[20] 牛江波. 长江上游江津段德感坝河岸带对氮磷的拦截作用研究[D]. 重庆: 西南大学, 2014.
[21] WANG S Y, WANG W D, ZHAO S Y, et al. Anammox and denitrification separately dominate microbial N-loss in water saturated and unsaturated soils horizons of riparian zones[J]. Water Research, 2019, 162: 139-150.
[22] QIAN J, SHEN M, WANG P, et al. Fractions and spatial distributions of agricultural riparian soil phosphorus in a small river basin of Taihu area, China[J]. Chemical Speciation & Bioavailability, 2017, 29(1): 33-41.
[23] 王育来, 孙即梁, 杨长明, 等. 河岸带土壤溶解性有机质垂直分布特征及其性质研究[J]. 农业环境科学学报, 2013, 32(12): 2413-2421.
[24] 李阳, 裴志永, 秦伟, 等. 区域性皆伐抚育作业对沙柳林地土壤养分空间异质性的影响[J]. 科学技术与工程, 2016, 16(18): 161-165.
[25] 钱进, 郑浩, 朱月明, 等. 干湿交替对河岸带环境效应的影响机制研究进展[J]. 水利水电科技进展, 2016, 36(1): 11-15, 22.
[26] RAO S M, REVANASIDDAPPA K. Influence of cyclic wetting drying on collapse behaviour of compacted residual soil[J]. Geotechnical and Geological Engineering, 2006, 24(3): 725-734.
[27] 辛星. 干湿交替作用下鄱阳湖湿地土壤氮磷变化特征模拟研究[D]. 开封: 河南大学, 2017.
[28] 钱进, 沈蒙蒙, 王沛芳, 等. 河岸带土壤磷素空间分布及其对水文过程响应[J]. 水科学进展, 2017, 28(1): 41-48.
[29] 王明. 干湿交替驱动下土壤微生物量及 N_2O 变化规律[D]. 北京: 中国农业科学院, 2013.
[30] 黄传琴, 邵明安. 干湿交替过程中土壤胀缩特征的实验研究[J]. 土壤通报, 2008, 39(6): 1243-1247.

[31] DONG N M, BRANDT K K, SØRENSEN J, et al. Effects of alternating wetting and drying versus continuous flooding on fertilizer nitrogen fate in rice fields in the Mekong Delta, Vietnam[J]. Soil Biology and Biochemistry, 2012, 47: 166-174.

[32] 夏建国, 仲雨猛, 曹晓霞. 干湿交替条件下土壤磷释放及其与土壤性质的关系[J]. 水土保持学报, 2011, 25(4): 237-242, 248.

[33] NORRIS V. The use of buffer zones to protect water quality: A review[J]. Water Resources Management, 1993, 7: 257-272.

[34] 钱进, 王超, 王沛芳, 等. 坡度对入渗河岸带表土层氮素截留效果的影响[J]. 河海大学学报(自然科学版), 2011, 39(5): 489-493.

[35] 孟亦奇, 吴永波, 朱颖, 等. 利用河岸缓冲带去除径流水中氮的研究[J]. 湿地科学, 2016, 14(4): 532-537.

[36] 何聪, 刘璐嘉, 王苏胜, 等. 不同宽度草皮缓冲带对农田径流氮磷去除效果研究[J]. 水土保持研究, 2014, 21(4): 55-58.

[37] 程昌锦, 张建, 雷刚, 等. 湖北丹江口库区滨水植被缓冲带氮磷截留效应[J]. 林业科学, 2020, 56(9): 12-20.

[38] 闫钰, 董艳红, 汤洁, 等. 东新开河岸边植被缓冲带对雨水径流中典型污染物截留效果试验[J]. 环境工程, 2020, 38(9): 139-144.

[39] 郭二辉, 方晓, 马丽, 等. 河岸带农田不同恢复年限对土壤碳氮磷生态化学计量特征的影响——以温榆河为例[J]. 生态学报, 2020, 40(11): 3785-3794.

[40] YOUNG E O, ROSS D S. Total and labile phosphorus concentrations as influenced by riparian buffer soil properties[J]. Journal of Environmental Quality, 2016, 45(1): 294-304.

[41] 梁士楚, 苑晓霞, 卢晓明, 等. 漓江水陆交错带土壤理化性质及其分布特征[J]. 生态学报, 2019, 39(8): 2752-2761.

[42] LI S L, GANG D G, ZHAO S J, et al. Response of ammonia oxidation activities to water-level fluctuations in riparian zones in a column experiment[J]. Chemosphere, 2021, 269: 128702.

[43] CZORTEK P, DYDERSKI M K, JAGODZIŃSKI A M. River regulation drives shifts in urban riparian vegetation over three decades[J]. Urban Forestry & Urban Greening, 2020, 47: 126524.

[44] 王琼, 范康飞, 范志平, 等. 河岸缓冲带对氮污染物削减作用研究进展[J]. 生态学杂志, 2020, 39(2): 665-677.

[45] 周子尧, 吴永波, 余昱莹, 等. 河岸杨树人工林缓冲带对径流水中磷素截留效果的研究[J]. 南京林业大学学报(自然科学版), 2019, 43(2): 100-106.

[46] 周跃. 土壤植被系统及其坡面生态工程意义[J]. 山地学报, 1999, 17(3): 33-38.

[47] 杨晓娟, 李春俭. 机械压实对土壤质量、作物生长、土壤生物及环境的影响[J]. 中国农业科学, 2008, 41(7): 2008-2015.

[48] DISE N B, MATZNER E, FORSIUS M. Evaluation of organic horizon C∶N ratio as an indicator of nitrate leaching in conifer forests across Europe[J]. Environmental Pollution, 1998, 102(1): 453-456.

[49] CLEVELAND C C, LIPTZIN D. C∶N∶P stoichiometry in soil: Is there a "redfield ratio" for the microbial biomass?[J]. Biogeochemistry, 2007, 85(3): 235-252.

[50] KOERSELMAN W, MEULEMAN A M F. The vegetation N∶P ratio: A new tool to detect the nature of nutrient limitation[J]. Journal of Applied Ecology, 1996, 33(6); 1141-1450.

[51] 金相灿, 颜昌宙, 许秋瑾. 太湖北岸湖滨带观测场水生植物群落特征及其影响因素分析[J]. 湖泊科学, 2007, 19(2): 151-157.

[52] 贺纪正, 陆雅海, 傅伯杰. 土壤生物学前沿[M]. 北京: 科学出版社, 2014.

[53] GRUBER B R, SCHULTZ H R. Coupling of plant to soil water status at different vineyard sites[J]. Acta Hortic, 2005, 689: 381-389.

[54] 高宗宝. 呼伦贝尔草甸草原优势植物碳氮磷化学计量特征对氮磷添加的响应[D]. 北京: 中国科学院大学, 2016.

[55] YANG Y H, LUO Y Q, LU M, et al. Terrestrial C∶N stoichiometry in response to elevated CO_2 and N addition: A

synthesis of two meta-analyses[J]. Plant and Soil, 2011, 343(1): 393-400.

[56] GÜSEWELL S. N : P ratios in terrestrial plants: Variation and functional significance[J]. New Phytologist, 2004, 164(2): 243-266.

[57] YU Q, CHEN Q S, ELSER J J, et al. Linking stoichiometric homeostasis with ecosystem structure, functioning, and stability[J]. Ecology Letters, 2010,13(11): 1390-1399.

[58] ELSER J J, FAGAN W F, KERKHOFF A J, et al. Biological stoichiometry of plant production: Metabolism, scaling and ecological response to global change[J]. New Phytologist, 2010, 186(3): 593-608.

[59] STERNER R W, ELSER J J. Ecological stoichiometry: The biology of elements from molecules to the bIOSphere[M]. Princeton: Princeton University Press, 2002.

[60] 陈婵, 张仕吉, 李雷达, 等. 中亚热带植被恢复阶段植物叶片、凋落物、土壤碳氮磷化学计量特征[J]. 植物生态学报, 2019, 43(8): 658-671.

[61] YU Q, ELSER J J, HE N P, et al. Stoichiometric homeostasis of vascular plants in the Inner Mongolia grassland[J]. Oecologia, 2011, 166(1): 1-10.

[62] LI Y F, LI Q Y, GUO D Y, et al. Ecological stoichiometry homeostasis of Leymus Chinensis in degraded grassland in western Jilin Province, NE China[J]. Ecological Engineering, 2016, 90: 387-391.

[63] 赵从举, 康慕谊, 雷加强. 准噶尔盆地典型地段植物群落及其与环境因子的关系[J]. 生态学报, 2011, 31(10): 2669-2677.

[64] ZHANG X L, ZHOU J H, GUAN T Y, et al. Spatial variation in leaf nutrient traits of dominant desert riparian plant species in an arid inland river basin of China[J]. Ecology and Evolution, 2019, 9(3): 1523-1531.

[65] 袁建钰, 李广, 闫丽娟, 等. 黄土高原不同灌水量下春小麦土壤与植物碳氮磷含量及其化学计量比特征[J]. 草业科学, 2020, 37(9): 1803-1812.

[66] 张静静. 土壤酸碱度调控对内蒙古草原植被群落及养分特征的影响[D]. 杨凌: 西北农林科技大学, 2020.

第5章　F河下游硝酸盐污染源解析

5.1　无机氮特征及硝酸盐污染源初步解析

在F河下游水体中，氮素污染是较为严重的问题。2015年，F河下游LF、CZ断面水质级别为劣V类，其中LF断面氨氮超标7.4倍，CZ断面氨氮超标6.3倍。尤为严重的是，2017年F河下游水中NO_3^--N浓度变化范围为10.35～16.29mg/L，平均值13.74mg/L，均超出了《地表水环境质量标准》(GB 3838—2002)中标准限值(10mg/L)。本章对F河下游的17个采样点水样中NO_3^--N、NO_2^--N、NH_4^+-N特征分布及9个样点(城镇下游及干、支交汇后的采样点)周边土地利用类型进行了调研分析。两次的样品中，NH_4^+-N浓度均高于V类水标准(≤6.0mg/L)，78%水样中NO_3^--N浓度超出了10mg/L，并且NO_3^--N是F河下游流域无机氮主要的存在方式。河流两岸的土地利用类型较大程度影响河流的水质。例如，城镇、农村的生活污水排放会严重影响河流水质，农业用地中的化肥(氮肥)可以随着降雨一起汇流到河流，引起水体中NO_2^--N的变化。土地利用类型对河流水质的影响通常存在一定的依赖性和区位差异性。由于城镇上下游及干支流交汇处采样点空间距离较近，本章主要在分析无机氮时空特征分布的基础上，分析F河下游流域内不同空间的土地利用类型(2km、5km缓冲区尺度)与城镇下游及干、支交汇后采样点(M2、M4、M6、M8、M10、M12、M14、M16、M17)的相关性，为F河下游硝酸盐污染源的初步界定提供一定的理论依据。

5.1.1　无机氮分布特征

在F河下游流域水体中，总氮中除含有NO_3^--N、NH_4^+-N以外，还有悬浮质泥粒结合态氮、溶解于水中的气态氮(如N_2、N_2O)及有机态氮等，主要是以NO_3^--N、NH_4^+-N等无机氮的形态存在。本小节对F河下游流域干流17个采样点NO_3^--N、NH_4^+-N、NO_2^--N的特征分布进行研究分析，总氮的输出形式以NO_3^--N为主(表5-1)。2018年7月(丰水期)，NO_3^--N平均浓度为11.03mg/L，12月(枯水期) NO_3^--N平均浓度为11.93mg/L；NH_4^+-N平均浓度在2018年7月(丰水期)为7.85mg/L，12月(枯水期)为7.79mg/L；两次样品中NO_3^--N是F河下游流域无机氮主要的存在方式，均占60%以上。

表 5-1　不同采样点水体水质指标分析

采样点	水温/℃		pH		DO 浓度/(mg/L)		NO_3^--N 浓度/(mg/L)		NO_2^--N 浓度/(mg/L)		NH_4^+-N 浓度/(mg/L)		TN 浓度/(mg/L)	
	7 月	12 月	7 月	12 月	7 月	12 月	7 月	12 月	7 月	12 月	7 月	12 月	7 月	12 月
M1	26.42	4.42	7.36	7.56	8.20	7.85	10.23	12.80	0.58	0.85	7.78	5.23	27.56	27.23
M2	26.58	4.58	7.30	7.45	7.59	7.63	11.21	13.02	0.62	0.87	7.81	6.81	28.52	28.60
M3	25.78	4.78	7.59	7.89	8.00	8.23	8.72	11.23	0.63	0.53	7.23	6.92	28.32	21.56
M4	25.80	4.80	7.93	8.12	7.96	8.00	9.24	10.89	0.78	0.54	7.25	7.95	21.71	21.00
M5	26.45	5.45	8.23	8.32	8.78	8.32	9.23	11.32	0.78	0.98	6.32	7.78	21.68	22.35
M6	26.43	5.43	8.25	8.25	8.90	8.85	9.81	11.85	0.91	1.09	6.49	7.85	23.78	23.78
M7	26.50	5.50	8.32	8.56	8.32	8.45	8.63	11.75	0.82	1.75	8.48	6.21	23.52	22.56
M8	26.60	5.60	8.39	8.69	7.96	8.23	10.31	11.56	0.84	2.15	8.49	6.54	25.63	25.64
M9	24.32	6.32	8.52	8.32	7.13	7.25	11.23	11.53	0.63	0.85	6.75	7.56	25.64	22.86
M10	24.49	6.49	8.41	8.17	6.58	6.45	12.32	12.03	0.72	1.04	6.85	8.55	24.60	24.58
M11	26.98	4.98	8.12	8.28	6.53	6.32	11.12	12.05	0.56	0.47	8.32	8.05	24.48	20.98
M12	26.82	4.82	8.35	8.56	6.22	6.58	11.24	10.78	0.62	0.57	8.51	8.19	22.46	22.39
M13	27.68	4.68	7.93	7.67	3.26	4.23	10.98	10.82	0.68	0.78	7.63	8.24	22.32	23.53
M14	27.81	5.81	7.88	7.89	2.96	3.89	13.27	12.14	0.81	0.92	7.68	8.75	24.73	24.78
M15	25.35	4.35	7.95	7.87	3.25	4.56	13.32	12.32	0.32	1.45	8.12	8.87	24.58	2876
M16	25.35	3.35	7.90	7.76	2.32	3.67	14.27	13.26	0.59	1.54	10.28	9.31	32.26	32.27
M17	23.77	3.77	8.14	8.25	2.91	4.32	12.40	13.45	0.88	1.26	9.52	9.64	26.80	26.82

结合《地表水环境质量标准》中的标准限值(10mg/L)，对研究区内采样点 NO_3^--N 浓度进行分析。由表 5-1 可以看出，7 月(丰水期)NO_3^--N 浓度范围为 8.63～14.27mg/L，只有 HD 上下游(M3、M4)、L 河口上下游(M5、M6)和 LF 上游(M7)5 个点的 NO_3^--N 浓度未超过 10mg/L，其余 12 个点均超出了国家饮用水水质标准(10mg/L)。NO_3^--N 浓度在空间上也有较大的差别，在下游的 M15 和 M16 两个采样点，NO_3^--N 的浓度最高，且整体上 NO_3^--N 浓度沿着河流呈上升趋势(图 5-1)。F 河下游的 NO_3^--N 浓度变化趋势与相邻子流域土地利用密切相关。7 月 NO_3^--N 浓度与耕地、城镇用地及农村居民用地相关性较大，其中耕地对 NO_3^--N 浓度的影响最大，主要因为 7 月正处于农耕繁忙时期，雨水的冲刷使农田的化肥氮素(以 NO_3^--N 为主)进入河流，F 河河流水体中的 NO_3^--N 快速增加。同时，在入 H 河口断面处，H 河水流量过大就会产生河水倒灌，稀释了河流交汇处的 NO_3^--N 浓度，

交汇处河道宽阔平坦，水流速缓慢，NO_3^--N 浓度由于微生物反硝化的降解作用有所降低[1]。12 月(枯水期)NO_3^--N 浓度范围为 10.78～13.45mg/L，17 个点均超出了国家饮用水水质标准(10mg/L)。NO_3^--N 的来源主要是生活污水及工业废水的排放，在下游的 HJ(M16)和入 H 河口(M17)两个断面，NO_3^--N 浓度最高，且整体上 NO_3^--N 浓度沿着河流呈上升趋势(图 5-1)。XF 至 HJ 段(M9～M16)丰水期硝酸盐浓度显著高于枯水期，主要是因为此河段农业用地较多，丰水期雨水较多，随着雨水的冲刷，农田的氮素(以 NO_3^--N 为主)流失进入河流。整体来看，F 河下游无机氮污染较为严重，水体水质属于Ⅴ类水标准。

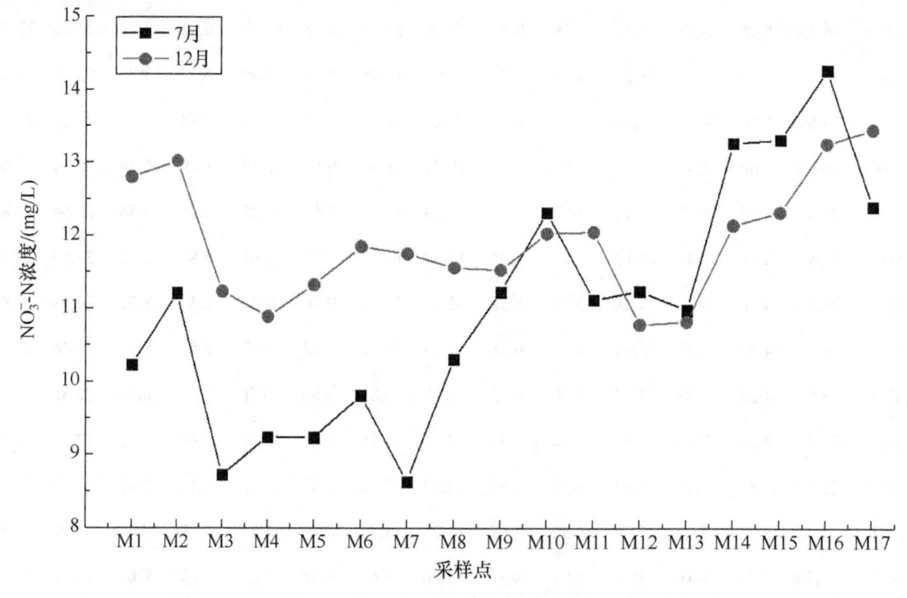

图 5-1　F 河下游丰水期、枯水期各采样点 NO_3^--N 浓度

从图 5-2 可以看出，F 河下游干流的 NH_4^+-N 浓度在不同采样点具有很大的差异。无论是 7 月(丰水期)还是 12 月(枯水期)，入 H 河口(M17)的 NH_4^+-N 浓度都很高，因为入 H 河口(M17)上游 WR 县是主要的粮食产地，该区域的农田类型较多，农田中化肥的使用导致大量的 NH_4^+-N 随雨水汇入 F 河下游，同时附近市区与县城中生活污水的排放也增加了 NH_4^+-N 浓度。17 个取样点的 NH_4^+-N 浓度均高于Ⅴ类水标准(≥2.0mg/L)，这主要是因为选取的采样点都是在主要城镇区及河流交汇处。城镇区会有很多工业区及生活污水排放，河流交汇处很多 NH_4^+-N 是由支流汇流带进来的。F 河下游水体中枯水期 NH_4^+-N 浓度略大于丰水期，可能是因为枯水期工业废水及生活污水排放并不会减少，而河水流量较小，从而浓度较高。

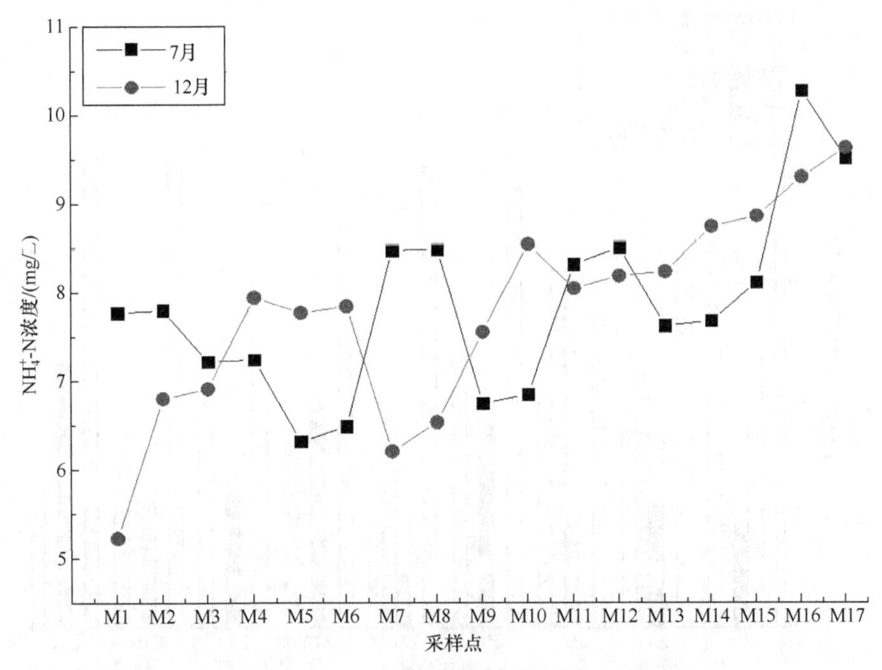

图 5-2　F 河下游丰水期、枯水期各采样点 NH_4^+-N 浓度

5.1.2　土地利用类型与无机氮浓度的相关分析

根据流域划分，将土地利用类型图分为子流域、2km 缓冲区和 5km 缓冲区三种尺度的研究区域，每个采样点都对应三种尺度的土地利用类型(表 5-2)。

表 5-2　各采样点对应土地利用类型的三种尺度

尺度	M2	M4	M6	M8	M10	M12	M14	M16	M17
子流域	Z2	Z4	Z6	Z8	Z10	Z12	Z14	Z16	Z17
2km 缓冲区	E2	E4	E6	E8	E10	E12	E14	E16	E17
5km 缓冲区	W2	W4	W6	W8	W10	W12	W14	W16	W17

F 河下游的土地利用类型有耕地、林地、草地、城乡用地、水域、未利用土地等，主要土地利用类型为耕地。流域内各采样点子流域间不同土地利用类型的比例结构存在明显的差异，如图 5 3 所示，旱地占比在 27%～43%；HJ(M16)对应子流域(Z16)的旱地占比最大，为 43%；M6 采样点对应子流域(Z6)的旱地占比最少，为 27%。有林地占比为 10%～18%。河渠、城镇用地、农村居民用地占比分别为 5%～23%、7%～32%、12%～28%。

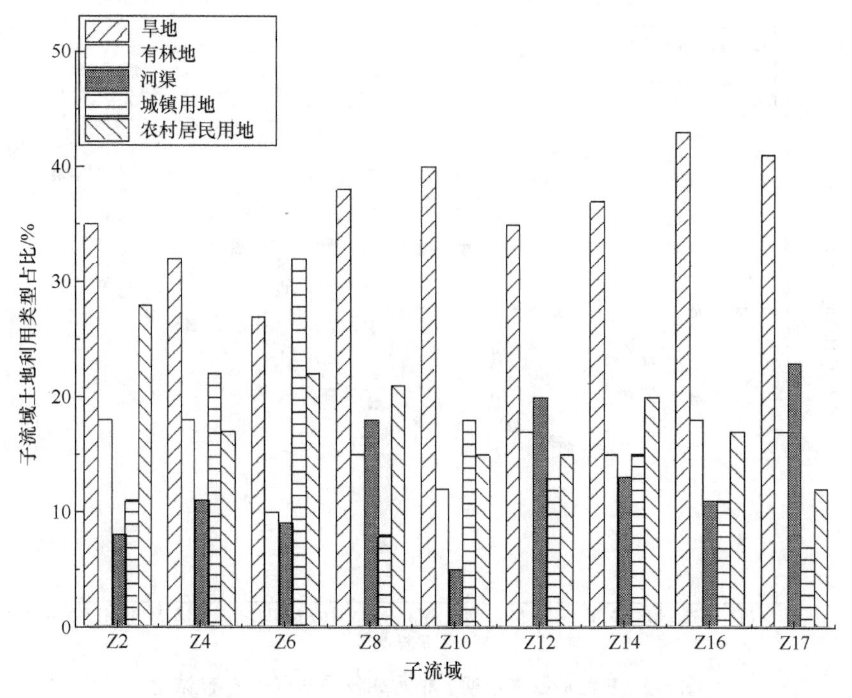

图 5-3　各采样点对应子流域土地利用类型占比

在缓冲区流域设置中，选择了 2km 和 5km 两种缓冲区，分别对两种缓冲区各土地利用类型占比进行统计。由图 5-4 可以看出，在 2km 缓冲区内，大部分土地为旱地和河渠，河流交汇处(M12)旱地占比最高，其次为河渠和有林地，城镇用地最少，这主要是因为河流交汇处远离城镇，周围主要是农业用地。在城镇采样点处，城镇用地占了绝大比例，这是因为缓冲区较小，主要包含城市用地。例如，E10 缓冲区中包含了 XF 县，其城镇用地占了很大的比例，为 36%。与 2km 缓冲区相比，5km 缓冲区的各土地利用类型占比较平衡。从图 5-5 可以看出，主要土地利用类型为旱地和城镇用地，在每个缓冲区内旱地都占了较高的比例。其中，W16 缓冲区旱地占比达到了 43%，缓冲区内主要是农业用地和河流；W4 缓冲区的旱地占比也较高，为 40%，与 W16 缓冲区一样，区域内主要是农业用地。另外，W10 缓冲区内的城镇用地占比较高，为 28%，主要原因是采样点在 XF 城市内，但与 2km 缓冲区相比城镇用地占比有所下降。

表 5-3 为 F 河下游流域不同土地利用类型下，相邻子流域和不同尺度缓冲区土地利用类型与无机氮浓度的相关性。由表 5-3 中可看出，在子流域划分方法下，7 月(丰水期)NO_3^--N、NH_4^+-N 浓度均与旱地呈正相关，相关性较大，主要是因为 7 月正是农业繁忙的季节，大量的农业化肥经雨水的冲刷进入河流中，可看出旱地土地利用类型对无机氮浓度的影响较大。同样，7 月(丰水期)NO_3^--N、NH_4^+-N 浓度

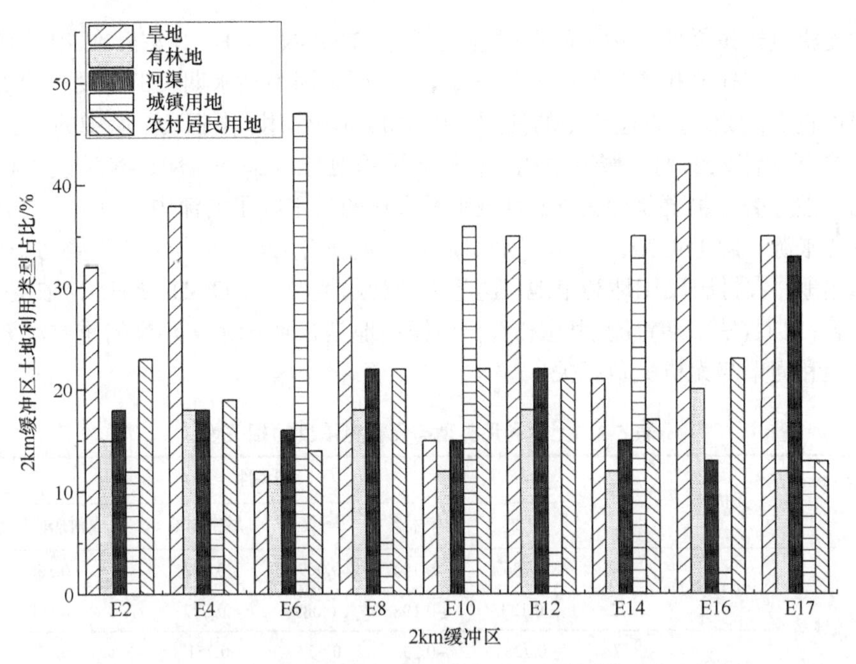

图 5-4　各采样点对应 2km 缓冲区土地利用类型占比

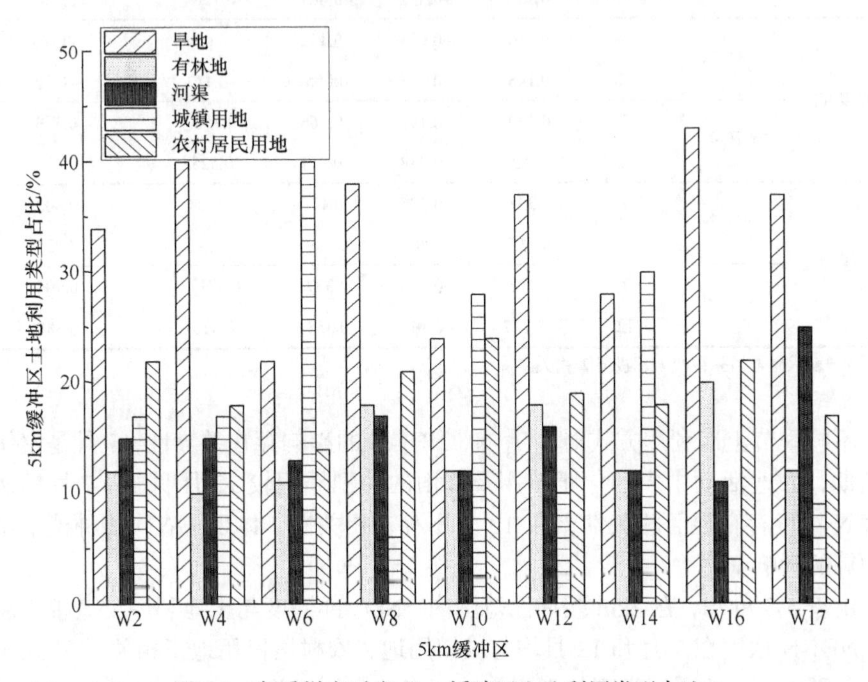

图 5-5　各采样点对应 5km 缓冲区土地利用类型占比

均与城镇及农村居民用地呈正相关，这可能是因为 7 月(夏季)人类活动频繁，更多的无机氮经过粪便及污水的形式进入河流。NO_3^--N、NH_4^+-N 浓度在 12 月(枯水期)与旱地、有林地和河渠的相关性不显著，主要是因为枯水期农田还没开始耕种，降雨也较少，减少了农业化肥的使用及雨水的冲刷作用，化肥及土壤中的 NO_3^--N、NH_4^+-N 无法流入 F 河；城镇用地、农村居民用地与 NO_3^--N、NH_4^+-N 浓度正相关，且相关性显著，主要是因为 12 月城镇及农村的污水成了河流中 NO_3^--N、NH_4^+-N 的主要来源。综上可知，7 月(丰水期)F 河下游 NO_3^--N、NH_4^+-N 的重要污染源为城镇用地、农村居民用地和旱地，这些土地利用类型与 NO_3^--N、NH_4^+-N 浓度相关性显著；12 月(枯水期)城镇用地和农村居民用地是 F 河下游 NO_3^--N 的重要污染源，有林地和河渠与无机氮负相关。

表 5-3　土地利用类型与无机氮浓度的相关性

流域划分	无机氮	月份	相关性				
			旱地	有林地	河渠	城镇用地	农村居民用地
子流域	NO_3^--N	7	0.786*	−0.194	0.009	0.382	0.366
		12	0.123	−0.198	−0.089	0.567	0.598
	NH_4^+-N	7	0.728*	−0.252	0.567	0.751*	0.454
		12	0.132	−0.352	−0.467	0.728*	0.654
2km 缓冲区	NO_3^--N	7	0.114	−0.023	−0.152	−0.064	−0.161
		12	0.148	−0.155	0.055	−0.113	−0.02
	NH_4^+-N	7	0.154	−0.193	−0.166	0.750*	0.339
		12	−0.122	−0.238	−0.311	0.525	0.415
5km 缓冲区	NO_3^--N	7	0.398	−0.385	−0.176	−0.214	0.403
		12	0.215	0.099	0.109	−0.195	0.238
	NH_4^+-N	7	0.448	−0.176	0.357	0.821**	0.704
		12	−0.137	−0.148	0.353	0.315	0.380

注：*表示显著相关；**表示极显著相关。

不同季节土地利用方式对 NO_3^--N、NH_4^+-N 的影响存在差异性，7 月是农作物种植期，农业活动中农药化肥使用及降雨的冲刷作用较 12 月明显，7 月旱地与 NO_3^--N 浓度存在显著相关性，在 12 月不存在相关性，体现了农作物种植中化肥使用等的影响。

由表 5-3 可知，在 2km 缓冲区范围内，NO_3^--N 浓度与土地利用类型相关性较小，NH_4^+-N 浓度在 7 月和 12 月均与城镇用地、农村居民用地正相关；在 5km 缓冲区范围内，土地利用类型与无机氮浓度有较好的相关性，NO_3^--N 浓度在 7 月显现出与土地利用类型较好的相关性，NH_4^+-N 浓度在 7 月和 12 月均与城镇用地和农村居民用地正相关，且 7 月的相关性大于 12 月。

水质相关性分析表明，在不同的流域划分方式下，农业用地和居民建设用地这两种类型都对水质产生了很重要的影响。利用缓冲区方法划分时，旱地在 2km 和 5km 缓冲区与 NO_3^--N 浓度在 7 月呈正相关性，这可能是因为营养物质来源于农作物种植中使用的化肥等。5km 缓冲区范围内，NO_3^--N 浓度在 12 月与农村居民用地正相关，NH_4^+-N 浓度在 7 月和 12 月均与居民建设用地中的城镇用地正相关，这表明 NO_3^--N 的主要来源为农村居民用地，NH_4^+-N 的主要来源为城镇用地。综上可知，相邻子流域划分类型下土地利用类型与无机氮浓度的相关性较明显。由此可见，NO_3^--N 浓度与农村居民用地呈正相关，与有林地呈负相关，即农村居民用地对 NO_3^--N 起“源”作用，有林地起“汇”作用，丰水期 NO_3^--N 浓度与旱地呈正相关，旱地起“源”的作用；NH_4^+-N 浓度与城镇用地、农村居民用地呈正相关，与有林地呈负相关，即农村居民用地、城镇用地对 NH_4^+-N 起“源”作用，有林地起“汇”作用[2-4]。

5.2　硝化与反硝化作用

在利用氮、氧稳定同位素研究硝酸盐污染源时，氮同位素分馏作用 ^{15}N 的特征值有很大的影响，进而影响对硝酸盐来源的解析。在自然水环境中，引起氮同位素分馏的方式有硝化、反硝化和氨挥发等，这些生化反应都可以改变硝酸盐的同位素组成[5-6]。一般情况下，当 pH 等于或大于 9.3 时，有利于水溶液中的 NH_4^+ 转化为 NH_3，低于此临界值时，NH_4^+是主要的存在形态[7]。F 河下游两次采样水体的 pH 最高为 8.69，远低于 9.3，所以没有 NH_3 挥发影响。硝化作用发生时，NO_3^- 中 1/3 的氧来自于大气，其余的氧来自于河流中的 H_2O，据此可以计算出水体产生硝化作用时 $\delta^{18}O$-NO_3^-的变化范围。通常情况下，微生物的反硝化作用更能引起显著的氮同位素分馏，从而改变了初始硝酸盐来源的同位素组成。因此，识别硝化、反硝化作用是识别硝酸盐污染源的一个重要前提，本节运用特定基因 DNA 测序技术分析 F 河下游硝化与反硝化细菌群落结构，以及主要菌属与无机氮关系，来识别硝化与反硝化作用的大小。

5.2.1　氮素分馏方式

1) 氨化作用

土壤中有机氮在土壤微生物的作用下，将有机态化合物转化为无机态化合物，在此过程中有机氮转化为 NH_4^+，称为氨化作用。土壤有机氮与生成的 NH_4^+之间存在很小的同位素分馏(−1‰～1‰)。

2) 硝化作用

硝化作用是指在氧化条件下(氧化还原电位>300mV)，NH_4^+在微生物作用下氧化为NO_3^-的过程。硝化过程存在中间产物NO_2^-，^{15}N的分馏主要发生在NH_4^+氧化为NO_2^-的过程中(−38‰～−14‰)；NO_2^-氧化为NO_3^-的反应速率很快，同位素分馏很小。

3) 反硝化作用

反硝化作用与固氮作用相反，是在化学或生物作用下，NO_3^-或NO_2^-作为兼性厌氧菌的电子受体，在厌氧的条件下被还原为N_2O或N_2的过程。反硝化过程中产生了大量N_2O，对温室气体N_2O浓度变化有明显的影响。在反硝化作用下，一部分NO_3^-异化还原为NH_4^+，其生态学意义在于防止环境中的氮素过分损失，使氮素能够被储藏，保证氮循环不断地进行。另外，反硝化过程中^{14}N优先被还原，伴随着系统中硝酸盐含量的降低，残留的NO_3^-则相对富集^{15}N。分馏系数一般为−40‰～−5‰。

5.2.2 水体的硝化作用

硝化作用发生时，NO_3^-中1/3的氧来自于大气，其余2/3的氧来自于河流中的H_2O，据此可以计算出水体发生硝化作用时$\delta^{18}O\text{-}NO_3^-$的变化范围。孟志龙等[8]对F河下游进行研究，得出$\delta^{18}O\text{-}H_2O$变化范围为−9.8‰～9.0‰，大气中$\delta^{18}O$典型值为23.5‰，计算得出F河下游发生硝化作用时$\delta^{18}O\text{-}NO_3^-$的变化范围为1.3‰～1.8‰。由图5-6可知，7月(丰水期)F河与L河交汇处(M6)和HJ(M16)水体中的$\delta^{18}O\text{-}NO_3^-$

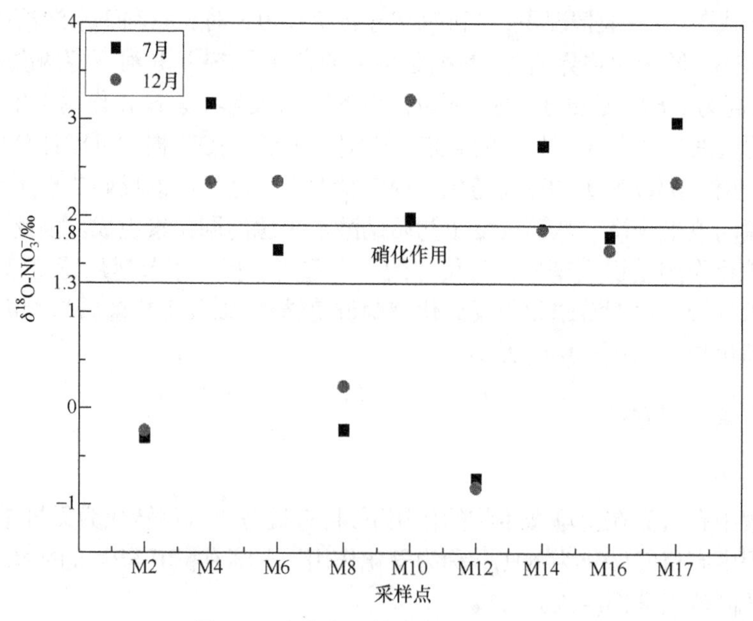

图5-6　丰水期、枯水期的$\delta^{18}O\text{-}NO_3^-$

在该范围内，12 月(枯水期)F 河下游 JS 山(M14)和 HJ(M16)水体中的$\delta^{18}O\text{-}NO_3^-$在该范围内，说明这几个采样点水体中的硝酸盐部分来自于硝化作用。

1. 水体硝化微生物群落结构

通过对 7 月和 12 月采集的水样进行 MiSeq 高通量测序，分别得到 F 河下游 9 个样点水样高质量 16S rRNA 基因序列 290364 条和 282854 条，以 97%的序列相似度对得到的基因序列进行运算分类单元(operational taxonomic unit，OTU)划分。7 月共获得 1589 条 OTU，单个样点水样的 OTU 数为 84～259[图 5-7(a)]。M6 点的 OTU 数最多，为 259；M2 点的 OTU 数最少，为 84；9 个点共有 13 个相同的 OTU，占 OTU 总数的 0.8%。12 月共获得 1433 条 OTU，单个样点水样的 OTU 数为 72～223[图 5-7(b)]。9 个点共有 15 个相同的 OTU，占 OTU 总数的 1.0%，表明 F 河下游不同时间不同空间的水环境对硝化细菌群落组成影响显著。

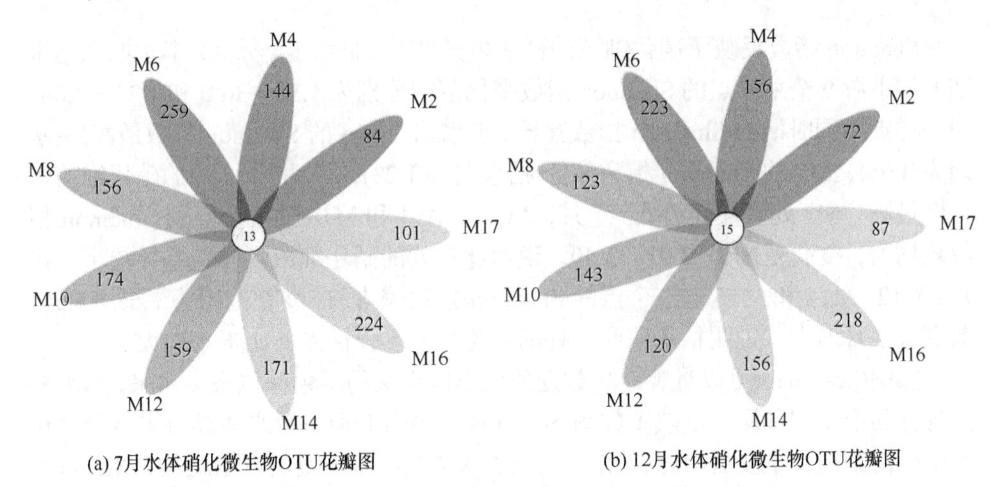

(a) 7月水体硝化微生物OTU花瓣图　　(b) 12月水体硝化微生物OTU花瓣图

图 5-7　F 河下游各采样点硝化微生物 OTU 花瓣图

F 河下游不同时间硝化细菌群落多样性指数如表 5-4 所示。7 月各样本文库的覆盖度(coverage)为 95.32%～99.62%，平均为 97.90%；12 月各样本文库的覆盖度为 92.36%～99.32%，平均为 97.19%，表明两个时期的测序深度可以反映 F 河下游水体中微生物群落的真实情况。7 月 Chao1 指数大于 12 月，说明 7 月微生物丰度相对较高。7 月，9 个样点的 Simpson 指数均较低，为 0.33～0.86，其中 M10、M14 和 M16 的 Simpson 指数较高，分别为 0.80、0.86 和 0.85，与其他采样点差异较大，说明此 3 个采样点水体较其他采样点具有丰富的群落结构；12 月，9 个样点的 Simpson 指数均较低，为 0.30～0.76，其中 M14 和 M16 的 Simpson 指数较高，分别为 0.75 和 0.76，与其他采样点差异较大。

表 5-4 各采样点水体硝化细菌群落多样性指数

采样点	覆盖度/%		Chao1 指数		Simpson 指数		Shannon 指数	
	7月	12月	7月	12月	7月	12月	7月	12月
M2	99.38	99.32	111.1	100.3	0.33	0.30	1.35	1.23
M4	99.62	99.23	251.3	223.2	0.50	0.41	2.39	2.15
M6	99.45	99.21	289.3	274.8	0.55	0.45	2.55	2.22
M8	95.32	96.23	175.3	125.3	0.47	0.36	2.10	1.98
M10	98.12	99.23	190.0	156.7	0.80	0.68	1.45	1.26
M12	97.11	92.36	183.8	172.3	0.77	0.66	3.20	2.89
M14	95.65	94.56	187.1	185.4	0.86	0.75	3.01	2.65
M16	97.82	97.23	171.0	170.0	0.85	0.76	3.40	3.06
M17	98.63	97.36	128.9	124.6	0.64	0.58	2.01	1.94

Shannon 指数反映了硝化细菌的群落多样性[9]。如表 5-4 所示，丰水期和枯水期 F 河下游 9 个采样点的 Shannon 指数变化范围分别为 1.35～3.40 和 1.23～3.06，同一样点不同时期的 Shannon 指数互异。丰水期，M16 的 Shannon 指数最高(枯水期为 3.06)，M2 的 Shannon 指数最低(枯水期为 1.23)，说明 M16 处的硝化细菌多样性最高，M2 处多样性最低。7 月，M12、M14 和 M16 这三个点的 Shannon 指数较均匀，变化范围为 3.01～3.40，说明此三处的硝化细菌多样性差异较小。12 月，M12、M14 和 M16 这三个点的 Shannon 指数较均匀，变化范围为 2.65～3.06，范围较 7 月增大，说明枯水期此三处的硝化细菌多样性差异比丰水期大。

热图(heat map)可以直观地将数据的大小以定义的颜色深浅表示出来，属水平上各样品中不同种属丰度热图如图 5-8 所示，表明 F 河下游水体具有丰富的硝化细菌群落结构，主要菌群存在差异。M10 水体具有较丰富的群落结构，M2 水体的群落结构较单一，这主要是因为 M10 接近 XF 县(未流经)，河流流速缓慢，周边生活、工厂废弃物排放严重，水体水环境更为复杂，水体中悬浮固体物较多，为微生物生存提供了良好的环境。相反，M2 采样点位于 HD 县，河流流经城市公园及湿地保护区(区域内有大量的植物)时，水体经过了简单的净化，且周边严禁污水排放，水体污染较小，水环境适合少量的微生物生存。从优势属来看，除 M17 外，其他采样点的优势菌属均为亚硝化单胞菌属(*Nitrosomonas*)。此菌属为革兰氏阴性，细胞椭圆状或短杆状，能氧化氨为亚硝酸盐，有效参与硝化反应；M2 的优势菌属相对丰度较其他 7 个采样点最高，为 92%，其余 7 个采样点相对丰度也均超过 80%。M17 的优势菌属为贪铜菌属(*Cupriavidus*)。9 个样点中还有其他主要菌属，包括新鞘氨醇菌属(*Novosphingobium*)和假单胞菌属(*Pseudomonas*)等，这些菌属能够将其他形式的氮转化为亚硝酸盐氮或硝酸盐

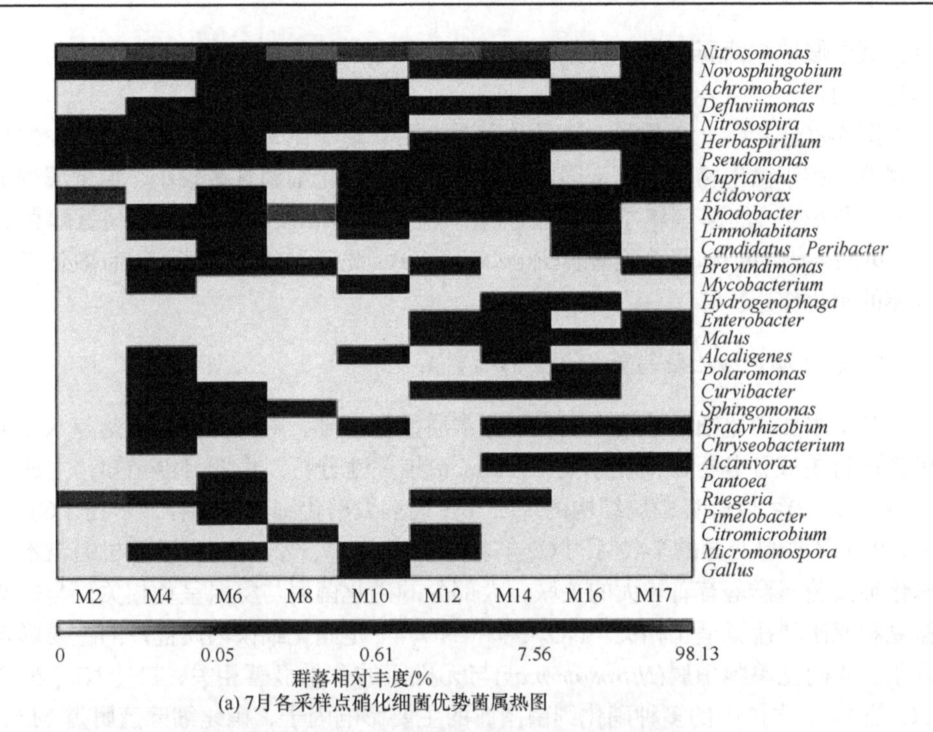

(a) 7月各采样点硝化细菌优势菌属热图

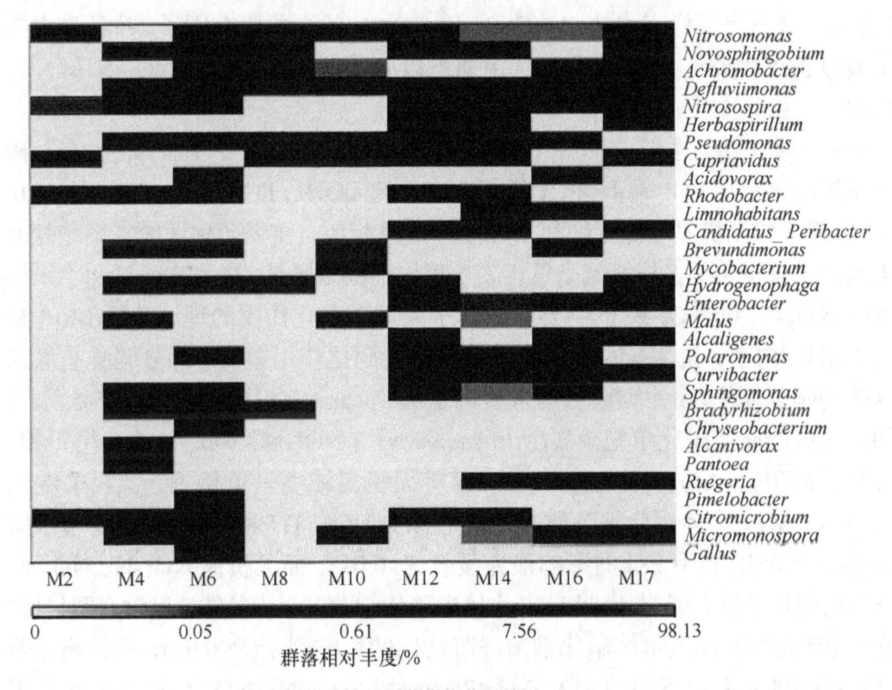

(b) 12月各采样点硝化细菌优势菌属热图

图 5-8　各采样点硝化细菌优势菌属热图

氮，其中假单胞菌属中多个种是硝化过程的典型菌株，可作为主要菌属参与水体硝化作用。

图 5-8(b)表明，12 月河水流量及受人为因素影响比 7 月小，且水体较少的悬浮固体不利于微生物的生存，因此河流水体中的硝化细菌含量较小，但菌属种类与 7 月一样，细菌菌属主要为亚硝化单胞菌属(*Nitrosomonas*)、新鞘氨醇菌属(*Novosphingobium*)和假单胞菌属(*Pseudomonas*)，此三类硝化细菌能够有效地参与水体的硝化作用。

2. 水体硝化微生物与氮素相互影响关系

基于主要硝化细菌菌属类别及水体水质数据基础，对细菌菌属群落与水体无机氮进行主成分分析及斯皮尔曼(Spearman)相关性分析。由图 5-9(a)知，主成分(PC1 和 PC2)可以解释菌属结构的 91.5%，大多数硝化细菌属解释显示在 PC1 轴上，PC1 解释总变异的 74.0%，PC2 解释总变异的 17.5%。F 河下游无机氮与不同硝化细菌菌属群落有着较大的关联，大部分的硝化菌属与氨氮呈负相关，与硝酸盐氮和亚硝酸盐氮呈正相关。NO_2^--N 和 NO_3^--N 是硝化细菌菌属群落的主要影响因子，亚硝化单胞菌属(*Nitrosomonas*)与无机氮的含量显著相关；TN、NH_4^+-N 和 DO 是 M17 水体中的多种硝化细菌菌属的主要影响因子，硝化细菌菌属是 M2、M4 和 M6 这三个采样点水体中 NO_2^--N 和 NO_3^--N 的主要影响因子，并且与主要硝化菌属显著正相关， 这些主要硝化菌属可以有效地增加水体中 NO_2^--N 和 NO_3^--N 的浓度。

由图 5-9(b)知，主成分(PC1 和 PC2)可以解释菌属结构的 78.4%，大多数硝化细菌属解释显示在 PC1 轴上，PC1 解释总变异的 44.4%，PC2 解释总变异的 34.0%。12 月 F 河下游无机氮与硝化细菌相关性与 7 月相似，主要硝化菌属与硝酸盐氮和亚硝酸盐氮呈正相关，与氨氮呈负相关。硝化细菌菌属是 M4 和 M6 这两个采样点水体中 NO_2^--N 和 NO_3^--N 的主要影响因子。基于硝化作用的理论分析(M6、M16 发生了硝化作用)，说明 M6 水体的硝酸盐氮受硝化作用影响，部分硝酸盐氮来自于水体的硝化作用。由主要菌属与水质因子的 Spearman 相关性分析(表 5-5、表 5-6)可知，优势菌属亚硝化单胞菌属(*Nitrosomonas*)与 NO_3^--N、NO_2^--N 浓度呈正相关，相关性较高($|F| > 0.5$)，与 NH_4^+-N 和 TN 等无机氮浓度呈负相关，但相关性较低($|F| < 0.4$)。M17 水体硝化细菌群落结构主要受 DO、TN 和 NH_4^+-N 这 3 个水质因子影响(P<0.05)，其中 DO 的影响最为显著(P<0.01)，而无机氮 NO_3^--N、NO_2^--N 等对群落结构几乎没有影响，说明 M17 水体中硝化细菌对无机氮的浓度没有明显影响。温度和 pH 是 M8 样点水体硝化细菌群落结构的影响因子(P<0.05)，但影响显著性不高；在刚进入 F 河下游的 M2、M3 和 M6 处，NO_3^--N、NO_2^--N 这 2 个水质因子对硝化细菌群落结构的影响作用较强，除假单胞菌属(*Pseudomonas*)外，其余菌属

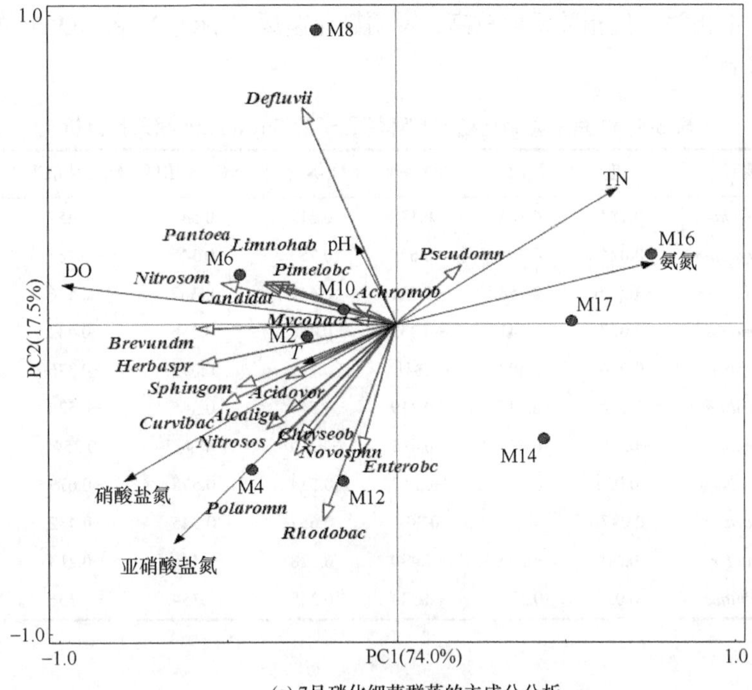

(a) 7月硝化细菌群落的主成分分析

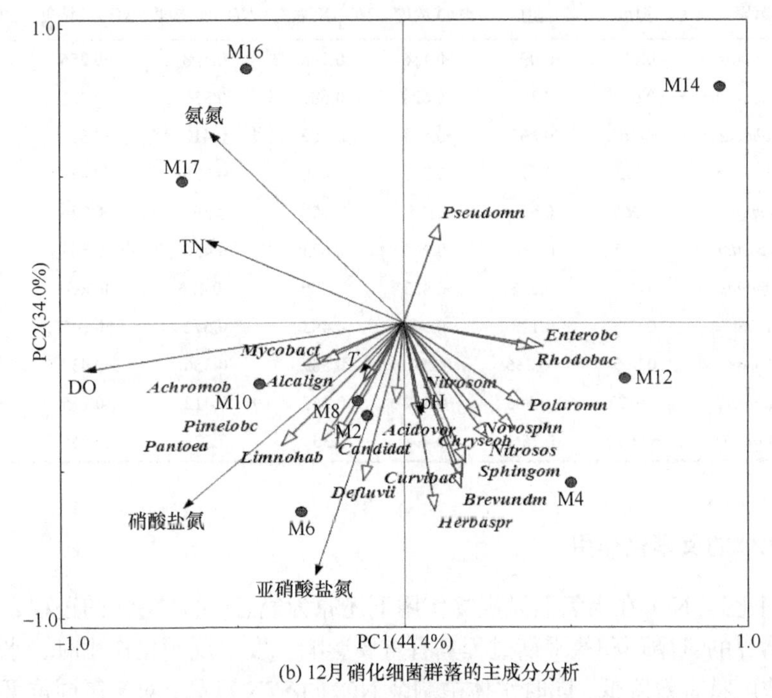

(b) 12月硝化细菌群落的主成分分析

图 5-9　各采样点硝化细菌群落的主成分分析

均与其呈正相关，且相关系数较高，说明硝化菌属对 NO_3^--N 和 NO_2^--N 的浓度有很大的影响。

表 5-5　7 月主要硝化菌属与环境因子的 Spearman 相关性分析

硝化菌属	温度	pH	DO 浓度	NO_3^--N 浓度	NO_2^--N 浓度	NH_4^+-N 浓度	TN 浓度
Nitrosomonas	0.183	0.105	−0.178	0.612	0.545	−0.457	−0.365
Novosphingobium	0.024	0.384	−0.628	0.753	0.345	−0.467	−0.587
Achromobacter	−0.016	0.158	−0.521	0.647	0.367	−0.576	−0.434
Defluviimonas	0.027	0.541	−0.352	0.428	0.256	−0.432	−0.343
Nitrosospira	0.076	0.502	0.141	0.732	0.675	−0.376	−0.437
Herbaspirillum	0.124	0.445	−0.319	0.546	0.365	−0.524	−0.453
Pseudomonas	−0.021	0.472	−0.435	−0.230	−0.467	0.354	0.786
Cupriavidus	−0.033	0.170	−0.582	0.524	0.578	−0.679	−0.465
Acidovorax	0.097	−0.587	0.301	0.657	0.345	−0.432	−0.340
Rhodobacter	−0.119	−0.339	−0.490	0.328	0.446	−0.213	−0.323
Limnohabitans	−0.032	0.225	−0.524	0.345	0.254	−0.356	−0.256

表 5-6　12 月主要硝化菌属与环境因子的 Spearman 相关性分析

硝化菌属	温度	pH	DO 浓度	NO_3^--N 浓度	NO_2^--N 浓度	NH_4^+-N 浓度	TN 浓度
Nitrosomonas	0.156	0.098	−0.156	0.598	0.598	−0.356	−0.365
Novosphingobium	0.025	0.398	−0.623	0.689	0.356	−0.321	−0.542
Achromobacter	−0.018	0.165	−0.523	0.589	0.412	−0.562	−0.512
Defluviimonas	0.023	0.498	−0.263	0.456	0.235	−0.432	−0.321
Nitrosospira	0.065	0.521	0.165	0.657	0.598	−0.326	−0.421
Herbaspirillum	0.135	0.236	−0.265	0.623	0.456	−0.562	−0.521
Pseudomonas	−0.023	0.256	−0.423	−0.326	−0.426	0.365	0.852
Cupriavidus	0.023	0.123	−0.569	0.465	0.572	−0.648	−0.432
Acidovorax	0.095	−0.236	0.296	0.589	0.356	−0.432	−0.325
Rhodobacter	−0.123	−0.365	−0.562	0.265	0.412	−0.215	−0.325
Limnohabitans	−0.032	0.256	−0.498	0.354	0.325	−0.365	−0.246

5.2.3　水体的反硝化作用

反硝化是 NO_3^-在厌氧型微生物作用下还原为气态(N_2、N_2O)的过程，该过程对于自然界的氮循环和氮平衡过程具有重要影响。发生反硝化作用时，水体中的硝酸盐浓度将有效降低，同时水体中剩余 NO_3^-的δ^{15}N 升高，对于氮同位素分馏作用非常显著，使水体中 NO_3^-的$\delta^{15}N$ 和$\delta^{18}O$ 同时升高，且$\delta^{15}N/\delta^{18}O$ 介于 1∶1～2∶1。

由图 5-10 可知，在 7 月(丰水期)和 12 月(枯水期)，只有 JS 山(M14)和 HJ(M16)两个采样点的$\delta^{15}N/\delta^{18}O$ 介于 1∶1～2∶1，说明 JS 山(M14)和 HJ(M16)这两处水体的硝酸盐已经进行了反硝化作用，这主要因为 F 河流至 JS 山和 HJ 处，河流速度变缓，有利于反硝化作用的反生。另外，水流会缓慢侵蚀河流两岸及河床，土壤中已经经过硝化作用的硝酸盐流入河流中，因此部分硝酸盐在进入河流之前就发生了反硝化作用。

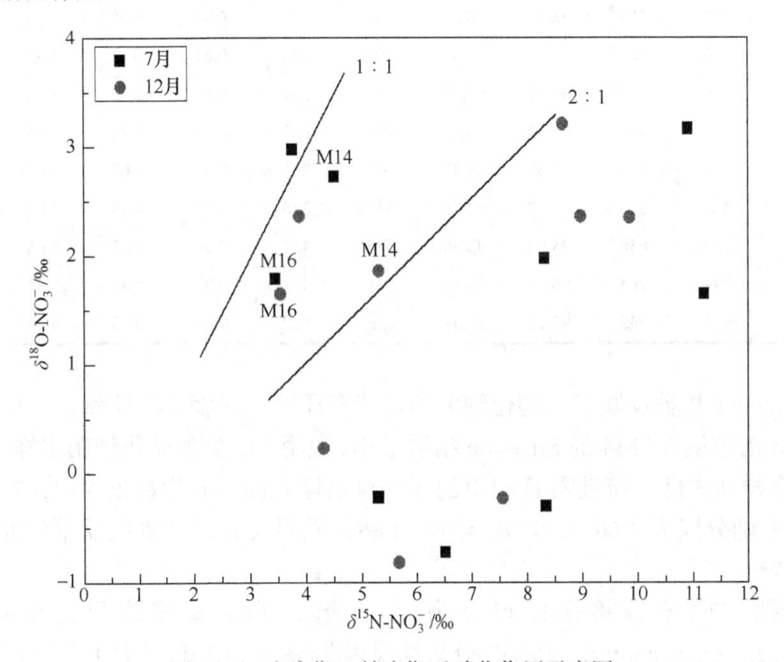

图 5-10　丰水期、枯水期反硝化作用示意图

1. 水体反硝化微生物群落结构

经 MiSeq 高通量测序，各采样点的 OTU 数和多样性指数如表 5-7 所示。7 月 M16 的 OTU 数最多，为 794；OTU 数最少的为 M4，仅为 233；所有采样点的 OTU 中只有 76 个相同，占采样点 OTU 总数的 6.29%；12 月 9 个采样点共有 53 个相同的 OTU，占 OTU 总数的 1.2%；表明 F 河下游不同空间的水环境对反硝化细菌群落组成影响显著。两次采样的样本文库覆盖度(coverage)平均为 94.26%和 92.51%，说明微生物测序深度有效表明微生物群落的实际分布。由表 5-7 可知，7 月 9 个采样点中 M4 的 Chao1 指数最小，微生物丰度相对较低；所有采样点的 Simpson 指数分布在 0.81～0.98，其中 M2、M8 和 M10 三个采样点的 Simpson 指

数较大，均大于 0.90，与其他采样点差异较大，说明此 3 个采样点水体具有丰富的群落结构，且与其他采样点的群落结构有较大的互异性。12 月 M2 的微生物丰度最高；M4、M12 的 Chao1 指数较小，微生物丰度相对较低；M2 和 M8 的 Chao 1 指数较大，分别为 896 和 823，具有较丰富的群落结构。

表 5-7　各采样点水体反硝化细菌 OTU 数和群落多样性指数

采样点	OTU 数		覆盖度/%		Chao1 指数		Simpson 指数		Shannon 指数	
	7 月	12 月	7 月	12 月	7 月	12 月	7 月	12 月	7 月	12 月
M2	395	382	88.82	88.23	936	896	0.98	0.95	7.54	6.35
M4	233	223	97.20	95.36	397	356	0.81	0.62	3.36	2.32
M6	366	324	97.07	97.23	564	532	0.82	0.71	3.76	3.56
M8	469	462	92.32	90.56	896	823	0.96	0.72	6.55	5.33
M10	373	356	90.57	88.42	842	765	0.97	0.68	7.44	6.21
M12	375	324	96.37	92.65	532	346	0.85	0.58	4.08	3.84
M14	739	658	95.60	92.35	574	421	0.90	0.82	4.66	4.56
M16	794	765	95.11	93.47	551	432	0.94	0.85	5.52	4.65
M17	696	643	95.29	94.32	636	512	0.88	0.75	4.97	4.86

Shannon 指数反映了反硝化细菌的群落多样性。如表 5-7 所示，7 月 M2 的 Shannon 指数最大，M4 的 Shannon 指数最小，说明 M2 处的硝化细菌多样性最高，M4 处多样性最低。接近入 H 河口的 3 个点水样 Shannon 指数较均匀，7 月和 12 月变化范围分别为 4.66～5.52 和 4.56～4.86，说明入 H 河口处的反硝化细菌多样性差异较小。

根据空间位置将采样点分为 3 个组，非度量多维尺度(non-metric multidimensional scaling，NMDS)分析结果表明[图 5-11(a)]，7 月 F 河下游组 1 的 M2、组 2 的 M10 反硝化细菌群落结构具有极高的相似性，组 3 内 M14、M16 和 M17 反硝化细菌的群落结构组也具有一定的相似性，而组 1 内的 M2、M4 和 M6 这 3 个采样点反硝化细菌的群落结构差异性较高。因为靠近入 H 河口的 3 个采样点水流缓慢，地势平坦，周边土地类型主要为农业用地，水中的无机氮主要来源于农业氮肥的使用，且水中溶解氧浓度均低于 3mg/L，相似的水环境条件为反硝化细菌提供了一样的生存基础；F 河下游前 3 个采样点(M2、M4 和 M6)周围分布有大量焦化厂及矿场，各种污水的排放使得水体环境有很大的不同，使不同空间的反硝化细菌群落结构有明显的差异性。12 月 F 河下游 9 个样点的细菌群落结构较相似，其中 M14、M16 和 M17 反硝化细菌的群落结构相似度很高，主要是因为这 3 个采样点的水环境相似，为同种属的细菌提供了很好的生存环境。

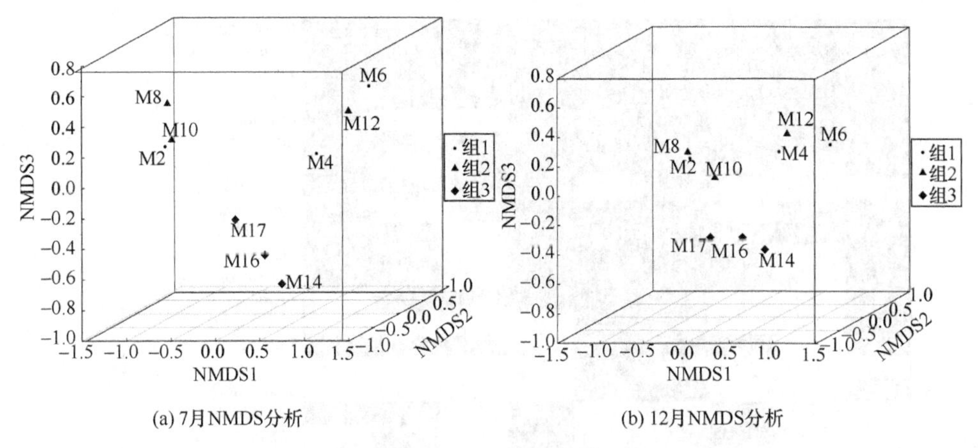

(a) 7月NMDS分析　　(b) 12月NMDS分析

图 5-11　NMDS 分析

对 97%相似水平下的 OTU 进行生物信息统计分析，结果表明，4440 个 OTU 主要为 23 个属。图 5-12(a)表明，F 河下游水体具有丰富的反硝化细菌群落结构，但主要菌群存在差异。M2 与 M10 水体具有较丰富的群落结构，M4 和 M6 水体的群落结构较单一。从优势属来看，M2 优势菌属为假单胞菌属(*Pseudomonas*)，相对丰度为 23.3%，主要菌属红细菌属(*Rhodobacter*)及 *Paucibacter*，相对丰度分别为 21.4%和 19.9%。假单胞菌属中多个种属于反硝化过程的典型菌株，其中施氏假单胞菌(*Pseudomonas stutzeri*)可以去除 97%的硝酸盐氮[10]，因此假单胞菌属作为优势属可能参与水体脱氮作用。各采样点的优势菌属均为红细菌属(*Rhodobacter*)，在 M4 和 M6 中相对丰度分别高达 99.6%和 98.7%。除了优势菌属外，各采样点的其他菌属差异性很大。副球菌属(*Paracoccus*)更适合生存在总氮浓度较高水环境中，是一种好氧反硝化细菌，对于反硝化作用具有较大影响。M2 和 M16 总氮浓度较高的水体中检测到副球菌属(*Paracoccus*)，分别占了总菌属的 2.9%和 2.6%，而总氮浓度较低的其他采样点中副球菌属(*Paracoccus*)占比很小，甚至没有检测出；假单胞菌属(*Pseudomonas*)不仅是 M2 的优势菌属，而且在 M14、M16 和 M17 也占有较高的比例，这为入 H 河口处硝酸盐氮转化为其他形态氮做出很大贡献；M10 中检测到了大量红长命菌属(*Rubrivivax*)[11]，虽然不是优势菌属，但是相对其他菌属占了一定的比例，对反硝化作用有很大的影响。另外，9 个样点中陶厄氏菌属(*Thauera*)相对丰度也比较高，对反硝化作用有着促进作用[12]，其余菌属虽然相对丰度不高，但是对水体中反硝化作用也有了一定的作用。

图 5-12(b)表明，12 月检测的反硝化细菌菌属与 7 月的主要菌属种类一样，但菌属浓度低于 7 月。9 个采样点的反硝化细菌优势菌属为红细菌属(*Rhodobacter*)，M2 的主要菌属为陶厄氏菌属(*Thauera*)、动胶菌属(*Zoogloea*)，这两种菌属对于反硝化作用有着促进作用。M12、M14、M16 处检测到大量的假单胞菌属(*Pseudomonas*)

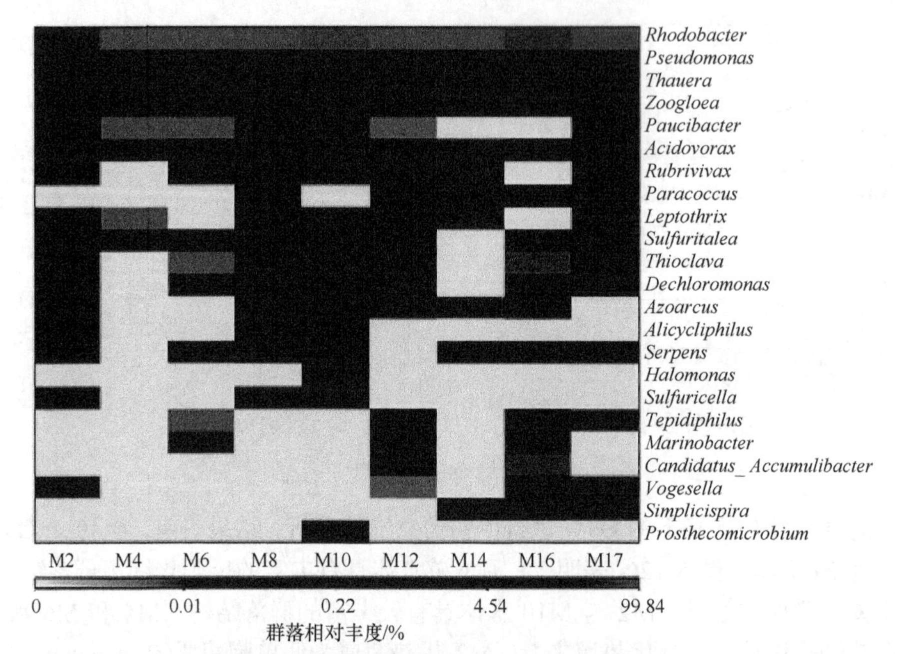

(a) 7月各采样点反硝化细菌优势菌属热图

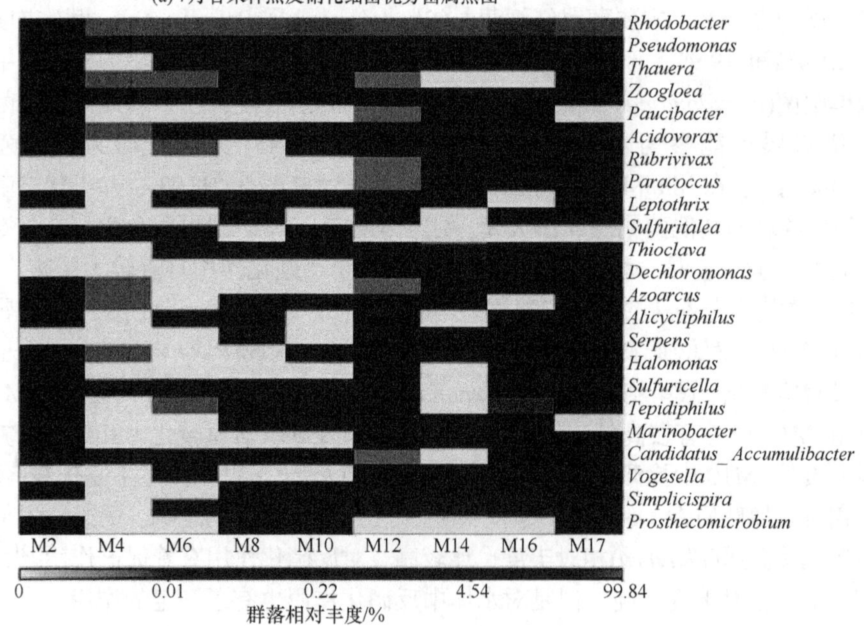

(b) 7月各采样点反硝化细菌优势菌属热图

图 5-12　各采样点反硝化细菌优势菌属热图

及陶厄氏菌属(*Thauera*)，这对 HJ 段 F 河水体中的硝酸盐氮转化为其他氮素发挥了很大的作用。另外，9 个采样点还检测到其他 20 余种菌属，但这些菌属含量较低，虽然对河流水体的反硝化有一定的促进作用，但效果不明显。综上得知，12 月 F 河下游水体发生了一定的反硝化作用，但与 7 月反硝化微生物检测分析相比，水体发生的反硝化作用较小，对于氮素的分馏作用也较小。

2. 水体反硝化微生物与氮素相互影响关系

微生物对自然河流生态系统的生化反应过程有较大影响，包括氨氧化[13]、反硝化[14]、硫酸盐还原及甲烷的产生等。研究自然河流的微生物(反硝化细菌)群落结构及其与无机氮的相互影响关系，对于改变水体中无机氮的含量并进一步缓解河流无机氮污染问题，有着重要的意义。

基于反硝化细菌菌属类别及水体水质数据基础，对细菌菌属群落与水体无机氮进行主成分分析及 Spearman 相关性分析。由图 5-13(a)知，主成分(PC1 和 PC2)可以解释菌属结构的 91.8%，大多数 *nirS* 型反硝化细菌属解释显示在 PC1 轴上，PC1 解释总变异的 74.3%，PC2 解释总变异的 17.5%。9 个采样点中 M6 与其他采样点的反硝化细菌群落互异，其他 8 个采样点可分为相似度较高的 3 组群落结构。M2、M8 和 M10 水体反硝化细菌群落相似度极高，M4 和 M12 水体反硝化细菌群落相似度高，M14、M16 和 M17 水体也具有相似度较高的反硝化细菌菌属群落。无机氮与不同反硝化细菌菌属群落有着较大的关联，在反硝化细菌菌属群落相似度较高的 M14、M16 和 M17 水体中，TN、NH_4^+-N 和 NO_3^--N 是反硝化细菌菌属

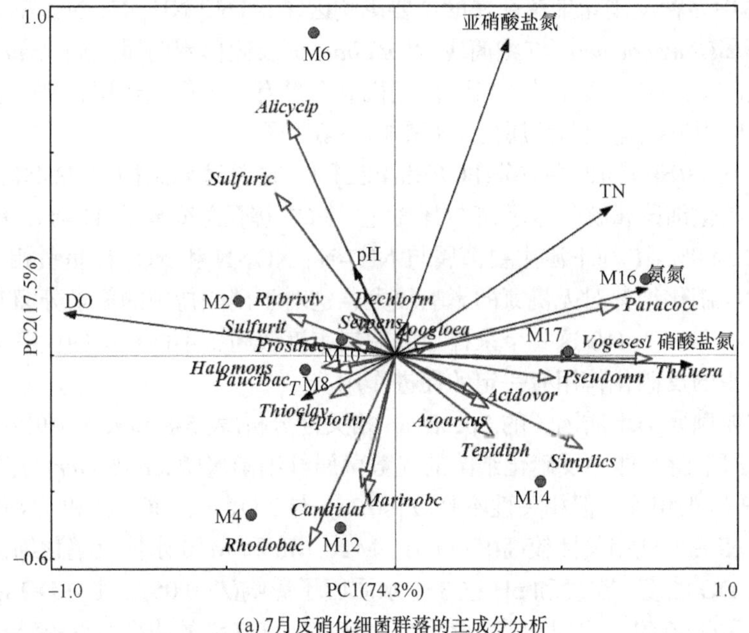

(a) 7月反硝化细菌群落的主成分分析

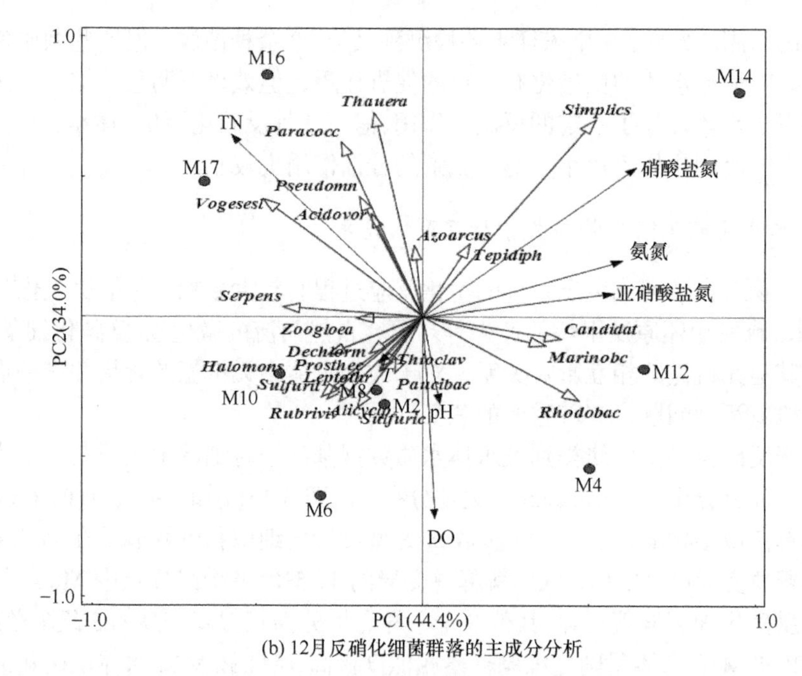

(b) 12月反硝化细菌群落的主成分分析

图 5-13　各采样点反硝化细菌群落的主成分分析

群落的主要影响因子，红细菌属(*Rhodobacter*)、假单胞菌属(*Pseudomonas*)及陶厄氏菌属(*Thauera*)这 3 种菌属与无机氮含量有显著关系；温度、DO 是 M2、M8 和 M10 水体中多种反硝化细菌菌属的主要影响因子，TN、NH_4^+-N、NO_3^--N、NO_2^--N 与副球菌属(*Paracoccus*)、红细菌属(*Rhodobacter*)及假单胞菌属(*Pseudomonas*)、陶厄氏菌属(*Thauera*)呈负相关，对降低无机氮含量有一定促进作用；pH 与 NO_2^--N 是 M6 水体中反硝化细菌菌属的主要影响环境因子。

由图 5-13(b)可知，主成分(PC1 和 PC2)可以解释菌属结构的 78.4%，大多数 *nirS* 型反硝化细菌属解释显示在 PC1 轴上，PC1 解释总变异的 44.4%，PC2 解释总变异的 34.0%。F 河下游主要菌属与 NH_4^+-N、NO_3^--N 和 NO_2^--N 呈负相关，说明水体中的反硝化细菌对无机氮的影响较大，这对于硝酸盐中的氮素分馏有一定的影响。M2、M8、M10 这三个采样点的菌属丰度较高，不同种类的反硝化细菌菌属对水体中的反硝化作用有一定的促进作用。

由主要菌属与水质因子的 Spearman 相关性分析(表 5-8 和表 5-9)可知，7 月与 12 月，F 河下游水体中反硝化细菌的优势菌属红细菌属(*Rhodobacter*)与温度、DO 浓度、pH 呈正相关，但相关性不高($|F|<0.3$)，与 NO_3^--N、NO_2^--N 和 TN 等无机氮浓度呈负相关，且相关性较高($|F|>0.5$)。M2、M8 和 M10 水体反硝化细菌群落结构主要受 DO 浓度、温度和 pH 这 3 个水质因子影响($P<0.05$)，其中 DO 浓度的影响最为显著($P<0.01$)，而无机氮 NO_3^--N、NO_2^--N 和 TN 的浓度对群落结构几乎没

有影响，说明 M2、M8 和 M10 水体中反硝化细菌对无机氮的浓度没有明显影响；温度是 M4 和 M12 水体反硝化细菌群落结构的影响因子($P<0.05$)，但影响显著性不高；接近入 H 河口的 M14、M16 和 M17 处，NO_3^--N、NO_2^--N 和 TN 这 3 个水质因子对反硝化细菌群落结构的影响作用较大，3 个水样中检测到了大量红细菌属(*Rhodobacter*)及假单胞菌属(*Pseudomonas*)、陶厄氏菌属(*Thauera*)，这 3 种 *nirS* 型反硝化菌属群落结构与盐度、氨氮和硝态氮浓度显著相关[15]。

表 5-8　7 月主要反硝化菌属与环境因子的 Spearman 相关性分析

反硝化菌属	温度	pH	DO 浓度	NO_3^--N 浓度	NO_2^--N 浓度	NH_4^+-N 浓度	TN 浓度
Rhodobacter	0.283	0.205	0.178	−0.413	−0.550	0.213	−0.584
Pseudomonas	0.014	−0.584	−0.428	−0.551	−0.220	0.637	0.779
Thauera	−0.046	−0.158	−0.721	−0.747	−0.198	0.761	0.695
Zoogloea	0.037	−0.841	−0.052	0.216	−0.054	0.260	0.669
Paucibacter	0.176	−0.802	0.241	−0.078	−0.203	−0.083	0.338
Acidovorax	0.024	−0.645	−0.219	0.346	−0.144	0.493	0.642
Rubrivivax	−0.031	−0.472	0.335	−0.030	−0.078	−0.282	0.236
Paracoccus	−0.133	−0.170	−0.582	0.654	0.304	0.674	0.754
Leptothrix	0.107	−0.787	0.201	−0.054	−0.204	−0.056	0.340
Sulfuritalea	−0.189	−0.339	0.290	0.045	−0.147	−0.331	0.198
Thioclava	−0.332	0.425	0.124	0.138	−0.199	−0.314	−0.222
Dechloromonas	0.167	−0.621	0.184	0.079	−0.026	0.133	0.505

表 5-9　12 月主要反硝化菌属与环境因子的 Spearman 相关性分析

反硝化菌属	温度	pH	DO 浓度	NO_3^--N 浓度	NO_2^--N 浓度	NH_4^+-N 浓度	TN 浓度
Rhodobacter	0.232	0.198	0.165	−0.582	−0.560	0.205	−0.589
Pseudomonas	0.008	−0.465	−0.421	−0.523	−0.220	0.725	0.763
Thauera	−0.023	−0.132	−0.652	−0.682	−0.186	0.820	0.635
Zoogloea	0.025	−0.785	−0.032	0.212	−0.065	0.321	0.687
Paucibacter	0.165	−0.635	0.126	−0.062	−0.321	−0.052	0.323
Acidovorax	0.025	−0.632	−0.198	0.236	−0.148	0.356	0.561
Rubrivivax	−0.025	−0.425	0.326	−0.021	−0.048	−0.265	0.325
Paracoccus	−0.132	−0.152	−0.492	0.562	0.456	0.853	0.859
Leptothrix	0.098	−0.726	0.189	−0.032	−0.205	−0.023	0.123
Sulfuritalea	−0.278	−0.235	0.253	0.024	−0.185	0.235	0.165
Thioclava	−0.312	0.356	0.102	0.125	−0.198	0.326	−0.236
Dechloromonas	0.132	−0.532	0.198	0.065	−0.035	0.136	0.458

5.3 基于稳定双同位素技术的硝酸盐污染源解析

西北地区工农业不断发展，城镇居民比较集中的地方有大量无机氮通过生活污水、人畜粪便排放进入水体。在农业比较发达的地方，无机氮通过使用化肥排放到河流中，致使河流中无机氮浓度上升，引起大量学者的密切关注与研究[16-17]。F 河流域有大量城镇区和大面积的农业灌溉区，由于人类频繁的农业活动、工业废水及生活废水的排放，F 河中无机氮含量不断增加，其中硝酸盐污染较为严重，因此甄别 F 河下游硝酸盐污染源对于治理无机氮污染至关重要。本节以 F 河下游 9 个采样点为研究对象，利用稳定同位素$\delta^{15}N$ 和$\delta^{18}O$ 对 F 河下游水体中硝酸盐污染主要来源进行甄别，以期为 F 河下游硝酸盐污染源头控制、治理提供一定的科学依据。

5.3.1 主要氮素污染源

水体中氮素的增加主要是人为活动造成的。氮素的来源有很多，主要包括大气、农业化肥、生活污水及人畜粪汁、工业废水、含氮的化学物质等，在自然河流中氮素的污染源主要包含以下几个方面。

1) 大气沉降

化石燃料的不完全燃烧，汽车尾气、工业废气排放，雷电和光化学反应引起大气中 NO_3^-含量升高，大气的沉降(自身沉降及随雨沉降)将 NO_3^-带入河流中，增加了水体中 NO_3^-的浓度，其$\delta^{15}N$ 为−10‰～8‰。

2) 城市生活污水及人畜粪汁

一般情况下，河流的两岸集中分布有城镇及村庄，因此会有大量生活污水通过下水道及沟渠等进入河流。随着区域经济条件和居民生活方式改变、城市化进程加快及人口增加等，大量含氮物质(城市生活垃圾)及污水(生活污水)排入河流中。另外，人畜粪汁中含有大量 ^{15}N，^{15}N 由于氨气的挥发而不断富集，剩余 NH_4^+硝化生成的 $^{15}N\text{-}NO_3^-$不断富集，最终造成河流的硝酸盐污染。

3) 工业废水污染

工业污染的来源主要包含两个方面：其一，工业活动产生含氮或含硝酸盐的废水直接排入河流导致河流水体污染；其二，工业活动中含氮副产物(废弃固体)堆放，在雨水的冲刷作用下产生的污染物大量随着地表径流汇入河流，造成河流无机氮浓度升高及硝酸盐污染。

4) 农业污染

河流的两岸一般分布有大量的农田，每年的农耕时期，会有大量的农药、农业化肥及人畜粪便在雨水冲刷下随着径流汇入河流，导致河水中含盐量及硝酸盐增加。合成化肥中的 N 是由大气中的 N_2 直接生成的，$\delta^{15}N$ 也与大气中$\delta^{15}N$-N_2接近，且变化范围较小。

5) 土壤氮

土壤中的氮素多数以有机氮的形式存在，并不能直接被植物利用。可溶性无机氮(主要为 NO_3^-)只占土壤氮的 1%，多数土壤$\delta^{15}N$-NO_3^-为 2‰～6‰。土壤中的氮主要是通过河流对两岸泥土的侵蚀而进入水体中，从而导致河流氮素浓度的增加。

5.3.2　硝酸盐污染解析

不同污染源硝酸盐中氮、氧同位素组成特征不同。受粪肥污染者具有双高特征，即氮同位素值高和 NO_3^--N 浓度高；受工业废水或者化肥污染者具有 NO_3^--N 浓度较高而氮同位素值低的特征；受垦殖土及生活污水污染者则具有氮同位素值中等和浓度中等的特征。大量的研究和文献表明，不同氮来源的硝酸盐$\delta^{15}N$ 和 $\delta^{18}O$ 范围如下：由无机化学肥料产生的$\delta^{15}N$ 为−6‰～4‰[18]，$\delta^{18}O$ 为 17‰～25‰；由牲畜粪便产生的$\delta^{15}N$ 为 6‰～25‰[19-20]，$\delta^{18}O$ 为−5‰～15‰；由生活污水产生的$\delta^{15}N$ 为 6‰～19‰，$\delta^{18}O$ 为−5‰～10‰；土壤中有机氮矿化产生的$\delta^{15}N$ 为 2‰～6‰，$\delta^{18}O$ 为−5‰～10‰[21-22]。因此，可利用 NO_3^-中的$\delta^{15}N$ 取值范围来甄别 F 河丰水期、枯水期 NO_3^-主要来源。

1. F 河下游氮、氧同位素特征

根据稳定同位素测定方法，测试分析 9 个样品氮、氧稳定同位素特征值$\delta^{15}N$ 和$\delta^{18}O$，通过$\delta^{15}N$ 和$\delta^{18}O$ 来确定 NO_3^--N 的污染源。由于 F 河下游空间尺度较大，在丰水期和枯水期，河流中 $\delta^{15}N$-NO_3^-和 $\delta^{18}O$-NO_3^-有一个很大的变化范围，$\delta^{15}N$-NO_3^-沿着河流流向均有减小的趋势，且 7 月(丰水期)的$\delta^{15}N$-NO_3^-大部分高于 12 月(枯水期)(图 5-14)。丰水期与枯水期相比，$\delta^{18}O$-NO_3^-没有明显的规律变化(图 5-15)，但整体$\delta^{18}O$-NO_3^-小于 3.5‰，ZC 镇(M2)、LF 市(M8)和 Hui 河口(M12)这三个点的值均小于零，$\delta^{18}O$-NO_3^-较小可以确定下游水体硝酸盐的主要污染源不是大气沉降，而是其他污染源。

7 月(丰水期)，$\delta^{15}N$-NO_3^-最低为 3.45‰，最高为 11.19‰，平均值为 6.92‰；$\delta^{18}O$-NO_3^-最低为−0.72‰，最高为 3.17‰，平均值为 1.45‰。12 月(枯水期)，$\delta^{15}N$-NO_3^-最低为 3.55‰，最高为 9.86‰，平均值为 6.42‰；$\delta^{18}O$-NO_3^-最低为−0.82‰，最高为 3.21‰，平均值为 1.44‰(表 5-10)。在丰水期及枯水期，F 河下游从 ZC 镇到 Hui 河口采样点的$\delta^{15}N$-NO_3^-均高于 5‰，说明河流主要流经农业区(化肥的$\delta^{15}N$-NO_3^-为 3‰～6‰、粪肥的$\delta^{15}N$-NO_3^-为 5‰～12‰)及城镇(主要是因为生活污水、工业废水排放的$\delta^{15}N$-NO_3^-低于 10‰)。

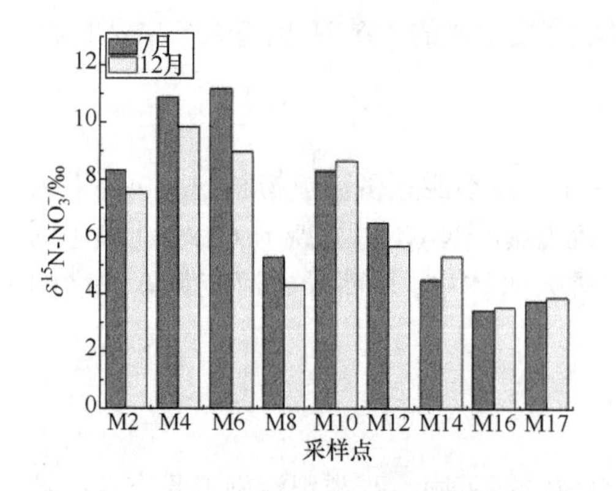

图 5-14　F 河下游丰水期、枯水期$\delta^{15}N-NO_3^-$

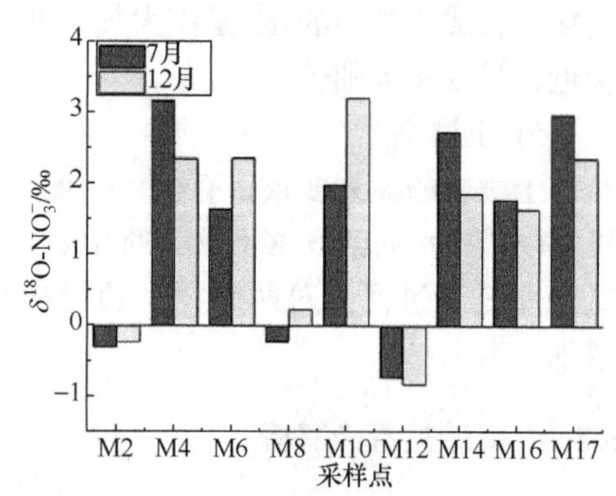

图 5-15　F 河下游丰水期、枯水期$\delta^{18}O-NO_3^-$

表 5-10　F 河下游$\delta^{15}N-NO_3^-$与$\delta^{18}O-NO_3^-$

月份	同位素特征值	ZC 镇(M2)	HD(M4)	F 河与 L 河交汇处(M6)	LF 市(M8)	XF(M10)	Hui 河口(M12)	JS 山(M14)	HJ(M16)	入 H 河口(M17)
7 月	$\delta^{15}N-NO_3^-/‰$	8.33	10.90	11.19	5.30	8.31	6.51	4.50	3.45	3.76
	$\delta^{18}O-NO_3^-/‰$	−0.30	3.17	1.65	−0.22	1.98	−0.72	2.73	1.79	2.98
12 月	$\delta^{15}N-NO_3^-/‰$	7.56	9.86	8.98	4.32	8.65	5.68	5.32	3.55	3.89
	$\delta^{18}O-NO_3^-/‰$	−0.23	2.35	2.36	0.23	3.21	−0.82	1.86	1.65	2.36

2. F 河下游硝酸盐主要污染源

F 河下游不同季节硝酸盐的污染源有一定差异。7 月(丰水期)，人类活动较频繁(农业活动，大量化肥的使用)，F 河下游水体中 NO_3^--N 来源较广泛。从图 5-16 可以看出，F 河下游的$\delta^{15}N-NO_3^-$均分布在合成 NO_3^-化肥(尿素、复合肥等)、土壤氮、粪便和污水的范围内，可以判定水体中$\delta^{15}N-NO_3^-$主要有 3 个来源：农业化肥、土壤氮、粪便和污水。研究表明，河流两岸土地类型、人类活动及反硝化作用对水体中$\delta^{15}N-NO_3^-$组成产生影响。各个采样点的$\delta^{15}N-NO_3^-$也有很大的区别。ZC 镇(M2)、HD(M4)、LF 市(M8)、XF(M10)、JS 山(M14)和 HJ(M16)在城镇、农村集中区，$\delta^{15}N-NO_3^-$较高，人畜粪便和生活污水是河流硝酸盐污染主要来源；另外，HJ 段中 JS 山(M14)、HJ(M16)和入 H 河口(M17)这 3 个采样点发生了反硝化作用，LF 市(M8)、HJ(M16)发生了硝化作用，这对 HJ 段硝酸盐的来源解析有一定的影响。F 河与 L 河交汇处(M6)、F 河与 Hui 河交汇处(M12)和入 H 河口(M17)是河流交汇处，其河道周边都是农业耕地，农业化肥的使用造成河流硝酸盐的增加。

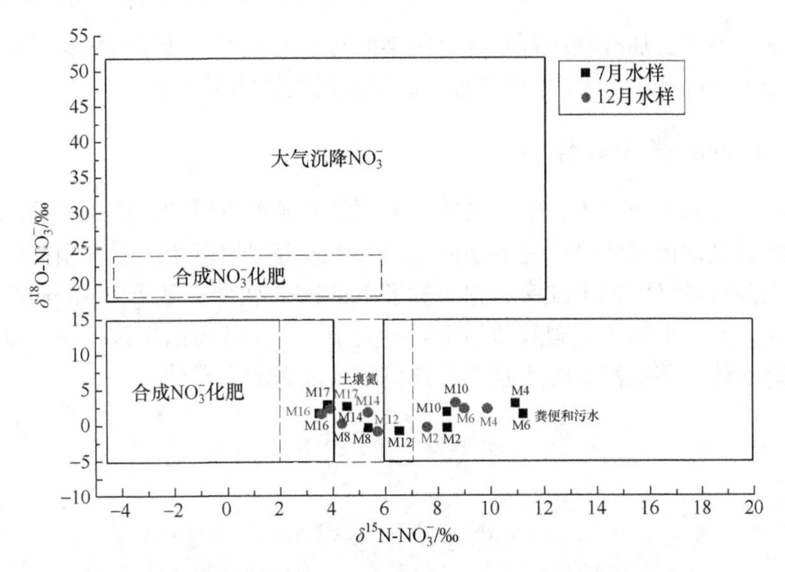

图 5-16　丰水期、枯水期 F 河下游$\delta^{15}N-NO_3^-$与$\delta^{18}O-NO_3^-$分布

12 月(枯水期)，F 河下游农耕处于休眠时期，人类活动较丰水期少，河流氮素污染源较少，主要包括城镇污水排放、工业废水排放和人畜粪汁渗入土壤流至河流等。由图 5-16 可知，枯水期 F 河下游的$\delta^{15}N-NO_3^-$均分布在合成 NO_3^-化肥(尿素、复合肥等)、土壤氮、粪便和污水的范围内，可以判定水体中$\delta^{15}N-NO_3^-$主要有 3 个来源：农业化肥、土壤氮、粪便和污水。采样点的$\delta^{15}N-NO_3^-$主要集中在土壤氮、粪便和污水区域内，这主要是因为枯水期农业活动较少，减少农业化肥的污染。与丰水期一样，城镇的人类活动在枯水期并没有减少，相反冬季采暖加大了工厂、供暖设施的废水排放，致使经过城镇的 NO_3^--N 主要来源为粪便和污水。采样点 ZC 镇(M2)、HD(M4)、LF 市(M8)、XF(M10)、JS 山(M14)和 HJ(M16)在城镇、农村集中区内，$\delta^{15}N-NO_3^-$较高，人畜粪便和生活污水是河流硝酸盐污染主要来源。F 河与 L 河交汇处(M6)、F 河与 Hui 河交汇处(M12)和入 H 河口(M17)这 3 个采样点主要在河流交汇处，硝酸盐污染源主要为土壤无机氮，且周围没有较多的城镇及农村居民，因此河流中的 NO_3^--N 主要来源于 L 河支流及 Hui 河支流，入 H 河口(M17)处的 NO_3^--N 主要来源于上游 HJ 的生活污水及工业废水的排放。孟志龙等[8]通过测定$\delta^{15}N$和$\delta^{18}O$研究了 F 河下游流域的硝酸盐来源，认为 F 河下游河流水体中的硝酸盐主要来源于农业化肥、生活污水和土壤无机氮，与本次干流研究结果相近。

5.3.3　硝酸盐污染源贡献率

5.3.2 小节借助环境稳定氮、氧同位素技术定性识别了 F 河下游不同时期(丰、枯水期)硝酸盐污染源，表明 F 河下游硝酸盐污染源主要为农业化肥、土壤氮、粪便和污水。为了更加准确地判定各个污染源对 F 河河水硝酸盐氮污染的贡献，本小节利用 IsoSource 模型定量计算各个硝酸盐污染源的贡献率。

1. IsoSource 模型基本原理

随着研究的不断深入，学者试图研发同位素源解析模型，将硝酸盐污染源识别从定性研究推进到定量研究的层面上。Phillips 等提出基于质量平衡的模型来评估不同来源对最终汇的贡献率，并研发了 IsoSoure 软件。基于 Phillips 的源解析模型理论，如果水体中的硝酸盐污染源不大于 3 个，就可以用该模型来量化各个污染源对水体硝酸盐污染的贡献率。该模型可以表示为[23-24]

$$\delta^{15}\mathrm{N}=\sum_{i=1}^{3} f_i \times \delta^{15}\mathrm{N}_i \tag{5-1}$$

$$\delta^{18}\mathrm{O}=\sum_{i=1}^{3} f_i \times \delta^{18}\mathrm{O}_i \tag{5-2}$$

$$1=\sum_{i=1}^{3} f_i \tag{5-3}$$

式中，i 为污染源 1、2、3；$\delta^{15}\mathrm{N}_i$ 和 $\delta^{18}\mathrm{O}_i$ 分别为污染源 i 中硝酸盐的同位素特征值；f_i 为不同污染源的贡献率，总和为 1。

2. 硝酸盐主要污染源贡献率

以 F 河河流两岸的城镇、工业区及农业用地为前提，结合 $\delta^{15}\mathrm{N}$-$\mathrm{NO_3^-}$ 与 $\delta^{18}\mathrm{O}$-$\mathrm{NO_3^-}$分析结果，利用端元组分典型 $\delta^{15}\mathrm{N}$-$\mathrm{NO_3^-}$ 与 $\delta^{18}\mathrm{N}$-$\mathrm{NO_3^-}$ 分布范围(表 5-11)，基于 IsoSource 模型定量分析 F 河丰、枯水期主要污染源的贡献率。

表 5-11　硝酸盐端元组分 $\delta^{15}\mathrm{N}$-$\mathrm{NO_3^-}$与 $\delta^{18}\mathrm{O}$-$\mathrm{NO_3^-}$分布范围[25-26]

$\mathrm{NO_3^-}$端元	$\delta^{15}\mathrm{N}$-$\mathrm{NO_3^-}$/‰ 平均值±标准偏差	$\delta^{18}\mathrm{O}$-$\mathrm{NO_3^-}$/‰ 平均值±标准偏差	参考文献
土壤氮	3.3±1.0	1.7±0.5	[25]、[26]
农业化肥	0.3±3.0	1.7±0.5	[25]、[26]
粪便和污水	11.3±0.2	14.5±1.8	[25]、[26]

通过 IsoSource 混合模型计算可知，7 月(丰水期)F 河下游硝酸盐污染源贡献率有较大差异，粪便和污水及农业化肥对硝酸盐污染贡献率较大，如图 5-17 所示。F 河下游 LF 段的农业化肥、土壤氮、粪便和污水对硝酸盐贡献率分别为 14.6%、17.4%和 68.0%；XF 段硝酸盐各污染源的贡献率分别为 25.5%、37.5%和 37.0%；

HJ 段硝酸盐各污染源的贡献率分别为 49.3%、28.0%和 22.7%。不同的土地利用类型的硝酸盐污染源贡献率有很大的区别[27]。F 河下游的土地利用类型主要有两种，分别为城镇用地和农业用地。在城镇用地中，粪便和污水是河流硝酸盐的主要污染源[28]，LF 市硝酸盐来自农业化肥、土壤氮、粪便和污水的比例分别为 9%、19%和 72%，农业化肥、土壤氮、粪便和污水对 ZC 镇的硝酸盐贡献率分别为 15%、27%和 58%，农业化肥、十壤氮、粪便和污水对 XF 的硝酸盐贡献率分别为 17%、25%和 58%。在农业用地中，化肥的使用是硝酸盐污染的主要来源[29]，由图 5-17 可以看出，HJ 段 HJ(M16)和入 H 河口(M17)的农业化肥贡献率很高，这主要是因为 HJ 段周围都是农业用地，入 H 河口上游的 WR 县是主要的农业县，7 月正是农耕繁忙时节，大量的农业化肥会随着降雨流入河流中，进而使河流中氮素(NO_3^--N)骤增。农业化肥、土壤氮、粪便和污水对 HJ 的硝酸盐贡献率分别为 57.3%、30.0%和 12.7%；入 H 河口(M17)的贡献率分别为 56.6%、31.7%和 11.7%。另外，在河流的交汇处，农业化肥贡献率也较高，其中 L 河与 F 河交汇处下游 LF 市(M8)农业化肥贡献率为 37.4%，土壤氮贡献率为 43.5%；Hui 河与 F 河交汇处(M12)农业化肥贡献率为 45.4%，土壤氮贡献率为 35.5%。

12 月(枯水期)F 河下游硝酸盐污染源贡献率较丰水期集中，其中粪便和污水对硝酸盐贡献率较大，如图 5-18 所示。F 河下游 LF 段的农业化肥、土壤氮、粪便和污水对硝酸盐贡献率分别为 10%、22%和 68%；XF 段硝酸盐各污染源的贡献率分别为 12%、23%和 65%；HJ 段硝酸盐各污染源的贡献率分别为 12%、36%和 52%。从河流两岸的主要土地利用类型分析，在 LF 市(M8)、XF(M10)和 HJ(M16)等城镇用地中，粪便和污水是河流硝酸盐的主要污染源。其中，XF(M10)的粪便和污水对 F 河下游硝酸盐最高，为 74%，其次为 L 河与 F 河交汇处(M6)，这主要因为此采样点位于交汇口下游，水中的硝酸盐来自 L 河支流及 F 河干流的城镇污水排放。在农业用地中，由于 12 月处于冬季，农业活动还未开始，因此 HJ 段硝酸盐污染源中还是粪便和污水占据主导因素。

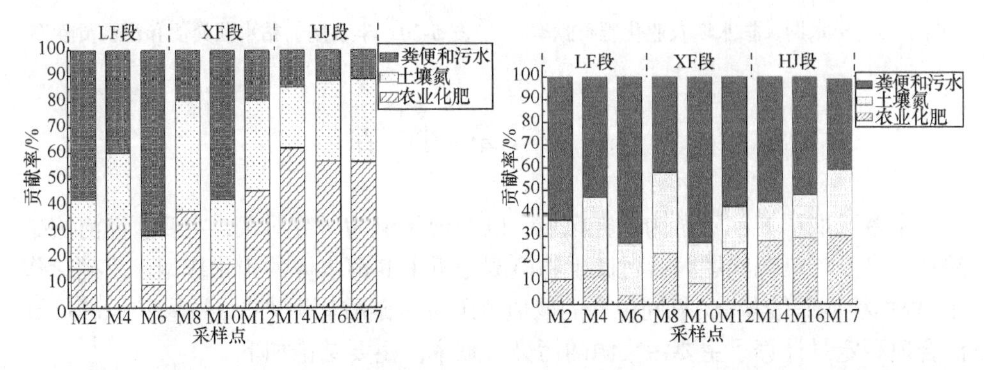

图 5-17　丰水期 F 河下游硝酸盐污染源贡献率　　图 5-18　枯水期 F 河下游硝酸盐污染源贡献率

由以上分析知，F 河下游硝酸盐污染贡献率最高为农业化肥、粪便和污水。在丰水期，农业化肥污染贡献率均高于枯水期，最低值在 L 河与 F 河交汇处(M6)，贡献率为 9%，最高值在 JS 山(M14)，贡献率为 62%(图 5-19)。HJ 段的 JS 山(M14)、HJ(M16)和入 H 河口(M17)这三个采样点的硝酸盐污染源主要是农业化肥，其贡献率均高于 55%。枯水期(12 月)虽然处于冬季，但农业化肥污染也占了一定比例，所有采样点的贡献率均低于 30%。贡献率较高的几个采样点主要分布在下游(M12、M14、M16、M17)，这主要因为下游有大棚种植农作物，少许的农业化肥会随着土壤水分汇入河流中，增加了水体的硝酸盐浓度。

枯水期 F 河下游水体粪便和污水贡献率均高于丰水期，最低值在入 H 河口处(M17)(图 5-20)。入 H 河口处于自然生态，周围只有较少的农村居民生活，对河流硝酸盐影响较小，水体中的粪便和污水主要来源于上游 WR 县和 HJ(M16)等城镇。最高值在 L 河与 F 河交汇处(M6)和 XF(M10)。在丰水期和枯水期，粪便和污水是 ZC 镇(M2)、L 河与 F 河交汇处(M6)和 XF(M10)这三处水体硝酸盐污染的主要来源，占比均高于 40%。ZC 镇与 XF 是居民集中居住的城镇，有大量的生活污水排放到河流中，L 河口处粪便和污水主要来自于支流 L 河两岸的污水排放。因此，可以确定 F 河下游各个河段的硝酸盐不同污染源在不同时期的贡献率有明显的差异。

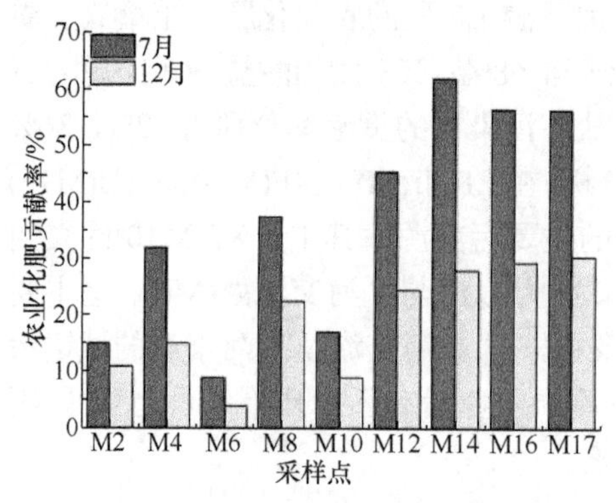

图 5-19　丰水期、枯水期农业化肥贡献率

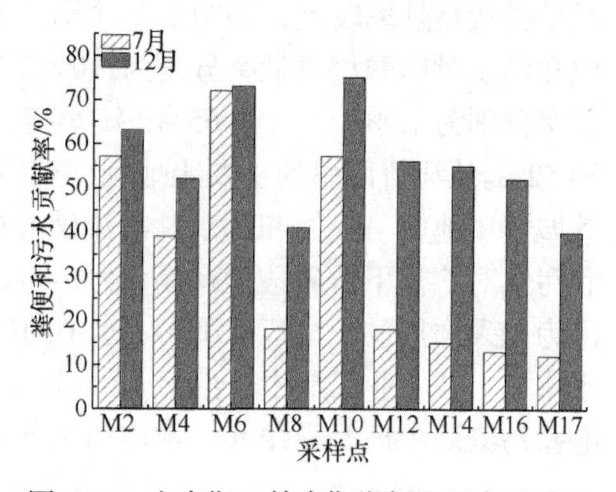

图 5-20　丰水期、枯水期粪便和污水贡献率

5.4　本 章 小 结

本章选取了 F 河下游为研究区域，以 F 河干流为研究对象，主要研究河流硝酸盐污染及污染源问题。通过微生物检测分析了 F 河水体的硝化作用、反硝化作用，根据检测硝酸盐氮、氧同位素的取值范围解析硝酸盐污染源，并基于 IsoSource 混合模型定量计算了主要污染源的污染贡献率。主要结论如下。

(1) F 河下游无机氮污染较为严重，河流整体水质为Ⅴ类水标准，NO_3^--N 为河流的主要氮素污染。在丰水期和枯水期，水体中 NH_4^+-N 浓度均高于Ⅴ类水标准 2.0mg/L，NO_3^--N 浓度超出了国家水质标准(10mg/L)。无机氮浓度与土地利用类型相关，无机氮浓度较高的河流断面均处在农村居民用地，农村居民用地、城镇用地对 NH_4^+-N 起“源”的作用，有林地起“汇”的作用。

(2) F 河下游水体具有丰富的硝化、反硝化细菌群落结构，但优势菌群差异较小。各个采样点的硝化细菌优势菌属均为亚硝化单胞菌属(*Nitrosomonas*)。M2 采样点优势菌属为假单胞菌属(*Pseudomonas*)，其余采样点的优势菌属均为红细菌属(*Rhodobacter*)。F 河下游 NO_2^--N 和 NO_3^--N 是硝化细菌菌属群落的主要影响因子，亚硝化单胞菌属(*Nitrosomonas*)与无机氮的含量有显著关系，亚硝化单胞菌属(*Nitrosomonas*)与 NO_3^--N、NO_2^--N 呈正相关，与 NH_4^+-N 和 TN 等无机氮呈负相关；水体中 TN、NH_4^+-N、NO_3^--N 和 NO_2^--N 与反硝化细菌副球菌属(*Paracoccus*)、红细菌属(*Rhodobacter*)及假单胞菌属(*Pseudomonas*)、陶厄氏菌属(*Thauera*)呈负相关，对降低无机氮含量有一定促进作用。

(3) 7 月(丰水期)和 12 月(枯水期)，F 河下游 NO_3^--N 主要来源为农业化肥、土壤氮、粪便和污水。7 月农业化肥的影响较大，而 12 月农业化肥的影响较小，粪便和污水是 NO_3^--N 的主要污染源。

(4) 7 月，F 河下游 LF 段的农业化肥、土壤氮、粪便和污水对硝酸盐贡献率分别为 14.6%、17.4%和 68.0%；XF 段硝酸盐各污染源的贡献率分别为 25.5%、37.5%和 37.0%；HJ 段硝酸盐各污染源的贡献率分别为 49.3%、28.0%和 22.7%。12 月，农业化肥、土壤氮、粪便和污水对 LF 段的硝酸盐贡献率分别为 10%、22%和 68%，对 XF 段污染贡献率为 12%、23%和 65%，对 HJ 段污染贡献率为 12%、36%和 52%；各个采样点的粪便和污水污染贡献率均高于 40%，农业化肥贡献率较小，均低于 30%。

参 考 文 献

[1] PARDO L H, KENDALL C, PETT-RIDGE J, et al. Evaluating the source of streamwater nitrate using ^{15}N and ^{18}O in nitrate in two watersheds in New Hampshire, USA[J]. Hydrological Processes, 2004, 18(14): 2699-2712.

[2] 王鹏，齐述华，袁瑞强. 赣江流域土地利用方式对无机氮的影响[J]. 环境科学学报, 2015, 35(3): 826-835.

[3] 张殷俊，陈爽，相景昌. 河流近域土地利用格局与水质相关性分析——以巢湖流域为例[J]. 长江流域资源与环境, 2011, 20(9): 1054.

[4] 张汪寿，李晓秀，王晓燕，等. 北运河下游灌区不同土地利用方式非点源氮素输出规律[J]. 环境科学学报, 2011, 31(12): 2698-2706.

[5] KENDALL C. Tracing Nitrogen Sources and Cycling in Catchments[M]. New York: Elsevier Science, 1998.

[6] PETERSON B J, FRY B. Stable isotopes in ecosystem studies[J]. Annual Review of Ecology & Systematics, 1987, 18(1): 293-320.

[7] YANG Y, XIAO H, WEI Y, et al. Hydrologic processes in the different landscape zones of Mafengou River basin in the alpine cold region during the melting period[J]. Journal of Hydrology (Amsterdam), 2011, 409(1-2): 149-156.

[8] 孟志龙，杨永刚，秦作栋. 汾河下游流域水体硝酸盐污染过程同位素示踪[J]. 中国环境科学，2017，37(3):

1066-1072.
[9] BATES S T, CLEMENTE J C, FLORES G E, et al. Global biogeography of highly diverse protistan communities in soil[J]. The ISME Journal, 2013, 7(3): 652-659.
[10] HUANG T L, GUO L, ZHANG H H, et al. Nitrogen-removal efficiency of a novel aerobic denitrifying bacterium, *Pseudomonas stutzeri* strain ZF31, isolated from a drinking-water reservoir[J]. Bioresource Technology, 2015, 196: 209-216.
[11] 王春香, 刘常敬, 郑林雪, 等. 厌氧氨氧化耦合脱氮系统中反硝化细菌研究[J]. 中国环境科学, 2014, 34(7): 1878-1883.
[12] MA W J, LIU C S, ZHAO D F, et al. Microbial characterization of denitrifying sulifde removal sludge using high-throughput amplicon sequencing method[J]. China Petroleum Processing & Petrochemical Technology, 2015, 17(4): 89-95.
[13] RHEE J K, KIM J M, SUNG R Y T, et al. Characterization of the depth-related changes in the microbial communities in Lake Hovsgol sediment by 16S rRNA gene-based approaches[J]. Journal of Microbiology, 2008, 46(2):125-136.
[14] GAO J, HOU L, ZHENG Y, et al. *nirS*-Encoding denitrifier community composition, distribution, and abundance along the coastal wetlands of China[J]. Applied Microbiology and Biotechnology, 2016, 100(19): 8573-8582.
[15] YANG J K, CHENG Z B, LI J , et al. Community composition of *nirS*-type denitrifier in a shallow Eutrophic Lake[J]. Microbial Ecology, 2013, 66(4): 796-805.
[16] 任玉芬, 张心昱, 王效科, 等. 北京城市地表河流硝酸盐氮来源的氮氧同位素示踪研究[J]. 环境工程学报, 2013, 7(5): 1636-1640.
[17] PANNO S V, KELLY W R, HACKLEY K C, et al. Sources and fate of nitrate in the Illinois River Basin, Illinois[J]. Journal of Hydrology (Amsterdam), 2008, 359(1-2): 174-188.
[18] GORMLY J R, SPALDING R F. Sources and concentrations of nitrate-nitrogen in ground water of the central platte region, Nebraska[J]. Groundwater, 2010, 17(3): 291-301.
[19] 徐志伟, 于贵瑞, 温学发, 等. 中国水体硝酸盐氮氧双稳定同位素溯源研究进展[J].环境科学, 2014, 35(8): 3230-3238.
[20] 李清光, 王仕禄. 滇池流域硝酸盐污染的氮氧同位素示踪[J]. 地球与环境, 2012, 40(3): 321-327.
[21] 周迅, 姜月华. 氮、氧同位素在地下水硝酸盐污染研究中的应用[J]. 地球学报, 2007, 28(4): 389-395.
[22] 贾小妨, 李玉中, 徐春英, 等. 氮、氧同位素与地下水中硝酸盐溯源研究进展[J]. 中国农学通报, 2009, 25(14): 233-239.
[23] 吴文欢, 何小娟, 吴海露, 等. 运用氮、氧双同位素技术研究永安江硝酸盐来源[J]. 生态与农村环境学报, 2016, 32(5): 802-807.
[24] HOPKINS J B, FERGUSON J M, LYLE K. Estimating the diets of animals using stable isotopes and a comprehensive bayesian mixing model[J]. PloS One, 2012, 7(1): e28478.
[25] 邢萌, 刘卫国. 浐河、灞河硝酸盐端元贡献比例——基于硝酸盐氮、氧同位素研究[J]. 地球环境学报, 2016, 7(1): 27-36.
[26] 邢萌, 刘卫国, 胡婧. 浐河、涝河河水硝酸盐氮污染来源的氮同位素示踪[J]. 环境科学, 2010, 31(10): 2305-2310.
[27] 王娇, 马克明, 张育新, 等. 土地利用类型及其社会经济特征对河流水质的影响[J]. 环境科学学报, 2012, 32(1): 57-65.
[28] 李艳利, 徐宗学, 刘星才. 浑太河流域氮磷空间异质性及其对土地利用结构的响应[J]. 环境科学研究, 2012, 25(7): 770-777.
[29] 张东, 杨伟, 赵建立. 氮同位素控制下黄河及其主要支流硝酸盐来源分析[J]. 生态与农村环境学报, 2012, 28(6): 622-627.

第 6 章　YM 湖内源污染释放通量预测

6.1　YM 湖沉积物-上覆水界面氮、磷释放通量

湖泊沉积物是营养盐等污染物的主要蓄积库，随着环境条件的变化，沉积物在一定条件下扮演着“源”或“汇”角色。明确沉积物中营养盐的分布特征，识别沉积物氮、磷扮演的源汇角色，对于湖泊营养盐污染防治具有重要的参考意义。在掌握 YM 湖沉积物及上覆水两相间营养盐污染特征的基础上，本节开展湖泊氮、磷在沉积物-上覆水界面间释放通量的研究。通过室内模拟实验，掌握界面营养盐交换的季节变化规律，明确沉积物的源汇角色，同时估算界面交换对水体中营养盐的潜在贡献率。

6.1.1　实验材料与方法

1. 样品采集

2019 年每个季节采样一次，共四次。选择有代表性的进水口(M1)、湖心处(M3)、出水口(M6)，每次采集 3 个监测点的表层沉积物及上覆水，并且每次采样时记录每个监测点上覆水的温度、溶解氧浓度、pH。沉积物通过抓斗式采样器获得，上覆水通过有机玻璃采样器获得。将采集的上覆水装入水桶，底泥装进自封袋迅速带回实验室备用。

2. 实验装置

实验装置如图 6-1 所示，主要由有机玻璃柱、橡胶塞、进出水管构成，购买原材料自己组装而成。橡胶塞上打有两个孔使进出水管穿过，管口套有橡胶管便于夹止水夹。培养柱总高 35cm，内径 10cm。在往培养柱中注水时，为了尽量避免引起扰动，使用虹吸法缓缓加入。每次取水时，将注射器连接于取水口上的橡胶软管上进行操作，取完后再将漏斗连接于进水口上的橡胶软管上，补充同体积的水样，整个操作过程要尽可能避免对底泥造成扰动，同时保证装置的气密性。

3. 实验方案

将采集的底泥样品平铺于培养柱底部，并注入同一位置的上覆水，泥水比例 1∶5。在进行室内模拟实验时，主要控制温度、溶解氧浓度、pH 与采样时一致。

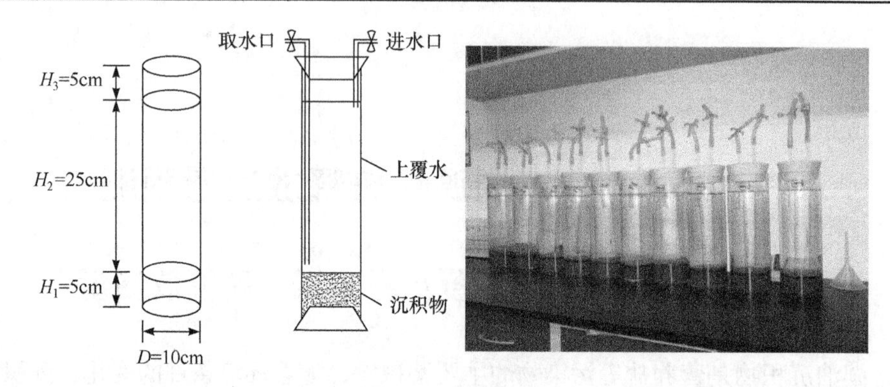

图 6-1　实验装置

上覆水温度通过恒温培养箱控制；溶解氧浓度的调节通过向水中充氮气或氧气实现；pH 通过向原水中加盐酸或氢氧化钠来调控。

共进行 4 次模拟实验，每次实验设有 3 个培养柱，每次实验周期为 7d，即 168h。每次实验开始后，每隔 12h 取一次上覆水，检测其中 TN、NH_4^+-N、TP、PO_4^{3-}-P 的浓度，测定方法参考文献[1]。每次取水用注射器从取水口吸取 100mL，并通过进水口用漏斗补充同体积原水进去。测样实拍图如图 6-2 所示。

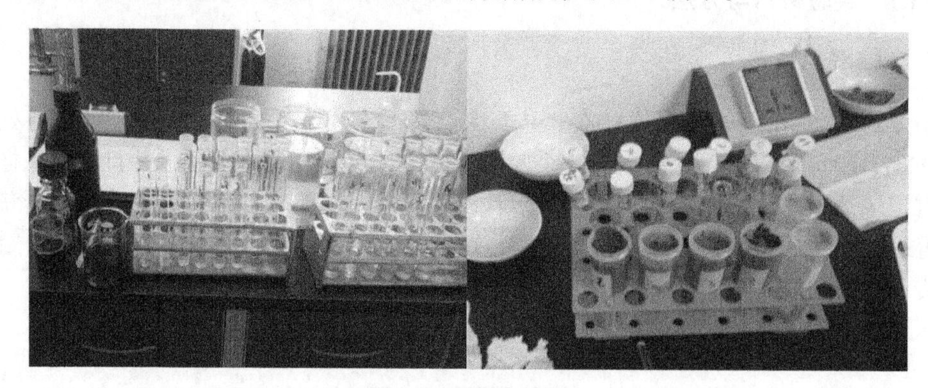

图 6-2　测样实拍图

4. 释放通量计算

采用实验室培养法进行释放通量的估算，具体计算方法如下[2]：

$$F = M_t A^{-1} t^{-1} \tag{6-1}$$

式中，F 为释放通量，mg/(m^2 · h)，大于零表示污染物从沉积物向上覆水扩散，否则从上覆水向沉积物扩散；A 为沉积物与水界面营养盐交换面积，m^2；t 为培养时间，h；M_t 为 t 时间段内营养盐的质量变化量，mg，计算式为

$$M_t = V(C_t - D_{t-1}) \tag{6-2}$$

式中，V 为培养柱中上覆水的总体积，L；C_t 为 t 时刻测得的上覆水中营养盐浓度，mg/L；D_{t-1} 为 $t-1$ 时刻上覆水中实际的营养盐浓度，mg/L，计算方法为

$$D_{t-1}=\frac{(V-V_0)C_{t-1}+V_0C_0}{V} \tag{6-3}$$

式中，V_0 为每次所取的上覆水体积，L；C_0 为原始时刻上覆水中营养盐的浓度，mg/L；C_{t-1} 为 $t-1$ 时刻上覆水中实际的营养盐浓度，mg/L。

6.1.2　沉积物-上覆水界面营养盐释放通量规律

室内模拟实验四个季节各进行一次，每 12h 检测上覆水中 TN、NH_4^+-N、TP、PO_4^{3-}-P 的浓度，依据式(6-1)～式(6-3)估算释放通量，绘制各采样点营养盐释放通量随季节的变化图，根据各采样点每个季节的释放通量求得平均释放通量。

由于上覆水和沉积物中的 TN 存在浓度梯度，为了维持体系浓度平衡，沉积物会向上覆水中释放氮。图 6-3 为 YM 湖 TN 释放通量随季节的变化，可知 YM 湖全年 TN 释放通量的变化范围为 1.757～7.746mg/(m^2 · h)，春夏秋冬四个季节的平均值分别为 4.479mg/(m^2 · h)、6.697mg/(m^2 · h)、5.016mg/(m^2 · h)、2.355mg/(m^2 · h)，显然夏季 TN 释放通量最大，冬季最小。夏季温度为一年中最高，湖泊水体中好氧有机物会消耗其中大量溶解氧，导致体系处于缺氧状态，有利于氮转化及分解等反应的进行，促使底泥中的氮向上覆水释放。同时，夏季为汛期，水量为一年中最大，上覆水中氮浓度降低，与沉积物中氮浓度差增大，有利于底泥中氮的释放。

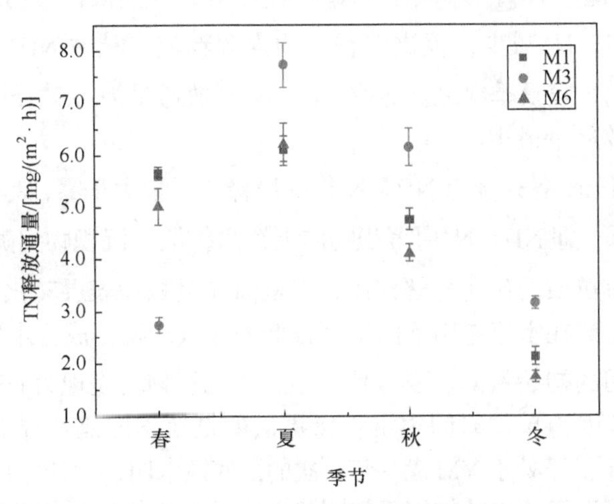

图 6-3　TN 释放通量季节变化趋势

由表 6-1 可知，YM 湖全年 TN 释放通量的平均值为 4.637mg/(m^2 · h)，各点

差异不显著。由释放通量正负可知，M1、M3、M6 三点的沉积物均表现为 TN 的源。有学者在对草海沉积物-上覆水界面进行研究时，得出沉积物中 TN 呈现源的特征，TN 释放通量 3.7mg/($m^2 \cdot h$)，并指出和其他水域相比偏高[3]。相比于草海，YM 湖的 TN 释放通量更高。营养盐在沉积物-上覆水间的扩散方向和速率主要取决于上覆水和沉积物间隙水中的氮、磷浓度，为保持体系的浓度平衡，营养盐会从较高浓度向较低浓度的方向扩散，且两相间浓度差越大，扩散速率越大。YM 湖沉积物表现为 TN 的源，主要是因为间隙水中 TN 浓度明显高于上覆水，这种明显的浓度梯度促使 TN 从沉积物向上覆水释放。

表 6-1　沉积物-上覆水界面 TN 释放通量 (单位：mg/($m^2 \cdot h$))

采样点	春季	夏季	秋季	冬季	点平均值
M1	5.669	6.124	4.767	2.140	4.675
M3	2.748	7.746	6.156	3.167	4.954
M6	5.021	6.221	4.126	1.757	4.281
季平均值	4.479	6.697	5.016	2.355	4.637

图 6-4 为 YM 湖 NH_4^+-N 释放通量随季节的变化。全湖 NH_4^+-N 释放通量的变化范围为–0.391～3.300mg/($m^2 \cdot h$)。各采样点季节差异明显，春季 NH_4^+-N 释放通量为–0.273mg/($m^2 \cdot h$)，夏季最大，为 2.875mg/($m^2 \cdot h$)。夏季高温会对沉积物反硝化作用造成显著的影响，缺氧状态下底泥还原性增加，促进反硝化作用的进行，NO_3^--N 含量降低，NO_2^--N 转化为 N_2 和 N_2O 等，这些低价态物质会逸出水体，使水环境中 NH_4^+-N 减少，促进沉积物的内源释放。秋季 NH_4^+-N 释放通量为 1.563mg/($m^2 \cdot h$)，较夏季次之。冬季 NH_4^+-N 释放通量为 0.971mg/($m^2 \cdot h$)。相比之下，春季释放通量最小。

由表 6-2 可知，各采样点 NH_4^+-N 年平均释放通量大于零，表明总体上沉积物为 NH_4^+-N 的源，即 NH_4^+-N 由沉积物向上覆水扩散。沉积物间隙水中的 NH_4^+-N 主要来自底泥有机质的矿化分解作用，有机氮在沉积物表层转化为 NH_4^+-N 后，在界面间扩散，或在水流作用下向浓度较低的区域迁移，成为水生动植物的直接氮源和硝化作用的初始氮源。夏、秋、冬三季沉积物均表现为 NH_4^+-N 的源，而春季为汇，这是因为单位时间内沉积物提供的氨氮不能满足界面硝化反应的需求。4 月份采样时，正处于 YM 湖一年一次的彻底换水期，湖泊处于枯水期，水位下降导致风浪对界面间的扰动作用更加明显。表层沉积物的胶体及颗粒态悬浮物大多带负电，而 NH_4^+-N 带正电荷，风浪在增加沉积物对 NH_4^+-N 解吸量的同时，更大

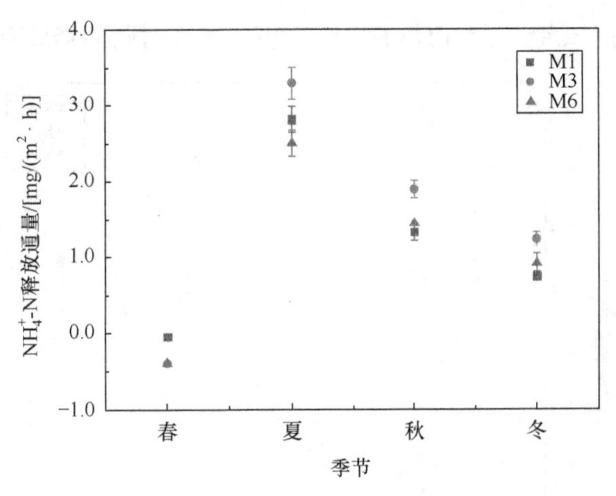

图 6-4　NH_4^+-N 释放通量季节变化趋势

程度上增加了沉积物对 NH_4^+-N 的吸附量[3]；同时，水量减少直接造成上覆水中 NH_4^+-N 浓度增大。这两方面原因使 NH_4^+-N 从上覆水向沉积物扩散，因此春季 NH_4^+-N 释放通量为负。袁铁君等[4]和吕莹[5]曾在研究中发现相同规律，指出扰动对氨氮释放造成的效应是短期的，扰动虽增加了氮释放通量，但也很大程度增加了底泥对氨氮的吸附。

表 6-2　沉积物-上覆水界面 NH_4^+-N 释放通量　(单位：mg/(m^2 · h))

采样点	春季	夏季	秋季	冬季	点平均值
M1	−0.039	2.821	1.335	0.750	1.217
M3	−0.389	3.300	1.900	1.237	1.512
M6	−0.391	2.505	1.455	0.926	1.124
季平均值	−0.273	2.875	1.563	0.971	1.284

YM 湖 TP 释放通量的季节变化如图 6-5 所示，变化范围为 0.364～0.687mg/(m^2 · h)。四个季节 TP 释放通量的差异不大，表现为夏秋季释放通量较大，冬季最小，仅为 0.420mg/(m^2 · h)。沉积物-上覆水界面的氧化还原环境能控制底泥磷的释放，比起好氧条件，夏秋季的厌氧环境更有利于沉积物磷的释放；冬季水环境温度较低，会影响微生物体内酶的活性，使自身生命活动受到一定程度抑制。另外，沉积物中磷的释放还与有机质有关，有机质的矿化可导致底泥中磷向上覆水释放[6]。有机质的降解会消耗环境中溶解氧[7]，使沉积物处于还原条件，其中铁氧化物易发生溶解，促进底泥中磷的释放[8]；矿化形成的无机物会在微生物作用下产生有利于磷释放的腐殖质，腐殖质能和一些金属元素形成稳定的

有利于磷吸附的聚合物，且在此过程中产生的H^+也对磷的释放有正面导向作用。

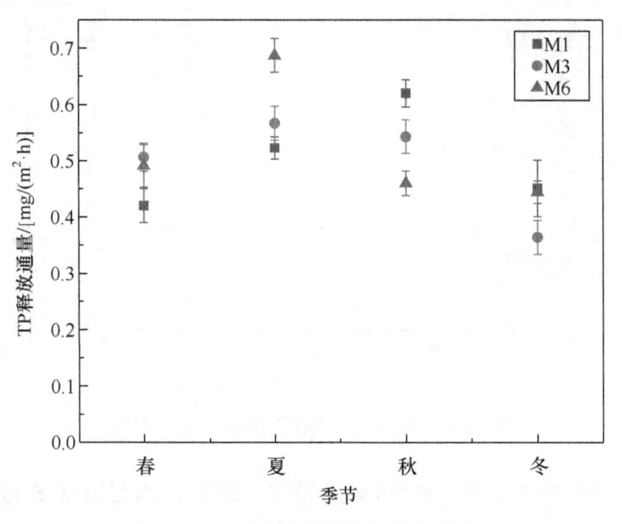

图 6-5　TP 释放通量季节变化趋势

一般来说，沉积物中磷主要来源有外源和内源两部分，外源一般为农业和生活污水中磷的排入及雨水冲刷地表径流进入水体，内源主要是水生生物死亡分解及沉积物吸附降解等作用累积的磷。表 6-3 中湖泊 TP 释放通量的平均值显示，三个采样点的释放通量均大于零，即湖泊沉积物为 TP 的源，全年平均释放通量为 0.506mg/($m^2\cdot h$)。三个采样点 TP 平均释放通量分别为 0.503mg/($m^2\cdot h$)、0.495mg/($m^2\cdot h$)、0.520mg/($m^2\cdot h$)。M6 处最大，采样时发现此处沉积物中泥沙较多、粒径偏大，这在很大程度上促进了沉积物中磷的释放。相同重量时，粒径小的颗粒物具有更大的比表面积，就可以吸附更多的沉积物中的磷，从而使底泥中的磷不易释放到上覆水中，释放通量减小。周爱民等[9]曾在研究中得到类似结论，发现随着沉积物颗粒粒径减小，比表面积增加加快，磷吸附位点的数量增加，吸附量增加，最终磷向上覆水的释放通量减小。

表 6-3　沉积物-上覆水界面 TP 释放通量 (单位：mg/($m^2\cdot h$))

采样点	春季	夏季	秋季	冬季	点平均值
M1	0.420	0.523	0.620	0.451	0.503
M3	0.506	0.567	0.543	0.364	0.495
M6	0.491	0.687	0.460	0.444	0.520
季平均值	0.472	0.592	0.541	0.420	0.506

湖泊 PO_4^{3-}-P 释放通量的变化如图 6-6 所示，全年释放通量变化范围为 0.057～

0.271mg/(m^2 · h)。湖泊 PO_4^{3-} -P 释放通量的季节变化特征明显，四季的释放通量大小排序为夏季>秋季>春季>冬季。冬季平均释放通量最小，仅为 0.085mg/(m^2 · h)，因为颗粒对磷的吸附是一个放热过程，吸附能力会随温度的减小而增大，间隙水中磷酸盐浓度降低，上覆水和间隙水中浓度差减小，释放通量减小。夏季平均释放通量最大，为 0.242mg/(m^2 · h)，是冬季平均释放通量的近 3 倍。一是因为夏季温度较高且溶解氧浓度较低的环境有利于有机磷矿化分解为溶解态磷酸盐；二是夏季微生物生命活动较强，导致界面间氧化还原电位降低，并且细菌代谢产物会溶解沉积物中难溶解的磷酸盐，促进沉积物磷酸盐的释放[10]；三是夏季时湖泊中藻类增长，藻类分解能明显增加水中的 PO_4^{3-} -P 浓度，且随着藻类分解及底泥释放，PO_4^{3-} -P 浓度会随藻类密度的增大而增大[11]。

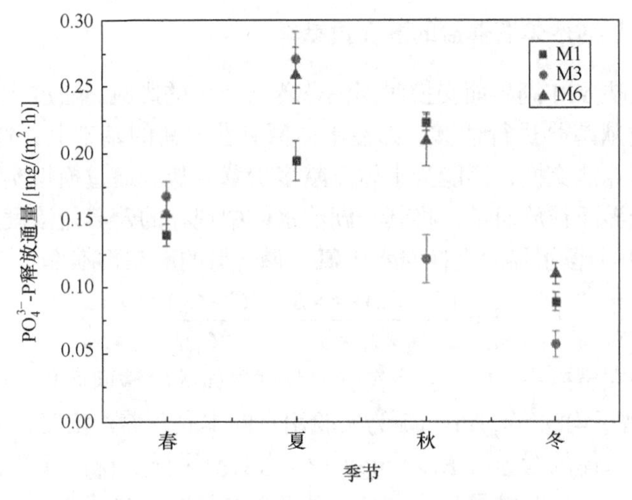

图 6-6　PO_4^{3-} -P 释放通量季节变化趋势

天然水体中磷的存在形态有多种，其中处于优势形态的是正磷酸盐，它是可以直接被藻类利用的形态。水中其他形式的磷化合物，如偏磷酸、亚磷酸、焦磷酸、卤化物等，都可通过歧化和水解等反应转化为正磷酸盐，这也是最稳定的存在形式。通常情况下，沉积物和上覆水间的磷酸盐交换处于动态平衡，随着环境条件变化，两相间磷酸盐交换会发生变化，沉积物的源汇角色也可能会随之变化。表 6-4 中 YM 湖 PO_4^{3-} -P 平均释放通量均大于零，表明 PO_4^{3-} -P 由沉积物向上覆水扩散，即沉积物为 PO_4^{3-} -P 的源。全湖 PO_4^{3-} -P 平均释放通量为 0.167mg/(m^2 · h)。M1、M3、M6 三点中，进出水口处的平均释放通量相对较大，这和进出水口处水流速度较大有关。扰动可以使颗粒物再悬浮过程中吸附在颗粒上的磷解吸，同时促使表层沉积物上的磷酸盐直接释放到上覆水中。Sondergaard 等[12]曾对丹麦浅水湖泊进行再悬浮研究，发现一次再悬浮扰动引起的上覆水 PO_4^{3-}-P 浓度增加比自由扩散引起的高出数十倍，可见再悬浮作用对界面间磷释放通量的影响程度很大，这也是 YM 湖进出水口处 PO_4^{3-}-P 释放通量较大的主要原因。

表 6-4　沉积物-上覆水界面 PO_4^{3-}-P 释放通量 (单位：mg/(m² · h))

采样点	春季	夏季	秋季	冬季	点平均值
M1	0.139	0.195	0.224	0.089	0.162
M3	0.168	0.271	0.121	0.057	0.154
M6	0.155	0.259	0.210	0.110	0.184
季平均值	0.154	0.242	0.185	0.085	0.167

6.1.3　界面交换对水体营养盐的潜在贡献率

为量化反映 YM 湖界面交换对湖泊营养盐产生的影响，通过式(6-4)对湖泊营养盐的潜在贡献率[13]进行估算，即在水体原有营养盐的基础上，通过沉积物-上覆水界面的营养盐交换，还能为水体贡献多少营养盐。通过模拟实验测定三个采样点的营养盐界面释放通量，将其与湖泊水体中现存的营养盐浓度进行对比，粗略估算沉积物-上覆水界面交换对水中氮、磷含量的潜在贡献率。

$$P=\frac{(C-C_0)\times h\times S}{C_1\times H\times S}=\frac{(C-C_0)\times h}{C_1 H} \tag{6-4}$$

式中，P 为潜在贡献率，%；S 为实验室测试柱体的内截面面积，m²；H 为对应采样点的水深(平均深度)，m；C_0 为实验用水的本底营养盐浓度，mg/L；C 为培养实验稳定后水体的营养盐浓度，mg/L；C_1 为对应采样点现存营养盐浓度，mg/L。

潜在贡献率的估算结果见表 6-5，由每个季节进行的模拟实验可计算界面交换的营养盐浓度($C-C_0$)。在每个季节进行释放实验时，同时检测水中 TN、NH_4^+-N、TP 及 PO_4^{3-}-P 的浓度，即水体中现存营养盐浓度 C_1。三个采样点的平均水深分别为 2.3m、1.7m、2.2m。表 6-5 中数值大于零表明释放稳定后上覆水营养盐浓度增大，即营养盐从沉积物向上覆水释放，贡献率为正值；小于零表明营养盐从上覆水向沉积物释放，贡献率为负值。

表 6-5　YM 湖沉积物-上覆水界面营养盐交换对水体营养盐的潜在贡献率

季节	采样点	指标	TN	NH_4^+-N	TP	PO_4^{3-}-P
春季	M1	界面交换的营养盐浓度/(mg/L)	2.055	−0.225	0.018	0.011
		水体中现存营养盐浓度/(mg/L)	2.436	1.16	0.058	0.018

续表

季节	采样点	指标	TN	NH_4^+-N	TP	PO_4^{3-}-P
春季	M1	潜在贡献率/%	**9.17**	**–2.11**	**3.37**	**6.64**
	M3	界面交换的营养盐浓度/(mg/L)	0.951	–0.068	0.053	0.029
		水体中现存营养盐浓度/(mg/L)	2.169	0.16	0.099	0.059
		潜在贡献率/%	**6.45**	**–6.25**	**7.87**	**7.23**
	M6	界面交换的营养盐浓度/(mg/L)	1.068	–0.044	0.025	0.012
		水体中现存营养盐浓度/(mg/L)	2.116	0.177	0.071	0.031
		潜在贡献率/%	**5.74**	**–2.82**	**4.00**	**4.40**
夏季	M1	界面交换的营养盐浓度/(mg/L)	0.657	0.081	0.033	0.021
		水体中现存营养盐浓度/(mg/L)	1.795	0.164	0.073	0.033
		潜在贡献率/%	**3.98**	**5.37**	**4.91**	**6.92**
	M3	界面交换的营养盐浓度/(mg/L)	1.125	0.106	0.099	0.034
		水体中现存营养盐浓度/(mg/L)	1.544	0.192	0.14	0.1
		潜在贡献率/%	**10.72**	**8.12**	**10.40**	**5.00**
	M6	界面交换的营养盐浓度/(mg/L)	0.69	0.121	0.048	0.05
		水体中现存营养盐浓度/(mg/L)	1.507	0.243	0.114	0.074
		潜在贡献率/%	**5.20**	**5.66**	**4.78**	**7.68**
秋季	M1	界面交换的营养盐浓度/(mg/L)	0.679	0.088	0.049	0.016
		水体中现存营养盐浓度/(mg/L)	1.996	0.293	0.063	0.023
		潜在贡献率/%	**3.70**	**3.26**	**8.45**	**7.56**
	M3	界面交换的营养盐浓度/(mg/L)	1.178	0.05	0.021	0.039
		水体中现存营养盐浓度/(mg/L)	1.793	0.255	0.106	0.066

续表

季节	采样点	指标	TN	NH_4^+-N	TP	PO_4^{3-}-P
秋季	M3	潜在贡献率/%	**9.66**	**2.88**	**2.91**	**8.69**
	M6	界面交换的营养盐浓度/(mg/L)	1.122	0.023	0.043	0.032
		水体中现存营养盐浓度/(mg/L)	1.744	0.261	0.095	0.055
		潜在贡献率/%	**7.31**	**1.00**	**5.14**	**6.61**
冬季	M1	界面交换的营养盐浓度/(mg/L)	0.496	0.032	0.022	0.012
		水体中现存营养盐浓度/(mg/L)	1.493	0.223	0.068	0.028
		潜在贡献率/%	**3.61**	**1.56**	**3.52**	**4.66**
	M3	界面交换的营养盐浓度/(mg/L)	0.579	0.087	0.042	0.014
		水体中现存营养盐浓度/(mg/L)	1.333	0.182	0.088	0.048
		潜在贡献率/%	**6.39**	**7.03**	**7.02**	**4.29**
	M6	界面交换的营养盐浓度/(mg/L)	0.4	0.044	0.026	0.018
		水体中现存营养盐浓度/(mg/L)	1.281	0.213	0.079	0.039
		潜在贡献率/%	**3.55**	**2.35**	**3.74**	**5.24**

分析表 6-5 可知，四种营养盐的潜在贡献率基本小于 10%。陈友震[14]估算了杜塘水库氮、磷贡献率，分别为 21.01%和 6.79%；邢方威[13]估算了天津近岸海域氮、磷贡献率，分别为 7.63%和 11.00%；马迎群等[15]估算出嘉兴市北部湖荡区磷对上覆水的贡献率不到 1%。相比而言，YM 湖界面交换对上覆水氮、磷的贡献率处于中等水平。YM 湖全年 TN 的潜在贡献率为 3.55%～10.72%，春季时最大，平均值为 7.12%。全年 NH_4^+-N 的潜在贡献率为−6.25%～8.12%，春季沉积物起到了汇的作用，其他季节均表现为源。全年 TP 的潜在贡献率为 2.91%～10.40%，夏季时最大，平均值为 6.70%。全年 PO_4^{3-}-P 的潜在贡献率为 4.29%～8.69%，秋季时最大，均值为 7.62%。春季潜在贡献率最大的是 TN，夏季和冬季潜在贡献率最大的是 TP，秋季潜在贡献率最大的是 PO_4^{3-}-P。各采样点中，M1 点的 PO_4^{3-}-P 平均潜在贡献率最大，为 6.44%；M3 点的 TN 平均潜在贡献率最大，为 8.30%；

M6 点的 PO_4^{3-}-P 平均潜在贡献率最大，为 5.98%。整体而言，沉积物作为 PO_4^{3-}-P 的源做了很大贡献，增加了水体的磷负荷。将各采样点释放通量进行对比可知，释放通量较大时，潜在贡献率不一定也大，因为这还与降雨径流、外源输入、采样点实际水深等因素有关。

本小节实验是在室内静态培养条件下得到的结果，没有考虑湖泊水流及风浪带来的扰动，也没考虑底泥悬浮等因素带来的影响，并且受实验培养柱的限制，所用水样体积也较小，这些都会导致计算结果与实际有一定的误差。所得结果是静态释放下的一个粗略估算，要获得与接近湖泊实际情况的结果，可考虑进行更大尺度的且考虑扰动等因素的实验。

6.2　YM 湖主要环境因子对沉积物氮、磷释放的影响

营养盐在沉积物-上覆水界面间的扩散迁移过程很复杂，涉及溶解吸收、络合离散、吸附解吸等一系列作用[16]，除了与营养盐自身性质有关外，还与环境因子有很大关系。为深入研究 YM 湖沉积物-上覆水界面间的营养盐交换规律，在明确沉积物源汇角色的基础上，本节开展主要环境因子对沉积物-上覆水界面间氮、磷释放影响的研究。由于在现场进行实时监测难度较大，采用室内模拟实验，探究单一环境因子变化下界面间氮、磷释放通量的变化规律，并对释放通量与环境因子间的关系进行回归拟合，研究成果对于通过改变上覆水环境来调控底泥内源释放具有一定的指导意义。

6.2.1　实验材料与方法

实验所用底泥采自湖中心的 M3 点。在实验室将采回来的泥样平铺于有机玻璃柱底部，将上覆水缓缓加入底泥上部进行实验。结合 YM 湖实际情况及实验条件，确定的环境因子有温度、溶解氧浓度、pH、扰动。环境因子水平的设置参考湖泊历史实测值。实验开始后，每隔 12h 取一次上覆水，检测其中 TN、NH_4^+-N、TP、PO_4^{3-}-P 的浓度，每个指标测定 3 个平行样，整个实验周期共持续 7d。每次取完水样补充相同体积的上覆水。具体工况设计如表 6-6 所示，计算方法同 6.1.1 小节。

表 6-6　底泥释放实验工况设计

实验组	编号	主控条件	实验条件控制措施	其他条件
温度组	1	T=5℃	恒温培养箱或冰箱	DO 浓度为 6mg/L pH=7
	2	T=10℃		

续表

实验组	编号	主控条件	实验条件控制措施	其他条件
温度组	3	T=17.5℃	恒温培养箱或冰箱	DO 浓度为 6mg/L pH=7
	4	T=25℃		
	5	T=30℃		
溶解氧组	6	DO 浓度为 3mg/L	橡胶塞密封 简易曝气装置	T=17.5℃ pH=7
	7	DO 浓度为 4.5mg/L		
	8	DO 浓度为 6mg/L		
	9	DO 浓度为 7.5mg/L		
	10	DO 浓度为 9mg/L		
pH 组	11	pH=5	加 NaOH 或 HCl	T=17.5℃ DO 浓度为 6mg/L
	12	pH=6		
	13	pH=7		
	14	pH=8		
	15	pH=9		
水力扰动组	16	V=0r/min	恒温回旋式振荡器	T=17.5℃ DO 浓度为 6mg/L
	17	V=50r/min		
	18	V=100r/min		
	19	V=150r/min		
	20	V=200r/min		

注：T 为温度；V 为振荡频率。

6.2.2 上覆水温度对氮磷释放的影响

1. 温度对沉积物氮释放的影响

温度为 5℃、10℃、17.5℃、25℃、30℃时，各培养柱中上覆水的 TN 浓度和 NH_4^+-N 浓度随时间的变化如图 6-7 所示。由图 6-7 可知，TN 浓度和 NH_4^+-N 浓度均随温度增加而增加，在实验范围内，30℃时达到最大。整个实验过程中，TN 浓度范围为 1.606～4.200mg/L，前 24h 内浓度迅速增加，72h 后基本趋于平稳，稳定后 30℃时的 TN 浓度约为 5℃时的 1.5 倍。黄琼[17]在进行类似研究过程中发现，当温度由 8℃上升到 20℃时，TN 浓度增加了近 3 倍。NH_4^+-N 浓度变化范围为 0.816～1.837mg/L。温度较低(5℃、10℃)时，NH_4^+-N 浓度在前 12h 增加最快，然后以较慢的速度增加，约 60h 后浓度维持在 1.4mg/L 左右；温度超过 17.5℃时，NH_4^+-N 浓度在实验进行的前 60h 内迅速上升，此后逐渐稳定。

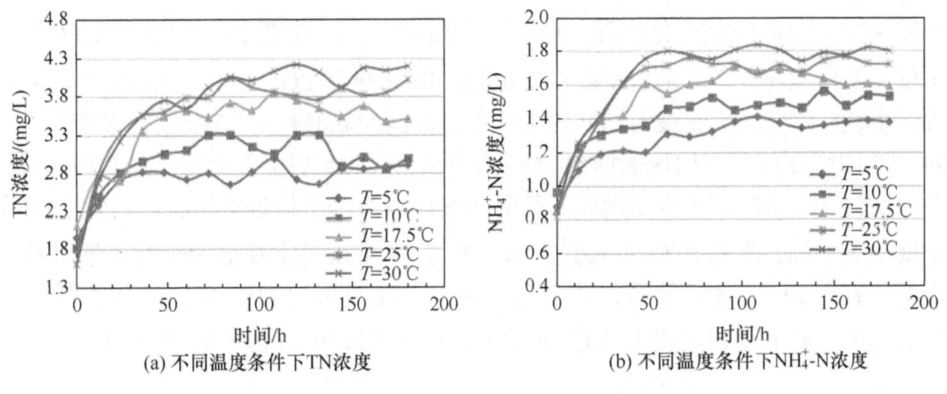

图 6-7　温度对 TN 浓度、NH_4^+-N 浓度的影响

根据释放通量计算公式[式(6-1)～式(6-3)]，对不同温度工况下的氮释放通量进行估算，得到 TN 释放通量和 NH_4^+-N 释放通量随温度的变化如图 6-8 所示。TN 释放通量和 NH_4^+-N 释放通量表现出一致性的变化规律，均随温度增加呈现明显的上升趋势。30℃下的 TN 释放通量和 NH_4^+-释放通量分别为 5℃时的 2.2 倍和 1.8 倍。温度较高时微生物活性有所增强[18]，促进了氮内源释放–脱附过程、扩散过程及矿化作用等；微生物代谢和运动强度的增加，消耗了环境中的氧气，沉积物–上覆水界面处于厌氧环境，从而增强反硝化作用，进而加速界面间氮扩散；同时，沉积物对氮的吸附力随温度的升高而降低。因此，在一定范围内，温度越高，底泥中的氮释放作用越明显，夏季湖泊易发生富营养化。

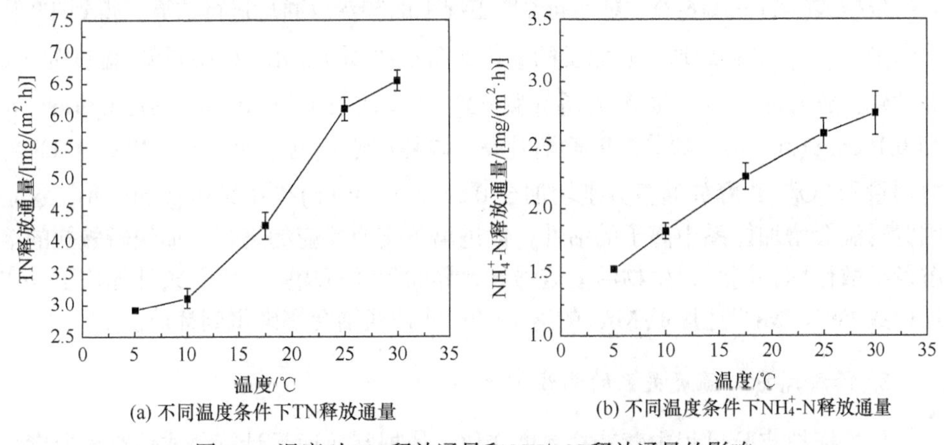

图 6-8　温度对 TN 释放通量和 NH_4^+-N 释放通量的影响

2. 温度对沉积物磷释放的影响

温度为 5℃、10℃、17.5℃、25℃、30℃时，各培养柱中上覆水的 TP 浓度和

PO_4^{3-}-P 浓度随时间的变化如图 6-9 所示。由图 6-9 可知，上覆水中 TP 浓度和 PO_4^{3-}-P 浓度与温度呈正相关。随着实验温度上升，TP 浓度和 PO_4^{3-}-P 浓度增加，5℃时浓度最小，在 30℃时达到最大。TP 的浓度变化范围为 0.051～0.271mg/L；温度为 5℃时，TP 浓度在前 10h 内快速增加，此后缓慢上升，96h 后浓度稳定在约 0.17mg/L；而温度为 30℃时，TP 浓度则在实验前 48h 内一直处于快速增加状态，约 60h 后浓度趋于平稳，维持在 0.27mg/L 左右。PO_4^{3-}-P 浓度基本在前 36h 处于急剧增加阶段，在 72h 后逐渐平稳，稳定后的最大浓度约为 0.11mg/L，最小浓度约为 0.08mg/L，整个实验过程中 PO_4^{3-}-P 浓度的变化范围为 0.021～0.123mg/L。

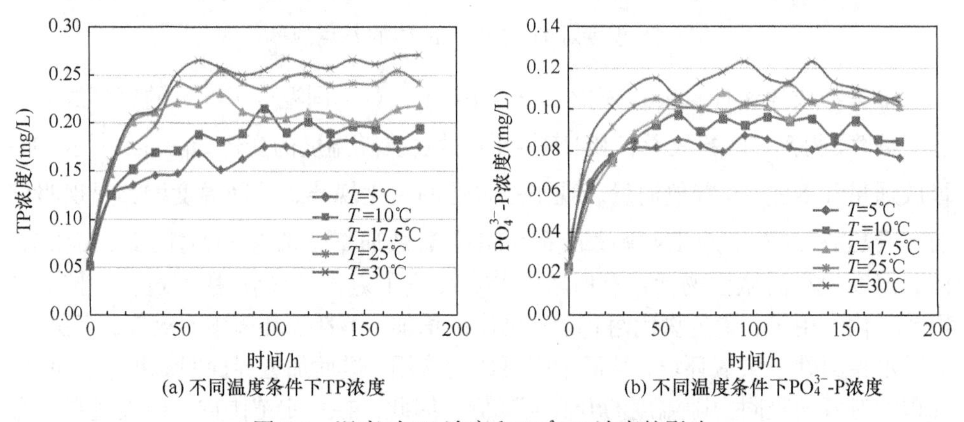

图 6-9 温度对 TP 浓度和 PO_4^{3-}-P 浓度的影响

根据式(6-1)～式(6-3)，对不同温度工况下的磷释放通量进行估算，得到 TP 释放通量和 PO_4^{3-}-P 释放通量随温度的变化如图 6-10 所示。由图 6-10 可知，温度为 5℃时的磷释放通量最小，TP 释放通量和 PO_4^{3-}-P 释放通量分别仅为 0.315mg/(m^2 · h)和 0.166mg/(m^2 · h)。随着温度逐渐升高，磷释放通量也逐渐增大，30℃时 TP 释放通量和 PO_4^{3-}-P 释放通量分别增加至 0.566mg/(m^2 · h)和 0.243mg/(m^2 · h)。这是因为升温会增加体系中离子的活性，促进离子交换反应的进行，加快磷酸盐的溶解及扩散作用；同时，生物活动增强导致界面间耗氧增强，厌氧条件加快了 Fe^{3+} 还原成 Fe^{2+}、Mn^{4+}还原成 Mn^{2+}的速率[19]，使铁锰结合态磷得到释放。

3. 释放通量与温度关系的曲线拟合

根据模拟实验过程中营养盐浓度变化，依据释放通量计算公式估算出温度分别为 5℃、10℃、17.5℃、25℃、30℃时沉积物-上覆水界面的氮磷释放通量。利用 SPSS 对温度(T)与营养盐释放通量 F_{TN}、$F_{NH_4^+\text{-}N}$、F_{TP}、$F_{PO_4^{3-}\text{-}P}$ 间的关系进行拟合，先根据氮磷释放通量与环境因子间的散点图趋势初步判断两者间可能的曲

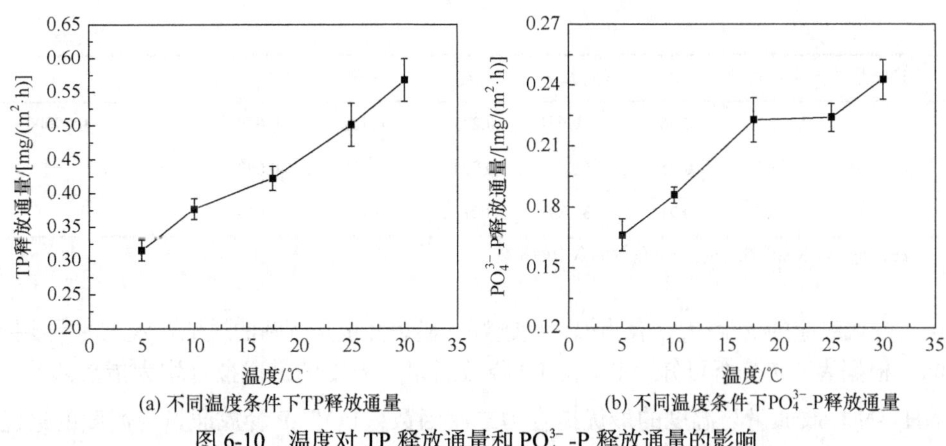

(a) 不同温度条件下TP释放通量　(b) 不同温度条件下PO_4^{3-}-P释放通量

图 6-10　温度对 TP 释放通量和 PO_4^{3-}-P 释放通量的影响

线类型，再针对每种类型进行曲线估计，根据曲线估计结果分析，最终选择最优的曲线拟合类型。温度与氮、磷释放通量的曲线估计结果如表 6-7 所示。

表 6-7　温度与氮、磷释放通量的曲线估计结果

营养盐类型	曲线类型	R^2	统计量 F	sig.	常数	b_1	b_2	b_3
TN	线性	0.964	80.979	0.003	1.797	0.160	—	—
	二次	0.950	39.345	0.025	2.359	0.071	0.003	—
	三次	0.997	118.933	0.067	4.047	−0.360	0.031	−0.001
	对数	0.851	17.162	0.026	−1.081	2.117	—	—
	指数	0.975	116.337	0.002	2.329	0.036	—	—
NH_4^+-N	线性	0.990	290.867	0.000	1.323	0.050	—	—
	二次	1.000	3067.889	0.000	1.159	0.075	−0.001	—
	三次	1.000	13592.058	0.006	1.219	0.060	0	0.00002
	对数	0.977	125.938	0.002	0.328	0.695	—	—
	指数	0.970	98.524	0.002	1.417	0.024	—	—
TP	线性	0.987	227.017	0.001	0.269	0.010	—	—
	二次	0.991	105.643	0.009	0.288	0.007	0.00009	—
	三次	0.997	119.490	0.067	0.233	0.021	−0.001	0.00002
	对数	0.919	34.123	0.010	0.087	0.130	—	—
	指数	0.987	236.080	0.001	0.289	0.022	—	—
PO_4^{3-}-P	线性	0.926	37.696	0.009	0.157	0.003	—	—
	二次	0.960	24.229	0.040	0.138	0.006	0.00008	—

续表

营养盐类型	曲线类型	R^2	统计量 F	sig.	常数	b_1	b_2	b_3
PO_4^{3-}-P	三次	0.967	9.651	0.231	0.122	0.010	0	0.000005
	对数	0.958	68.572	0.004	0.095	0.042	—	—
	指数	0.914	31.891	0.011	0.160	0.014	—	—

注：sig. 表示显著性；b_1、b_2、b_3为函数中的系数。

曲线对应的 R^2 越大，表明拟合度越好。显著性也是判断曲线拟合效果的重要指标。根据表 6-7 分析可知，TN 和 TP 释放通量与温度的最优拟合均为指数函数，NH_4^+-N 释放通量与温度的最优拟合为二次函数，PO_4^{3-}-P 释放通量与温度的最优拟合为对数函数，最优拟合曲线如图 6-11 所示，最优拟合方程如下：

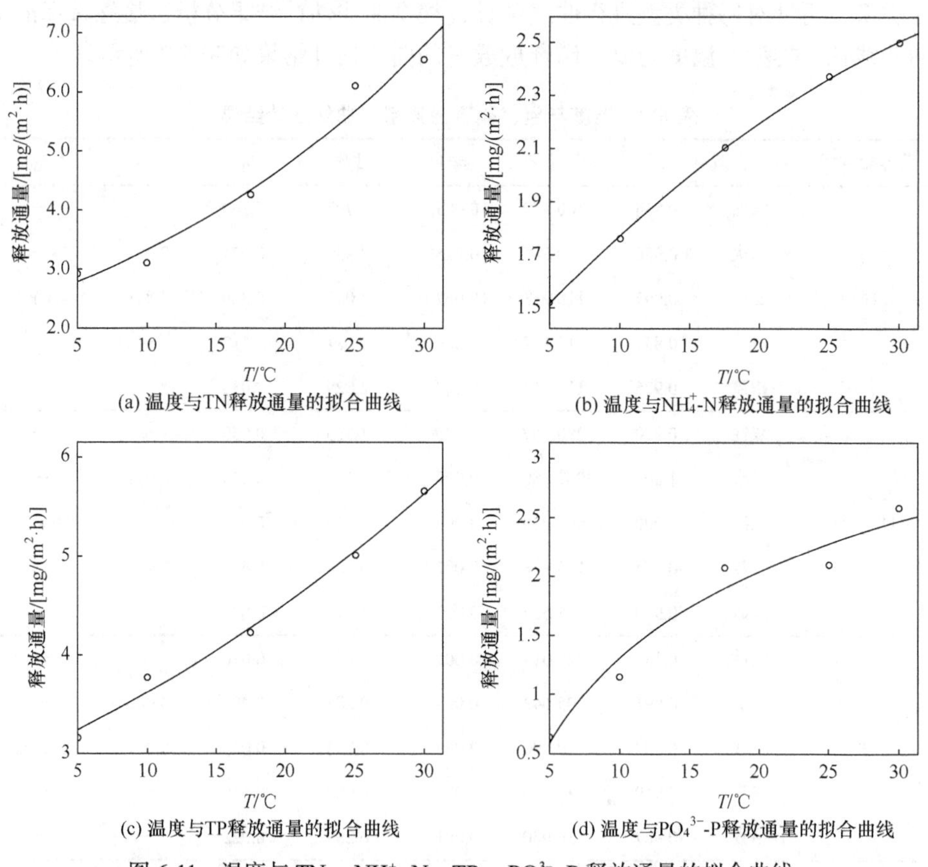

图 6-11　温度与 TN、NH_4^+-N、TP、PO_4^{3-}-P 释放通量的拟合曲线

$$F_{TN} = 2.329 \times e^{0.036T} \tag{6-5}$$

$$F_{NH_4^+\text{-N}} = -0.001T^2 + 0.075T + 1.159 \tag{6-6}$$

$$F_{TP} = 0.289 \times e^{0.022T} \tag{6-7}$$

$$F_{PO_4^{3-}\text{-P}} = 0.095 + 0.042 \times \ln T \tag{6-8}$$

6.2.3　上覆水溶解氧对氮、磷释放的影响

1. 溶解氧对沉积物氮释放的影响

溶解氧浓度为 3mg/L、4.5mg/L、6mg/L、7.5mg/L、9mg/L 时，上覆水中 TN 浓度和 NH_4^+-N 浓度随时间的变化如图 6-12 所示，TN 浓度和 NH_4^+-N 浓度随溶解氧浓度的增加而减小。实验周期内，TN 浓度的变化范围为 1.858～4.056mg/L；厌氧条件(DO 浓度为 3mg/L)下，TN 浓度在前 24h 内迅速增加，48h 后就趋于稳定，浓度维持在 4.0mg/L 左右；好氧条件(DO 浓度为 9mg/L)下，TN 浓度在 96h 后才逐渐稳定在 3.0mg/L 左右。厌氧条件(DO 浓度为 3mg/L)下，NH_4^+-N 浓度直到实验进行 72h 一直处于快速增长阶段，96h 后浓度才趋于平稳，浓度在 1.9mg/L 附近波动；好氧条件(DO 浓度为 9mg/L)下，NH_4^+-N 浓度在 60h 后就逐渐趋于平稳，浓度维持在 1.5mg/L 左右；整个过程中的浓度变化范围为 0.789～2.011mg/L。

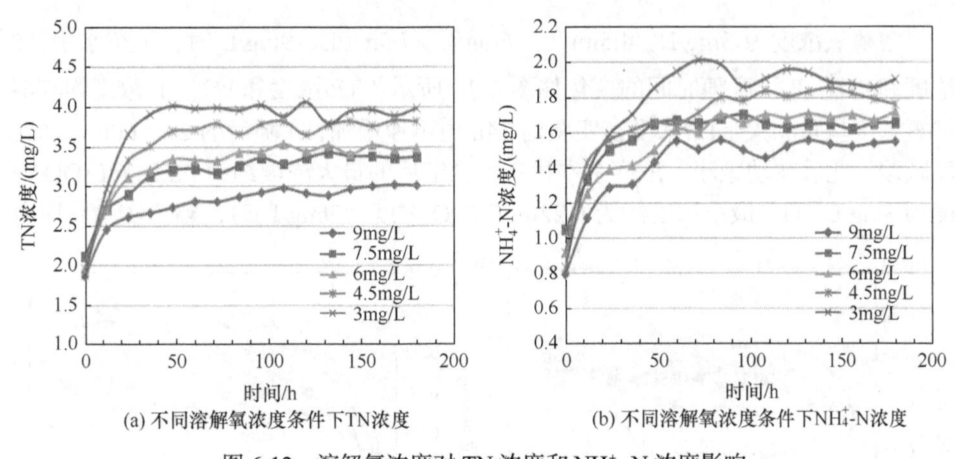

图 6-12　溶解氧浓度对 TN 浓度和 NH_4^+-N 浓度影响

依据上覆水中氮含量的变化，根据释放通量计算公式，对不同溶解氧浓度条件下的氮释放通量进行估算，得到 TN 释放通量和 NH_4^+-N 释放通量随溶解氧浓度的变化如图 6-13 所示。在不同溶解氧浓度的条件下，底泥的 TN 和 NH_4^+-N 释放规律呈现一定的差异性。TN 释放通量的变化范围为 3.342～5.942mg/(m^2·h)，NH_4^+-N 释放通量的变化范围为 2.102～3.109mg/(m^2·h)，即溶解氧浓度从最高水

平(9mg/L)减小到最低水平(3mg/L)时，TN 释放通量和 NH_4^+-N 释放通量分别增加了约 80%和 50%，厌氧条件下的氮释放通量显著增加。低溶解氧水平会促进底泥中有机氮的矿化[20]，同时反硝化作用剧烈，无机氮主要以氨氮的形式释放，使得氮释放通量有明显的增加。

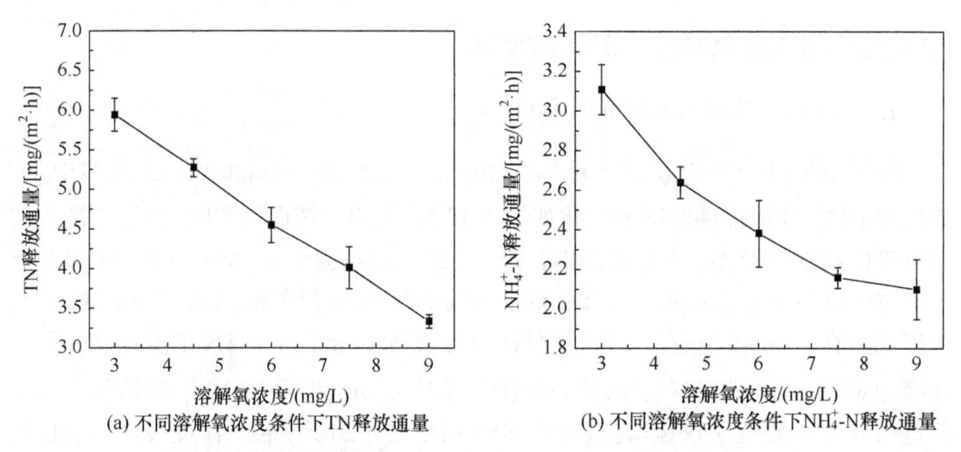

(a) 不同溶解氧浓度条件下TN释放通量　(b) 不同溶解氧浓度条件下NH_4^+-N释放通量

图 6-13　溶解氧浓度对 TN 释放通量和 NH_4^+-N 释放通量的影响

2. 溶解氧对沉积物磷释放的影响

溶解氧浓度为 3mg/L、4.5mg/L、6mg/L、7.5mg/L、9mg/L 时，上覆水中 TP 浓度和 PO_4^{3-}-P 浓度随时间的变化如图 6-14 所示。TP 浓度和 PO_4^{3-}-P 浓度均与溶解氧浓度呈负相关。TP 浓度在实验前 24h 内迅速增加，在随后的 24～60h 增加速度减缓，此后波动减小，浓度基本稳定，稳定后的最大浓度约为 0.27mg/L(DO 浓度为 3mg/L 时)，最小浓度约为 0.22mg/L(DO 浓度为 9mg/L)时，整个实验周期内

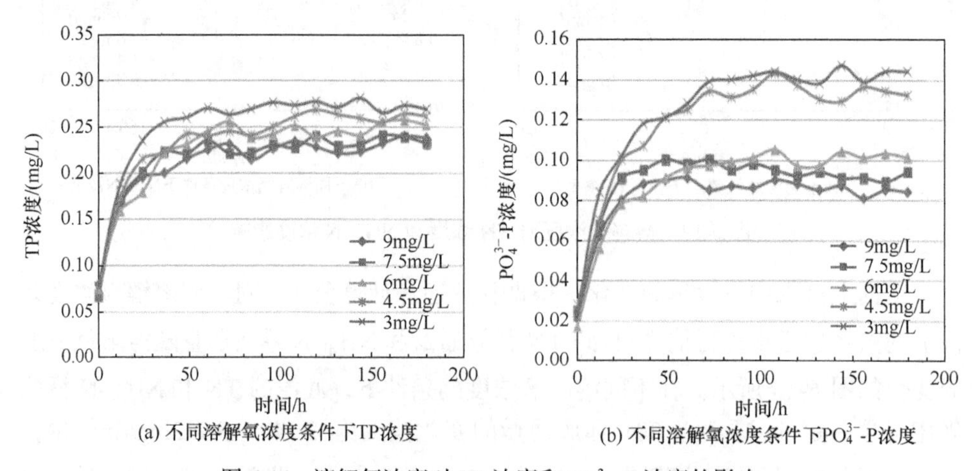

(a) 不同溶解氧浓度条件下TP浓度　(b) 不同溶解氧浓度条件下PO_4^{3-}-P浓度

图 6-14　溶解氧浓度对 TP 浓度和 PO_4^{3-}-P 浓度的影响

浓度变化范围为 0.066～0.277mg/L。在溶解氧水平较低(DO 浓度为 3mg/L 或 4.5mg/L)时，PO_4^{3-}-P 浓度在前 36h 一直增加很快，直到 72h 后才逐渐稳定在 0.14mg/L 左右；其余工况下，PO_4^{3-}-P 浓度在 48h 后就基本不再增加；整个过程中 PO_4^{3-}-P 浓度变化范围为 0.017～0.147mg/L。

依据上覆水中磷含量的变化，根据释放通量计算公式，对不同溶解氧浓度条件下的磷释放通量进行估算，得到 TP 释放通量和 PO_4^{3-}-P 释放通量随溶解氧浓度的变化如图 6-15 所示。高溶解氧水平(DO 浓度为 9mg/L)下，TP 释放通量为 0.456mg/(m^2 · h)，厌氧条件(DO 浓度为 3mg/L)下，TP 释放通量增加到 0.566mg/(m^2 · h)。PO_4^{3-}-P 释放通量也在厌氧条件下达到最大值 0.333mg/(m^2 · h)，为好氧条件下的 1.8 倍。这是因为厌氧条件促使 Fe^{3+}还原成 Fe^{2+}，使得原本被氢氧化铁胶体吸附的磷释放出来；在高溶解氧浓度条件下，体系处于氧化状态，Fe^{2+}会被氧化成 Fe^{3+}，形成的氢氧化铁胶体会吸附部分磷沉积在底部[21]；同时，Fe^{3+}也会直接与部分磷酸盐结合成沉淀吸附在沉积物表层，从而降低磷的释放通量。众多学者曾通过研究得出厌氧更利于沉积物中磷释放的结论：徐洋等[22]在对红枫湖进行研究时发现，沉积物厌氧培养时主要释放 NaOH-P 和有机磷(OP)；Zhang 等[23]对西湖的研究及 Liang 等[24]对太湖展开的模拟实验也得到类似结论。

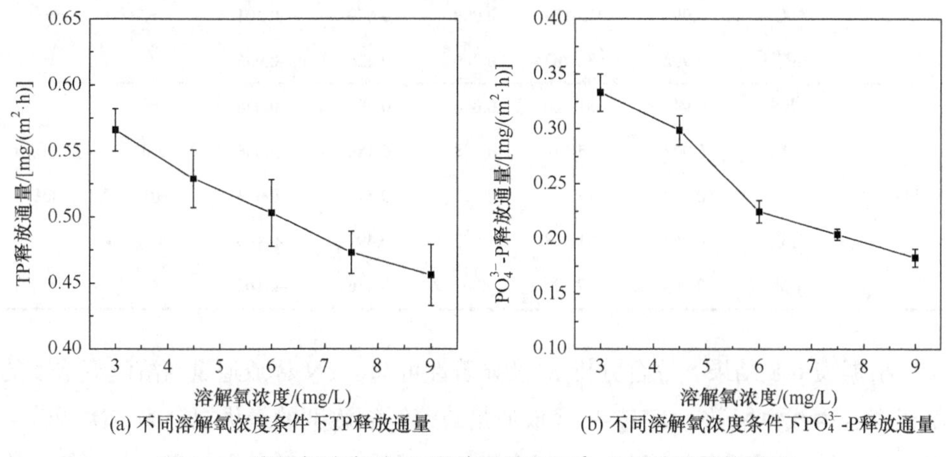

(a) 不同溶解氧浓度条件下TP释放通量　(b) 不同溶解氧浓度条件下PO_4^{3-}-P释放通量

图 6-15　溶解氧浓度对 TP 释放通量和 PO_4^{3-}-P 释放通量的影响

3. 释放通量与溶解氧关系的曲线拟合

依据式(6-1)～式(6-3)估算出溶解氧浓度分别为 3mg/L、4.5mg/L、6mg/L、7.5mg/L、9mg/L 时沉积物-上覆水界面的氮、磷释放通量。通过 SPSS 对 TN、NH_4^+-N、TP、PO_4^{3-}-P 的释放通量与溶解氧浓度之间的关系进行拟合，结果如表 6-8 所示。

表 6-8　溶解氧浓度与氮、磷释放通量间曲线估计结果

营养盐类型	曲线类型	R^2	统计量 F	sig.	常数	b_1	b_2	b_3
TN	线性	0.998	1671.387	0.000	7.208	−0.430	—	—
	二次	0.999	784.066	0.001	7.382	−0.497	0.006	—
	三次	0.999	305.951	0.042	7.751	−0.715	0.045	−0.002
	对数	0.980	148.918	0.001	8.639	−2.332	—	—
	指数	0.994	523.695	0.000	8.010	−0.095	—	—
NH_4^+-N	线性	0.920	34.605	0.010	3.476	−0.166	—	—
	二次	0.998	425.475	0.001	4.332	−0.492	0.027	—
	三次	0.998	164.847	0.057	4.530	−0.609	0.048	−0.001
	对数	0.983	172.584	0.002	4.096	−0.940	—	—
	指数	0.944	50.904	0.006	3.635	−0.066	—	—
TP	线性	0.986	212.387	0.001	0.616	−0.018	—	—
	二次	0.998	513.034	0.002	0.652	−0.032	0.001	—
	三次	0.998	175.697	0.055	0.643	−0.027	0	0.00005
	对数	0.995	355.129	0.000	0.679	−0.101	—	—
	指数	0.992	582.767	0.000	0.626	−0.036	—	—
PO_4^{3-}-P	线性	0.945	51.420	0.006	0.407	−0.026	—	—
	二次	0.972	34.549	0.028	0.486	−0.056	0.003	—
	三次	0.982	17.742	0.172	0.318	0.043	−0.015	0.001
	对数	0.964	81.468	0.003	0.499	−0.145	—	—
	指数	0.963	77.437	0.003	0.456	−0.105	—	—

根据表 6-8 结果，综合分析 R^2 及显著性可知，TN 释放通量与溶解氧浓度的最优拟合为线性函数，NH_4^+-N 释放通量与溶解氧浓度的最优拟合为二次函数，TP 释放通量与溶解氧浓度的最优拟合为指数函数，PO_4^{3-}-P 释放通量与溶解氧浓度的最优拟合为对数函数，最优拟合曲线如图 6-16 所示，最优拟合方程如下：

$$F_{\mathrm{TN}} = -0.430\mathrm{DO} + 7.208 \tag{6-9}$$

$$F_{\mathrm{NH_4^+\text{-}N}} = 0.027\mathrm{DO}^2 - 0.492\mathrm{DO} + 4.332 \tag{6-10}$$

$$F_{\mathrm{TP}} = 0.626 \times \mathrm{e}^{-0.036\mathrm{DO}} \tag{6-11}$$

$$F_{PO_4^{3-}\text{-}P} = 0.499 - 0.145 \times \ln DO \tag{6-12}$$

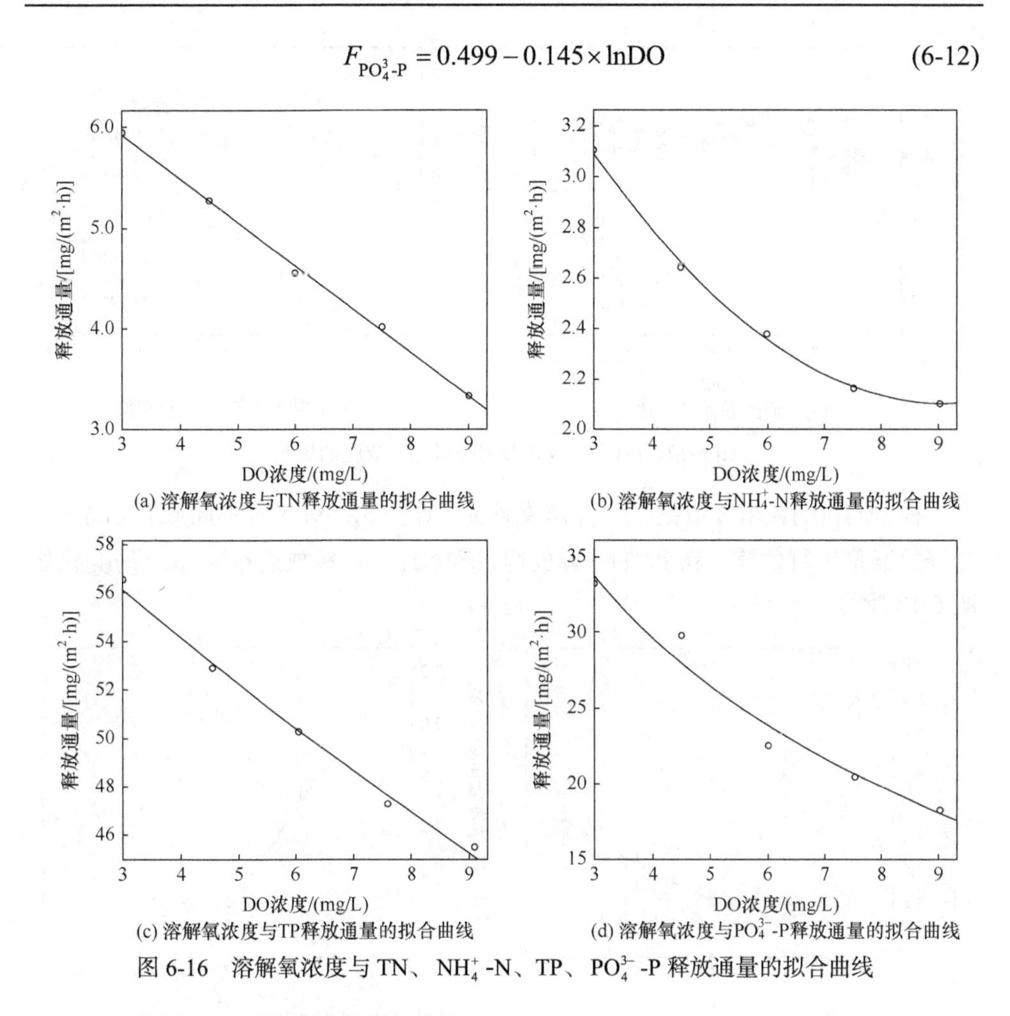

(a) 溶解氧浓度与TN释放通量的拟合曲线
(b) 溶解氧浓度与NH_4^+-N释放通量的拟合曲线
(c) 溶解氧浓度与TP释放通量的拟合曲线
(d) 溶解氧浓度与PO_4^{3-}-P释放通量的拟合曲线

图 6-16　溶解氧浓度与 TN、NH_4^+-N、TP、PO_4^{3-}-P 释放通量的拟合曲线

6.2.4　上覆水 pH 对氮磷释放的影响

1. pH 对沉积物氮释放的影响

pH 为 5、6、7、8、9 时，上覆水中 TN 浓度和 NH_4^+-N 浓度随时间的变化如图 6-17 所示。由图 6-17 可知，TN 浓度和 NH_4^+-N 浓度在酸性条件下最大，其次是碱性条件，中性条件时浓度最小。酸性条件(pH=5)下，TN 浓度在实验前 72h 一直增加，72h 后趋于平稳，浓度维持在 3.9mg/L 左右；碱性及中性条件下，TN 浓度在前 24h 急剧增大，此后以较慢的速度增加，72h 后浓度基本不再增加；整个过程 TN 浓度的变化范围为 1.856～4.200mg/L。NH_4^+-N 浓度在 pH=5 时最大，且在前 60h 内增加较快，最终稳定在 1.9mg/L 左右；其余工况下 NH_4^+-N 浓度基本在前 12h 剧烈增加；实验周期内 NH_4^+-N 浓度的变化范围为 0.809～1.945mg/L。

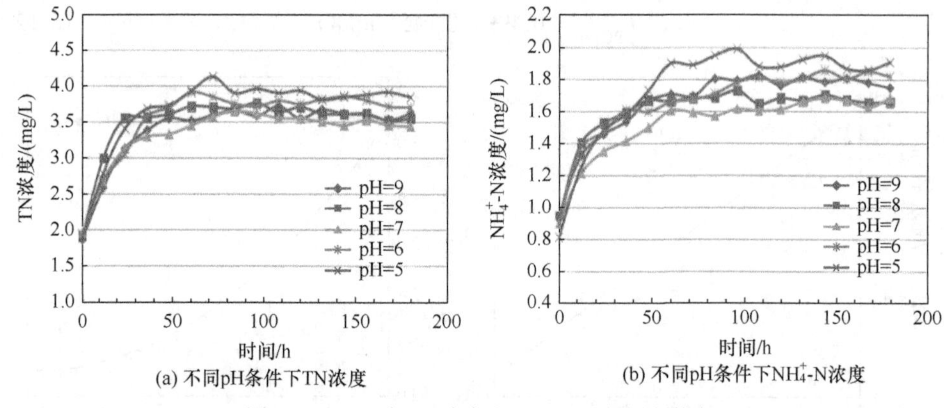

图 6-17　pH 对 TN 浓度和 NH_4^+ -N 浓度的影响

根据测得的氮浓度数据，结合释放通量计算公式，对 5 种不同 pH 工况下的氮释放通量进行估算，得到 TN 释放通量和 NH_4^+ -N 释放通量随 pH 的变化如图 6-18 所示。

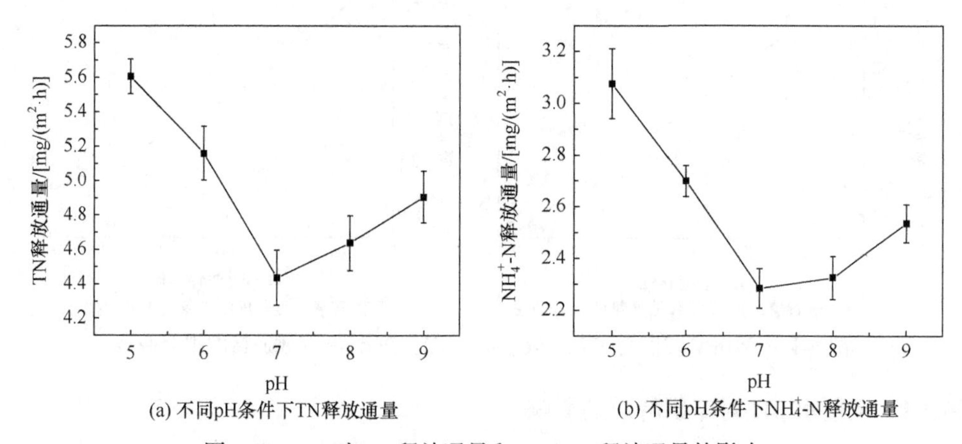

图 6-18　pH 对 TN 释放通量和 NH_4^+ -N 释放通量的影响

由图 6-18 可以看出，在偏酸性或碱性条件下的氮释放通量显著大于中性条件下。pH=7 时，TN 释放通量和 NH_4^+ -N 释放通量均最低，分别仅为 4.435mg/(m^2 · h)和 2.284mg/(m^2 · h)；pH=5 时，释放通量均达到最大值，且都为最小值的 1.3 倍；pH=9 时，TN 释放通量和 NH_4^+ -N 释放通量分别为 4.905mg/(m^2 · h)和 2.535mg/(m^2 · h)。酸性条件下存在较多 H^+，会和体系中 NH_4^+ 竞争吸附在胶体上[25]，pH 越小，竞争作用越强，氮释放越强；碱性条件下，上覆水中存在的 OH^-会和 NH_4^+ 反应生成气态 NH_3，可从上覆水中逸出，上覆水中氨氮减少，使得两相间浓度差变大，促进了底泥中氮向上覆水的释放。

2. pH 对沉积物磷释放的影响

pH 为 5、6、7、8、9 时，上覆水 TP 浓度和 PO_4^{3-}-P 浓度随时间的变化如图 6-19 所示。由图 6-19 可知，碱性条件(pH=9)下，TP 浓度和 PO_4^{3-}-P 浓度均最大，中性条件(pH=7)时最小。TP 浓度在前 12h 迅速增加，12～48h 浓度缓慢增加，48h 后浓度在 0.23mg/L 左右波动，基本不再增加；实验周期内 TP 浓度变化范围为 0.055～0.277mg/L。碱性条件下，PO_4^{3-}-P 浓度增加到约 0.12mg/L 后基本稳定，前 60h 浓度一直在增长，直到达到最大值；酸性条件下，浓度只在前 48h 增加较快，且很快就稳定下来；pH=7 时 PO_4^{3-}-P 浓度变化最小，且达到稳定后的浓度也最小，约为 0.09mg/L；整个过程 PO_4^{3-}-P 浓度的变化范围为 0.017～0.130mg/L。

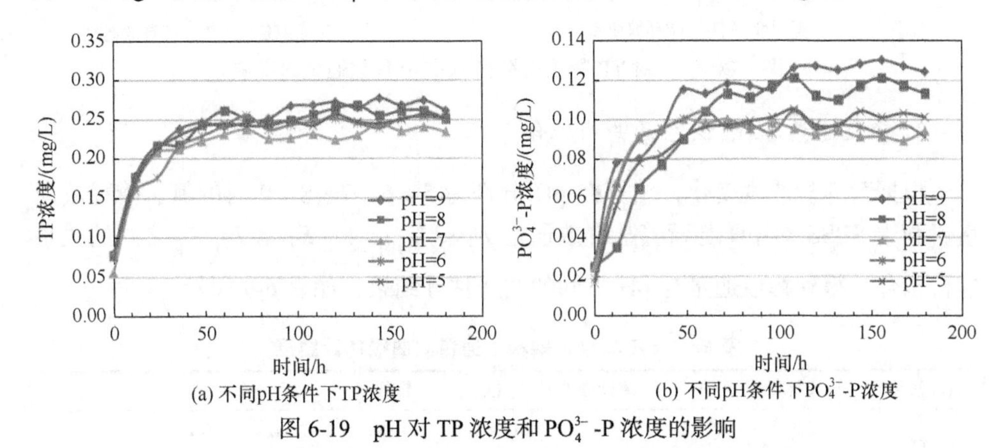

(a) 不同pH条件下TP浓度　(b) 不同pH条件下PO_4^{3-}-P浓度

图 6-19　pH 对 TP 浓度和 PO_4^{3-}-P 浓度的影响

根据测得的磷浓度数据，结合释放通量计算公式，对 5 种不同 pH 工况下的磷释放通量进行估算，得到 TP 释放通量和 PO_4^{3-}-P 释放通量随 pH 的变化如图 6-20 所示。由图 6-20 可知，TP 释放通量和 PO_4^{3-}-P 释放通量在碱性条件下最大，其次是酸性条件，中性条件时最小。随着 pH 变化，TP 释放通量由最小值 0.490mg/(m^2 · h) (pH=7 时)增加到最大值 0.536mg/(m^2 · h)(pH=9 时)。PO_4^{3-}-P 释放通量在 pH=7 时最小，pH=9 时达到最大，为中性条件下的 1.4 倍。pH 对底泥磷的影响通过吸附-解吸和离子交换两种作用实现。碱性条件下，磷释放以离子交换为主[26]，体系中 OH^-会与磷酸根离子发生离子交换，碱性越强，交换作用越强，使磷释放通量增加；酸性条件下，难溶性磷酸盐及吸附了磷的氢氧化物胶体溶解，使磷脱离底泥进入上覆水，酸性越强趋势越明显，磷释放通量越大；pH=7 时，磷酸盐主要以 HPO_4^{2-} 和 $H_2PO_4^-$ 的形式存在，此时离子易与体系中的金属离子结合被底泥吸附，使得底泥中的磷不容易释放。Wu 等[27]和 Liang 等[24]也得出相同规律，Gao[28]研究时发现沉积物在 pH=10 时释放的磷很少量，推测是因为湖泊水体中 Ca^{2+}浓度

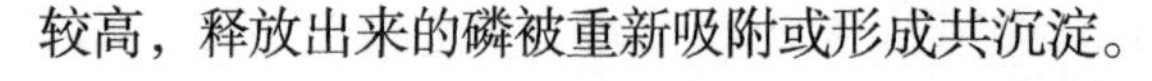
较高，释放出来的磷被重新吸附或形成共沉淀。

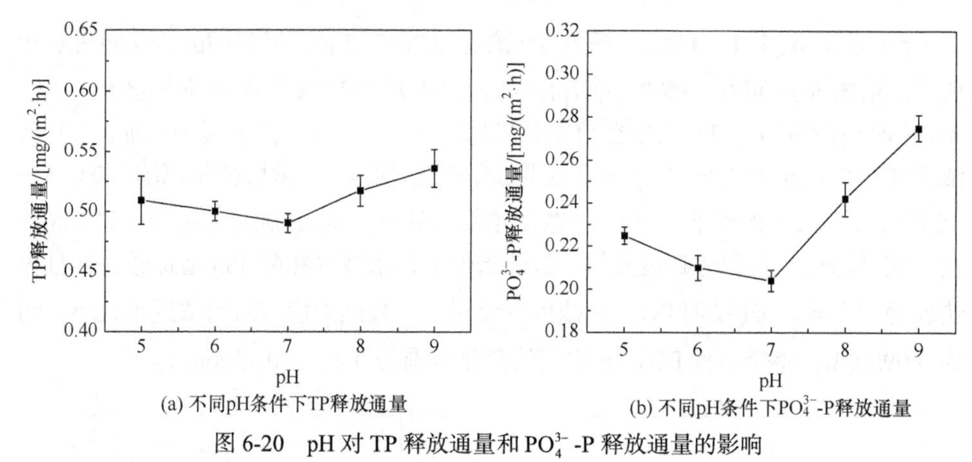

图 6-20　pH 对 TP 释放通量和 PO_4^{3-}-P 释放通量的影响

3. 释放通量与 pH 关系的曲线拟合

根据营养盐浓度变化，估算在 pH 分别为 5、6、7、8、9 时的氮、磷释放通量。利用 SPSS 对 pH 与营养盐释放通量 F_{TN}、$F_{NH_4^+\text{-}N}$、F_{TP}、$F_{PO_4^{3-}\text{-}P}$ 之间的关系进行拟合，得到释放通量与 pH 之间的曲线估计结果，如表 6-9 所示。

表 6-9　pH 与氮、磷释放通量间曲线估计结果

营养盐类型	曲线类型	R^2	统计量 F	sig.	常数	b_1	b_2	b_3
TN	二次	0.912	10.412	0.088	14.182	−2.542	0.168	—
	三次	0.919	21.376	0.041	11.663	−1.401	0	0.008
NH_4^+-N	二次	0.969	30.849	0.031	9.061	−1.772	0.116	—
	三次	0.974	37.772	0.026	7.313	−0.982	0	0.006
TP	二次	0.916	20.859	0.044	0.773	−0.086	0.007	—
	三次	0.910	10.134	0.090	0.671	−0.040	0	0.0001
PO_4^{3-}-P	二次	0.963	26.100	0.037	0.609	−0.127	0.010	—
	三次	0.957	22.377	0.043	0.454	−0.058	0	0.00015

由氮、磷释放通量与 pH 间的散点图趋势，初步判断二者间的曲线类型可能为二次或三次函数，结合表 6-9 中拟合度 R^2 及显著性分析可知，TN 释放通量和 NH_4^+-N 释放通量与 pH 的最优拟合为三次函数，TP 释放通量和 PO_4^{3-}-P 释放通量与 pH 的最优拟合为二次函数，最优拟合曲线如图 6-21 所示，最优拟合方程如下：

$$F_{TN}=0.008\text{pH}^3-1.401\text{pH}+11.663 \tag{6-13}$$

$$F_{NH_4^+\text{-}N}=0.006\text{pH}^3-0.982\text{pH}+7.313 \tag{6-14}$$

$$F_{TP}=0.007pH^2-0.086pH+0.773 \tag{6-15}$$

$$F_{PO_4^{3-}\text{-}P}=0.010pH^2-0.127pH+0.609 \tag{6-16}$$

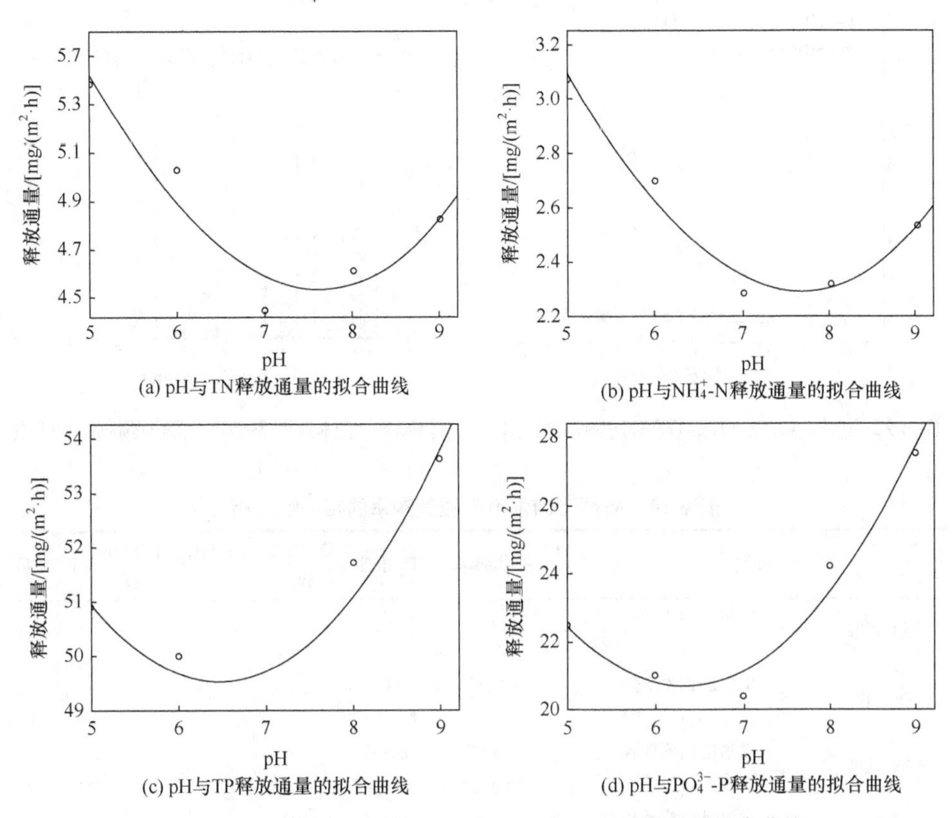

图 6-21　pH 与 TN、NH_4^+-N、TP、PO_4^{3-}-P 释放通量的拟合曲线

6.2.5　水力扰动对磷释放的影响

1. 不同扰动力度对水体中各形态磷浓度的影响

不同振荡频率下水体中各形态磷[TP、PP(颗粒态磷)、DTP(溶解态总磷)、SRP(溶解反应性磷)、DOP(溶解有机磷)]浓度的变化规律如图 6-22 所示，各形态磷占比的变化趋势如图 6-23 所示，各形态磷浓度与振荡频率的相关性分析如表 6-10 所示。五种形态磷浓度变化均随振荡频率的增大而增大，其与振荡频率的 Pearson 相关系数均大于 0.9，呈显著正相关性。TP 浓度和 PP 浓度变化趋势相似(二者 Pearson 相关系数为 1，呈极强显著正相关性)，二者均在振荡频率小于 100r/min 时呈现缓慢增长的趋势，振荡频率为 150r/min 时出现骤增，两种浓度远大于其他形态磷浓度，表明扰动可以使得水体中 TP 和 PP 浓度显著升高。当振荡频率逐渐增大，PP 在 TP 中的占比随之增大，从扰动前振荡频率为 0r/min 时的占比 57.1%

升至振荡频率为 200r/min 时的占比 93.9%，锥形瓶中上覆水明显浑浊，由此说明总磷的增加主要来源于沉积物中释放的颗粒磷。

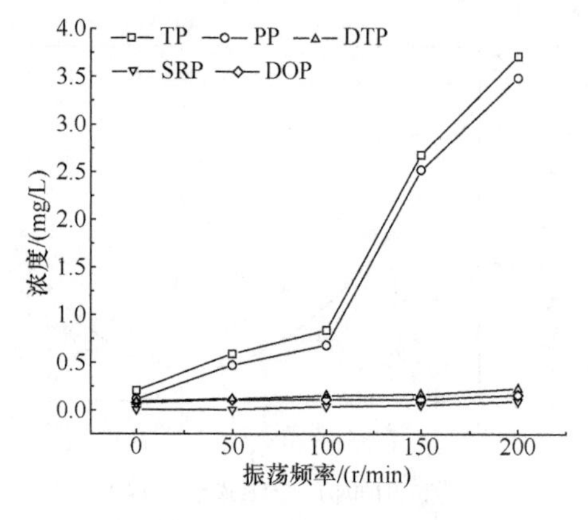

图 6-22　水体各形态磷浓度随振荡频率的变化

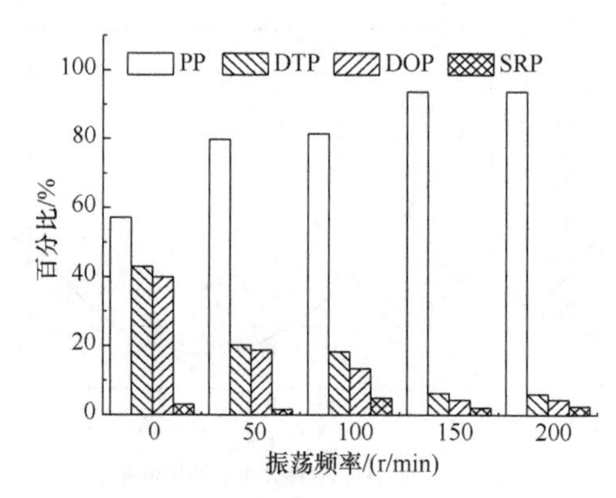

图 6-23　水体各形态磷占比随振荡频率的变化

表 6-10　各形态磷浓度与振荡频率的相关性分析

变量		振荡频率	TP 浓度	DTP 浓度	SRP 浓度	DOP 浓度	PP 浓度
振荡频率	皮尔逊相关系数	1					
	sig.						
TP 浓度	皮尔逊相关系数	0.951*	1				
	sig.	0.013					
DTP 浓度	皮尔逊相关系数	0.985**	0.937*	1			
	sig.	0.002	0.019				
SRP 浓度	皮尔逊相关系数	0.972**	0.948*	0.981**	1		
	sig.	0.006	0.014	0.003			
DOP 浓度	皮尔逊相关系数	0.919*	0.831	0.941*	0.858	1	
	sig.	0.027	0.082	0.017	0.063		
PP 浓度	皮尔逊相关系数	0.947*	1.000**	0.932*	0.944*	0.825	1
	sig.	0.015	0.000	0.021	0.016	0.086	

注：*表示在 0.05 级别(双尾)相关性显著；**表示在 0.01 级别(双尾)相关性显著。

随振荡频率增大，DTP、SRP 和 DOP 三种形态磷浓度均呈现缓慢上升趋势，且不同振荡频率下均呈现 DTP 浓度>DOP 浓度>SRP 浓度，三者浓度相比 TP 和 PP 远远减小。其中，SRP 浓度最小且变化幅度最小，表明与其他形态磷相比，SRP 浓度变化受扰动影响最小。从图 6-23 看出，DTP 和 DOP 的占比均随振荡频率的增大而减小，SRP 占比并没有明显的变化趋势，仅为 1.5%～4.9%。由此说明，当振荡频率逐渐增大时，水体中溶解反应性磷对水体总磷浓度的影响不大。

2. 各形态磷浓度与振荡频率关系的曲线拟合

根据模拟实验得出不同扰动力度下的各形态磷浓度，利用 SPSS 对振荡频率与磷浓度的关系进行曲线拟合，使用线性、二次、三次、对数和指数函数，最终得出五种函数中对数函数拟合最优。最优拟合方程与各函数参数估算值如表 6-11 所示。

表 6-11　振荡频率与磷浓度曲线估计结果

磷形态	拟合函数	R^2	统计量 F	显著性	常量	b_1
TP	$H_{TP}=100.065+69.98\times\ln V$	0.895	25.498	0.015	100.065	69.980
DTP	$H_{DTP}=516.310+214.819\times\ln V$	0.978	130.359	0.001	516.310	214.819
SRP	$H_{SRP}=335.366+64.321\times\ln V$	0.938	45.408	0.007	335.366	64.321
DOP	$H_{DOP}=722.404+286.415\times\ln V$	0.835	15.227	0.030	722.404	286.415
PP	$H_{PP}=112.581+56.48\times\ln V$	0.957	66.741	0.004	112.581	56.480

注：V 表示振荡频率(0r/min、50r/min、100r/min、150r/min、200r/min)；H 表示各形态磷的浓度。

3. 扰动下水体各形态磷浓度随时间变化规律

不同振荡频率(0r/min、50r/min、100r/min、150r/min、200r/min)下，沉积物释放至水中的各形态磷浓度随时间的变化规律如图 6-24 所示。五种不同形态的磷浓度都是随时间的推移逐渐减少；TP 和 PP 的变化趋势极为相似，当振荡频率较小(0～100r/min)时，后两天释放平缓且磷浓度几乎保持不变，当振荡频率为 200r/min 和 150r/min 时，二者浓度在前 72h 急剧减少，后减少幅度变小，但仍大于低振荡频率情形下磷浓度。

上覆水中 DTP 浓度随时间逐渐减少，但变化趋势平缓，120h 内浓度变化范围为 0.041～0.239mg/L。SRP 浓度随时间变化几乎保持不变，一直是五种形态磷中浓度最低的一种，120h 内浓度变化范围为 0.002～0.022mg/L，由此表明扰动时间的长短对底泥释放至上覆水的溶解态总磷和溶解反应性磷浓度影响不明显。上覆水中 DOP 浓度没有统一的变化趋势，从图 6-24(e)可以看出，当振荡频率为

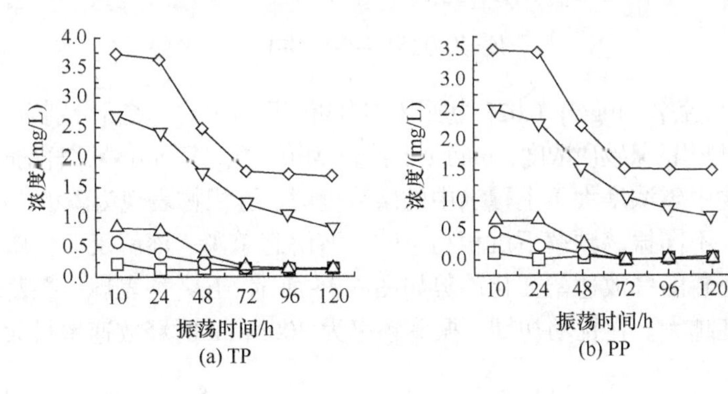

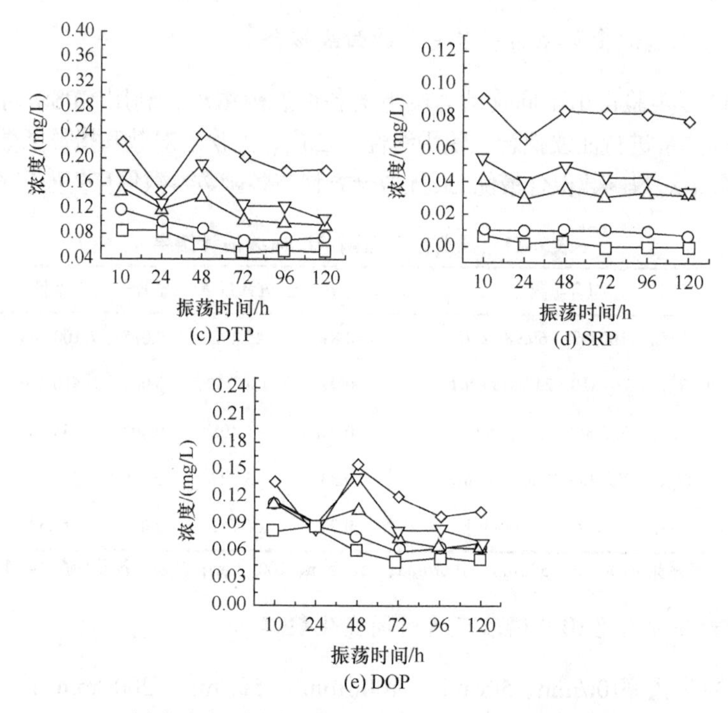

图 6-24　各形态磷浓度随振荡时间的变化

100r/min、150r/min、200r/min 时，DOP 浓度在 24h 时突然减少，分析原因可能为高频率扰动前期颗粒磷释放占主要部分，溶解性磷浓度相对较小，而溶解性活性磷浓度随时间变化很小，此时溶解性有机磷浓度骤然减小，随着时间推移，24h 后 PP 释放量逐渐减小，因此 DOP 浓度又变大然后逐渐减少至一定值。

4. 扰动下各形态磷释放速率的变化规律

营养盐从沉积物中释放进入水体的速率，用测试获得的水体中营养盐浓度随时间的变化表示，根据式(6-17)进行计算：

$$V = 0.025 \times \frac{C_n - C_{n-1}}{t_n - t_{n-1}} \tag{6-17}$$

式中，V 为释放速率，mg/d；0.025 为所取水样的体积，L；C_n、C_{n-1} 分别为第 n 次、第 $n-1$ 次采样时测得的某物质浓度，mg/L；t_n、t_{n-1} 为第 n 次、第 $n-1$ 次采样的时间，d。

当沉积物中磷浓度大于上覆水中的磷浓度时，沉积物表现为磷的“源”，向上覆水释放磷。不同振荡频率下沉积物总磷、溶解态总磷、溶解反应性磷、溶解有机磷和颗粒态磷的释放速率变化趋势如图 6-25 所示，五者均表现出振荡频率越大曲线变化幅度越大。在扰动初期，振荡频率为 200r/min 时释放速率最大，振荡频率越小释放速率越小。TP 和 PP 的释放速率变化趋势相似，振荡频率为 200r/min 时，二者的吸附和释放过程在前 96h 表现出较大的波动，96h 后逐渐达到吸附或释放平衡；振荡频率为 50～150r/min 时，二者的吸附和释放过程在前 72h 表现出较大的波动，72h 后逐渐达到吸附或释放平衡；静置状态(0r/min)下的磷释放速率在 24h 时已经达到吸附和释放平衡。由此可以得出扰动强度大的工况能够增大吸附或释放平衡的时间。由图 6-25(b)、(c)、(d)可以看出，五种振荡频率下 DTP、SRP、DOP 都是在 72h 左右时达到吸附和释放平衡，这与前述扰动对溶解态总磷随时间变化不明显的结论相呼应。

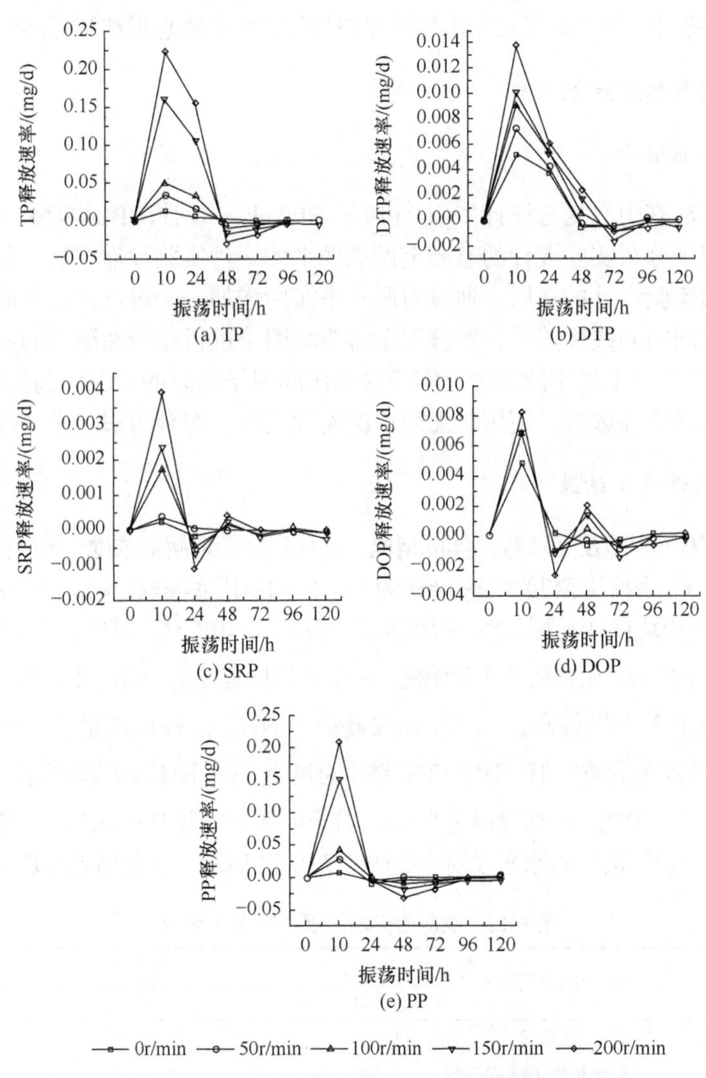

图 6-25　各形态磷随振荡时间的释放速率变化

6.3 基于响应面法优化的 YM 湖底泥氮、磷释放通量估算

前面章节已基本阐明了 YM 湖营养盐污染现状与沉积物-上覆水间氮、磷交换的规律。在此研究基础上，为了在河湖、近岸海域等重点区域及重点行业对氮、磷实行污染物总量的控制[29]，本节基于响应面法，开展对 YM 湖底泥氮、磷释放通量估算的研究。通过建立环境因子与氮、磷释放通量的回归模型，依据湖泊实测数据，对全湖的氮磷释放量进行估算；同时对环境因子间交互作用进行分析，并预测底泥最不利释放条件。研究结果可为水环境保护与落实污染物总量控制提供理论依据。

6.3.1 实验方案及结果

1. 响应面法简介

响应面法有中心复合设计(CCD)和 Box-Behnken 设计(BBD)两种。CCD 是在两水平全因子分布实验设计的基础上发展而来的一种实验设计方法，是两水平全因子和分布实验设计的拓展。通过对两水平实验增加一个设计点，从而评估响应值和因子之间的非线性关系，常被用于需要对因子进行非线性测试的实验。BBD 可进行 3～7 个因子的实验设计，实验次数比同因子数时的 CCD 实验次数少，可评估因子的非线性影响，使用时无须多次连续实验。综合考虑，本节选用 BBD。

2. 实验设计及结果

结合单因子实验及 YM 湖的实际情况，选择温度、溶解氧浓度、pH 作为自变量，定义温度为 X_1、溶解氧浓度为 X_2、pH 为 X_3。实验所用底泥取自湖心处 M3 点。采用 Box-Behnken 模块设计实验方案，根据要求设有 17 个培养柱，其中有 5 组零点实验，即中心点重复实验，用来估计实验误差。测定的指标有 TN、NH_4^+-N、TP、PO_4^{3-}-P，每个指标测定 3 个平行样，以 TN 释放通量、NH_4^+-N 释放通量、TP 释放通量、PO_4^{3-}-P 释放通量为响应值，定义 TN 释放通量为 Y_1、NH_4^+-N 释放通量为 Y_2、TP 释放通量为 Y_3、PO_4^{3-}-P 释放通量为 Y_4。因子水平数根据 Box-Behnken 模型设计要求决定，最终设置的变量水平及对应编码如表 6-12 所示，实验结果如表 6-13 所示。

表 6-12 响应面实验的因子与水平编码

编码	环境因子	水平		
		−1	0	1
X_1	温度/℃	5	17.5	30
X_2	溶解氧浓度/(mg/L)	3	6	9
X_3	pH	5	7	9

表 6-13 BBD 实验设计及结果

实验组号	环境因子			TN 释放通量/[mg/(m² · h)] (Y_1)	NH_4^+-N 释放通量/[mg/(m² · h)] (Y_2)	TP 释放通量/[mg/(m²/h)] (Y_3)	PO_4^{3-}-P 释放通量/[mg/(m² · h)] (Y_4)
	温度/℃ (X_1)	溶解氧浓度/(mg/L) (X_2)	pH (X_3)				
1	0	−1	−1	8.253	3.155	0.731	0.229
2	0	1	−1	5.414	2.110	0.640	0.199
3	1	−1	0	7.611	2.832	0.691	0.213
4	1	0	−1	7.379	2.860	0.663	0.210
5	0	0	0	4.373	1.650	0.450	0.142
6	0	0	0	4.879	1.769	0.484	0.149
7	1	0	1	8.309	3.118	0.687	0.216
8	0	1	1	6.030	2.312	0.609	0.192
9	0	0	0	5.110	1.895	0.517	0.160
10	1	1	0	6.769	2.578	0.685	0.209
11	0	0	0	4.602	1.724	0.471	0.150
12	−1	0	1	6.042	2.275	0.610	0.189
13	−1	1	0	4.224	1.575	0.502	0.155
14	0	−1	1	8.567	3.214	0.755	0.234
15	0	0	0	3.814	1.409	0.519	0.159
16	−1	0	−1	7.556	2.870	0.599	0.190
17	−1	−1	0	7.303	2.723	0.662	0.210

6.3.2 响应值与变量的回归拟合

1. 模型的建立与显著性分析

利用 BBD 模型，对表 6-13 中的结果进行数据回归拟合，得到温度(X_1)、溶解氧浓度(X_2)、pH(X_3)与 TN 释放通量(Y_1)、NH_4^+-N 释放通量(Y_2)、TP 释放通量(Y_3)、PO_4^{3-}-P 释放通量(Y_4)的二次多项式回归模型分别为

$$Y_1 = 36.966 - 0.455X_1 - 1.847X_2 - 6.353X_3 + 0.0149X_1X_2 + 0.0244X_1X_3 + 0.0126X_2X_3 + 0.007{X_1}^2 + 0.0925{X_2}^2 + 0.419{X_3}^2 \quad (6\text{-}18)$$

$$Y_2 = 14.594 - 0.168X_1 - 0.722X_2 - 2.573X_3 + 0.00596X_1X_2 + 0.00853X_1X_3 + 0.00595X_2X_3 + 0.00263{X_1}^2 + 0.0363{X_2}^2 + 0.170{X_3}^2 \quad (6\text{-}19)$$

$$Y_3 = 2.252 - 0.015X_1 - 0.146X_2 - 0.337X_3 + 0.00103X_1X_2 + 0.000125X_1X_3 - 0.00226X_2X_3 + 0.000329{X_1}^2 + 0.0106{X_2}^2 + 0.025{X_3}^2 \quad (6\text{-}20)$$

$$Y_4 = (-5.13X_1 - 45.9X_2 - 114X_3 + 0.34X_1X_2 + 0.07X_1X_3 - 0.5X_2X_3 + 0.104{X_1}^2 + 3.17{X_2}^2 + 8.25{X_3}^2) \times 10^{-3} + 0.739 \tag{6-21}$$

四个响应值 Y_1、Y_2、Y_3、Y_4 非线性回归方程的方差分析如表 6-14～表 6-17 所示。四个模型的 P 值均小于 0.01，即对各自响应值的影响达到极显著水平，表明模型可信度高。失拟项的 P 值均大于 0.05，模型失拟项不显著，表明模型稳定，拟合度较好。模型变异系数(CV)可反映模型的置信度，变异系数越小，置信度越高，表 6-14～表 6-17 中模型变异系数分别为 7.70%、7.54%、4.44%、3.27%，表明数据离散程度较小，模型置信度较高，能较好地反映响应值的变化情况。模型的校正决定系数 R^2_{Adj} 分别为 0.9075、0.9145、0.9228、0.9582，即模型分别能解释 90.75%、91.45%、92.28%、95.82%各自响应值的变化，总变异度分别有 9.25%、8.55%、7.72%、4.18%不能用模型解释。在此基础上，用回归方程进行模拟。

表 6-14　Y_1 回归方程方差分析

方差来源	自由度	平方和	均方差	F	P	显著性
模型	9	38.46	4.27	18.45	0.0004	**
X_1	1	3.05	3.05	13.19	0.0084	**
X_2	1	10.8	10.8	46.65	0.0002	**
X_3	1	0.015	0.015	0.065	0.8067	—
X_1X_2	1	1.25	1.25	5.4	0.0531	—
X_1X_3	1	1.49	1.49	6.45	0.0387	*
X_2X_3	1	0.023	0.023	0.098	0.7629	—
${X_1}^2$	1	4.99	4.99	21.53	0.0024	**
${X_2}^2$	1	2.92	2.92	12.61	0.0093	**
${X_3}^2$	1	11.85	11.85	51.16	0.0002	**
残差	7	1.62	0.23	—	—	—
失拟项	3	0.62	0.21	0.83	0.541	—
纯误差	4	1	0.25	—	—	—
总值	16	40.08	—	—	—	—
CV/%				7.70		
R^2				0.9595		
R^2_{Adj}				0.9075		

注：*表示显著；**表示极显著；后同。

表 6-15　Y_2 回归方程方差分析

方差来源	自由度	平方和	均方差	F	P	显著性
模型	9	5.69	0.63	20.02	0.0003	**
X_1	1	0.47	0.47	14.95	0.0062	**

续表

方差来源	自由度	平方和	均方差	F	P	显著性
X_2	1	1.4	1.4	44.41	0.0003	**
X_3	1	0.0007	0.0007	0.022	0.8852	
X_1X_2	1	0.2	0.2	6.32	0.0402	*
X_1X_3	1	0.18	0.18	5.76	0.0475	*
X_2X_3	1	0.0051	0.0051	0.16	0.6998	
X_1^2	1	0.71	0.71	22.46	0.0021	**
X_2^2	1	0.45	0.45	14.26	0.0069	**
X_3^2	1	1.95	1.95	61.8	0.0001	**
残差	7	0.22	0.032	—	—	—
失拟项	3	0.091	0.03	0.94	0.5001	—
纯误差	4	0.13	0.032	—	—	—
总值	16	5.91	—	—	—	—
CV/%			7.54			
R^2			0.9626			
R^2_{Adj}			0.9145			

表 6-16　Y_3 回归方程方差分析

方差来源	自由度	平方和($\times10^{-3}$)	均方差($\times10^{-3}$)	F	P	显著性
模型	9	140	140	22.26	0.0002	**
X_1	1	16	16	21.68	0.0023	**
X_2	1	20	20	28.42	0.0011	**
X_3	1	0.103	0.103	0.14	0.7171	—
X_1X_2	1	6.0	6.0	8.33	0.0234	*
X_1X_3	1	0.0391	0.0391	0.054	0.8225	—
X_2X_3	1	0.736	0.736	1.02	0.3457	—
X_1^2	1	11	11	15.41	0.0057	**
X_2^2	1	38	38	53.2	0.0002	**
X_3^2	1	42	42	58.57	0.0001	**
残差	7	5.04	0.72	—	—	—
失拟项	3	1.48	0.493	0.55	0.6729	—
纯误差	4	3.56	0.891	—	—	—
总值	16	150	—	—	—	—
CV/%			4.44			
R^2			0.9662			
R^2_{Adj}			0.9228			

表 6-17　Y_4 回归方程方差分析

方差来源	自由度	平方和(×10⁻³)	均方差(×10⁻³)	F	P	显著性
模型	9	14	14	41.79	<0.0001	**
X_1	1	1.35	1.35	35.61	0.0006	**
X_2	1	2.15	2.15	56.5	0.0001	**
X_3	1	0.00113	0.00113	0.03	0.8682	—
X_1X_2	1	0.65	0.65	17.13	0.0044	**
X_1X_3	1	0.0123	0.0123	0.32	0.5878	—
X_2X_3	1	0.036	0.036	0.95	0.3626	—
X_1^2	1	1.11	1.11	29.29	0.001	**
X_2^2	1	3.42	3.42	90.08	<0.0001	**
X_3^2	1	4.59	4.59	120.78	<0.0001	**
残差	7	0.266	0.038	—	—	—
失拟项	3	0.0398	0.0133	0.23	0.8684	—
纯误差	4	0.226	0.0565	—	—	—
总值	16	15	—	—	—	—
CV/%			3.27			
R^2			0.9817			
R^2_{Adj}			0.9582			

图 6-26～图 6-29 分别为 TN、NH_4^+-N、TP、PO_4^{3-}-P 释放通量的实际值和预测值对比，过原点斜率为 1 的直线代表实际值和预测值完全吻合的情况[30]。可以看出，部分点落在直线上，其余点基本均匀地分布在直线两侧且偏离较小，这进一步说明所得模型与实验结果吻合度较高。由此可知，建立的模型稳定性较高，能够用来分析各环境因子对 YM 湖底泥氮磷释放通量的影响效果。

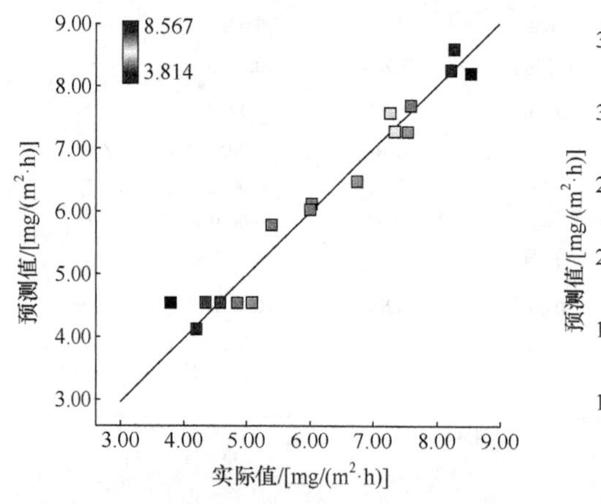

图 6-26　TN 释放通量实际值与预测值的对比

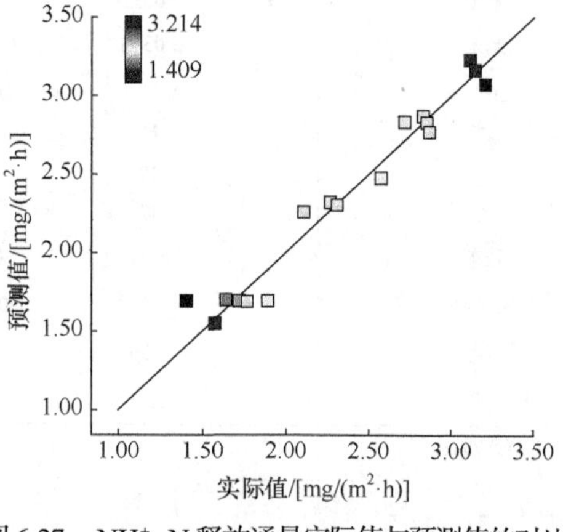

图 6-27　NH_4^+-N 释放通量实际值与预测值的对比

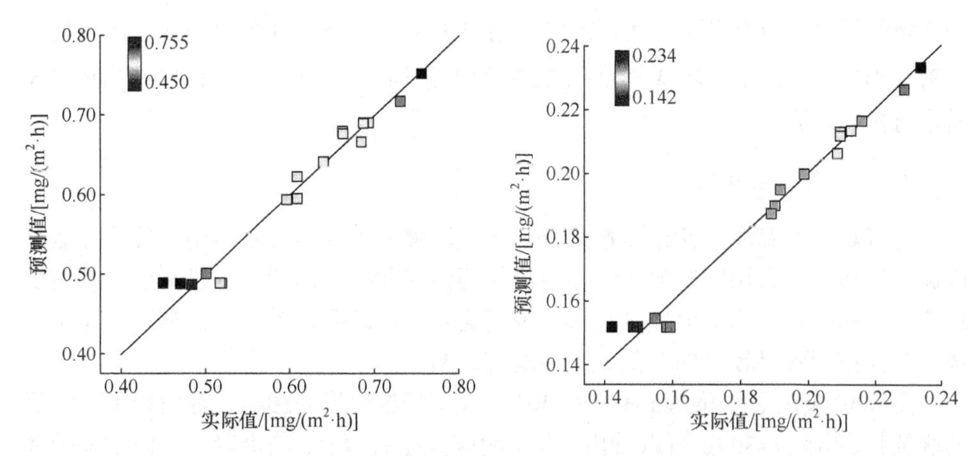

图 6-28　TP 释放通量实际值与预测值的对比　　图 6-29　PO_4^{3-}-P 释放通量实际值与预测值的对比

由表 6-14 可知，温度(X_1)和溶解氧浓度(X_2)的 P 值均小于 0.01，即对 TN 释放通量的影响达到极显著水平，pH(X_3)则对 TN 释放通量无显著影响；单因子对 TN 释放通量影响的显著性排序为 $X_2>X_1>X_3$，即溶解氧浓度对 TN 释放通量影响最显著。交互项 X_1X_3 的 P 值为 0.0387，表明温度和 pH 交互作用对 TN 释放通量的影响达到显著水平；温度和溶解氧浓度交互作用(X_1X_2)、溶解氧浓度和 pH 交互作用(X_2X_3)均对 TN 释放通量无显著影响。X_1^2、X_2^2 和 X_3^2 的 P 值均小于 0.01，即二次平方项对 TN 释放通量的影响达到极显著水平，说明环境因子与响应值之间不是简单的线性关系，二次项对响应值有着较大的影响。

表 6-16 显示，相比于 pH，温度和溶解氧浓度均对 TP 释放通量为极显著影响($P<0.01$)。交互项中仅有温度和溶解氧浓度(X_1X_2)交互作用对 TP 通量有显著影响，P 值为 0.0234；温度和 pH 交互作用、溶解氧浓度和 pH 交互作用均对 TP 释放通量无显著影响。二次项 X_1^2、X_2^2 和 X_3^2 的 P 值均小于 0.01，表明对 TP 释放通量的影响均为极显著。

由表 6-15 可知，温度(X_1)和溶解氧浓度(X_2)对 NH_4^+-N 释放通量的影响均达极显著水平，且溶解氧浓度比温度的影响更显著，pH(X_3)对 NH_4^+-N 释放通量无显著影响。三种交互作用中，溶解氧浓度和 pH(X_2X_3)交互作用对 NH_4^+-N 释放通量无显著影响，X_1X_2 和 X_1X_3 的 P 值分别为 0.0402 和 0.0475，即温度和溶解氧浓度交互作用、温度和 pH 交互作用均对 NH_4^+-N 释放通量有显著性影响。X_1^2、X_2^2 和 X_3^2 的 P 值均小于 0.01，即二次平方项对 NH_4^+-N 释放通量的影响为极显著水平。

由表 6-17 可知，温度(X_1)的 P 值为 0.0006<0.01，溶解氧浓度(X_2)的 P 值为 0.0001<0.01，pH(X_3)的 P 值为 0.8682，即温度和溶解氧浓度对 PO_4^{3-}-P 释放通量的影响为极显著，pH 无显著影响。交互项 X_1X_2 的 P 值为 0.0044<0.01，表明温度

和溶解氧浓度交互作用对 PO_4^{3-}-P 释放通量影响极显著，其余两种交互作用均无显著性影响。二次平方项 X_1^2、X_2^2 和 X_3^3 的 P 值均小于 0.01，表明对 PO_4^{3-}-P 释放通量有极显著影响。

2. 响应面交互作用

为直观反映温度、溶解氧浓度、pH 三个环境因子及其交互作用对各营养盐释放通量的影响，利用回归方程建立对应的等值线和响应面图。一般来说，等值线越接近于椭圆状，响应面坡度越大，说明交互作用越明显[31-32]。根据回归模型，选取交互作用效果较好的等值线图和响应面图。

图 6-30 反映了温度和 pH 交互作用对 TN 释放通量的影响，等值线呈现明显的椭圆状。由图 6-30 (b)可以看出，最小响应值在曲面上，与沿着单一因子坐标轴走向的最小值不重合，表明温度和 pH 对 TN 释放通量有交互作用。由图 6-31 可知，温度和溶解氧浓度、温度和 pH 的交互作用对 NH_4^+-N 释放通量的等值线均呈椭圆状，且响应面有一定坡度，表明温度和溶解氧浓度交互作用、温度和 pH 交互作用均对 NH_4^+-N 释放通量影响显著。由图 6-31(a)和图 6-31(c)可知，在实验范围内，当温度一定时，NH_4^+-N 释放通量随 pH 变化波动很小，而随溶解氧浓度变化很大，表明溶解氧浓度对响应值的贡献更大，即溶解氧浓度对 NH_4^+-N 释放通量的影响作用比 pH 更显著，这与方差分析结果一致。图 6-32 为温度和溶解氧浓度交互作用对 TP 释放通量的影响，等值线接近椭圆，响应面存在一定弯曲，表明温度和溶解氧浓度交互作用对 TP 释放通量有一定的影响。由图 6-32(a)可知，溶解氧浓度轴方向上的等值线比温度轴方向上的密集且陡峭，表明相对于温度，溶解氧浓度对 TP 释放通量影响更为显著，这与方差分析结果一致。图 6-33

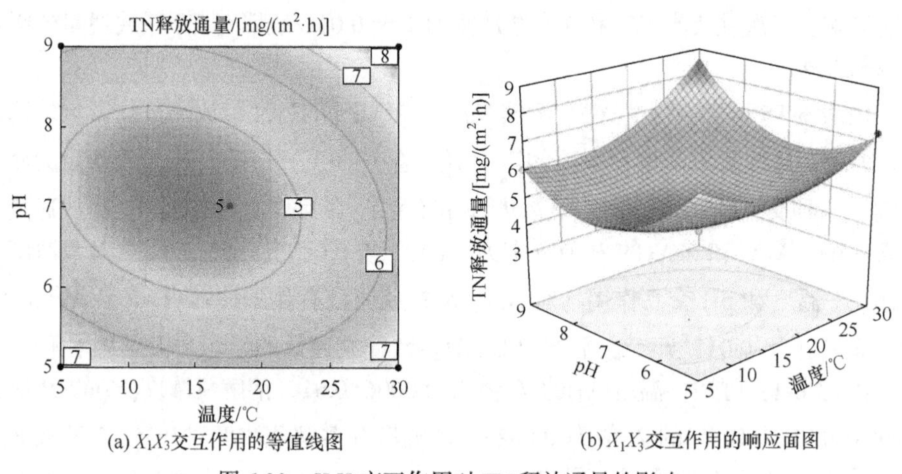

(a) X_1X_3交互作用的等值线图　　(b) X_1X_3交互作用的响应面图

图 6-30　X_1X_3 交互作用对 TN 释放通量的影响

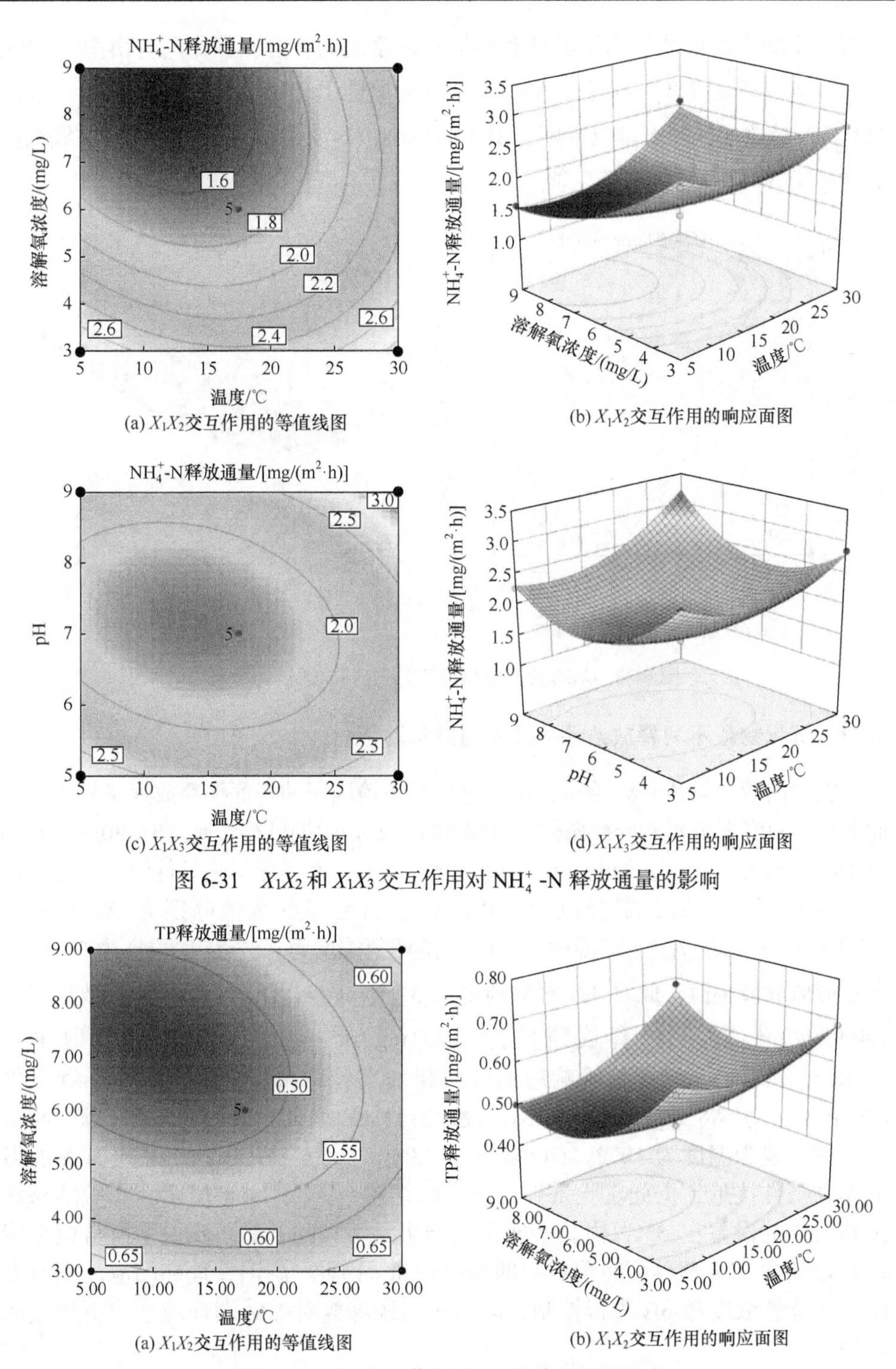

图 6-31　X_1X_2和X_1X_3交互作用对 NH_4^+ -N 释放通量的影响

图 6-32　X_1X_2交互作用对 TP 释放通量的影响

等值线及响应面形状表明了温度和溶解氧浓度之间存在交互作用。由图 6-33(a)可知，当溶解氧浓度一定时，PO_4^{3-}-P 释放通量随温度变化很小；当温度一定时，PO_4^{3-}-P 释放通量随溶解氧浓度的增大而减小，这说明相比于温度，溶解氧浓度对 PO_4^{3-}-P 释放通量影响更显著。

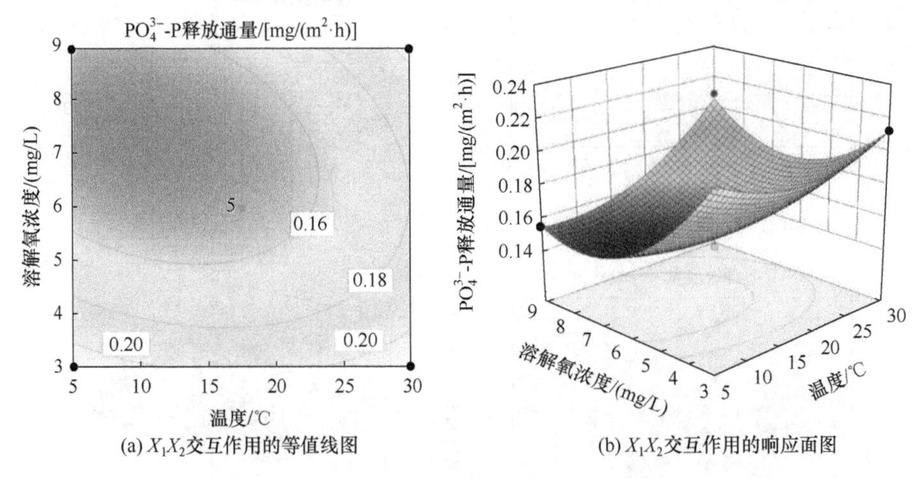

(a) X_1X_2交互作用的等值线图　(b) X_1X_2交互作用的响应面图

图 6-33　X_1X_2交互作用对 PO_4^{3-}-P 释放通量的影响

6.3.3　沉积物最不利释放条件的预测与结果验证

在对内源污染进行防治时，可通过控制环境因子使得底泥释放通量较小，因此对YM湖底泥最不利释放条件(实验范围内取极小值)进行预测。图6-30～图6-33显示响应面开口向上，即响应值有极小值。以响应面优化得到条件组合，通过响应面分析得出，氮、磷释放通量极小时，自变量的数值分别为 X_1=10℃，X_2=7.87mg/L，X_3=7.13，即温度为 10℃、溶解氧浓度为 7.87mg/L、pH 为 7.13 时，各响应值取极小值，此时 TN 释放通量为 3.956mg/(m^2 · h)，NH_4^+-N 释放通量为 1.469mg/(m^2 · h)，TP 释放通量为 0.471mg/(m^2 · h)，PO_4^{3-}-P 释放通量为 0.146mg/(m^2 · h)。为了检验响应面法所得的实验结果，根据所得最不利条件(X_1=10℃，X_2=7.87mg/L，X_3=7.13)，设计实验加以验证。为便于控制实验，将实验条件设置为温度为 10℃、DO 浓度为 8.0mg · L^{-1}、pH 为 7.0，这与预测所得最不利条件接近，据此实验条件得出实验结果，如表 6-18 所示。实验结果和预测结果的误差在 5%以内，表明预测结果是可靠的，进一步说明所得模型能较好地预测 YM 湖界面间营养盐的释放通量。因此，湖泊管理部门应注意对温度、溶解氧浓度和 pH 进行控制，以防止内源释放对 YM 湖环境造成更严重的污染。

表 6-18　最不利释放条件及结果验证

指标	预测最不利释放条件			实验条件			误差/%
	温度/℃	溶解氧浓度/(mg/L)	pH	温度/℃	溶解氧浓度/(mg/L)	pH	
	10	7.87	7.13	10	8.0	7.0	
TN 释放通量/[mg/(m^2 · h)]		3.956			3.779		4.474
NH_4^+-N 释放通量/[mg/(m^2 · h)]		1.469			1.409		4.084
TP 释放通量/[mg/(m^2 · h)]		0.471			0.488		3.609
PO_4^{3-}-P 释放通量/[mg/(m^2 · h)]		0.146			0.141		3.425

6.3.4　YM 湖底泥氮、磷释放通量估算

6.3.2 小节已得出 YM 湖营养盐释放通量与环境因子间的拟合方程式，由此估算湖泊氮、磷释放通量。依据式(6-18)～式(6-21)，结合每个月监测的 6 个采样点上覆水的温度、溶解氧浓度、pH，估算 YM 湖的沉积物氮、磷释放通量，结果如表 6-19 所示。

表 6-19　YM 湖沉积物氮、磷释放通量估算结果（单位：mg/(m^2 · h)）

营养盐	采样点	2 月	3 月	4 月	5 月	6 月	8 月	9 月	10 月	11 月	12 月
TN	M1	96.329	102.058	124.892	127.233	128.344	136.753	111.725	99.584	98.761	98.048
	M2	97.392	99.241	115.385	127.630	127.175	133.486	109.666	99.611	101.219	101.152
	M3	100.402	100.174	115.194	128.590	131.063	137.243	111.519	100.615	101.489	100.831
	M4	102.036	100.035	109.640	126.058	126.766	136.462	114.107	100.301	99.791	101.663
	M5	95.840	99.215	110.461	127.046	131.351	133.903	112.987	99.589	100.950	100.207
	M6	99.480	98.764	112.503	127.245	128.999	139.681	112.392	99.267	99.222	100.760
NH_4^+-N	M1	28.216	33.258	38.690	47.583	47.923	51.035	41.699	37.364	37.225	40.728
	M2	33.698	32.140	34.949	47.746	47.520	49.860	40.929	37.350	38.285	42.044
	M3	34.937	32.584	34.980	48.074	48.896	51.264	41.617	37.685	38.394	41.841
	M4	35.607	32.506	32.785	47.092	47.220	50.941	42.621	37.533	37.660	42.169
	M5	33.051	32.166	33.178	47.503	48.997	49.917	42.182	37.272	38.160	41.521
	M6	33.583	31.911	33.861	47.441	48.030	52.020	41.795	37.030	37.412	41.803
TP	M1	11.861	12.861	13.238	13.513	13.307	13.669	12.602	12.723	12.584	12.427
	M2	12.295	12.650	12.639	13.532	13.331	13.572	12.555	12.677	13.150	13.152
	M3	12.657	12.923	12.838	13.489	13.396	13.775	12.630	12.595	13.177	12.943

续表

营养盐	采样点	2月	3月	4月	5月	6月	8月	9月	10月	11月	12月
TP	M4	12.896	12.840	12.401	13.329	13.083	13.710	12.828	12.518	12.842	13.081
	M5	11.920	12.753	12.597	13.463	13.389	13.503	12.744	12.488	13.110	12.707
	M6	12.583	12.491	12.524	13.215	13.161	13.681	12.402	12.190	12.689	13.441
PO_4^{3-}-P	M1	3.604	3.878	4.023	4.100	4.043	4.156	3.820	3.837	3.874	3.654
	M2	3.727	3.812	3.834	4.106	4.048	4.125	3.803	3.824	4.038	3.863
	M3	3.836	3.892	3.891	4.095	4.071	4.187	3.827	3.802	4.046	3.802
	M4	3.906	3.868	3.757	4.045	3.975	4.167	3.887	3.779	3.948	3.842
	M5	3.620	3.842	3.814	4.085	4.069	4.103	3.861	3.770	4.025	3.734
	M6	3.814	3.767	3.796	4.013	4.000	4.160	3.762	3.684	3.904	3.801

为得到较为准确的计算结果，将湖泊划分为上中下游，上游代表点为M1，中游代表点为M2、M3和M5，下游代表点为M4和M6。YM湖面积为20.6万m^2，每个代表位置的面积取6.867万m^2，通过表6-19，计算出每个月不同位置的氮、磷释放量，结果如表6-20所示。

表6-20　YM湖不同位置沉积物氮、磷释放量　(单位：t)

营养盐	位置	2月	3月	4月	5月	6月	8月	9月	10月	11月	12月
TN	上游	0.046	0.049	0.060	0.061	0.062	0.066	0.054	0.048	0.047	0.047
	中游	0.047	0.048	0.055	0.061	0.062	0.065	0.054	0.048	0.049	0.048
	下游	0.048	0.048	0.053	0.061	0.061	0.066	0.054	0.048	0.048	0.049
	合计	0.142	0.145	0.168	0.183	0.186	0.197	0.162	0.144	0.144	0.144
NH_4^+-N	上游	0.014	0.016	0.019	0.023	0.023	0.025	0.020	0.018	0.018	0.020
	中游	0.016	0.016	0.017	0.023	0.023	0.024	0.020	0.018	0.018	0.020
	下游	0.017	0.015	0.016	0.023	0.023	0.025	0.020	0.018	0.018	0.020
	合计	0.046	0.047	0.051	0.069	0.069	0.073	0.060	0.054	0.054	0.060
TP ($\times10^{-3}$)	上游	5.701	6.182	6.363	6.495	6.396	6.570	6.057	6.115	6.049	5.973
	中游	5.908	6.140	6.100	6.486	6.428	6.545	6.077	6.050	6.319	6.217
	下游	6.123	6.088	5.990	6.379	6.307	6.583	6.064	5.938	6.136	6.374
	合计	17.732	18.410	18.453	19.361	19.131	19.698	18.198	18.104	18.503	18.564
PO_4^{3-}-P ($\times10^{-3}$)	上游	1.732	1.864	1.934	1.971	1.943	1.997	1.836	1.844	1.862	1.756
	中游	1.792	1.850	1.849	1.968	1.953	1.989	1.841	1.826	1.940	1.826
	下游	1.855	1.835	1.815	1.937	1.917	2.001	1.838	1.794	1.887	1.837
	合计	5.379	5.549	5.598	5.876	5.813	5.988	5.516	5.464	5.689	5.420

YM 湖沉积物营养盐释放量随时间的变化如图 6-34 所示。可以看出，8 月沉积物氮、磷释放量为全年最大，此时 TN 释放量为 0.197t，NH_4^+-N 释放量为 0.073t，TP 释放量为 0.0197t，PO_4^{3-}-P 释放量为 0.006t。TN 释放量和 TP 释放量变化规律具有一致性，整体都表现为冬季降温结冰后释放量最低，随着气温回升，释放量逐渐增大，直到 8 月达到全年最大，这与温度、溶解氧等环境因子随季节的变化有很大关系。根据营养盐每个月的释放量，得出 YM 湖沉积物 TN 年释放量为 1.938t，NH_4^+-N 年释放量为 0.700t，TP 年释放量为 0.223t，PO_4^{3-}-P 年释放量为 0.068t。由预测结果可以看出湖泊底泥释放状况不容乐观，内源污染问题不容忽视，应采取一定措施对其进行控制。

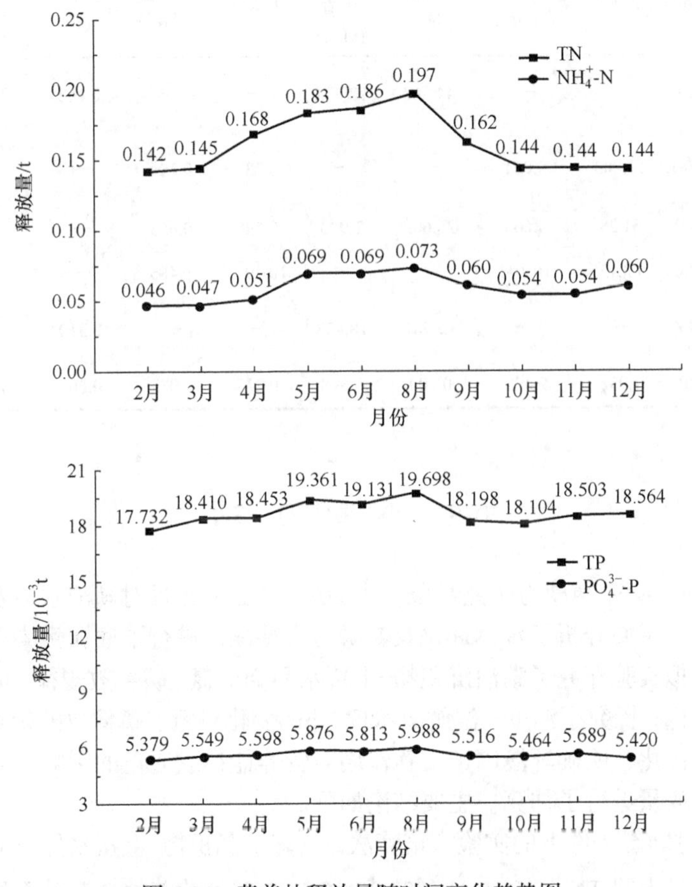

图 6-34　营养盐释放量随时间变化趋势图

将 YM 湖氮、磷年释放量与国内外其他水体的沉积物氮、磷年释放量进行对比，如表 6-21 所示，可知 YM 湖 TN 年释放量均值与最高值的漳泽水库接近，分别为大河口水库和汤浦水库的 1.6 倍和 2.6 倍。相比而言，NH_4^+-N 年释放量均值较低，仅高于最高值的汤浦水库 NH_4^+-N 年释放量。YM 湖 TP 年释放量均值在这几个水体中仅次于最高值漳泽水库，分别为大河口水库和汤浦水库的 10.4 倍和 1.7 倍。YM 湖 PO_4^{3-}-P 年释放量均值与其他水体相比处于中等水平。总体来说，YM 湖 TN 和 TP 年释放量均值处于较高水平。作为城市人工湖，湖泊水环境对城市生态及居民生活起着重要作用，YM 湖潜在的内源氮磷污染风险不容忽视。

表 6-21　YM 湖与国内外其他水体沉积物营养盐年释放量比较

地点	面积/km^2	TN 年释放量/t	TN 年释放量均值/(t/km^2)	NH_4^+-N 年释放量/t	NH_4^+-N 年释放量均值/(t/km^2)	TP 年释放量/t	TP 年释放量均值/(t/km^2)	PO_4^{3-}-P 年释放量/t	PO_4^{3-}-P 年释放量均值/(t/km^2)	文献来源
滇池福保湾	2.0	—	—	44.868	22.434	—	—	0.162	0.081	[33]
大河口水库	2.281	13.803	6.051	—	—	0.237	0.104	—	—	[34]
汤浦水库	14.0	51.28	3.663	26.600	1.900	9.140	0.653	—	—	[17]
漳泽水库	30.0	303.125	10.104	—	—	103.943	3.465	—	—	[35]
加拿大 Deer Lake	0.867	—	—	15.981	18.433	—	—	0.310	0.358	[36]
YM 湖	0.206	1.938	9.408	0.700	3.398	0.223	1.083	0.068	0.330	本书

6.4　本 章 小 结

本章以 YM 湖 2#湖为研究对象，于 2019 年 2～12 月对湖泊水体及沉积物进行采样检测，主要分析了水体理化及氮磷污染特征，进行了底泥污染程度评价。通过室内模拟实验探究了湖泊沉积物-上覆水界面的氮、磷释放规律，明确了营养盐的源汇角色；探究了温度、溶解氧浓度、pH 变化对氮、磷释放的影响规律。通过响应面法优化，明确环境因子交互作用对营养盐释放通量的影响，并且对湖泊氮、磷的释放量进行了估算。主要结论如下。

(1) 通过静态条件下的实验室培养法，估算了沉积物-上覆水界面的营养盐释放通量，结果表明 TN、NH_4^+-N、TP 和 PO_4^{3-}-P 四种营养盐在夏秋季释放通量较大，冬季时较小；春季沉积物为 NH_4^+-N 的“汇”，其他季节则表现为“源”；对于 TN、TP 和 PO_4^{3-}-P，沉积物全年均表现为“源”。同时，估算了界面交换对水体氮、磷的潜在贡献率，四种营养盐的潜在贡献率均小于 10%，且潜在贡献率的大小和释放通量无一定对应关系。

(2) 以 YM 湖的上覆水及沉积物为研究对象，探究了温度、溶解氧浓度、pH、水力扰动变化对沉积物-上覆水界面间氮、磷释放的影响规律，得到氮、磷释放通量随着温度的升高而增加，随溶解氧浓度的增加而减小；氮释放通量在酸性条件下(pH=5)达到最大，磷释放通量在碱性条件下(pH=9)达到最大；扰动力度越大，磷的释放通量越大。对四种环境因子与氮、磷释放通量的关系进行曲线拟合，不同种类营养盐与环境因子间的最优拟合曲线呈现不同类型。

(3) 基于响应面法得出环境因子(温度、溶解氧浓度、pH)与 TN、NH_4^+-N、TP 和 PO_4^{3-}-P 释放通量的二次多项式回归模型。根据等值线图及响应面图分析交互作用可知，温度和 pH 交互作用对 TN 释放通量影响显著；温度和溶解氧浓度交互作用对 TP 释放通量影响显著；温度和溶解氧浓度交互作用、温度和 pH 交互作用对 NH_4^+-N 释放通量影响显著；温度和溶解氧浓度交互作用对 PO_4^{3-}-P 释放通量影响极显著。优化得到湖泊底泥的最不利释放条件是温度为 10℃、DO 浓度为 7.87mg/L、pH 为 7.13，此时营养盐释放通量取极小值。将所得回归模型与湖泊实际环境条件结合，对湖泊氮、磷释放量进行估算，得到 YM 湖沉积物 TN 年释放量为 1.938t，NH_4^+-N 年释放量为 0.700t，TP 年释放量为 0.223t，PO_4^{3-}-P 年释放量为 0.068t。

参考文献

[1] 国家环境保护总局《水和废水监测分析方法》编委会. 水和废水监测分析方法[M]. 4 版. 北京: 中国环境科学出版社, 2002.

[2] 张硕, 方鑫, 黄宏, 等. 基于正交试验的沉积物-水界面营养盐交换通量研究: 以海州湾海洋牧场为例[J]. 中国环境科学, 2017, 37(11): 4266-4276.

[3] 韩志伟, 张水, 吴攀, 等. 贵州草海氮磷分布特征及沉积物释放通量估算[J]. 生态学杂志, 2017, 36(9): 2501-2506.

[4] 袁轶君, 何鹏程, 刘娜娜, 等. 温度与扰动对鄱阳湖沉积物氮释放的影响[J]. 东华理工大学学报(自然科学版), 2020, 43(5): 495-500.

[5] 吕莹. 珠江口内沉积物-水界面营养盐的累积和迁移研究[D]. 广州: 广州地球化学研究所, 2006.

[6] 闫兴成, 王明玥, 许晓光, 等. 富营养化湖泊沉积物有机质矿化过程中碳、氮、磷的迁移特征[J]. 湖泊科学, 2018, 30(2): 306-313.

[7] 何延召, 柯凡, 冯慕华, 等. 巢湖表层沉积物中生物易降解物质成分特征与分布规律[J]. 湖泊科学, 2016, 28(1): 40-49.

[8] 牛凤霞, 肖尚斌, 王雨春, 等. 三峡库区沉积物秋末冬初的磷释放通量估算[J]. 环境科学, 2013, 34(4): 1308-1314.

[9] 周爱民, 王东升. 磷(P)在天然沉积物-水界面上的吸附环境科学学报[[J]. 2005, 25(1): 64-69.

[10] 钱燕, 陈正军, 吴定心, 等. 微生物活动对富营养化湖泊底泥磷释放的影响[J]. 环境科学与技术, 2016, 39(4): 35-40.

[11] WANG J Z, JIANG X, ZHENG B H, et al. Effects of electron acceptors on soluble reactive phosphorus in the overlying water during algal decomposition[J]. Environmental Science & Pollution Research International, 2015, 22(24): 19507-19517.

[12] SONDERGAARD M, KRISTENSEN P, JEPPESEN E. Phosphorus release from resuspended sediment in the shallow and wind exposed Lade Arres, Denmark[J]. Hydrobiologia, 1992, 228(1): 91-99.

[13] 邢方威. 天津近岸海域营养盐分布及沉积物-水界面营养盐交换特性研究[D]. 天津: 天津大学, 2013.

[14] 陈友震. 杜塘水库沉积物-水界面氮磷释放通量研究[D]. 福州: 福建师范大学, 2011.

[15] 马迎群, 迟明慧, 温泉, 等. 嘉兴市北部湖荡区沉积物磷释放通量估算及影响因素研究[J]. 环境工程技术学报, 2020, 10(2): 212-219.

[16] 雷沛, 张洪, 王超, 等. 沉积物水界面污染物迁移扩散的研究进展[J]. 湖泊科学, 2018, 30(6): 1489-1508.

[17] 黄琼. 汤浦水库底泥中氮磷释放规律及其影响因素的研究[D]. 西安: 西安理工大学, 2015.

[18] ZHANG X F, MEI X Y. Effects of benthic algae on release of soluble reactive phosphorus from sediments: A radioisotope tracing study[J]. Water Science and Engineering, 2015, 8(2): 127-131.

[19] 张红, 陈敬安, 王敬富, 等. 贵州红枫湖底泥磷释放的模拟实验研究[J]. 地球与环境, 2015, 43(2): 243-251.

[20] BAREHA Y, GIRAULT R, JIMENEZ J, et al. Characterization and prediction of organic nitrogen biodegradability during anaerobic digestion: A bioaccessibility approach[J]. Bioresource Technology, 2018, 263: 425-436.

[21] 郭念, 闫金龙, 魏世强, 等. 三峡库区消落带典型土壤厌氧呼吸对铁还原及磷释放的影响[J]. 水土保持学报, 2014, 28(3): 271-276.

[22] 徐洋, 陈敬安, 王敬富, 等. 氧化还原条件对红枫湖沉积物磷释放影响的微尺度分析[J]. 湖泊科学, 2016, 28(1): 68-74.

[23] ZHANG Y, LIU Z S, ZHANG Y L, et al. Effects of varying environmental conditions on release of sediment phosphorus in West Lake, Hang Zhou, China[J]. Acta Hydrobiologica Sinica, 2017, 41(6): 1354-1361.

[24] LIANG Z, LIU Z, ZHEN S, et al. Phosphorus speciation and effects of environmental factors on release of phosphorus from sediments obtained from Taihu Lake, Tien Lake, and East Lake[J]. Toxicological and Environmental Chemistry, 2015, 97(3-4): 335-348.

[25] ZHANG L, WANG S, WU Z. Coupling effect of pH and dissolved oxygen in water column on nitrogen release at water-sediment interface of Erhai Lake, China[J]. Estuarine Coastal & Shelf Science, 2014, 149(8): 178-186.

[26] 袁和忠, 沈吉, 刘恩峰, 等. 模拟水体 pH 控制条件下太湖梅梁湾沉积物中磷的释放特征[J]. 湖泊科学, 2015, 21(5): 663-668.

[27] WU Y, WEN Y, ZHOU J, et al. Phosphorus release from lake sediments: Effects of pH, temperature and dissolved oxygen[J]. KSCE Journal of Civil Engineering, 2014, 18(1):323-329.

[28] GAO L. Phosphorus release from the sediments in Rongcheng Swan Lake under different pH conditions[J]. Procedia Environmental Sciences, 2012, 13(1): 2077-2084.

[29] 孙宏亮, 刘伟江, 郜志云, 等. 基于质量守恒测算底泥中氮、磷污染物释放量的方法及案例研究[J]. 环境污染与防治, 2016, 38(4): 99-102.

[30] 闫晓涛, 李杰, 冯淑琪, 等. 响应面法优化混凝处理黄河兰州段低温低浊水[J]. 水资源与水工程学报, 2018, 29(6): 68-74.

[31] 赵国强, 戴红玲, 王艺, 等. 低温低浊水絮凝工艺的数值模拟与响应面优化试验研究[J]. 水资源与水工程学报, 2021, 32(1): 117-124.

[32] 杜凤龄, 王刚, 徐敏, 等. 新型高分子螯合-絮凝剂制备条件的响应面法优化[J]. 中国环境科学, 2015, 35(4): 158-164.

[33] 李宝, 丁士明, 范成新, 等. 滇池福保湾底泥内源氮磷营养盐释放通量估算[J]. 环境科学, 2008, 29(1): 114-120.

[34] 卢俊平. 基于水-底泥-降尘三相界面下沙源区水库氮磷污染机理研究[D]. 呼和浩特: 内蒙古农业大学, 2015.

[35] 张茜. 漳泽水库沉积物和上覆水污染特征及氮磷释放规律研究[D]. 西安: 西安理工大学, 2019.

[36] BEUTEL M W, LEONARD T M, DENT S R, et al. Effects of aerobic and anaerobic conditions on P, N, Fe, Mn, and Hg accumulation in waters overlaying profundal sediments of an oligo-mesotrophic lake[J]. Water Research, 2008, 42(8): 1953-1962.

第 7 章　浅水湖泊水动力特性与富营养化机理及调控措施

7.1　WX 湖水动力特性及其影响因素

湖泊的水动力特性与地形、风场和吞吐流等物理参数有很大关系。地形约束着湖泊水流的运动，直接影响水流速度的大小和方向、环流结构、湖泊内水位的变化，影响各种物质在湖泊内的输运扩散，从而影响湖泊的水质及生态系统。因此，湖盆形态对湖泊流场的影响是湖泊物理学及湖泊生态环境研究的重要内容。风场对天然浅水湖泊风生流的模拟至关重要，是湖流运动的主要驱动力，决定着湖泊的流场分布和环流结构。吞吐流是湖泊中湖水运动的主要形式之一，通过水体交换影响湖泊污染物扩散迁移、泥沙和浓度场的变化产生。

7.1.1　模型建立

SS 河自东向西穿过 WX 湖，现因 SS 河污染严重，加高河堤后不再与 WX 湖连通，为保护 WX 湖而将 SS 河河堤加高，使 SS 河河水不再进入 WX 湖。考虑 SS 河是 WX 湖重要的水源，未来 SS 河水质改善后将会再次排入 WX 湖，使 WX 湖存在湖岸边界变化的条件。鉴于此，本节在综合前人研究的基础上，设计多种数值实验工况，建立 WX 湖二维浅水水动力模型，对不同风场、引水方式、出入湖流量及湖岸边界下的 WX 湖环流进行数值模拟研究，研究 WX 湖水动力特征及影响因素，为下一步治理 WX 湖水环境提供依据和基础。

1. 模型设置

WX 湖属于小型浅水湖泊，形状不规则，本小节采用非结构网格来更好地拟合较为复杂的湖岸边界，共划分的网格数为 10408 个，网格划分见图 7-1。地形数据采用加权反距离法插值到每个网格节点。为了更好地拟合边界处的地形变化，对湖岸边界附近进行网格加密，得到了如图 7-2 所示的地形图。

风场是浅水湖泊流场的重要影响因素。WX 湖上没有气象站，YJ 市气象局距离 WX 湖 1.5km，因此采用 YJ 市气象局提供的气象资料。

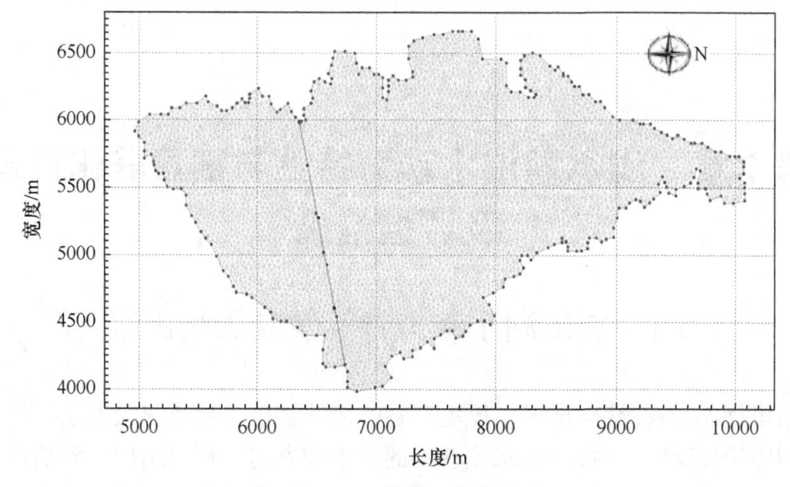

图 7-1　WX 湖网格划分

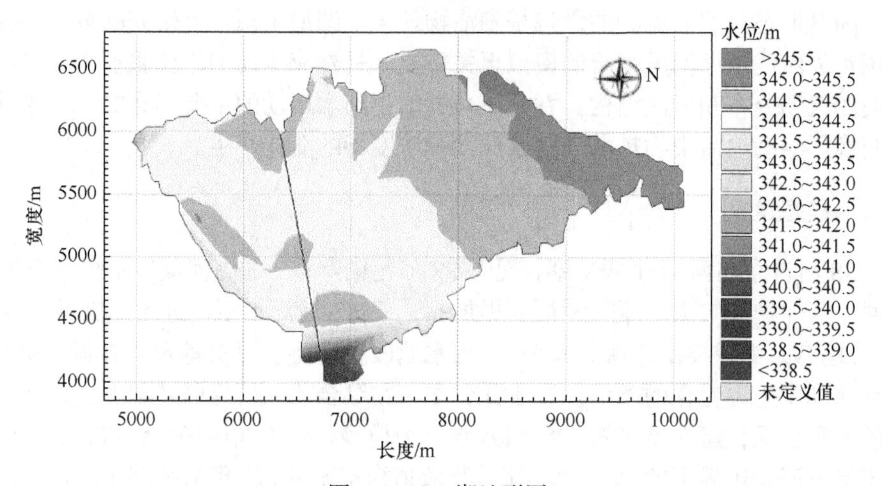

图 7-2　WX 湖地形图

2. 模型验证

模型在垂直方向采用σ坐标转换，水平方向采用直角或正交曲线坐标，动力学方程采用有限差分法求解，水平方向采用交错网格离散，时间积分采用二阶精度的有限差分及内外模式分裂技术[1-2]。

WX 湖被 SS 河河道分割成南北两湖，本节仅以 WX 湖北湖为例进行研究，水动力模型要率定的参数主要是水位(水深)、涡黏系数、曼宁系数、风应力拖曳系数等。涡黏系数取值为 0.28m^2/s，曼宁系数取值为 30$m^{1/3}/s$，风应力拖曳系数取值为 0.001255。利用 WX 湖北湖实测的水深资料进行参数率定和模型验证，实测资料包括 1#～9#点的数据，考虑水深变化趋势的一致性，就其中 1#点和 4#点的资料进行分析。2015 年 5～12 月为参数率定期，2016 年 1～4 月为模型验证期，具体见图 7-3 和图 7-4。

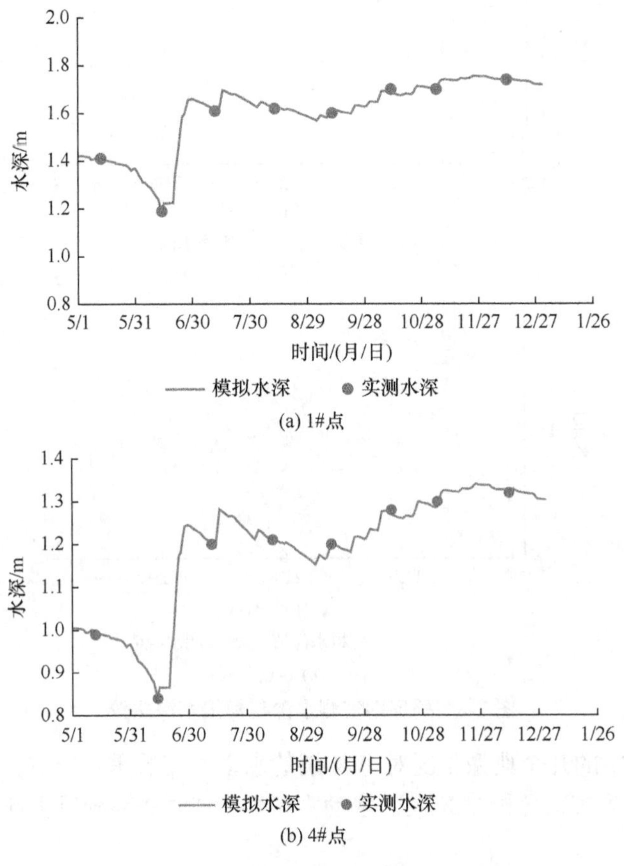

图 7-3　率定期实测水深与模拟水深比较

由图 7-3 和图 7-4 可以看出模型的率定和验证结果都比较好，1#点和 4#点实测结果和模拟结果具有良好的一致性。1#点和 4#点相对误差分别为 0.08%～1.00%和 0.10%～3.40%，均方根误差分别为 0.88%和 1.27%。模拟值和实测值线性回归方程分别为 $y_1 = 1.0151x - 0.0260$ 和 $y_2 = 1.0062x - 0.0047$，相关系数分别为 0.9973 和 0.9825，总体的拟合效果较好，满足水动力模型计算要求，具有较高的可靠性，模拟结果可以反映 WX 湖的水动力特征。

3. WX 湖水动力特性分析

水动力是污染物迁移扩散能力的决定因素之一，因此研究 WX 湖水动力对于水质及富营养化研究有着重要意义。在 2015 年 5 月～2016 年 4 月水动力研究过

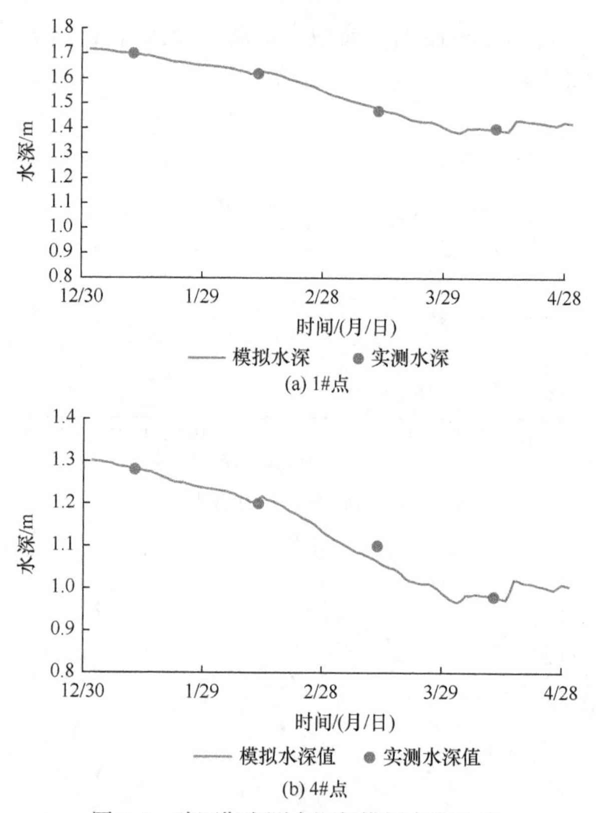

图 7-4　验证期实测水深与模拟水深比较

程中，发现其中的几个典型工况对 WX 湖的水动力有着重要影响，现以这几个典型时刻的流场分布来分析 WX 湖的水动力特性，并对 WX 湖风生环流的形成过程进行分析。

1) H 河补水前后对比

WX 湖所在地的蒸发量大于降雨量，加上 SS 河目前不补给 WX 湖，如果没有外部水源进入 WX 湖，那么该湖将会很快消失，因此需要从 H 河进行定期补水。2015 年 H 河共补水 1×10^6m^3 给 WX 湖，补给时间为 4d，流量为 2.89m^3/s，在这期间 WX 湖的水是不向外排放的。

H 河补水前一天风速为 3.3m/s，风向为西南风，WX 湖在中间出现两个较大的环流，在东南角上出现了一个小环流，此时流场完全由风生流决定，具体的 WX 湖流场分布如图 7-5(a)所示。第一天、第二天补水时风速为 1.8m/s，风向为西北风，WX 湖中间出现了一个较大的环流，仅在东南角出现了比较明显的小环流，补水口处的流速明显提升了很多，但是整个的流场强度减弱了，主要是风速变小导致环流强度减弱，湖东北部的流速显然高于西北部，其原因为补水进入后增强了东北部的流速。补水后第二天 WX 湖的流场分布见图 7-5(b)。补水的第四天为西北风，风速为 2.4m/s，其流场结构基本与补水前一天的基本类似，但是中间没有出现两个明显的环流，环流强度基本一致，虽然风速较小，但 H 河补水增强了 WX 湖此时的流场，具体流场分布见图 7-5(c)。进水流量为 2.89m³/s 时，流量对 WX 湖的流场起不到决定性作用，该湖流场仍然是风生流决定，吞吐流仅仅能够增强或减弱流场。要想改变 WX 湖流场由风场决定的现状，就必须增大进出湖流量。

2) 最大降雨量前后对比

2015 年 5 月～2016 年 4 月 WX 湖地区出现的最大降雨量为 58.3mm。从图 7-6 可发现，降雨对于整个 WX 湖的环流影响不大，仅仅是降雨形成的径流稍微改变 WX 湖的环流强度。

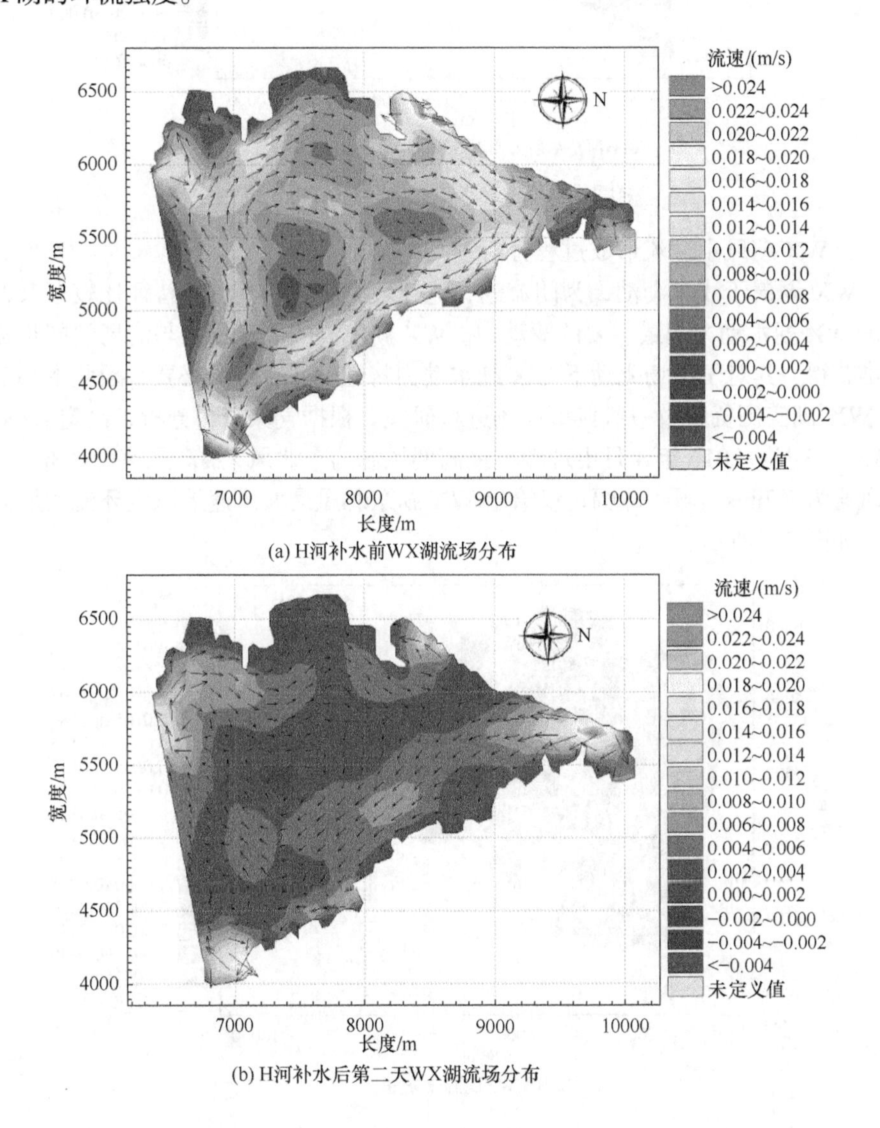

(a) H河补水前WX湖流场分布

(b) H河补水后第二天WX湖流场分布

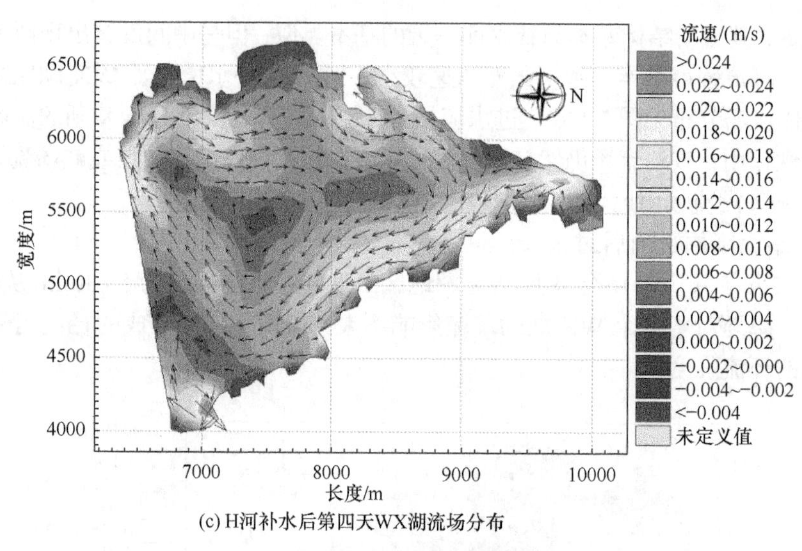

(c) H河补水后第四天WX湖流场分布

图 7-5　H 河补水前后 WX 湖流场分布

3) WX 湖风生环流形成过程分析

WX 湖属于浅水湖泊，为闭流湖，流速较为缓慢，其流场特征比较复杂，风场是 WX 湖水动力的最主要的驱动力。WX 湖实测的风场资料与流场的同步资料很难获得，其对于风场驱动下 WX 湖水动力特性的研究十分必要，因此本小节采用 WX 湖实测资料及一些典型风场进行研究。根据气象资料分析，确定 WX 湖 2015 年 5 月～2016 年 4 月出现频率最高的风场为东北风，最高风速为 8.3m/s，平均风速为 3.2m/s，限于篇幅，仅给出 WX 湖东北风最大风速下风生环流的形成过程，如图 7-7 所示。

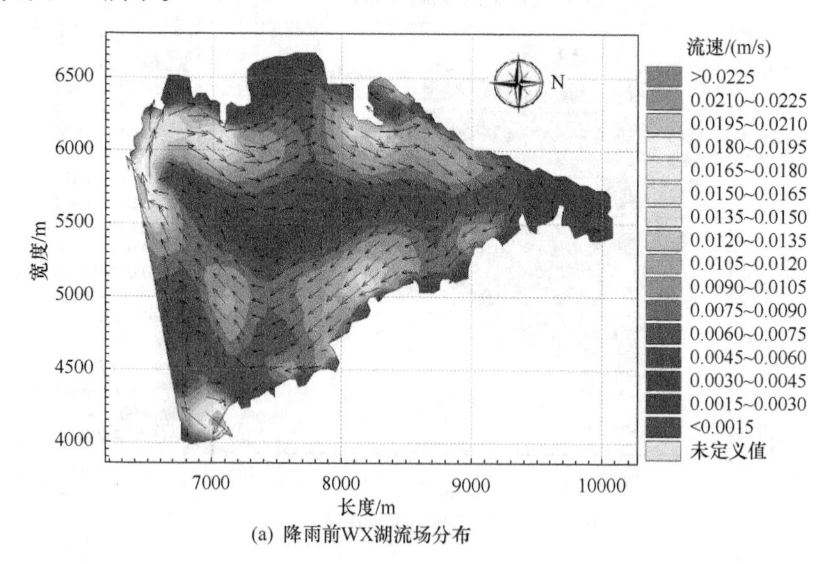

(a) 降雨前WX湖流场分布

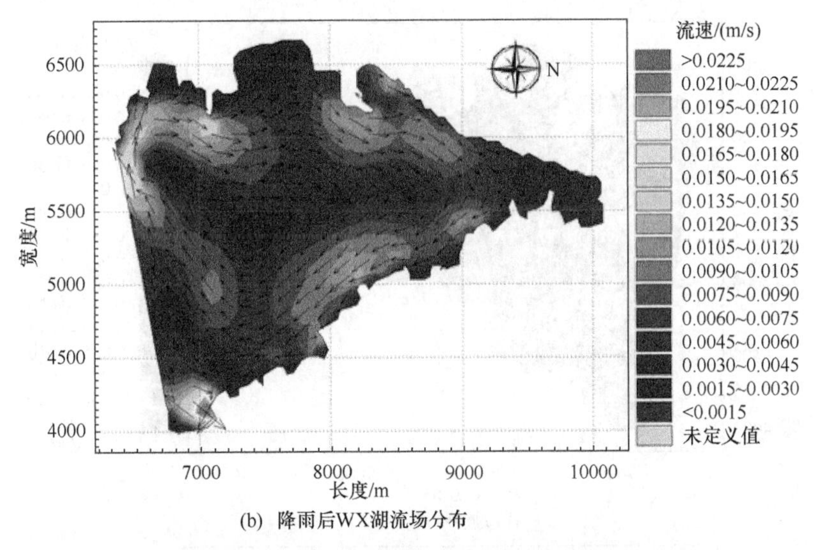

(b) 降雨后WX湖流场分布

图 7-6　最大降雨前后 WX 湖流场分布

由风场驱动形成的水动力，一般分为三个阶段：初始阶段、过渡阶段、稳定阶段。初始阶段 WX 湖水面在风的驱动下，形成 WX 湖整个的湖流方向同风向一致。图 7-7(a)为 WX 湖初始阶段的流场分布图，水流在向西南方涌动的过程中最先到达西北角，岸边界的阻挡使得水绕过西北角的岸边界继续向西南方涌动，此时在西北角附近的流速最大；随着时间的推移，水流不断向西南方涌动，逐渐形成水位压力梯度，在各处岸边界的阻挡下，水流不得不偏离风向而形成过渡阶段。在这个阶段中，在水位压力梯度、岸边界、湖底摩擦力的共同作用下，WX 湖的

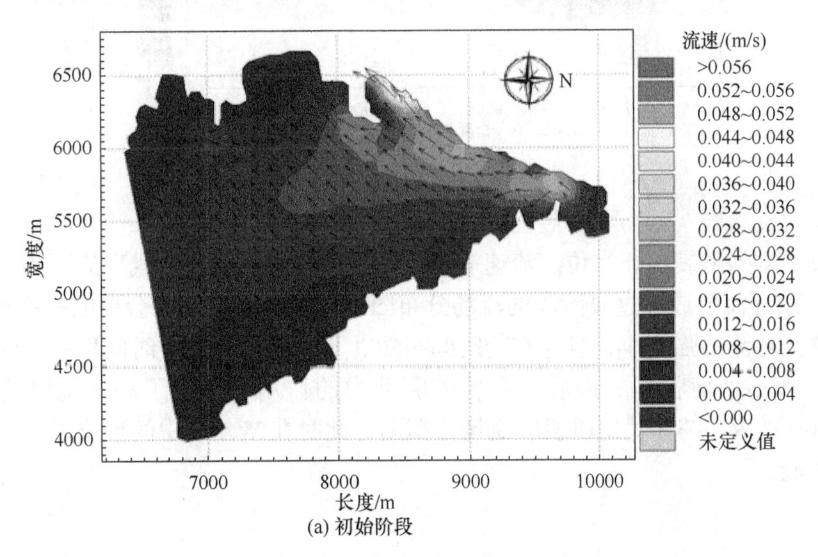

(a) 初始阶段

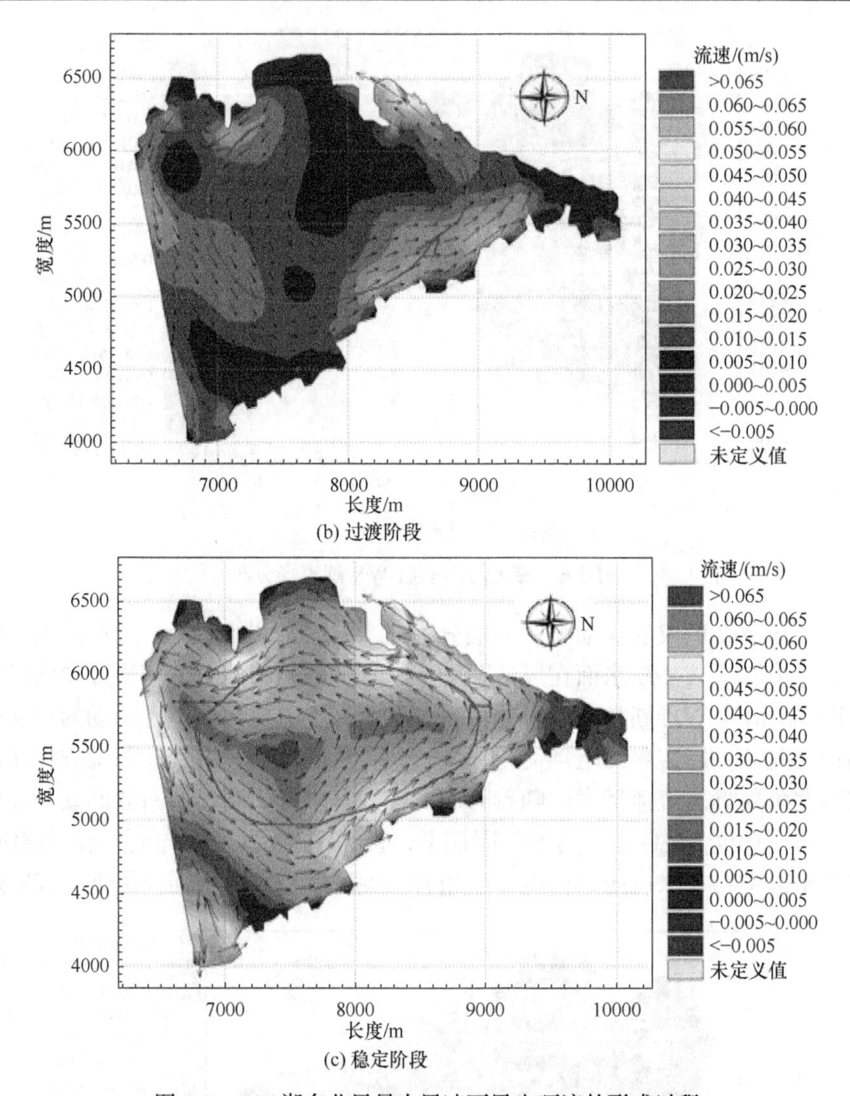

(b) 过渡阶段

(c) 稳定阶段

图 7-7　WX 湖东北风最大风速下风生环流的形成过程

流场发生剧烈的震荡，水位、流速等都不断改变，最后逐渐形成环流，图 7-7(b)为 WX 湖环流形成的过渡阶段的流场分布图。虽然在这过程也会形成一些环流，但是这些环流的强度小，且存在的时间很短、不稳定，大部分时间里一直变化，处于一种不平衡状态。最后，在各种驱动力的作用下形成了动态稳定阶段，图 7-7(c)为 WX 湖在稳定阶段的流场分布图，此时在 WX 湖中间形成了一个大而强的环流。

7.1.2　WX 湖流场影响因素分析

WX 湖被 SS 河河道分成南湖和北湖，研究 WX 湖流场的影响因素是进一步研究 SS 河进出湖位置、流量和引水方式的必要基础，对于 WX 湖的生态恢复有着重要意义。本小节分别对不同风速、风向、径流、引水方式、湖岸边界等影响因素下的水动力进行分析。

1. 风速对流场的影响分析

为了对比不同风速对于 WX 湖流场的影响，本小节给出了 WX 湖典型风场(东北风)下风速分别为 3m/s、8m/s 和 10m/s 的流场分布，如图 7-8 所示。

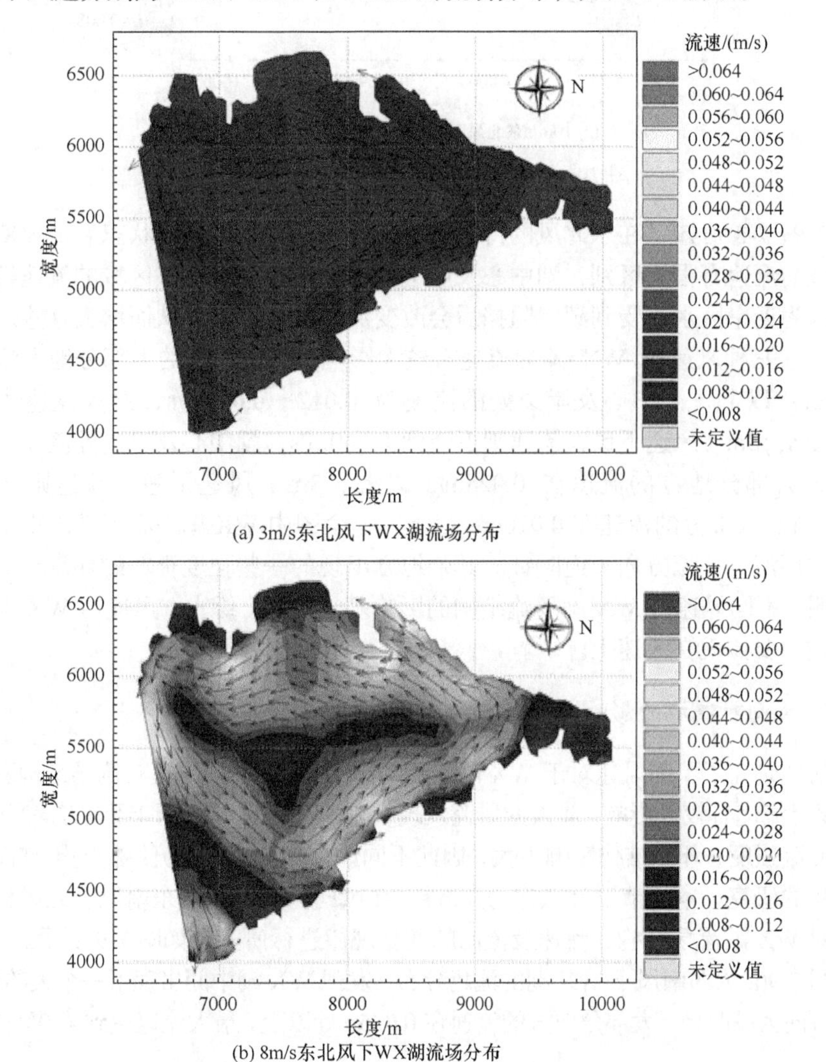

(a) 3m/s东北风下WX湖流场分布

(b) 8m/s东北风下WX湖流场分布

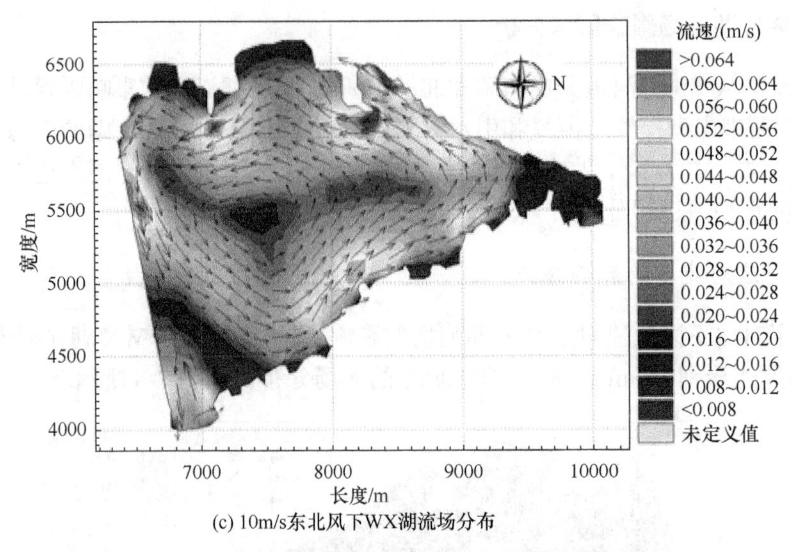

(c) 10m/s东北风下WX湖流场分布

图 7-8　不同风速东北风下 WX 湖流场分布

由图 7-8 可知，在东北风的持续作用下并且达到动态稳定状态后，WX 湖不同区域的流速有很大区别，湖中心及岸边处的流速较小。一些区域的流速较大，其原因为近岸区水流受到湖岸阻挡后会改变流向继续运动，从而增大这些地方的流速。这三种风速对 WX 湖的流速有较大影响，10m/s 下的大部分地方流速在 0.036m/s 以上，湖中心及岸边处的流速为 0.012～0.036m/s，最大流速达到了 0.072m/s；8m/s 风速下最大流速则下降到 0.060m/s，湖中心及岸边处流速则变化不大，大部分地方的流速在 0.028m/s 以上；3m/s 风速下最大流速则下降到 0.018m/s，大部分的流速在 0.010m/s 以下。三个图中 WX 湖中心区都出现了一个较大的环流，环流方向为逆时针。其余地方出现的一些强度很弱的环流在此不一一说明，不同风速对 WX 湖环流结构的影响基本不大。综上，风速对 WX 湖流场的影响主要体现在流速上。

2. 风向对流场的影响分析

前文研究了不同风速对于 WX 湖流场的影响，发现不同风速对流场结构影响不大，仅对流速有较大影响。前人的研究发现，不同风向主要对湖泊环流方向影响大，而对环流强度、环流结构影响不大，因此不同风向对流速、环流结构的影响尚需要进一步的研究。本小节设计风速为 8m/s，在风向为西南风、东南风、北风三种工况下对 WX 湖流场结构、流速及流向的变化规律进行研究，如图 7-9 所示。

图 7-9(a)为西南风下 WX 湖的流场分布，发现 WX 湖中间出现了一个大的环流，环流方向为顺时针，大部分地方的流速在 0.025m/s 以上，最大流速达到了 0.062m/s。

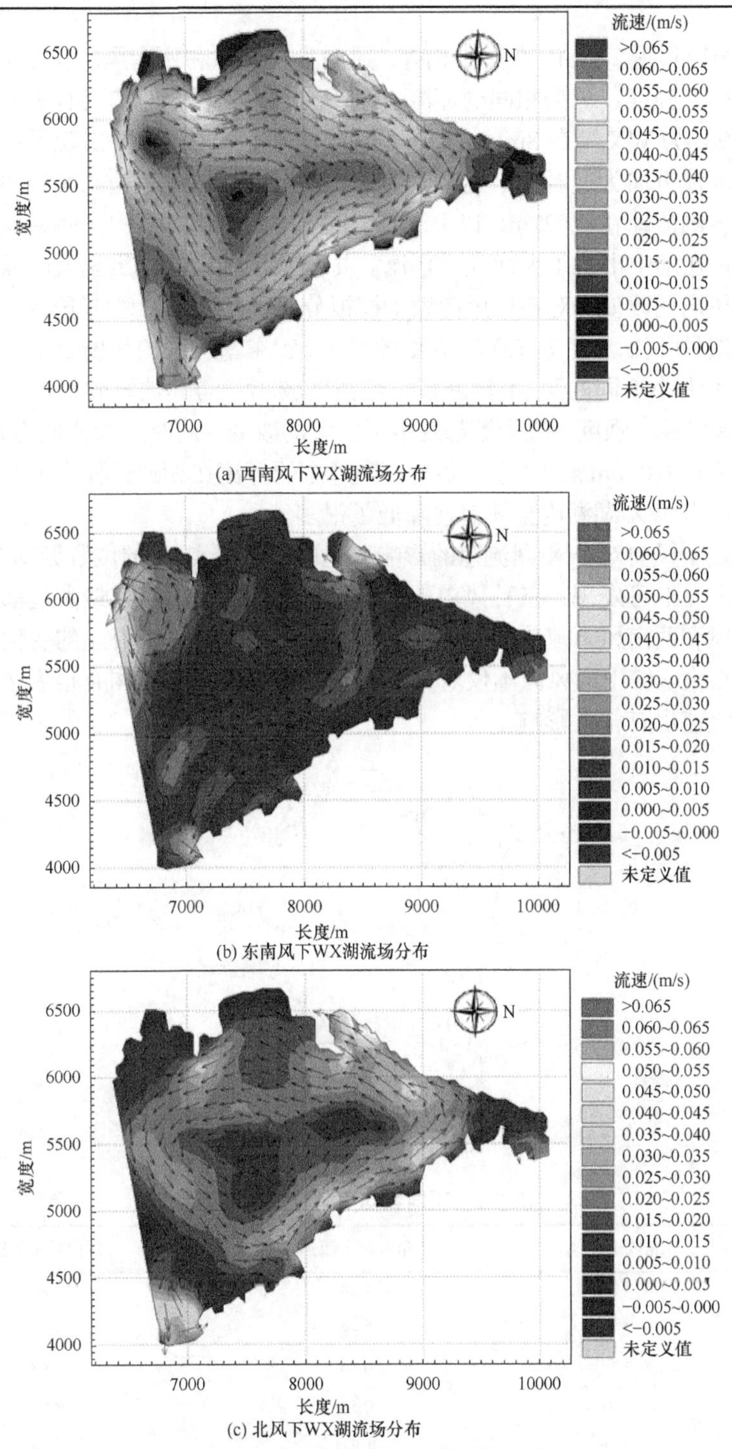

(a) 西南风下WX湖流场分布

(b) 东南风下WX湖流场分布

(c) 北风下WX湖流场分布

图 7-9　不同风向下 WX 湖流场分布

对比图 7-8(b)和图 7-9(a)，在大小相等、风向为东北风和西南风的作用下，WX 湖出现了结构、强度、流型相同的环流，但环流方向相反，流速略有不同。

图 7-9(c)为 WX 湖在 8m/s 北风下的流场分布，WX 湖主要出现了一个大而强的环流，环流方向为逆时针。此时，湖中心及岸边处的流速为 0.008～0.017m/s，大部分地方的流速在 0.022m/s 以上。北风下 WX 湖的流场结构同西南风下的基本一致，都是在湖中出现了大而强的环流。关于 WX 湖湖心区出现大而强的环流现象是否因风向而改变，对各种风向做了模拟分析，发现两种风向下 WX 湖的流场不会出现这种环流。图 7-9(b)为 WX 湖在 8m/s 东南风下的流场分布，此时 WX 湖中出现了大小不同的 4 个环流，环流强度较小；与其他风向相比，东南风下 WX 湖流场结构、强度、流型等都发生了巨大的改变，此时最大流速为 0.042m/s，大部分流速在 0.020m/s 以下。主要是不同形态的环流在相遇过程中不断碰撞消耗了动能，使得 WX 湖湖内整体流速降低了很多。

为了说明风向对 WX 湖流速的影响，选取了 6 个点(点的位置见图 7-10)进行分析。从表 7-1 可发现，三种风向下流速有很大的变化，流速最大值都出现在西北角，北风和西南风下流速的变化趋势基本一致，东南风下流速的变化趋势则与两者相差很大。综上，风向不仅对 WX 湖环流方向、环流结构有很大影响，而且对该湖的流速也有较大影响。

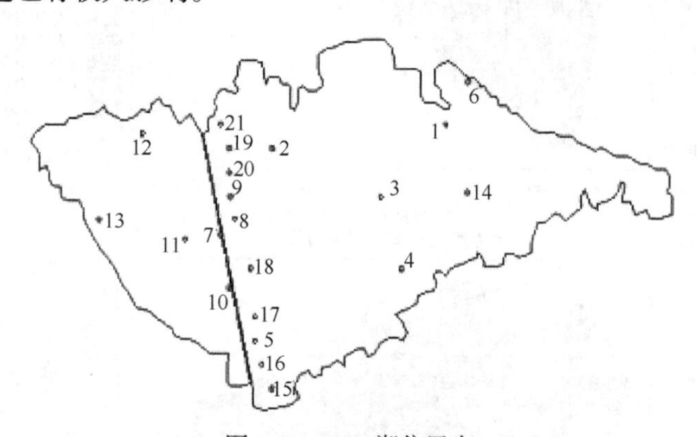

图 7-10　WX 湖位置点

表 7-1　不同风向下各位置点流速比较　　(单位：cm/s)

位置	北风下流速	东南风下流速	西南风下流速
1	3.69	2.69	4.63
2	2.52	2.38	1.95
3	1.61	0.40	1.93
4	2.91	0.53	3.90
5	3.79	1.21	4.88
6	6.46	4.19	6.53

3. 湖岸边界对流场的影响分析

湖岸边界是影响湖泊流场的重要因素之一，对于湖泊的生态环境有重要作用，因此对于湖泊湖岸边界的研究是必不可少的。由于湖岸边界很少变化或者变化不大，大部分的变化是水位变化引起的湖岸边界与水下地形的交替，因此湖岸边界对于湖泊流场特性的研究大多停留在定性分析上。定量研究主要在湖底地形对湖泊流场特性方面，湖岸边界对湖泊流场影响的定量研究鲜见报道，主要原因在于大多数湖泊的湖岸边界基本没什么变化。WX 湖由于种种原因被分成南北两湖，在未来几年 WX 湖南北两湖和 SS 河的连通是必然的，WX 湖湖岸边界的变化对 WX 湖是极有可能实现的。本小节设置了 3 种工况来分析湖岸边界变化对 WX 湖流场的影响。在 8m/s 东北风下，研究湖岸边界对 WX 湖流场的影响。图 7-11 为 WX 湖完全连通、完全隔断及部分连通时的流场分布。

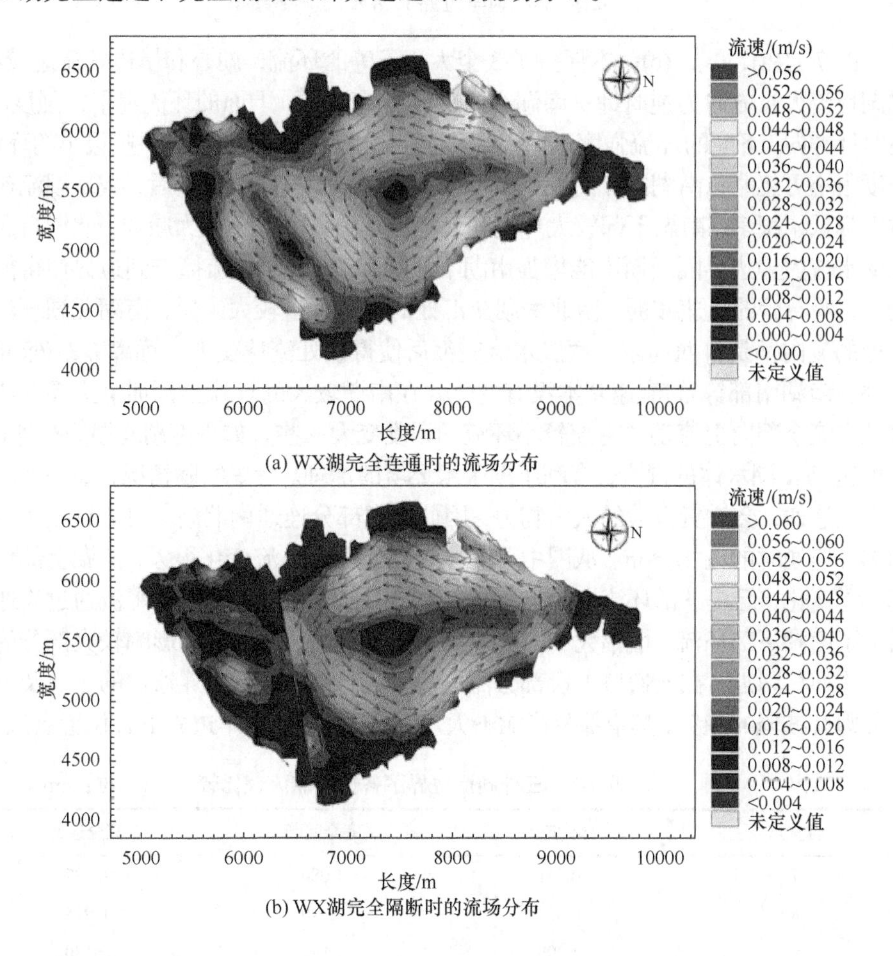

(a) WX湖完全连通时的流场分布

(b) WX湖完全隔断时的流场分布

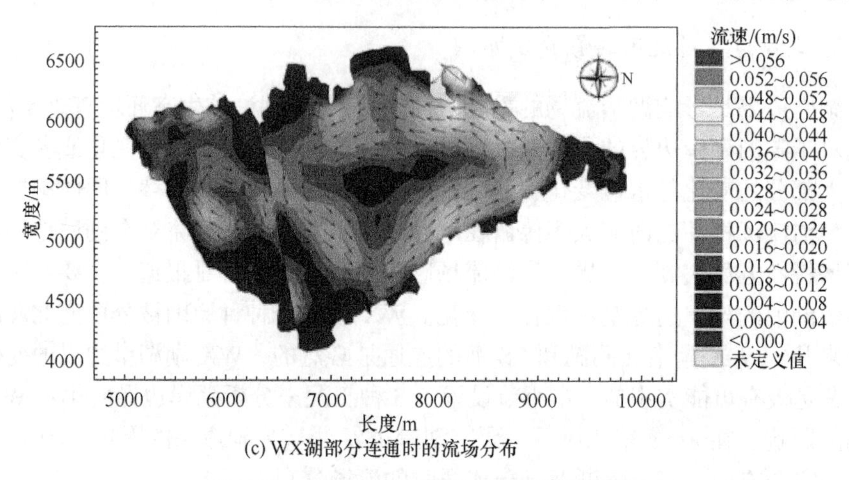

(c) WX湖部分连通时的流场分布

图 7-11　不同湖岸边界下 WX 湖流场分布

图 7-11(a)、(b)、(c)基本保持了 3 个大小不等的环流，湖心和岸边处流速较小，北湖环流大，方向为逆时针；南湖有两个较小的环流，上面的环流扁平，强度小，逆时针方向，下面的环流强度大，呈现顺时针方向；其余地方形成一些很小的环流，强度很小可忽略；南湖的流速整体小于北湖。WX 湖被完全隔开后，WX 湖流速整体上降低了很多，南湖下部较大环流和北湖环流的强度有了很大减弱，北湖自西向东的水流因为边界隔断而不能增强南湖下部的环流，同时水流撞击到边界使得能量变小，变向后的流速减弱。南北两湖交汇处的流速有了较大改变，南湖北湖环流在此处的流向都是自西向东，两股水流交汇后使得该处流速变大。远离隔断处(北湖北部、南湖南部等)的流速基本没有变化，在南湖较大的环流上部加上边界，使得该处水流全部向上流动，南湖较小环流的强度变大一些。如果南湖北湖完全连通，可加速 WX 湖水体的混合，有利于湖区水环境的治理。考虑实际情况，如果把南北湖完全连通，会耗费极大的人力物力，因此考虑部分连通南北湖。图 7-11(c)为 WX 湖部分连通时的流场分布，从图中可明显发现连通处水流变化很大，南湖上部环流基本无变化，但是下部环流有所增强，主要原因是北湖自西向东的水流通过连通处增强了南湖下部环流，增幅大小主要取决于连通口的大小；北湖影响较大部分的主要是连通口附近，在连通口上段部分流速有增大趋势，平行于连通口的正北及下段部分则有减弱的趋势，其余部分影响不大。表 7-2 为三种湖岸边界下各位置点流速。

表 7-2　三种湖岸边界下各位置点流速比较　　(单位：cm/s)

位置点	部分连通	完全隔断	完全连通
7	0.741	1.080	0.687
8	0.092	1.240	0.975
9	1.200	1.140	1.180

续表

位置点	部分连通	完全隔断	完全连通
10	2.020	1.620	1.590
11	1.950	1.730	1.630
12	2.010	2.120	1.990
13	2.360	2.200	1.890
14	1.750	1.720	1.690

4. 入湖流量对流场的影响分析

吞吐流是湖水运动的主要形式之一，主要通过水体交换来控制湖泊污染物的迁移扩散。在湖泊水库水环境质量严重变差的情况下，生态调水被认为是改善湖泊水环境的重要手段，使得湖泊在人为干预下的吞吐量加大。因此，合理掌握吞吐量变化对湖泊流场的影响显得尤为重要，对于确定生态调水量具有十分重要的意义。

为了研究吞吐流对 WX 湖流场结构的影响，本小节分析 3m/s 东北风下不同进出湖流量的 WX 湖流场分布。考虑实际情况，入湖口初步设定在 WX 湖东南角，出湖口在西南角。图 7-12 是流量为 $0m^3/s$、$2m^3/s$、$5m^3/s$ 下 WX 湖的流场分布。

由图 7-12 可发现，三种流量下 WX 湖的流场分布基本相同，都出现一个大的环流，但是随着流量的增加，由进水口流向出水口的水逐渐增多，整体上吞吐流对 WX 湖流场影响微弱；吞吐流对进出口位置的流速影响较大，但是其影响范围有限，主要影响北湖靠近南岸的区域，其影响范围与进湖流量有很大关系；在靠近南边界处受风作用较小，这些区域主要由吞吐流驱动，流速的变化波动较大，其他地方受风场影响大，风生流占主导地位，流速变化不大；在进水口与出水口

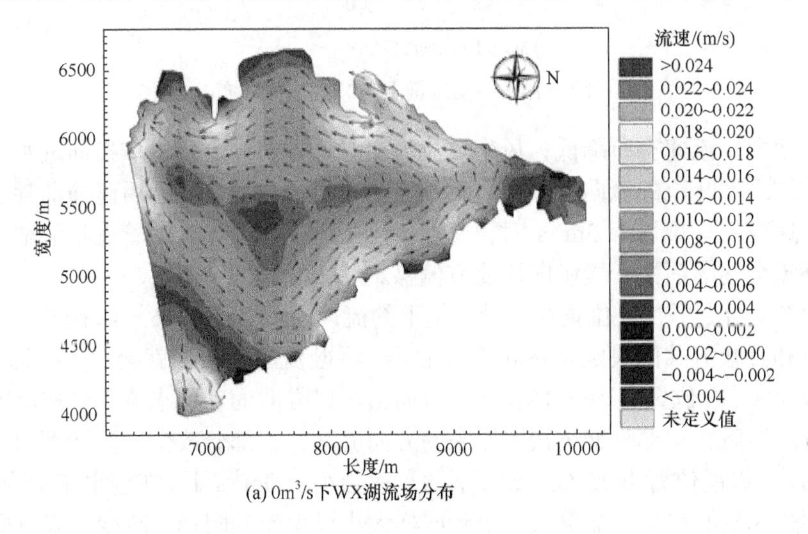

(a) $0m^3/s$下WX湖流场分布

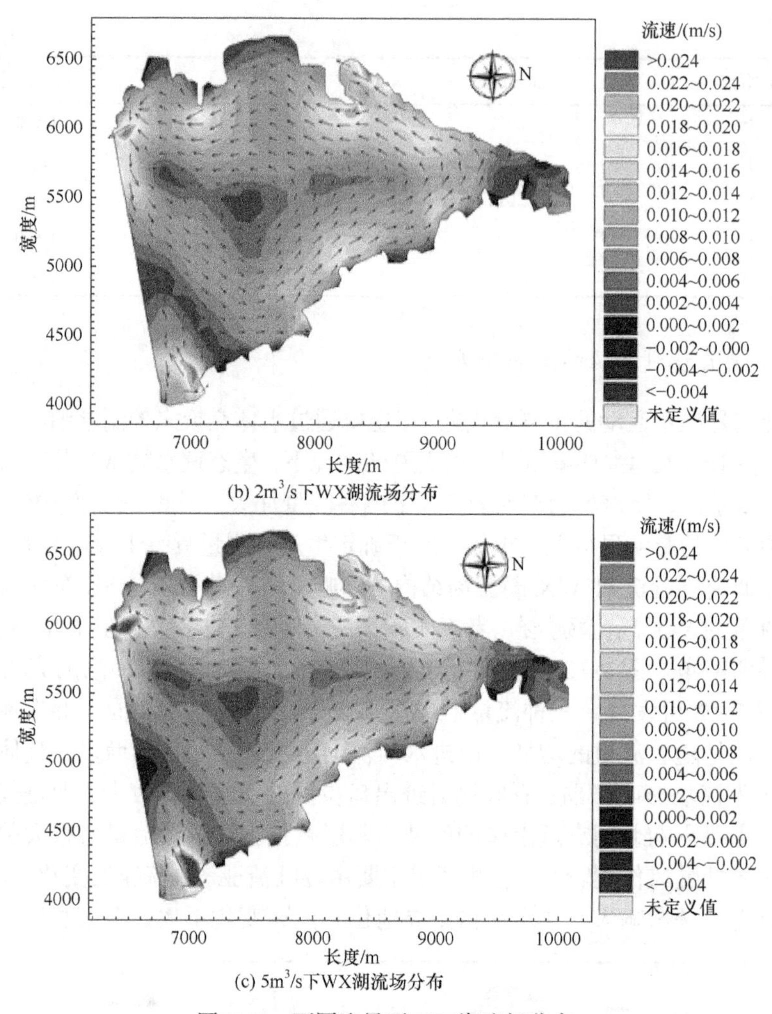

(b) $2m^3/s$下WX湖流场分布

(c) $5m^3/s$下WX湖流场分布

图 7-12　不同流量下 WX 湖流场分布

之间的地方，流速有所降低，风生环流为逆时针方向，由出水口指向进水口，在这个区域内吞吐流的流向正好与风生环流流向相反，两者相遇后碰撞消耗了动能使得流速降低；流量为 $5m^3/s$ 时，此处仍然由风生流主导，随着流量的增大，此处的环流会逐渐消失，慢慢向西北方偏移。

表 7-3 给出了 7 个位置在三种流量下的流速。在位置点 16～18 附近，流场由风生流和吞吐流共同决定且吞吐流占主导，吞吐流越大流速就会越大，即 $5m^3/s$ 下的流速大。在位置点 16～18 处，一直向出水口方向涌动的水流受到相反方向的风生流阻挡后，一部分继续按照原来的方向流动，一部分改变方向转而向相反方向流动，所以说位置点 15 处 $5m^3/s$ 下的流速会小于 $0m^3/s$ 下。在进水流量为 $5m^3/s$ 时，到达这里的水流动能更大，受到同样大小风生流的阻挡，改变原来方向的那

部分水流就会越小，所以流速就会越小。位置点 21 靠近出水口，出水流量越大，会有更多的水流向这里使得这里的流速变大，流向位置点 19～20 的水流就会变少，所以流速在位置点 21、19、20 依次降低。

表 7-3　不同进出湖流量下各位置流速比较　(单位：cm/s)

位置点	$2m^3/s$ 流速	$5m^3/s$ 流速	$0m^3/s$ 流速
15	1.19	1.11	1.31
16	1.33	1.57	1.52
17	0.63	0.65	1.15
18	0.35	0.35	0.75
19	1.48	1.41	1.27
20	1.37	1.08	1.36
21	2.30	2.67	1.80

静风下 WX 湖流场全部由吞吐流决定，仅仅在进出口处水流流态有较大变化，而远离进出口的区域则影响很小(图 7-13)。在 WX 湖实际的风场中，很小的风速在一年中占据了一部分，如果在这些天中还是用这样平稳的进水方式，就会导致 WX 湖水体流动缓慢，水体置换时间长，这对 WX 湖水环境改善是不利的，因此还需要对湖的进水方式进行设计。

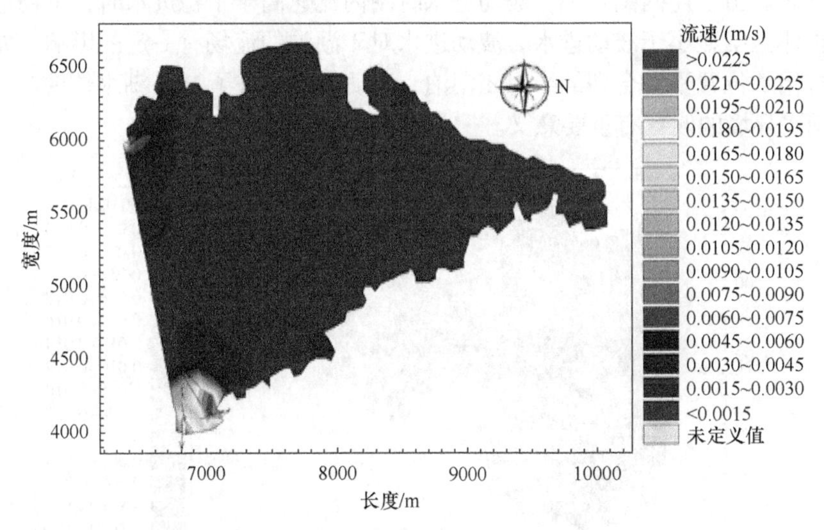

图 7-13　静风下 WX 湖的流场分布

5. 引水进湖方式对流场的影响分析

前文研究了不同进湖流量下 WX 湖流场的变化情况，本小节根据实际情况选取进出口位置。远离进出口的位置受到的影响比较少，这对于 WX 湖水环境的改善是不利的。因此，在保证湖内水量动态平衡下设计了波动进水，其进水过程如图 7-14 所示。

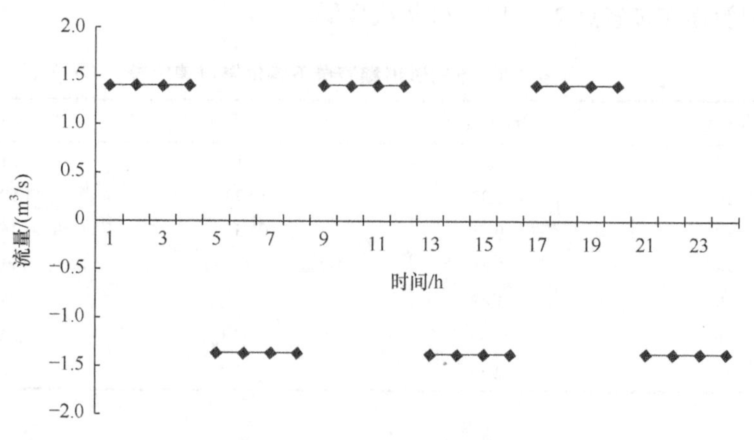

图 7-14　WX 湖波动进水过程

在 3m/s 东北风下，拟定平稳进水方式的进出水流量为 2m^3/s，波动进水方式如图 7-14 所示。平稳进水 2h 的流量等于波动进水 4h 的流量，平稳进水 4h 的流量等于波动进水 8h 的流量。图 7-15 和图 7-16 分别给出了进出 WX 湖流量相同的流场分布。由上述两图发现，波动进水时湖内流速高于平稳进水时，平稳进水的流场整体上明显小于波动进水，波动进水对于湖泊的流场有一定的影响。尤其是对于进出水位置不太合理的半封闭湖泊，波动进水促进了 WX 湖水体的混合，对 WX 湖水环境的改善有重要意义。

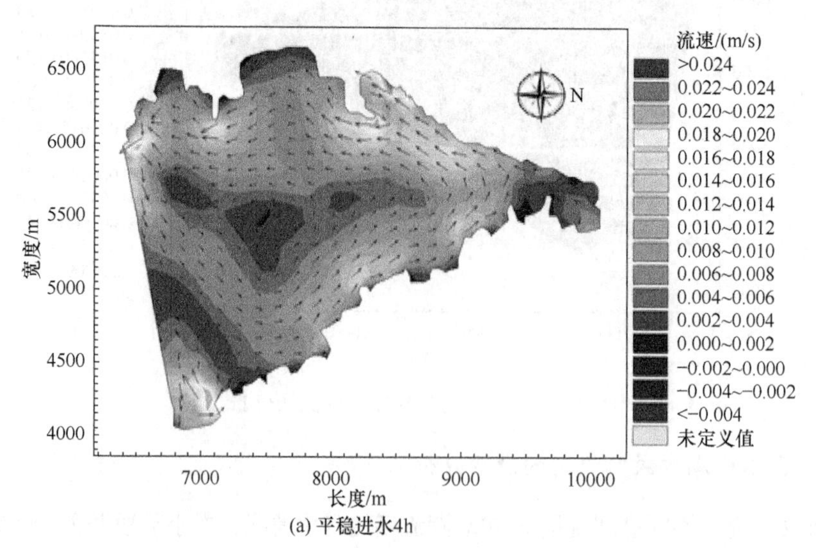

(a) 平稳进水4h

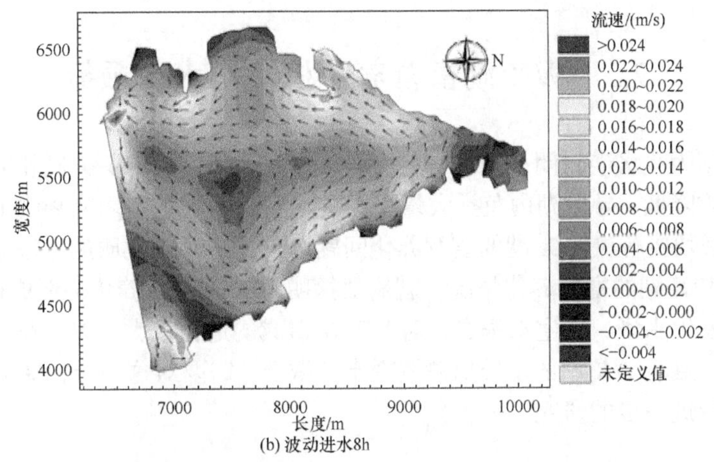

(b) 波动进水8h

图 7-15 不同进水情况下 WX 湖的流场分布(一)

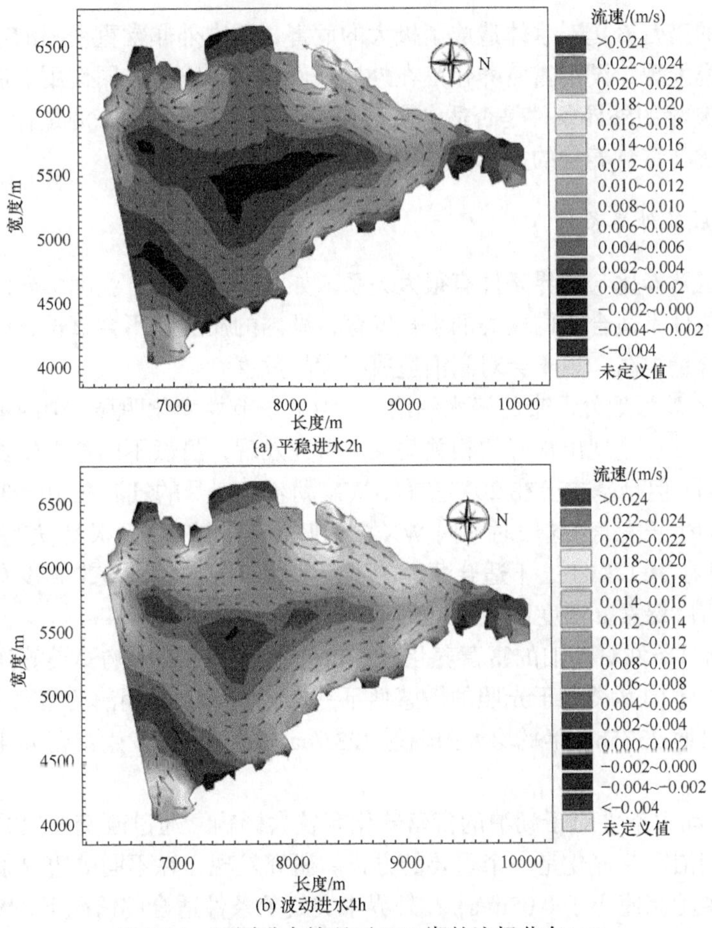

图 7-16 不同进水情况下 WX 湖的流场分布(二)

7.2　WX 湖富营养化机理与水华预警

WX 湖为浅水半封闭性湖泊，过去多次爆发水华，湖内藻类疯狂生长，溶解氧浓度严重降低，导致湖内鱼类大量死亡，对 WX 湖的生态环境造成了极大的破坏，因此必须要解决 WX 湖的富营养化问题，恢复 WX 湖健康的生态系统。要想彻底改善 WX 湖的富营养化情况，就需要探明 WX 湖富营养化的形成机理。WX 湖曾多次发生水华，发生水华之后对 WX 湖造成的危害极大，WX 湖水华的预警十分必要。由于 WX 湖的水质监测资料十分缺乏，需要对这类资料缺乏地区的水华预警进行进一步的研究。

7.2.1　WX 湖富营养化成因分析

湖泊的富营养化对水体造成了极大的危害，国内外非常重视湖泊富营养化的研究。研究发现，湖泊富营养化是在外界条件和营养物质共同作用下形成的，必须研究 WX 湖的外界条件是否适合富营养化形成，污染物的来源是什么，以及湖内营养物质与富营养化的关系。

1. 形成的外界条件

湖泊富营养化与外界条件有很大关系，如水动力条件、温度、光照、pH 等，若是外界条件不适合湖内藻类的生长发育，湖内的藻类就不会疯长，即使湖内的营养物质含量很高，也不会对湖泊造成很大的危害。

(1) WX 湖为地处温带的浅水湖泊，气温的季节性变化明显，湖内水温与气温相差不大，并且呈现出很好的相关关系。研究发现，虽然不同藻类生长发育的适宜温度不同，但是基本上在 20℃左右，WX 湖 4～10 月的气温在 10～30℃，比较适合藻类的生长发育，这段时间内 WX 湖的叶绿素 a 浓度高，极易发生水华；11～3 月的温度在 10℃以下，不适合藻类的生长发育，在这期间 WX 湖没有发生过水华现象，且叶绿素 a 浓度比较低。

(2) 光照条件对湖泊的富营养化有一定的影响，主要影响藻类等浮游植物的光合作用，不同藻类对于光照的敏感性不一样，从而影响湖泊的富营养化。WX 湖年平均日照 2375h，年平均太阳辐射 123.7cal/cm^2，具备发生富营养化所需的光热条件。

(3) 水动力条件对于湖泊的富营养化有较大影响，通过改变湖泊的水动力条件来改善湖泊富营养化是一个重要的方式。研究发现，在不同的边界条件下，富营养化发生的流速小于 0.05m/s，在外界水文气象条件适合的情况下，WX 湖内适合藻类生长发育的临界流速为 0.05m/s。图 7-17 为 WX 湖 5 个采样点的流速变化曲线，可发现 WX 湖大部分时间的流速小于 0.03m/s，具备发生富营养化的水动力条件。

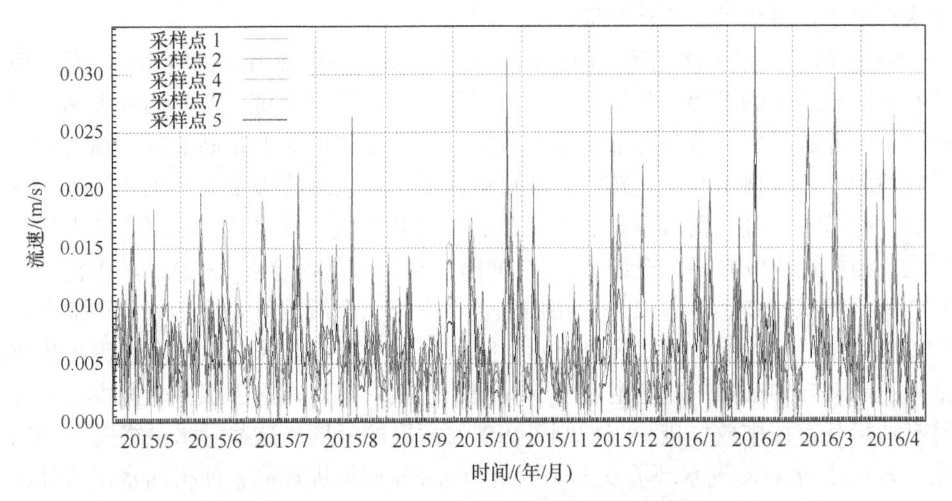

图 7-17　WX 湖 5 个采样点的流速变化曲线

改变光照、温度来改善水体富营养化在实际中很难实现，改变水动力条件在河流上较易实现，但是对于湖泊来说，改变其水动力条件需要大量的外部水量，需要根据具体湖泊进行具体分析。就 WX 湖而言，即使 SS 河的水质改善后排入 WX 湖中，其流量大小在 0.69m^3/s 左右，根据 7.1 节研究，这些入湖水量不足以改变 WX 湖为风生流的状态。即 WX 湖的流速还处于 0.05m/s 以下，WX 湖的补给水源不足以改变 WX 湖的水动力条件，因此 WX 湖的水动力条件适合湖内藻类的生长发育。综上所述，WX 湖的温度、光照、水动力条件具备发生富营养化的外界条件。

2. 污染物来源

前文分析了 WX 湖富营养化形成的外界条件，要想真正探明 WX 湖内富营养化发生的机理是什么，需要研究湖内营养物质的来源及其与富营养化的关系，这是研究富营养化发生机理的基础。

1) 工业污染

根据已经掌握资料的初步统计，SS 河流域工业企业废水及主要污染物排放量为：工业废水排放量 867.9556 万 t，化学需氧量排放量 1775.8931t，氨氮排放量 184.4615t，SS 河流域废水排放量、污染物排放量都呈现进一步增加的趋势。由此可见，过去 SS 河水质污染十分严重，污染物种类多，污染负荷变化大，河流水质极差，为国家地表水环境质量标准的 V 类水体，属于严重污染的河流，曾是上游各企业工业废水、生活污水与污水处理厂处理未达标排放混合污水的排水沟。如此巨大量的废水与污染物给 WX 湖水环境保护带来极为严重的威胁，成为 WX 湖水环境质量恶化的主要污染源。

SS 河虽然经过多次治理，但是治理效果甚微，水环境污染仍然相当严重，而且有进一步恶化的趋势。位于 SS 河流域的企业布局不合理、产品结构失调、规模以下企业数量多、分布零散、生产工艺落后。引进的企业是高能耗、高污染、低效益的企业，技术与工艺落后，造成该区域工业废水排放量大、工业污染十分严重，区域水环境负荷沉重。这不仅造成经济效益低，而且还带来严重的水环境污染。根据调研资料不完全统计，SS 河沿线至少有排污企业 23 家，其中化工企业 7 家，纺织印染企业 5 家，食品加工企业 5 家，金属冶炼企业 2 家，造纸企业 1 家，木材加工企业 1 家，屠宰企业 1 家，料制品企业 1 家。上述企业废水排放量高达 6557553m^3/d，这些企业废水处理工艺相对落后，过去很多企业废水处理没有达标就直接排放，进一步加剧了 SS 河污染的程度，这些污水最终进入 WX 湖，直接威胁 WX 湖水环境安全。因此，将 SS 河河堤加高，使得河水不再补给 WX 湖。我国的水资源十分紧张，从 H 河调水补给 WX 湖非长远之计，SS 河在排入 WX 湖之前进行处理，既能保证 WX 湖的水环境，又能减少 H 河调水，缓解 H 河用水压力。

2) 农业面源污染

野外考察发现，WX 湖湖岸带区域土地利用方式基本是农田，为该区重要的农业分布区。WX 湖湖岸带几乎没有任何自然植被，大部分湖岸被农田、果树等包围，湖泊缺失基本的生态防护功能。WX 湖干涸时期，当地农民大规模围垦湖泊，几乎将全部湖滨带开垦成低产农田，甚至很多区域农田直接延伸到湖边。湖东岸还建设有 WX 湖农场，这些区域的农田种植高粱、玉米、小麦、棉花等农作物。由于该区位于黄土高原区南缘，水土流失严重，土壤比较贫瘠。当地农业生产过分依赖化肥与农药，对 WX 湖造成严重的污染，该区域农业生产化肥施用量大大高于我国平均施肥量标准。农业生产过程过量施用的化肥、农药并没有被农作物充分利用。我国施用化肥流失量占 60%，大量化肥(过多的氮肥、磷肥)和各类农药随地表径流向低洼区域迁移，湖滨带缺少生态防护功能，这些污染物最终随地表径流进入 WX 湖，导致 WX 湖农业面源污染严重。毋庸置疑，农业面源污染是 WX 湖水环境的重要污染源之一。因此，针对农业面源污染的控制措施是十分必要的，是根治 WX 湖污染的重要举措之一。

3) 粉煤灰对水环境退化的影响

某电厂在 WX 湖东北岸堆放了大量粉煤灰，灰场占地面积为 1123 亩(1 亩≈666.67m^2)，约 74.9 万 m^2，高度高达 8m。巨大的粉煤灰堆紧邻湖东北岸，粉煤灰随风力、地表径流搬运过程进入 WX 湖。据调查，20 世纪 70 年代起电厂就将发电生产的废弃物粉煤灰倾倒至湖内或堆放在湖滨，大量粉煤灰直接进入 WX 湖。已有论文[3-4]指出，发电厂废弃物粉煤灰对湖水水质产生不利影响，威胁 WX 湖水环境。虽然电厂粉煤灰物质组成缺少详实的分析化验数据，对 WX 湖水质影响作用、影响过程与机理还有待进一步深入研究，但是根据国内外已有研究成果，其不仅在一定程度上加剧了 WX 湖水环境的污染，而且带来新的污染物。

4) 养鱼对水环境退化的影响

WX 湖北湖已经承包给当地渔民养鱼用，南湖也有很多人在养鱼。虽然当地养鱼方式粗放，投放的饵料不多，但是养鱼利用的面积大。北湖全部湖面已经成为渔业利用的养鱼池；南湖渔业利用面积也很大，渔业生产密度比北湖还大。鱼的粪便对湖水而言也是污染源之一。野外调查发现，湖中鱼类数量比较多，经常有鱼跃出水面。WX 湖南湖养鱼密度更大，已经被很多当地居民作为专门的“养鱼池”，高密度养鱼、投放饵料过度，造成湖泊富营养化。

通过对 WX 湖水质各指标进行相关性分析(表 7-4)，发现 COD 与氨氮浓度、总氮浓度、总磷浓度的相关性强，与叶绿素 a 浓度的相关性弱，表明 COD 与氨氮、总氮、总磷的外界输入基本一致，农业的面源污染将这些污染物一起携带进 WX 湖；叶绿素 a 浓度与总磷浓度有较强的相关性，和总氮浓度的相关性弱，表明 WX 湖富营养化影响程度为总氮浓度弱于总磷浓度。WX 湖污染物来源主要为周边农田的面源污染。

表 7-4　水质各指标的相关性分析

指标	COD	氨氮浓度	叶绿素 a 浓度	总磷浓度	总氮浓度
COD	1				
氨氮浓度	0.826	1			
叶绿素 a 浓度	−0.226	0.142	1		
总磷浓度	0.417	0.373	0.565	1	
总氮浓度	0.988	0.838	−0.114	0.497	1

3. 营养物质与富营养化关系

氮磷比是研究湖泊富营养化的重要内容之一。WX 湖内总氮浓度、总磷浓度基本处于Ⅴ类水标准，总氮浓度都大于 2mg/L，有的甚至大于 7mg/L，总磷浓度基本维持在 0.4～0.8mg/L，总体处于Ⅴ类水平，氮磷比的范围为 4～12。根据部分学者提出的氮磷比与富营养化关系的划分标准：氮磷比小于 7 时，水体氮是限制性营养盐；氮磷比大于 7 时，则可认为磷为限制性营养盐。总体上氮磷比在 4～

12。5～6 月叶绿素 a 浓度为 110mg/m^3，氮磷比为 12，此时氮、磷浓度下降的速率基本保持一致，说明此时 WX 湖内藻类还处于生长阶段，湖内的氮、磷能够提供足够多的氮、磷营养盐来保证藻类的需求。此时氮、磷浓度可以保证湖内藻类生长，氮、磷都不是限制性营养盐。8 月叶绿素 a 的浓度出现最高值 280mg/m^3，7～8 月氮磷比基本保持为 6～7，此时氮浓度的下降速率是小于磷的。8～11 月叶绿素 a 浓度一直在降低，氮磷比一直保持在 7 以下，8 月大量藻类繁殖导致水华发生，渔民为保护鱼类采取一些措施打捞藻类等使得叶绿素 a 浓度下降；同时，在这期间有很大一部分藻类开始消亡，但温度等外界环境还是适合藻类生长的，使得叶绿素 a 浓度虽然在下降但是仍然维持在一定的水平上。11 月到来年的 3 月，叶绿素 a 浓度保持下降趋势，此时的氮磷比基本小于 7，主要是因为这段时间内外界环境的影响比较大，藻类对于营养盐的需求不大(图 7-18)。

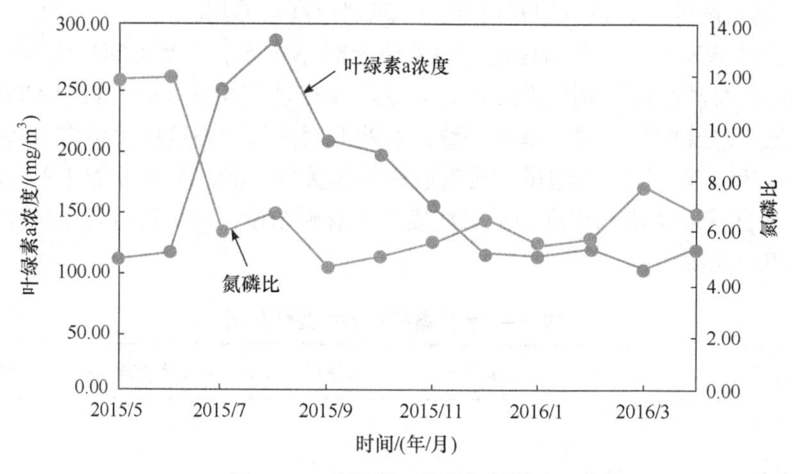

图 7-18 叶绿素 a 浓度与氮磷比

图 7-18 显示了叶绿素 a 浓度的变化趋势与氮磷比的差异很大。图 7-19 显示了叶绿素 a 浓度与氮磷比的相关关系，发现叶绿素 a 浓度与氮磷比之间存在较弱的相关关系，这表明 WX 湖富营养化的限制性营养盐为氮磷交替。

通过对氮磷比与总氮、总磷浓度的拟合(图 7-20 和图 7-21)发现，$Y_{TP}=0.0156(TN/TP)^2-0.2651(TN/TP)+1.5301$，其中 TN/TP 为氮磷比，$Y_{TP}$ 为总磷浓度，决定系数为 0.4392，总磷浓度对于氮磷比的影响较为显著；$Y_{TN}=0.6193(TN/TP)-0.7014$，其中 Y_{TN} 为总氮浓度，决定系数为 0.8494，总氮浓度对于氮磷比的影响极为显著。总氮浓度的拟合效果要好于总磷浓度，说明 WX 湖的氮磷比受总氮浓度的影响更大一些，但也受总磷浓度的影响，进一步表明 WX 湖的限制性营养盐为氮磷交替。

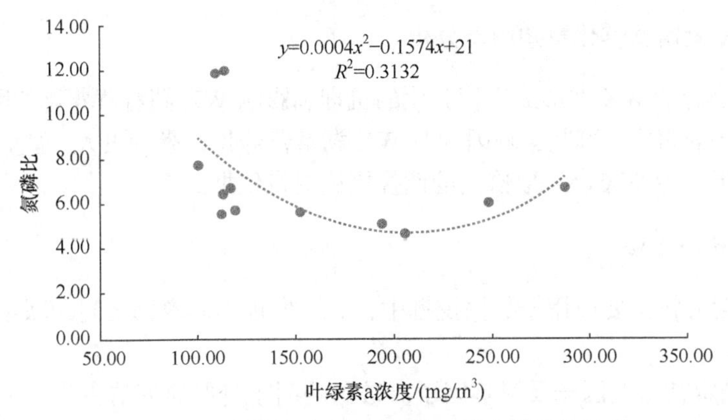

图 7-19　WX 湖氮磷比与叶绿素 a 浓度的相关关系

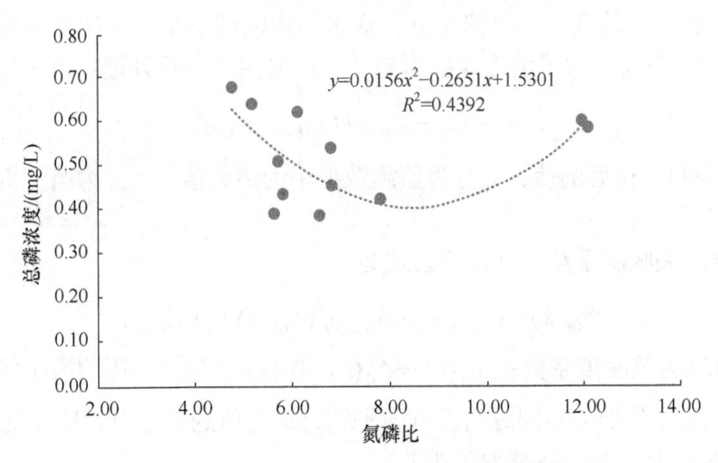

图 7-20　WX 湖氮磷比与总磷浓度的相关关系

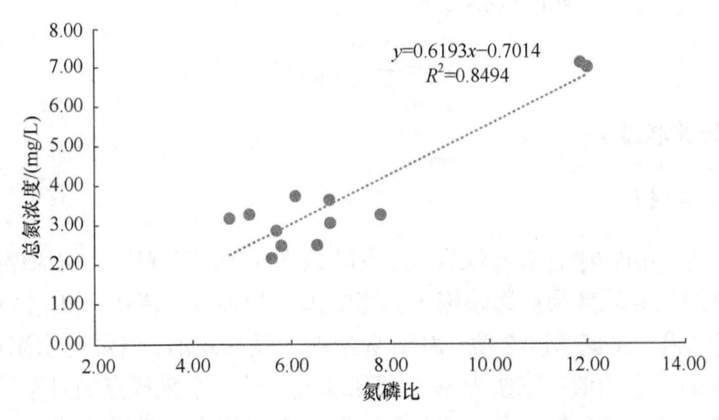

图 7-21　WX 湖氮磷比与总氮浓度的相关关系

7.2.2 WX 湖富营养化影响因素分析

前文分析了 WX 湖形成富营养化的机理和影响 WX 湖富营养化的因素，但是在这些影响因素中，哪些影响因素对 WX 湖富营养化的影响更大一些，需要做进一步的分析，为 WX 湖采取恰当的调控措施提供依据。

1. 理论与方法

关联度分析主要应用于数据挖掘中，为了发现不同事物之间的联系，其分析过程如下。

(1) 确定被影响因子及影响因子。被影响因子是要研究的主体，关联度分析就是要定量研究被影响因子与影响因子之间的相关性。

(2) 原始数据处理。一般情况下，众多的影响因子量纲往往是不同的，其值的大小也相差较大，为了消除这些影响，一般采用归一化处理：

$$x^* = (x_i - x_{\min}) / (x_{\max} - x_{\min}) \tag{7-1}$$

式中，x^* 为归一化后的值；$x_{\max}$ 为监测数据中的最大值；$x_{\min}$ 为监测数据中的最小值。

(3) 确定关联度系数，其计算公式为

$$\delta_{0i}(k) = (\Delta_{\min} + \rho^* \Delta_{\max}) \big/ (\Delta_{0i}(k) + \rho^* \Delta_{\max}) \tag{7-2}$$

式中，$\delta_{0i}(k)$ 为关联度系数；$\Delta_{0i}(k) = \left|\Delta_0(k) - \Delta_i(k)\right|$，为两个影响因子间差的绝对值；$\Delta_{\min}$、$\Delta_{\max}$ 分别为不同时间影响因子间差绝对值的最小值、最大值；ρ^* 为分辨系数，取值为 $(0,1)$，一般取值为 0.5。

(4) 确定关联度，其计算公式为

$$r_{0i} = \frac{1}{N}\sum_{k=1}^{N} \delta_{0i}(k) \tag{7-3}$$

式中，r_{0i} 为关联度。

2. 结果与讨论

藻类等浮游植物中含有叶绿素 a，以叶绿素 a 浓度来表征 WX 湖富营养化程度，选取叶绿素 a 浓度为被影响因子，影响因子为温度、流速、pH、COD、氨氮浓度、总磷浓度、总氮浓度 7 项。由于 WX 湖为浅水湖泊，气温与水温相差不大，温度取气温的月平均值；流速为 WX 湖北湖模拟的 9 个采样点的月平均值；其余值是 WX 湖北湖 2015 年 5 月～2016 年 4 月 9 个采样点的月平均值。

根据式(7-1)将原始数据进行归一化处理，处理后的数据见表 7-5。求出不同时间两个影响因子间差的绝对值 $\Delta_{0i}(k)$，见表 7-6。

表 7-5　归一化后的数据

月份	叶绿素 a 浓度	温度	流速	pH	COD	氨氮浓度	总磷浓度	总氮浓度
5 月	0.052	0.780	0.849	1.000	1.000	0.947	0.894	1.000
6 月	0.073	0.908	0.566	0.986	0.984	1.000	0.683	0.958
7 月	0.789	1.000	0.587	0.870	0.322	0.785	0.808	0.315
8 月	1.000	0.948	0.592	0.783	0.139	0.677	0.524	0.289
9 月	0.563	0.798	0.529	0.522	0.148	0.142	1.000	0.203
10 月	0.501	0.549	1.000	0.667	0.112	0.000	0.874	0.220
11 月	0.278	0.303	0.000	0.319	0.078	0.096	0.424	0.140
12 月	0.067	0.103	0.518	0.058	0.057	0.177	0.000	0.064
1 月	0.063	0.000	0.281	0.000	0.000	0.014	0.019	0.000
2 月	0.099	0.160	0.806	0.406	0.068	0.136	0.165	0.064
3 月	0.000	0.396	0.677	0.638	0.250	0.224	0.129	0.219
4 月	0.088	0.651	0.614	0.522	0.151	0.492	0.236	0.176

表 7-6　$\Delta_{0i}(k)$ 取值

月份	叶绿素 a 浓度	温度	流速	pH	COD	氨氮浓度	总磷浓度	总氮浓度
5 月	0.000	0.728	0.796	0.948	0.948	0.895	0.841	0.948
6 月	0.000	0.835	0.494	0.913	0.911	0.927	0.611	0.885
7 月	0.000	0.211	0.202	0.081	0.467	0.003	0.019	0.474
8 月	0.000	0.052	0.408	0.217	0.861	0.323	0.476	0.711
9 月	0.000	0.235	0.034	0.041	0.414	0.421	0.437	0.360
10 月	0.000	0.049	0.499	0.166	0.389	0.501	0.374	0.281
11 月	0.000	0.025	0.278	0.041	0.199	0.181	0.147	0.137
12 月	0.000	0.036	0.450	0.009	0.011	0.110	0.067	0.003
1 月	0.000	0.063	0.218	0.063	0.063	0.049	0.044	0.063
2 月	0.000	0.061	0.707	0.307	0.031	0.037	0.066	0.035
3 月	0.000	0.396	0.677	0.638	0.250	0.224	0.129	0.219
4 月	0.000	0.563	0.526	0.434	0.063	0.405	0.148	0.089

由表 7-6 可知，$\Delta_{0i}(k)$的最大值为 0.948，最小值为 0，ρ^* 取值为 0.5，根据

式(7-2)求解关联度系数，见表 7-7。根据式(7-3)确定关联度，见表 7-8。

表 7-7 关联度系数

月份	叶绿素 a 浓度	温度	流速	pH	COD	氨氮浓度	总磷浓度	总氮浓度
5 月	1.000	0.394	0.373	0.333	0.333	0.346	0.360	0.333
6 月	1.000	0.362	0.490	0.342	0.342	0.338	0.437	0.349
7 月	1.000	0.692	0.701	0.854	0.504	0.993	0.961	0.500
8 月	1.000	0.901	0.537	0.686	0.355	0.595	0.499	0.400
9 月	1.000	0.669	0.934	0.920	0.533	0.530	0.520	0.568
10 月	1.000	0.907	0.487	0.740	0.549	0.486	0.559	0.628
11 月	1.000	0.949	0.631	0.920	0.704	0.724	0.763	0.776
12 月	1.000	0.930	0.513	0.980	0.978	0.812	0.875	0.993
1 月	1.000	0.883	0.685	0.883	0.883	0.906	0.915	0.883
2 月	1.000	0.886	0.401	0.607	0.939	0.928	0.878	0.932
3 月	1.000	0.544	0.412	0.426	0.655	0.679	0.786	0.684
4 月	1.000	0.457	0.474	0.522	0.882	0.539	0.761	0.842

表 7-8 叶绿素 a 浓度与各影响因子的关联度

指标	温度	流速	pH	COD	氨氮浓度	总磷浓度	总氮浓度
关联度	0.714	0.553	0.685	0.638	0.656	0.693	0.657

由表 7-8 可知，WX 湖北湖各影响因子与叶绿素 a 浓度的关联度顺序为温度>总磷浓度>pH>总氮浓度>氨氮浓度>COD>流速。关联度越大，说明与叶绿素 a 浓度越相关，对 WX 湖北湖富营养化的影响程度越大。温度影响最大，表明外界条件在 WX 湖的富营养化中起到了比较重要的作用，氮和磷作为藻类等浮游植物的营养物质，对 WX 湖富营养化起到的作用次之。

7.2.3 WX 湖水华预警

国内外水华预警模型一般分为机理模型(水质水生态模型)和非机理模型(遥感技术、智能算法)[5-8]，由于后者所需参数相对较少、参数较易获得、建模及计算过程更加简洁方便，能够更加方便地应用于水华预警中。其中，智能算法强大的非线性思维模式、自学习功能等，在国内外水华预警中的应用尤为广泛[9]。

本小节针对 WX 湖水华预警中相关监测数据量较少的情况，拟采用多元统计及随机分析理论来弥补 WX 湖数据量缺乏问题，以增补后的数据利用粒子群优化反向传播(PSO-BP)神经网络模型对 WX 湖水体水华表征指标叶绿素 a 浓度进行预测；以水华概率公式确定 WX 湖水华发生概率，这为监测数据较少地区的水华风险研究提供一定的理论基础。

1. 数据缺失增补理论

在基于数据驱动、非机理模型水体水华预警中，特别是人工智能模型，输入数据量决定了风险预警模型的精度，因此借助多元统计和随机理论增补数据对预警模型有重要意义。

影响水环境的各个因子都是非线性及不确定的，考虑中心极限定理中有关正态分布理论[10-11]，可近似认为水环境各指标服从正态分布。影响水华的某一指标浓度为 x_1，x_1 服从均值为 μ 、方差为 σ 的正态分布，即 $x_1 \sim N(\mu,\sigma)$ 。如果该指标 x_1 的样本容量 N 大于 30 时(可认为是大样本数据)，选取其中 30 组样本数据，发现其频率直方图近似符合正态分布曲线变化规律[12], 30 组样本数据大部分落在 $(\mu-3\sigma,\mu+3\sigma)$ 范围内。

在实际监测中，水华相关监测指标(如总氮浓度、氨氮浓度)的采样频率以月为主，由于较短时期内监测指标的外界环境因素变化不大，可假设当月采样日的实测浓度数据为该月的平均值 μ 。依据正态分布样本数据处理，可根据该月采样日的实测浓度数据，描绘出该月 29 天或 30 天浓度值的近似数据范围。由拉依达准则可知，样本数值分布在 $(\mu-\sigma,\mu+\sigma)$ 、$(\mu-2\sigma,\mu+2\sigma)$ 、$(\mu-3\sigma,\mu+3\sigma)$ 的概率分别为 0.6526、0.9544、0.9974。σ 的取值可由该月实测数据集的标准差确定，确定 σ 计算样本数值分布范围的上下限，并结合实际情况对 σ 进行校核。显著性水平为 0.05(对应概率 0.9544)时，该指标该月日尺度的浓度范围为 $(\mu-2\sigma,\mu+2\sigma)$ [13]。

考虑该指标浓度在该范围内取值的随机性，根据影响水华指标浓度数据近似服从正态分布的特点，在满足浓度取值范围条件下，采用 normrnd(μ,σ) 正态分布随机数生成函数，生成该指标满足取值范围内的任意随机数，进而得到该指标完整的日尺度增补数据。在实际工作中，为降低任意随机数的随机性影响，可以采取多组随机值纳入计算[13]。

2. 粒子群优化 BP 神经网络

1) 建立预测模型

粒子群优化 BP(PSD-BP)神经网络分为 BP 神经网络结构确定、粒子群算法、

BP 神经网络预测三个部分。粒子群优化 BP 神经网络的权值和阈值、粒子群算法的适应函数由神经网络训练样本集的输出误差给出，个体通过适应度函数计算个体适应值，适应值越小表明微粒在移动搜索过程中有更好的性能。网络权值的优化过程是一个反复迭代过程，通过不断改变微粒在权值空间内的位置来得到输出层的最小误差，改变微粒速度以更新网络权值，减少均方差误差(MSE)。在权值优化过程中，每一次的优化都必须要对给定训练样本集进行分类，保证每次训练时的样本集都不同，以提高神经网络的泛化能力。BP 神经网络用粒子群算法得到最优个体网络初始权值和阈值赋值，使优化后的 BP 神经网络经训练能够更好地预测函数输出[14]。

2) 算法流程

PSO-BP 神经网络算法流程见图 7-22。首先，将样本空间归一化，一部分作为训练样本，另一部分作为预测样本。其次，适应度由 BP 神经网络训练集输出误差给出，确定每个微粒的最好适应度 L_{best} 和所有微粒的最好适应度 G_{best}，直至 G_{best} 表现出的误差值 F_1 小于预定误差$\varDelta$，输出最优值至 BP 神经网络部分。最后，由给定的最优初始权值、阈值进行 BP 神经网络预测[14]。

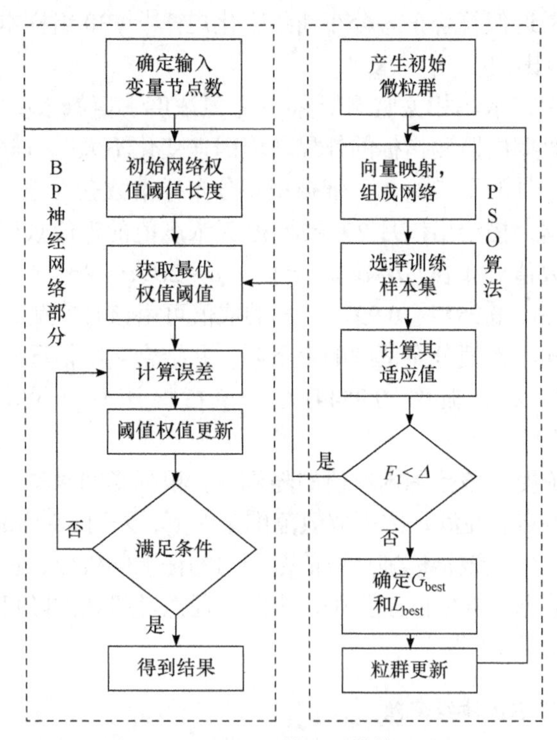

图 7-22　PSO-BP 神经网络算法流程

3. 耦合风险概率的水华预警等级划分

根据公认的富营养化评价相关标准[15]，在不考虑风险概率的情况下，水华预警等级划分如下：叶绿素 a 浓度<10mg/m^3 时，预警级别为蓝色预警(无警)；叶绿素 a 浓度为10～20mg/m^3 时，预警级别为黄色预警(轻警)；叶绿素 a 浓度为 20～40mg/m^3 时，预警级别为橙色预警(中警)；叶绿素 a 浓度>40mg/m^3 时，预警级别为红色预警(重警)。

水华预警模型大部分采用人工智能算法，该模型输入-输出响应关系的不确定性及获得的数据存在一些偶然因素，以式(7-4)来计算水华发生概率[13]：

$$R = P \times K \times E \tag{7-4}$$

式中，R 为某预警级别时水华发生概率；P 为水华平均发生的概率；K 为原始数据来源的准确率；E 为使用的预测模型的准确率。在求 P 的取值时，若叶绿素 a 浓度>40mg/m^3，水华平均发生的概率 P 为 100%。叶绿素 a 浓度为 C 时，有

$$P = C / 40 \times 100\% \tag{7-5}$$

这一耦合风险概率的表达方式可以更好地反映水华预警的风险含义，弥补了传统预警级别划分和表达的绝对性。

4. WX 湖数据增补

考虑冬季外界环境不适合藻类的生长发育，根据 WX 湖北湖 2015 年 5～10 月的数据进行水华预警研究。

采用 7.2.3 小节中的数据增补方法，以 WX 湖每月实际采样当天氨氮浓度、COD、TN 浓度、TP 浓度、pH、叶绿素 a 浓度作为基准，补充该月份其他天的浓度数据。选择 0.05 显著性水平，则 WX 湖氨氮浓度、COD、TN 浓度、TP 浓度、叶绿素 a 浓度该月分布在区间 $(\mu - 2\sigma, \mu + 2\sigma)$。

以 2015 年 5 月为例，1#采样点 5 月氨氮浓度实测值为 1.65mg/L，则 5 月每天氨氮浓度分布在 $(1.65 - 2\sigma, 1.65 + 2\sigma)$，一旦 σ 取值确定，5 月每天的氨氮浓度取值范围完全确定。采用 2015 年 5～10 月每月一次的实测数据，计算出 6 组原始数据标准差 $\sigma_3 = 0.181$。令 σ_3 为 σ 的无偏估计量，则 $\sigma = 0.181$。此时，2015 年 5 月每日氨氮浓度取值范围为 1.289～2.011mg/L，取值范围上下限未出现负值等异常值，认为符合实际。进一步计算其余各月氨氮浓度取值范围 $(\mu - 2\sigma, \mu + 2\sigma)$，也符合实际，最终确定 $\sigma = 0.181$，从而得到各月氨氮浓度取值范围(表 7-9)。

表 7-9　WX 湖北湖不同采样点各月日尺度数据取值范围(单位：mg/L)

采样点		总磷浓度						氨氮浓度					
		5 月	6 月	7 月	8 月	9 月	10 月	5 月	6 月	7 月	8 月	9 月	10 月
1#采样点	下限值	0.066	0.044	0.156	0.176	0.267	0.244	1.289	0.949	1.049	0.889	0.909	0.759
	上限值	0.597	0.575	0.864	0.884	0.975	0.952	2.011	1.671	1.771	1.611	1.631	1.481
2#采样点	下限值	0.100	0.085	0.212	0.222	0.410	0.419	0.989	1.039	0.779	1.109	0.539	0.619
	上限值	0.682	0.667	0.794	0.804	0.992	1.001	1.931	1.981	1.721	2.051	1.481	1.561
3#采样点	下限值	0.087	0.065	0.172	0.152	0.294	0.310	1.155	1.155	0.935	0.815	0.535	0.445
	上限值	0.653	0.631	0.926	0.906	1.048	1.064	2.365	2.365	2.145	2.025	1.745	1.655
4#采样点	下限值	0.476	0.480	0.276	0.260	0.606	0.441	1.022	1.322	1.082	0.732	0.552	0.552
	上限值	1.006	1.010	0.806	0.790	1.136	0.971	2.278	2.578	2.338	1.988	1.808	1.808
5#采样点	下限值	0.535	0.546	0.351	0.340	0.410	0.420	0.779	1.229	1.109	0.579	0.519	0.399
	上限值	0.889	0.900	0.705	0.694	0.764	0.774	2.121	2.571	2.451	1.921	1.861	1.741
6#采样点	下限值	0.554	0.519	0.175	0.165	0.404	0.284	1.284	1.064	1.004	1.114	0.934	0.574
	上限值	1.228	1.193	0.849	0.839	1.078	0.958	2.236	2.016	1.956	2.066	1.886	1.526
7#采样点	下限值	0.465	0.452	0.663	0.263	0.255	0.277	1.116	0.966	0.666	1.096	0.326	0.276
	上限值	1.113	1.100	1.311	0.911	0.903	0.925	2.624	2.474	2.174	2.604	1.834	1.784
8#采样点	下限值	0.613	0.573	0.483	0.163	0.356	0.257	1.135	0.965	1.075	1.075	0.585	0.565
	上限值	1.329	1.289	1.199	0.879	1.072	0.973	2.165	1.995	2.105	2.105	1.615	1.595
9#采样点	下限值	0.110	0.093	0.327	0.337	0.312	0.336	0.975	1.305	1.205	0.945	0.735	0.725
	上限值	0.580	0.563	0.797	0.807	0.782	0.806	1.925	2.255	2.155	1.895	1.685	1.675

同样地，采用类似方法确定总磷浓度取值范围。2015 年 5 月 1#采样点监测总磷浓度为 0.243mg/L，计算出 5 组原始数据标准差$\sigma_3=0.177$，令σ_3为σ的无偏估计量，则$\sigma_3=0.177$，此时 $0.243-2\sigma<0$，不符合实际情况，因此需要结合实际情况对σ估计量进行校准。在以往的研究中每个月份存在多个数据，采用其中的最小值作为下限值，但本研究仅仅有一年的监测数据，再采用以往的研究就不合适，因此采用$(\mu-\sigma,\mu+\sigma)$来替代，5 月的取值范围为 0.066～0.597mg/L。同理，可确定 COD、总氮浓度的取值范围。受篇幅所限，表 7-9 中仅以氨氮浓度、总磷浓度为例进行说明。

依据表 7-9 中氨氮浓度、总磷浓度日尺度数据取值范围，采用随机数生成方法，采用 normrnd 可动态生成任意一组每日氨氮浓度、总磷浓度随机值。为降低数据随机性的影响，增加模型结果可信度，选取 5 组日尺度氨氮浓度、总磷浓度随机值纳入模型进行模拟，避免单一数据扰动对模型稳定性的影响。以 2015 年 5 月 1#采样点为例，图 7-23、图 7-24 分别描绘了 5 组随机生成的氨氮浓度、总磷浓度日尺度数据。

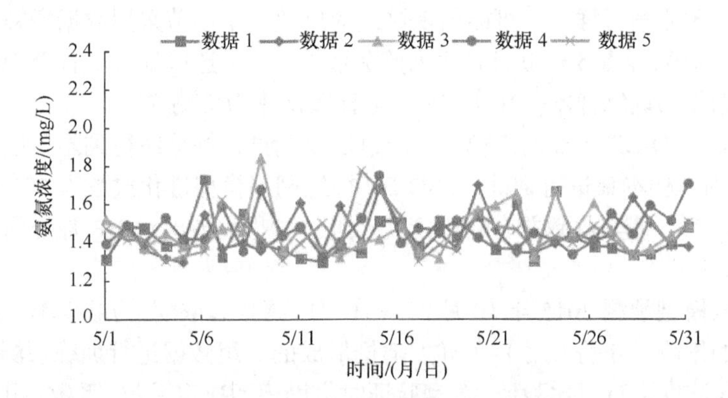

图 7-23　2015 年 5 月 1#采样点氨氮浓度日尺度随机动态增补

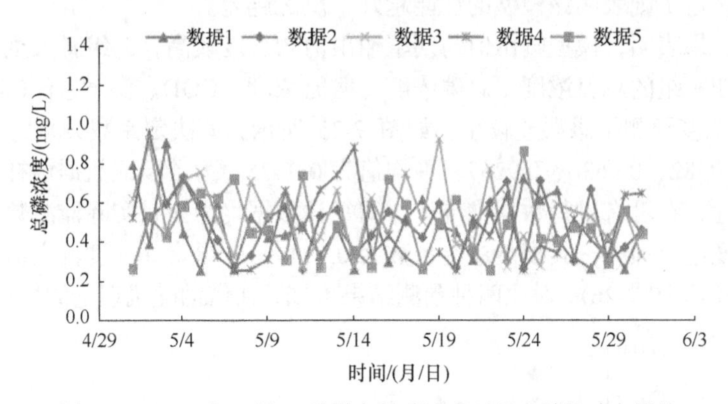

图 7-24　2015 年 5 月 1#采样点总磷浓度日尺度随机动态增补

5. WX 湖水华预警模型建立及验证

本书基于 PSO-BP 神经网络对 WX 湖水华进行预测，叶绿素 a 浓度能够综合反映 WX 湖中浮游植物生物量的指标，可表征湖泊水华程度，因此把叶绿素 a 浓度作为 PSO-BP 神经网络模型的输出变量；7.2.2 小节研究发现，温度和 pH 也是影响 WX 湖富营养化的重要因素，最终确定 PSO-BP 神经网络的输入节点为 6 个，分别是氨氮(NH_4^+-N)浓度、总氮(TN)浓度、总磷(TP)浓度、化学需氧量(COD)、温度、pH，输出项为一项，即叶绿素 a 浓度。

在数据增补的基础上，采用 2015 年 5～10 月 WX 湖北湖 9 个采样点每日浓度数据作为训练样本，预测 2015 年 10 月 25～31 日叶绿素 a 浓度，并采用同时期动态增补数据进行对比验证。

大部分文献仅采用水质评价的分级标准作为训练样本，训练样本过少，无法构建检测样本，从而影响网络效果。有学者[16]指出，如果参与训练的学习样本数少于网络的连接权值数，则训练得到的神经网络模型虽对学习样本有很高的逼近精度，但对于非学习样本，可能出现错误的反映。本小节采用数据增补理论形成 WX 湖 1#～9#采样点 5～10 月日序列监测数据，从中选取 5 月 1 日至 10 月 24 日日序列数据作为训练样本，10 月 25～31 日数据作为检测样本。

构建的 PSO-BP 神经网络模型，经过反复测试训练最终得到隐含层节点数为 12 个，对训练样本集进行训练，PSO-BP 神经网络模型进化次数为 500 次，适应度达到 0.0091，使其收敛并有较高精度，进化过程表现出对 BP 神经网络良好的训练效果。

基于该模型预测 2015 年 10 月 25～31 日叶绿素 a 浓度，为减少单一因素对模型稳定性的影响，分别采用 1#采样点随机形成的 5 组数据进行训练预测，以第一组叶绿素 a 浓度进行对比验证。模型验证时借助模型决定系数，系数范围为[0, 1]，该系数越接近 1 则表明该模型的性能越好，反之越差。

研究结果表明，模型输出值与期望输出值吻合度较高，5 组日尺度增补数据中，不同随机组的总氮浓度、总磷浓度、氨氮浓度、COD、温度、pH 对 WX 湖叶绿素 a 浓度预测结果误差较小，如图 7-25 所示，其决定系数分别为 0.9440、0.9662、0.9382、0.9636、0.9257，平均值为 0.9475。为了验证数据增补对于该模型的优越性，在没有进行数据增补下，即每日数据均为该月实际监测数据，对叶绿素 a 浓度进行预测，其模型决定系数为 0.7719，叶绿素 a 浓度输出值与期望输出值吻合较差(图 7-26)。对比两种预测结果可知，在借助随机理论的增补数据下，

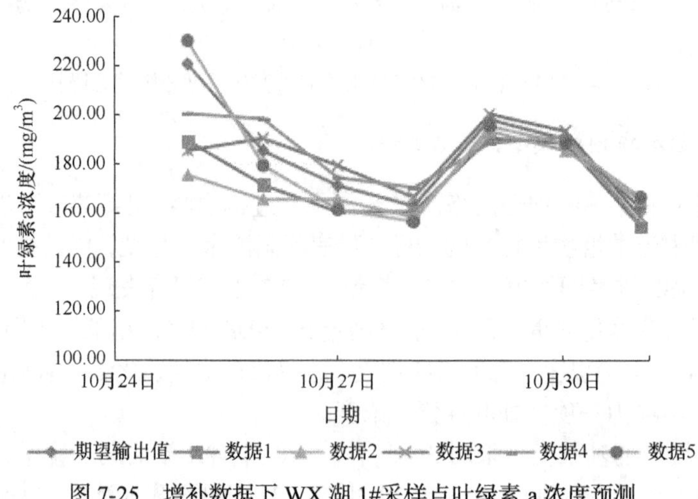

图 7-25 增补数据下 WX 湖 1#采样点叶绿素 a 浓度预测

利用 PSO-BP 神经网络模型的准确性更高，这也进一步验证了随机理论在数据增补上的可行性。

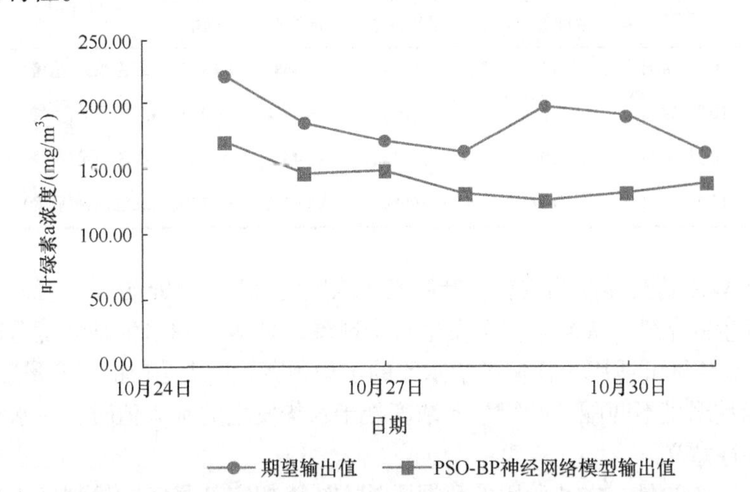

图 7-26　未增补数据下 WX 湖 1#采样点叶绿素 a 浓度预测

6. WX 湖水华预警

由于原始数据收集受限，在数据增补及 PSO-BP 神经网络模型的基础上，对 WX 湖 1#～9#采样点 2015 年 10 月 25～31 日叶绿素 a 浓度进行预测，以此来研究 WX 湖 2015 年 10 月 25～31 日水华预警等级及发生概率。依据水华预警的风险概率计算公式，采用预测的叶绿素 a 浓度 C，计算水华发生的平均概率；选取 5 组随机值模拟的预测结果均值，即模型的平均决定系数，模型准确率 E 为模型平均决定系数。考虑 WX 湖不同采样点数据采用正态分布 2σ 原则，其置信度在 0.9544 概率下数据可靠，因此数据来源准确率 K 为 95.44%，进而估算 WX 湖不同预警等级下的发生概率。以 1#采样点为例，研究结果显示见表 7-10。WX 湖 2015 年 10 月 25～31 日水华发生的概率为 90.43%，预警级别为红色预警。由此发现 WX 湖水华暴发风险较大，水华的防治已刻不容缓，需要引起 WX 湖管理者的警惕。

表 7-10　WX 湖水华预警级别及发生概率

采样点	日期	叶绿素 a 浓度/(mg/m³)	水华发生平均概率	数据来源准确率	模型准确率	预警级别	发生概率
1#采样点	10 月 25 日	220	100%	95.44%	94.75%	红色预警(重警)	90.43%
	10 月 26 日	185	100%	95.44%	94.75%	红色预警(重警)	90.43%
	10 月 27 日	171	100%	95.44%	94.75%	红色预警(重警)	90.43%

续表

采样点	日期	叶绿素 a 浓度/(mg/m³)	水华发生平均概率	数据来源准确率	模型准确率	预警级别	发生概率
1#采样点	10 月 28 日	162	100%	95.44%	94.75%	红色预警(重警)	90.43%
	10 月 29 日	198	100%	95.44%	94.75%	红色预警(重警)	90.43%
	10 月 30 日	190	100%	95.44%	94.75%	红色预警(重警)	90.43%
	10 月 31 日	162	100%	95.44%	94.75%	红色预警(重警)	90.43%

根据 WX 湖实际监测资料，叶绿素 a 浓度均远高于 40mg/m^3，若外界条件满足水华发生的条件，WX 湖将会发生水华现象，对 WX 湖水生态环境造成极大的破坏。本节结果可适用于任何湖泊水库的水华预警，尤其是在指标变量数据量少、部分指标数据量不匹配、叶绿素 a 浓度处于水华发生的临界值时，对水华提前治理有指导性意义。

需要注意的是，本节所用的数据增补方法为假定某月实际检测值为该月的平均值，实际中可能不会绝对成立，受实际监测条件限制，才有了上述假定，其产生的误差需要进一步论证。

7.3 WX 湖富营养化调控措施研究

WX 湖为半封闭性湖泊，其污染特征十分明显，主要来源于农业面源污染。根据实际监测结果，WX 湖的主要污染物为 COD、总氮、总磷、氨氮、叶绿素 a，其他水质指标污染较轻，因此必须建立适合 WX 湖的富营养化模型。大多数富营养化模型要么是考虑指标太多，要么是太少，所以需要构建适合 WX 湖的富营养化模型。丹麦水利研究所开发的 MIKE 模型中 ECO Lab 模块是一个开放性和通用性较好的模型，基于该模块的编译原理和富营养化生态动力学原理，二次开发适合 WX 湖特点的富营养化模板，与前文建立的水动力模型进行耦合，对 WX 湖的富营养化状况进行研究；根据 WX 湖的实际情况提出合适的调控措施，并对这些调控措施进行定量研究。

7.3.1 WX 湖富营养化模型构建

1. 模型描述

ECO Lab 是可用来描述水质、富营养化、重金属及其他水生态系统的模块，必须要与水动力模块耦合才能使用，主要用来评价水质现状和预案分析，实现常规在线水质预报和事故水质预报等。ECO Lab 模块中自带了许多的模板，但是在实际中要根据自身需要制订新的模板进行研究，所以 ECO Lab 模块中最重要的是 ECO Lab 模板的建立。一个 ECO Lab 模板主要包含了状态变量、常数、作用力、进程、辅助变量和衍生变量等类型，这些类型都是用一组变元和运算符组成的数学表达式描述。计算时采用五阶龙格-库塔(Runge-Kutta)质量控制法，它是求解常微分方程的一种数值方法，计算可精确到 1μg/L。该法在计算过程中需要评估求解精度，如果精度不够会自动调整计算步数。ECO Lab 模块结构如图 7-27 所示。

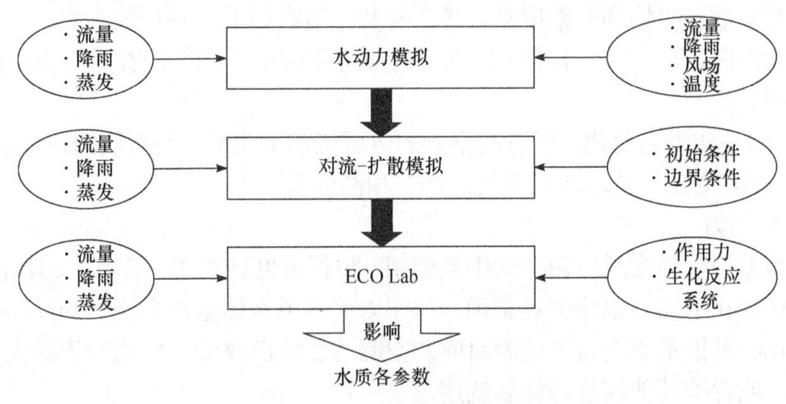

图 7-27　ECO Lab 模块结构

1) 状态变量(state variable)

状态变量根据要研究的水体达到的状态设置，是研究的重要组成成分，也是要改善的环境指标，还是 ECO Lab 输出的重要结果。状态变量的结果会随着边界条件的改变而变化。状态变量范围(scope)用于定义状态变量或过程在水环境中的发生位置，主要包括水体、水表面、河/海床、沉积。反应表达式只能由与该状态变量对应的不同过程或数字组成。

每个状态变量通过特定的常微分方程描述，这些常微分方程基本包括了与该状态变量相关的所有过程。当一个状态变量中某个过程与多个状态变量相关时，需要对这些相应的常微分方程耦合求解。

ECO Lab 状态变量的反应动力学可采用式(7-6)的非守恒式来表达：

$$\frac{\partial c}{\partial t}+u\frac{\partial c}{\partial x}+v\frac{\partial c}{\partial y}+w\frac{\partial c}{\partial z}=D_x\frac{\partial^2 c}{\partial z^2}+D_y\frac{\partial^2 c}{\partial z^2}+D_z\frac{\partial^2 c}{\partial z^2}+S_c+P_c \tag{7-6}$$

也可简化为

$$\frac{\partial c}{\partial t}=\mathrm{AD}_c+P_c \tag{7-7}$$

式中，c 为状态变量的浓度；u、v、w 为流速；D_x、D_y、D_z 为扩散系数；S_c 为源

汇项；$u\frac{\partial c}{\partial x}+v\frac{\partial c}{\partial y}+w\frac{\partial c}{\partial z}$为对流项；$D_x\frac{\partial^2 c}{\partial z^2}+D_y\frac{\partial^2 c}{\partial z^2}+D_z\frac{\partial^2 c}{\partial z^2}$为扩散项；$P_c$主要作用于各状态变量的线性或者非线性耦合；$AD_c$为对流扩散产生的浓度变化率。

2) 常数

常数包括内置常数和自定义常数，后者如速率常数、指数、半饱和浓度等，可通过文献和实地调查来确定。常数一般出现在各反应表达式中，包括衰减系数、温度调节系数、半饱和氧浓度常数等。常数一般有如下三种形式。

(1) 水平变化：每个水平网格点上的值可能有所不同，但在垂直方向的水体中值相同。

(2) 水平和垂直变化：所有网格点的值可能都不相同，与多层网格系统相关。

(3) 没有变化：全域所有网格点都有相同的值。

3) 作用力

作用力一般会在反应表达式中被调用，包括温度、盐度、风场、太阳辐射等，其中风场会在水动力模块中被调用。作用力促进了水体生态系统的变迁，是生态系统变化的最根本驱动力，随着时间和空间的变化而改变。作用力依靠大量的实测资料，或者被其他模型计算后调用。

4) 进程

进程是反应表达式中的一些变量，由常数、作用力或者辅助变量等构成，进程的类型一般有转化、浮力、沉降，转化过程主要包括衰减和形成。转化只能是在时间上改变，空间上是不能变化的；浮力过程是物质转移至水体上，或多层网格系统中物质在不同层移动；沉降过程是物质转移至水体下，或多层网格系统中物质在不同层移动。

5) 辅助变量和衍生变量

辅助变量是一些数学表达式，包含一串变元和运算符，便于将较长的过程分割成子过程，作为变元被过程表达式引用。

衍生变量一般由状态变量或者进程推算而来，可以用变元或运算符组成的数学表达式来描述。变元可以是状态变量、常数、作用力、辅助变量、数字或过程，不能在其他表达式中指定附加输出。

2. WX 湖富营养化模板构建

ECO Lab 模块是开放性和通用性非常强的生态动力学实验室，它不但能够直接使用现有的各个水质模型的模板进行数值计算，主要包括富营养化模板、重金属模板、简单的 BOD-DO 水质模板、BOD-DO+营养盐水质模板、BOD-DO+大肠杆菌+温度和盐度的模板等，还可以根据自己的需求来创建模板，进而同水动力模块耦合运算，使水生态中各个系统转化为可靠的数值模型，实现对水环境生态的可靠预报。

本节研究 WX 湖的水环境生态，基于生态动力学理论，依据 WX 湖实际的污染情况，二次开发适合 WX 湖水环境的富营养化模板，进而实现 WX 湖水环境的准确模拟。该模板共包括 7 个状态变量、36 个常数、6 个作用力、13 个辅助变量等，其中 7 个状态变量为溶解氧、COD、氨氮、叶绿素 a、硝酸盐氮、亚硝酸盐氮、磷酸盐，6 个作用力包括温度、盐度、风场、水深、分层数、当前流速，除了温度和盐度要从外界输入外，其余均从水动力模块中获取。下面介绍富营养化模板的创建原理。

1) 溶解氧

溶解氧是非常重要的水质指标。溶解氧浓度主要与大气复氧、光合作用和呼吸作用、硝化作用、生物降解、沉积耗氧量等有关。溶解氧平衡方程为

$$\begin{aligned}\frac{\mathrm{dDO}}{\mathrm{d}t} = &\text{大气复氧量} - \text{COD降解量} + \text{光合作用产氧量}\cdot F(N,P) - \text{呼吸作用耗氧量}\\ &- \text{沉积物耗氧量} - Y_1\cdot\text{硝化作用耗氧量}\end{aligned} \tag{7-8}$$

式中，$F(N,P)$ 为光合作用潜在营养盐限制因素；Y_1 为系数。

(1) 大气复氧指大气和水面之间氧的交换，表达式中饱和溶解氧浓度(C_s)的大小跟水体的盐度和温度有关，表达式为

$$\text{大气复氧量} = K_2(C_s - \mathrm{DO}) \tag{7-9}$$

式中，K_2 为大气复氧系数，d^{-1}；C_s 为饱和溶解氧浓度，g/m^3。

饱和溶解氧浓度关于盐度和温度的经验公式为

$$\begin{aligned}C_s = &14.652 - 0.841 + T\cdot[0.00256\cdot S - 0.41022 + T\cdot(0.007991 - 0.0000374\cdot S\\ &- 0.000077774\cdot T)]\end{aligned} \tag{7-10}$$

式中，S 为盐度；T 为温度，℃。

大气复氧系数 K_2 和风速、水流流速、水深有关，其表达式为

$$K_2 = 3.93\cdot V^{0.5}/H^{1.5} + W/H \tag{7-11}$$

式中，V 为水流的平均流速，m/s；H 为水深，m；

$$W = 0.728\cdot W_v^{0.5} - 0.371\cdot W_v + 0.0372\cdot W_v^2 \tag{7-12}$$

式中，W_v 为风速，m/s。

(2) 硝化作用是影响氧平衡的因素之一，主要过程是氨转化为亚硝酸，其耗氧量表达式为

$$硝化作用耗氧量 = K_4 \cdot NH_3 \cdot \theta_4^{T-20} \cdot \frac{DO}{DO + HS\_nitr} \tag{7-13}$$

式中，K_4为 20℃时硝化率，d^{-1}；NH_3为氨的浓度，mg/L；θ_4为硝化作用的温度系数；HS_nitr 为硝化作用的半饱和浓度, mgO_2/L。

(3) 光合作用是产氧的过程，产氧量随光照时间变化，最大产氧量在中午。呼吸作用是自养生物和异养生物消耗氧的过程，主要跟温度有关。表达式分别为

$$光合作用产氧量 = \begin{cases} P_{max} \cdot F_1(H) \cdot \cos 2\pi(\tau / a) \cdot \theta_1^{T-20}, & \tau \notin [t_{up}, t_{down}] \\ 0, & \tau \in [t_{up}, t_{down}] \end{cases} \tag{7-14}$$

$$呼吸作用 = R_1 \cdot F_1(H) \cdot F(N,P) \cdot \theta_1^{T-20} + R_2 \cdot \theta_2^{T-20} \tag{7-15}$$

式中，P_{max}为中午时间最大产氧量，$gO_2/(m^2 \cdot d)$；τ为中午实际时间；a为实际时间的长度；t_{up}和t_{down}分别为日出和日落时间；R_1为自养生物在 20℃下的呼吸耗氧率，$gO_2/(m^2 \cdot d)$；θ_1为有关光合作用和呼吸作用的温度系数；R_2为异养生物呼吸作用的耗氧率，$gO_2/(m^2 \cdot d)$；θ_2为异养生物呼吸作用的温度系数。

(4) 生物降解是指有机物消耗氧的过程，主要取决于温度、溶解氧浓度和有机物浓度。

$$COD降解耗氧量 = K_3 \cdot COD \cdot \theta_3^{T-20} \cdot \frac{DO}{DO + HS\_COD} \tag{7-16}$$

式中，DO 为实际溶解氧浓度，mgO_2/L；HS_COD 为 COD 半饱和浓度；θ_3为阿莱纽斯温度系数；T为温度。

(5) 沉积物耗氧量主要是有机物降解耗氧量，不包括内源污染的排放，主要取决于氧的浓度和温度，表达式为

$$沉积物耗氧量 = \frac{DO}{HS\_SOD + DO} \cdot \theta_3^{T-20} \tag{7-17}$$

式中，HS_SOD 为沉积物耗氧量的半饱和浓度(mgO_2/L)；θ_3为阿莱纽斯温度系数。

2) 化学需氧量

化学需氧量作为有机物相对含量的综合指标之一，能够反映水体的有机污染情况，是水质的重要指标。化学需氧量主要与其自身的降解有关，本小节创建的 WX 湖富营养化模板中，化学需氧量作为其中的一个状态变量，采用化学需氧量降解的一级反应动力学，其表达式为

$$COD = -K_3 \cdot COD \cdot \theta_3^{T-20} \cdot \frac{DO}{DO + HS\_COD} \tag{7-18}$$

3) 氨氮

氮一种重要的营养物质，主要来源于生活污水、农业面源污染及工业废水，是水体富营养化的重要营养物质之一，过量的氨氮会导致水体中浮游动植物死亡，进而导致水体的富营养化。本小节创建的 WX 湖富营养化模板中，氨氮作为一个状态变量，其反应表达式为

$$\frac{\partial NH_4^+}{\partial t} = \text{codn} - \text{plantn} - \text{bactn} - \text{nitrif} \tag{7-19}$$

式中，NH_4^+ 为铵盐的浓度，mg/L；codn 为有机物降解释放的氨氮浓度，表示为

$$\text{codn} = Y_{COD} \cdot K_3 \cdot \text{COD} \cdot \theta_3^{T-20} \cdot \frac{\text{DO}}{\text{DO} + \text{HS\_COD}} \tag{7-20}$$

plantn 为植物摄取的氨氮浓度：

$$\text{plantn} = \text{UN}_N \cdot (P - R_1 \cdot \theta_1^{T-20}) \tag{7-21}$$

bactn 为微生物分解的氨氮浓度：

$$\text{bactn} = \text{UN}_b \cdot K_3 \cdot \text{COD} \cdot \theta_3^{T-20} \cdot \frac{\text{DO}}{\text{DO} + \text{HS\_NH}_3} \tag{7-22}$$

nitrif 为氨氮中转化成亚硝酸盐氮的浓度：

$$\text{nitrif} = K_4 \cdot NH_4^+ \cdot \theta_4^{T-20} \cdot \frac{\text{DO}}{\text{DO} + \text{HS\_nitr}} \tag{7-23}$$

式中，HS_NH_3 为 NH_3 的半饱和浓度；θ_4 为硝化作用的温度系数；UN_N 和 UN_b 分别为植物吸收的氨氮总量和微生物摄取的氨氮总量。

4) 亚硝酸盐氮

亚硝酸盐氮是氮的一种存在形式。本小节创建的 WX 湖富营养化模板中，亚硝酸盐氮作为一种状态变量，其反应表达式为

$$\frac{dNO_2^-}{dt} = \text{nitrif} - \text{nitri} \tag{7-24}$$

由氨氮转化而来的亚硝酸盐氮浓度表示为

$$\text{nitrif} = K_4 \cdot NH_3 \cdot \theta_4^{T-20} \cdot \frac{\text{DO}}{\text{DO} + \text{HS\_nitr}} \tag{7-25}$$

转化成硝酸盐氮的亚硝酸盐氮浓度表示为

$$\text{nitri} = K_5 \cdot NO_2^- \cdot \theta_5^{T-20} \tag{7-26}$$

式中，K_4 为 20℃时的硝化率，d^{-1}；θ_4 为硝化作用的温度系数；HS_nitr 为硝化作用的半饱和浓度，mgO_2/L；NO_2^- 为亚硝酸盐的浓度，mg/L；K_5 为 20℃时亚

硝酸盐转化为硝酸盐有效转化率，d^{-1}；θ_5 为亚硝酸盐转化为硝酸盐的温度系数。

5) 硝酸盐氮

硝酸盐氮是含氮有机物氧化分解的最终产物，主要来源于生活污水中含氮有机物受微生物作用的分解产物及农田排水。本小节创建的 WX 湖水质模板，硝酸盐氮作为一种状态变量，影响反应的表达式为

$$\frac{\mathrm{dNO_3^-}}{\mathrm{d}t} = \mathrm{nitri} - \mathrm{deni} \tag{7-27}$$

反硝化作用产生的硝酸盐氮浓度表示为

$$\mathrm{deni} = K_6 \cdot \mathrm{NO_3^-} \cdot \theta_6^{T-20} \tag{7-28}$$

式中，K_6 为反硝化系数，d^{-1}；θ_6 为温度系数。

6) 磷酸盐

磷是一种很重要的营养盐，对于植物的生长发育有着重要作用，是初级生产力最重要的限制因子之一。磷对湖泊的富营养化有着很高的贡献率，是判断湖泊富营养化的重要指标之一。本小节创建的 WX 湖富营养化模板中，磷酸盐作为一种状态变量，其影响反应的表达式为

$$\frac{\mathrm{dPO_4^{3-}}}{\mathrm{d}t} = \mathrm{codp} - \mathrm{plantp} - \mathrm{bactp} \tag{7-29}$$

从有机物中释放的磷浓度为

$$\mathrm{codp} = K_3 \cdot \mathrm{COD} \cdot \theta_3^{T-20} \cdot \frac{\mathrm{PO_4^{3-}}}{\mathrm{PO_4^{3-}} + \mathrm{HS\_PO_4}} \tag{7-30}$$

被植物摄取的磷浓度为

$$\mathrm{plantp} = \mathrm{UN_P} \cdot (P - R_1 \cdot \theta_1^{T-20}) \cdot F(N,P) \tag{7-31}$$

被微生物分解的磷浓度为

$$\mathrm{bactp} = \mathrm{UP_b} \cdot K_3 \cdot \mathrm{COD} \cdot \theta_3^{T-20} \cdot \frac{\mathrm{PO_4^{3-}}}{\mathrm{PO_4^{3-}} + \mathrm{HS\_PO_4^{3-}}} \tag{7-32}$$

式中，$\mathrm{UP_P}$ 为植物吸收磷酸盐的量；$\mathrm{UN_b}$ 为微生物摄取磷酸盐的量；$\mathrm{HS\_PO_4^{3-}}$ 为磷酸盐的半饱和浓度，mgP/L；其余同上。

7) 叶绿素 a

叶绿素 a 浓度可以表明水体中藻类现存数量的多少，是湖泊富营养化的最重要的判断指标之一。本小节创建的 WX 湖富营养化模板中，叶绿素 a 浓度作为一种状态变量，其影响反应的表达式为

$$\frac{\mathrm{dCHL}}{\mathrm{d}t} = +(P - R_1 \cdot \theta_1^{T-20}) \cdot K_{11} \cdot F(N,P) \cdot K_{10}$$

$$-K_8 \cdot \mathrm{CHL} - K_9 / H \cdot \mathrm{CHL} \tag{7-33}$$

式中，CHL 为叶绿素 a 浓度，mg/L；K_{10} 为叶绿素 a 与碳的比率 mgCHL/mgC；K_8 为叶绿素 a 的死亡率，d^{-1}；K_9 为叶绿素 a 的沉降率，m/mg；K_{11} 为初级生产物的碳氧比。

3. 模型初始条件与边界条件

点源污染主要是 WX 湖周边 WX 湖农场产生的生活污水，每天入湖的流量为 $3500m^3/d$，污水中 COD 和总磷、氨氮、总氮的平均浓度为 275mg/L 和 0.3mg/L、2mg/L、2mg/L。

WX 湖周边的耕地面积约为 $15.8m^2$，根据标准农田源强系数，COD 为 10kg/(亩 · a)，氨氮为 2kg/(亩 · a)，总氮为 3.16kg/(亩 · a)，总磷为 1.06kg/(亩 · a)。标准农田为平原，种植作物为小麦，土壤类型为壤土，化肥施用量为 25～35kg/(亩 · a)，降水量在 400～800mm。由于 WX 湖降水量为 516mm，降水量修正系数为 1.2，农田基本为平原，坡度在 25°以下，作物基本为玉米和小麦，化肥施用量 50.56kg/ (亩 · a)，化肥施用量修正系数为 1.5，估算 WX 湖周围农田面源污染 COD 排放量为 10×1.2×1.5×23700=426600(kg/a)，氨氮排放量为 2×1.2×1.5×23700=85320(kg/a)，总氮排放量为 3.16×1.2×1.5×23700=134805.6(kg/a)，总磷排放量为 1.06×1.2×1.5×23700=45219.6(kg/a)。

WX 湖水质差异性比较大，初始条件的设置必须要考虑这种空间差异性，所以本节以 2015 年 5 月的空间浓度分布为初始条件。WX 湖污染物主要来源于 WX 湖周边村落的垃圾、生活污水、农业面源污染、建筑垃圾和湖内养鱼投放的饲料等。

在污染源分布中，点源污染一共有 2 个，H 河补水和 WX 湖农场的生活污水。WX 湖的主要污染源为周边的面源污染，在设置面源污染时以点源污染来代替，一共在 WX 湖北湖设置了 4 个点源污染来替代面源污染。一共有 6 个污染源进入 WX 湖。

WX 湖的水质监测指标为 COD、总氮浓度、总磷浓度、叶绿素 a 浓度、氨氮浓度，本小节的富营养化模型需要将总氮细分为硝酸盐氮、亚硝酸盐氮，根据相关研究[17]，确定硝酸盐氮浓度、亚硝酸盐氮浓度占总氮浓度的比例为 59.2%、14.8%。监测中没有对浮游植物进行监测，而各个浮游植物中都含有叶绿素 a，所以以叶绿素 a 浓度来表征浮游植物。

水文气象条件采用 YJ 市 2015 年 5 月～2016 年 4 月的气象资料，其中蒸发数据不能直接使用，要根据水面折算系数换算成 WX 湖的水面蒸发数据。研究发现[18-20]，WX 湖的水面折算系数 12～3 月为 0.45，6～9 月为 0.65，4～5 月为 0.63，10～11 月为 0.60。

7.3.2 富营养化模型的验证

1. 参数敏感度分析

7.3.1 小节建立的 WX 湖富营养化模型涉及的参数众多，有 30 多个。当前对富营养化模型的研究比较多，给出了其中一些参数的取值，不同区域的富营养化模型的参数取值不是一成不变的，哪些参数可以用给定的取值，哪些参数对模型结果影响很大，都需要去率定。在这些研究的基础上，对 WX 湖富营养化模型进行敏感性分析，以掌握 WX 湖富营养化模型对哪些参数敏感，最终确定了表 7-11 中的 7 个参数。采用 WX 湖北湖 7 月 28 日模拟结果进行分析，方法为变动一个研究参数而其他参数均保持不变，参数的变化范围为上下调整 50%。图 7-28 为各指标的敏感性分析结果。

表 7-11 选取的参数

序号	参数	基准值	+50%	–50%
1	COD 的衰减速率	0.004	0.006	0.002
2	植物的呼吸速率	0.090	0.135	0.045
3	硝化作用的衰减速率	0.10	0.15	0.05
4	反硝化作用的衰减速率	0.0750	0.1125	0.0375
5	COD 衰减时释放氨氮的速率	0.6	0.9	0.3
6	COD 衰减时释放磷的速率	0.090	0.135	0.045
7	底泥耗氧量	0.2	0.3	0.1

COD 与 COD 的衰减速率、植物的呼吸速率关系最大，而与其他的参数关系不大，其中 COD 的衰减速率直接影响 COD，植物的呼吸速率、底泥耗氧量则是通过影响溶解氧来影响 COD。

氨氮浓度除了与反硝化作用的衰减速率、COD 衰减时释放磷的速率关系不大外，与其余几个参数的关系都很大，其关系为 COD 衰减时释放氨氮的速率>硝化作用的衰减速率>植物的呼吸速率>COD 的衰减速率>底泥耗氧量。植物的呼吸速率与底泥耗氧量通过影响溶解来影响氨氮浓度，其他参数则是直接影响。

总磷浓度与 COD 衰减时释放磷的速率、COD 的衰减速率、植物的呼吸速率、底泥耗氧量有关，和氮相关的参数则关系不大，COD 衰减时释放磷的速率直接影响总磷浓度，COD 的衰减速率直接影响了 COD，进而影响总磷浓度；但是植物的呼吸速率、底泥耗氧量则是通过影响溶解氧来影响总磷浓度。

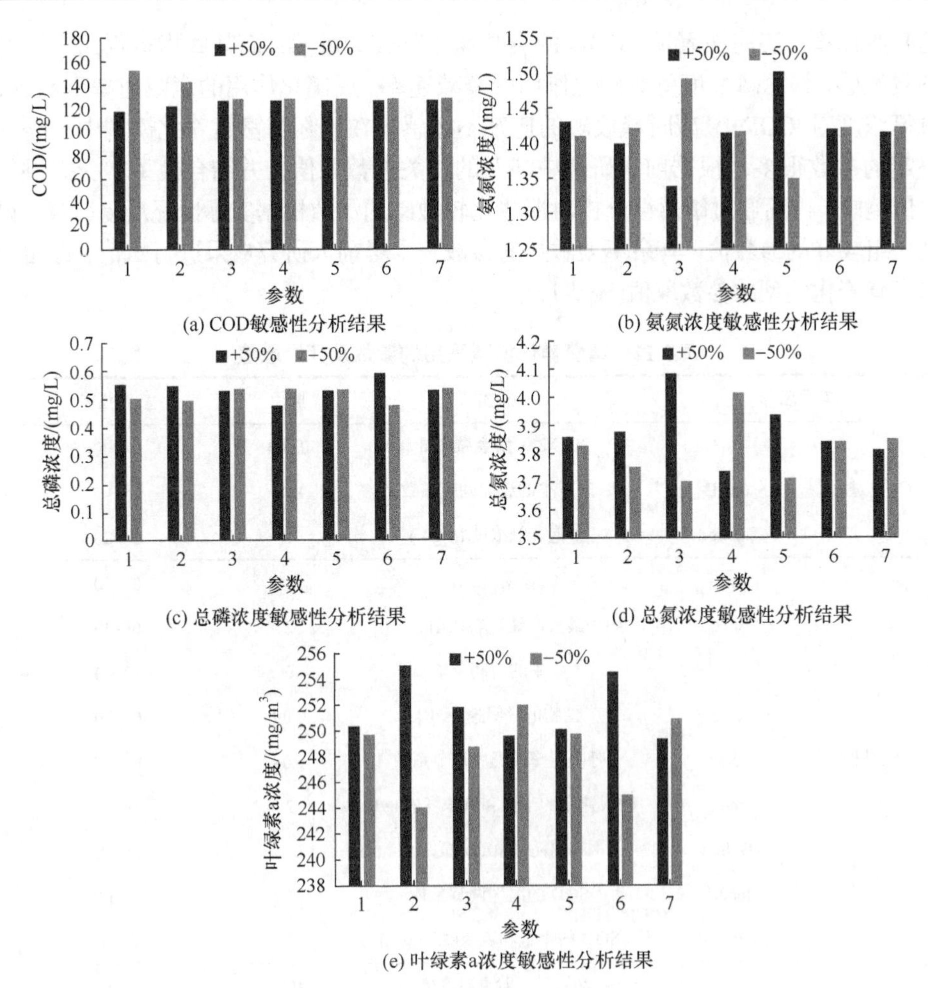

(a) COD敏感性分析结果

(b) 氨氮浓度敏感性分析结果

(c) 总磷浓度敏感性分析结果

(d) 总氮浓度敏感性分析结果

(e) 叶绿素a浓度敏感性分析结果

图 7-28　各指标的敏感性分析结果

总氮浓度除了与 COD 衰减时释放磷的速率关系不大外，与其余几个参数的关系都很大，关系为硝化作用的衰减速率>反硝化作用的衰减速率>COD 衰减时释放氨氮的速率>植物的呼吸速率>COD 的衰减速率>底泥耗氧量。植物的呼吸速率与底泥耗氧量通过影响溶解氧来影响总氮浓度，其他参数则是直接影响。

叶绿素 a 浓度与植物生长、死亡、氮磷的摄取浓度有关。上述几个参数中，与氮有关的参数各自对总氮的影响比较小，所以这些参数对叶绿素 a 浓度的影响较小，COD 衰减时释放磷的速率对叶绿素 a 浓度的影响大；植物的呼吸速率与底泥耗氧量通过影响溶解氧来影响叶绿素 a 浓度。

通过上述分析，不同的水质指标对不同参数的敏感性不同，所有指标对植物的呼吸速率、底泥耗氧量、COD 的衰减速率都较为敏感，而某些指标仅仅对一些参数敏感，如总磷浓度就对硝化作用的衰减速率、反硝化作用的衰减速率不敏感，总氮浓度对 COD 衰减时释放磷的速率不敏感。在实际的富营养化模型中，需要率定的参数很多，根据前人研究中涉及的相关参数取值，并结合模型本身提供的取值范围，进而通过敏感性分析对那些比较敏感的参数根据实际情况反复试算，得到一组较好的参数值，其余不太敏感的参数则参考前人研究成果进行赋值，最后给出富营养化模型的参数取值(表 7-12)。

表 7-12　富营养化模型采用的参数及变量取值

参数名称		描述	取值	参数范围
COD 进程	kd3	20℃时一阶衰减率/d^{-1}	0.004	0～5
	tetad3	衰减率的温度调节系数	1.07	1～1.2
	hdocod	半饱和氧浓度/(mg/L)	2	0～20
氧过程	SD	透明度/m	0.4	0～50
	pmax	中午最大产氧量/[gO_2/(m^2 · d)]	2	0～40
	fi	中午的时间调整	0	–3～3
	resp	植物的呼吸速率/d^{-1}	0.09	0～30
	teta2	呼吸速率的温度调节系数	1.08	1～1.2
	mdo	呼吸速率的半饱和氧浓度/(mg/L)	2	0～4
	B1Sed	底泥耗氧量/(mgO_2/L)	0.2	0～30
	tetab1	SOD 的温度调节系数	1.07	1～1.2
	mdosed	SOD 的半饱和氧浓度/(mg/L)	2	0～4
硝化反应	k4	20℃时一阶衰减率/d^{-1}	0.1	0～10
	k7	20℃时二阶衰减率/d^{-1}	0.8	0～2
	teta4	衰减率的温度调节系数(氨氮转化为亚硝酸盐氮)	1.088	1～1.2
	teta7	衰减率的温度调节系数(亚硝酸盐氮转化为硝酸盐氮)	1.088	1～1.2
	y1	硝化反应的需氧量/ (gO_2/gNH_4^+ -N)(氨氮转化为亚硝酸盐氮)	3.42	3.42
	y2	硝化反应的需氧量/ (gO_2/gNO_2^- -N)(亚硝酸盐氮转化为硝酸盐氮)	1.14	1.14
	hdonit	硝化反应的半饱和氧浓度/(mg/L)	2	0～20

续表

参数名称		描述	取值	参数范围
氨化过程	y2d	COD 衰减释放氨的速率/ (gNH_4^+-N/gCOD)	0.6	0～2
	Nplant	被植物占用的氨的总量/(gN/gDO)	0.066	0～0.2
	Nbact	被细菌占用的氨的总量/(gN/gDO)	0.109	0～1
	hsnh4	N 固定的半饱和氧浓度/(mg/L)	0.05	0～5
反硝化过程	k6	20℃时一阶脱氮率/d^{-1}	0.075	0～10
	teta6	脱氮率的温度调节系数	1.16	1～1.4
磷过程	y3d	溶解性 COD 中磷的含量/(gP/g COD)	0.09	0～2
	Pplant	被植物占用的磷的总量/(gP/g DO)	0.0091	0～0.1
	Pbact	被细菌占用的磷的总量/(gP/g DO)	0.015	0～0.1
	hsphos	P 固定的半饱和氧浓度/(mg/L)	0.005	0～2
叶绿素 a 过程	ksn	氮的半饱和氧浓度(mgO_2/L)(植物藻类对光合作用的限制)	0.05	0～1
	ksp	磷的半饱和氧浓度(mgO_2/L)(植物藻类对光合作用的限制)	0.01	0～1
	k10	叶绿素 a 与碳的比值(mgCHL/mgC)	0.025	0.01～0.04
	k11	初级生产力的碳氧比(mgC/mgO)	0.2857	0.2～0.4
	k8	叶绿素 a 的死亡率/d^{-1}	0.01	0～0.1
	k9	叶绿素 a 的沉降率/(m/d)	0.2	0～2

2. 模型验证

图 7-29～图 7-33 为 WX 湖北湖 9 个采样点各指标计算值与实测值的对比。

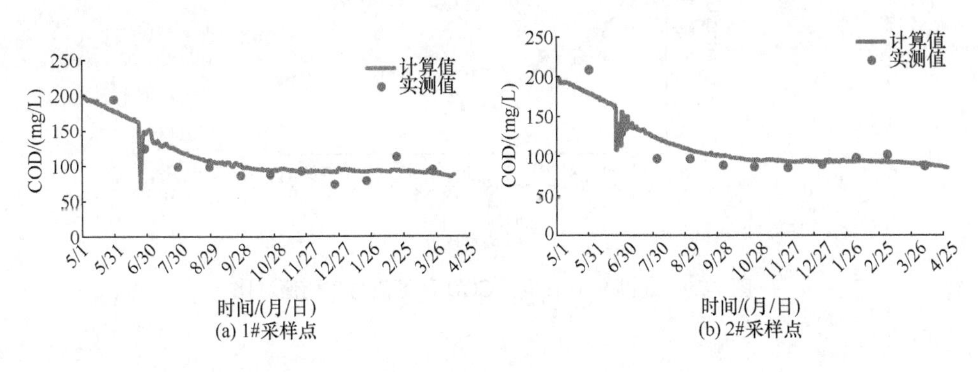

(a) 1#采样点　(b) 2#采样点

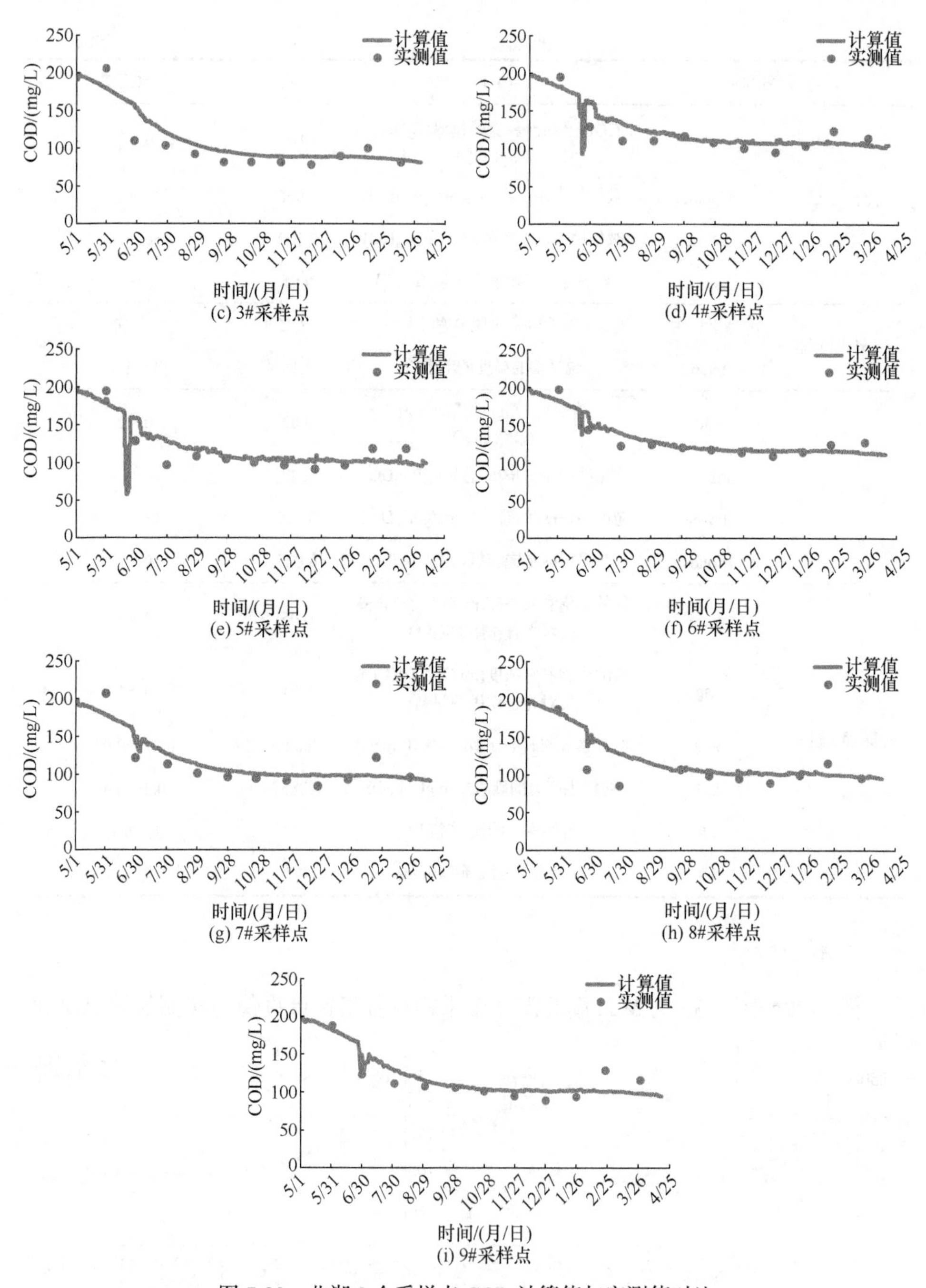

图 7-29　北湖 9 个采样点 COD 计算值与实测值对比

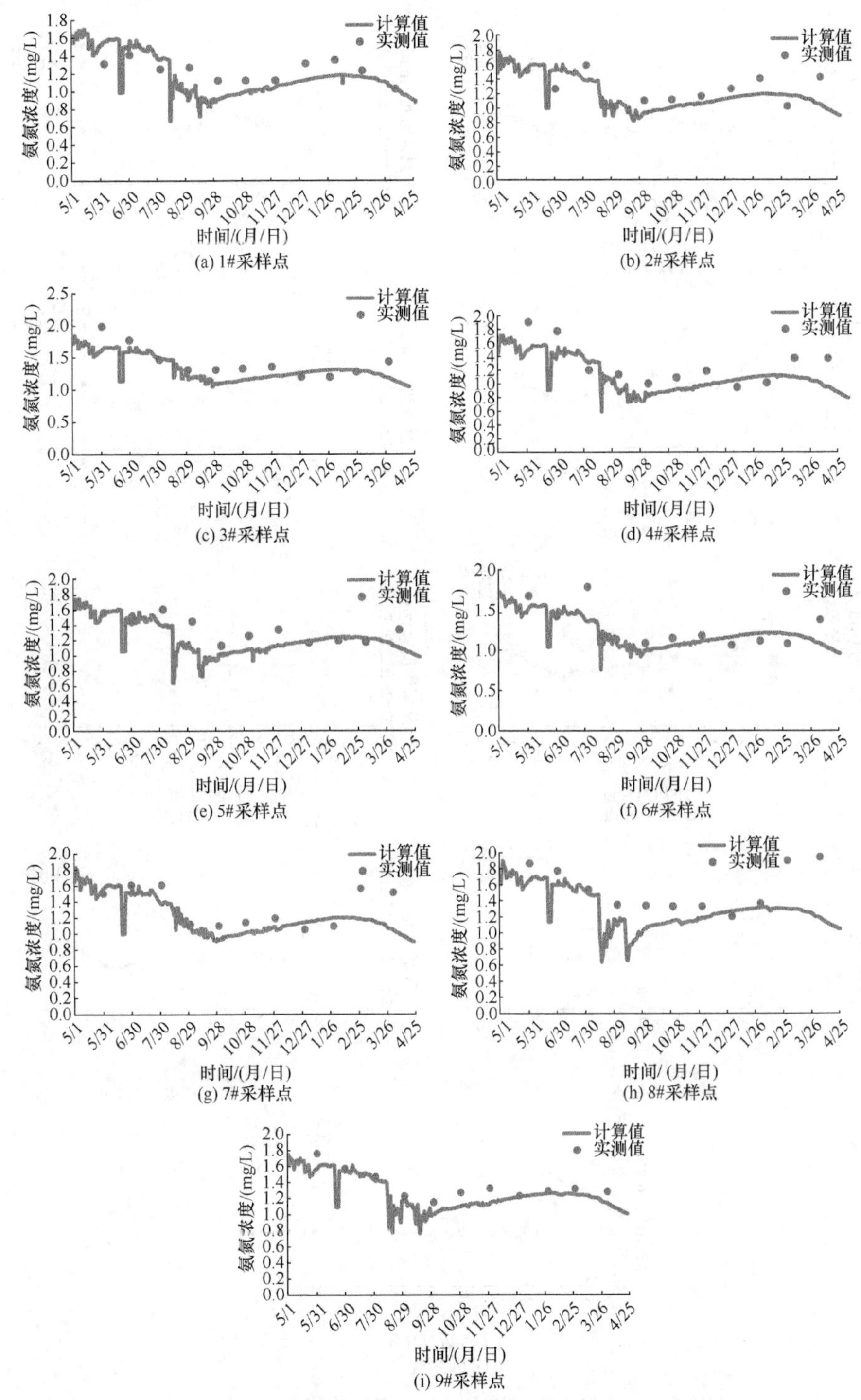

图 7-30　北湖 9 个采样点氨氮浓度计算值与实测值对比

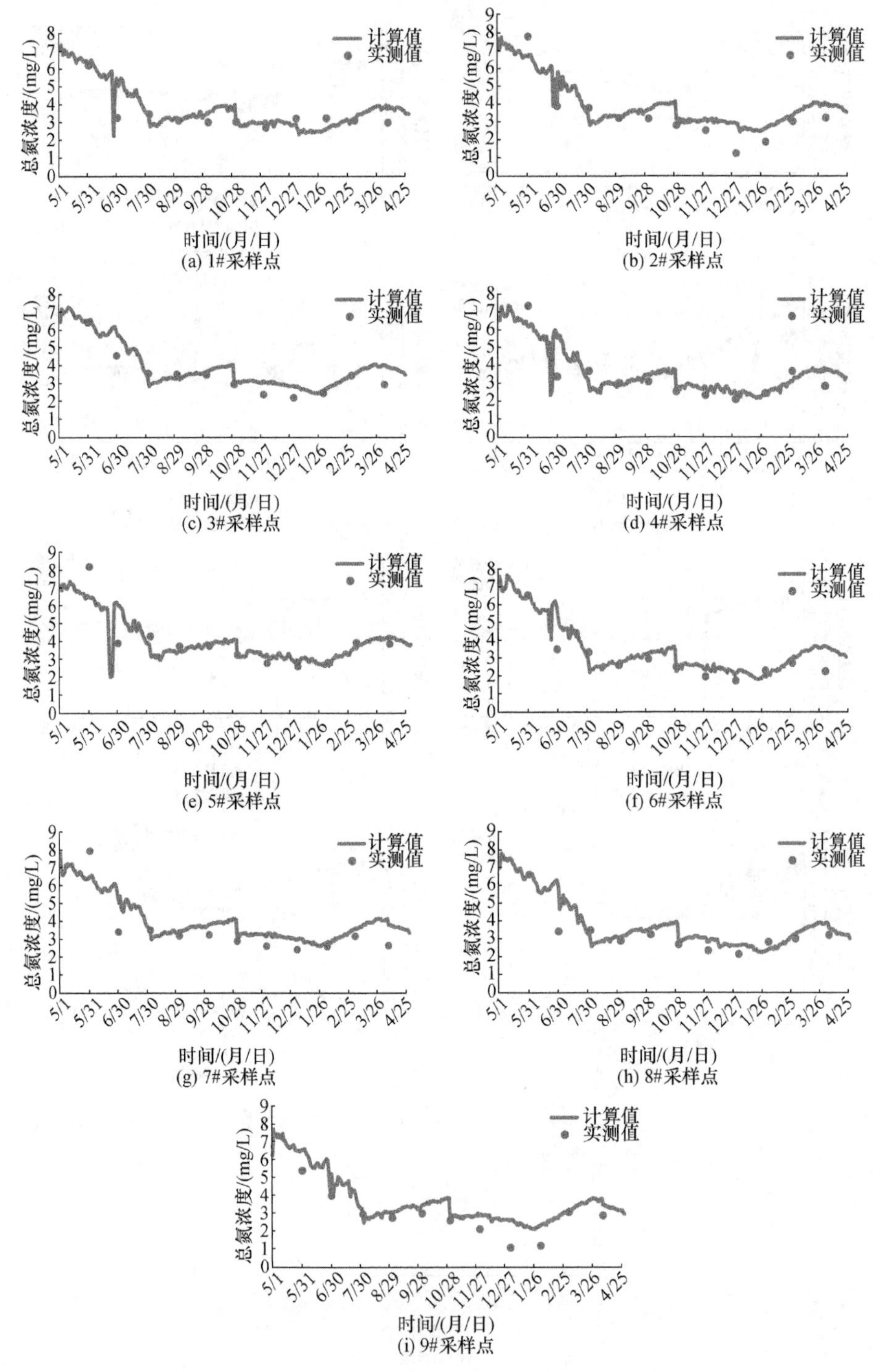

图 7-31　北湖 9 个采样点总氮浓度计算值与实测值对比

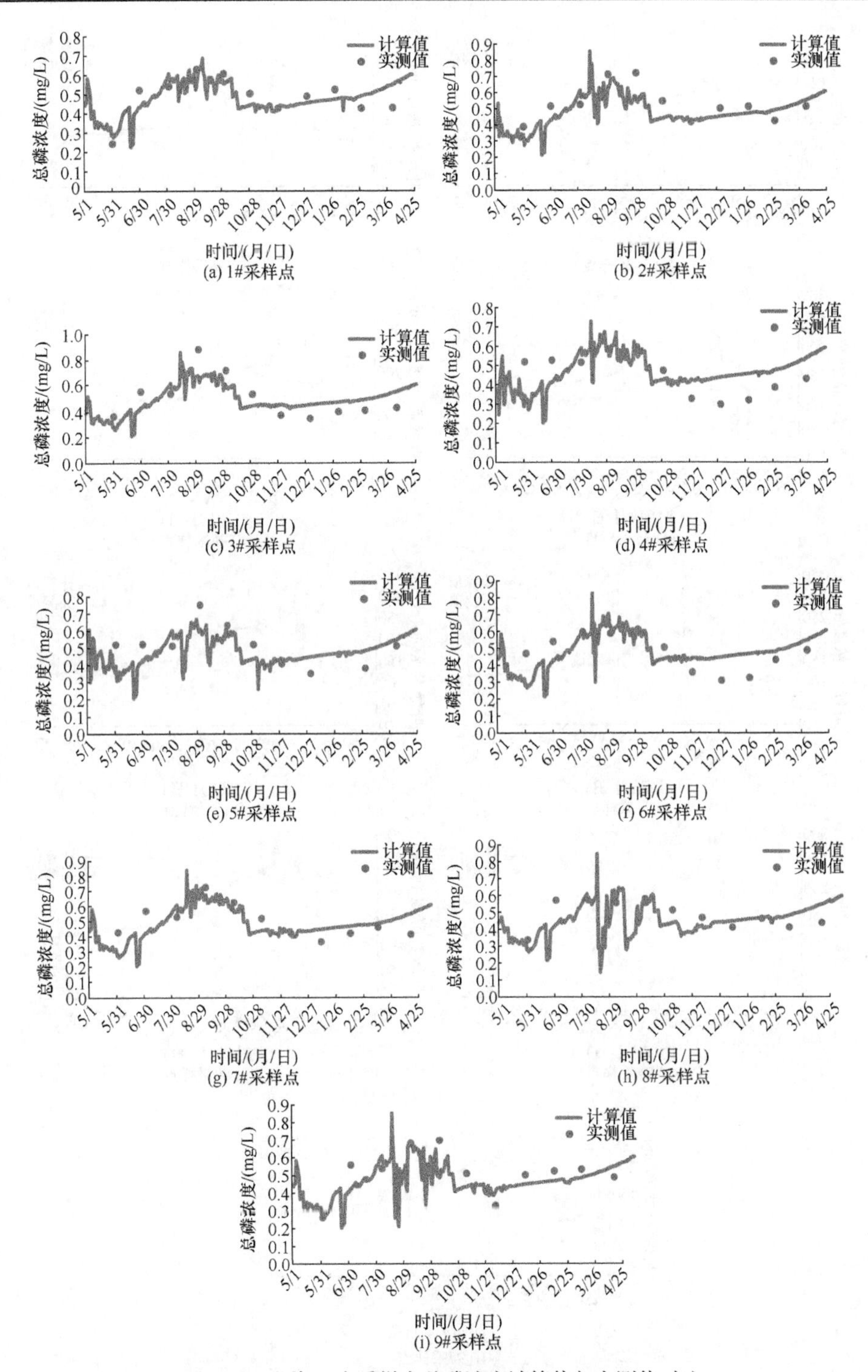

(a) 1#采样点　(b) 2#采样点　(c) 3#采样点　(d) 4#采样点　(e) 5#采样点　(f) 6#采样点　(g) 7#采样点　(h) 8#采样点　(i) 9#采样点

图 7-32　北湖 9 个采样点总磷浓度计算值与实测值对比

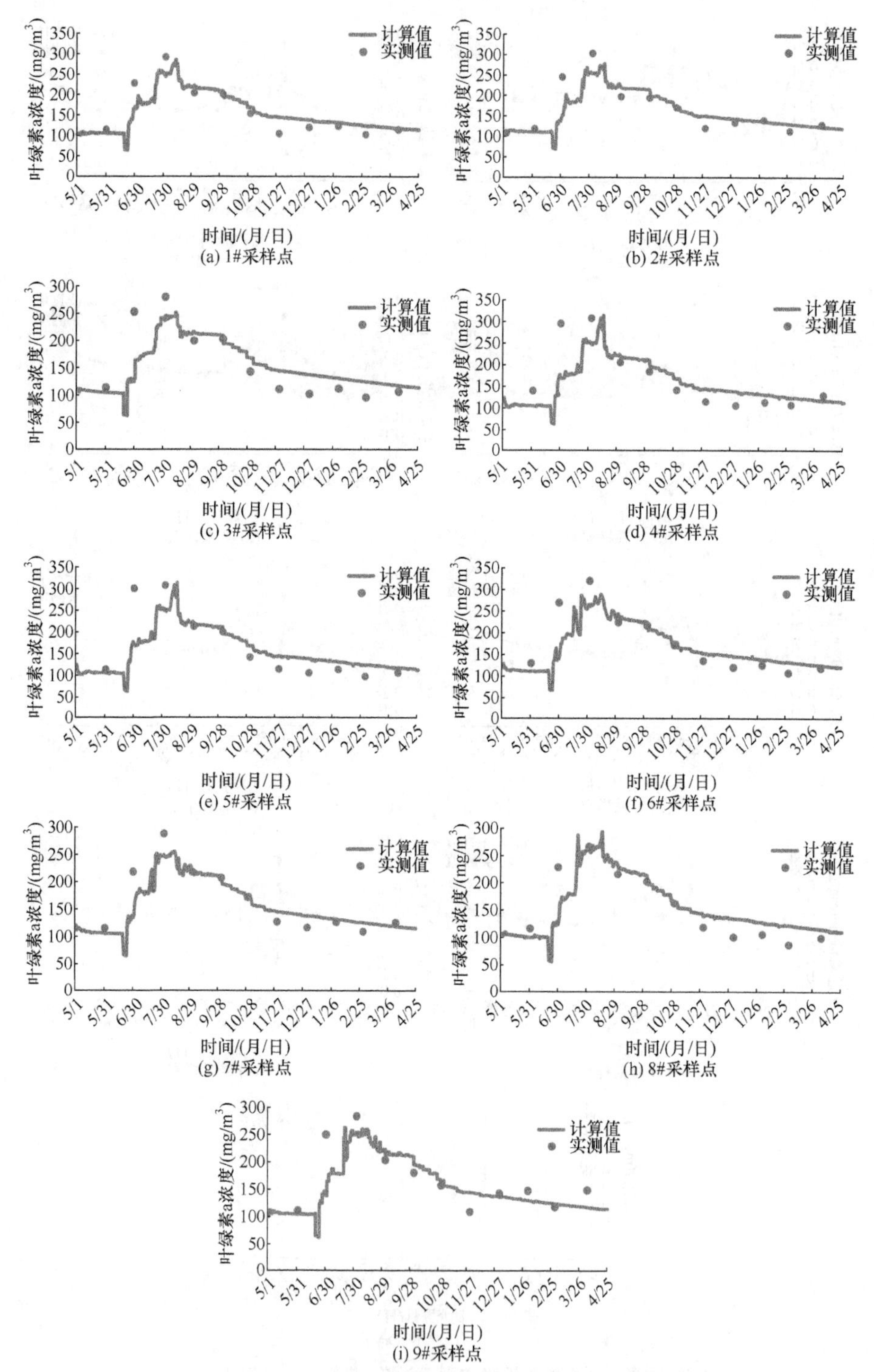

图 7-33　北湖 9 个采样点叶绿素 a 浓度计算值与实测值对比

对 WX 湖北湖中 9 个采样点进行验证，对于 WX 湖富营养化模型有着重要意义。表 7-13 给出计算值与实测值的平均相对误差，虽然在有些测点的误差大一些，但是整体吻合程度较好。

表 7-13　水质指标的平均相对误差

水质指标	平均相对误差/%
COD	11.40
氨氮浓度	15.60
总氮浓度	15.30
总磷浓度	18.90
叶绿素 a 浓度	18.20

从图 7-29 发现，COD 整体上吻合程度好，平均相对误差为 11.40%，一致呈现下降趋势，7 月的误差最大，最低浓度出现在 H 河补水阶段，但整体上来说 H 河补水对 WX 湖 COD 的影响不大，补水主要是为了保证水位稳定。从图 7-30 看出，氨氮浓度整体上吻合程度不错，平均相对误差为 15.60%，整体计算值小于实测值，表明污染负荷估计略微偏高，3 月、4 月误差较大，整体上 H 河补水对于氨氮浓度的影响不大。图 7-31 表明总氮浓度总体上吻合较好，平均相对误差为 15.30%，总氮浓度整体上呈下降趋势，6 月的误差最大，最低浓度出现在 H 河补水阶段，但是 H 河补水对总氮浓度的影响不大。图 7-32 表明总磷浓度整体上吻合较好，平均相对误差为 18.90%；8 月总磷浓度降低过快，主要是因为这期间藻类对于总磷的需求过大，7 月、12 月的误差较大。图 7-33 表明叶绿素 a 浓度整体上吻合较好，平均相对误差为 18.20%，8 月的浓度最高，主要是因为这阶段外界条件及营养盐等都适合藻类的生长发育，7 月的误差最大。因此，所建模型能够较好模拟 WX 湖北湖富营养化的变化规律，表明该模型在 WX 湖北湖上是适用的，可以利用此模型对一些特定状况进行模拟，为 WX 湖的管理提供理论依据和技术支持。

7.3.3　远期控制措施研究

1. 生态调水调控措施分析

要想改善 WX 湖的水环境，首先要改变 WX 湖封闭性的现状。根据现有研究，生态调水是改善湖泊水环境的最重要、最有效的措施之一。生态调水涉及两方面的内容：水量从何而来，其水质情况如何。根据 WX 湖水系情况，发现 SS 河可保证生态调水的水量，但是 SS 河河水污染严重，水质不能保证。因此，要想实施生态调水，就必须要保证 SS 河河水的水质。如何保障 SS 河河水的水质，以及从何处进入 WX 湖，是能否实施生态调水的关键。

本小节设置了两种工况来分析不同进水位置对于 WX 湖水质的影响。工况一进出湖流量为 0.69m^3/s，24h 不间断，水质为Ⅳ类水标准，进水口位置在(6831.90, 4010.40)；工况二的进水口位置在(7071.38, 4063.16)，其余参数和工况一相同。

将 SS 河和 YX 渠的水经过上述技术处理后排放到 WX 湖内，以 1#采样点为例，图 7-34 为两种工况下 WX 湖各水质指标的变化情况。除了氨氮浓度外，两种工况下 WX 湖水质改善情况良好。分析其原因，进入 WX 湖内的水为Ⅳ类水，

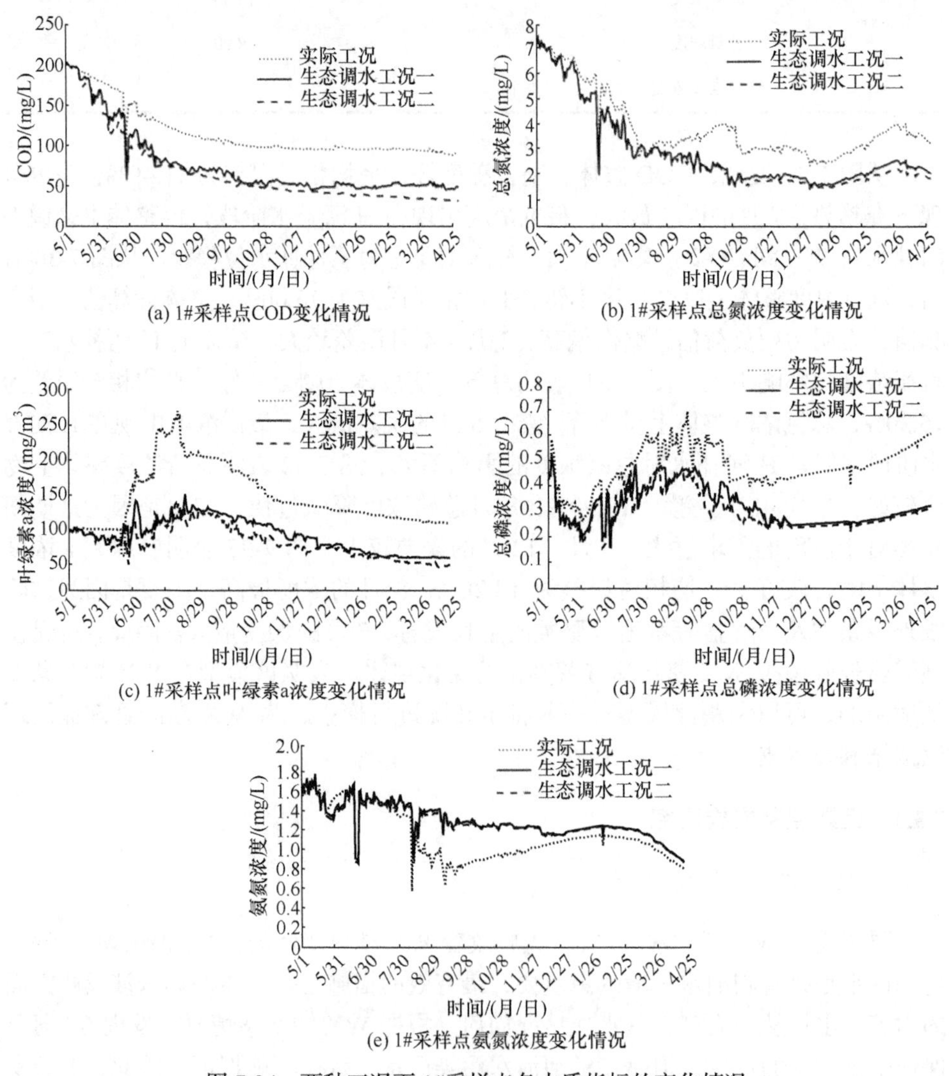

(a) 1#采样点COD变化情况

(b) 1#采样点总氮浓度变化情况

(c) 1#采样点叶绿素a浓度变化情况

(d) 1#采样点总磷浓度变化情况

(e) 1#采样点氨氮浓度变化情况

图 7-34　两种工况下 1#采样点各水质指标的变化情况

其中的氨氮浓度为 1.5mg/L，高于湖内的氨氮浓度，导致生态调水增大了 WX 湖内氨氮的浓度。WX 湖的主要污染为有机污染(COD)和富营养化，生态调水对于 COD、叶绿素 a、总氮、总磷的改善效果很好。

表 7-14 给出了两种工况下 1#采样点各水质指标的平均降低率，叶绿素 a 和总磷改善效果最好，改变进水口位置对于 COD 的影响最大，工况二的平均降低率比工况一大，即工况二下湖内水质的改善效果更好一些，因此选择进水口位置为(7071.38, 4063.16)；从图 7-34 可知，COD 呈现逐渐降低的变化趋势，全年的变化趋势基本一致；氨氮浓度、总氮浓度、总磷浓度、叶绿素 a 浓度在 6～10 月的变化更加剧烈一些，主要是因为这段时间内湖内藻类的生长发育对这些指标影响较大。

表 7-14　两种工况下 1#采样点各水质指标平均降低率

水质指标	平均降低率/%(工况一)	平均降低率/%(工况二)
COD	33.8	41.8
叶绿素 a 浓度	38.3	45
氨氮浓度	–12.2	–10.6
总氮浓度	24	27
总磷浓度	32.6	36.5

图 7-35 为 6 月 20 日 WX 湖 1#采样点各水质指标的分布图，总体上由于进水水质明显好于湖内水质，进水口附近水质好于其他位置。湖内污染物的分布主要受水动力条件影响，湖内出现的浓度分布不尽相同，湖内各污染物之间在物理、化学、生物过程中相互迁移转化。总之，将 SS 河和 YX 渠的污水经过处理后排放到 WX 湖内不但能保证湖内水位，而且对 WX 湖的水质改善效果较好。

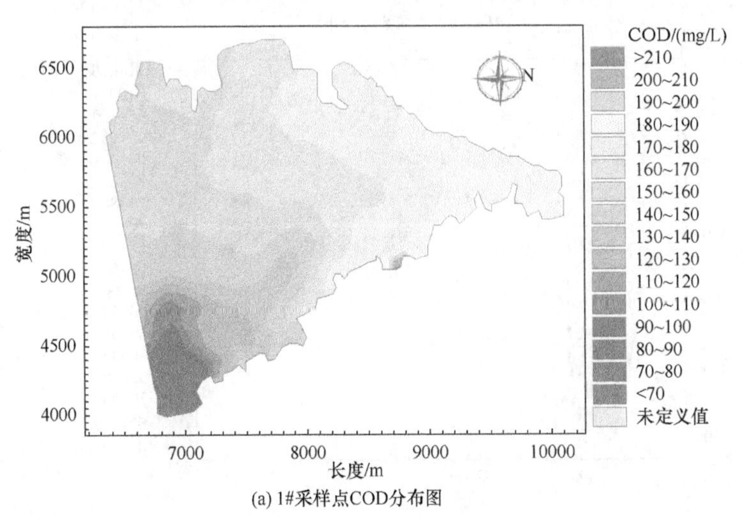

(a) 1#采样点COD分布图

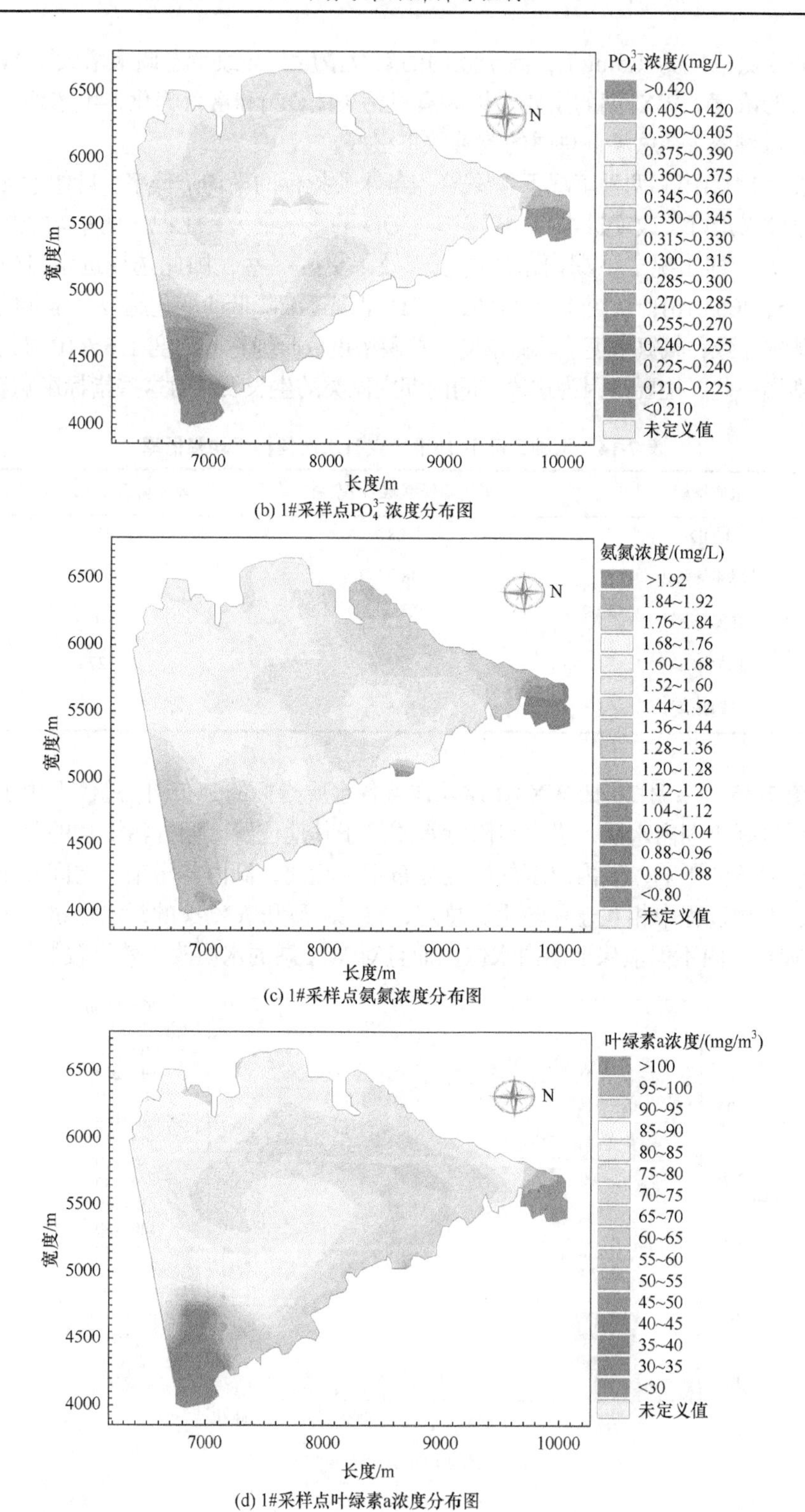

(b) 1#采样点PO_4^{3-}浓度分布图

(c) 1#采样点氨氮浓度分布图

(d) 1#采样点叶绿素a浓度分布图

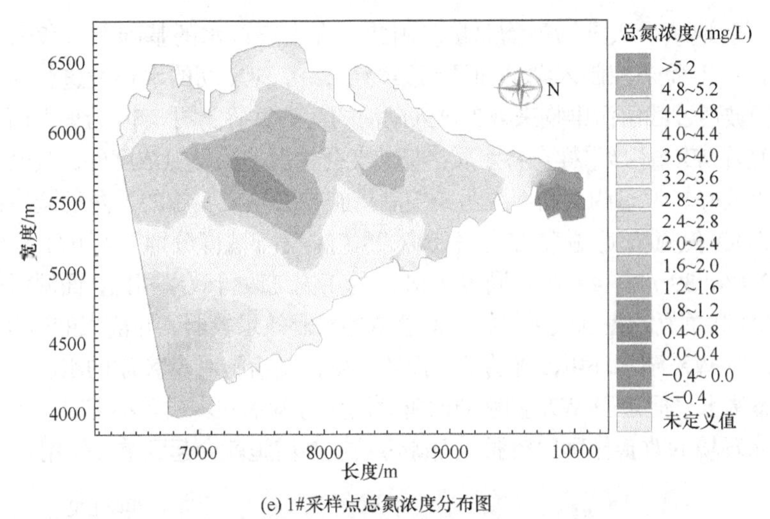

(e) 1#采样点总氮浓度分布图

图 7-35　6 月 20 日 WX 湖 1#采样点各水质指标的分布图

排放到 WX 湖内的水为Ⅳ类水，使得湖内水质总体上只能恢复到Ⅳ类水。要想继续改善湖内水质，就必须提高污水处理厂处理能力及湿地的净化效果，或者利用生态修复措施，如人工浮床、曝气技术等。WX 湖周围存在大量污染物，农业面源污染占了绝大多数，如果不加以治理，任其污染物进入湖内，会导致 WX 湖再次被污染，因此必须对 WX 湖周边主要污染源进行治理。

2. 生态调水和面源污染调控措施分析

前文研究发现，WX 湖的面源污染占全部污染的 90%以上，因此 WX 湖外界污染物的控制主要为农业面源污染控制。

WX 湖污染的主要来源为农业面源污染，为了削减农业面源污染、增强对污染物的去除能力及净化水质能力，并在一定程度上兼顾景观的协调性和美观性，满足现代人的亲水需求，可沿湖岸修建生态护坡。针对 WX 湖不同湖岸的地形特点、不同污染源和不同污染物的差异，可修建的生态护坡主要分为农田陡坡岸坡、湖滨带阶地岸坡、湖滨带湖漫滩岸坡三种。

由于缺乏实地的测量数据，根据陈荷生等[21]的研究，总氮浓度从 2.95mg/L 降至 1.08mg/L，氨氮浓度从 2.64mg/L 降至 1.02mg/L，总氮的净化能力为 62%，氨氮的去除能力为 61%。参考周香香[22]、孙铁军等[23]对上海崇明岛前卫村沟渠的研究，总氮的去除能力为 22%～81%，总磷的去除能力为 16%～50%。慎重起见，最后确定湖滨带阶地岸坡和农田陡坡岸坡的总氮去除能力为 50%，氨氮去除能力为 50%，总磷去除能力为 35%。湖滨带湖漫滩岸坡的总氮去除能力为 80%，氨氮去除能力为 80%，总磷去除能力为 50%。

要保持 WX 湖的水量和水质安全，就必须保证 WX 湖的入湖水量及水质，同时还要尽可能地减少入湖污染物总量。因此，在生态调水的基础上，考虑上述设计的生态护坡工程来控制入湖的面源污染物量，对 WX 湖的水环境进行研究。

生态护坡通过截留污染物来减少进入湖泊的污染负荷，图 7-36 为加上面源污染控制措施前后 WX 湖 1#采样点各水质指标的变化情况，除氨氮浓度外，其余各指标的改善效果较好。生态调水和面源污染控制措施是必须要实施的，两种调控措施下 WX 湖的 COD、氨氮浓度、总氮浓度、总磷浓度、叶绿素 a 浓度分别平均下降了 46.7%、−7.3%、32.9%、39.7%、49.5%，同表 7-14 中的工况二改善效果相比，面源污染控制措施对 COD 和总氮的控制效果最好，对总磷的控制效果较弱，与前人的研究相同。总体来说，在 WX 湖水环境治理前期，面源污染控制措施对 WX 湖的水质改善效果远不如生态调水，但是当 WX 湖水质改善到同生态调水的水质差不多时，生态调水对 WX 湖水环境的改善作用比较弱，面源污染控制措施就会起到重要作用。

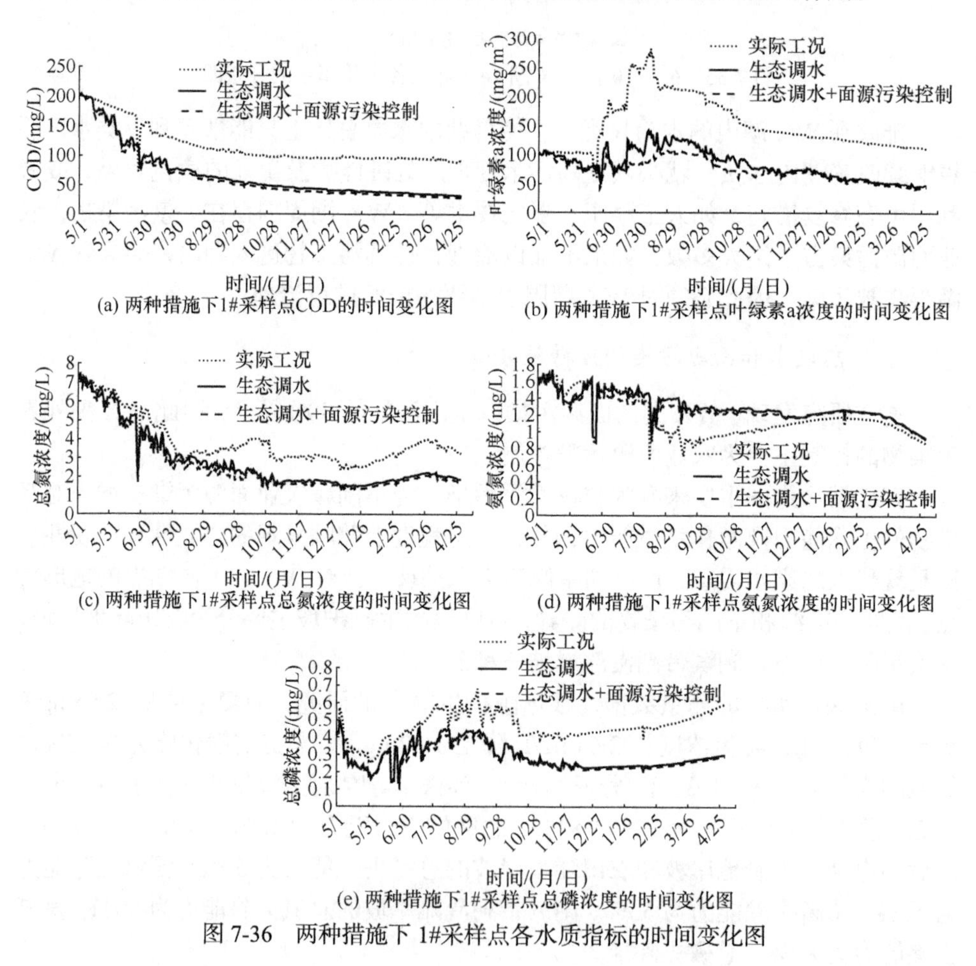

(a) 两种措施下1#采样点COD的时间变化图

(b) 两种措施下1#采样点叶绿素a浓度的时间变化图

(c) 两种措施下1#采样点总氮浓度的时间变化图

(d) 两种措施下1#采样点氨氮浓度的时间变化图

(e) 两种措施下1#采样点总磷浓度的时间变化图

图 7-36　两种措施下 1#采样点各水质指标的时间变化图

图 7-37 为面源污染控制下各水质指标在 6 月 20 日的空间分布图，湖内各污

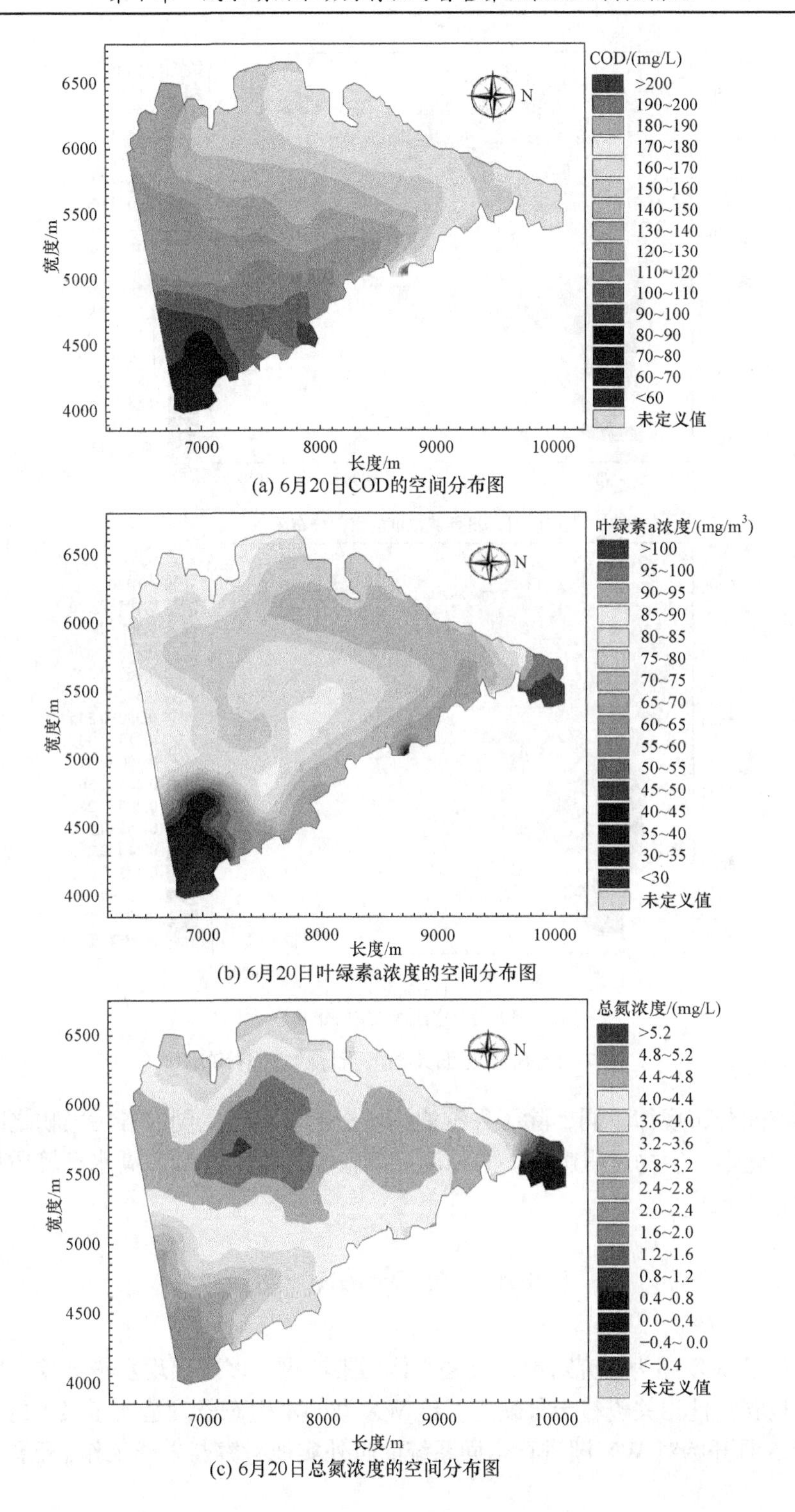

(a) 6月20日COD的空间分布图

(b) 6月20日叶绿素a浓度的空间分布图

(c) 6月20日总氮浓度的空间分布图

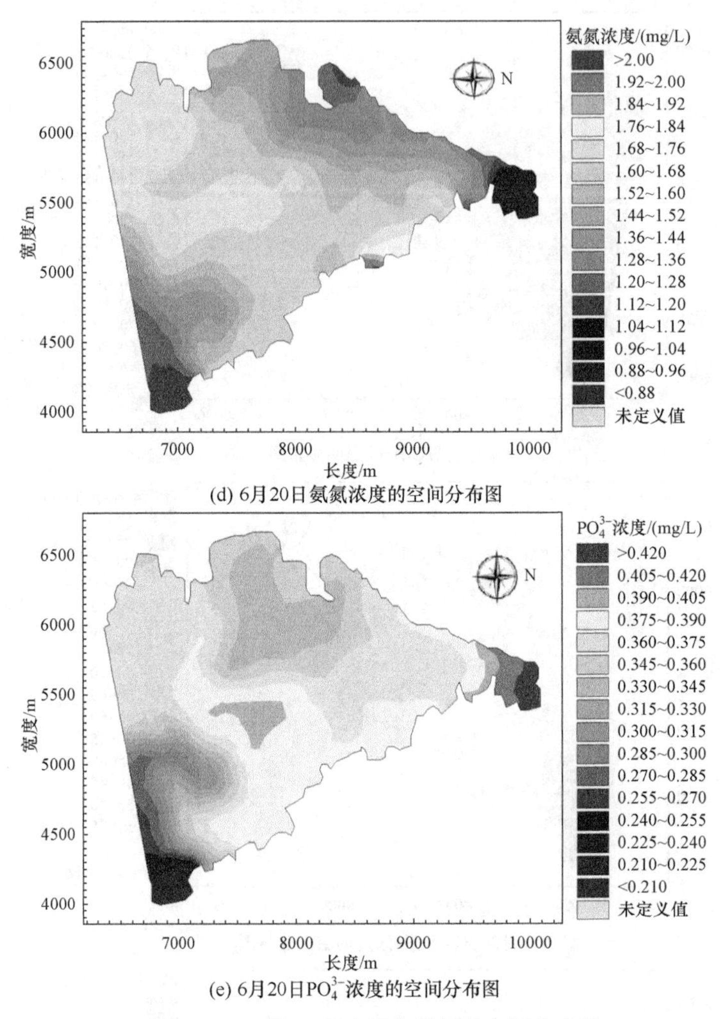

(d) 6月20日氨氮浓度的空间分布图

(e) 6月20日PO_4^{3-}浓度的空间分布图

图 7-37　6 月 20 日水质各指标的空间分布图

染物的空间分布规律不同，除了受湖泊流场影响外，还受湖内各污染物之间存在的物理、化学、生物过程影响。两种调控措施能有效改善 WX 湖水环境质量，可在 WX 湖上推广。

7.4　本 章 小 结

本章以 WX 湖为研究对象，过去水体污染严重，多次出现水华现象，生态系统极为脆弱，且相关资料十分缺乏，给 WX 湖的水生态管理造成了极大的困难。2015 年 5 月开始对 WX 湖进行全面系统的野外实地考察与采样工作，开展了 WX

湖水动力特性与富营养化机理及调控措施研究，主要成果和结论如下。

(1) 对 WX 湖 H 河补水前后、最大降雨前后等典型时刻的水动力特性进行了分析，综合考虑风速、风向、湖岸边界、入湖流量、进水方式等因素研究了 WX 湖流场的变化规律，得到的结论如下。①H 河补水前后 WX 湖的流场有所变化，只是在流速上改变了，其流场的结构变化不大，此时 WX 湖的流场由风生流决定；降雨仅改变了 WX 湖的径流，对流场影响不大。②风是影响 WX 湖流场的最主要因素之一，不同风速下 WX 湖的流场结构变化不大，但是对湖中流速大小影响较大，湖流流速与风速有着密切联系；不同风向下 WX 湖形成的环流结构也各有不同；风向相反导致环流结构变化不大，但环流方向相反；改变风向后，WX 湖的环流结构稍有改变，环流强度变化很大；风速主要影响湖泊流速，风向既能改变湖泊环流结构，也能影响湖泊的流速。③湖岸边界对 WX 湖流场有一定影响。湖岸边界的改变对于 WX 湖环流结构影响不大，但对 WX 湖流速影响很大，WX 湖被完全隔开后，流速整体上降低了很多，南湖下部较大环流和北湖环流的强度有了很大减弱，在南北两湖交汇处的流速有了较大改变，然而远离隔断处(北湖北部、南湖南部等)的流速基本没有变化。④吞吐流对 WX 湖环流结构影响不大，仅仅对进出水口附近区域的水流流态有一定影响，其影响范围主要与进出口流量大小有关；当吞吐量逐渐增大时，湖泊流场由风生流向吞吐流转变；在静风条件下，WX 湖流场全部由吞吐流决定；在常规引水下，WX 湖的流场受吞吐流影响不大，主要由风生流主导。⑤进水方式对 WX 湖流场有一定影响，波动进水的流速整体上高于平稳进水，波动进水更能促进 WX 湖水体的混合，对于水环境的改善有重要作用。

(2) 对 WX 湖富营养化的形成机理、不同影响因素的影响程度进行了研究，以 WX 湖为例对资料缺乏地区的水华进行了预警研究，得到的结论如下。①针对 WX 湖的重度富营养化问题，从外界条件、污染物来源、营养物质与富营养化关系三个方面进行分析，WX 湖常年流速小于 0.03m/s，4～10 月的气温在 10～30℃，平均日照 2375h，适合藻类的生长，具备富营养化形成的外界条件；湖内营养物质及污染物主要来源于农业面源污染；WX 湖的限制性营养盐为氮磷交替，氮磷比只有在氮磷浓度超标后才能表征湖泊富营养化。②通过 WX 湖温度、流速、pH、COD、氨氮浓度、总磷浓度、总氮浓度与叶绿素 a 的关联度分析，发现 WX 湖富营养化的影响因子为温度>总磷浓度>pH>总氮浓度>氨氮浓度>COD>流速。其中，温度影响最大，表明外界条件在 WX 湖的富营养化中起到了比较重要的作用，氮和磷作为藻类等浮游植物的营养物质，对 WX 湖富营养化起到的作用次之。③WX 湖现场调查次数欠缺，应用多元统计和随机理论来增补 WX 湖监测数据，研究结果显示该方法是可行的，能够弥补现场调查频次不够而导致的水华预警模型精度不高的缺陷；建立 WX 湖 PSO-BP 神经网络水华预警模型，对 WX 湖叶绿素 a 浓度进行预测，结果显示该模型预测精度较高，其模型决定系数达到 0.9475，且不同随机组的日尺度增补数据对叶绿素 a 浓度预测结果影响较小；WX 湖水华预警结果显示，预测时段内 WX 湖水华发生概率为 90.43%。在指标变量数据量少、部分指标数据量不匹配、叶绿素 a 浓度处于水华发生的临界范围的情况下，本章研究对水华的提前治理有重要意义。

(3) 针对 WX 湖的特点和污染特征，利用 MIKE 生态模拟实验室模块原理，二次开发适合 WX 湖的富营养化模板，建立了 WX 湖富营养化模型，定量研究了近期和远期调控措施下 WX 湖富营养化的改善效果。对 WX 湖生态调水的进湖口位置进行研究，不管从何处入湖，生态调水都能明显改善 WX 湖的水环境；通过湖内各水质指标的平均降低率发现，进水口位置在(7071.38, 4063.16)时湖内富营养化改善效果更加明显，此时除氨氮浓度外，COD、叶绿素 a 浓度、总氮浓度、总磷浓度平均下降了 41.8%、45%、27%、36.5%；结合生态调水控制措施发现，COD、叶绿素 a 浓度、氨氮浓度、总氮浓度、总磷浓度平均下降了 46.7%、49.5%、−7.3%、32.9%、39.7%；生态调水和面源污染控制联合调控措施可有效改善 WX 湖水环境质量，为 WX 湖的水生态管理提供依据。

参考文献

[1] 张庭芳. 计算流体力学[M]. 大连: 大连理工大学出版社, 2007.

[2] CHEN Z H, FANG H W, LIU B. Numerical simulation of wind-induced motion in suspended sediment transport[J]. Journal of Hydrodynamics B, 2007, 19(6): 698-704.

[3] 孙亚乔, 钱会, 段磊. 粉煤灰浸出液入渗土壤过程中的水岩作用研究[J]. 安全与环境学报, 2010, 10(1): 60-63.

[4] 郭建新. 粉煤灰浸出特性试验研究[J]. 地下水, 2005, 27(5): 405-407.

[5] 王长友, 于洋, 等. 基于 ELCOM-CAEDYM 模型的太湖蓝藻水华早期预测探讨[J]. 中国环境科学 2013, 33(3): 491-502.

[6] 曾勇, 杨志峰, 刘静玲. 城市湖泊水华预警模型研究——以北京"六海"为例[J]. 水科学进展, 2007, 18(5): 79-85.

[7] 王崇, 孔海南, 王欣泽, 等. 有害藻华预警预测技术研究进展[J]. 应用生态学报, 2009, 20(11): 2813-2819.

[8] 孔繁翔, 马荣华, 高俊峰, 等. 太湖蓝藻水华的预防、预测和预警的理论与实践[J]. 湖泊科学, 2009, 21(3): 314-328.

[9] 郝启文, 王小艺, 许继平, 等. 湖库水质监测与水华预警信息系统[J]. 计算机工程, 2013, 39(1): 287-289.

[10] 杨振明. 概率论[M]. 2 版. 北京: 科学出版社, 2007.

[11] HARDLE W, SIMAR L. 应用多元统计分析: 第 2 版[M]. 陈诗一, 译. 北京: 北京大学出版社, 2011.

[12] 陈玉辉. 典型城市黑臭河道治理后的富营养化分析与预测研究[D]. 上海: 华东师范大学, 2013.

[13] 王丽婧, 雷刚, 韩梅, 等. 数据缺失条件下基于 MLP 神经网络的水华风险预警方法研究[J]. 环境科学学报, 2015, 35(6): 1922-1929.

[14] 高峰, 冯民权, 滕素芬. 基于 PSO 优化 BP 神经网络的水质预测研究[J]. 安全与环境学报, 2015, (4): 338-341.

[15] 许婷. MIKE21 HD 计算原理及应用实例[J]. 港工技术, 2010, 47(5): 1-5.

[16] 陆敏. 人工岛对海湾水环境影响的数值研究[D]. 大连: 大连理工大学, 2011.

[17] 田勇. 湖泊三维水动力水质模型研究与应用[D]. 武汉: 华中科技大学, 2012.

[18] 王永义. 水面蒸发计算方法及其检验[J]. 地下水, 2006, 28(1): 15-16.

[19] 牛振红, 孙明. 水面蒸发折算系数的对比观测实验与分析计算[J]. 水文, 2003, 23(3): 49-51.

[20] 王远明, 李成荣. 宜昌站水面蒸发系数折算分析[J]. 人民长江, 1999, 30(1): 41-42.

[21] 陈荷生, 张永健, 宋祥甫, 等. 太湖底泥生态疏浚技术的初步研[J]. 水利水电技术, 2004, 35(11): 11-13.

[22] 周香香. 崇明前卫村沟渠生态修复示范工程研究[D]. 上海: 华东师范大学, 2008.

[23] 孙铁军, 刘素军, 武菊英, 等. 6 种禾草坡地水土保持效果的比较研究[J]. 水土保持学报, 2008, 22(3): 158-162.

第 8 章　强人工干扰流域连通性及水量水质调控研究

8.1　相关理论与方法

8.1.1　基于图论的河网结构连通性量化方法

本小节整合了文献中基于复杂网络的河网结构连通性分析方法，并在此基础之上提出两种改进的量化方法。一种是借鉴树状水系连通性指数法、结合最短路径算法提出的网状水系连通性指数(reticulate connectivity index，RCI)法；另一种是通过测算一个涵盖水文、水动力、水质和水利工程项的综合阻力权，进一步提出的河网综合连通性指数(comprehensive connectivity index，CCI)法。第一种改进方法拓展了以往树状水系连通性量化方法的应用范围，第二种改进方法弥补了河网连通性量化中考虑因素单一的不足。研究内容可应用于量化网状水系的连通性、单一闸坝的重要性和不同闸坝系统布局的合理性，进而优化闸控河网的结构连通性。

1. 河网结构连通性的基本理论

图模型通过图的形式实现研究对象之间的结构关系建模。图模型建立后，可从图的基本概念出发，利用图具有的性质实现研究对象的结构分析，是一种有效的复杂系统分析方法。借鉴图论的相关知识，可以将流域中的河网、湖泊、湿地、水库，甚至是复杂的水利工程系统，抽象转化为图中的边和顶点，从而建立流域的河网图模型。通过对河网水系的形状和空间结构量化分析，从数学的角度揭示河网水系的连通状况[1]。

河网图模型的建立方法有原始法和对偶法[2-3]，可以互相转化。前者以河流交汇口为顶点，以河段为边，构建 L 空间网络，河流交汇点的重要程度由于 L 空间的边加权特性而易于识别，保留了河网的地理信息[4]。后者以河流为顶点，以交汇口为边，建立无向无权的 P 空间网络。本节采用原始法建立河网图模型，河网结构连通性的指标采用连通度、最短路径长度、平均路径长度、连通性系数、聚类系数、节点度、纵向连通性指数和生态网络结构各项指数。

1) 连通度

对于无向图 $D=(V,E)$，顶点集 $V=(v_1,v_2,\cdots,v_n)$，边集 $E=(e_1,e_2,\cdots,e_n)$，用 a_{ij}

表示顶点 v_i 到顶点 v_j 边的数量，矩阵 $A(D)=(a_{ij})_{n\times n}$ 为 D 的邻接矩阵。对于有向图 $G=(V,E)$，用 a_{ij} 表示始点 v_i 到终点 v_j 有向边的数量，邻接矩阵 $A(G)=(a_{ij})_{n\times n}$。

对于 G 或其对应的无向图邻接矩阵 A，如果矩阵 $S=(S_{ij})_{n\times n}=\sum_{k=1}^{n-1}A^k$ 中元素全部非零，则 G 为连通图，反之为非连通图。设 V'是 V 中任意非空真子集，若 G 连通且 $G[V-V']$，则称 V'是 G 的顶点割集。最小顶点割集中顶点的个数就是 G 的连通度 G 的连通度 $\lambda(G)$，可表示图的连通性强弱。

2) 最短路径长度

最短路径长度指某一顶点到其他所有顶点最短路径长度的总和，可表示为

$$L_i=\sum_{j=1}^{n}D_{ij},\quad i,j=1,2,\cdots,n \tag{8-1}$$

式中，n 为区域内顶点数目；D_{ij} 为点 i 到点 j 的最短路径长度，该值越小，说明该顶点的连通性越好。进而可以得到整个网络的最短路径矩阵 $L=(L_{ij})_{n\times n}$。

3) 平均路径长度

平均路径长度可衡量河网顶点之间的离散程度，从全局角度描述任意两点间距离。对于一个无向网络，平均路径长度是每个顶点到其他顶点的最短路径长度的均值[5]，即

$$L_{\mathrm{a}}=\frac{2}{n(n+1)}\sum_{i\geqslant j}D_{ij},\quad i,j=1,2,\cdots,n \tag{8-2}$$

式中，N 为顶点数；D_{ij} 为点 i 到点 j 的最短路径长度。

4) 连通性系数

连通性系数(Con)是最短路径长度和平均路径长度的比值，可以量化河网中不同顶点所处的不同地位。

$$\mathrm{Con}=L_i/L_{\mathrm{a}} \tag{8-3}$$

式中，L_i 为顶点 i 的最短路径；L_{a} 为河网最短路径的平均值，即平均路径长度。

Con 越小，说明连通状况越好；$\mathrm{Con}>1$ 说明该顶点连通性低于网络的平均水平；$\mathrm{Con}<1$ 说明其连通性优于网络平均水平；Con=1 说明其连通性与网格平均水平一致。

5) 聚类系数

聚类系数用来描述网络的紧密程度。假设顶点 i 有 (k_i-1) 条边将它与 (k_i-1) 个顶点相连，这 k_i 个顶点之间的实际边数 E_i 与总的可能边数 $k_i(k_i-1)/2$ 的比值即为顶点 i 的聚类系数 C_i：

$$C_i = \frac{E_i}{k_i(k_i - 1)/2} \tag{8-4}$$

河网的聚类系数 C 可解释为河网中所有顶点聚类系数 C_i 的平均值[5]，即

$$C = \frac{1}{n}\sum_{i=1}^{n} C_i \tag{8-5}$$

显然，$C \leqslant 1$。当 C=1 时，河网完全连接，即任意两个顶点都直接相连。

6) 节点度

节点度指的是与顶点相连的边的数目,河网平均节点度是各顶点节点度均值。节点度越大，其重要程度越高，河网中体现了汊点单元或河段的重要程度。因河流的特殊性，其单个顶点的节点度不会很大。河湖水系中，湖泊拥有较高的节点度，即 Hub 点，对连通优化具有关键作用。

7) 纵向连通性指数

纵向连通性指数体现了空间结构的纵向联系，通常与障碍物的数量与类型、生物迁徙的顺利程度和物质能量的传递等有关，可表示为

$$w = N / L \tag{8-6}$$

式中,w 为河流纵向连通性指数;N 为河流的断点或顶点等一些列障碍物的数量(如闸、坝和堰等)；L 为河流的长度。

8) 生态网络结构分析

采用网络闭合度 α 指数、线点率 β 指数、网络连接度 γ 指数和成本比，分析潜在的网络关系。各指数的计算公式为

$$\begin{cases} \alpha\text{指数} = \dfrac{l - v + 1}{2v - 5} \\ \beta\text{指数} = l / v \\ \gamma\text{指数} = \dfrac{l}{l_{\max}} = \dfrac{l}{3(v - 2)} \\ \text{成本比} = 1 - \dfrac{l}{d} \end{cases} \tag{8-7}$$

式中，l 为河链数；v 为顶点数；$l_{\max}$ 为最大可能的河链数；d 为河链长度。

α 指数与网络的物质循环和流畅性成正比，介于 0～1。β 指数反映各顶点与其他顶点的密切程度，分为三种情况：$\beta < 1$ (树状结构)，β=1 (单一回路结构)，$\beta > 1$ (复杂网络结构)。γ 指数表征河网的结合水平，介于 0～1，河网中的各顶点之间不相连则 γ=0，相连则 γ=1。成本比表征投入和产出的关系，该值越小，网络结构在经济上越有效，对生态网络建设越有利。

2. 改进的网状水系连通性指数法

在前文所述的传统量化方法基础之上，借鉴树状水系连通性指数法，结合最短路径算法，提出网状水系连通性指数(RCI)法。该方法拓展了以往树状水系连通性量化方法的应用范围。

将以闸坝为顶点、以河段为边的有向河网图模型，转化为以河段为顶点、以闸坝为边的河网有向图模型。针对流域内河道的不同交汇情况，各概化方式如图 8-1 所示。

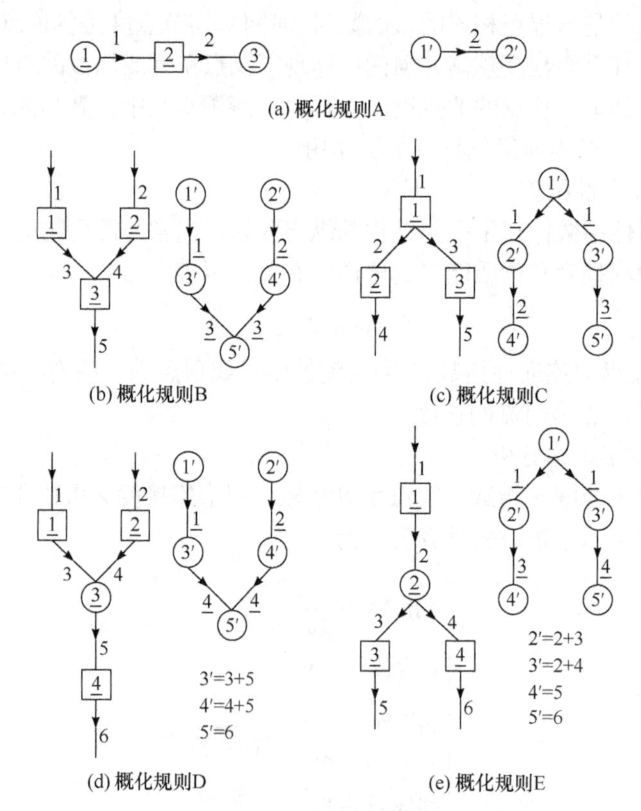

图 8-1　概化规则示意图

概化规则 A、B、C、D、E 的左侧，圆圈表示普通顶点，方框表示闸坝顶点，—表示河段，x 表示顶点编号，x 表示河段编号，→表示水流方向；概化规则 A、B、C、D、E 的右侧，圆圈表示河段，—表示闸坝，x′表示河段编号，x 表示闸坝编号，→表示水流方向；x′=y+z，表示将左侧河段 y 和河段 z 合并概化为右侧的河段 x′

(1) 如图 8-1(a)所示，沿水流方向，若河流 a 始于河源 1，经过闸 2，终于河口 3，节点将河流分为河段 1 和河段 2，则概化为河段 1′经过闸 2，流至河段 2′。

(2) 如图 8-1(b)所示，沿水流方向，若河流 a 与河流 b 分别经过闸 1 和闸 2 后，交汇于闸 3 处并合并为河流 c，则概化为河流 d 经过闸 1 和闸 3，河流 e 经过闸 2

和闸 3，之后两河流交汇为河流 5′。

(3) 如图 8-1(c)所示，沿水流方向，若河流 a 经闸 1 后分流为河流 b 与河流 c，之后河流 b 与河流 c 分别经闸 2 和闸 3 下泄，则概化为河流 d 经过闸 1 和闸 2 下泄，河流 e 经过闸 1 和闸 3 下泄。

(4) 如图 8-1(d)所示，沿水流方向，若河流 a 与河流 b 分别经闸 1 和闸 2 后交汇于 点，形成河流 c 后经闸 4 下泄，则需要将交汇点前的两河段分别与交汇后的河段进行合并，形成两个新的河段。

(5) 如图 8-1(e)所示，沿水流方向，若河流 a 经闸 1 后于一点分流为河流 b 与河流 c，之后河流 b 与河流 c 分别经闸 3 和闸 4 下泄，则需要将交汇点前的河段与交汇后的两河段分别进行合并，形成两个新的河段。

采用邻接矩阵 A 表示转化后的河网有向图模型，其中 0 元素表示相邻河段上无闸坝，1 元素表示相邻河段上有闸坝。借鉴树状水系连通性指数，并结合最短路径思想，计算邻接矩阵的最短路径，即求得任意两河段之间闸坝数量最少的一条通路，称之为易达路径。RCI 取决于河网中任意两点之间易达路径的闸坝的数量、可通过能力及河段长度，可视为任意两河段间易达路径连通性的总和。网状水系连通性指数计算公式如下：

$$\mathrm{RCI}=\sum_{i=1}^{n}\sum_{j=1}^{n}c_{ij}\frac{s_i}{S}\frac{s_j}{S}\times 100 \tag{8-8}$$

$$c_{ij}=\prod_{m=1}^{M_{\min}}p_m^{\mathrm{u}}p_m^{\mathrm{d}} \tag{8-9}$$

式中，n 为河段的数量；s_i 与 s_j 分别表示河段 i 与河段 j 的水域面积；S 为河网水域的总面积，采用水域面积代替树状水系连通性指数中的河网长度，可将面状水域的影响纳入考虑，适用于湖泊和湿地的流域连通性量化；指数乘以 100 是为了将 RCI 调整为 0～100，其值越大，表明连通状况越好；c_{ij} 为河段 i 与河段 j 间易达路径的连通性，取决于易达路径的闸坝数量($M_{\min}$)和可通过能力，p_m^{u} 表示生物体从下游至上游通过易达路径的中第 m 个闸坝的能力；p_m^{d} 表示生物体从上游至下游通过易达路径的中第 m 个闸坝的能力。

依次去掉河网内的其中任意一个闸坝，并重新计算新的 RCI，假设河段 i 与河段 j 之间有 M 个闸坝，则共得到 M 个新的 RCI。将 M 个新的 RCI 由大到小排列，排列越靠前的说明该闸坝的拆除对水系连通性的提高贡献越大，由此得知单一闸坝的优先拆除次序。在上述步骤的基础上，可以进一步通过分析闸坝之间的相互影响获得更加优化的方法。同时去掉河网内的任意若干个排列靠前的优先拆除闸坝，按照同样的方式重新计算新的 RCI，并按大小排列，排列越靠前的说明该组合方式下若干个闸坝的拆除对水系连通性的提高贡献越大，由此得知多个闸坝一起拆除时的优先拆除次序，根据该优先拆除次序即可获得拆除效果最好的优化方案，对闸控河网的结构连通性进行优化。

3. 改进的河网综合连通性指数法

在前文基础上，通过测算一个涵盖水文、水动力、水质和水利工程项的综合阻力权，进一步提出河网综合连通性指数(CCI)法。该方法弥补了河网连通性量化中考虑因素单一的不足。基于图论的思想，对流域河网系统进行量化、分析和优化。将流域河网概化为有向图模型，将河流的源、汇和交汇口概化为有向图的普通顶点，将流域内的闸和坝概化为有向图的闸坝顶点，将相邻顶点之间的河段概化为边。寻求一个涵盖水文阻力项、水动力阻力项、水质阻力项和水利工程阻力项的综合阻力权，具体描述如下。

(1) 采用水文阻力项 α_{ij} 量化该河段水文方面的阻力：

$$\alpha_{ij}=\frac{L_{ij}}{S_{ij}} \tag{8-10}$$

式中，ij 为任意两个相邻顶点 i 和 j 之间的河段；S_{ij} 为河段 ij 的水面面积；L_{ij} 为河段 ij 的长度；S_{ij} 和 L_{ij} 的比值越大，说明该河段上的水面率越大，以此可以将湖泊和湿地纳入系统并与河道区别。α_{ij} 采用该比值的倒数描述该河段上集水区域的丰富程度，即 α_{ij} 越小，水面率越大，α_{ij} 越大，河段水面率越小，面临的水文阻力越大。

(2) 水动力阻力项 β_{ij} 采用流动时间来量化：

$$\beta_{ij}=T_{ij}=\frac{L_{ij}}{V_{ij}} \tag{8-11}$$

式中，T_{ij} 为水流通过河段 ij 需要的时间；V_{ij} 为河段 ij 的平均流速。T_{ij} 表征水流通畅性，用河段的长度与平均流速的比值求得，β_{ij} 越小，河段流动能力越强。

(3) 水质阻力项 γ_{ij} 采用多种污染物平均浓度的乘积表示：

$$\gamma_{ij}=\prod_{k=1}^{m}C_{ij}^{k} \tag{8-12}$$

式中，C_{ij}^{k} 为 ij 河段第 k 种污染物的平均浓度；k 为 1～m 的正整数(k=1, 2, ⋯, m)。γ_{ij} 采用 ij 河段的 m 种污染物平均浓度乘积描述该段的污染负荷，可以定量描述该河段水质方面的阻力。

(4) 水利工程阻力项 ω_{ij} 可以定量描述该河段人类活动方面的阻力：

$$\omega_{ij}=\begin{cases}1, & b=0\\ a_1^{\mathrm{u}}\cdot a_1^{\mathrm{d}}, & b=1, a_1^{\mathrm{u}}、a_1^{\mathrm{d}}均\geqslant 1\\ a_1^{\mathrm{u}}\cdot a_1^{\mathrm{d}}\cdot a_2^{\mathrm{u}}\cdot a_2^{\mathrm{d}}, & b=2, a_1^{\mathrm{u}}、a_1^{\mathrm{d}}、a_2^{\mathrm{u}}、a_2^{\mathrm{d}}均\geqslant 1\end{cases} \tag{8-13}$$

式中，a_1^{u} 和 a_2^{u} 为建设闸坝使生物体从下游至上游通过某个顶点难度增加的系数；a_1^{d} 和 a_2^{d} 为建设闸坝使生物体从上游至下游通过某个顶点难度增加的系数；a_1^{u}、a_1^{d}、a_2^{u}、a_2^{d}均⩾1，越接近 1 说明闸坝对河网系统过流能力的影响越小，越接近天然状态；b 为第 ij 河段的起始顶点和结束顶点中闸坝顶点的数量，b=0, 1, 2。

结合四种阻力项，将综合阻力权描述为

$$\mathrm{CRW}_{ij}=\frac{\alpha_{ij}}{\sum_{i=1}^{n}\sum_{j=1}^{n}\alpha_{ij}}\cdot\frac{\beta_{ij}}{\sum_{i=1}^{n}\sum_{j=1}^{n}\beta_{ij}}\cdot\frac{\gamma_{ij}}{\sum_{i=1}^{n}\sum_{j=1}^{n}\gamma_{ij}}\cdot\omega_{ij} \tag{8-14}$$

式中，水文阻力项、水动力阻力项和水质阻力项均采用河段该项系数与河网全部河段该项系数之和的比值表示，旨在避免不同量纲的影响，将水文阻力项、水动力阻力项和水质阻力项均转化为 0 到 1 之间的系数，使得计算结果具有可比性。

采用上述公式计算任意河段间的 CRW 作为边的权重，建立河网综合阻力权的加权邻接矩阵，将河网连通性问题转化为加权邻接矩阵的最短路径问题。采用最短路径计算方法，求得最小综合阻力矩阵；第 i 个顶点的最小综合阻力描述为以该顶点为起始点和结束点的最短路径之和；河网最小综合阻力描述为河网中全部顶点的最小综合阻力之和，河网的最大综合连通性指数采用该值的倒数进行描述。

在上述基础上，依次去掉河网内任意一个或多个闸坝，修改相应的闸坝顶点为普通顶点，修改 b 的取值，进而改变相关河段的 ω_{ij}，重新计算新的 CCI。通过比较计算结果，将 CCI 由大到小排列，排列越靠前，说明该闸坝的拆除对提高水系连通性的贡献越大，据此可确定单一闸坝的优先拆除次序和拆除多个闸坝的优化组合方式，获得拆除效果最好的方案，对闸控河网的结构连通性进行优化。优化步骤如图 8-2 所示。

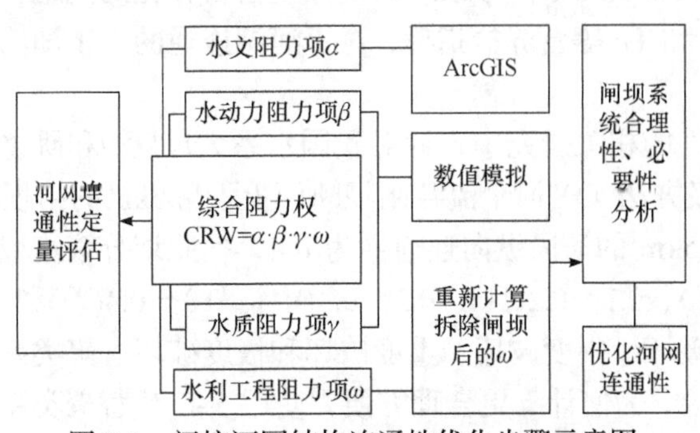

图 8-2　闸控河网结构连通性优化步骤示意图

8.1.2 流域结构和功能连通性的综合量化方法

现有研究集中于河流网络系统在结构上的连通性量化，而流域连通性能的内涵应包括结构连通性和功能连通性两个方面[6]。针对人类活动影响，初步提出相对全面的河网连通性分析方法，但就流域而言，河网、湖泊和湿地等不同类型的水域在结构和功能上具有较大差异，其连通性内涵仍有待进一步探讨。鉴于此，建立包含结构连通性和功能连通性两个方面的流域连通性指标体系；采用模糊算法将多维指标转化为基于模糊神经网络的水域综合阻力权(fuzzy neural networks-comprehensive resistance weight，FNN-CRW)；借鉴景观生态学中景观连接度模型的相关指标，应用于流域连通性量化，可为湖泊和湿地等流域中重要水域类型的系统优化提供理论依据。

1. 流域连通性内涵及指标体系

流域连通性的内涵应包括结构连通性和功能连通性两个方面。结构连通性可从河道纵向连通性指数和网络聚类系数两个方面描述，纵向连通性指数可量化河道的通畅程度，聚类系数可描述网络的发展程度。流域功能的发挥依赖于水质和水量两类指标的共同作用，因此河网功能连通性包括水量和水质两方面指标。水量作为发挥河流功能的最基本指标,其内涵应包括动态水量和静态水量两个方面。动态水量不仅包含平面二维空间的水流运动，还应包含垂向空间的水体交换；前者可用流量和流速等指标表达，后者可采用水面面积、集水面积和下渗系数反映蒸发、径流和下渗过程的影响。静态水量对于有景观和调蓄需求的城市河流尤为重要，可采用水深和可蓄水量表征。水质指标包括物理性水质指标(如浊度)、化学性水质指标(如溶解氧、重金属、化学需氧量、总氮和总磷等)和生物性水质指标(如粪大肠菌群等)。上述指标中，将湖泊看作河网中的蓄水节点，通过纵向连通性指数和聚类系数将湖泊节点、闸坝节点和河段连结为整体，置于一个河网系统当中，可体现湖泊与河网的关联性；通过水面面积、集水面积和可蓄水量等指标，将湖泊与河段加以区分；考虑湖泊易发生富营养化的问题，纳入浊度、DO、COD、氨氮、TN 和 TP 等营养盐指标，对于河湖连通的人工湖泊群连通性量化尤为重要。

在纵向连通性的相关研究中，针对我国水系大尺度[7]和研究断面近区闸坝数量[8]有不同的分级方法。QY 河干流各闸坝断面上下游 5km 的闸坝数量最大值为 4，此时该断面上下 5km 的河段纵向连通性为 0.4，据此划分该流域纵向连通性分解标准为 0～0.1(优)、0.1～0.2(良)、0.2～0.3(中)、0.3～0.4(差)和>0.4(劣)，依次表示未破坏、轻微破坏、中度破坏、重度破坏和极度破坏。聚类系数 $C\leqslant 1$，当 $C=1$ 时，河网完全连接。为使计算更合理方便，使用 $1-C$ 代替聚类系数进行分析。流量缺失率指实际流量和环境流量目标的差值与环境流量目标的比值，反映河段对河流动态性流量需求的满足程度，当实际流量不小于环境流量目标时，流量缺失率为 0。水面率为河道、水库和湖泊等水域在多年平均水位下的水面面积与控制面积之比。我国南方地区的水资源充沛，水面率为 15%～25%；江淮地区水资源较充沛，水面率规划建议为 10%～15%；黄淮之间及部分东北地区的水面率规划建议为 5%～10%；水资源匮乏地区的水面率规划建议为 1%～5%[9]。研究区域为水资源相对缺乏地区，则 1/水面率为 0～100，对于研究区域的小尺度河段而言，本书将其简化为湖泊(0～20)、干流(20～40)、一级支流(40～60)、二级支流(60～80)、渠道及其他(80～100)。水深缺失率指实际水位和正常蓄水位的差值与正常蓄水位下最大水深的比值，反映河段对景观蓄水量需求的满足程度。选择蓄水水深代替蓄水量，一方面可以更加直观地指导闸坝调度，另一方面可以消除不同河底高程的影响。当实际水位不小于正常蓄水位时，水深缺失率为 0。《地表水环境质量标准》(GB 3838—2002)并未对浊度指标进行明确分级，参考生态河道评价指标体系的相关研究[10-11]，将浊度分为 5 级，但由于缺乏相关资料，后续量化中不纳入该指标。水质指标分级参考《地表水环境质量标准》(GB 3838—2002)，DO 浓度一项为允许大于标准值，其他指标必须小于标准值。为便于计算，使用氧亏量代替[12]。氧亏量、溶解氧浓度的转换公式为 $D = \mathrm{DO_S} - \mathrm{DO}$，其中 $\mathrm{DO_S}$ 为饱和溶解氧浓度(mg/L)。饱和溶解氧浓度随温度变化显著，取该流域 2014 年溶解氧浓度及检测指标最大值 9.8mg/L，该流域分级标准为[2.3, 3.8]、(3.8, 4.8]、(4.8, 6.8]、(6.8, 7.8]和(7.8, 9.8](表 8-1)。

表 8-1　FNN-CRW 指标体系分级标准

指标	Ⅰ类	Ⅱ类	Ⅲ类	Ⅳ类	Ⅴ类
纵向连通性指数	[0, 0.1]	(0.1, 0.2]	(0.2, 0.3]	(0.3, 0.4]	(0.4, 0.5]
1−C	[0, 0.2]	(0.2, 0.4]	(0.4, 0.6]	(0.6, 0.8]	(0.8, 1.0]
流量缺失率/%	[0, 10]	(10, 20]	(20, 30]	(30, 40]	(40, 50]
1/水面率	(0, 20]	(20, 40]	(40, 60]	(60, 80]	(80, 100)
水深缺失率/%	[0, 20]	(20, 40]	(40, 60]	(60, 80]	(80, 100]
浊度(NTU)	[0, 15]	(15, 17.5]	(17.5, 20]	(20, 30]	>30
D/(mg/L)	[$\mathrm{DO_s}$−7.5, $\mathrm{DO_s}$−6]	($\mathrm{DO_s}$−6, $\mathrm{DO_s}$−5]	($\mathrm{DO_s}$−5, $\mathrm{DO_s}$−3]	($\mathrm{DO_s}$−3, $\mathrm{DO_s}$−2]	($\mathrm{DO_s}$−2, $\mathrm{DO_s}$]
COD/(mg/L)	[0, 5]	(5, 15]	(15, 20]	(20, 30]	(30, 40]
氨氮浓度/(mg/L)	[0, 0.15]	(0.15, 0.50]	(0.5, 1.0]	(1.0, 1.5]	(1.5, 2.0]
TN 浓度/(mg/L)	[0, 0.2]	(0.2, 0.5]	(0.5, 1.0]	(1.0, 1.5]	(1.5, 2.0]
TP 浓度/(mg/L)	[0, 0.02]	(0.02, 0.10]	(0.10, 0.20]	(0.20, 0.30]	(0.30, 0.40]

2. 基于模糊神经网络的水域综合阻力权

模糊神经网络具备模糊算法对样本数量要求低和神经网络对非线性问题适应性良好的优点。模型输出层采用乘法神经元，隐层和输出层的连接权值固定为 1。网络的输出为

$$\begin{cases} \text{FNN-CRW}_n = \dfrac{\sum\limits_{i=1}^{m} \omega^i y^i}{\sum\limits_{i=1}^{m} \omega^i} \\ \omega^i = \prod\limits_{j=1}^{n} \mu_{A_j^i}(x_j) \cdot \prod\limits_{j=n+1}^{2n} \mu_{A_j^i}(x_j) \cdot \prod\limits_{j=2n+1}^{3n} \mu_{A_j^i}(x_j) \cdot \prod\limits_{j=3n+1}^{4n} \mu_{A_j^i}(x_j) \\ y^i = \left(p_0^i + \sum\limits_{j=1}^{n} p_j^i x_j + \sum\limits_{j=n+1}^{2n} p_j^i x_j + \sum\limits_{j=2n+1}^{3n} p_j^i x_j + \sum\limits_{j=3n+1}^{4n} p_j^i x_j \right) \end{cases} \tag{8-15}$$

式中，x_j 为网络输入参数，x_1，$x_2,\cdots,x_n$ 为 n 种结构连通性指标，如纵向连通性指数和聚类系数等；x_{n+1}，$x_{n+2},\cdots,x_{2n}$ 为 n 种动态水量指标，如流量缺失率、流速、1/水面率等；x_{2n+1}，$x_{2n+2},\cdots,x_{3n}$ 为 n 种静态水量指标，如水深缺失率和可蓄水量等；x_{3n+1}，$x_{3n+2},\cdots,x_{4n}$ 为 n 种水质指标，如浊度、COD、氨氮浓度和粪大肠菌群等；ω^i 为输入参数隶属度连乘积；$\mu_{A_j^i}$ 为隶属度；y^i 为根据模糊规则得到的输出；p_0^i 为模糊系统参数。

误差计算：

$$e = \frac{1}{2}(y_\mathrm{d} - y_\mathrm{c})^2 \tag{8-16}$$

式中，y_d 和 y_c 分别为网络期望输出和网络实际输出。

系数修正：

$$p_j^i(k) = p_j^i(k-1) - \alpha \frac{\partial e}{\partial p_j^i} \tag{8-17}$$

$$\frac{\partial e}{\partial p_j^i} = (y_\mathrm{d} - y_\mathrm{c}) \omega^i \Big/ \sum_{i=1}^{m} \omega^i \cdot x_j \tag{8-18}$$

参数修正：

$$c_j^i(k) = c_j^i(k-1) - \beta \frac{\partial e}{\partial c_j^i} \tag{8-19}$$

$$b_j^i(k) = b_j^i(k-1) - \beta \frac{\partial e}{\partial b_j^i} \tag{8-20}$$

式中，p_j^i 为神经网络系数；α 为网络学习率；x_j 为网络输入参数；ω^i 为输入参数隶属度连乘积；c_j^i 和 b_j^i 分别为隶属度函数的中心和宽度。

参考《地表水环境质量标准》(GB 3838—2002)和现有文献，采用 linspace 函数，在表 8-1 各项指标的各级评价标准内按照等间隔的均匀方式进行内插，从而生成资料样本集。在Ⅰ类、Ⅱ类、Ⅲ类、Ⅳ类、Ⅴ类和劣Ⅴ类各级之间分别生成 100 组数据，共计 500 组数据。从中随机抽取 450 组数据作为训练样本，其余 50 组数据作为检测样本。评价结果分为Ⅰ类(<1)、Ⅱ类(1～2)、Ⅲ类(2～3)、Ⅳ类(3～4)、Ⅴ类(4～5)和劣Ⅴ类(>5)。

3. 基于连接度指标的流域连通性量化方法

借鉴景观生态学中的景观连接度模型[13-14]，探讨中介度(betweenness centrality，BC)、整体连接性指数(integral index of connectivity，IIC)、改进型 BC 指数(BC_IIC)和连接重要性指数(link importance values)在流域连通性量化中的应用，计算公式为

$$\mathrm{BC}_k = \sum_i p(i,k,e) / p(i,e),\ \ i \neq k \neq e \tag{8-21}$$

$$\mathrm{IIC} = \frac{\sum_{i=1}^{n}\sum_{j=1}^{n} \frac{a_i \times a_j}{1 + nl_{ij}}}{A_L^2} \tag{8-22}$$

$$\mathrm{dIIC}_{\mathrm{link}} = \frac{\mathrm{IIC} - \mathrm{IIC}_{\mathrm{link\_deforested}}}{\mathrm{IIC}} \times 100 \tag{8-23}$$

$$\mathrm{BC\_IIC} = \frac{\sum_{i=1}^{n}\sum_{j=1}^{n} \frac{a_i \times a_j}{1 + d_{ij}}}{A_L^2},\ \ i, j \neq k, \text{且} ij \in nm^* \tag{8-24}$$

式中，i 为河网中任意河段；e 为流域出口断面；k 为河网中某一特定河段；$p(i,e)$ 为河网中任意河段到其他河段的最短路径；$p(i,k,e)$ 为河网中经过特定河段 k 的任意河段到达其他河段的最短路径；BC 的大小反映了流域汇总特定河段在水体流动过程中的重要程度；n 为流域中河段的总数；a_i和a_j 分别为河段 i 和河段 j 的阻力权重；nl_{ij} 为河段 i 和河段 j 之间最短路径的连接数，对于不存在通路的河段之间 $nl_{ij}=\infty$；A_L 为流域内各河段阻力权重之和；$0 \leqslant \mathrm{IIC} \leqslant 1$，IIC=0 表示各河段之间无连接，IIC=1 表示各河段之间互相连接；$\mathrm{dIIC}_{\mathrm{link}}$ 为现状河网整体连接性指数；$\mathrm{IIC}_{\mathrm{link\_deforested}}$ 为去除某一河段后计算的连接性指数；$\mathrm{dIIC}_{\mathrm{link}}$ 越大表示该河段

在网络中的重要性越大；d_{ij} 为河段 i 和河段 j 之间的最短路径；nm^* 为河段 i 和河段 j 之间经过河段 k 的最短路径；BC_IIC 越大，特定河段 k 对河网水流运动的阻碍作用越强。

8.1.3　基于模糊算法和图论的河网水量水质综合评价方法

本小节将模糊算法和图论算法相结合，应用于兼顾流域内多个监测点位的河网水量水质评价。针对 QY 河流域河网水量水质调控需求，可选取表 8-1 中的流量缺失率、水深缺失率、COD 和氨氮浓度作为关注指标，将式(8-15)简化为

$$\begin{cases} y_n = \dfrac{\sum\limits_{i=1}^{m}\omega^i y^i}{\sum\limits_{i=1}^{m}\omega^i} \\ \omega^i = \mu_{A_1^i}(x_1)\cdot\mu_{A_2^i}(x_2)\cdot\cdots\cdot\mu_{A_n^i}(x_n)\cdot\mu_{A_{n+1}^i}(x_{n+1})\cdot\mu_{A_{n+2}^i}(x_{n+2})\cdot\cdots\cdot\mu_{A_{2n}^i}(x_{2n}) \\ y^i = (p_0^i + p_1^i x_1 + p_2^i x_2 + \cdots + p_n^i x_n + p_{n+1}^i x_{n+1} + \cdots + p_{2n}^i x_{2n}) \end{cases} \tag{8-25}$$

式中，x_j 为网络输入参数，x_1，$x_2,\cdots,x_n$ 为 n 种水质指标，如 COD 和氨氮浓度等；x_{n+1}，$x_{n+2},\cdots,x_{2n}$ 为 n 种水量指标，如流量缺失率和水深缺失率等；ω^i 为输入参数隶属度连乘积。

将河网概化为以闸、坝、源、汇为顶点，以河段为边的有向图 G。边的权值通过模糊神经网络评价结果获得，记作 y_{ij}，权值越小，河道的水量、水质越好。易得河网有向图 G 的加权邻接矩阵 Y [式(8-26)]，可将河网的水量水质评价问题转化为加权邻接矩阵的最短路径问题。根据迪杰斯特拉(Dijkstra)算法，反复使用式 (8-27)，求得河网最短距离矩阵 $Y^{(n)}$ [式(8-28)]：

$$Y = (y_{ij})_{n\times n} \tag{8-26}$$

$$y_{ij}^{(k)} = \min_{i,j,k\in\{1,2,\cdots,n\}}\left\{y_{ij}^{(k-1)}, y_{ik}^{(k-1)} + y_{kj}^{(k-1)}\right\} \tag{8-27}$$

$$Y^{(n)}=(y_{ij}^{(k)})_{n\times n}=\sum_{p=1}^{n} y_{ip}^{(k-1)} y_{pj}, \quad k=1,2,\cdots,n-1 \tag{8-28}$$

式中，$y_{ij}^{(k)}$ 为由顶点 v_i 出发经$(k-1)$个中间顶点到达顶点 v_j 的最佳水量水质；p 为顶点编号$(i\leqslant p\leqslant j)$。

顶点 v_p 的最佳水量水质指数 I_{v_p} 描述为以该顶点为起始点和结束点的最短路径之和与顶点个数的比值，如式(8-29)所示；河网水量水质指数 I_G 描述为河网中全部顶点的最佳水量水质的平均值，如式(8-30)所示：

$$I_{v_p}=\frac{1}{2n}\left(\sum_{i=1}^{n}y_{ip}^{(k)}+\sum_{j=1}^{n}y_{pj}^{(k)}\right) \tag{8-29}$$

$$I_G=\frac{1}{n}\sum_{p=1}^{n}I_{v_p}=\frac{1}{n}\sum_{p=1}^{n}\left(\sum_{i=1}^{n}y_{ip}^{(k)}+\sum_{j=1}^{n}y_{pj}^{(k)}\right) \tag{8-30}$$

式中，$y_{ip}^{(k)}$和$y_{pj}^{(k)}$分别为以该点为起始点和结束点的最短路径之和；I_{v_p}为顶点v_p的最佳水量水质指数；I_G为河网水量水质指数。

8.2　河网结构连通性优化

8.2.1　人工河道水系连通优化

根据 QY 河流域几何和结构特征分析，拟定 QY 河河道水系连通工况。建立并验证 QY 河流域一维河网水动力-水质模型，开展 QY 河流域在不同水系连通工况下的流量、水位、COD 和氨氮浓度的变化规律和分布特征分析，根据连通效果确定最优方案。结果可为 QY 河流域水生态文明建设提供理论依据。

1. QY 河流域河网水动力-水质模型

建立 QY 河流域河网水动力-水质模型，模型参数参考《QY 河流域水环境综合整治行动计划》，糙率为 0.033，河流扩散系数为 $5m^2/s$，COD 一级降解速率为 $0.15d^{-1}$，氨氮一级降解速率为 $0.18d^{-1}$。

采用 2013 年 G 村桥实测流量系列作为上游入流边界(图 8-3)。采用 T 城闸处该断面的流量水位关系作为出流边界条件(图 8-4)。根据 2013 年和 2014 年 G 村桥断面流量过程线，可见该断面全年日平均流量变化范围为 0.90～$28.60m^3/s$，最大值出现在 6 月，最小值出现在 10 月，流量随季节变化大。径流主要集中在 6～9 月(丰水期)，径流量占全年径流量的 52.07%；平水期为 2～5 月，径流量占全年径流量的 30.58%，枯水期为 10 月至次年 1 月，径流量占全年径流量的 17.35%。2014 年 G 村桥断面全年日平均流量变化范围为 0.60～$3.64m^3/s$，最大值出现在 10 月，最小值出现在 9 月，流量随季节变化规律不明显。

根据现有资料，仅选 G 村桥段至 T 城闸段进行水动力模型验证，由于后半年降雨较多，受降雨影响的支流汇入流量无法估算，因此不纳入模型验证的调控效果对比。进一步采用 1 月 22 日～6 月 25 日共 22 个数据点进行验证，去除其中两个误差超过 30%的奇异值，模拟相对误差约为 11%，均方根误差为 1.87%(图 8-5)。

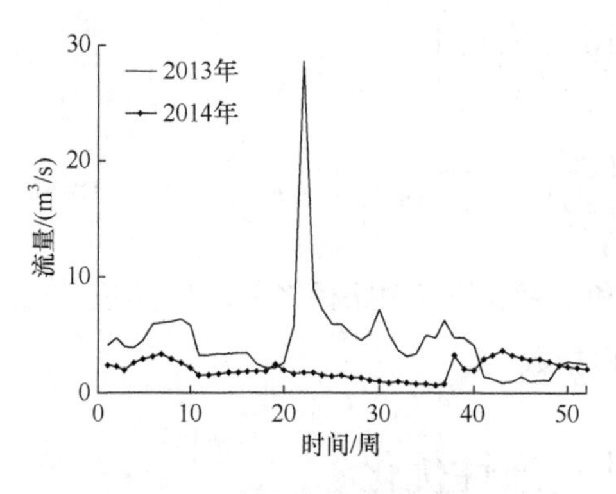

图 8-3　G 村桥断面流量过程线

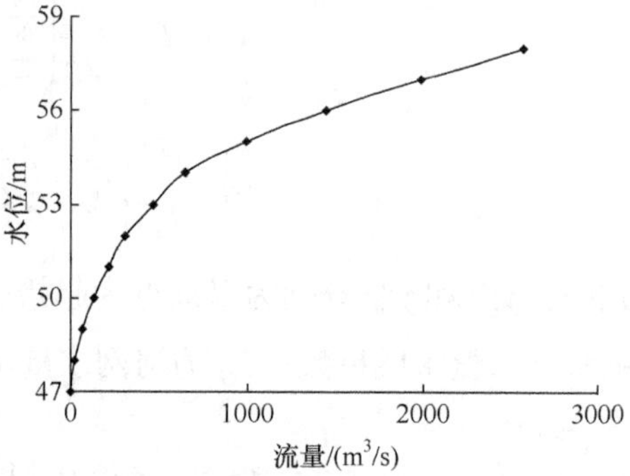

图 8-4　T 城闸断面水位流量关系

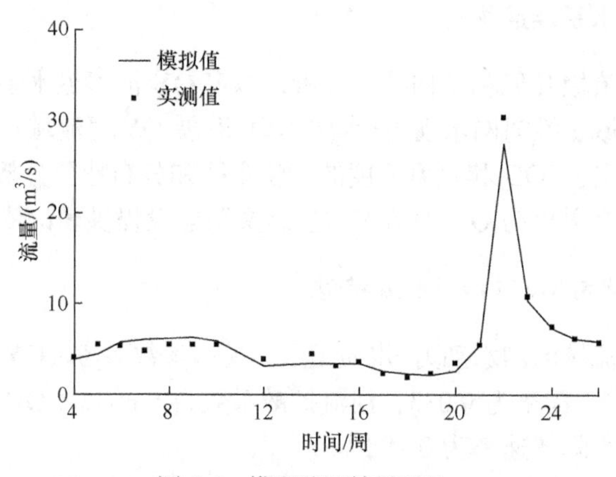

图 8-5　模型验证结果对比

2. 河道水系连通方案

基于流域水系特征分析结果，结合 QY 河流域生态文明建设中现有的水系连通规划，分别针对 QY 河和 XH 河上游，拟定方案点 1 和方案点 2，如图 8-6 所示。为了便于后续水动力水质分析，在流域内设置 13 个关注断面，见图 8-6 中的 1#～13#断面。

分别针对方案点 1(QY 河、YM 河和 XH 河交汇处)和方案点 2(BL 河、QY 河、护城河交汇处)，拟定多种水系连通工况，如图 8-7 和图 8-8 所示。

3. 连通效果分析

1) 方案点 1 调控效果

根据流域特征、水文和水质资料情况，按照流域面积进行流量分配，并将其

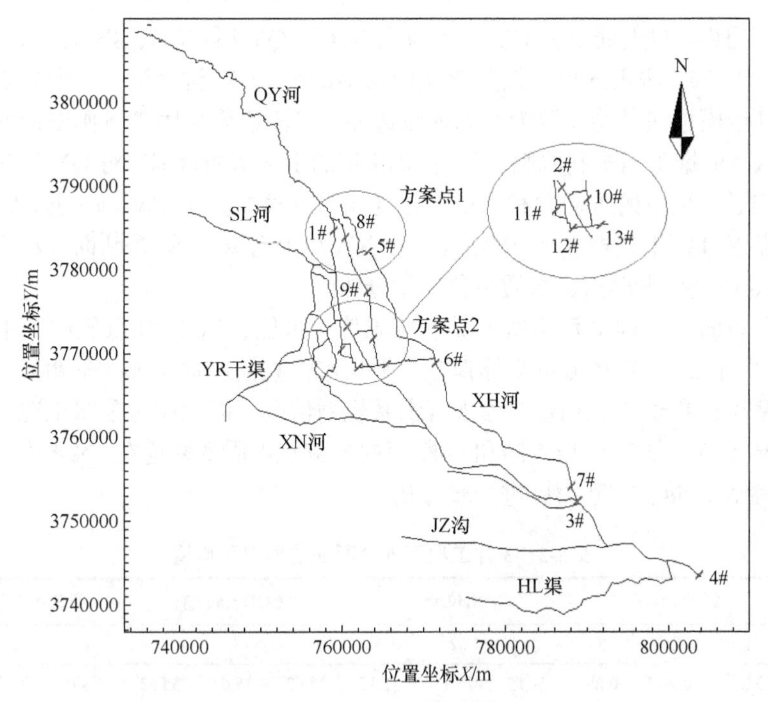

图 8-6　方案点及断面位置图

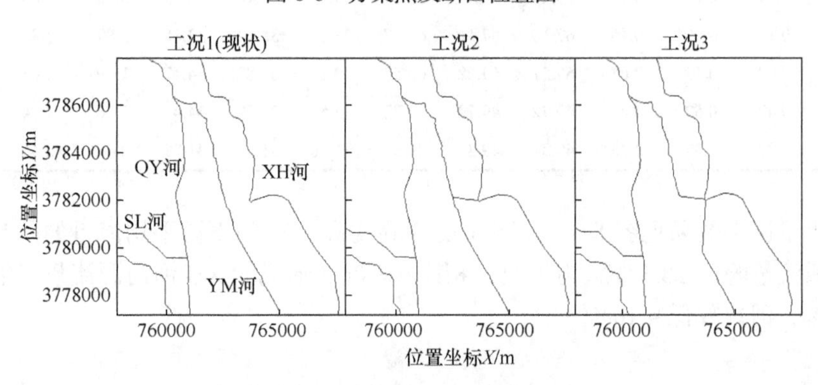

图 8-7　方案点 1 工况设计图

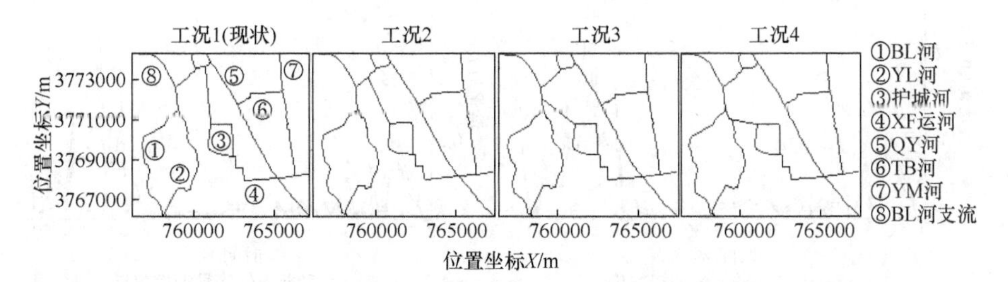

图 8-8　方案点 2 工况设计图

作为入流边界。自上而下在 QY 河干流上 XH 河(QY 河右岸)、SB 沟、JL 沟、WG 河、HL 渠和 JZ 沟汇入口，以及 XN 河与 BL 河、BM 沟交汇处，设置点源入流边界，其他模拟河段均设置为均匀入流边界。出流边界采用 T 城闸断面水位流量关系曲线。依据工程不利原则，选用 2014 年的水文水质资料，对 QY 河流域在三种水系连通工况下的水动力和水质变化规律进行模拟。在 QY 河上选取 1#和 3#断面，在 YM 河上选取 8#和 9#断面，在 XH 河上选取 5#和 7#断面，对以上 6 个断面(图 8-6)进行水动力、水质变化规律分析。

6 个断面在三种水系连通工况下的流量、水位、COD 和氨氮浓度平均值见表 8-2。由于 2014 年径流量整体偏枯，平均水位数据差别表现并不明显，但工况 3 水位提升效果最好。工况 1 为现有水系规划情况，以此作为参照工况，与之相比，工况 2 和工况 3 下 1#、2#和 6#断面的流量及水质变幅均在 1%之内，因此后续研究对 9#、5#、7#断面做进一步分析。

表 8-2　3 种工况下 6 个断面的模拟平均值

断面	流量/(m³/s)			水位/m			COD/(mg/L)			氨氮浓度/(mg/L)		
	1	2	3	1	2	3	1	2	3	1	2	3
1#	0.29	0.29	0.29	71.15	71.15	71.15	35.63	35.63	35.63	3.87	3.87	3.87
8#	0.14	0.14	0.14	73.84	73.84	73.84	35.73	35.74	35.75	3.88	3.88	3.89
9#	0.14	0.09	0.15	67.16	67.14	67.17	35.47	35.14	33.18	3.87	3.82	3.22
5#	0.09	0.13	0.08	69.51	69.52	69.52	30.21	31.87	34.17	1.99	2.65	2.53
7#	0.47	0.52	0.46	49.72	49.72	49.72	33.54	33.79	34.45	2.06	2.24	2.15
3#	2.37	2.37	2.36	49.34	49.34	49.34	31.76	31.75	31.79	2.45	2.45	2.46

流量调控效果见图 8-9，可见工况 3 在提高 YM 河下游平均流量的同时可有效削减流量峰值 28.57%。与工况 2 相比，工况 3 形成的 XH 河河源流量峰值降低 11.31%，河口降低 4.10%。

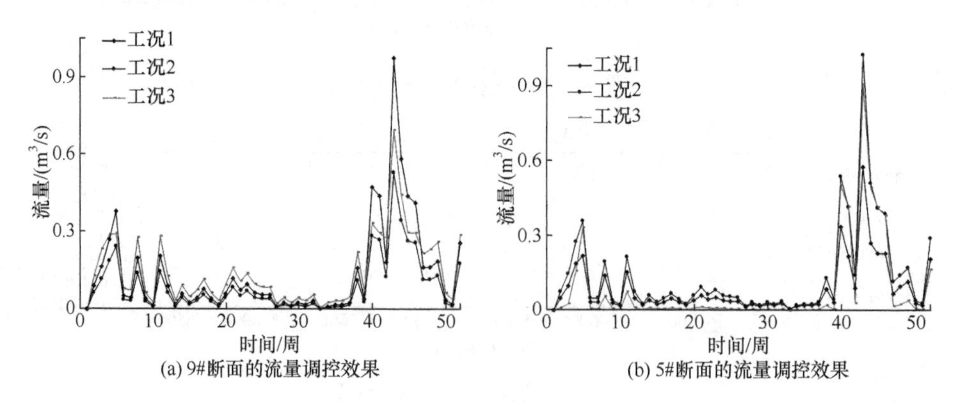

(a) 9#断面的流量调控效果　(b) 5#断面的流量调控效果

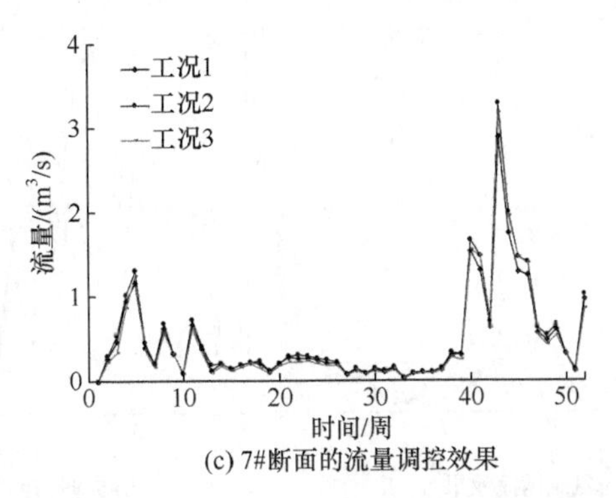

(c) 7#断面的流量调控效果

图 8-9　9#、5#和 7#断面的流量调控效果

由图 8-10 可知，与工况 1 相比，工况 2 和工况 3 分别削减 YM 河下游 COD 8.31%和 26.12%。与工况 2 相比，工况 3 形成的 XH 河河源处 COD 峰值降低 11.20%，河口处增加 4.06%。说明工况 3 对污染物峰值的综合削减作用更好。

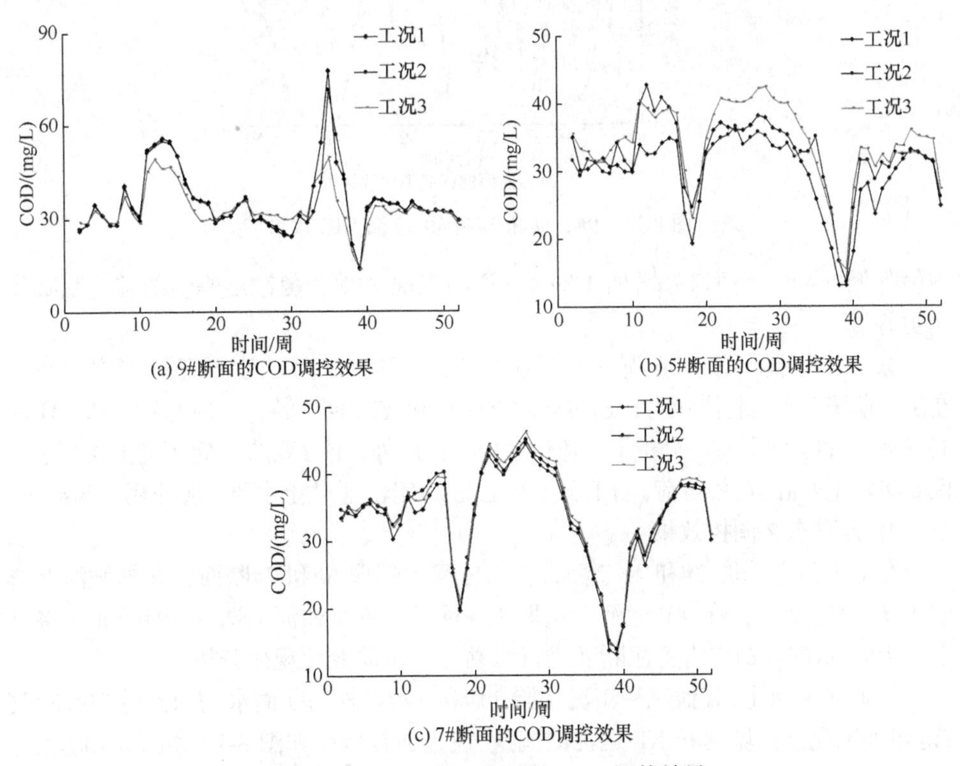

(a) 9#断面的COD调控效果

(b) 5#断面的COD调控效果

(c) 7#断面的COD调控效果

图 8-10　9#、5#和 7#断面的 COD 调控效果

由图 8-11 可知，与工况 1 相比，工况 2 和工况 3 分别削减 YM 河下游的氨氮浓度峰值 0.14%和 26.85%。与工况 2 相比，工况 3 形成的 XH 河河源处氨氮浓度

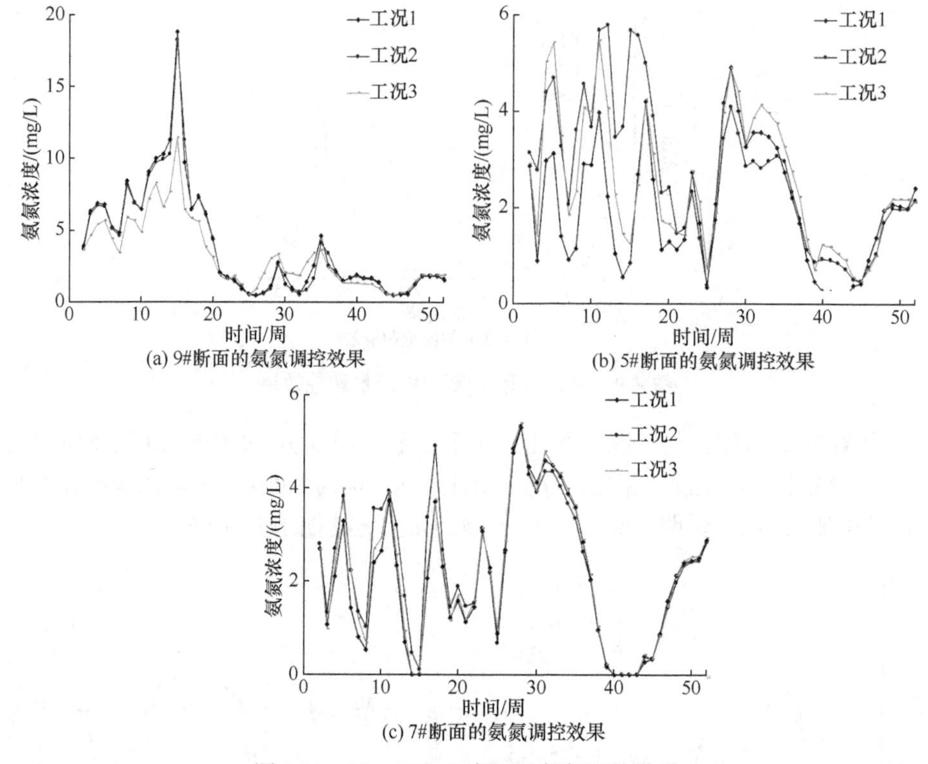

图 8-11 9#、5#和 7#断面的氨氮调控效果

峰值降低 5.44%，河口处增加 1.84%。说明工况 3 对氨氮浓度峰值的综合削减作用更好。

综合上述分析可知，工况 3 通过连通 QY 河和 XH 河，削减了流量峰值，可以在洪水期缓解干流行洪压力；通过连通 XH 河和 YM 河下游，实现 QY 河和 XH 河共同补给 YM 河下游，分担了干流供水压力；此外，该工况在一定程度上缓解了市区 COD 和氨氮的污染负荷，与工况 1 和工况 2 相比，整体上水质改善作用较为显著。

2) 方案点 2 调控效果

在 QY 河上选取 2#和 4#断面，在 XH 河上选取 6#和 7#断面，在护城河上选取 11#和 12#断面，在 XF 运河上选取 13#断面，在 YM 河上选取 10#断面，将以上 8 个断面(图 8-6)作为关注断面进行水动力、水质变化规律分析。

与工况 1 相比，其他三种工况中除 11#和 12#以外的断面水动力条件均有所改善。四种工况下护城河和 XF 运河的流量、流速调控效果如图 8-12 和图 8-13 所示。工况 3 增加 X 湖处流量多达一倍，工况 2 和工况 4 效果并不理想。三种方案中 XF 运河和 QY 河连通后，使得 XF 运河下游流量大幅增加 65.12%～69.77%，但这三种方案下 X 湖—护城河—XF 运河段的供水来源不同，使得 XF 运河上游仅在工况 3 下增加流量 66.67%，其他工况均有所减小；三种方案下 XF 运河两断面流量峰值均有所升高，工况 3 最大，分别为 $0.32m^3/s$ 和 $4.83m^3/s$。

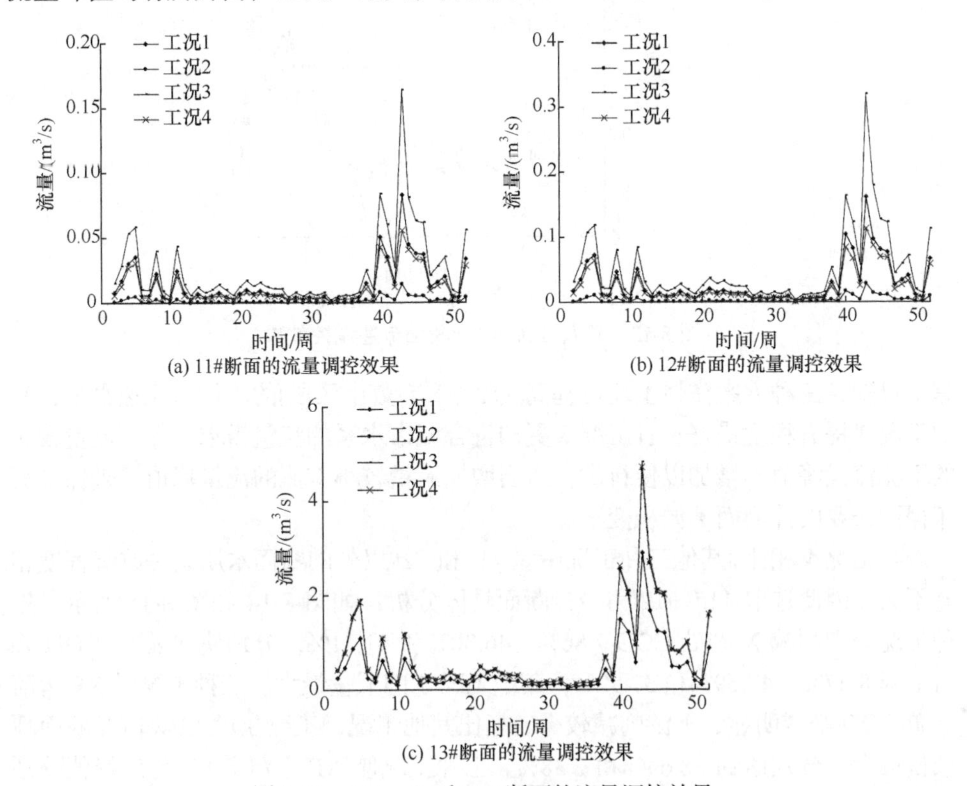

(a) 11#断面的流量调控效果

(b) 12#断面的流量调控效果

(c) 13#断面的流量调控效果

图 8-12　11#、12#和 13#断面的流量调控效果

与工况 1 相比，工况 3 增加 X 湖处流速多达 50%，工况 2 和工况 4 效果并不理想。三种方案下 XF 运河和 QY 河连通后，使得 XF 运河下游流速大幅增加 22.22%，但 XF 运河上游仅在工况 3 下增加流速 60.00%，其他工况均有所减小。

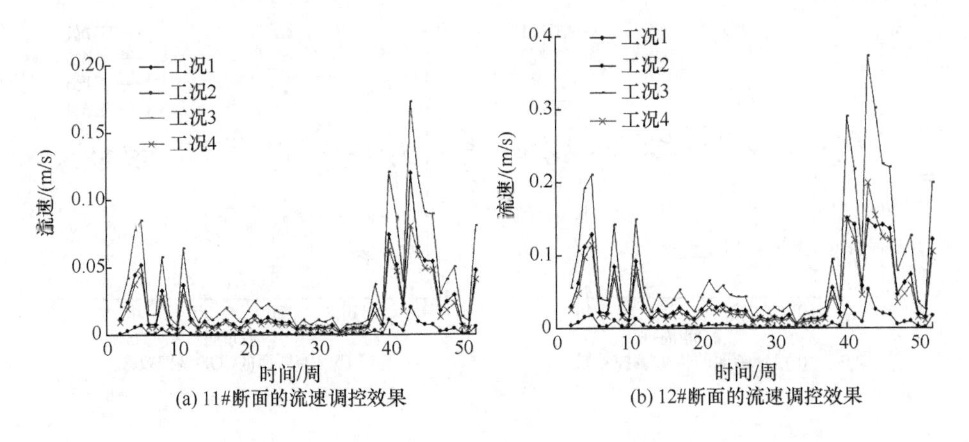

(a) 11#断面的流速调控效果

(b) 12#断面的流速调控效果

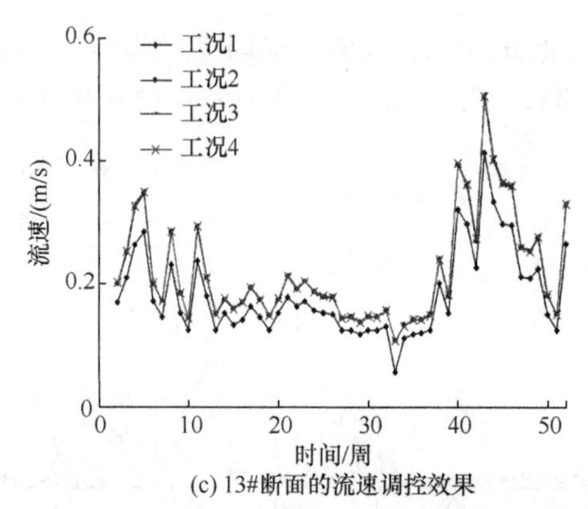

(c) 13#断面的流速调控效果

图 8-13　11#、12#和 13#断面流速调控效果

综上可知，三种方案整体上均可提高 QY 河流域(市区段)的流量和流速水平，其中工况 3 提升程度最好；且工况 3 更加符合城市水系的流量需求，保证流量较大的干流流量峰值不增加以便行洪，适当增加流量较小支流的流量峰值，来保证河床得到必要的冲刷而不淤积变窄。

与工况 1 相比，其他三种工况中除 11#和 12#以外的断面水质条件改善程度相差不大，因此选取 11#、12#和 13#断面具体分析，如图 8-14 和图 8-15 所示。三种工况分别削减 X 湖处 COD 7.86%、46.80%和 41.21%，分别使 X 湖段 COD 峰值下降 8.57%、47.69%和 37.92%，其中工况 3 削减量最大。三种工况对 XF 运河上游 COD 削减明显，下游削减较少，相比其他工况，工况 3 对 12#和 13#断面削减量最大，分别达到 38.64%和 2.38%。三种工况使 XF 运河上游 COD 峰值分别下降 0.40%、30.16%和 24.94%，下游分别增加 5.91%、3.77%和 5.02%，其中工况 3 削减效果最好且增幅最小。

与工况 1 相比，其他三种工况分别削减 X 湖处氨氮浓度 53.57%、57.14%和 7.14%，分别使 X 湖段氨氮浓度峰值下降 87.50%、82.14%和 60.71%，其中工况 2

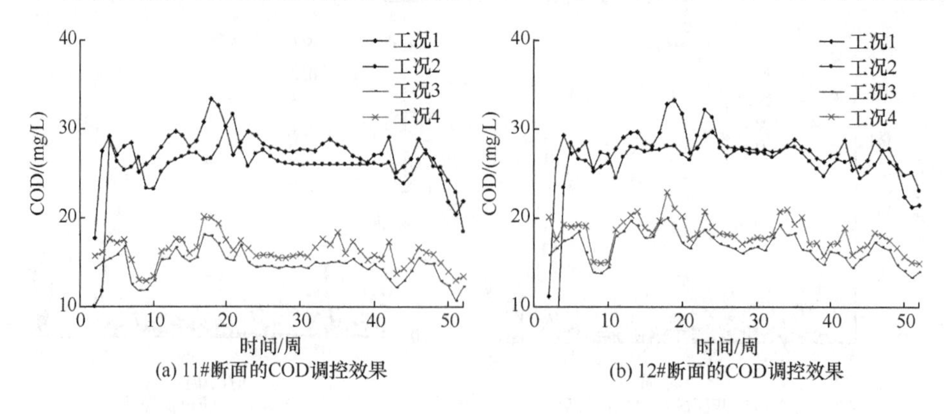

(a) 11#断面的COD调控效果　　(b) 12#断面的COD调控效果

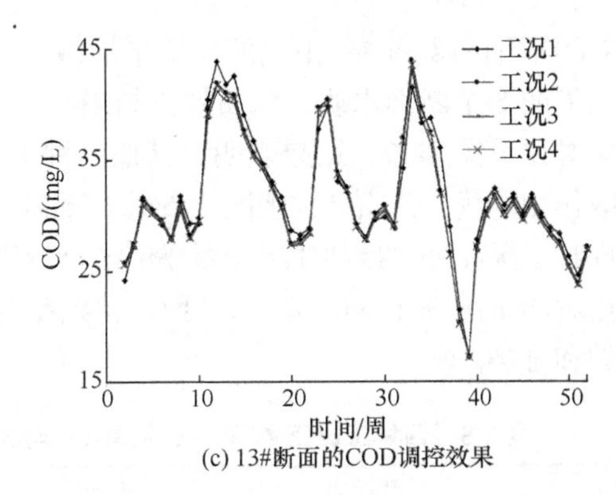

(c) 13#断面的COD调控效果

图 8-14 11#、12#和 13#断面的 COD 调控效果

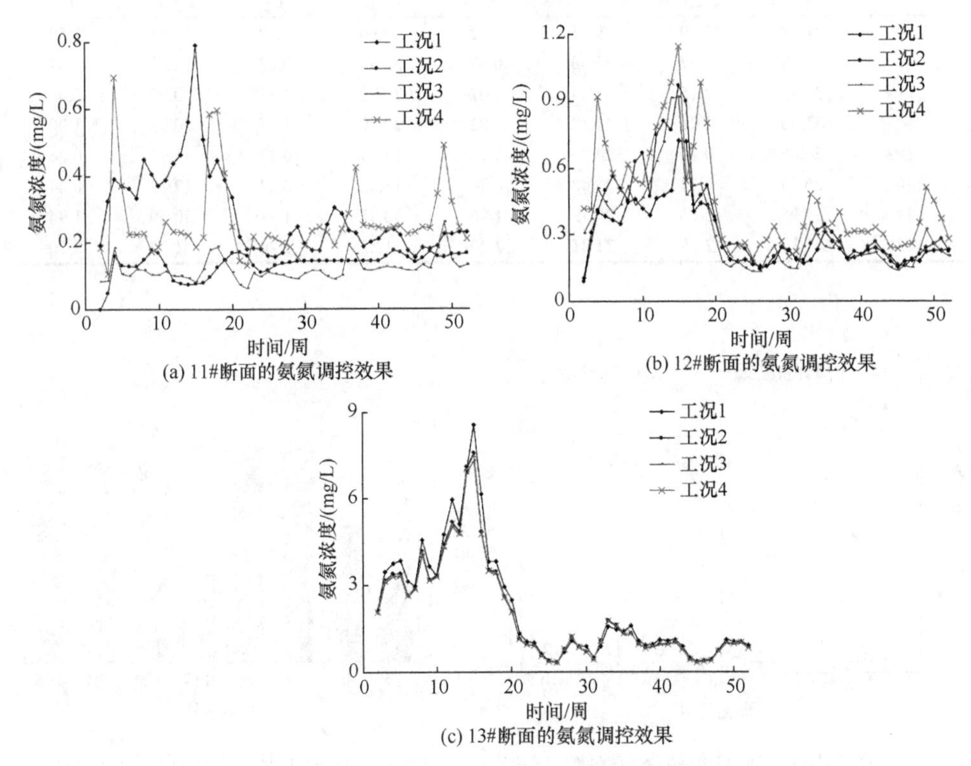

(a) 11#断面的氨氮调控效果

(b) 12#断面的氨氮调控效果

(c) 13#断面的氨氮调控效果

图 8-15 11#、12#和 13#断面的氨氮调控效果

削减量最大。三种工况均使 XF 运河上游氨氮浓度有不同程度的增加，其中工况 3 增幅最小，为 14.29%。三种工况使 XF 运河下游氨氮浓度降低约 2.22%，分别使 XF 运河上游氨氮浓度峰值升高 54%、82%和 96%，工况 2 增幅最小，但仅工况 3 使 XF 运河下游氨氮浓度峰值得到削减。

为了进一步分析四种工况下全流域的污染物分布整体情况，统计 8 个关注断面在四种工况下的COD(C_1)和氨氮浓度(C_2)的模拟平均值，见表8-3。采用模糊神经网络评价四种工况下的8个断面水质，水质评价结果与等级见图8-16，四种工况下的水质评价结果对比见图8-17。结果表明，其他三种工况对QY河流域的污染物浓度的综合削减作用均优于工况1，工况3的综合削减作用最佳，11#和12#断面尤为显著，在现状工况1下11#和12#断面评价结果分别为3.55和3.54，评价等级为Ⅳ类；优化后的工况3下11#和12#断面评价结果分别为2.41和2.86，评价等级分别为Ⅱ类和Ⅲ类。

表8-3　四种工况下 C_1 和 C_2 的模拟平均值　(单位：mg/L)

断面	工况1		工况2		工况3		工况4	
	C_1	C_2	C_1	C_2	C_1	C_2	C_1	C_2
2#	30.08	1.59	29.95	1.52	29.94	1.52	29.95	1.52
4#	32.33	0.67	32.33	0.67	32.33	0.67	32.33	0.67
6#	31.46	2.15	31.14	2.02	30.78	1.98	30.99	2.00
7#	31.50	2.03	31.12	1.92	30.70	1.87	30.95	1.90
11#	26.86	0.28	24.75	0.13	14.29	0.12	15.79	0.26
12#	26.76	0.28	25.48	0.34	16.42	0.32	17.83	0.44
13#	31.05	2.13	30.79	1.96	30.31	1.91	30.59	1.94
10#	31.39	2.25	31.31	2.20	31.32	2.20	31.32	2.20

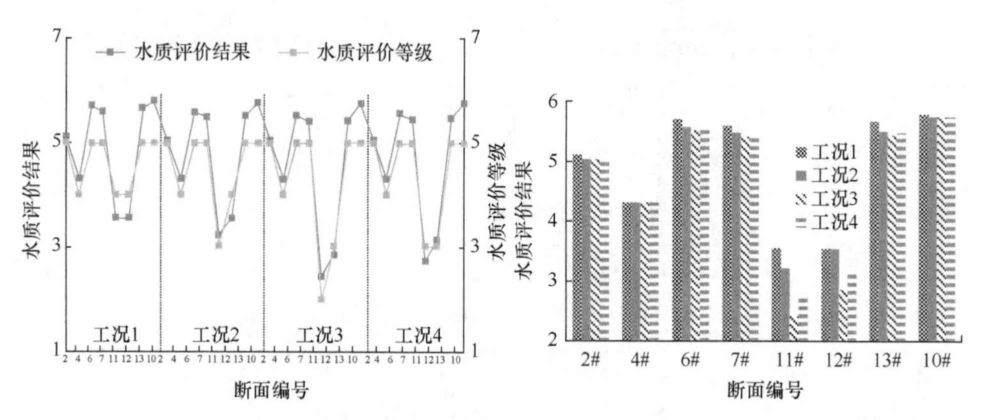

图8-16　水质评价结果与等级　　图8-17　四种工况下水质评价结果对比

综上所述，方案点1中连通QY河、YM河和XH河的方案最优，在保证QY河干流需水量的同时，与现状相比，提高了YM河平均流量5.83%，削减流量峰值28.57%，缓解市区污染负荷，降低COD和氨氮浓度达6.48%和16.75%。方案点2中，优化工况对QY河流域的污染物浓度的综合削减作用均优于现状工况1，工况3的综合削减作用最佳。

8.2.2 连通性分析及优化方案

本小节针对 QY 河流域碎片化和网络化特征，根据各项连通性指标展开 QY 河流域河网结构连通性分析。在此基础上，采用两种改进的网状水系连通性量化方法，开展 QY 河流域闸控河网结构连通性的量化和优化研究，以改善 QY 河流域的河网结构连通性。

1. 基于复杂网络的河网连通性分析结果

YR 干渠和 YM 河是 QY 河流域内的两条主要人工河流。流域内天然径流匮乏，用水有赖于外调水源的补给，YR 干渠是调水的主要渠道。YM 河是在天然水系的基础上连接拓挖而来，主要承担景观娱乐功能，其主要水源同样为调水而来。为了满足调水和水源分配等需求，QY 河流域调控区域内有大小水工建筑物 104 座，其中管涵和箱涵共 31 座，溢流堰 10 座，溢流坝 1 座，橡胶坝 3 座，跌坎 1 座，B 海提水泵站 1 座，其余大小水闸 57 座，多集中在 XN 河汇入 QY 河之前的市区段。流域内涵洞主要用于过水，考虑水工建筑物的水流调节性能，仅将水闸、橡胶坝和提水泵站作为调控节点，并将距离 1000m 以内的两个节点进行合并处理，概化后流域内有闸坝节点 46 个。概化节点如图 8-18 和表 8-4 所示。

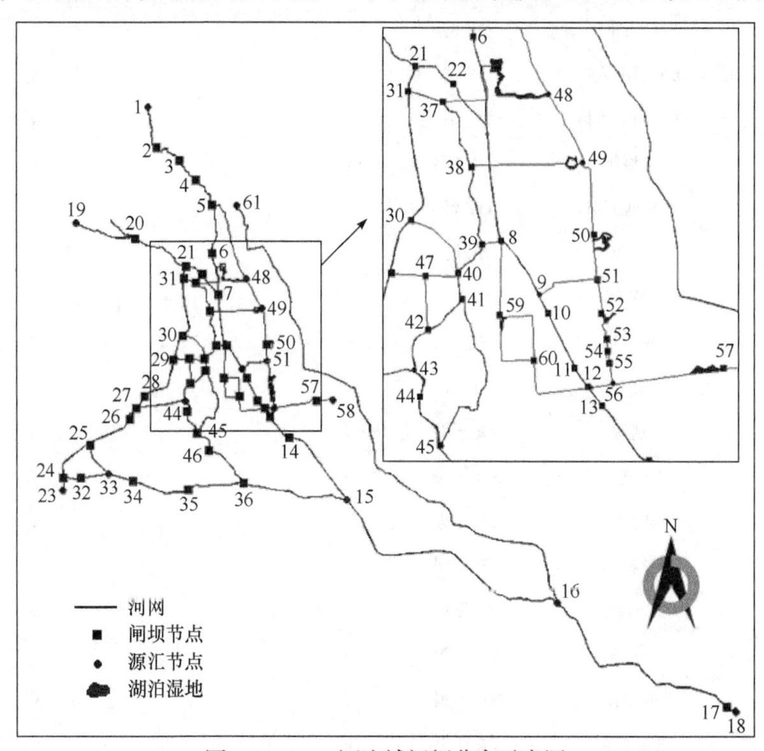

图 8-18 QY 河流域闸坝分布示意图

表 8-4　QY 河流域闸坝节点概化表

节点编号	序号	河道	闸坝节点	湖泊、湿地	河源、河口、交汇处
1	河源	QY 河			√
2	XH 路桥闸	QY 河	√		
3	YL 闸	QY 河	√		
4	Z 村寺闸	QY 河	√		
5	G 庄闸	QY 河	√		√
6	XH 桥闸	QY 河	√		
7	HT 闸	QY 河	√		√
8	H 山庙闸	QY 河	√		√
9	QY 河 TB 河交汇	QY 河			√
10	JA 大道橡胶坝	QY 河	√		
11	QJ 路橡胶坝	QY 河	√		
12	XF 运河拦河闸	QY 河	√		√
13	MG 闸	QY 河	√		
14	ZS 庙闸	QY 河	√		
15	XN 河汇入口	QY 河			√
16	XH 河汇入口	QY 河			√
17	T 城闸	QY 河	√		
18	QY 河河口	QY 河			√
19	河源	SL 河			√
20	DZ 闸	SL 河	√		
21	S 寨闸	SL 河	√		√
22	SZ 闸	SL 河	√		
23	河源	YR 干渠	√		
24	HL 池闸	YR 干渠	√		√
25	JY 闸	YR 干渠	√		√
26	G 桥闸	YR 干渠	√		
27	CD 闸	YR 干渠	√		√
28	R 庄闸	YR 干渠	√		
29	水口闸	YR 干渠	√		√
30	S 家门闸	YR 干渠	√		√

续表

节点编号	序号	河道	闸坝节点	湖泊、湿地	河源、河口、交汇处
31	PZ 闸	YR 干渠	√		√
32	X 庄闸	XN 河	√		
33	河流交汇	XN 河			√
34	WZ 营闸	XN 河	√		
35	GD 闸	XN 河	√		
36	N 桥闸	XN 河	√		√
37	B 海泵站	BL 河	√		
38	FR 湖引水闸	BL 河	√		
39	G 营闸	BL 河	√		√
40	XF 渠入口涵闸	BL 河	√		√
41	WY 桥闸	BL 河	√		√
42	XF 渠排水涵闸	BL 河	√		√
43	CD 沟汇入口	BL 河	√		√
44	S 庄闸	BL 河	√	BL 湖	
45	SL 湖橡胶坝	BL 河	√	SL 湖	
46	T 坊李闸	BL 河	√		
47	XF 渠交汇口	BL 河			√
48	B 海	YM 河		B 海	
49	FR 湖	YM 河		FR 湖	
50	LM 湖引水闸	YM 河	√	LM 湖	
51	1#闸	YM 河			√
52	D 湖引水闸	YM 河	√	D 湖	
53	2#闸	YM 河	√		
54	3#闸	YM 河	√		
55	4#闸	YM 河	√		
56	YM 河汇入口	YM 河			√
57	湿地公园退水闸	XF 运河	√	湿地	
58	XF 运河汇入口	XF 运河			√
59	X 湖进水闸	护城河		X 湖	
60	十一中退水闸	护城河	√		√
61	河源	XH 河			√

1) 连通度

根据 QY 河流域的河网图模型，将其视作有向图，则可以建立邻接矩阵 $A(G)$；将其视作无向图，则可以建立邻接矩阵 $A(D)$。计算得到 QY 河流域河网图为连通图，连通度为 42，割点为 2、3、4、5、6、7、8、9、10、11、12、13、14、15、16、17、20、21、24、25、26、27、28、29、30、31、33、34、35、36、37、38、40、41、43、49、51、52、53、54、56、57。假定河网是无向的，河流在理想状态下，从某节点开始匀速不定向地向其他节点流动，优先通过较短的边到达其他节点。两点间连通性的高低取决于两点间的河道长度，考虑不同河道、湖泊和湿地的水面面积差别，将水面面积作为权重。实际上水流的流速、流向受地形、风向、风速、调度等多因素影响，此处均不考虑。建立水面面积加权邻接矩阵 $A(S)$，计算得到图的中心为 39。

2) 最短路径长度

无向图河网节点最短路径长度最小值为 854.39km(点 8)，除点 8 外，点 39 最小，为 858.45km，最大值为 5526.20km(点 61)，平均值为 1366.79km。可见，点 8 到其他所有节点是最便利的，连通性最好；点 61 到其他所有节点通过的路径最长，连通性最差。因此，需要加强 XH 河与河网主体的连通性，以提高河网系统的整体连通性。由最短路径长度公式可见，最短路径长度与河段长度有关，记作 L_i；考虑不同河道、湖泊和湿地的水面面积差别，将水面面积作为边的权重，求得新的最短路径长度 S_i，计算结果如图 8-19 所示。无向图河网节点最短路径长度最小值为 $17.77km^2$(点 39)，最大值为 $112.52km^2$(点 61)，平均值为 $30.36km^2$。可见，点 39 到其他所有节点最便利，连通性最好；点 61 到其他所有节点通过的路径最长，连通性最差。因此，需要加强 XH 河与河网主体的连通性，以提高系统的整体连通性。

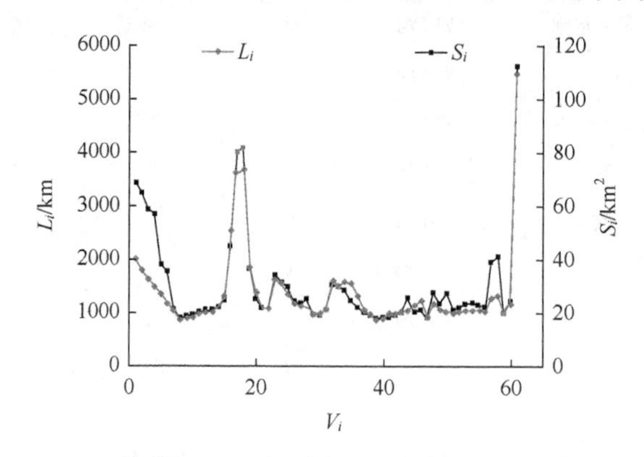

图 8-19　各顶点的 L_i 和 S_i 对比

3) 平均路径长度

针对与河段长度和集水面积有关的最短路径长度 L_i 和 S_i，分别计算两种平均路径长度，记作 L_a 和 S_a。研究区的 L_a 为 0.04km，其中两节点间的最短路径长度最大值为 0.11km，为点 1 到点 61 的最短路径长度。研究区的 S_a 为 0.98km²，其中两节点间最短路径的最大值为 2.80km²，此为顶点 1 到顶点 61 的最短路径。最短路径长度通过计算每个点到其他点的路径长度，可以衡量各顶点之间的连通程度；而平均路径长度反映的是两个顶点之间最短路径长度的平均水平。

4) 连通性系数

针对与河段长度和集水面积有关的最短路径长度 L_i 和 S_i，L_a 和 S_a 为确定值，分别计算连通性系数，记作 Con_L 和 Con_S。Con_L 最小者为点 8，值为 0.63；Con_L 最大者为点 61，值为 4.04。Con_S 最小者为点 39，值为 0.59；Con_S 最大者为点 61，值为 3.71。QY 河上 61 个顶点的 Con_L 和 Con_S 如图 8-20 所示，可以看到趋势一致，仅顶点 2、4、1 和 3 的差值较大，分别为 0.82、0.78、0.78 和 0.74，其他顶点 Con_L 和 Con_S 的差值均小于 0.40，说明最短路径较长的节点对边的权值更为敏感，同时说明 QY 河流域上的湖泊规模较小，对整体路径的影响并不突出。

5) 节点度

QY 河流域河网的平均节点度为 2.48。节点度最大的几个节点分别为点 8、12 和 40，其节点度为 4.00。从上述分析可见，点 8 很重要，不仅 QY 河干流与 BL 河和护城河两个重要城区河湖水系支流相连接，也具有良好的连通性。

6) 聚类系数

QY 河流域各节点的聚类系数在 0.40～1.00，见图 8-21。其中，点 8、12 和 40 的聚类系数最小，为 0.40，河网的平均聚类系数为 0.62，说明该河网的集聚化程度尚可。可见，与某节点相连的节点越多，它们之间的实际边数越多，但可能边数增加导致节点度高的节点聚类系数未必更大。

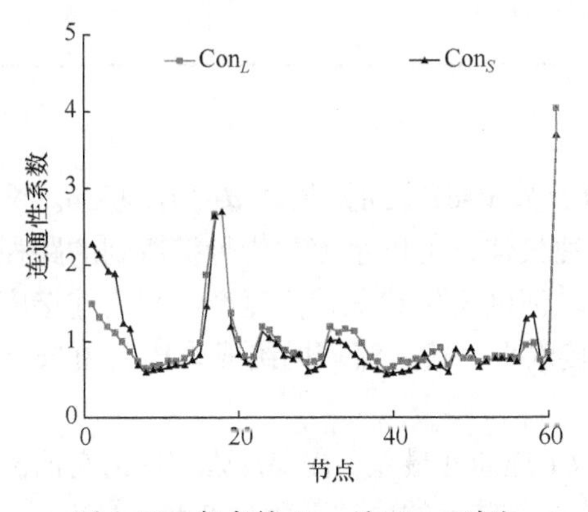

图 8-20　各点的 Con_L 和 Con_S 对比

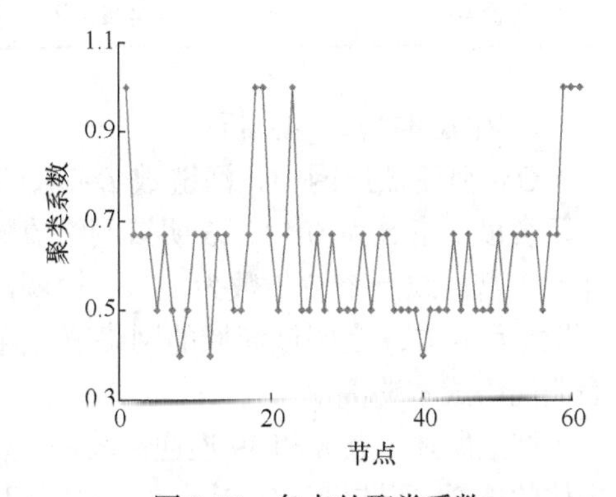

图 8-21　各点的聚类系数

7) 纵向连通性指数

QY 河干流和 BL 河各闸坝上下游 5km 河段的纵向连通性指数平均值分别为

0.32 和 0.30，评价等级分别为差和中(表 8-5)，说明 XH 桥闸—ZS 庙闸段和 BL 河的纵向连通性分别遭受重度破坏和中度破坏。

表 8-5　QY 河和 BL 河的纵向连通性指数

QY 河			BL 河		
闸、坝、堰节点	上下 5km 节点数	河段纵向连通性指数	闸、坝、堰节点	上下 5km 节点个数	河段纵向连通性指数
XH 桥闸	3	0.3	永兴西路橡胶坝	2	0.2
XZ 庄闸	3	0.3	G 营闸	3	0.3
H 河路闸	4	0.4	WY 桥闸	3	0.3
XH 路桥闸	3	0.3	S 庄闸	4	0.4
YL 闸	3	0.3	SL 湖橡胶坝	3	0.3
DC 寺闸	3	0.3	TF 里闸	3	0.3
G 庄闸	3	0.3	平均值	3	0.3
XH 桥闸	3	0.3	评价等级	中	中度破坏
HT 闸	2	0.2			
建安大道橡胶坝	3	0.3			
前进路橡胶坝	4	0.4			
M 岗闸	4	0.4			
ZS 庙闸	3	0.3			
平均值	3.15	0.32			
评价等级	差	重度破坏			

8) 生态网络结构分析

QY 河流域河网中，河链数 L=74，节点数 v=61，河链长度 d=301.69km。网络闭合度α指数为 0.12，表明该网络流畅性欠佳，可供水流和物种扩散到的路径并不丰富。线点率β指数为 1.21，说明流域河网连接状况较为复杂。网络连接度γ指数为 0.42，表明该流域的网络节点连接水平一般。流域网络成本比为 0.76，表明网络成本略高。

综上所述，点 8 和 39 连通性较好，点 61 连通性最差，需要加强 XH 河与河网主体的连通，以提高整体连通性。QY 河流域各节点的聚类系数在 0.40～1.00，该河网的集聚化程度尚可。QY 河干流各河段的纵向连通性平均值为 0.32，评价等级为差，表征干流 XH 桥闸—ZS 庙闸段河道纵向连通性受到重度破坏。网络结构指数表明该网络流畅性欠佳且河网连接状况较为复杂，该流域的网络节点连接水平一般，且网络成本略高。据此，拟在后续研究中开展闸控河网结构连通性的优化研究。

2. 网状水系连通性指数法计算结果

将河网概化为以河段为顶点、以闸坝为边的河网有向图模型，如图 8-22 所示。

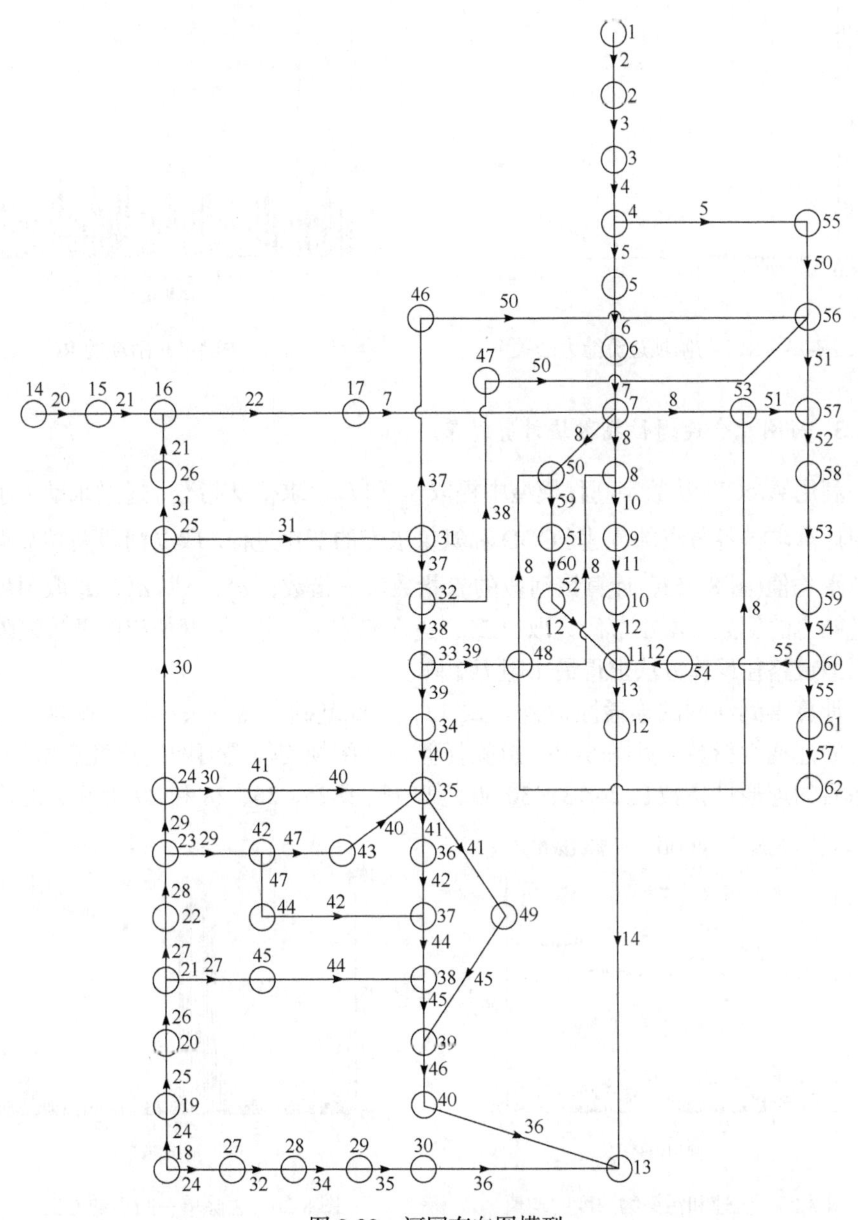

图 8-22　河网有向图模型

分别计算闸坝的可通过能力 p 从 0 增加到 1 的 RCI，如图 8-23 所示。可见，随着闸坝可通过能力 p 的增加，RCI 有逐渐增加的趋势，并且增加的幅度越来越大。采用式(8-8)计算该网状水系连通性指数 RCI=1.88。逐一去掉河网中的任何一个闸坝，计算得到相应的 RCI，如图 8-24 所示。

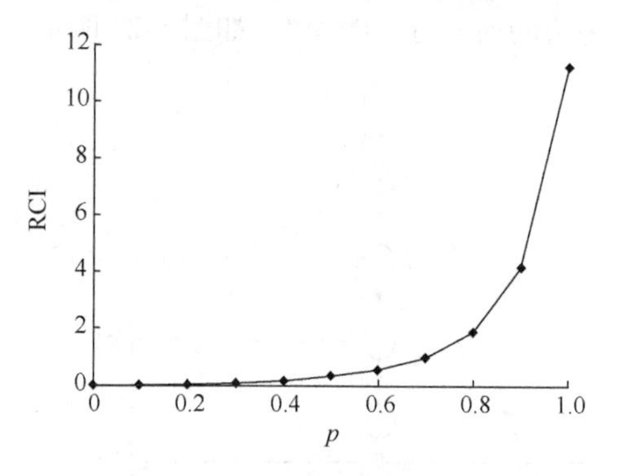

图 8-23　RCI 与闸坝过流能力的关系

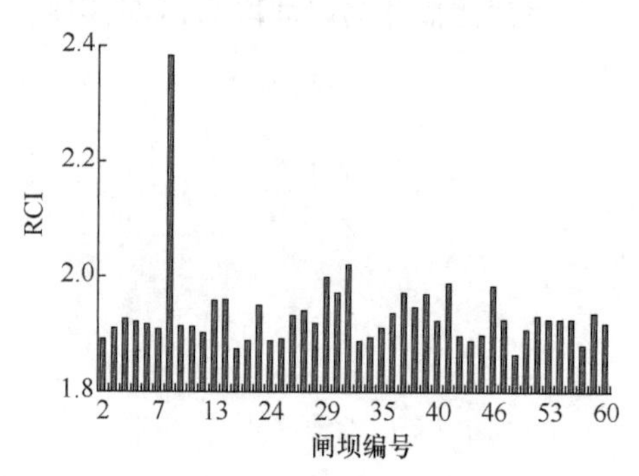

图 8-24　去除单一闸坝的 RCI

3. 河网综合连通性指数法计算结果

利用 ArcGIS 从数字高程模型中提取 S_{ij} 和 L_{ij}，求得 α 指数；通过水动力水质模拟计算求得各节点的流速、COD 和氨氮浓度的变化过程，取 ij 河段两端节点的模拟平均值(图 8-25)，计算该河段的 β 指数、γ 指数；a_1^{u}、a_1^{d}、a_2^{u}、a_2^{d} 取闸坝可通过能力的倒数，本小节研究取 1.25，进而确定 ω。建立河网加权的邻接矩阵，采用最短路径计算方法求得最小阻力矩阵。

计算得到河网的连通性指数为 26.13，在此基础上逐一去掉每个闸坝，得到河网的连通性指数，见图 8-26，拆除任何一个闸坝均使得河网连通性有所提高，拆除后的连通性指数在 26.13～30.00，其中闸坝 25、26、28 和 29 拆除后的连通

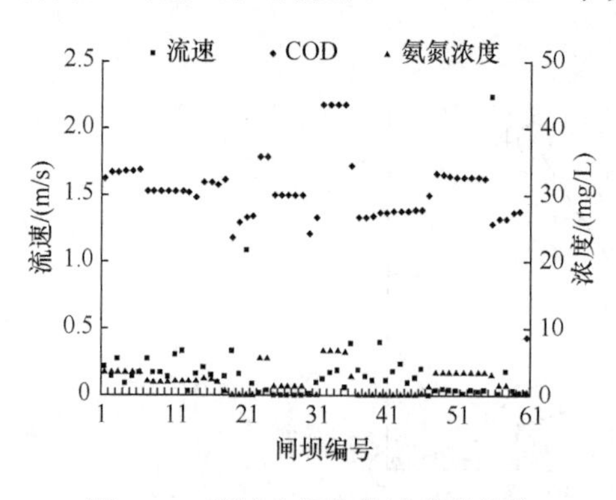

图 8-25　流速和污染物浓度的均值

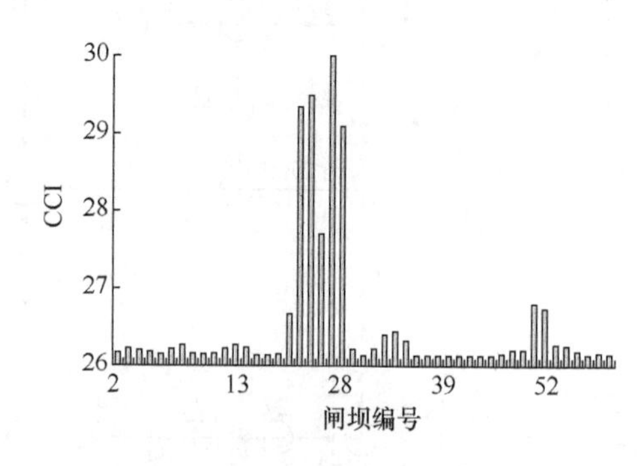

图 8-26　去除单一闸坝的 CCI

性指数增幅达到 10%以上(图 8-27)。将逐一拆除单个闸坝后的 RCI 和 CCI 从大到小排序，将前 20 位的闸坝序号与排名绘于图 8-28，其中有 11 座闸坝共同出现在两种方法的前 20 位中，6 座闸坝排名差距在 5 名以内，说明两种方法在趋势上具有一致性。

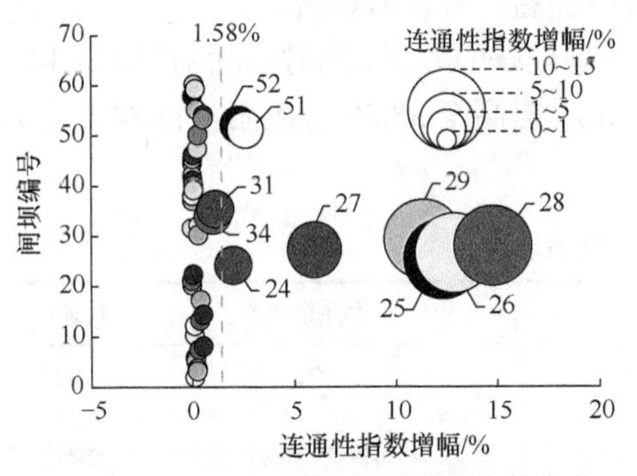

图 8-27　去除不同闸坝的连通性指数变化

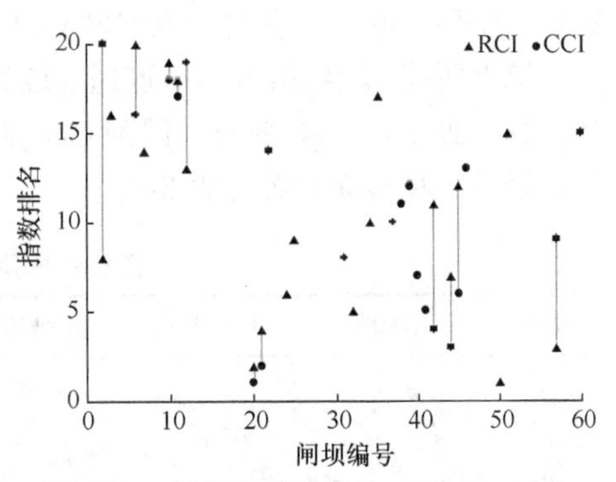

图 8-28　闸坝去除后的 RCI 和 CCI 对比

4. 闸控河网结构连通性优化方案

根据以上计算结果中拆除后河网连通性提高显著的闸坝，结合区域内用水需求，拟定以下 6 组方案。

第 1 组：YR 干渠通过 30—40 和 29—47—40 向 BL 河节点 40 供水，两条线路同为控制调水所用，且相距较近，可保留其一。拆除闸坝 30 和拆除闸坝 29、47 后的 CCI 分别为 26.22 和 29.15，后者增幅达 11.55%，改善显著。

第 2 组：YR 干渠通过 29—47—42 和 27—43 向 BL 河 BL 湖供水，两条线路同为控制调水所用，且相距较近，可保留其一。拆除闸坝 29、47 和拆除闸坝 27 后的 CCI 分别为 29.15 和 27.70，前者改善效果更为显著。

第 3 组：YR 干渠通过 25—33 和 24—32—33 向 XN 河供水，两条线路同为控制调水所用，且相距较近，可保留其一。拆除闸坝 25 和拆除闸坝 24、32 后的 CCI 指数分别为 29.34 和 26.73，前者改善效果更为显著。

第 4 组：YR 干渠 26—27—28 段，通过三个水闸控制供水水量，但 YR 干渠沿线闸坝众多，涉及 XN 河、CD 沟、BL 河支流、BL 河和 SL 河均有水闸直接控制供水，除闸坝 27 直接控制 CD 沟引水外，闸坝 26 和 28 相距较近，将 YR 干渠分为上下两段控制其水量分布，因此闸坝 26 和 28 可保留一个，计算结果表明，去掉闸坝 28 后的 CCI 为 30.00，改善效果更为明显。

第 5 组：QY 河上 10—11—12—13—14 段闸坝稠密，其中闸坝 12 控制 XF 运河引水，闸坝 10 和 11 分布在闸坝 12 以上且中间无河流交汇，闸坝 13 和 14 分布在闸坝 12 以下且中间无河流交汇，因此可考虑闸坝 10 和 11 保留一个，闸坝

13 和 14 保留一个。计算结果显示，拆除闸坝 10 和 13 后的 CCI 为 26.25，拆除闸坝 11 和 14 后的 CCI 为 26.31，二者均比原河网 CCI 有所提高，后者增幅略大。

第 6 组：YM 河 52—53—54—55—56 段闸坝稠密，其中闸坝 52 和 53 控制 D 湖饮水河泄水，闸坝 56 控制 XF 运河引水，因此考虑拆除闸坝 54 或将 54、55 均拆除。结果表明，二者均比原河网 CCI 有所提高，后者增幅略大。

综上所述，取各组方案中连通性改善效果较好的方案，同时拆除闸坝 11、14、25、28、29、47、54 和 55，河网 CCI 从 26.13 提高至 38.50，增幅达 47.34%，效果显著。闸坝拆除方案见表 8-6。

表 8-6　闸坝拆除方案表

方案	示意图	供水河段	现有路径	闸坝拆除方案	连通性
第1组	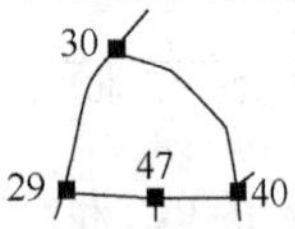	BL 河	30—40	拆除 30	26.22
			29—47—40	拆除 29 和 47	29.15
第2组	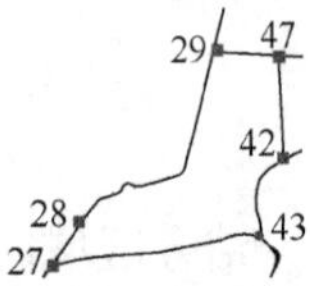	BL 河	29—47—42	拆除 29 和 47	29.15
			27—43	拆除 27	27.70
第3组	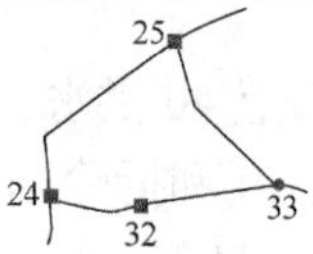	XN 河	25—33	拆除 25	29.34
			24—32—33	拆除 24 和 32	26.73
第4组	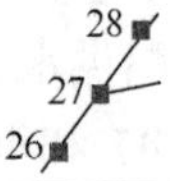	YR 干渠	26—27—28	拆除 26	29.49
				拆除 28	30.00
第5组	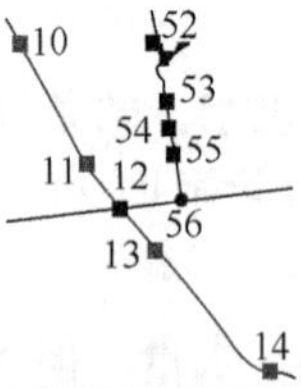	QY 河	10—11—12—13—14	拆除 10 和 13	26.25
				拆除 11 和 14	26.31
第6组	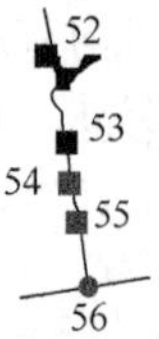	YM 河	52—53—54—55—56	拆除 54	26.26
				拆除 54 和 55	26.31
现状			—		26.13
优化后		拆除 11、14、25、28、29、47、54 和 55 后			38.50

8.3　QY 河流域水系连通及调控

本节针对 QY 河流域中的重要水域类型——湖泊群，开展河湖水系连通及湖泊水量水质调控研究。分析综合考虑不同湖岸边界、风场和入湖流量等影响因素下，城市人工湖泊的流场分布特征及变化规律；不同的换水频率、恒定流量和波动流量等河湖水体交换方式下的湖泊流场及水质浓度场。在此基础上，提出循环+换水的湖泊群水量水质调控模式，量化并优化换水次数和循环流量等重要参数。为了进一步认识包含结构和功能的流域连通性能，采用 8.1.2 小节的量化方法，借鉴景观连接度和道路连通性的相关研究，将神经网络模型、河网图模型和连接度指标相结合，应用于量化流域的连通性能和湖泊群优化。以 QY 河流域湖泊群为例，开展中介度 BC、整体连接性指数 IIC、改进型 BC 指数(BC_IIC)和连接重要性指数在水域重要性分析和湖泊群优化中的应用研究。

8.3.1　城市人工湖流场影响因素分析

1. 湖岸边界对人工湖流场的影响分析

B 海为城市人工湖泊，湖岸边界复杂不规则，本小节选取该湖泊上四个具有不同湖岸边界特征的典型区段，分析入湖流量为 0.3m³/s、2m/s 南风时的流场分布规律。图 8-29 为湖泊入水口区段，是整个湖泊中最大的环流区，流场呈现较为规则的环形，湖心岛距湖岸较近，对该区域的流向未形成明显影响。图 8-30 所示流场位于一段收束段之后，且左岸凸起，收束水流顺着原流向前进，在随后的收束

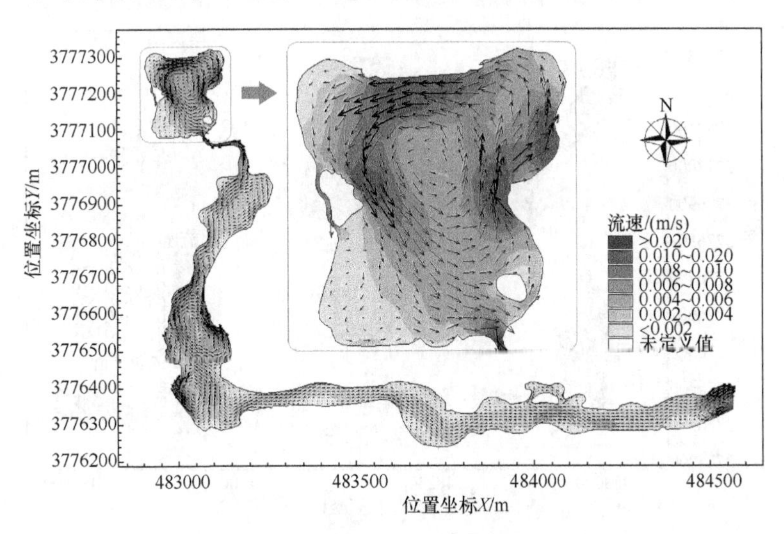

图 8-29　湖泊入水口区段流场图

段作用下，部分回旋至该段湖泊左岸，形成环流。湖泊右岸为主流区，流速较大。图 8-31 为该湖泊的水流转折段，也是整个湖泊中积水区域最为集中的区段，由于中间地形的收束作用，形成南北两个环流，主流从两个环流之间转变流向，西南角由于流向转折流速较大，东北角位于环流边缘流速较大。图 8-32 为河道型区段，主流较为顺直，流速沿程分布均匀，扩张处有环流迹象。综合上述分析，湖泊局部地形越接近圆形，越易于形成环流；环流中心流速较低，边缘流速较高，借助于环流结构改变湖泊流向可应用于人工湖泊形态设计；河道型湖泊具有河道流场中心急、两边缓的基本特征。

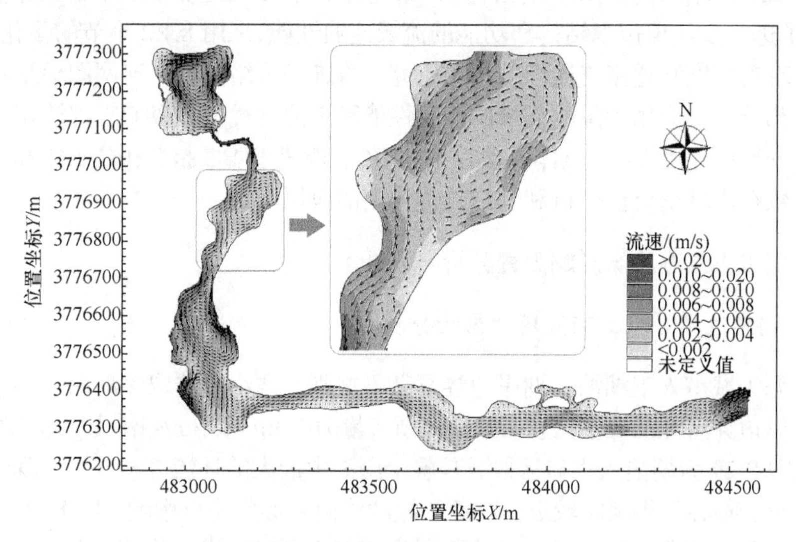

图 8-30 湖泊收束段后流场图

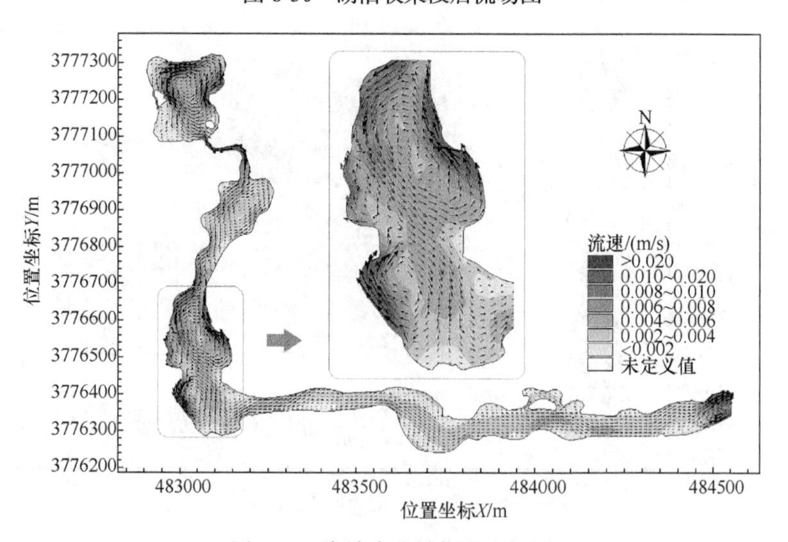

图 8-31 湖泊水流转折段流场图

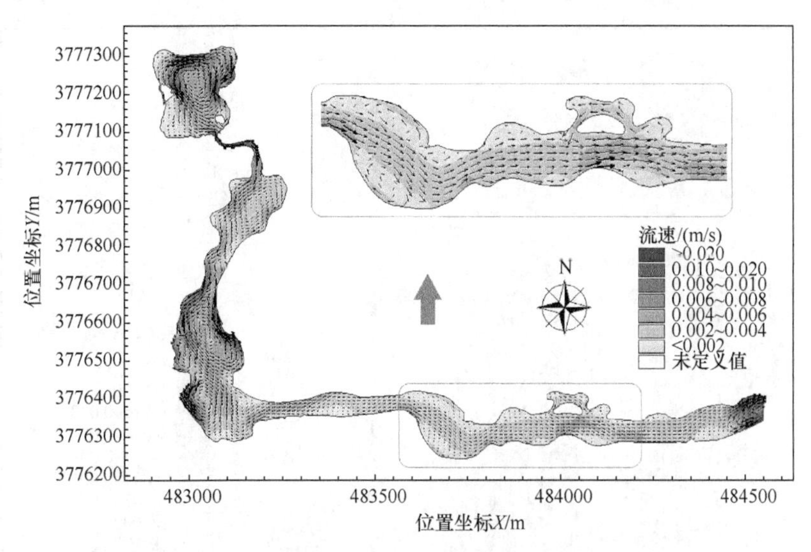

图 8-32　湖泊河道型区段流场图

2. 风对人工湖流场的影响分析

本节探讨不同风向和风速对人工湖流场的影响作用，分析入湖流量相同，风速分别为 1m/s、2m/s 和 3m/s，风向分别为北风、东南偏南风和西风的 9 种工况下的流场分布，拟定工况如表 8-7 所示。

表 8-7　工况设计

工况编号	流量/(m³/s)	风速/(m/s)	风向
1	0.1	1	北风
2	0.1	1	东南偏南风
3	0.1	1	西风
4	0.1	2	北风
5	0.1	2	东南偏南风
6	0.1	2	西风
7	0.1	3	北风
8	0.1	3	东南偏南风
9	0.1	3	西风

图 8-33 为 1m/s 风速下，风向分别为北风、东南偏南风和西风的局部流场图。A 区随风向的改变，a_1 中南北两个环流和 a_2、a_3 中一个环流的流场结构有明显区别，且 a_2 和 a_3 中环流强度有差别。B 区有环流迹象，但结构并不清晰，b_2 的流场强度明显高于 b_1 和 b_3，说明风向对湖泊流场的结构和强弱均有影响。B 海在北风和南风下的流场结构区别明显，且东南偏南风向下的流速较高。

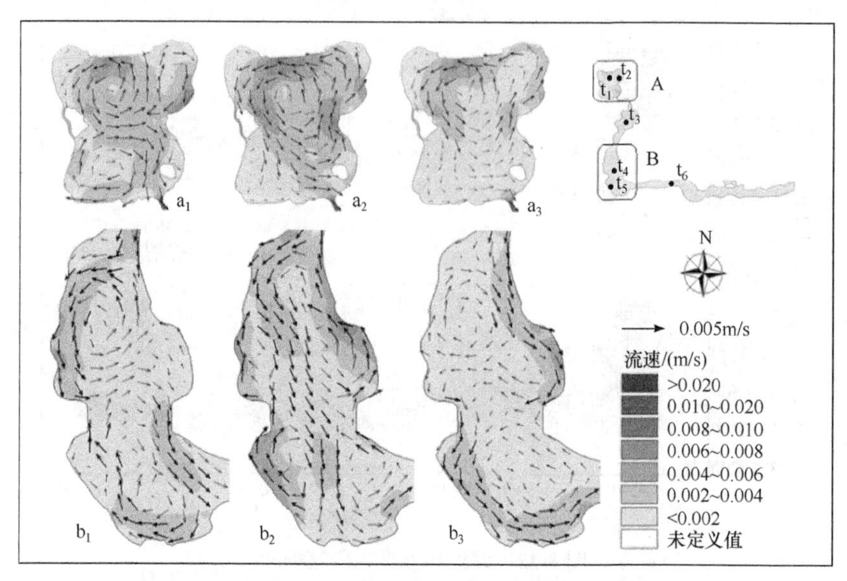

图 8-33　1m/s 风速不同风向下的局部流场图

a_1、a_2、a_3 为 A 区流场，b_1、b_2、b_3 为 B 区流场，风向分别为北风、东南偏南风、西风；t_1～t_6 为观测点

图 8-34 为 2m/s 风速下，风向分别为北风、东南偏南风和西风的局部流场图。C 区随风向的改变，c_1、c_2 和 c_3 中分别呈现南北两个环流、西南部偏弱的单环流和 C 区的单个完整环流，环流结构均有明显区别。D 区出现 2～3 个环流，相对于 B 区的流场强度明显增加，说明风速对湖泊流场的强弱有明显影响。B 海在

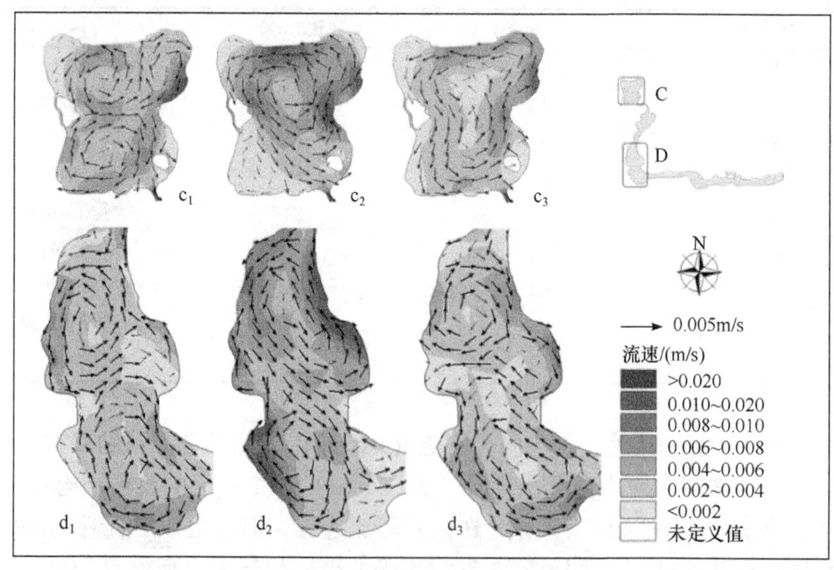

图 8-34　2m/s 风速不同风向下的局部流场图

c_1、c_2、c_3 为 C 区流场，d_1、d_2、d_3 为 D 区流场，风向分别为北风、东南偏南风、西风

1m/s 和 2m/s 风速下，环流结构未发生明显变化，但流场强度明显增加。

图 8-35 为 3m/s 风速下，风向分别为北风、东南偏南风和西风的局部流场图。E 区随风速的增加，e_1 的环流结构从 a_1 和 c_1 中的南北两个环流转变为单个环流。F 区流场强度比 D 区明显增强，且 f_1 环流结构与 b_1 和 d_1 有明显区别，说明风速增加可改变湖泊流场的环流结构。B 海在 3m/s 风速下，流场强度增加，且环流结构发生明显变化，尤其是北风向下环流结构变化显著。

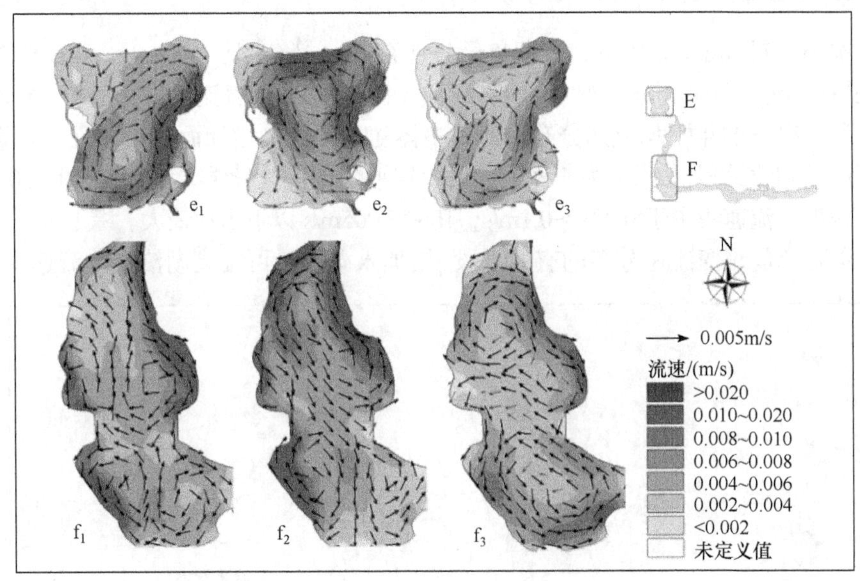

图 8-35　3m/s 风速不同风向下的局部流场图

e_1、e_2、e_3 为 E 区流场，f_1、f_2、f_3 为 F 区流场，风向分别为北风、东南偏南风、西风

表 8-8 为湖泊上 6 个观测点的瞬时流速。t_2 和 t_5 平均流速水平最高，说明环流区边界处流速明显大于其他区域；t_6 说明河道型湖泊段流速水平相对平稳，受与主流相同或相反风向的风影响较大，受其他风向与风速的影响并不明显；t_1、t_3 和 t_4 流速整体上随风速增加而增加，相同风速下不同风向使环流结构改变，其流速呈现随机性变化。

表 8-8　观测点瞬时流速对比　　(单位：mm/s)

观测点	工况 1	工况 2	工况 3	工况 4	工况 5	工况 6	工况 7	工况 8	工况 9
t_1	2.24	0.85	1.63	2.74	1.45	1.17	4.12	3.35	1.60
t_2	4.09	3.56	2.33	7.19	7.22	5.93	12.25	10.46	8.77
t_3	1.18	0.47	0.96	1.99	2.43	0.84	2.71	2.83	1.17
t_4	0.68	2.17	0.42	1.02	3.93	0.25	4.23	6.11	1.20
t_5	0.67	4.09	3.95	2.52	10.43	6.51	12.23	14.18	10.21
t_6	1.48	1.08	1.08	1.87	1.91	0.76	1.73	1.99	0.55

综上所述，风向对湖泊流场的结构和强弱均有影响，风速对湖泊流场的强弱影响显著，随之不断增加可改变湖泊流场的环流结构。环流区流速在边界处明显较大，在狭长湖段相对平稳，受与主流相同或相反风向的风场影响较大，受其他风场的影响并不明显，相同风速下不同风向使环流结构改变，其流速值呈现随机性变化。

3. 入湖流量对人工湖流场的影响分析

本小节对 3m/s 北风下，进湖流量分别为 0.1m³/s(工况 1)、0.2m³/s(工况 2)、0.3m³/s(工况 3)、0.4m³/s(工况 4)和 0.5m³/s(工况 5)时的 B 海流场进行分析。图 8-36 为 5 种工况下的年平均流速分布，流速整体随入湖流量增加而变大，且主要集中在环流区和收缩段。表 8-9 为 5 种工况下的年平均流速统计结果，入湖流量在 0.1～0.5m³/s 时，流速集中于 0.001～0.1m/s，其中 0.005m/s 以下占比最大。综上可见，控制入湖流量是改变流速分布的有效手段，增加入湖流量可提高湖泊整体流速水平。

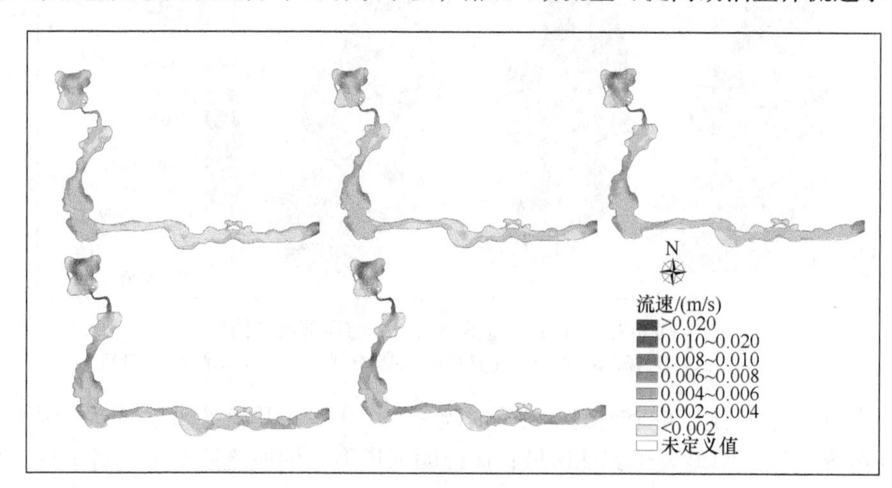

图 8-36 不同入湖流量下的年平均流速分布

表 8-9 5 种工况下的年平均流速统计结果

年平均流速/(m/s)	覆盖区域占比/%				
	工况 1	工况 2	工况 3	工况 4	工况 5
>0.02	0.00	0.14	0.80	1.13	1.71
0.01～0.02	0.85	1.79	1.95	2.37	3.49
0.005～0.01	11.78	13.54	15.19	21.57	30.49
0.001～0.005	80.74	79.85	77.52	70.44	59.63
<0.001	6.63	4.68	4.54	4.49	4.68

图 8-37 为入湖流量分别为 $0.1m^3/s$、$0.3m^3/s$ 和 $0.5m^3/s$ 时的 B 海局部流场分布。在 B 海中选取两个局部区域进行重点分析，A 区为环流区，B 区近似河道型湖泊，包含收缩段和湖心岛。A 区的环流结构随入湖流量增加，逐渐从一个中心环流加西北部环流迹象(a_1)发展为南北两个环流(a_3)，说明入湖流量可改变环流中心位置与环流结构。B 区随入湖流量增加，破坏了前段的局部环流结构，随后的收缩段流速明显增大，湖心岛北部流速随南部主流增加而降低，说明入湖流量可明显改变河道型湖泊的流场分布。表 8-10 为湖泊上 6 个观测点的瞬时流速，t_1 说明环流中心流速呈增加趋势，t_2 和 t_3 由于局部环流结构的改变呈现随机性变化，t_4 说明环流区边界处流速明显大于其他区域，t_5 说明收缩段流速明显增加，t_6 说明湖心岛环流强度随主流增加而降低。

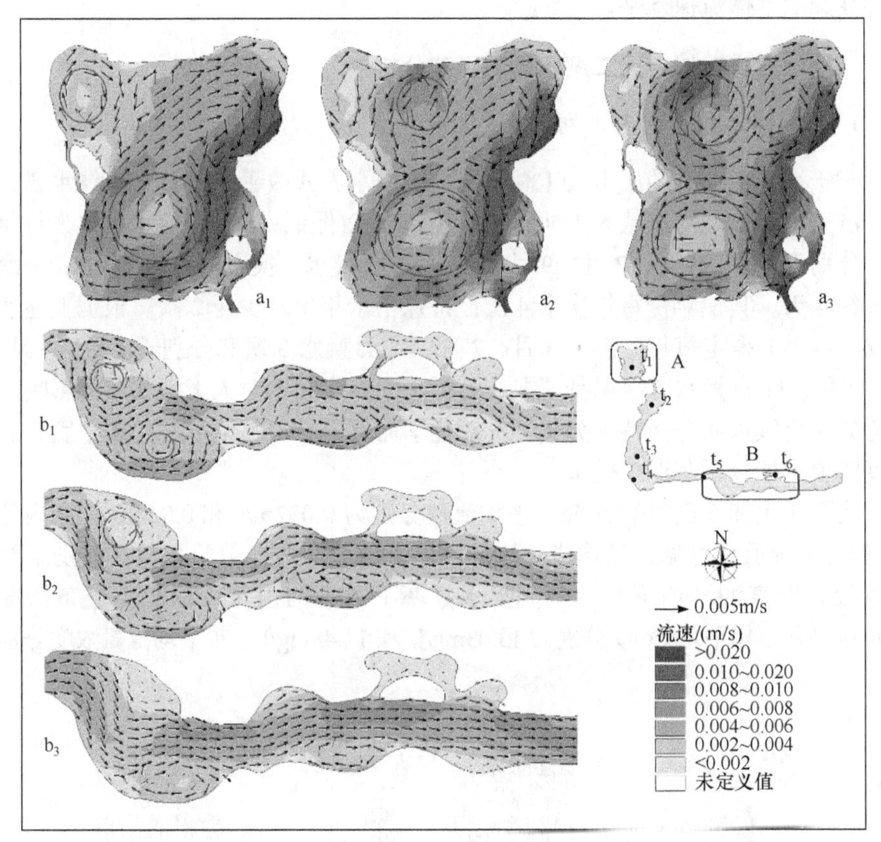

图 8-37　入湖流量分别为 $0.1m^3/s$、$0.3m^3/s$ 和 $0.5m^3/s$ 时的 B 海局部流场分布

a_1、a_2、a_3 为 A 区流场，b_1、b_2、b_3 为 B 区流场，入湖流量分别为 $0.1m^3/s$、$0.3m^3/s$、$0.5m^3/s$；t_1～t_6 为观测点

表 8-10 6 个观测点的瞬时流速

流量/(m^3/s)	瞬时流速/(mm/s)					
	t_1	t_2	t_3	t_4	t_5	t_6
0.1	1.05	1.17	4.70	12.43	1.73	1.06
0.3	2.96	0.71	3.72	12.59	3.49	0.75
0.5	4.71	1.89	2.80	12.56	5.67	0.32

综上所述，流速整体分布随入湖流量增加而变大，且主要集中在环流区和收缩段，入湖流量可改变环流区的环流中心位置与环流结构，可明显改变河道型湖泊的流场分布。随入湖流量的增加，环流中心流速和收缩段流速明显增加，湖心岛环流强度随之降低。控制入湖流量是改变流速分布的有效手段，增加入湖流量可提高湖泊整体流速水平。

8.3.2 换水方式对城市人工湖水质的影响分析

1. 不同换水频率对人工湖水质的影响

对于水资源缺乏的城市人工湖系统，以换水方式改善景观蓄水水体水质，较为经济节水。QY 河流域人工河湖水系规划现状(保证率 50%)换水次数为每年 5 次，分别于 1 月、4 月、7 月、9 月和 11 月进行换水，换水流量为 2m^3/s，一次换水大约 4 天。其他年份每年换水 4 次，特殊枯水年份减少至 2 次。根据上述实际情况，本小节拟定每年分别于 3 月、7 月、11 月换水 3 次和分别于 1 月、4 月、7 月、9 月、11 月换水 5 次两种工况，分析不同换水频率对人工湖水质的影响。结合 QY 河流域水质分布特征分析，针对化学需氧量、氨氮浓度、总磷浓度和总氮浓度四项指标分析其调控效果。

换水 3 次和 5 次时的 B 海年平均流速分别为 0.032m/s 和 0.034m/s，湖内分布如图 8-38 所示，可见，易形成环流的湖泊上游分布规律较为相似，差别主要体现在较为顺直的湖泊下游。不同换水频率下的湖泊内污染物浓度分布情况如图 8-39 所示。年平均 COD 分别为 13.03mg/L 和 14.48mg/L，年平均氨氮浓度分别为

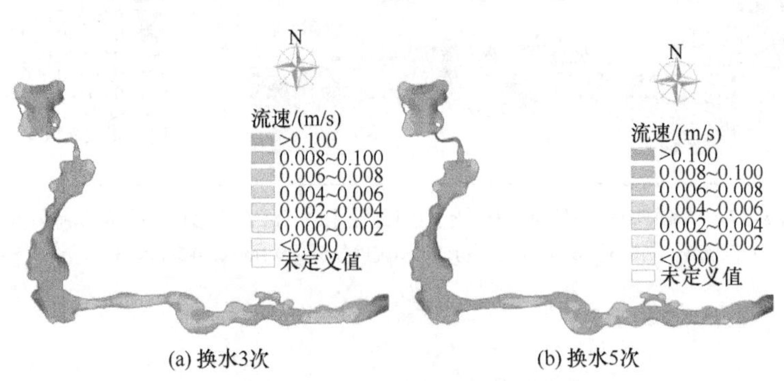

(a) 换水3次 (b) 换水5次

图 8-38 2 种工况下年平均流速分布

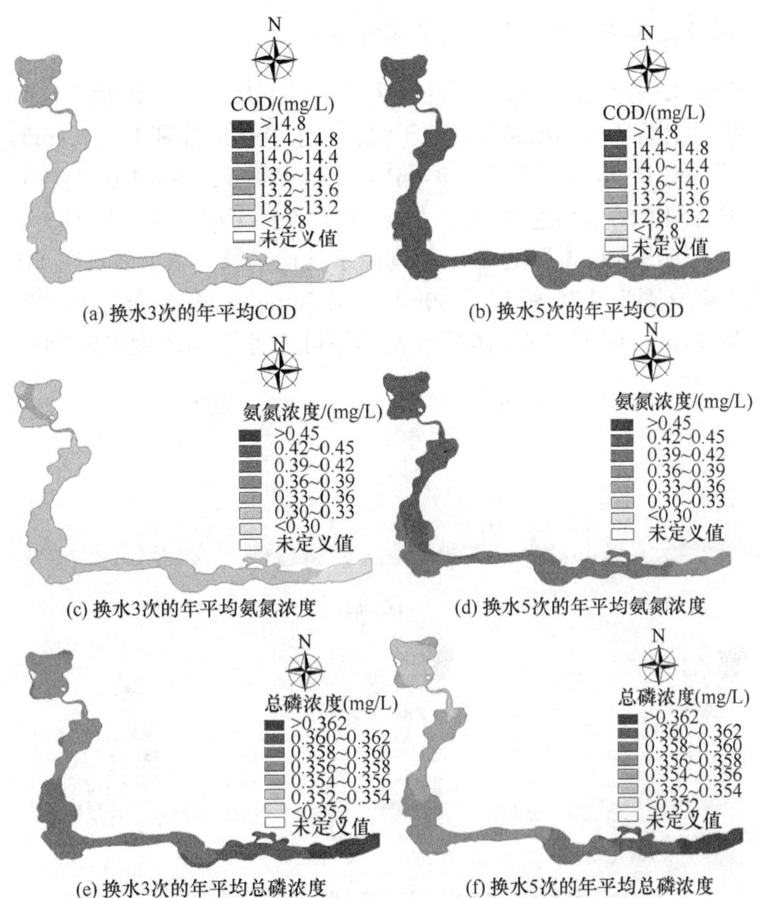

(a) 换水3次的年平均COD　(b) 换水5次的年平均COD

(c) 换水3次的年平均氨氮浓度　(d) 换水5次的年平均氨氮浓度

(e) 换水3次的年平均总磷浓度　(f) 换水5次的年平均总磷浓度

图 8-39 2 种工况下的 COD、年平均氨氮浓度和总磷浓度分布

0.32mg/L 和 0.42mg/L，换水 5 次均高于换水 3 次。年平均总磷浓度分别为 0.359mg/L 和 0.357mg/L，换水 5 次略低于换水 3 次。换水频率的增加使湖泊水动力状况略有改善，但并不一定可以改善水体水质状况。从湖泊出水污染物平均浓度(表 8-11)来看，换水 3 次的出水水质优于换水 5 次，说明换水 3 次过程中进入河网的水体水质较好。从换水对污染物总量削减情况(表 8-11)来看，换水 3 次削减量大于换水 5 次。综上所述，换水 3 次更有利于污染负荷和水系水质控制。

表 8-11 2 种工况下的出水水质年均值和污染物削减水平对比

污染物	出水年均值/(mg/L)		削减量/(t/a)	
	换水 3 次	换水 5 次	换水 3 次	换水 5 次
COD	12.95	15.17	19.58	17.80
氨氮	0.49	0.58	1.75	1.41
总磷	0.33	0.32	–0.46	–0.31

2. 不同恒定入湖流量对人工湖水质的影响

周期性换水一定程度上改善了小型人工湖泊封闭式的水体状态，但无法从根本上建立起稳定循环的湖泊系统，鉴于此，本小节提出分别采用 0.1m³/s(工况 1)、0.2m³/s(工况 2)、0.3m³/s(工况 3)、0.4m³/s(工况 4)和 0.5m³/s(工况 5)的恒定小流量持续循环进出湖泊的水系连通方式。图 8-40 为 5 种工况下年平均 DO 浓度的分布情况，总体上进出水口位置的 DO 浓度优于其他区域，整个区域在 0.1～0.5m³/s 下的平均浓度分别为 4.76mg/L、4.30mg/L、4.20mg/L、4.23mg/L 和 4.29mg/L，进出湖流量为 0.1m³/s 时湖内 DO 浓度最大，湖泊 DO 水平与入湖水体 DO 水平相关。

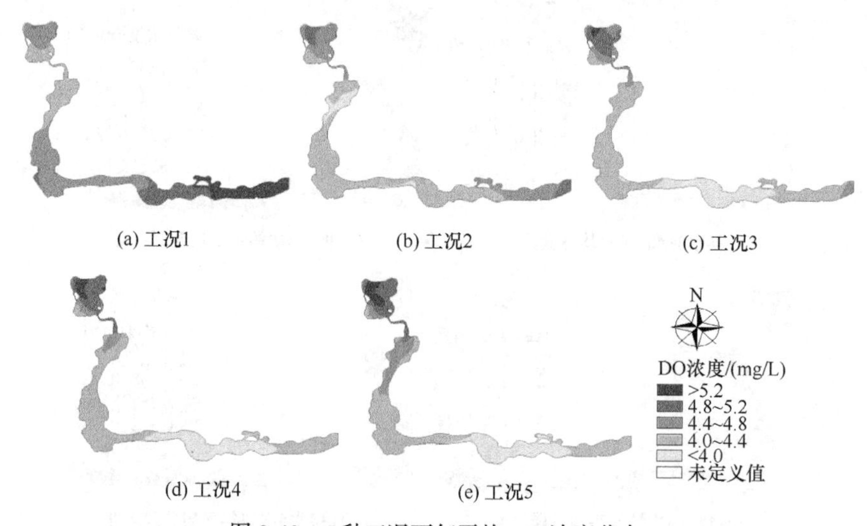

图 8-40　5 种工况下年平均 DO 浓度分布

根据湖泊年平均 COD(图 8-41)和年平均氨氮浓度(图 8-42)分布，整体上 COD 和氨氮污染负荷随进出湖流量增加而加重，进水口处的污染物浓度较高，且逐渐减弱至出水口处达到湖内最低水平。说明恒定小流量循环受进湖水体污染物水平影响较大，换水方式下由于换水期流量远远大于点源污染排水流量，且周期较短，入湖污染物负荷较低，对湖水水质影响较小。恒定小流量循环使得调水水体与工业点源水体充分混合进入湖泊，导致湖泊水体受到一定影响。5 种工况下年平均 COD 在 16.00～18.77mg/L，年平均氨氮浓度在 0.56～0.96mg/L。

图 8-43 为湖泊年平均总磷浓度分布图，整体上总磷污染负荷随进出湖流量增加而得到改善。5 种工况下年平均总磷浓度分别为 0.46mg/L、0.43mg/L、0.41mg/L、0.40mg/L 和 0.39mg/L。5 种工况下湖泊内的污染物平均水平如图 8-44 所示，可见进出湖流量从 0.1m³/s 增至 0.2m³/s 时，湖内污染物浓度变幅较大，整体上变幅随进出湖流量增加而逐渐减小。

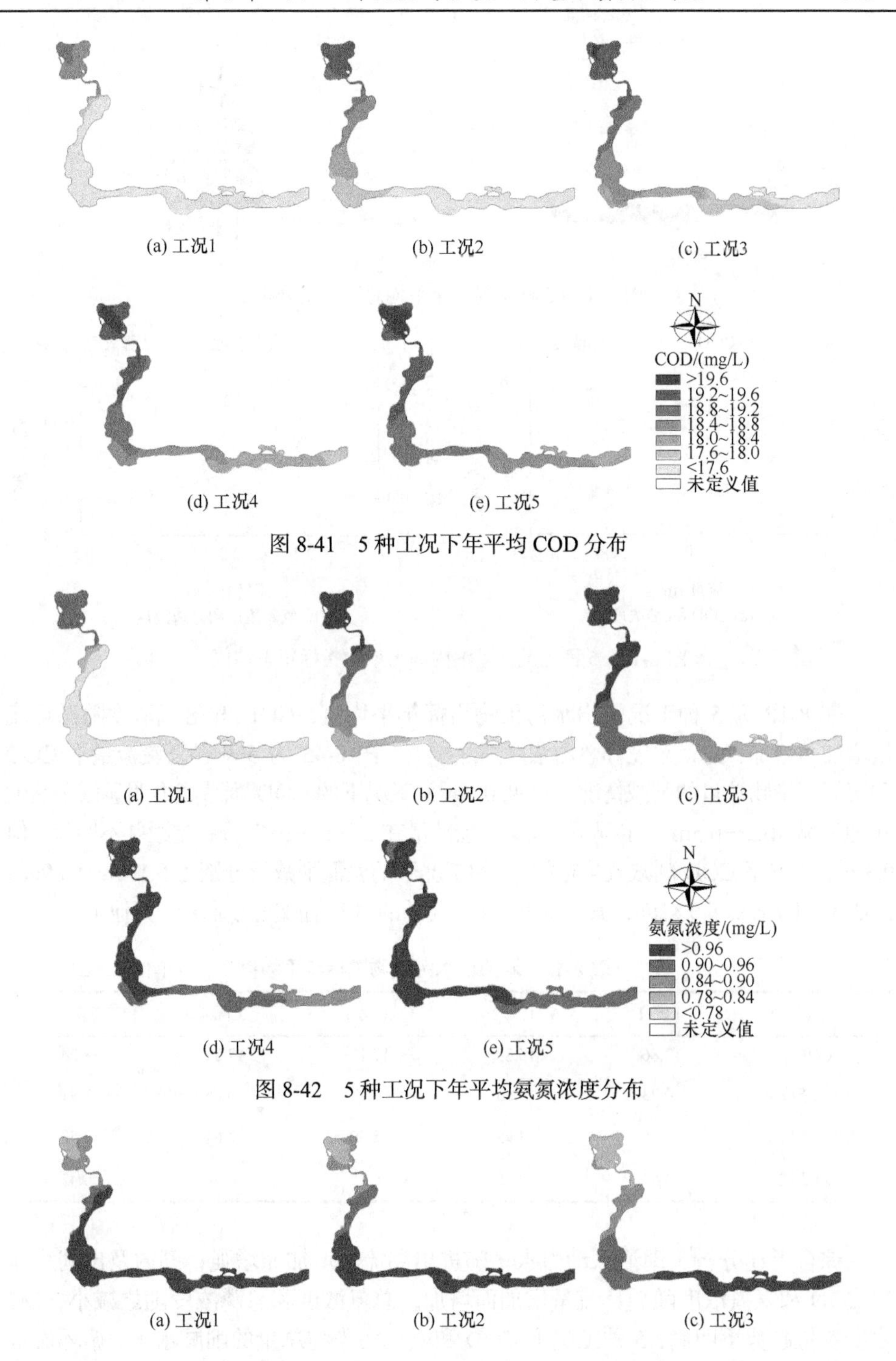

图 8-41 5 种工况下年平均 COD 分布

图 8-42 5 种工况下年平均氨氮浓度分布

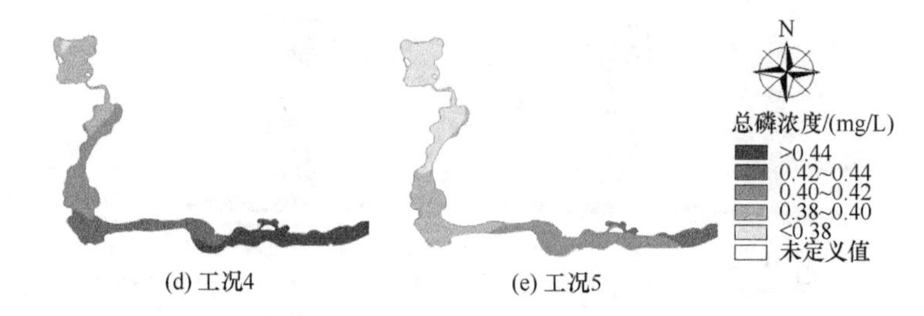

图 8-43　5 种工况下年平均总磷浓度分布

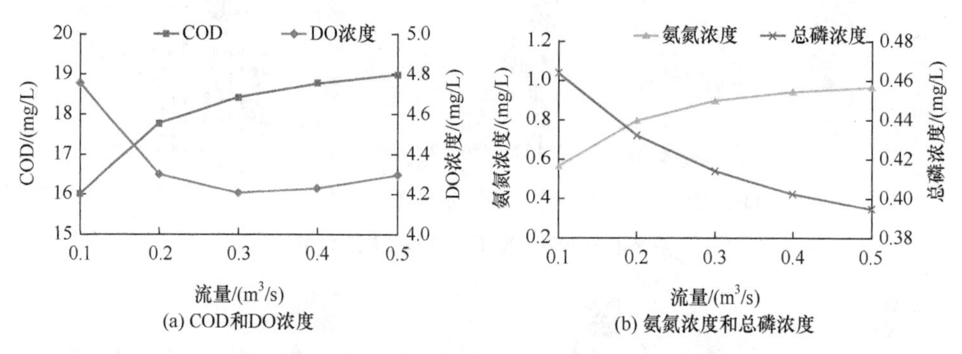

图 8-44　5 种工况下湖泊内的污染物指标年平均值

表 8-12 为 5 种工况下出水污染物指标年平均值，COD 和氨氮浓度随循环流量增加而增加，总氮浓度和总磷浓度随之减少。图 8-45 为 5 种循环流流量下 COD 和氨氮污染物总量的削减情况，可见 0.1m³/s 工况下的 COD 削减能力明显低于其他几种工况，0.2～0.5m³/s 工况下的 COD 削减量在 26.45～26.91t/a，差距并不明显，但 0.3m³/s 工况下 COD 削减效果略好。5 种工况下的氨氮削减量分别为 5.10t/a、6.89t/a、3.63t/a、1.79t/a 和 0.82t/a，其中 0.2m³/s 工况下的氨氮削减能力显著于其他工况。

表 8-12　湖泊出水污染物指标年平均值　　(单位：mg/L)

指标	工况 1	工况 2	工况 3	工况 4	工况 5
COD	12.86	15.88	17.13	17.82	18.24
氨氮浓度	0.23	0.53	0.73	0.85	0.91
总氮浓度	2.98	2.95	2.80	2.64	2.52
总磷浓度	0.51	0.48	0.45	0.44	0.42

综合上述分析，湖泊水动力水平随进出湖流量增加而增强；湖内及出湖水体的 COD 和氨氮浓度随循环流量增加而增加，总氮浓度和总磷浓度随之减小，DO 浓度变化趋势不明确；5 种工况下 COD 和氨氮污染物总量的削减水平，循环流量为 0.2m³/s 工况最佳；结合进出湖水量的来源和经济等因素，可考虑采用 0.2m³/s

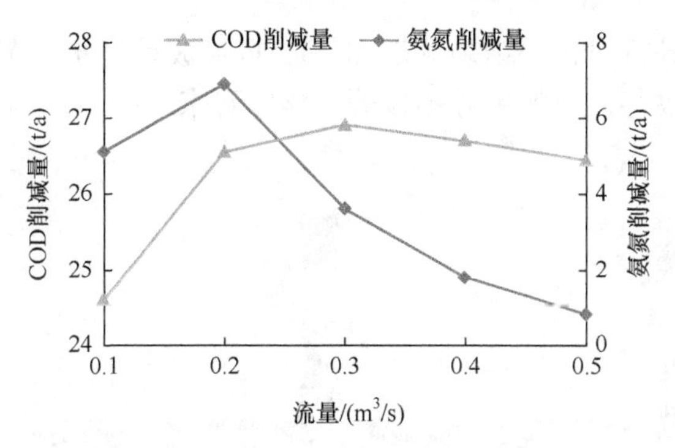

图 8-45　5 种工况下污染物削减量对比

的流量进出湖泊，将其与流域水系连通循环。

3. 不同波动入湖流量对人工湖水质的影响

根据计算结果，采用 0.2m³/s 的流量进出 B 海，将之与流域水系连通循环较为合理。本小节设计相同水量消耗下，采用波动流量进出湖泊的 3 种工况，具体进出水方式如图 8-46 所示。3 种工况下的年平均流速分布见图 8-47。统计模拟期内，湖泊内水动力和水质的平均水平，并将之与进出水为恒定流量 0.2m³/s 工

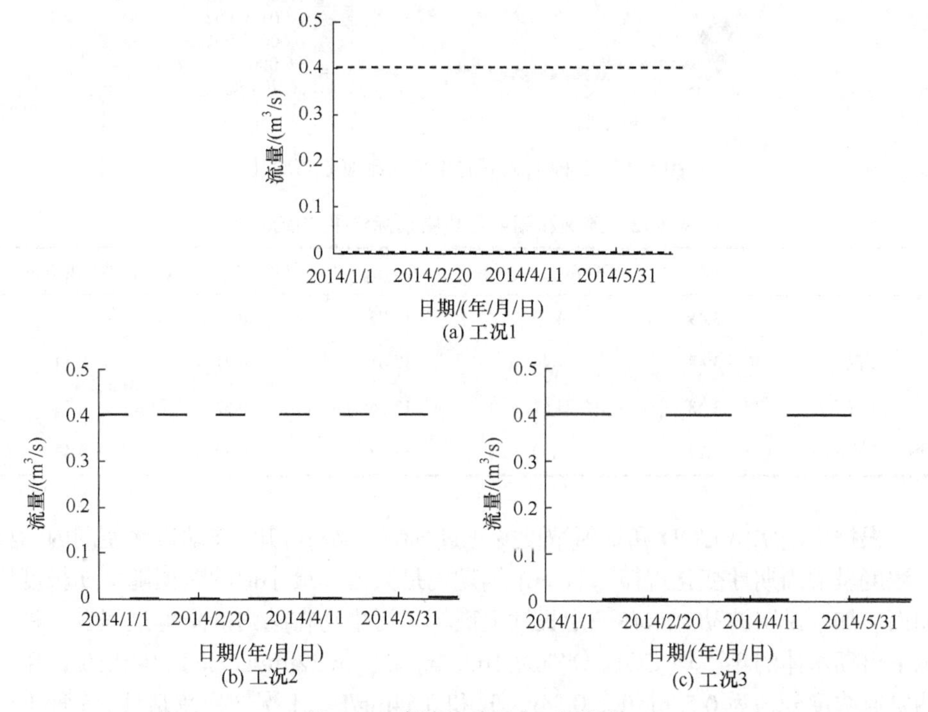

图 8-46　湖泊波动进水工况设计

况下的统计结果进行对比，结果见表 8-13，可见波动进水工况下该湖泊水动力和水质条件有所改善，但效果并不显著。整体看来工况 3 下湖泊水动力和水质改善效果最佳。

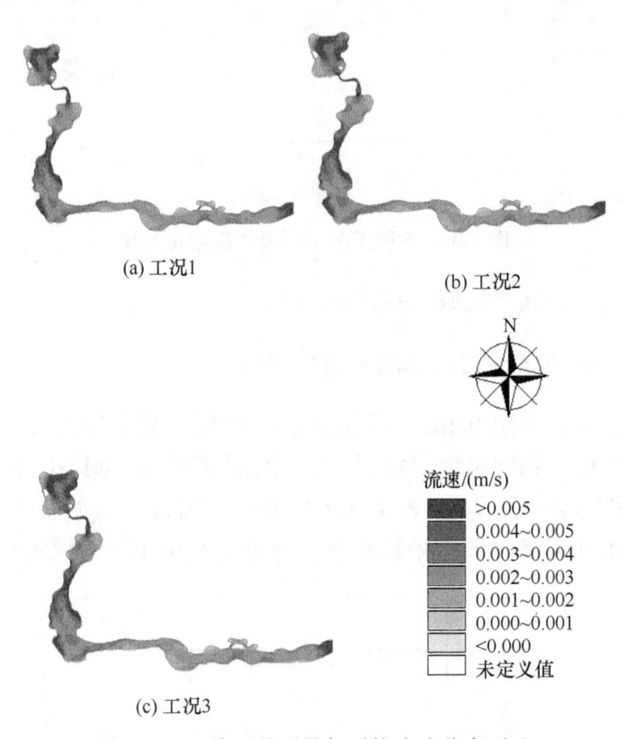

图 8-47　3 种工况下的年平均流速分布对比

表 8-13　流速和湖内污染物指标年平均值对比

工况	流速/(m/s)	DO 浓度/(mg/L)	COD/(mg/L)	氨氮浓度/(mg/L)	总磷浓度/(mg/L)
工况 1	3.49	4.29	17.73	0.81	0.44
工况 2	3.48	4.44	17.61	0.71	0.44
工况 3	3.48	4.61	17.16	0.67	0.45
恒定流量 0.2m³/s	3.27	4.30	17.77	0.80	0.43

根据出湖水体 COD 和氨氮浓度变化过程(图 8-48)可知，波动进水使湖内污染物浓度呈现周期性变化规律，且一个周期内最大值和最小值的差值随周期长度增加而增加，说明波动进水在一定程度上破坏了污染物在湖内的降解过程。三种工况下出湖水体的年平均 COD 分别为 16.00mg/L、16.22mg/L 和 15.94mg/L，年平均氨氮浓度分别为 0.55mg/L、0.54mg/L 和 0.54mg/L，工况 3 效果最佳，3 种工况均大于恒定流量 0.2m^3/s 工况下的污染物年平均 COD 和氨氮浓度。

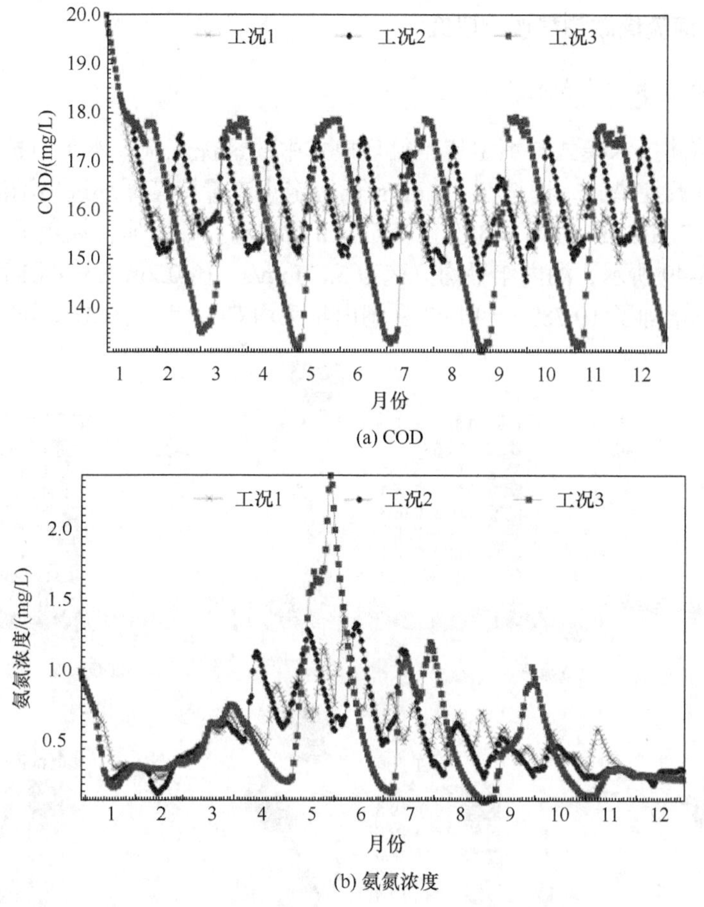

(a) COD

(b) 氨氮浓度

图8-48　出水污染物年平均COD和氨氮浓度

根据污染物年削减量统计结果(表8-14)，3种工况均没有0.2m³/s削减效果好，工况1比工况2和工况3削减量大。综合上述分析，相同水量消耗下，恒定进湖流量和波动进湖流量下湖内及出水的水动力和水质条件改善效果相差不大，对于污染物的削减效果，恒定进水效果更佳，隔周进水的工况次之。考虑到进水流量调节消耗的人员和经济成本，恒定流量进出湖的循环模式更具优势。

表8-14　污染物年削减量

指标	工况1	工况2	工况3	恒定流量0.2m³/s
COD年削减量/t	26.14	25.75	25.90	26.56
氨氮年削减量/t	3.11	2.05	1.73	6.89
总磷年削减量/t	−0.85	−0.82	−0.79	−0.85

8.3.3 QY 河流域湖泊群调控研究

1. 湖泊进水方式优化

根据前述换水模式与恒定流量循环模式中的最优工况，本小节拟定循环+换水的湖泊群调控措施，即按照 0.2m³/s 的恒定小流量持续循环进出湖泊，并于每年的 3 月、7 月和 11 月换水 3 次。该工况下的水动力和水质指标年平均值的分布情况如图 8-49 所示，湖内年平均流速为 3.62mm/s，比 0.2m³/s 进湖工况和 3 次换水工况分别增加了 10.78%和 14.97%。湖内年平均 COD 和氨氮浓度分别比 0.2m³/s

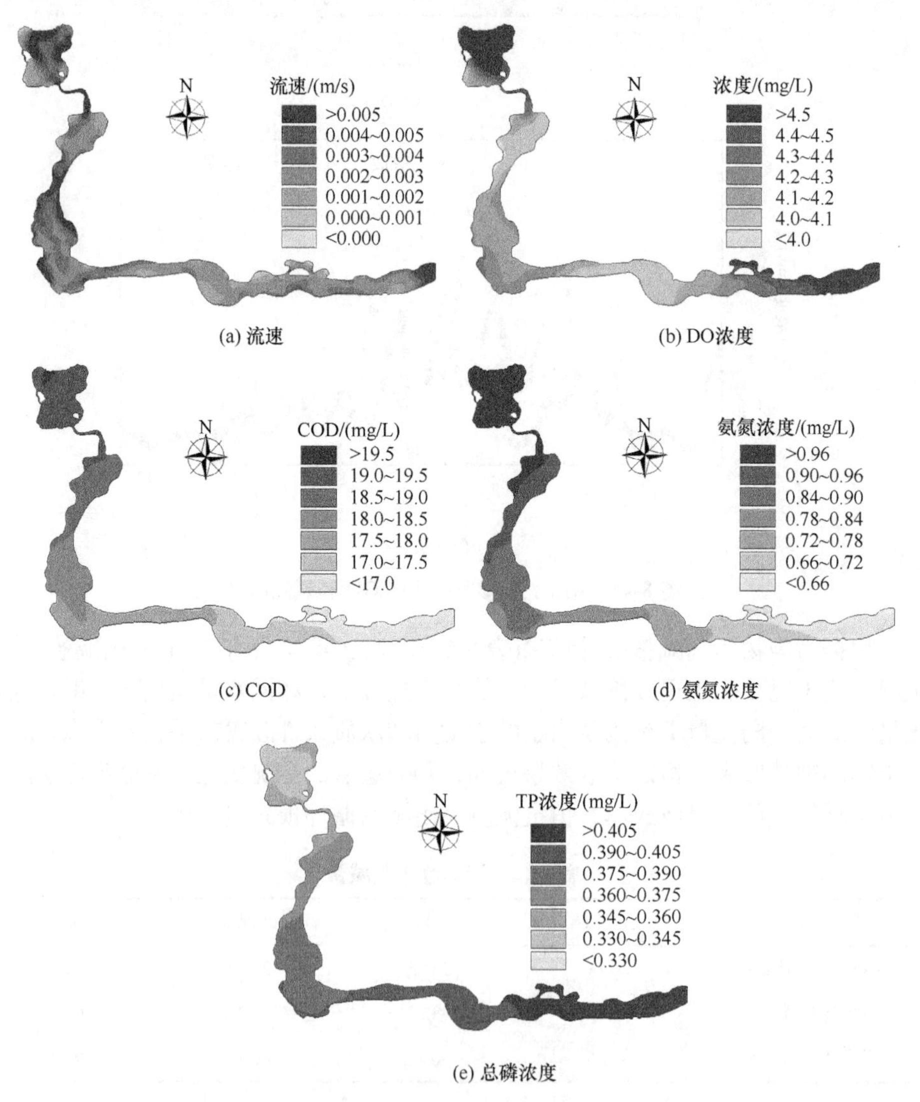

图 8-49 B 海调控后水动力和水质指标年平均值分布

进湖工况增加了 1.21%和 3.10%，总磷浓度减少了 11.26%。出水 COD 和氨氮浓度比 0.2m^3/s 进湖工况略有增加，但总磷浓度大幅降低。COD 的年削减量为 31.20t，比 0.2m^3/s 进湖工况增加了 17.48%；氨氮的年削减量为 6.65t，比 0.2m^3/s 进湖工况降低了 3.46%；总磷的年增加量为 0.67t，比 0.2m^3/s 进湖工况降低了 20.81%。湖内和出水各项水质指标年平均值如表 8-15 所示。

表 8-15　湖内和出水各项水质指标年平均值　(单位：mg/L)

指标	COD	氨氮浓度	总氮浓度	总磷浓度
湖内年平均	17.98	0.82	2.30	0.38
出水年平均	16.39	0.58	2.62	0.41

综合上述分析，循环+换水模式对湖内和出水水体中不同污染物的控制水平有所差异，整体改善水平与 0.2m^3/s 进湖工况相差不大，但就污染物负荷的削减量来看，循环+换水模式效果显著。根据该结果，结合 QY 河上 8 个人工湖泊的蓄水量差别，分别拟定各湖泊的进水方式，如表 8-16 所示，QY 河流域湖泊群的循环流量在 0.03～0.20m^3/s，并于每年的 3 月、7 月和 11 月统一换水 3 次。

表 8-16　QY 河流域湖泊进水方式优化

湖泊	蓄水量/万 m^3	循环流量/(m^3/s)	进水河道	退水河道
B 海	60.00	0.20	BL 河	YM 河
FR 湖	38.00	0.13	YM 河	YM 河
LM 湖	38.00	0.13	YM 河	YM 河
D 湖	9.20	0.03	YM 河	YM 河
BL 湖	33.50	0.11	BL 河	BL 河
SL 湖	9.00	0.03	BL 河	BL 河
X 湖	14.00	0.05	护城河	护城河
湿地公园	45.00	0.15	XF 运河	XF 运河

2. *湖泊群系统优化*

采用 8.1.2 小节得到的样本对神经网络进行训练，训练过程(训练 200 次)如图 8-50 所示，检测结果如图 8-51 所示。结果表明，训练期误差均不大于 0.25%，检测期误差均不大于 0.50%，模糊神经网络评价结果可靠有效。

根据式(8-15)，计算河网图中各个节点和河段的 FNN-CRW，该项权重涵盖了表 8-1 中各项指标，权重计算结果如图 8-52 所示。各节点的 FNN-CRW 平均值为 3.58，最大值为 5.54，最小值为 2.30；各河段的 FNN-CRW 之和为 266.32，最大值为 5.26，最小值为 2.52。整体看来，QY 河干流中上游的 FNN-CRW 较大。

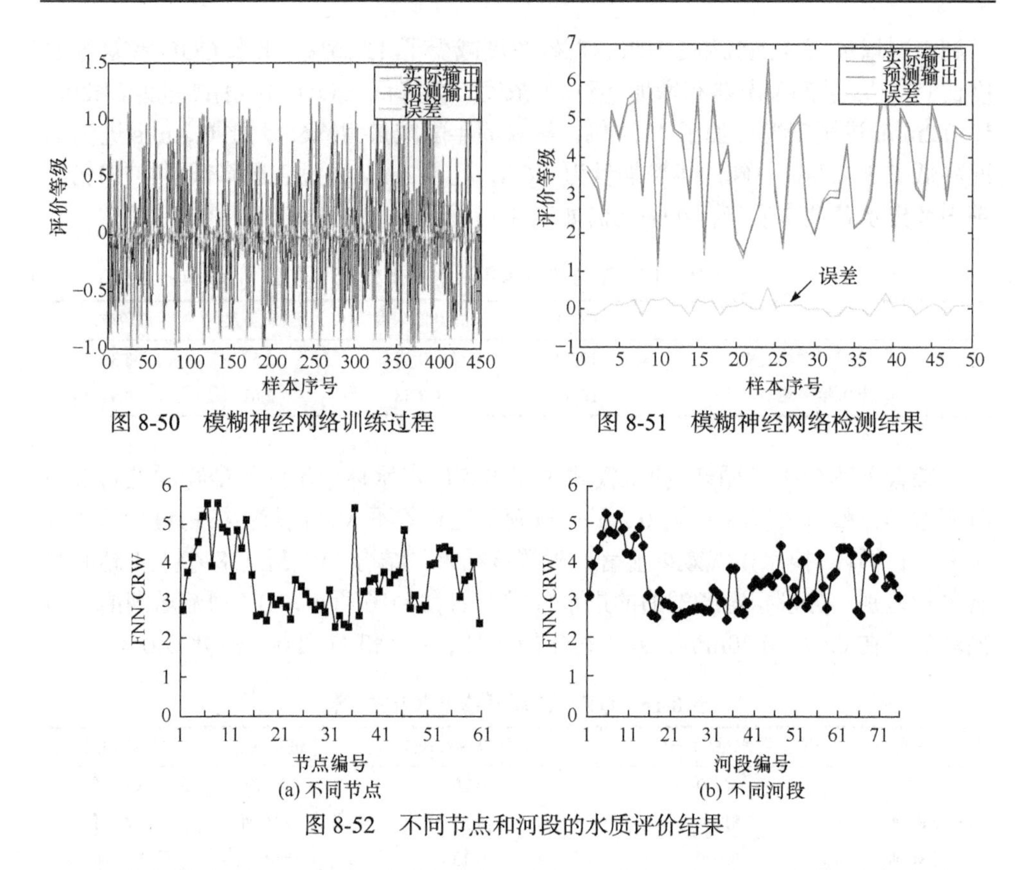

图 8-50 模糊神经网络训练过程

图 8-51 模糊神经网络检测结果

(a) 不同节点

(b) 不同河段

图 8-52 不同节点和河段的水质评价结果

分别计算 8 个人工湖泊所在河段的中介度(BC_k)，计算结果如图 8-53 所示。SL 湖中介度最大，为 0.247；B 海次之，为 0.193；说明 SL 湖和 B 海对河网水流传递中的作用强度更高；湖泊对网络结构和景观的分裂和破坏作用随 BC_k 降低而减小，D 湖和 BL 湖的 BC_k 较小，分别为 0.100 和 0.058。

河网整体连接性指数(dIIC)为 0.054，将 8 个人工湖泊逐一去除，计算得到连接性指数如图 8-54 所示。与中介度的计算结果不同的是，D 湖的去除对河网整体连接性的改变作用较强烈，原因在于整体连接性指数对于湖泊位置的趋向性更为显著，整体上靠近下游的湖泊在位置上往往表现出更为重要的趋向性。本小节研究确定的节点和河段权重中，尽量充分考虑不同湖泊的各项综合指标，避免无权河流网络中仅考虑节点与河段拓扑关系的弊端。

为了进一步确定湖泊的重要程度，进而得到湖泊的优化顺序，采用改进型 BC 指数(BC_IIC)量化湖泊的重要性，计算结果如图 8-55 所示。其中，SL 湖和 B 海连通性最强，BC_IIC 分别为 206.69 和 157.12，说明 SL 湖作为河网各个河段的连接性作用最强，B 海次之。BL 湖 BC_IIC 仅为 70.25，说明该湖泊对于河网连通性能的阻碍作用较弱。

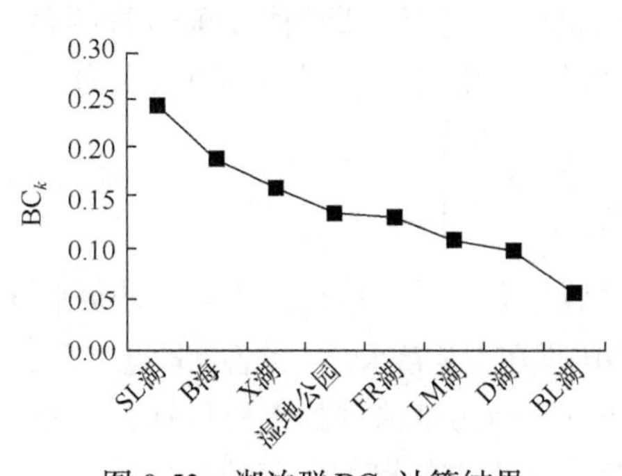

图 8-53　湖泊群 BC_k 计算结果

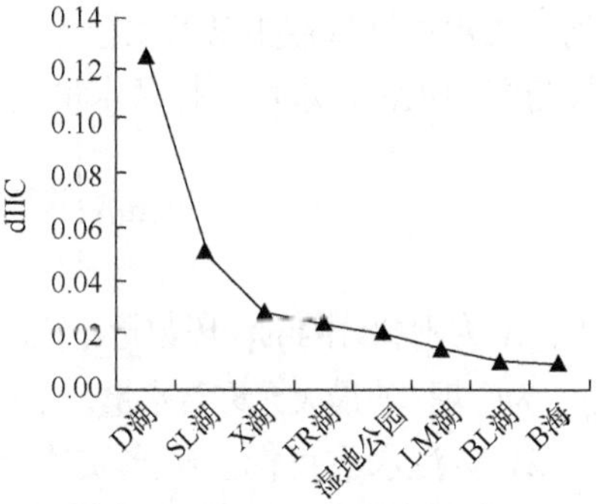

图 8-54　湖泊群 dIIC 计算结果

将上述三项指标计算得到的湖泊重要性排序绘制于图 8-56，整体趋势上具有一致性，但 D 湖与 B 海的排序差异较大，主要原因在于整体连接性指数通过加和河段 i 和河段 j 的阻力权重及其之间最短路径链接数的比值推求，其中最短路径的链接数并未考虑河段的综合权重，该项指标对拓扑结构的倾向性更为强烈。中介度(BC)和改进型 BC 指数(BC_IIC)，更加充分考虑不同河段各项综合指标的影响，避免无权河流网络中仅考虑节点与河段拓扑关系的弊端。综合上述分析，认为 QY 河流域 8 个人工湖泊的重要性由大到小排序为 SL 湖、B 海、X 湖、FR 湖、湿地公园、LM 湖、D 湖、BL 湖。

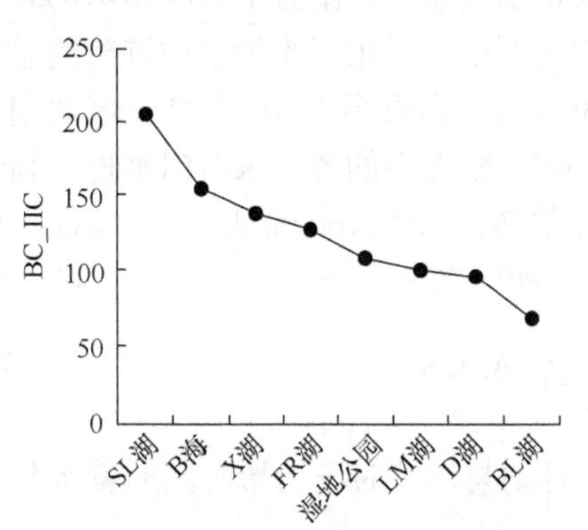

图 8-55　湖泊群 BC_IIC 计算结果

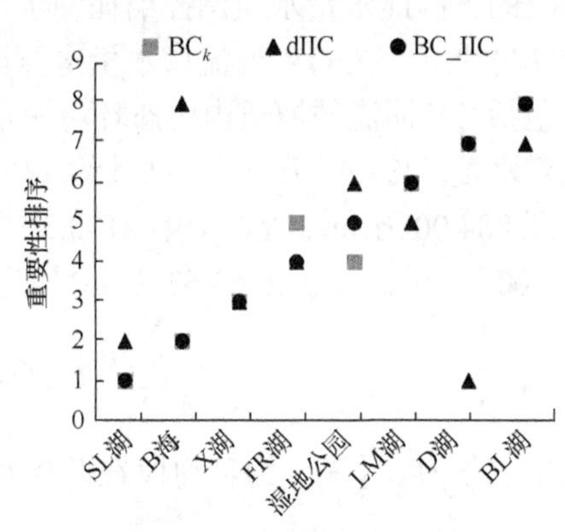

图 8-56　湖泊重要性排序

8.4　流域水量水质综合调控

8.4.1　QY 河流域水量水质调控方案

1. 调控模型

1) 调控目标

(1) 景观蓄水目标。景观功能作为城市河网闸坝群拦蓄水流的主要功能之一，要求闸坝蓄水位维持在正常蓄水位上下尽量小的幅度内浮动，即闸坝分隔河段拦蓄的水量与闸坝正常蓄水位下拦蓄水量之间变化率平方和最小[15]。该目标可表示为

$$\min\left\{\sum_{i=1}^{N}\sum_{t=1}^{T}\left(\frac{V_{i,t+1}-V_{i,\max}}{V_{i,\max}}\right)^2\right\} \tag{8-31}$$

式中，N 为闸坝分隔的河段数量；T 为时段的总数；$V_{i,t+1}$ 为河段 i 在 t 时段末的蓄水量；$V_{i,\max}$ 为闸坝 i 的最大允许蓄水量，本小节取各闸坝在正常蓄水位下的各河段蓄水量。

(2) 防污水质目标。将水质达标作为城市河网污染治理的重要目标，要求闸坝通过泄流排放的污染物总量尽可能大，减缓污染物的滞留，避免突发性污染事故的发生。该目标可表示为

$$\max\left\{\sum_{i=1}^{N}\sum_{t=1}^{T}(Q_{i,t}C_{i,t})\Delta t\right\} \tag{8-32}$$

式中，$Q_{i,t}$ 为河段 i 在 t 时段内的下泄流量；$C_{i,t}$ 为河段 i 在 t 时段内下泄流量的水质浓度；Δt 为计算时段的步长。

2) 约束条件

(1) 总水量约束。对于水资源短缺的流域，用于河道生态环境的水量是相对有限的，因此水量水质调控消耗的水量应满足水资源优化配置中该项用水的总水量(W)约束。在 QY 河流域水量水质调控的实例中，可用于水量水质调控的总水量包括 QY 河流域河道内生态环境用水(7536 万 m^3)和可用于 XC 市 WD 区河湖湿地需水量(6437.97 万 m^3)，共计约 13974 万 m^3。整合后的各引水口门水量：临时水源 884.00 万 m^3，YR 干渠 8193.37 万 m^3，ZFM 水库 1100.00 万 m^3，FEG 水库 893.00 万 m^3，其余 2903.63 万 m^3 均为污水处理厂出水。

$$\sum_{i=1}^{N}(V_{i,T}-V_{i,1})+\sum_{t=1}^{T}Q_{N,t}\Delta t\leqslant W \tag{8-33}$$

式中，$\sum_{i=1}^{N}(V_{i,T}-V_{i,1})$ 为各河段在调控时段末时刻与调控时段初始时刻的蓄水量差值；$\sum_{t=1}^{T}Q_{N,t}\Delta t$ 为流域出口断面调控时段内各时段的流失水量之和。

(2) 闸坝蓄水量约束。在河道中，闸坝的蓄水要求通常与通航、景观和防洪等河道功能有关。因此，闸坝群调度中的河段蓄水量($V_{i,t}$)应根据不同河道功能定位，控制在河段最大蓄水量($V_{i,\max}$)和河段最小蓄水量($V_{i,\min}$)之间，本小节在实例计算中分别取正常蓄水位和 0。

$$V_{i,\min}\leqslant V_{i,t}\leqslant V_{i,\max} \tag{8-34}$$

(3) 闸坝泄流量约束。闸坝群在拦蓄水量满足蓄水要求的同时，牺牲了河流对流量的动态需求，造成生态基流匮乏的不良影响。尤其对于水资源相对缺乏的

流域，需要对闸坝蓄水中的泄流过程加以约束，实例计算中约束各个闸坝的泄流量至少应该满足该闸坝所在河段的环境流量目标($Q_{i,t}^*$)。流量上限($Q_{i,\max}$)依据该河段的过流能力确定。QY 河环境流量目标如图 8-57 所示。

$$Q_{i,t}^* \leqslant Q_{i,t} \leqslant Q_{i,\max} \tag{8-35}$$

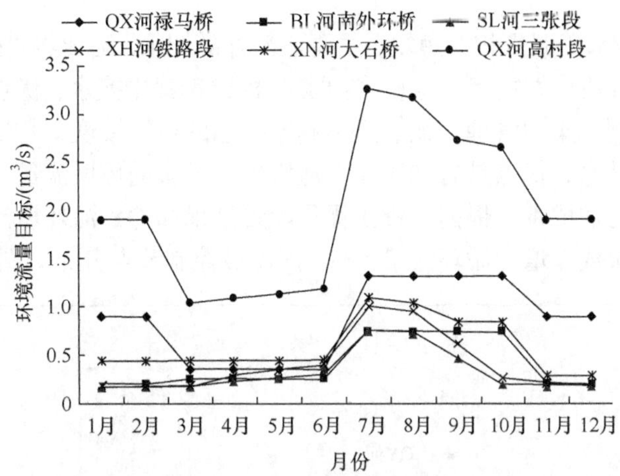

图 8-57　QY 河环境流量目标

(4) 河段水量平衡约束：

$$V_{i,t+1}=V_{i,t}+(I_{i,t}-Q_{i,t})\Delta t \tag{8-36}$$

式中，$V_{i,t+1}$ 和 $V_{i,t}$ 分别为河段 i 在 t 时段末和 t 时段初的蓄水量；$I_{i,t}$ 和 $Q_{i,t}$ 分别为河段 i 在 t 时段的平均入流量和泄流量。

(5) 河段水质平衡约束：

$$V_{i,t+1}C_{i,t+1}=V_{i,t}C_{i,t}+(I_{i,t}C_{i,t}^{\text{in}}-Q_{i,t}C_{i,t}^{\text{out}})\Delta t-K(V_{i,t}+V_{i,t+1})\cdot C_{i,t}/2 \tag{8-37}$$

式中，$C_{i,t+1}$ 和 $C_{i,t}$ 分别为河段 i 在 t 时段末和 t 时段初的污染物浓度；$C_{i,t}^{\text{in}}$ 和 $C_{i,t}^{\text{out}}$ 分别为河段 i 在 t 时段的平均入流污染物浓度和泄流污染物浓度；K 为河段 i 污染物的综合降解速率系数。

(6) 汊点水量平衡约束：

$$I_{j,t}=Q_{j,t}+F_{j,t} \tag{8-38}$$

式中，$I_{j,t}$ 为汊点 j 在 t 时段的平均流量；$Q_{j,t}$ 为汊点 j 上游河段在 t 时段的平均泄流流量；$F_{j,t}$ 为汊点 j 在 t 时段的平均支流汇入流量。

(7) 汊点水质平衡约束：

$$C_{j,t}=\frac{Q_{j,t}C_{j,t}^{Q}+F_{j,t}C_{j,t}^{F}}{I_{j,t}} \tag{8-39}$$

式中，$C_{j,t}$、$C_{j,t}^{Q}$ 和 $C_{j,t}^{F}$ 分别表示汊点 j 在 t 时段的平均污染物浓度、上游河段泄流污染物浓度和支流汇流污染物浓度。

(8) 非负约束：变量均为非负值。

2. 调控方案

QY 河流域水资源量相对短缺，主要依赖外部调水，需要将“换水期”与“循环期”两种水量补给方式相结合。“换水期”即定期集中换水，优点是降低调水水量的损耗，有利于集中管理，缺点是不利于生态的可持续恢复与发展。“循环期”即小流量循环补水，优点是有利于建立适宜生态健康的环境流量，缺点是会加大调水损耗从而增加成本。根据水资源优化配置结果和 QY 河环境流量目标，建议适当减少换水次数，增加循环流量。QY 河流域控制节点分布如图 8-58 所示。

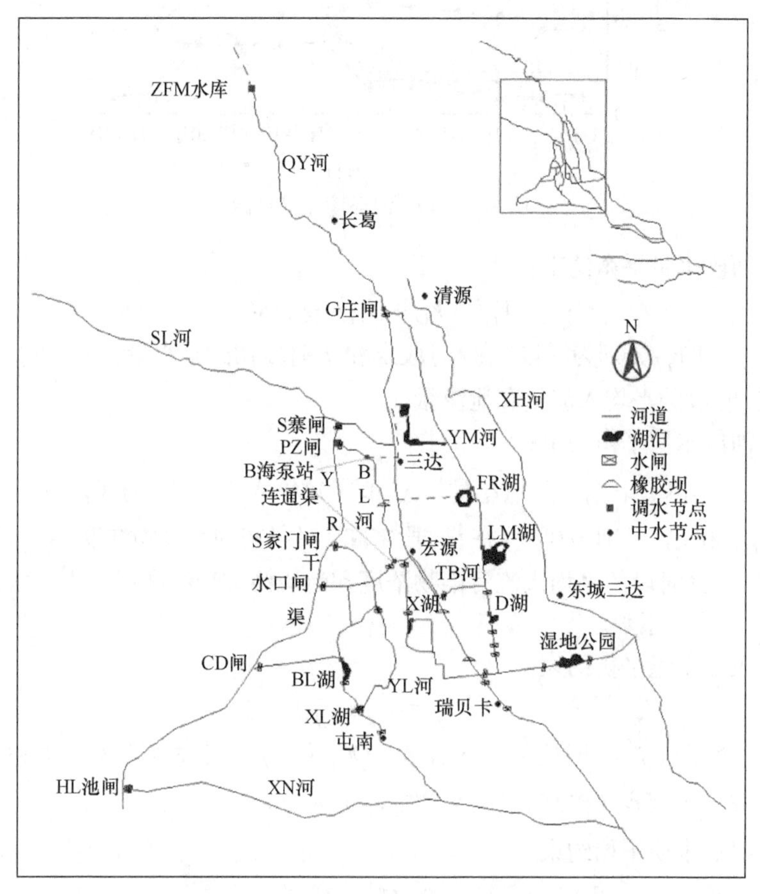

图 8-58 QY 河流域控制节点示意图

换水期以分水节点对河段进行划分，将划分后的各河段和湖泊的蓄水量和过流能力作为控制条件，以调水最大流量最小和引水路径最长耗时最短为优化目标，对换水期流量进行优化调控。分配流量的路径分为串联路径和并联路径。串联路径为水流依次流经的一条通路，即路径内分时间先后依次蓄满。并联路径为水流从同一节点同时向多个支路分配流量，即支路内同时蓄水。任意路径终点蓄满后及时向水源报告，调整水源引水流量。换水期水域优先级为干流优先于支流，城区内优先于城区外，湖泊优先于河道，同一类型中可蓄水面积大者优先，同一水域内换水优先级为先上游后下游。换水期调控范围主要为 XC 市区，水系涉及河道 12 条，人工湖 8 处。换水期拟采用 YR 干渠水源，主要通过 S 家门闸、PZ 闸和 S 寨闸向市区引水。河道控制工程有闸坝 28 座，其中引水闸 8 座，节制闸 12 座，橡胶坝 4 座，是引水蓄水工程的关键控制点。经核算，一次换水需要水量为 790 万 m^3，正常年度建议换水 3 次，换水月份为 7 月、11 月和 3 月，正常年度的换水期水量消耗合计 2370 万 m^3。换水期调控方案见图 8-59，换水期路径和流量分配如表 8-17 所示。优化后换水期的最大引水流量为 13m^3/s，换水期耗时 12d。

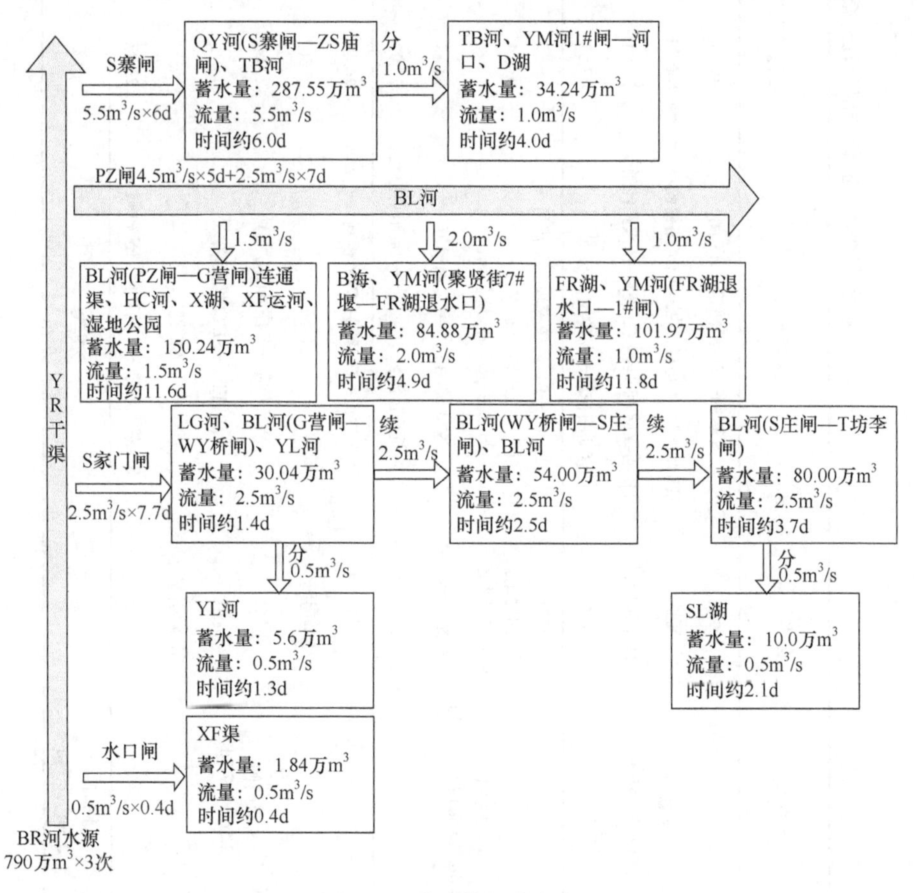

图 8-59 换水期调控方案

表 8-17　换水期路径、流量分配及耗时核算表

引水节点	分水节点	分水路径	水量/万 m^3			流量/(m^3/s)	耗时/d	耗时合计/d
			河道	湖泊	合计			
S 寨闸 ($5.5m^3/s×6d$)	河道	S 寨闸—SL 河河口—HT 闸	45.64	—	45.64	5.5	1.0	1.0
	河道	HT 闸—JA 大道橡胶坝—前进路橡胶坝	160.04	—	160.04	4.5	4.1	4.1
	TB 河引水	TB 河-YM 河 1#闸-(D 湖)—新兴路河道	25.04	9.20	34.24	1.0	4.0	
	河道	QJ 路橡胶—MG 闸—ZS 庙闸	47.63	—	47.63	5.5	1.0	1.0
PZ 闸 $4.5m^3/s×5d+2.5m^3/s×7d$	河道 公园引水闸 新兴路退水闸	PZ 闸—BL 河橡胶坝—G 营闸 (X 湖)—护城河 XF 运河-(湿地公园)	91.24	59.00	150.24	1.5	11.6	11.6
	B 海泵站	YM 河(B 海)—FR 湖河道	24.88	60.00	84.88	2.0	4.9	4.9
	FR 湖引水闸	YM 河(FR 湖)—(LM 湖)—1#闸河道	25.97	76.00	101.97	1.0	11.8	11.8
S 家门闸 $2.5m^3/s×7.7d$	河道	LG 河—G 营闸—WY 桥闸	24.48		24.48	2.0	1.4	1.4
	YL 河引水	YL 河	5.56		5.56	0.5	1.3	
	河道	WY 桥闸—S 庄闸(BL 湖)	20.60	33.50	54.10	2.5	2.5	2.5
	河道	S 庄闸—SL 湖橡胶坝	46.75		46.75	2.0	2.7	2.7
	SL 湖引水	SL 湖		9.00	9.00	0.5	2.1	
	河道	SL 湖橡胶坝—T 坊李闸—N 桥闸	23.87		23.87	2.5	1.1	1.1
水口闸 $0.5m^3/s×0.4d$	河道	XF 渠	1.84		1.84	0.5	0.4	0.4

循环期水量水质调控，以水资源优化配置水量和环境流量目标为约束条件，以满足景观蓄水和水质要求为优化目标，配置控制节点的调水流量过程。循环期水域优先级为干流优先于支流，城区内优先于城区外，天然河网优先于人工水系，湖泊优先于人工河道，同一类型中可蓄水面积大者优先，同一水域内换水优先级为先上游后下游。2017 年用于环境流量调控的总水量为 13974 万 m^3，根据换水期调控方案优化结果，正常年度的换水期水量消耗合计 2370 万 m^3，因此可用于循环期环境流量调控的水量为 11604 万 m^3。根据环境流量目标计算结果可知，为满足 QY 河 G 村桥以上、SL 河、BL 河、XN 河和 XH 河地方铁路桥以上的环境流量需求，需要 7536 万 m^3 用于循环水量。QY 河流域城区段有 8 个人工湖泊，即 B 海、FR 湖、LM 湖、D 湖、湿地公园、BL 湖、SL 湖和 X 湖；有人工河道 YM 河、护城河、XF 运河和 TB 河；还有 XF 渠和市内连通渠。以上湖泊和河道构成了 QY 河流域的人工水系，和天然河网纵横交织。拟将剩余的 4068 万 m^3 水用于人工水系的循环水量，且优先保证湖泊循环水量。QY 河流域城区段的汇流可用于 QY 河下游的循环流量。QY 河下游有 WG 河、HL 渠和 JZ 沟三个支流，仅将天然降雨径流纳入其中。循环期调控方案见图 8-60，其中须逐月调控流量的节点流量分配方案见表 8-18。

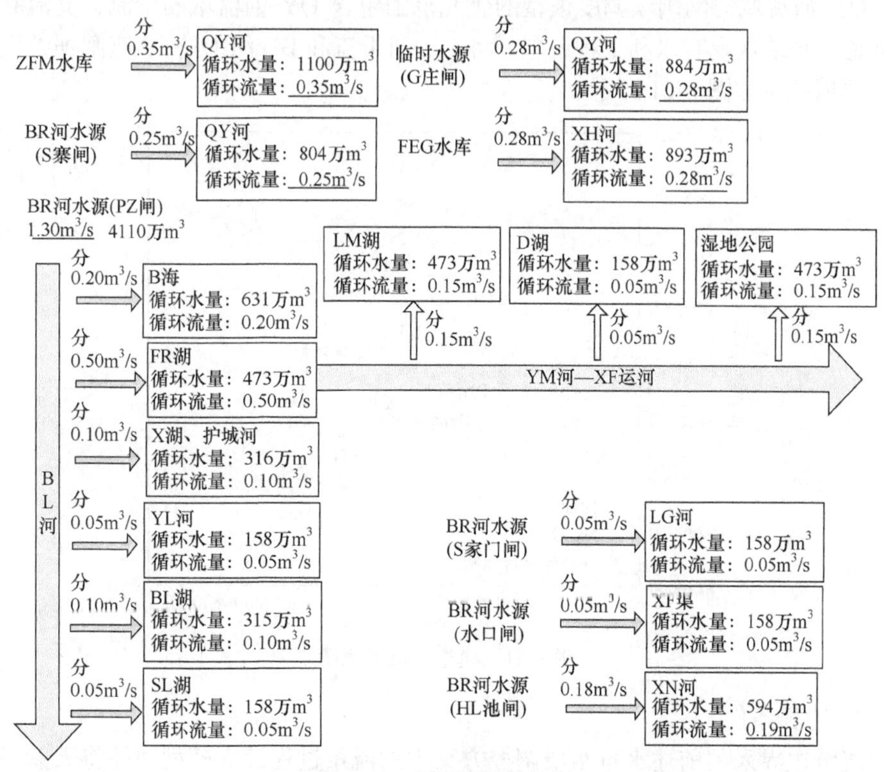

图 8-60　循环期调控方案

加下划线的流量为平均值，须按照表 8-18 逐月调控

表 8-18　循环期流量分配方案

水源	控制节点	流量/(m³/s)											
		1月	2月	3月	4月	5月	6月	7月	8月	9月	10月	11月	12月
FEG 水库	灌区干渠	0.06	0.06	0.06	0.17	0.23	0.28	0.88	0.83	0.50	0.14	0.09	0.07
临时水源	G 庄闸	0.30	0.30	0.05	0.05	0.05	0.05	0.49	0.49	0.49	0.49	0.30	0.30
ZFM 水库	ZFM 水库	0.37	0.37	0.07	0.07	0.07	0.07	0.61	0.61	0.61	0.61	0.37	0.37
	HL 池闸	0.24	0.24	0.18	0.18	0.18	0.19	0.35	0.30	0.10	0.10	0.10	0.10
YR 干渠	PZ 闸	0.10	0.10	0.16	0.16	0.16	0.16	0.65	0.65	0.65	0.65	0.10	0.10
	S 寨闸	0.30	0.33	0.17	0.16	0.16	0.25	0.64	0.62	0	0	0	0.34

8.4.2　闸坝群调度模式分析

1. 河网闸坝调度模型的建立

1) 研究区域

QY 河流域河网闸坝调度模型的研究范围包含 QY 河流域的干流、支流和人工河道，并结合现有水利工程资料，将 QY 河干流和 BL 河上的 19 座闸坝纳入模型，模拟区域如图 8-61 所示。

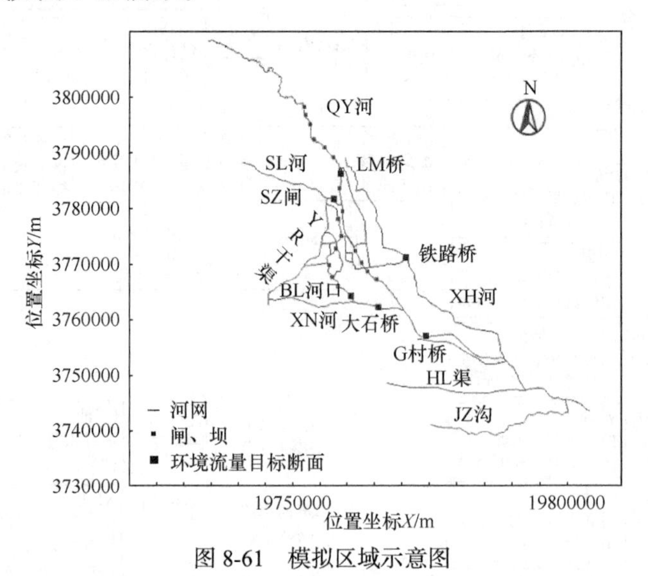

图 8-61　模拟区域示意图

2) 边界条件

流量边界采用前述水量水质调控方案中的流量过程计入模型，并将天然径流按照现有文献中的相关研究成果计入模型[16]。

水质边界分为以下五类。

(1) 南水北调临时用水、YR 干渠和 FEG 水库等外调水源，采用地表Ⅲ类水水质标准，即氨氮浓度为 1.0mg/L，COD 为 20mg/L。

(2) 屯南污水处理厂、宏源污水处理厂、XC 县三达污水厂、CG 市污水净化公司和清源污水处理厂均采用 2014 年逐日实测出水水质浓度过程。

(3) 邓庄污水处理厂和第二污水厂均采用(2)中所述污水处理厂 2014 年逐日实测出水水质指标均值，即氨氮浓度为 2.058mg/L，COD 为 30.589mg/L。

(4) 根据 XC 市 2014 年环境统计数据，部分企业的工业废水未经污水处理厂集中处理，其中直接排入环境的有 17 家，其他污水去向及水量水质数据未计入环境统计报表。17 家直接排放的企业中，有两家采用 2014 年逐日实测出水流量过程和水质指标，其他 15 家企业均采用 2014 年环境统计报表中直接排入环境的废水、COD 和氨氮排放总量取平均值计入模型(表 8-19)。

表 8-19 工业点源污染

企业编号	纳污河段	排放水量/t	排放 COD 总量/t	排放氨氮总量/t
1	QY 河	1329433	106.24	4.78
2	BL 河	3418076	320.21	8.97
3	BL 河	53665	11.79	1.81
4	BL 河	185700	45.67	1.21
5	BL 河支流	330000	65.40	1.65
6	SL 河	330130	32.68	0.66
7	SL 河	63900	7.02	0.41
8	SL 河	7600	1.50	0.15
9	XH 河	60000	3.10	0.30
10	XH 河	341322	10.39	0.48
11	XH 河	3920	0.90	0.10
12	XH 河	31500	5.00	0.12
13	XN 河	45000	2.50	0.20
14	XH 河	720000	89.60	15.30
15	XH 河	24500	4.73	0.06

(5) 非点源污染按照现有文献中的相关研究成果计入模型[16]。

2. 环境流量调控方案对比分析

1) 闸坝调度方案的拟定

根据循环期环境流量调控方案，拟定保证环境流量调控方案，即工况 1。工况 1 的具体调度规则：当上游来水大于环境流量目标值，且闸前水位不小于正常蓄水位时，保证闸前水位在正常蓄水位，其余流量下泄；当上游来水大于环境流量目标值，且闸前水位小于正常蓄水位时，以环境流量目标值下泄；当上游来水不大于环境流量目标值，且闸前水位大于闸后水位时，以环境流量目标值下泄；当上游来水不大于环境流量目标值，且闸前水位不大于闸后水位时，流量全部下泄。根据上述调度规则，闸坝的具体调度方式分为泄水闸和溢流闸。对于泄水闸，借鉴水库特征水位的概念，本小节提出环境流量保证水位，即确定保证下泄流量满足环境流量目标值的最小开启度对应的水位，可避免河网闸坝群调度过程中对生态基流的侵蚀。根据 QY 河流域泄水闸的特征参数，通过水闸开启水位和下泄流量关系曲线，推求各泄水闸的环境流量保证水位，如表 8-20 所示。对于溢流闸和橡胶坝，以蓄水维持景观水面为主，但必须控制蓄水位不超过正常蓄水位，溢流流量不小于环境流量目标值。根据多次流域调研记录，2015 年之前，流域内闸坝基本处于完全开启状态，据此拟定闸坝全开工况，即工况 2，具体调度规则为闸坝全开泄流。根据 2016 年 8 月水利局对接记录，河道湖泊日常采用小流量下泄，控制河湖水位在正常蓄水位上下 5cm，闸坝运行将近一年，据此拟定保证蓄水泄流工况，即工况 3，具体调度规则为闸坝保证正常蓄水位泄流。三种工况对比说明见表 8-21。

表 8-20　环境流量保证水位　　(单位：m)

闸门	正常蓄水位	11 月	12 月	1 月	2 月	3 月	4 月	5 月	6 月	7 月	8 月	9 月	10 月
G 庄闸	82.00	76.27				76.33				76.36			
HT 闸	73.30	67.95				67.90	67.91			68.00		67.98	
MG 闸	64.00	58.84				58.80			58.81	58.89		58.87	
N 桥闸	62.87	59.72		59.76						59.75		59.71	
G 营闸	71.10	67.57				67.58				67.70			
WY 桥闸	68.70	65.66				65.67				65.80			

表 8-21　闸坝调度方案说明

工况	针对时段	针对泄流方式
1	2017 年(规划年)	保证环境流量泄流
2	2015 年	闸坝全开泄流
3	2016 年	保证正常蓄水位泄流

2) 不同方案的调控效果对比分析

流量调控效果表明，三种工况均可满足 LM 桥断面的环境流量目标值，工况 3(2016 年)无法满足 G 村桥断面的环境流量目标值；工况 2(2015 年)下 G 村桥和 LM 桥断面的平均流量最大，工况 3(2016 年)下最小，说明闸坝的闭合度对过流流量有直接影响，闸坝过度拦蓄会导致对环境流量的保证程度急剧降低。图 8-62 中，LM 桥断面和 HT 桥断面在 2015 年，即闸坝全开的工况下流量低于其他两组工况，原因在于干流未受控制，部分流量向 YM 河分流，干流流量不足。新兴路桥断面在闸坝全开的工况下，TB 河与 XF 运河交汇处河底高程高于 XF 运河和 QY 河交汇处的河底高程，因此 QY 河干流新兴路断面流量得到 TB 河流量的补给，流量

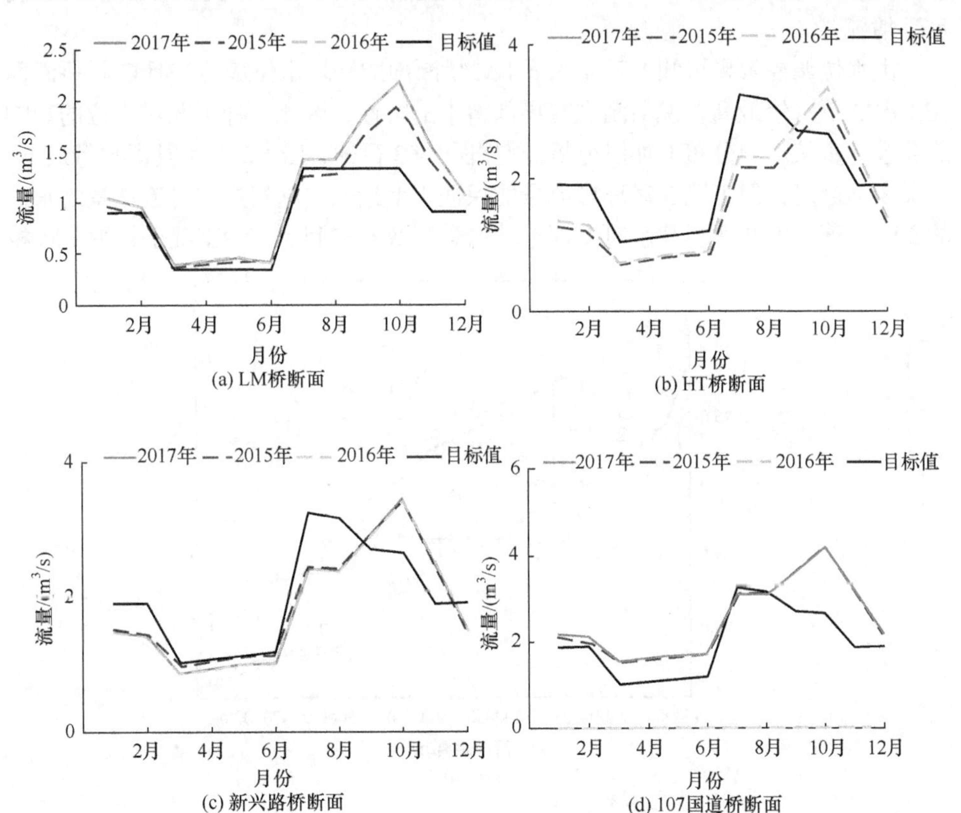

(a) LM桥断面　(b) HT桥断面　(c) 新兴路桥断面　(d) 107国道桥断面

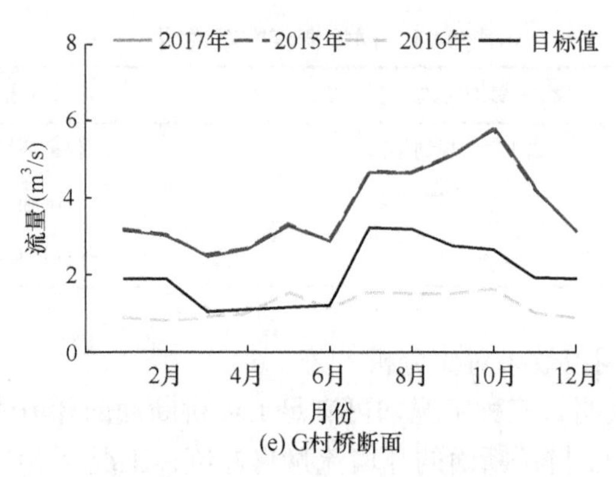

(e) G村桥断面

图 8-62　QY 河干流流量调控效果图

略高于其他两种工况。107 国道桥断面在 2016 年工况下，为了维持 MG 闸处的正常蓄水位，过度蓄水，水位高过 XF 运河、QY 河及 TB 河连接处的河底高程，导致干流水流通过 XF 运河向 XH 河流失，同时 MG 闸的过度闸控导致干流有水位但该断面无充足流量通过，无法满足环境流量的需求。G 村桥断面在 2016 年工况下，由于 107 国道桥断面断流，仅由 XN 河流量补给，无法满足环境流量。

由水位调控效果可知，工况 3 下 LM 桥断面的平均水位最高，但 G 村桥断面在工况 2 下水位最高，说明闸坝有局部蓄水的特性，因此三种工况对水位的影响需要进一步从沿程分布上加以分析。根据图 8-63 可知，工况 2 下河段蓄水量最少，工况 3 下最多，但工况 3 对环境流量的保证程度最低。闸坝拦蓄对流域景观水面的贡献显著，因此适当蓄水对发挥流域的景观效益有利。三种工况下，取 LM 桥

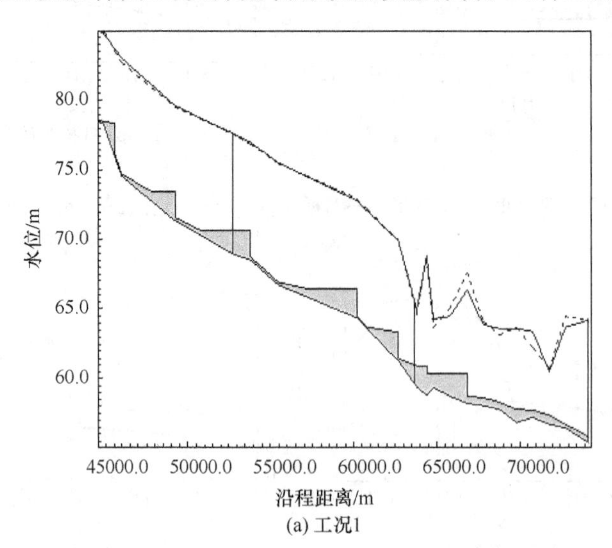

(a) 工况1

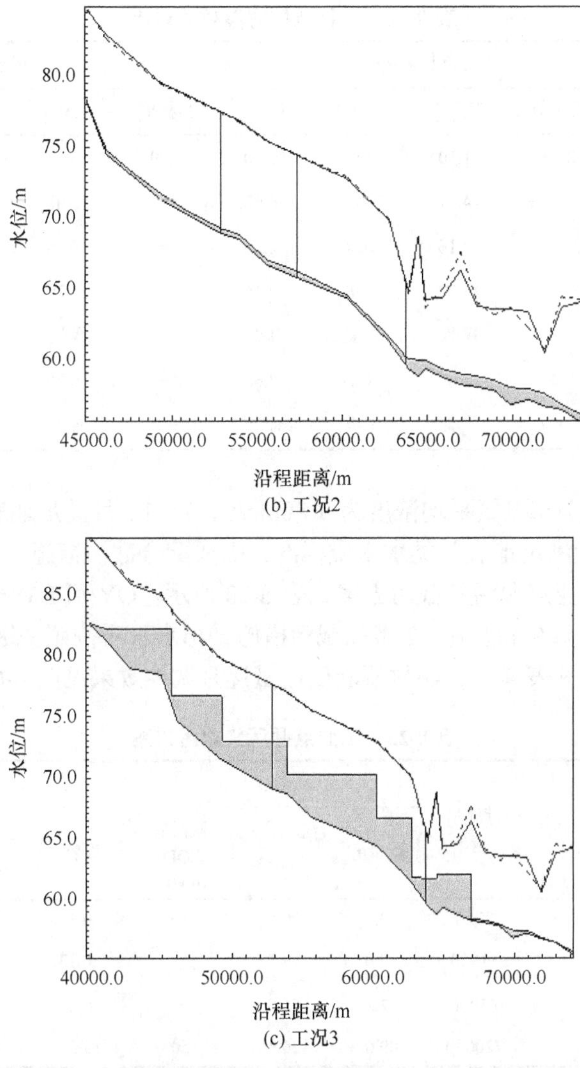

(b) 工况2

(c) 工况3

图 8-63　三种工况下的瞬时水面线

断面和 G 村桥断面的 COD 和氨氮浓度的最大值，工况 1 和工况 2 满足Ⅴ类水，工况 3 达到劣Ⅴ类水。

三种工况的水量水质调控效果见表 8-22。工况 2 对于水量并不充沛的 QY 河流域，无法保证流域的流量分布，难以满足各个河段的环境流量目标。工况 3 使流域处于有水量但无流量的状态，且调度运行的经济和管理成本较高。工况 1 避免了闸坝系统不受控制和过度控制的情况，在保证环境流量的基础上(图 8-62)，一定程度上满足景观蓄水目标。

表 8-22　三种调控方案效果对比

指标	LM 桥断面				G 村桥断面			
	目标值	工况 1	工况 2	工况 3	目标值	工况 1	工况 2	工况 3
流量/(m³/s)	0.86	1.10	1.00	1.10	1.99	3.74	3.75	1.22
水位/m	—	74.71	74.81	76.62	—	55.08	55.08	54.89
流速/(m/s)	—	0.16	0.30	0.02	—	0.26	0.26	0.17
COD/(mg/L)	—	29.70	29.92	14.16	—	25.27	29.49	44.62
COD 等级	—	Ⅳ类	Ⅳ类	Ⅱ类	—	Ⅳ类	Ⅳ类	劣Ⅴ类
氨氮浓度/(mg/L)	—	1.80	1.82	0.60	—	0.77	1.02	1.02
氨氮浓度等级	—	Ⅴ类	Ⅴ类	Ⅲ类	—	Ⅲ类	Ⅳ类	Ⅳ类

LM 桥断面全年氨氮平均浓度为 1.80mg/L，7～12 月满足地表Ⅳ类水水质标准，1～6 月未能满足地表Ⅴ类水水质标准，需要配合截污措施。QY 河 LM 桥断面以上的主要工业点源污染截污方案如表 8-23 所示。QY 河 LM 桥断面氨氮严重超标，因此对企业 9 和企业 12 采取截污措施，出水水质按照一级 A 标准执行。截污后调控效果见表 8-24，G 村桥断面流量逐月调控效果见图 8-64。

表 8-23　工业点源污染截污方案

企业编号	排放水量/t	COD			氨氮		
		总量/t	平均 COD/(mg/L)	截污后 COD/(mg/L)	总量/t	平均浓度/(mg/L)	截污后浓度/(mg/L)
9	3920	0.9	229.59	50	0.1	25.51	5
10	31500	5.0	158.73	—	0.12	3.81	—
11	45000	2.5	55.56	—	0.2	4.44	—
12	720000	89.6	124.44	50	15.3	21.25	5

表 8-24　QY 河水量水质调控效果

断面	流量/(m³/s)		COD 等级		氨氮浓度等级	
	目标值	调控值	调控前	调控后	调控前	调控后
LM 桥	0.857	1.095 (满足)	Ⅴ类	Ⅳ类	劣Ⅴ类	Ⅳ类
G 村桥	1.990	3.732 (满足)	劣Ⅴ类	Ⅳ类	劣Ⅴ类	Ⅲ类

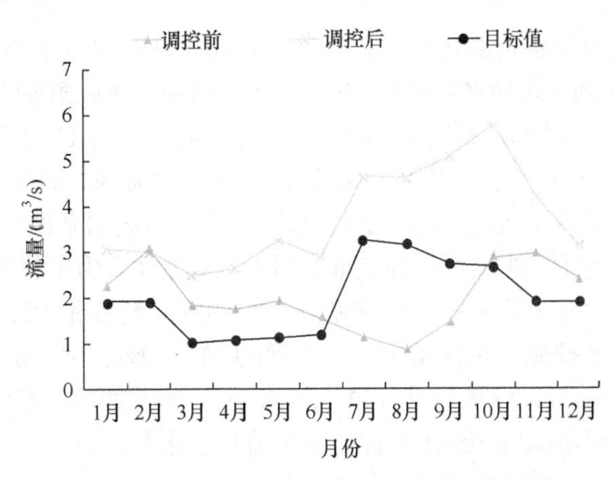

图 8-64 QY 河 G 村桥断面流量逐月调控效果

综合上述调控效果分析，工况 2 可有效保证流量，工况 3 可有效保证水位，但各有不足。工况 1 可满足 LM 桥环境流量目标，符合流域水质考核要求，即 COD≤40mg/L，氨氮浓度 ≤2.0mg/L，并在一定程度上保证了市区段的景观水面需求。因此，本方案与流域现状调度方式相比，具有一定优势。

8.4.3 不同程度蓄水方案分析

密集的闸坝和交错的人工河道使天然河网逐渐呈现碎片化特征，强人工干扰河道的流量和污染物阻滞，造成河网水量和水质分布极不均匀的局部化特征。研究强人工干扰流域河网的水质和水量综合评价方法对流域功能定位与恢复具有重要意义。本小节采用河网水动力水质模型模拟不同程度蓄水方案下的调控效果，将模糊神经网络对非线性问题的良好适应能力应用于不同蓄水方案下单一河段的水量水质综合评价，并在此基础上结合图论算法，提出河网水量水质指数，应用于流域多监测点位水量水质综合评价，根据评价结果确定最优调控方案。以 QY 河流域为例，采用上述方法评估并优化流域河网在不同蓄水工况下的水动力和水质条件。研究成果可为强人工干扰流域环境流量保障和闸坝群调度管理提供理论依据，为流域生态文明建设和健康可持续发展奠定基础。

1. 流域水动力水质模拟结果分析

主要数据包括 2016 年 QY 河流域河道断面地形实测数据(源于 2016 年委外实地监测成果)、2014 年重点污染源数据(源于重点污染源在线监测平台)、2014 年 XC 市各乡镇企业统计数据(源于环境统计年鉴)和 2014 年地表水环境责任目标断面水质数据。

根据 QY 河流域水资源优化配置结果，可用于河道水量水质调控的总水量为 13974m^3，除去河湖水系换水需水量 2340 万 m^3，可用于流域循环流量调控的水量为 11634 万 m^3。根据环境流量目标计算结果，为满足 QY 河 G 村桥以上、SL 河、BL 河、XN 河和 XH 河地方铁路桥以上的环境流量需求，需要水量 7536 万 m^3 用于循环水量。拟将剩余的 4098 万 m^3 水用于人工河湖水系的循环水量。QY 河流域分布诸多节制闸、橡胶坝和溢流堰，用于景观蓄水。为了兼顾流域环境流量、景观蓄水和水质达标等需求，平衡多闸坝运行调度的经济和管理成本，将图 8-65 中的闸坝节点拟定按照其正常蓄水位下水深的 0%、20%、40%、60%、80%和 100%蓄水等工况。针对 QY 河流域建立全流域水动力-水质模型，模拟范围如图 8-61 所示。提取部分河段(图 8-65)在 6 种工况下流量、水位、COD 和氨氮浓度的平均值，如图 8-66 所示。

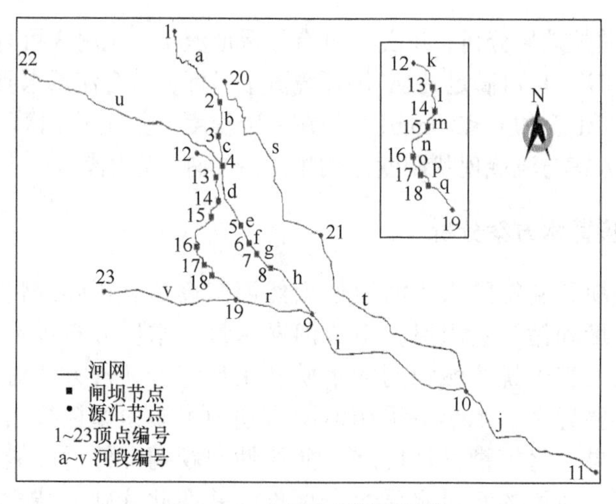

图 8-65　水量水质评价河段

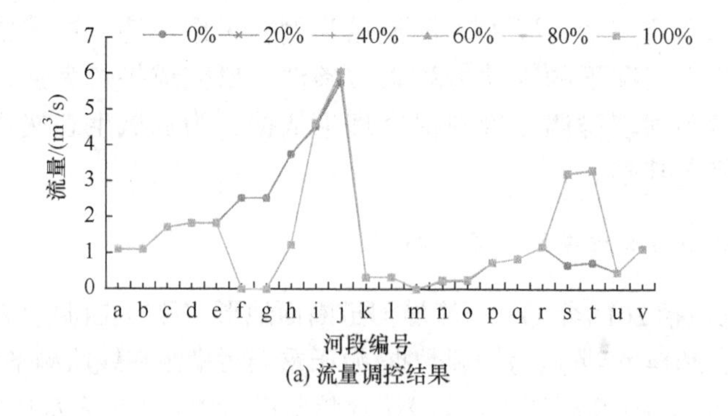

(a) 流量调控结果

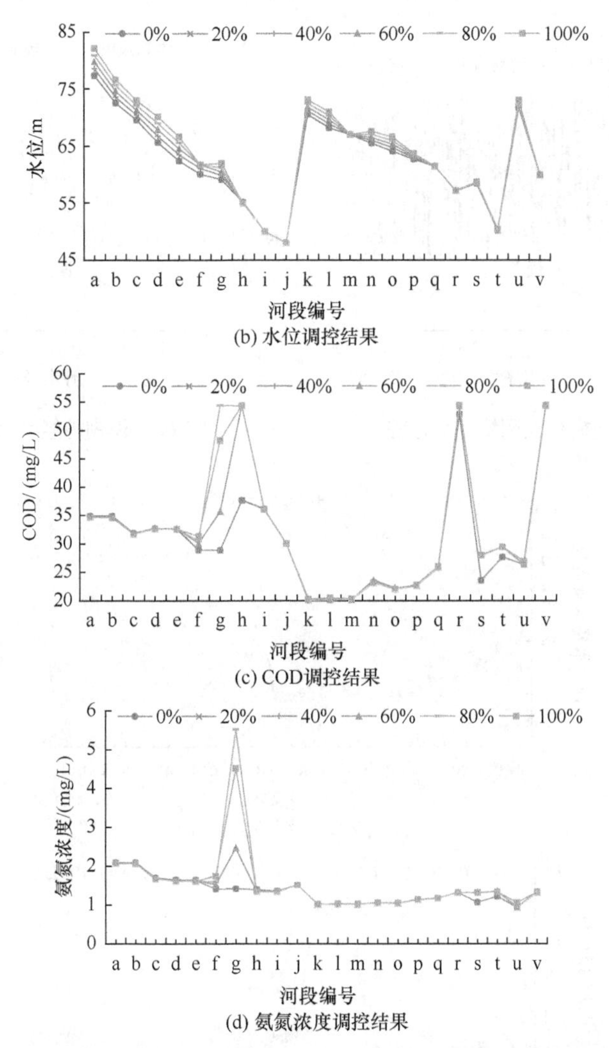

(b) 水位调控结果

(c) COD调控结果

(d) 氨氮浓度调控结果

图 8-66　6 种方案下的流量、水位、COD 和氨氮浓度调控结果

2. 河网水量水质综合评价结果分析

根据研究区现状分析，选取污染最为严重的 COD 和氨氮作为水质指标，选取流量缺失率和水深缺失率作为水量指标。水量水质评价指标分级见表 8-1。采用 8.1.2 小节得到的样本对神经网络进行训练，训练 200 次得到训练好的网络，过程如图 8-67 所示，并用检测样本对网络进行检测，检测结果如图 8-68 所示。结果表明，训练期误差均不大于 0.2%，检测期误差均不大于 0.5%，模糊神经网络评价结果可靠有效。计算 5 种工况下河段 a～v 的水量水质指数，如图 8-69(a) 所示。

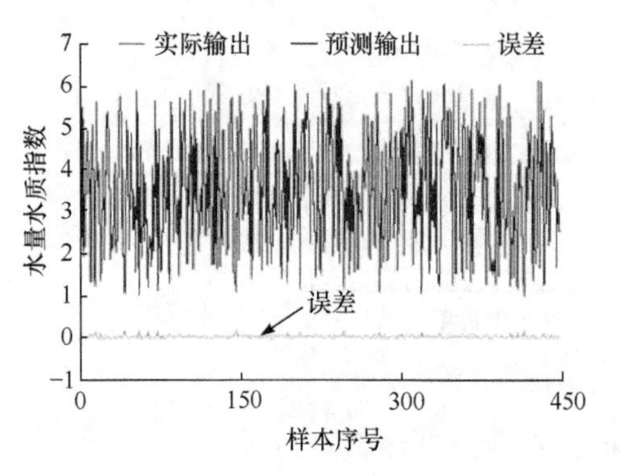

图 8-67　模糊神经网络训练过程

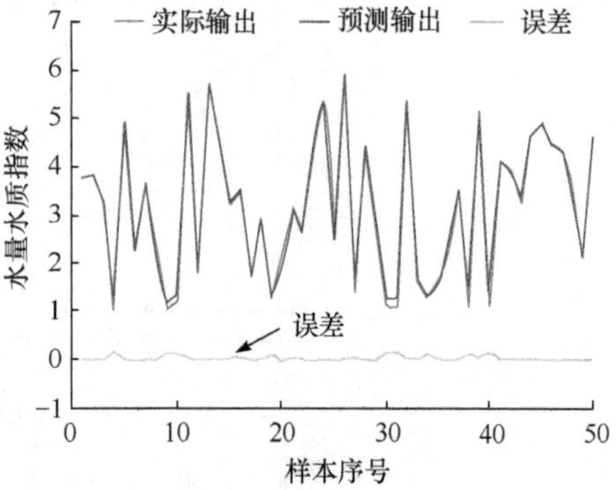

图 8-68　模糊神经网络检测结果

(a) 各河段水量水质评价结果

(b) 各顶点水量水质指数

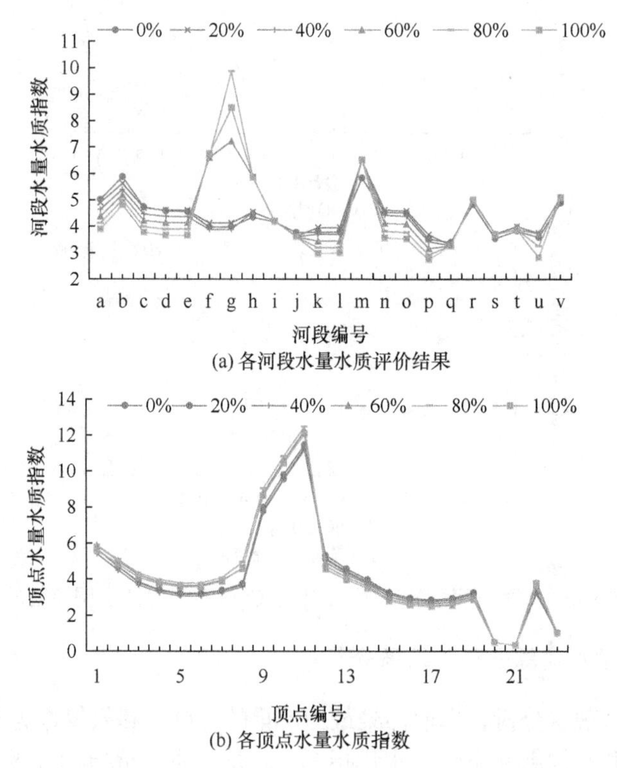

图 8-69　6 种工况下各河段和各顶点的水量水质指数

采用式(8-29)计算 6 种工况下各顶点的最佳水量水质指数，如图 8-69(b)所示。采用式(8-30)计算 6 种工况下的河网水量水质指数 I_G ，并计算 6 种工况下各河段的评价结果平均值 $\overline{y_n}$ ，计算结果见图 8-70。两种方法下 6 种工况的评价结果排序有所差异，但最优工况均为按照正常蓄水位下最大水深 40%蓄水的工况。在按照

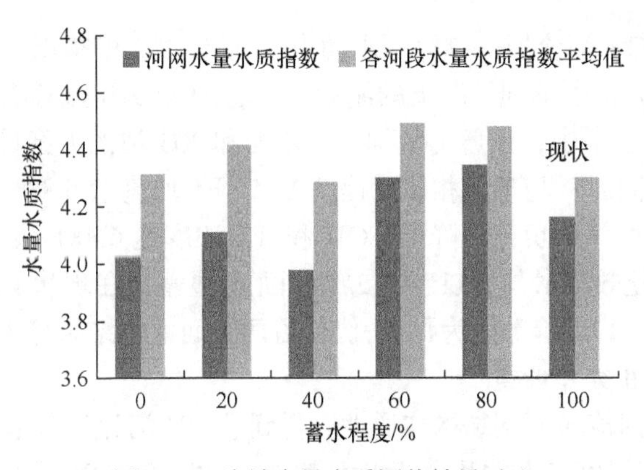

图 8-70　流域水量水质评价结果对比

正常蓄水位下最大水深 40%蓄水的工况下，河网水量水质指数为 3.98(Ⅳ类水)，比现状按照 100%蓄水工况下的水量水质指数 4.16(Ⅴ类水)减小了 4.33%，说明水量水质水平有所提高。

8.5　本 章 小 结

本章探讨了包含结构连通性和功能连通性的流域连通性内涵，提出了两种适用于格网状水系结构连通性量化方法(RCI 法和 CCI 法)、基于模糊算法和连接度指标的流域结构和功能连通性综合量化方法，以及基于图论和模糊算法的河网多监测点位水量水质综合评价方法。以 QY 河流域为例，探讨了上述方法在强人工干扰流域河网连通性优化和水量水质调控研究中的应用，得到主要结论如下。

(1) 提出了两种适用于网状水系结构连通性量化的改进方法，其中网状水系连通性指数(RCI)法拓展了以往河网连通性研究仅适用于树枝状水系的应用范围，河网综合连通性指数(CCI)法弥补了以往河网连通性量化方法中考虑因素单一的不足。初步探讨并建立了包含结构连通性和功能连通性的流域连通性内涵及其指标体系，得到流域连通性应涵盖结构连通性和功能连通性两个方面，结构连通性包含河道纵向连通性和网络聚集程度，功能连通性包括水量和水质，水量包括动态水量和静态水量；继而提出了基于模糊神经网络和连接度指标的流域综合连通性量化方法，可为湖泊和湿地等流域中的重要水域类型的系统优化提供理论依据。将模糊算法对样本数量要求不高的优点与神经网络对非线性问题的良好适应能力相结合，提出了可应用于流域多监测点位水量水质综合评价的河网水量水质指数，该方法兼顾了模糊神经网络对样本评估的客观性和有向图模型对河网拓扑结构的适应性，研究成果可为强人工干扰流域环境流量保障和闸坝群调度管理提供理论依据。

(2) 建立了 QY 河流域一维河网水动力-水质模型，模拟误差约 11%，均方根误差为 1.87%。分析了不同工况下的流量、水位、COD 和氨氮浓度的变化规律和分布特征。方案点 1 中，连通 QY 河、YM 河和 XH 河的方案最优，在保证 QY 河干流需水量的同时，与现状相比，提高 YM 河平均流量 5.83%，削减流量峰值 28.57%，缓解市区污染负荷，降低 COD 和氨氮浓度达 6.48%和 16.75%。方案点 2 中，工况 3 优化效果最佳，11#和 12#断面尤为显著，在现状下两断面评价结果分别为 3.55 和 3.54，评价等级为Ⅳ类，优化后两断面评价结果分别为 2.41 和 2.86，评价等级分别为Ⅱ类和Ⅲ类。

分析了 QY 河流域河网结构连通性，得到了 QY 河流域各节点的聚类系数在 0.4～1.0，河网节点度最大的几个节点为点 8、12 和 40，QY 河干流各河段的纵向连通性指数平均值为 0.32(评价等级为差)，说明 XH 桥闸—ZS 庙闸段河道纵向连通性受到重度破坏，生态网络结构各项指数表明该网络流畅性欠佳且河网连接状况较为复杂。采用改进的 RCI 法和 CCI 法计算了 QY 河流域在逐一拆除单一闸坝后的河网结构连通性，结果表明，两种方法对单一闸坝重要性的量化在趋势上具有一致性，河网综合连通性指数为 26.13，拆除单一闸坝后的 CCI 在 26.13～30.00。6 组闸坝组合对照方案的计算结果表明，最优组合为同时拆除闸坝 11、14、25、28、29、47、54 和 55，优化后 CCI 从现状的 26.13 提高至 38.50，增幅达 47.36%，连通性改善效果显著。

(3) 分析了不同换水频率、不同恒定流量和不同波动流量等换水方式下人工湖泊的流场及水质浓度场。得到换水频率增加使湖泊水动力状况略有改善，但并不一定可以改善水体水质状况，B 海换水 3 次更有利于污染负荷和水系水质控制。湖泊水动力水平随进出湖流量增加而增强，湖内及出湖水体的 COD 和氨氮浓度随循环流量增加而增加，总氮浓度和总磷浓度随之减小，DO 浓度变化趋势不明确，河湖水系连通循环流量为 0.2m^3/s 时，对 B 海 COD 和氨氮污染物总量的削减水平最佳。相同水量消耗下，恒定进湖流量和波动进湖流量对湖内及出水的水动力和水质条件改善效果相差不大，但对于污染物的削减效果，恒定进水效果更佳，隔周进水的工况次之。考虑调节方式消耗的人员和经济成本，恒定流量进出湖的循环模式更具优势。

提出了循环+换水的湖泊群调控模式，该模式对湖内和出水水体中不同污染物的控制水平上有所差异，整体改善水平与 0.2m^3/s 进湖工况相差不大，但污染物负荷的削减效果显著。量化并优化了 QY 河流域各湖泊的循环流量在 0.03～0.20m^3/s，于每年的 3 月、7 月和 11 月统一换水 3 次。计算了 QY 河流域 8 个人工湖泊的中介度 BC、整体连接性指数 dIIC、改进型 BC 指数(BC_IIC)和连接重要性指数，确定了 QY 河流域湖泊群的优化顺序为 SL 湖、B 海、X 湖、FR 湖、湿地公园、LM 湖、D 湖和 BL 湖。

(4) 提出并验证了换水期+循环期的流域调控模式。换水期以调水最大流量最小和引水路径最长耗时最短为优化目标，以各河段和湖泊的蓄水量和过流能力作为控制条件；正常年度建议换水 3 次，优化后换水期的最大引水流量为 $13m^3/s$，换水期耗时为 12d。循环期水量水质调控，以水资源优化配置水量和环境流量目标为约束条件，以满足景观蓄水和水质要求为优化目标，配置控制节点的调水流量过程。采用河网水动力水质模型，模拟不同模式的环境流量调控方案下的流量、流速、水深、COD 和氨氮浓度的改善效果。

借鉴水库特征水位的概念，提出了环境流量保证水位。通过数值实验，分析了保证环境流量泄流方案(工况 1)、闸坝全开泄流方案(工况 2)和保证正常蓄水位泄流方案(工况 3)下 QY 河流域的水动力水质改善效果。工况 2 可有效保证流量，工况 3 可有效保证水位，但各有不足。工况 1 可满足环境流量目标，符合流域水质考核要求，即 COD ≤40mg/L，氨氮浓度 ≤2.0mg/L，并在一定程度上保证了市区段的景观水面需求，具有一定优势。

采用基于模糊算法和图论的河网水量水质综合评价方法，评价了 QY 河流域在换水+循环调度模式中不同蓄水方案下的调控效果。模糊神经网络模型训练期误差均不大于 0.2%，检测期误差均不大于 0.5%，说明评价结果可靠有效。评价结果表明，按照最大水深 40%蓄水工况下的河网水量水质指数为 3.98(Ⅳ类水)，比现状按照 100%蓄水工况下的水量水质指数 4.16(Ⅴ类水)减少了 4.33%。成果可为强人工干扰流域环境流量保障和闸坝群调度管理提供理论依据。

参 考 文 献

[1] 王柳艳. 太湖流域腹部地区水系结构、河湖连通及功能分析[D]. 南京: 南京大学, 2013.

[2] PORTA S , CRUCITTI P , LATORA V .The network analysis of urban streets: A primal approach[J].Environment and Planning B, 2006, 33(5): 705-725.

[3] PORTA S, CRUCITTI P, LATORA V. The network analysis of urban streets: A dual approach[J]. Physica A: Statistical Mechanics and its Applications, 2006, 369(2): 853-866.

[4] 胡一竑, 吴勤旻, 朱道立. 城市道路网络的拓扑性质和脆弱性分析[J]. 复杂系统与复杂性科学, 2009, 6(3): 69-76.

[5] 李聪颖, 马荣国, 王玉萍, 等. 城市慢行交通网络特性与结构分析[J]. 交通运输工程学报, 2011, 11(2): 72-78.

[6] 陈春娣, 贾振毅, 吴胜军, 等. 基于文献计量法的中国景观连接度应用研究进展[J]. 生态学报, 2017, 37(10): 3243-3255.

[7] 张萍, 高丽娜, 孙翀, 等. 中国主要河湖水生态综合评价[J]. 水利学报, 2016, 47(1): 94-100.

[8] 李瑶瑶. 淮河流域(河南段)河流生态系统健康评价及修复模式研究[D]. 郑州: 郑州大学, 2015.

[9] 刘蕾蕾. 建湖生态城市建设中水面率及生态河道构建研究[D]. 扬州: 扬州大学, 2016.

[10] 石瑞花. 河流功能区划与河道治理模式研究[D]. 大连: 大连理工大学, 2008.

[11] 曹文彪, 方海洋, 李建华. 崇明岛村镇级生态河道评价指标体系构建及应用[J]. 浙江农业科学, 2016, 57(3): 414-419.

[12] 顾晓蓓. 建议将水质评价因子"溶解氧"改为"氧亏量"[J]. 上海环境科学, 1985, 4(3): 14, 31-33.

[13] 陈春娣, MEURK D C, IGNATIEVA E M, 等. 城市生态网络功能性连接辨识方法[J]. 生态学报, 2015, 35(19): 6414-6424.

[14] 齐珂, 樊正球. 基于图论的景观连接度量化方法应用研究——以福建省闽清县自然森林为例[J]. 生态学报, 2016, 36(23): 7580-7593.

[15] 左其亭, 李冬锋. 基于模拟-优化的重污染河流闸坝群防污调控研究[J]. 水利学报, 2013, 44(8): 979-986.

[16] 焦梦. 缺资料流域径流与非点源污染模拟研究——以清漠河为例[D]. 西安: 西安理工大学, 2017.